STRUCTURES AND PHYSICAL PROPERTIES OF POLYMERS

高分子の構造と物性

YUSHU MATSUSHITA
松下裕秀 [編著]

TOSHIJI KANAYA
金谷利治 [著]

HIROSHI WATANABE
渡辺 宏 [著]

TAKESHI SHIMOMURA
下村武史 [著]

TAKAHIRO SATO
佐藤尚弘 [著]

KOHZO ITO
伊藤耕三 [著]

KEIJI TANAKA
田中敬二 [著]

TADASHI INOUE
井上正志 [著]

講談社

執 筆 者

（カッコ内は担当章・節・項）

伊藤　耕三　　東京大学　大学院新領域創成科学研究科（5章, 7.2.2項, 付録A, B）
井上　正志　　大阪大学　大学院理学研究科（7.3節）
金谷　利治　　京都大学　化学研究所（4章）
佐藤　尚弘　　大阪大学　大学院理学研究科（1章, 2章）
下村　武史　　東京農工大学　大学院生物システム応用科学府（7.2.2項）
田中　敬二　　九州大学　大学院工学研究院（7.1節）
松下　裕秀　　名古屋大学　大学院工学研究科（3章, 編者）
渡辺　　宏　　京都大学　化学研究所（6章, 7.2.1項, 付録C）

はじめに
―― 本書の構成と位置付け

　炭素と水素を主な構成元素とする不揮発性の物質群が存在することは，有機化学・コロイド科学などの先行する学問領域で19世紀には認識されていたが，それらが共有結合で結ばれた長鎖の分子，高分子であることが示されたのは，20世紀前半のH. Staudingerの偉大な業績によるものである．つまり高分子の概念が確立されてからはまだ100年にも満たず，この期間は，古代文明の初期から使用されている絹織物などの繊維をはじめ，高分子が「材料」として用いられてきた歴史の長さと比べてあまりに短いことには驚かされる．しかし，Staudinger以降，化学・物理などの基幹自然科学の学問が20世紀中に目覚ましく発展したことに支えられ，特に20世紀の後半から高分子科学は素晴らしい発展を遂げて，多くの有用な汎用材料・機能材料を世に送り出し，現在に至っている．化学・物理もまだ進歩を続けており，そこに根ざした高分子科学も日々新たな発展を見せている．

　繊維，ゴム，樹脂，フィルム，…．これらはソフトマテリアルと呼ばれる物質群の中核的な位置を占め，丈夫で軽い，柔らかい，そして変形が自由であるなどの，金属やセラミックスなどの他の材料がもち得ない独特の性質を示すため，現代生活の必需品として不動の存在である．高分子のこうした性質は，構成分子のほとんどが共有結合で結ばれた炭化水素系の長鎖物質であることに由来している．分子1本1本は決して強靭とは言えないが，集合体になると成熟した近代文明に存在する材料の中でもきわめて重要な機能を発揮する．たとえば「繊維」は，長い分子が多数撚り合わされて作られるため，その長さ方向には，大型船を港につなぐナイロンロープのようにしばしば驚くべき強度を発揮する．また「ゴム」は，長い分子が伸ばされたり歪まされたりした反動で元に戻ろうとする復元力をもち，他に代えがたい弾性が生じるので，これをうまく利用すると，免震ゴムのような超重量物への耐性も生まれる．

　上述のように，高分子材料の創成においては，非科学的な経験と勘に頼った時代が長く続いたが，20世紀中盤以降は先人たちの努力により「科学の眼」で分子の状態・運動と集合体の性質との関係が解き明かされてきている．しかし，もちろん未解決な問題もなおたくさん存在し，今は夢にしか思えないような性能も多々ある．時に「複雑性」とも呼ばれる高分子の多様性は，分子の長さ，構成単位（モノマー）の結合状

態，分岐度が一様でないことなど，分子の不均一性によるところが大きい．事実，一部の天然高分子を除けば「まったく同じ構造をもった高分子は存在しない」といってもよく，このことが高分子の示す性質の多様性につながっている．

　高分子に関する学問分野を大胆に2つに分けると，高分子合成と高分子物性になる．前者に関する最近の動向については，本書の姉妹編として『高分子の合成（上）——ラジカル重合・カチオン重合・アニオン重合』『高分子の合成（下）——開環重合・重縮合・配位重合』がすでに世に出ており，活躍している．本書では，後者の範囲を受け持ち，高分子の構造とそこから生まれる物性の基礎，そして場合によってはその機能までを取り扱う．

　高分子材料は固体（バルク）状態で用いられることが多く，凝集系の理解は必要であるが，その基本は長い高分子鎖1本の性質の理解である．高分子1本の性質は，溶媒の中に分子鎖が孤立して浮かんだ希薄溶液の状態を作ることで初めて評価が可能となることから，高分子物性の基本は希薄溶液の性質を調べることから始まるといってよい．そこで，これまでの成書と同様，本書でも高分子が溶媒中に溶け込んだ希薄溶液が示す重要な性質から解説を始めるが，そのための序として1章では「高分子鎖の分子形態」をまず述べ，続いて2章では希薄溶液から濃厚な状態に至るまでの広い濃度範囲の溶液の性質について「溶液物性」として記述した．合成高分子に限れば，どんなに精密に合成された高分子でも，その長さには合成法に応じたバラツキ，つまり「分子量分布」が存在することは高分子科学における重要な基本事項である．この分子量分布は高分子の性質を議論するときに避けては通れない問題であり，1・2章ではこれに関して丁寧な記述を心掛けた．

　さらに，濃厚系の極限として，バルク状態すなわち非希釈系における高分子鎖の集合状態に関する個々の分子鎖の特徴を「3章　高分子凝集系の構造と性質」で紹介した．この章では，異種の高分子鎖同士の接触の結果により生じる反発に由来する相分離現象に関しても，異種分子がつながれていない系（ポリマーブレンド）とつながれている系（共重合体）について，それらの違いに注目して熱力学的な描像から説明した．このように，大きく見ると1章から3章までは，個々の構成分子固有の性質に基づいて高分子の多様な構造的特徴を記述している．

　後半の4章以降は，材料特性にも結びついていく内容であり，分子鎖の長さゆえに高分子物質が示すいくつかの独特な性質について解説している．多くの高分子物質は温度の低下に伴い分子鎖が配列することで結晶化して安定構造を形成するが，その様子は低分子化合物の結晶化や，金属を含む無機物質のそれとも異なる特徴を有している．結晶化は，主に樹脂などの材料の性質に直接的な影響を与えるため，その理解と

構造制御は学術，応用両面からきわめて重要である．「4章　高分子の結晶構造と非晶構造」には，結晶構造の成り立ちと結晶構造がつくられる際の分子の動きを述べる．この章では，あわせて非晶状態で集合した分子集団の構造の特徴と，高分子を構成する基本要素であるセグメントの熱運動に起因して起こるガラス転移現象の本質を掘り下げる．

　一方，高分子は溶媒が多く含まれる状態でも，分子がネットワークをつくっていれば，流れることなく柔軟で高伸長性や高い弾性を示すゲルとなる．また，主に非希釈状態でネットワークをつくることによりさらに高い弾性を示す物質は，「天然ゴム」の性質であることに由来して「ゴム」と呼ばれる．ゲル・ゴムの化学と物理，材料としての優れた特徴については「5章　ネットワークの構造と性質」で紹介する．また，ネットワーク構造をもっていない場合でも，高分子物質は長い分子から構成されていれば，粘性と弾性をあわせもつ粘弾性体となり，溶液状態からバルク状態に至るまで，温度やずり応力などの外部刺激に応じて多様な性質を示す．そのとき，1分子鎖の内部，あるいは分子間での物理的な束縛により，分子鎖の絡まり合いが生じ，高分子特有の性質を生む．この「絡み合い」の理解は，高分子濃厚系の物性を極める上では不可欠な事柄である．この絡み合いを含む粘弾性的特徴については「6章　絡み合い現象と粘弾性」で詳しく紹介する．

　高分子は無希釈の分子集合状態にあるとき，外部刺激に対して個々の分子の性質を反映させたさまざまな応答をする．すなわち，力学的応答，電気や光に対する応答，熱的挙動などであり，材料科学の視点から特に重要な性質である．これらは示強性の巨視的な物性を指していて，総称してしばしば固体物性と呼ばれる．そのうち熱的性質については4章ですでにふれている．本書では，応用的な側面ではなく，この巨視的物性のうち力学特性，電気物性，光学物性の分子に基づいた特徴について「7章　高分子の固体物性」で解説した．

　これら1〜7章で記述した高分子構造・物性の代表的な内容を，視覚的イメージでとらえていただくため，空間的な大きさに注目して次頁の図に模式的に示してある．

　このように本書には，高分子構造・物性の基盤がほぼ含まれている．ただし，近年その構造と物性に関する研究の進展が著しいDNA，タンパク質などの生体高分子の構造と性質については内容が散漫になるのを恐れたこともあって，あえて含めていない．

　これらの学術的成果を学問史的視点で眺めるため，高分子構造・物性上の重要な知見が得られた期間や年，あるいは高分子科学史に残る教科書の出版年，関係者の重要な受賞があった年などを，年表として掲げてあるので参照していただきたい．なお，年表の中には示していないが，著者自身のものを含む体系的な学術成果をまとめて記

はじめに

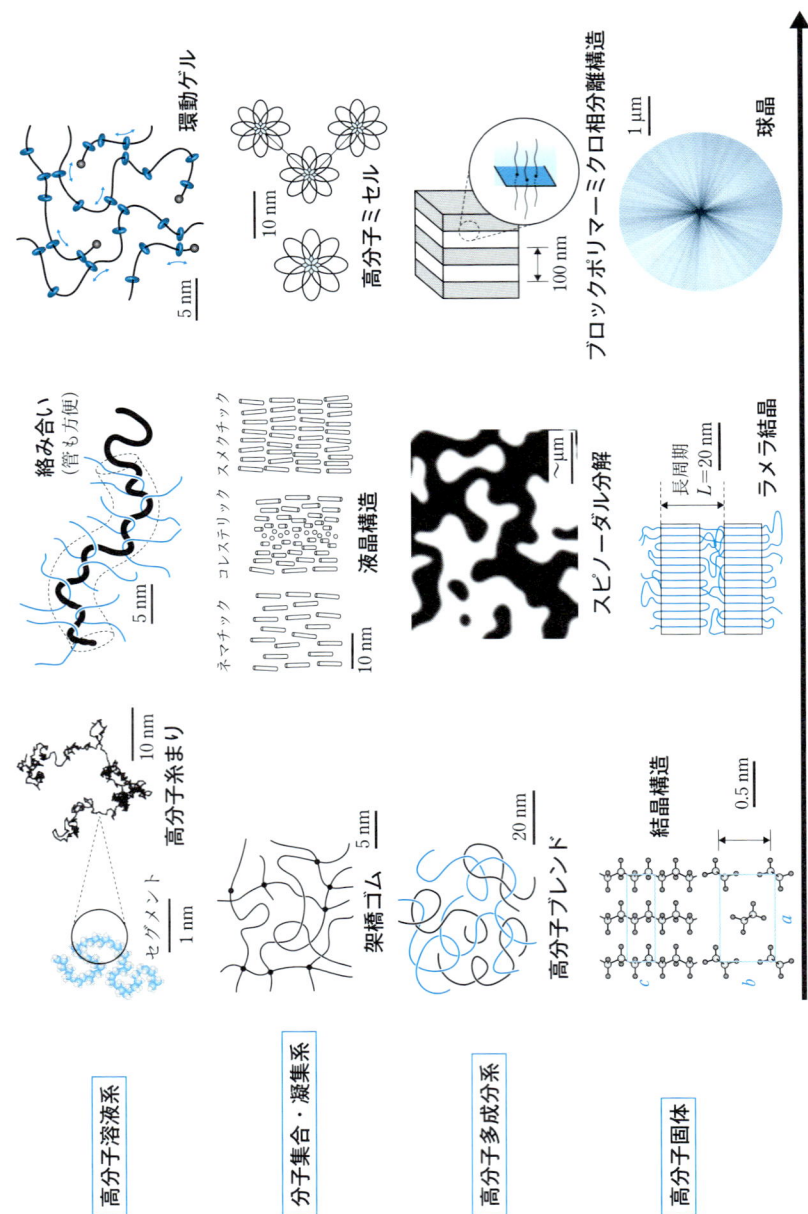

図 高分子の空間的大きさ

はじめに

表 高分子構造・物性に関する科学発展の歴史

年代	発見・発明者	歴史的な事項
1806	J. Gough, J. P. Joule	ゴム弾性率の温度依存性の発見
1839	C. Goodyear	化学架橋（天然ゴムの加硫）の発見
1871	Lord Rayleigh	光散乱の理論
1905～1911	A. Einstein	粒子分散系の拡散・粘度理論，液体の光散乱理論
1913	西川正治，小野澄之助	セルロース，絹，毛のX線回折
1920～35	H. Staudinger	高分子説の確立
1934年頃	W. Kuhn	Gauss鎖モデルの提唱
1935	K. H. Meyer, C. Ferri, W. Kuhn	ゴム弾性の統計理論
1942	P. J. Flory, M. L. Huggins（独立に）	高分子溶液の格子理論
1943	P. J. Flory, J. Rehner, Jr.	ゲルの膨潤理論
1944	P. Debye	高分子溶液の光散乱法の提案
1948	J. G. Kirkwood, J. Riseman	高分子鎖の流体力学理論
1949	P. J. Flory	排除体積効果の理論
1949	O. Kratky, G. Porod	みみず鎖モデルの提唱
1953	H. Staudinger	ノーベル化学賞受賞
1953, 1956	R. E. Rouse, B. H. Zimm	バネ－ビーズモデルの提唱
1957	A. Keller	ポリエチレン単結晶の発見
1959	高柳素夫，芳野正継	レオバイブロンの発明
1958	M. L. Williams, R. F. Landel, J. D. Ferry	温度－時間換算則（高分子粘弾性における）
1960	J. I. Lauritzen, Jr., J. D. Hoffman	高分子折りたたみ鎖結晶化モデルの提唱
1969	松尾正人，D. J. Meier	ミクロ相分離の概念（実験・理論）の提案
1970	A. J. Pennings	シシケバブ構造の発見
1970年頃	P.-G. de Gennes	レプテーション・スケーリング理論
1973	H. Benoit	バルクポリマーの非摂動鎖の実験的証明
1974	R. G. Porter, I. M. Ward（独立に）	高弾性率ポリエチレンの開発
1974	P. J. Flory	ノーベル化学賞受賞
1977	白川英樹，A. G. MacDiarmid, A. J. Heeger	導電性ポリアセチレンの発見
1978	田中豊一	ゲルの体積相転移の発見
1978	土井正男，S. F. Edwards	管モデルによる粘弾性理論
1980	L. Leibler	ミクロ相分離の偏析強度理論
1985	G. Marrucci	絡み合い緩和における管膨張の概念の提唱
1990	J. H. Burroughes	高分子有機ELの開発
1991	P.-G. de Gennes	ノーベル物理学賞受賞

はじめに

し，この分野の発展の中できわめて大きな役割を果たしてきた2冊の教科書，"Principles of Polymer Chemistry"（P. J. Flory, Cornell University Press (1953)），および"Scaling Concepts in Polymer Physics"（P.-G. de Gennes, Cornell University Press (1979)）があり，各章でもしばしばその内容が引用されているので，ここで紹介しておく．

本書は，主として大学院で意欲的に高分子構造・物性を学び，将来に役立てようとする諸君を読者対象として想定している．本書の内容を真の意味で理解するためには，熱力学や統計熱力学，統計力学，流れ学（レオロジー）などの基礎を習得している必要がある．これらの高分子構造・物性を学ぶ際に基本となる学問の紹介・解説はもちろん本書の守備範囲ではないが，本書の内容を理解するための学問的知見や，概念の源が何であるのかについては紙面の許される範囲でできる限り示した．このため，少し難しい概念やそれを表現する数式も随所に登場する．また，本文中の記載のみでは取り掛かりが難しいと思われる学術用語については「用語解説」として簡単な説明を加えた．これらをすべて理解する必要は必ずしもなく，まずは全体を通してこの分野の流れを酌みとっていただきたい．その上で，読者諸氏が個々に知りたい分野について深く追いかけていくことを望んでいる．なお，式の導出が詳細に及ぶような場合には，別途「発展」として本文とは切り分けて説明しているので，興味がある読者はこれにも果敢にアタックしてほしい．さらに，本筋とは言えないが，高分子構造・物性を彩る豆知識的な事象については，「コラム」として掲げているので，ティータイムの折などに肩の力を抜いて読んでいただくことを願っている．このように，本書の理解は，大学院生あるいはそれ相応の研究者が本腰を入れた勉強をしてはじめて可能と思われるので，ぜひ強い気持ちで挑み，学んでいただきたい．

今や我が国の高分子構造・物性分野の研究は，世界の先端を走っているといってもよい．執筆者には，各々の細分野でトップレベルの研究およびそれに裏付けされた教育を実践している方々を選んだ．しかも，これまでに解明された事象のみでなく，未解決な事柄もなるべく加えるように努力してもらった．若い諸君には，この編集の意図を酌みとり，先人たちが成し遂げた成果の理解にとどまらず，未解決な難しい問題の解決に自ら当たる勇気を持っていただきたい．本書がその契機となる役目を果たすことができれば幸いである．

松下裕秀

目　次

はじめに──本書の構成と位置付け ……… iii
記号リスト …………………………………… xv

第1章　高分子鎖の分子形態 ……………………………… 1
1.1　高分子の分類 ……………………………………… 2
1.2　高分子の化学構造 ………………………………… 4
1.2.1　線状の単独重合体 …………………………… 4
1.2.2　分岐高分子 …………………………………… 8
1.2.3　線状の共重合体 ……………………………… 14
1.3　高分子鎖の分子形態と鎖の統計 ………………… 19
1.4　高分子鎖の統計力学的取り扱い ………………… 23
1.4.1　線状高分子に関するモデル ………………… 23
1.4.2　排除体積効果 ………………………………… 38
1.4.3　特殊な線状高分子 …………………………… 46
1.4.4　分岐高分子 …………………………………… 55
1.4.5　環状高分子 …………………………………… 58
1.5　高分子ミセル ……………………………………… 59
1.5.1　ミセルの種類 ………………………………… 59
1.5.2　高分子ミセルの会合数分布：解離－会合平衡 … 61
1.5.3　ミセルの広がり ……………………………… 66
1.6　実験との比較 ……………………………………… 69
1.6.1　線状高分子 …………………………………… 69
1.6.2　分岐高分子 …………………………………… 74
1.6.3　両親媒性高分子 ……………………………… 76
追補A　重合反応動力学から導出される分子量分布 … 79

追補 B	カスケード理論による自己集合体の分子量分布の計算	83
追補 C	ラジカル共重合体の組成分布と重合度分布の関係	84
追補 D	式(1.4.13)の導出	86
追補 E	カスケード理論による自己縮合体の回転半径の計算	87

第2章　溶液物性　89

2.1　高分子溶液モデルと分子間相互作用　89
　2.1.1　格子モデル　90
　2.1.2　みみず鎖モデル　92
　2.1.3　ファジー円筒モデルと管モデル　98
　2.1.4　モデルパラメータと溶液物性　99
2.2　熱力学的性質　100
　2.2.1　浸透圧および関連する現象　101
　2.2.2　第2ビリアル係数　103
　2.2.3　広い濃度範囲にわたる熱力学量の定式化　108
　2.2.4　実験との比較　116
2.3　溶解性と相分離　123
　2.3.1　高分子−貧溶媒系　123
　2.3.2　剛直性高分子−良溶媒系　126
2.4　光散乱　131
2.5　拡散現象　135
　2.5.1　拡散過程　135
　2.5.2　拡散係数　138
　2.5.3　実験結果との比較　150
2.6　粘性　154
　2.6.1　ずり流動　154
　2.6.2　希薄溶液の粘度　157
　2.6.3　濃厚溶液のゼロずり粘度　165
　2.6.4　実験結果との比較　168

目　次

第3章　高分子凝集系の構造特性 ……………………………………… 175
3.1　バルク状態の高分子鎖の広がり ………………………………… 176
- 3.1.1　バルク状態の高分子鎖のセグメント間に働く力 ……………… 176
- 3.1.2　分子散乱理論――中性子散乱実験 …………………………… 179
- 3.1.3　ホモポリマーの広がり ………………………………………… 185

3.2　ポリマーブレンドの相溶性 ……………………………………… 188
- 3.2.1　各種散乱法と物質の密度ゆらぎ ……………………………… 189
- 3.2.2　A−B混合系の相溶性指標 ……………………………………… 190
- 3.2.3　2種類の相図 …………………………………………………… 195
- 3.2.4　相互作用パラメータの温度依存性 …………………………… 196

3.3　ブロック共重合体とグラフト共重合体の構造 ………………… 199
- 3.3.1　自己組織化とミクロ相分離構造 ……………………………… 199
- 3.3.2　ミクロ相分離構造のモルフォロジー転移の定性的表現 …… 201
- 3.3.3　偏析の強さと構造転移 ………………………………………… 203
- 3.3.4　周期構造の大きさと分子の形態 ……………………………… 206
- 3.3.5　ミクロ相分離界面の構造 ……………………………………… 209
- 3.3.6　モルフォロジー転移のエポック――共連続構造 …………… 210
- 3.3.7　ブロック共重合体と異種化合物のブレンド ………………… 214

第4章　高分子の結晶構造と非晶構造 ………………………………… 219
4.1　高分子の結晶構造 ………………………………………………… 220
- 4.1.1　結晶中の高分子鎖の形態 ……………………………………… 220
- 4.1.2　結晶格子 ………………………………………………………… 222
- 4.1.3　単結晶 …………………………………………………………… 225
- 4.1.4　ラメラ晶と球晶構造 …………………………………………… 226
- 4.1.5　ふさ状結晶と配向結晶 ………………………………………… 230
- 4.1.6　流動結晶化とシシケバブ構造 ………………………………… 231

4.2　高分子の結晶化機構 ……………………………………………… 233
- 4.2.1　結晶化の駆動力 ………………………………………………… 233
- 4.2.2　結晶化過程の測定法および得られる情報 …………………… 234
- 4.2.3　結晶化過程のモデルと理論 …………………………………… 237

  4.2.4 中間相を経由する結晶化 ······················· 250
  4.2.5 外場下での結晶化 ···························· 254
 4.3 高分子の非晶構造 ································· 257
  4.3.1 非晶構造(短距離構造) ························· 258
  4.3.2 非晶構造における長距離密度ゆらぎ ············· 260
  4.3.3 結晶性高分子中での非晶構造(高次構造) ········· 262
 4.4 ガラス転移 ······································ 263
  4.4.1 ガラス転移の発見 ···························· 263
  4.4.2 ガラス転移と高分子物性 ······················ 264
  4.4.3 ガラス形成物質で観測される緩和過程 ··········· 267
  4.4.4 ガラス転移の機構 ···························· 273
  4.4.5 拘束系でのガラス転移 ························ 283

第5章　ネットワークの構造と性質　289

 5.1 架橋構造 ·· 289
 5.2 高分子ネットワークの弾性 ························· 293
  5.2.1 アフィンネットワークモデル ·················· 293
  5.2.2 高分子ネットワークの弾性に関する熱力学的考察 ·· 299
  5.2.3 ファントムネットワークモデル ················ 302
  5.2.4 伸びきり効果 ································ 305
 5.3 ゲル ·· 309
  5.3.1 ゲルの膨潤と収縮 ···························· 309
  5.3.2 一軸伸長膨潤 ································ 315
  5.3.3 膨潤収縮の速度論 ···························· 318
 5.4 ゾル－ゲル転移 ·································· 319
 5.5 化学架橋性エラストマーの種類と性質 ··············· 323
 5.6 熱可塑性エラストマー ···························· 325
 5.7 機能性ゲル ······································ 328

第 6 章　絡み合い現象と粘弾性 335

- 6.1　応力と歪みの現象論的定義 336
- 6.2　均質高分子液体の応力 340
  - 6.2.1　長時間域における応力表式(応力－光学則とエントロピー弾性) ... 342
  - 6.2.2　応力と緩和の分子描像 350
- 6.3　線形粘弾性の現象論的枠組み 352
  - 6.3.1　緩和剛性率 352
  - 6.3.2　線形応答の表記 353
  - 6.3.3　種々の粘弾性量と $G(t)$ の間の関係 357
  - 6.3.4　緩和モード分布を考慮した G' と G'' の表式 361
  - 6.3.5　低周波数域を特徴づける粘弾性量 363
- 6.4　力学モデル 368
- 6.5　粘弾性緩和に対する温度の効果 369
  - 6.5.1　温度－時間換算則 369
  - 6.5.2　強度因子 b_T の温度依存性 371
  - 6.5.3　移動因子 a_T の温度依存性 372
- 6.6　高分子液体の平衡ダイナミクス I：線形粘弾性 375
  - 6.6.1　希薄溶液 375
  - 6.6.2　濃厚溶液およびメルト 386
  - 6.6.3　絡み合い鎖の線形粘弾性緩和の特徴 388
  - 6.6.4　絡み合い直鎖，星型鎖の平衡運動の分子描像 391
- 6.7　高分子液体の平衡ダイナミクス II：A 型鎖の誘電緩和 396
  - 6.7.1　誘電緩和現象の概要 396
  - 6.7.2　A 型高分子の誘電緩和関数の分子論的表式 400
  - 6.7.3　A 型高分子の終端誘電緩和の特徴 403
  - 6.7.4　A 型高分子の絡み合い緩和の詳細：誘電データと粘弾性データの比較 409
- 6.8　高分子液体の非平衡ダイナミクス：非線形粘弾性 418
  - 6.8.1　大変形応力緩和 418
  - 6.8.2　定常ずり流動下での粘度と法線応力差 423
  - 6.8.3　一軸伸長流動 427

目　次

追補 A　屈曲性高分子の大規模運動に対するバネ−ビーズモデル ･･････････ 433
追補 B　絡み合い高分子鎖の大規模運動に対する固定管モデル ････････････ 437
追補 C　絡み合い高分子鎖の大規模運動に対する
　　　　Milner−McLeish モデル（完全管膨張モデル）････････････････････ 441

第 7 章　高分子の固体物性 ･･･ 445
7.1　高分子固体の緩和現象 ･･ 446
7.1.1　高分子固体とは ･･･ 446
7.1.2　弾性，粘性と粘弾性 ･････････････････････････････････････ 447
7.1.3　高分子固体の力学モデルと応力緩和 ･･･････････････････････ 447
7.1.4　動的粘弾性 ･･･ 449
7.1.5　粘弾性緩和機構 ･･･ 451
7.1.6　非晶性高分子の緩和過程と活性化エネルギー ･･･････････････ 453
7.1.7　結晶領域に起因する緩和過程 ･････････････････････････････ 457
7.1.8　不均一系材料の粘弾性解析 ･･･････････････････････････････ 458
7.1.9　疲労と粘弾性 ･･･ 460
7.1.10　粘弾性と衝撃破壊 ･･････････････････････････････････････ 461
7.2　高分子固体の電気的性質 ･･････････････････････････････････････ 463
7.2.1　高分子固体の誘電特性 ･･･････････････････････････････････ 463
7.2.2　高分子固体の導電性 ･････････････････････････････････････ 476
7.3　高分子固体の光学的性質 ･･････････････････････････････････････ 485
7.3.1　屈折率 ･･･ 485
7.3.2　複屈折・光弾性 ･･･ 491

付　録
付録 A　統計力学の考え方 ･･･ 507
付録 B　Fourier 変換 ･･ 514
付録 C　テンソルについて ･･･ 519
付録 D　用語解説 ･･･ 523

おわりに ･･･････････ 529

記号リスト

　本書で使用されている記号を抜粋して以下にまとめる．下記以外の意味で使用されている記号もあるため，あくまで目安程度にしていただきたい．なお，本書では基本的に，それぞれの分野で使用されている記号を尊重しており，完全な統一は図っていない．

a	：単位ベクトル
a_T	：移動因子（温度－時間換算則）
A	：Helmholtz エネルギー（6 章；1, 2, 3, 5 章では F）
A_2	：第 2 ビリアル係数
b	：結合長（1～3, 5, 6 章）/散乱長（3 章）
b	：結合ベクトル
b_T	：強度因子（温度－時間換算則）
B	：排除体積強度パラメータ
c	：質量濃度/真空中の光の速度
c'	：数濃度
C	：熱容量
C_∞	：特性比
d	：高分子鎖の太さ（直径）
d_b	：ビーズの直径（みみず鎖ビーズモデル）
D	：拡散係数/電気変位
D	：電気変位（ベクトル量）
e	：電気素量
E	：Young 率（5 章）/電場強度（6 章）
E'	：貯蔵弾性率
E''	：損失弾性率
E	：変位テンソル
f	：力/官能基の数（1, 2 章）/分岐点の数（5 章）/周波数（7 章）
F	：Helmholtz エネルギー（1, 2, 3, 5 章；6 章では A）/力
f あるいは **F**	：力（ベクトル量）

記号リスト

g_S	:	収縮因子
G	:	Gibbs エネルギー（3, 4, 5 章）／剛性率・ずり弾性率（2, 5, 6 章）
G'	:	貯蔵剛性率
G''	:	損失剛性率
G_N	:	ゴム状平坦部の剛性率
h	:	投影長（結合ベクトル **r** を末端間ベクトル **R** 方向へ投影した長さ）
h_p	:	（p 番目の緩和モードに対する）粘弾性緩和強度
H	:	エンタルピー
$\langle H^2 \rangle$	:	鎖中点と末端間ベクトル **R** までの距離の二乗平均
I	:	光強度／散乱光強度（X 線・中性子含む）
I	:	単位テンソル
J_e	:	定常回復コンプライアンス
$J(t)$	:	クリープコンプライアンス
k'	:	Huggins 係数
k_B	:	Boltzmann 定数
L	:	経路長（1, 2 章）／長周期（4 章）／物体における辺の長さ（5, 6 章）
M	:	分子量
M_n	:	数平均分子量
M_w	:	重量平均分子量
n	:	結合数（1, 2 章）／高分子鎖の数（3, 5 章）／屈折率（7 章；2 章では $\tilde{n}$）
n_b	:	ビーズの数（みみず鎖ビーズモデル）
n_{cp}	:	材料中の架橋点間の高分子鎖（ネットワーク鎖）の総数
n_p	:	高分子鎖の数
n_s	:	溶媒分子の数
n_S	:	1 本の高分子鎖に含まれるセグメント数（1, 2 章）
n_x	:	モル分率（x 量体の）
n	:	法線ベクトル
N	:	重合度（3, 7 章）／1 本の高分子鎖に含まれるセグメント数（3, 5 章）／高分子 1 本あたりの部分鎖の数（6 章）／単位体積あたりの分子数（7 章）
N_A	:	Avogadro 定数
N_K	:	Kuhn の統計セグメント数
N_x	:	x 量体の物質量（モル数）
p	:	反応率

p_c	:	ゲル化点
p	:	分極（ベクトル量）
P	:	圧力（2, 5章）／電気分極（7章）
$P(\mathbf{q})$	:	分子内粒子散乱関数（Debye関数）
$P(\mathbf{R})$	:	末端間ベクトルの分布関数
q	:	持続長／散乱ベクトルの絶対値
$2q$	:	Kuhnの統計セグメント長
q	:	散乱ベクトル
$Q(\mathbf{q})$	:	分子間散乱関数
r	:	結合ベクトル
R	:	気体定数
R_g	:	回転半径（3, 4章；1, 2, 6章では$\langle S^2 \rangle^{1/2}$）
R_H	:	流体力学的半径
R_θ	:	Rayleigh比
$\langle R^2 \rangle$	:	平均二乗末端間距離
R	:	末端間ベクトル
S	:	エントロピー
$\langle S^2 \rangle$	:	平均二乗回転半径（1, 2, 6章；3, 4章ではR_g^2）
$S(n,t)$	:	ずり配向関数
$\mathbf{S}(n,t)$	:	配向テンソル
$S(q)$	:	構造因子（4章）
$S(\mathbf{q})$	:	散乱関数（3章）
t	:	時間
T	:	温度
T_g	:	ガラス転移温度
T_m	:	融点
T	:	Oseenテンソル
u	:	速度ベクトル（1, 2章）／部分鎖の末端間ベクトル（6章）
U	:	内部エネルギー
v	:	分子体積（2章）／媒質中の光の速度（位相速度）(7章)
v_c	:	1格子の体積
v_s	:	溶媒の分子体積
V	:	高分子溶液の体積／物体の体積

記号リスト

V_{ex}	:	排除体積
V_{s}	:	溶媒のモル体積
w	:	相互作用ポテンシャル
w_x	:	重量分率
x	:	重合度(1章;x_{n}は数平均重合度,x_{w}は重量平均重合度)
z	:	排除体積パラメータ
α	:	膨張因子(1,2章)/膨潤度(5章)
α_R	:	末端間距離に関する膨張因子
α_S	:	半径膨張因子
α_V	:	体積膨張率(ゴム材料の)
$\Delta\alpha$	:	過剰分極率(溶媒との分極率の差)
β	:	2体クラスター積分
γ	:	界面張力(1,3章)/ずり歪み(2,6,7章)
$\tan\delta$	:	損失正接
ε	:	引力ポテンシャル(2章)/伸長歪み(6章)
ε_0	:	静電誘電率(静電比誘電率)
$\varepsilon'(\omega)$	:	動的誘電率
$\varepsilon''(\omega)$	:	誘電損失
$\Delta\varepsilon$	:	誘電緩和強度
ζ	:	摩擦係数
η	:	粘性係数
η_0	:	ゼロずり粘度
$\eta^+(t)$	:	粘度成長関数
η_{els}	:	弾性応力粘度
η_{vis}	:	粘性応力粘度
$[\eta]$	:	固有粘度・極限粘度
Θ	:	シータ温度
κ	:	Debyeの遮蔽長(1,2章)/バネ定数(6章)/比誘電率(7章)
λ	:	光の波長/ファジー円筒と臨界空孔との相似比(2章)/融体の質量分率(4章)/変形の度合い(5章)
μ	:	化学ポテンシャル(1,2章)/Poisson比(5,7章)/双極子の大きさ(7章)/キャリアの移動度(7章)
$\Delta\mu$	:	結晶化の自由エネルギー

$\boldsymbol{\mu}$	:	双極子ベクトル
ν	:	鎖の数密度（3, 6章）／単位体積あたりのネットワーク鎖の数（5章）
Π	:	浸透圧
ρ	:	密度（3章では電子密度）
σ	:	応力（2, 5, 6, 7章）／表面自由エネルギー（4章）／導電率（7章）
$\boldsymbol{\sigma}$	:	散乱断面積（3章）／応力テンソル（6章）
τ	:	緩和時間（4, 6章）／換算温度（5章）
$\tau_{p,G}$	:	（p番目の緩和モードに対する）粘弾性緩和時間
τ_{rep}	:	レプテーション時間
υ	:	高分子の比容
$\bar{\upsilon}$	:	高分子の部分比容
ϕ	:	内部回転角（1章）／体積分率（1, 2, 3, 5章）
$\Phi_0(t)$	:	規格化誘電緩和関数
χ	:	相互作用パラメータ（カイパラメータ）
$\varphi(r)$	:	静電ポテンシャル
ω	:	角周波数
ω_x	:	構造異性体数（x量体の）
Ω	:	Flory-Huggins理論における系全体の格子数

参考（下付き添え字）

el	:	静電的
els	:	弾性的
E	:	伸長
p	:	高分子
s	:	溶媒
S	:	セグメント

第1章　高分子鎖の分子形態

　単量体分子（モノマー分子）が，重合反応を繰り返してできる巨大な分子が高分子（ポリマー分子）である．ただし，高分子からなるプラスチックなどの物質をも「高分子」と呼ぶことがあるので，混乱を避けたいときには，前者を高分子鎖，後者を高分子物質と呼ぶ．1本の高分子鎖中に含まれるモノマー単位の数を重合度と呼ぶ．通例，高分子物質特有の性質（高粘性，粘弾性，低拡散性など）が顕著となる，重合度がおよそ100を超える重合体のことを高分子と呼び，単量体分子と高分子の間の分子はオリゴマー分子という．他方，高分子の重合度には原理的に上限はない．構成単位が無限の網目でつながった高分子ネットワーク（5章参照）は巨視的なサイズ（人の目で直接識別できるサイズ）になり得て，このときには重合度は実質上無限大である．ただし通常は，この巨視的な物質全体が「分子」として考察されることはない．

　本章では，1本の高分子鎖の「かたち」について述べる．この「かたち」は，2章以降の高分子系の諸物性の起源となるが，それを決めているのは，まず高分子を構成している原子がどのように結合しているか，すなわち高分子の化学構造である．好みの化学構造をもつ高分子の合成法は本書の姉妹編である『高分子の合成（上）（下）』（講談社）で詳しく紹介されているが，我々が合成して得られる高分子の試料には，必ず化学構造上の不均一性（多分子性）が存在する．また，化学構造が定まっても，高分子鎖にはまだ多くの自由度があり，後述するように高分子鎖の「かたち」は，非常に多様で複雑である．個々の原子の結合様式には注目せず，高分子鎖全体を見たときの鎖の「かたち」を分子形態と呼ぶ．各原子に注目しないという意味で，低分子科学とは違った高分子科学特有の分子の見方であり，本書を読む上ではこの分子の見方に慣れていただく必要がある．

　以下では，結合様式の異なる高分子を大雑把に分類した後，化学構造の不均一性，高分子鎖の分子形態とその統計的取り扱いについて述べる．また，非共有結合で集まった高分子ミセルについても言及する．

第1章 高分子鎖の分子形態

1.1 ■ 高分子の分類

　図1.1に，高分子の分類を模式的に示す．小球はモノマー単位を表す．上述のように，高分子の重合度はおよそ100以上であるが，図では紙面の都合上，重合度を少なくして描いてある．1種類のモノマー単位からなる高分子を単独重合体（ホモポリマー；a, f～i），2種類以上のモノマー単位からなる高分子を共重合体（コポリマー；b～e）と呼ぶ．共重合体は，さらに連鎖様式に従い，ブロック共重合体（b），周期共重合体（c），交互共重合体（d），ランダム共重合体（e）などに分類される．2種類以上のホモポリマーの混合物は高分子ブレンドと呼ばれ，共重合体とは区別される．また，高分子主鎖の結合様式により，線状高分子と分岐高分子に分類され，さらに後者は分岐様式に従い，星型高分子（f），櫛型高分子（g），ランダム分岐高分子（h）などに細分化される．線状高分子鎖の両末端を結合させた環状高分子（i）も存在する．図には最も単純な環状高分子を描いたが，いくつかの結び目をつくってから閉環させたものも考えられ，環状高分子にも複数の種類がある．

　歴史的な理由（コラム「高分子説対ミセル説」参照）により，低分子が分子間の非共有結合（相互作用）で集まった巨大分子集合体は，高分子科学の研究対象からは除外されてきた．しかしながら，高分子と巨大分子集合体とは多くの共通する性質（コ

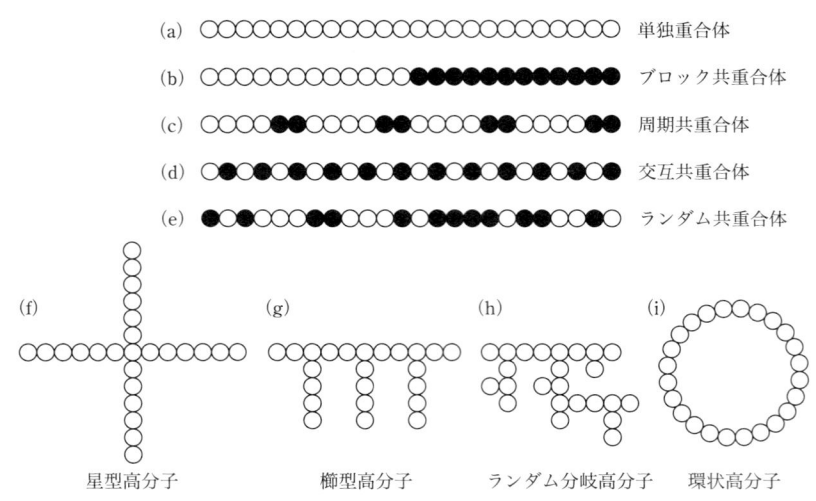

図 1.1　さまざまな高分子鎖の模式図

> ● **コラム　　高分子説 対 ミセル説**
>
> 　Staudinger が 1920 年頃に，ゴムや多糖類，合成の重合物が非常に多数の原子が化学結合でつながった高分子であると提唱したときに，当時の多くの化学者はその「高分子説」に否定的で，低分子化合物が物理的な相互作用で集合したミセルであろうとする考えが大勢を占めていた．Staudinger は，この「ミセル説」を反駁する実験的証拠を集め，1930 年頃にようやく「高分子説」が一般の化学者に受け入れられるようになった．すなわち，高分子科学はまだ誕生してから 100 年程度しか経っていない．その歴史的な経緯から，高分子科学者には「ミセル説」に対するアレルギーが残っていたのかもしれない．長らく，高分子（分子性コロイド）を研究対象とする高分子科学は，低分子化合物が非共有結合で集まった巨大分子集合体を研究対象とするコロイド科学とは一線を画して発展してきた．また，多くの高分子科学者は高分子が非共有結合で集まった高分子会合体の研究も避ける傾向にあった．

ロイド性など）を有するので，最近では後者を特に超分子ポリマーと称して，高分子科学の研究対象に含める傾向にある．本章においても，超分子ポリマーを高分子の一種とみなし，その形態について言及する．最近では，高分子，各種のコロイド，液晶などを総称する術語として，ソフトマターなる言葉も市民権を得てきた．

　超分子ポリマーを高分子の一種とみなすならば，高分子鎖が強い非共有結合（相互作用）で集まった高分子集合体をも「分子」として取り扱うことを否定する理由はない．したがって，会合性高分子が形成する高分子集合体（高分子会合体）についても本書では取り扱う．ただし，強い相互作用で集まった高分子集合体をどこまで「分子」とみなすかは微妙な問題である．「分子」の概念を拡張していくと，そのアイデンティティーが次第に曖昧になってしまうのは仕方がないことである．むしろ，考察の対象としている物性の理解に役立つならば，どんな高分子集合体も「分子」とみなせばよい．そうではなくて，個々の高分子鎖が単に分子間相互作用しているだけとみなした方が理論的に取り扱いやすければ，相互作用している高分子の集まりをあえて「分子」とみなす必要はない．

　タンパク質，核酸，多糖などの生体高分子は，化学と生物学をつなぐ学際領域において非常に重要な研究対象である．しかしながら，人工的に作られる合成高分子と生体が作る生体高分子とは，その 1 次構造の複雑さと規則性に顕著な差があり，現時点においては，両者を統一的に議論できる学問体系はまだ構築されていない．本書では，主として合成高分子を取り扱う．

1.2 ■ 高分子の化学構造

　低分子では化合物名が指定されれば，その化学構造（原子の結合様式）は一義的に決まるが，たとえば，エチレンの重合体であるポリエチレンの分子量は化合物名だけでは一義的に定まらない．また，重合の過程では短い分岐がしばしば生じるが，分岐構造の異なるポリエチレンごとに異なる化合物名があるわけではない．有機化学などで低分子について学んでこられた読者には，そのような命名法は高分子科学者の怠慢であると思われるかもしれない．しかしながら，分岐構造の異なるポリエチレン分子の構造異性体の数は，重合度の増加に伴って指数関数的に増大し，それら1つ1つの異性体に名称を付すことは実際上不可能となる（1.2.2項参照）．

　高分子化合物の研究においては，できるだけ化学構造が均一な試料を用いるべきであるが，原子の結合様式だけが異なる高分子化合物の混合物を完全に分別することは，実験上不可能なことが多い．したがって，化学構造の均一な高分子試料を得ることに最大限努力はするが，どうしても除けない不均一性には目をつぶってその試料の性質を調べるというのが高分子科学者の現実主義者的態度である．これは，まず純物質を単離してから研究を行うべきであるという，低分子化学者の哲学に反する．また，そのような試料を用いて研究しているがために，高分子科学の進歩が遅れているのも確かである．しかし，純物質が得られるまでは研究をしないという態度では，さらに高分子科学の進歩を遅らせることになる．

　本節では，高分子化合物のもつ化学構造の不均一性，すなわち多分子性について考察する．高分子化合物の研究は，この多分子性を十分に理解した上で行うべきである．

1.2.1 ■ 線状の単独重合体

　高分子の最も基本的な分子特性量は，言うまでもなく分子量あるいは重合度である．多くの場合，分子量と重合度との間には良い近似で比例関係が成立するので，本章では両者を同義語的に使用する．ただし，低重合体やモノマー組成が重合度に依存する共重合体などでは，その比例関係が成立しないので注意が必要である．重合度は，1本の高分子鎖を構成しているモノマー単位の数として定義されるので，モノマー単位が明確になっていることが前提である（コラム「重合度の定義」参照）．

　高分子を合成する際の重合反応は確率的に起こるので，生成した高分子試料には必然的に重合度の異なる高分子鎖が混在する．いま，生成した高分子試料に含まれる重合度が x の高分子鎖（x 量体）の物質量（モル数）を N_x とすると，高分子試料中に

> **● コラム　重合度の定義**
>
> 　たとえば，ポリブタジエンのモノマー単位はブタジエンユニット（–CH$_2$–CH=CH–CH$_2$–）であるが，それを水添して得られる高分子をポリエチレンと呼んだ時点で，エチレンユニット（–CH$_2$–CH$_2$–）がモノマー単位となり，主鎖の炭素数は同じであるにもかかわらず，重合度は水添前のポリブタジエンの2倍となる．さらに，このポリエチレンをより小さいメチレンユニット（–CH$_2$–）から構成されているとみなすと（このときはポリメチレンと呼ぶべきであるが），重合度はさらに2倍になる．

おける x 量体の**モル分率** n_x および**重量分率** w_x は，それぞれ次式で与えられる．

$$n_x = N_x \bigg/ \sum_{x'=1}^{\infty} N_{x'}, \quad w_x = xN_x \bigg/ \sum_{x'=1}^{\infty} x' N_{x'} \tag{1.2.1}$$

重量分率 w_x の式は，右辺の分子・分母の両方に対してモノマー単位のモル質量をかけると物理的意味が明確になる．ただし，低重合体や平均モノマー組成が重合度に依存する共重合体の場合，モノマー単位あたりの平均モル質量 $\bar{M}_{0,n}$ が重合度に依存するので，$w_x = x\bar{M}_{0,x} N_x \big/ \sum_{x'=1}^{\infty} x' \bar{M}_{0,x'} N_{x'}$ と書く必要があり，分子と分母にある平均モル質量は約分できず，式(1.2.1)のようにはならない．しかし，以下では簡単のために，モノマー単位あたりの平均モル質量は重合度によらず，一定値 M_0 をとる場合に限定して議論する．

　上で定義したモル分率および重量分率から次式を使って，**数平均重合度** x_n と**重量平均重合度** x_w が計算される．

$$x_n = \sum_{x=1}^{\infty} n_x x, \quad x_w = \sum_{x=1}^{\infty} w_x x \tag{1.2.2}$$

数平均分子量 M_n と重量平均分子量 M_w は，それぞれ x_n と x_w にモノマー単位のモル質量をかけたものである．重量平均分子量と数平均分子量の比 M_w/M_n は，分子量分布の広さを表す尺度として用いられる．

　分子量分布は，高分子の重合反応の様式と結合様式によって決まる．（重合反応と結合の様式については，本書の姉妹編である『高分子の合成（上）（下）』に詳しく紹介されている．）たとえば，以下のような2官能性モノマーの重縮合によって合成されたポリエステルの分子量分布について考える．

$$n\text{HO–R–COOH} \rightarrow \text{HO–(R–COO)}_{n-1}\text{–R–COOH} \tag{1.2.3}$$

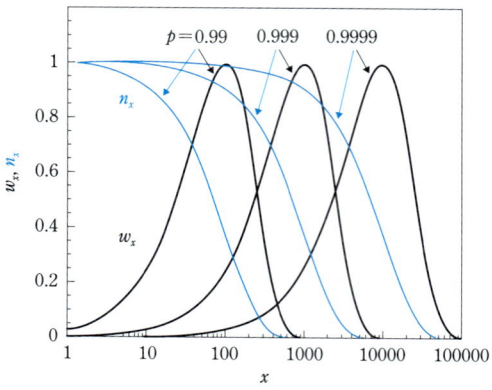

図 1.2　理想的な重縮合体の重合度分布

x 量体のポリエステルでは $x-1$ 個のカルボキシ基が反応に関与し，末端の 1 個のカルボキシ基が未反応となっている．いま，重合反応の系内に存在するカルボキシ基の反応確率（反応率）を p とすると（未反応確率は $1-p$），x 量体ができる確率，すなわち x 量体のモル分率 n_x は，$p^{x-1}(1-p)$ に比例するはずである．また，重量分率 w_x はこの確率に x をかけたものに比例する．規格化した n_x と w_x は以下のようになる．

$$n_x = p^{x-1}(1-p), \quad w_x = xp^{x-1}(1-p)^2 \tag{1.2.4}$$

n_x および w_x はモル分率および重量分率の分布を表しており，この n_x と w_x を**最確分布**と呼ぶ．この分布を使い平均重合度 x_n と x_w を計算すると

$$x_n = \frac{1}{1-p}, \quad x_w = \frac{1+p}{1-p} \tag{1.2.5}$$

が得られる．高分子と呼べるほど平均分子量が高くなるためには，反応率 p は 1 に近くなければならず，このときの重量平均分子量と数平均分子量の比 M_w/M_n は $1+p \approx 2$ となる．いくつかの p の値に対する最確分布のグラフを図 1.2 に示す．ただし，縦軸の値は最大値が 1 になるように還元されている．

なお，モノマーが消費されてからも末端の反応性が持続するような条件にしておくと，重縮合体は環化反応を起こす可能性が高くなる．そのような環化反応が起これば，分子量分布は式 (1.2.5) から変化する．

高分子の合成反応には，上述の重縮合以外にラジカル重合や各種のリビング重合な

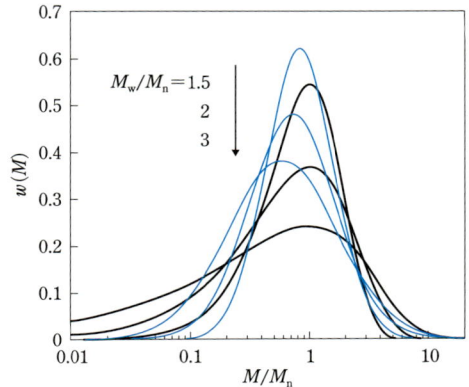

図 1.3 Schulz–Zimm 分布（黒）と対数正規分布（青）

どさまざまな重合法があり，生成する高分子試料の分子量分布は重合法によって異なる．ラジカル重合体とリビング重合体の分子量分布については，章末の追補 A で述べた．特に後者は，（均一な分子量ではないが）非常に狭い分子量分布になり，高分子の基礎研究用試料として重宝されている．

　上述の種々の重合法によって得られる高分子試料の分子量分布は，理想的な重合反応が進行する場合に得られる分布である．たとえば，重合反応中にさまざまな非理想的な停止反応や副反応が起こると，理論的に期待される理想的な分子量分布とはならない．停止反応や副反応は一般に分布を広くする．試料の分子量分布を狭くするためには，分子量分別という操作を行う．分子量分別については種々の方法が提案されているが，重合度の高い単分散の高分子試料を得ることは困難である（一方で，生体は単分散なタンパク質を合成している）．非理想的な重合反応で得られた試料あるいは分子量分別をして得られた試料に対する一般的な分子量分布を表すために，いくつかの解析的な分布関数が提案されている．

　ここでは，その中から Schulz–Zimm 分布と対数正規分布を紹介しよう．分子量が M から $M+\mathrm{d}M$ の間の成分の重量分率を $w(M)\mathrm{d}M$ とすると，それぞれ次のように与えられる．

Schulz–Zimm 分布

$$w(M)\mathrm{d}M = \frac{h}{\Gamma(h+1)}\left(h\frac{M}{M_\mathrm{n}}\right)^h \exp\left(-h\frac{M}{M_\mathrm{n}}\right)\frac{\mathrm{d}M}{M_\mathrm{n}} \tag{1.2.6}$$

対数正規分布

$$w(M)\mathrm{d}M = \frac{1}{\beta\sqrt{\pi}} \frac{M_\mathrm{n}}{M} \exp\left\{-\frac{1}{\beta^2}\left[\ln\left(\frac{M}{M_\mathrm{n}}\right) - \frac{1}{4}\beta^2\right]^2\right\} \frac{\mathrm{d}M}{M_\mathrm{n}} \qquad (1.2.7)$$

ここで，Γ はガンマ関数を表す．h と β は分子量分布の広さを調節するパラメータで，それぞれ $M_\mathrm{w}/M_\mathrm{n}$ を用いて次式で定義される．

$$\frac{1}{h} \equiv \frac{M_\mathrm{w}}{M_\mathrm{n}} - 1, \quad \beta^2 \equiv 2\ln\left(\frac{M_\mathrm{w}}{M_\mathrm{n}}\right) \qquad (1.2.8)$$

Schulz–Zimm 分布は，$h=1$ のときに最確分布に一致する（式(1.2.4)で，$x = M/M_0$，$p = 1 - M_0/M_\mathrm{n}$ とおけば，M_n が十分大きいときに式(1.2.4)は $h=1$ のときの式(1.2.6)に漸近する）．また，対数正規分布は高分子量側にすそをもつ分布を表すのに都合がよい．図 1.3 に 2 つの分布関数の具体的な関数形を示す．

1.2.2 ■ 分岐高分子

『高分子の合成（上）（下）』で紹介されている各種リビング重合法を利用すると，腕の本数が揃った星型高分子（図 1.1(f)）の合成や，マクロモノマーを用いたすべての主鎖モノマー単位に分岐鎖をもつ櫛型高分子（高分子ブラシ）の合成など，決まった分岐構造を有する分岐高分子試料を合成することができる．そのような試料の場合には，線状高分子と同様に，分子量を規定すると 1 次構造が一義的に決まる．

他方，3 つ以上の官能基をもつモノマーを重合させると，ランダムに分岐した高分子が得られる（図 1.1(h)）．ランダム分岐高分子は，重合度 x を規定しても 1 次構造が一義的には決まらない．これは分岐構造の異なる構造異性体が存在するためであり，ランダム分岐高分子は，線状高分子と比べて非常に多様な 1 次構造を有することになる．また以下で述べるように，高分子量になると同じ分子量で分岐構造が異なる構造異性体の数が急増するので，ランダム分岐高分子試料の分子量分布は，高分子量側に非常に広いすそをもつ．その結果として，官能基の有限の反応率において無限網目構造が形成され，ゲル化を起こすという特徴を有する．

ここでは，式(1.2.3)で考えた 2 官能性モノマーの重縮合を拡張し，以下のような f 官能性モノマーの重縮合によってできるランダムに分岐したポリエステルを考える．

$$x\mathrm{HO\text{-}R\text{-}(COOH)}_{f-1} \rightarrow \mathrm{HO\text{-}R(\text{-}COO\text{-}R)}_{x-1}(\text{-}COOH)_{fx-2x+1} \qquad (1.2.9)$$

ただし，最初に反応したモノマーに属する水酸基が分子内反応すると環構造が形成されるが，ここではそのような分子内反応は無視する．これを**樹状近似**という．樹状近似の条件下では x 量体のポリエステルは，$x-1$ 個のカルボキシ基が反応に関与し，

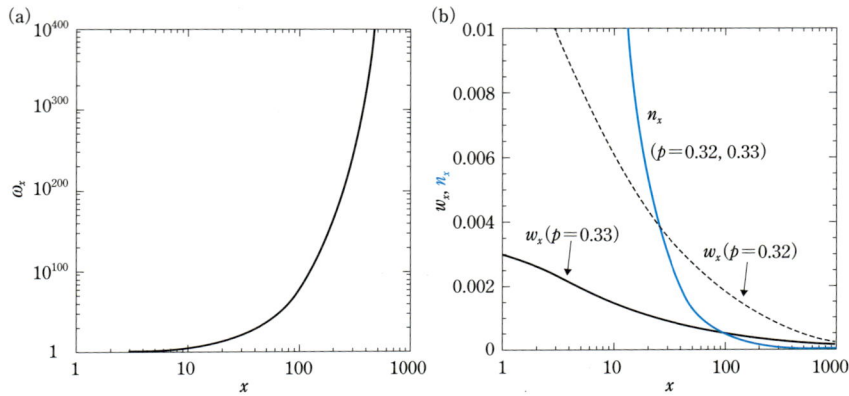

図 1.4 f 官能性モノマー ($f=4$) から形成される重縮合体の構造異性体数 (a) と重合度分布 (b)

$fx-2x+1$ 個のカルボキシ基が未反応となっている．線状重縮合体の場合と同様にカルボキシ基の反応率を p とすると，x 量体の生成確率は $p^{x-1}(1-p)^{fx-2x+1}$ に比例する．ここで注意しなければならないのは構造異性体の存在である．x 量体の存在確率は，構造異性体数 ω_x にも比例するはずである．

上述した x 量体のポリエステルでは，全部で $(f-1)x$ 個あるカルボキシ基のうち，$x-1$ 個が反応している．反応するカルボキシ基の選び方は $_{(f-1)x}C_{x-1}$ 通りであり，そして $x-1$ 個の水酸基が選ばれた $x-1$ 個のカルボキシ基と反応する場合の数は $(x-1)!$ 通りである．x 個のモノマー単位は区別できないので，x 量体の構造異性体数は

$$\omega_x = \frac{_{(f-1)x}C_{x-1}(x-1)!}{x!} = \frac{(fx-x)!}{x!(fx-2x+1)!} \tag{1.2.10}$$

となる．ただし，各モノマー中の $f-1$ 個のカルボキシ基は区別できるとする．構造異性体数は，x が大きくなるに従い急激に増大する（図 1.4(a) 参照）．重合度が x の線状高分子鎖は 1 種類しかないことと比較すると，高重合度の分岐高分子がいかに複雑かがわかる．

以上の結果を使うと，いま考えている x 量体の分岐ポリエステルのモル分率および重量分率は次式で与えられる．

$$n_x = \omega_x p^{x-1}(1-p)^{fx-2x+1}, \quad w_x = x\omega_x[1-(f-1)p]p^{x-1}(1-p)^{fx-2x+1} \tag{1.2.11}$$

具体的な関数形を図 1.4(b) に示す．さらに，平均重合度は以下で与えられる．

$$x_n = \frac{1}{1-(f-1)p}, \quad x_w = \frac{1-(f-1)p^2}{[1-(f-1)p]^2} \tag{1.2.12}$$

当然ながら，これらの結果は，$f=2$ のときに最確分布の式に一致する．

● 発展 1.1　　A_f 型モノマーの自己縮合

　上で述べた f 官能性モノマーからできるランダムに分岐したポリエステルの場合には，2 種類の官能基間の重縮合によって分岐高分子が形成されたが，ここでは f 個の同種の官能基をもつモノマー A_f の自己縮合によって生成される重合体の分子量分布について考える．

　Stockmayer は，飽和蒸気の凝縮に関する理論を適用して，この問題を解いた．すなわち，飽和蒸気中に存在する x 量体のモル濃度 $[M_x]$ が，最大確率で出現するサイズ分布

$$[M_x] = \frac{A \omega'_x \xi^x}{x!} \tag{E1.1.1}$$

で与えられるとした．ここで，A と ξ は後で決まる定数，ω'_x は x 量体の構造異性体数（ただし，各モノマー単位と官能基は区別できるとする）で，次式で与えられる（コラム「Stockmayer のフレームワーク」参照）．

$$\omega'_x = \frac{f^x (fx-x)!}{(fx-2x+2)!} \tag{E1.1.2}$$

　モノマーの初期濃度 C_0 は $x[M_x]$ を，また高分子とモノマーの総モル濃度 C は $[M_x]$ を，すべての x について足し合わせたものである．これらの和を実行すると次の関係が得られる．

$$C_0 = A \frac{p}{f(1-p)^2}, \quad C = A \frac{p(1-\tfrac{1}{2}fp)}{f(1-p)^2} \tag{E1.1.3}$$

ここで，p は次式で定義されるパラメータで，系中に存在する官能基の反応率に等しい．

$$f\xi = p(1-p)^{f-2} \tag{E1.1.4}$$

なぜならば，x 量体中で反応している官能基の数は $2(x-1)$ であり，反応率は次のように計算されるからである．

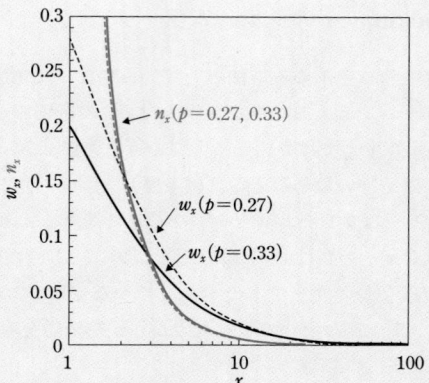

図 A_f型モノマー ($f=4$) の自己縮合体の重合度分布

$$\frac{\sum_{x=1}^{\infty} 2(x-1)[M_x]}{fC_0} = \frac{2(C_0-C)}{fC_0} = p \tag{E1.1.5}$$

式(E1.1.3)より，式(E1.1.1)中のAはpとC_0（あるいはC）を用いて表される．これらを用いて，x量体のモル分率と重量分率は，$n_x=[M_x]/C$と$w_x=x[M_x]/C_0$から計算される．

$$n_x = \left(\frac{f}{1-\frac{1}{2}fp}\right)\frac{(fx-x)!}{x!(fx-2x+2)!}p^{x-1}(1-p)^{fx-2x+2}$$
$$w_x = \frac{f(fx-x)!}{(x-1)!(fx-2x+2)!}p^{x-1}(1-p)^{fx-2x+2} \tag{E1.1.6}$$

これらの式から計算された重合度分布の例を図に示す．図1.4(b)に示したf官能性モノマーの重縮合体の重合度分布とは異なることに注意されたい．

さらに，式(E1.1.6)を用いると，平均重合度は以下で与えられる．

$$x_n = \frac{1}{1-\frac{1}{2}fp}, \quad x_w = \frac{1+p}{1-(f-1)p} \tag{E1.1.7}$$

これらの式はいずれも，$f=2$のときには最確分布の式になる．いまの場合には，ゲル化点で発散するのはM_wのみで，x_nは発散しない．（1.2.2項と同様な反応率に基づくf官能性モノマーの自己縮合についてはFloryの教科書[1]を参照されたい．）

以上の結果は，1.5.2項D.で述べる高分子会合体の会合数分布のところで応用される．なお，A_f型モノマーの重縮合体の分子量分布はカスケード理論によっても計算できる．これについては追補Bを参照されたい．

● コラム　　Stockmayer のフレームワーク

分岐高分子の重合度分布を求める方法として知られている考え方である．まず，x 個の区別できるフレームを考える．各フレームは f 個の区別できる穴をもつとする．相互に区別できないボルトとやはり相互に区別できないワッシャーによりこのフレームをつないでできる構造物の数を数える（図参照）．ボルトはフレームのすべての穴に挿入され，ワッシャーはフレーム同士をつなぐ結合箇所に装填するとする．環構造を無視すると，ワッシャーの数は $x-1$ 個である．フレームの穴の数は全部で fx 個あるが，フレーム同士は2つの穴を1本のボルトでつなぐので，必要なボルトの数は $fx-(x-1)$ 個である．こうした条件の下，次のように構造物を組み立てていくことを考える．

① 各フレームでボルトを挿入しない穴を1つずつ選ぶ（f^x 通り）．
② 選ばれた穴以外にボルトを挿入する（このとき1個だけボルトが余る）．
③ $x-1$ 個のワッシャーも装填する（このとき1個だけ余ったボルトに装填してもよい）．ワッシャーを装填する場合の数は，穴は区別できるので，${}_{fx-x+1}C_{x-1}$ となる．

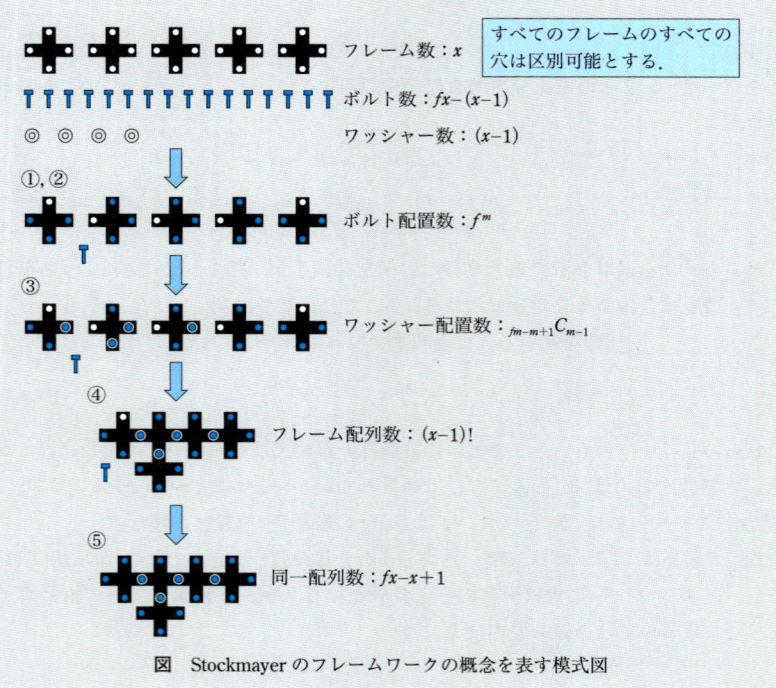

図　Stockmayer のフレームワークの概念を表す模式図

④各フレームの残った穴にワッシャーを装填しているボルトを挿入し，フレームを結合させる（$(x-1)!$ 通り）．
⑤最後に，1個だけ残ったボルトを残った1個の穴に挿入すれば，最終構造物の完成である（1通り）．③で，1個だけ余ったボルトにワッシャーを装填した場合は，④の完了時に2個の穴が残り，構造物は2つに分かれているので，その1個だけ余ったワッシャー付ボルトで2個の穴を結合させ，最終的に構造物を一体化させる（この場合も1通り）．

④の段階に達するまでの場合の数は，$f^x {}_{fx-x+1}C_{x-1}(x-1)!$ である．ただし，④が完了した段階で異なった状態であったものが，最終段階⑤で同じ完成品になる場合がある．これは，最終完成品を④の状態に戻す場合の数を数えればよい．$fx-x+1$ 個あるボルトの中から1つだけ外すのは $fx-x+1$ 通りある．結局，異なる形をもつ最終構造物の数 ω'_x は次式で与えられる．

$$\omega'_x = \frac{f^x {}_{fx-x+1}C_{x-1}(x-1)!}{fx-x+1} = \frac{f^x(fx-x)!}{(fx-2x+2)!}$$

ただし，上の計算では各フレームおよび各フレームの穴は区別できるとした．重縮合体の場合はモノマーや官能基を区別できないので，x 量体の種類は ω'_x を $x!f^x$ で割った式で与えられる．なお，この異性体数は上述の分岐ポリエステルの場合の ω_x（式 (1.2.10)）とは少し異なることに注意されたい．

分岐高分子の理論は，Stockmayer が Massachusetts 工科大学で学位をとった直後に，統計力学で有名な Columbia 大学の Joseph Mayer のもとでポスドクをしていたときに行われた研究である．一見非常に複雑な計算が出てくるが，最終の計算結果は非常にきれいな形になり，Stockmayer の代表的な仕事の1つである．ちなみに，上記のフレーム数の計算では，Joseph Mayer の妻で，後に原子核構造に関する研究でノーベル物理学賞を受賞する Maria G. Mayer の助言を受けたと論文に記載されている．

これらの式で注意しなければならないのは，<u>反応率 p が $1/(f-1)$ に等しくなるところで，平均分子量が発散すること</u>である．$f=2$ の線状高分子では，この発散点は $p=1$ であり，高分子末端の未反応官能基がなくなる点，すなわち系中のすべてのモノマーが1本の高分子鎖に組み込まれることに対応する．f が3以上では，p が 0.5 以下，すなわち未反応官能基がまだ多数残っている段階で平均分子量の発散が起こる．これは重合系中に高分子の無限網目が形成されたことを意味している．この発散点を**ゲル化点**と称する．ただし，f が3以上のときは，このゲル化点以上でも無限網目構造に組み込まれていない高分子成分（ゾル成分；モノマーを含む）が存在することに注意されたい（5章5.4節参照）．

1.2.3 ■ 線状の共重合体

図 1.1(b)～(e) に示したように，2 種類以上のモノマーが重合してできた共重合体は，そのモノマー単位の配列様式に従って，ブロック共重合体，周期共重合体，交互共重合体，ランダム共重合体などに分類される．この中で，周期共重合体と交互共重合体は，高分子鎖に沿ったモノマー単位の種類の結合順序が定まっており，1 周期のモノマー単位連鎖を新たにモノマー単位と定義すれば，ホモポリマーとみなせる．ブロック共重合体とランダム共重合体・統計共重合体は，モノマー連鎖に周期性がないので，ホモポリマーにはないモノマー**組成分布**と**連鎖分布**という新たな多分子性が生じる．

全重合度が x の 2 元共重合体中に含まれるモノマー単位 A の数を x_A とすると，共重合体のモノマー組成は，モノマー単位 A のモル分率（含量）$y \equiv x_A/x$ で表される．試料中には，一般にモノマー組成 y の異なる分子種が共存しており，その分布を組成分布という．完全なランダム共重合体・統計共重合体では，y は重合度（分子量）に依存しないが，一般の共重合体では y と x の分布には相関がある．共重合体の性質は，y と x およびそれらの分布に依存するが，y と x に相関がある場合には，共重合体の性質を議論するときに注意が必要である．

● コラム　　生体高分子

タンパク質や DNA のモノマー連鎖には周期性はないが，ある 1 種類の分子を単離できたとすると（実際それは可能だが），組成分布および連鎖分布の存在しない高分子が得られることになる．生体中のタンパク質は，20 種類のアミノ酸の共重合体で，その種類すなわち構造異性体の数は莫大な数となる．たとえば，生体中で標準的な重合度が 400 のタンパク質には，$20^{400} \cong 10^{520}$ 種類もの配列順序の異なる異性体が存在する．水溶液中でのタンパク質分子の 3 次元の分子構造は，アミノ酸の配列順序によって決まっており，生体内には莫大な数の 3 次元構造の異なるタンパク質が用意されている．酵素としてのタンパク質の機能は，その 3 次元構造によって規定されている．タンパク質の機能が非常に多彩なのは，アミノ酸共重合体であるタンパク質の種類が非常に豊富なためである．高分子の多分子性は，低分子のように純物質が得られないというネガティブな意味合いで導入されたが，タンパク質を考えると，むしろ高分子の多様性は，その非常に多彩な機能を生み出す起源になっている．しかしながら，現時点ではこのような配列順序が完全に定まった高重合度の共重合体を人工的には作り出すことができない．我々人類は，いまだに自然には遠く及ばないのである．

また，平均の重合度と平均のモノマー組成が同じでも，ランダム共重合体・統計共重合体とブロック共重合体では，その性質はまったく違う．モノマー A とモノマー B から得られる 2 元共重合体鎖中には，A–A，B–B，A–B という 3 種類の結合が存在する．ブロック共重合体では，A–B 結合は 1 つだけで，それ以外は A–A 結合と B–B 結合のみからなり，高重合度 x のブロック共重合体では A–A 結合と B–B 結合の数はそれぞれ xy および $x(1-y)$ で与えられる（A–B 結合の数は無視できる）．他方，ランダム共重合体・統計共重合体では，3 種類の結合はそれぞれ，y^2，$(1-y)^2$，および $2y(1-y)$ の確率で現れる．より一般的には，A–A–A，B–B–B，A–A–B，…などの 3 連子，あるいは 4 連子以上の出現確率も定義できるが，共重合体の連鎖分布は通常，この 2 連子の結合の出現確率で表される．この連鎖分布がブロック共重合体のものに近い場合をブロック性が高いという．

A. ラジカル共重合体の組成分布

2 種類のモノマー A, B のラジカル共重合によって得られる線状の共重合体の組成分布と重合度分布について考える．この場合，次のような開始反応と生長反応が起こりうる．

$$\mathrm{I}\cdot + \mathrm{A} \xrightarrow{k_{iA}} \mathrm{A}_1\cdot, \quad \mathrm{I}\cdot + \mathrm{B} \xrightarrow{k_{iB}} \mathrm{B}_1\cdot \tag{1.2.13}$$

$$\begin{cases} \mathrm{B}_m\mathrm{A}_l\cdot + \mathrm{A} \xrightarrow{k_{AA}} \mathrm{B}_m\mathrm{A}_{l+1}\cdot, & \mathrm{B}_m\mathrm{A}_l\cdot + \mathrm{B} \xrightarrow{k_{AB}} \mathrm{A}_l\mathrm{B}_{m+1}\cdot \\ \mathrm{A}_l\mathrm{B}_m\cdot + \mathrm{A} \xrightarrow{k_{BA}} \mathrm{B}_m\mathrm{A}_{l+1}\cdot, & \mathrm{A}_l\mathrm{B}_m\cdot + \mathrm{B} \xrightarrow{k_{BB}} \mathrm{A}_l\mathrm{B}_{m+1}\cdot \end{cases} \tag{1.2.14}$$

形成された共重合体を特徴づけるには，l と m よりも，全重合度 $x(=l+m)$ と鎖中のモノマー単位 A のモル分率 $y_A(=l/x)$ を用いる方が便利である．ある時刻に消費されたモノマーがそのときに生成した共重合体に組み込まれるので，モノマー A, B の消費速度と共重合体の平均組成 $\bar{y}_A$ との間には次の関係が成立する．

$$\frac{\bar{y}_A}{1-\bar{y}_A} = \frac{d[\mathrm{A}]/dt}{d[\mathrm{B}]/dt} \tag{1.2.15}$$

末端が A ラジカルの総濃度 [A·] の生成速度は

$$\frac{d[\mathrm{A}\cdot]}{dt} = -k_{AB}[\mathrm{A}\cdot][\mathrm{B}] + k_{BA}[\mathrm{B}\cdot][\mathrm{A}] \tag{1.2.16}$$

で与えられる．ここで，[B·] は末端が B ラジカルの総濃度を表す．定常状態を考えると，この生成速度はゼロとなり，次の関係が成立する．

$$k_{AB}[\mathrm{A}\cdot][\mathrm{B}] = k_{BA}[\mathrm{B}\cdot][\mathrm{A}] \tag{1.2.17}$$

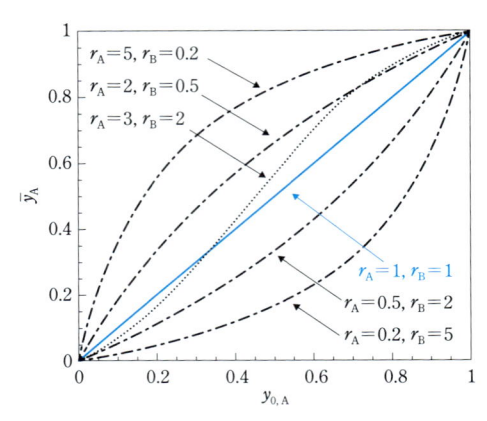

図 1.5 重合反応溶液中のモノマー組成 $y_{0,\mathrm{A}}$ と生成共重合体中の平均モノマー組成 $\bar{y}_\mathrm{A}$

また，$\mathrm{d}[\mathrm{B}\cdot]/\mathrm{d}t=0$ の条件からも同じ関係が得られる．一方，モノマー A, B の消費速度は

$$-\frac{\mathrm{d}[\mathrm{A}]}{\mathrm{d}t} = k_{\mathrm{AA}}[\mathrm{A}\cdot][\mathrm{A}] + k_{\mathrm{BA}}[\mathrm{B}\cdot][\mathrm{A}], \quad -\frac{\mathrm{d}[\mathrm{B}]}{\mathrm{d}t} = k_{\mathrm{BB}}[\mathrm{B}\cdot][\mathrm{B}] + k_{\mathrm{AB}}[\mathrm{A}\cdot][\mathrm{B}] \quad (1.2.18)$$

のように表され，これらの式を式(1.2.15)に代入すると，

$$\bar{y}_\mathrm{A} = \frac{[\mathrm{A}](r_\mathrm{A}[\mathrm{A}]+[\mathrm{B}])}{r_\mathrm{A}[\mathrm{A}]^2 + 2[\mathrm{A}][\mathrm{B}] + r_\mathrm{B}[\mathrm{B}]^2} \quad (1.2.19)$$

が得られる．式中の r_A と r_B は

$$r_\mathrm{A} \equiv k_{\mathrm{AA}}/k_{\mathrm{AB}}, \quad r_\mathrm{B} \equiv k_{\mathrm{BB}}/k_{\mathrm{BA}} \quad (1.2.20)$$

で定義される**モノマー反応性比**と呼ばれる量で，共重合反応を特徴づけるパラメータである．いま，$r_\mathrm{A}r_\mathrm{B}=1$ のとき，つまり $k_{\mathrm{AA}}:k_{\mathrm{AB}}=k_{\mathrm{BA}}:k_{\mathrm{BB}}$ のとき，モノマーの反応性はモノマーの種類だけに依存し，生長ラジカルの種類には依存しない．すなわち，モノマー連鎖にはまったく相関がない．このような共重合を**理想共重合**と呼ぶ．

式(1.2.19)を用いて計算される，重合反応溶液中に存在するモノマー A の全モノマーに対するモル分率 $y_{0,\mathrm{A}}(=[\mathrm{A}]/([\mathrm{A}]+[\mathrm{B}]))$ と，そのときに生成する共重合体の平均組成 $\bar{y}_\mathrm{A}$ との関係を図 1.5 に示す．図中の青い実線と一点鎖線が上述の $r_\mathrm{A}r_\mathrm{B}=1$ の理想共重合のときの曲線である．これらの曲線のうち $r_\mathrm{A}=r_\mathrm{B}=1$ のときの青い実線は，全モノマー消費量に対するモノマー A の消費量の割合 $\bar{y}_\mathrm{A}$ が，系中に存在するモノマー A の全モノマーに対する割合 $y_{0,\mathrm{A}}$ と等しいので，重合中にモノマー A, B の混合比は変化せず，したがって共重合体の平均組成も一定である．これに対して，$r_\mathrm{A} \neq r_\mathrm{B}$ のと

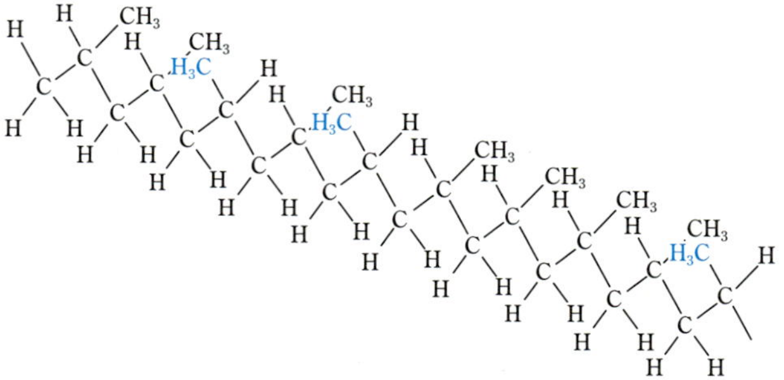

図 1.6 ビニルポリマーの立体規則性に関する共重合体

きには図中の一点鎖線に示すように，$0 < y_{0,A} < 1$ で $\bar{y}_A \neq y_{0,A}$ であり，消費するモノマーの組成が系中に存在するモノマー組成と一致しないので，重合の進行とともに $y_{0,A}$ の値は徐々に変化し，それに伴って，共重合体の平均組成も変化する．すなわち，停止剤をどの時点で添加して共重合反応を停止させるかによって，共重合体の平均組成や組成分布が異なってくる．

図中の点線は $r_A = 3$，$r_B = 2$ のときの結果で，$r_A = r_B = 1$ のときの実線との交点 ($y_{0,A} = (1-r_B)/(2-r_A-r_B) = 1/3$) では $\bar{y}_A = y_{0,A}$ となり，重合中に $y_{0,A}$ の値が変化しない．この特別な条件下での重合を**共重合アゼオトロープ**と呼ぶ．混合溶液を蒸留するときに，溶液の組成と蒸気の組成が一致する共沸現象からの類推による命名である．理想共重合では，$r_A = r_B = 1$ のとき以外には共重合アゼオトロープとなることはない．

1 置換のビニルモノマーが重合すると，モノマーが 1 種類でも立体規則性に関する共重合体が生成する（図 1.6）．重合反応を起こしたモノマー単位の置換基は，その直前のモノマー単位の置換基との位置関係により，メソ 2 連子とラセモ 2 連子のどちらかの立体構造をとる．メソ 2 連子あるいはラセモ 2 連子になる確率は，その直近のモノマー単位の置換基の位置で決まり，一般にそれ以外のモノマー単位の立体構造にはほとんどよらない．すなわち，立体規則性に関するランダム共重合体が生成し，その分布は上のランダム共重合体の組成分布がそのまま利用できる．

B. ラジカル共重合体の連鎖分布

はじめに述べたように，AB 2 元共重合体は，モノマー単位の連鎖様式により，ランダム共重合体，ブロック共重合体，交互共重合体などに分類される．ランダム共重合体は，厳密には共重合体鎖のある位置に AB モノマー単位が出現する確率が，その位置の隣接単位の性質に無関係な共重合体をいう．したがって，上述のラジカル共重合の場合には，$r_A r_B = 1$ の理想共重合のときにのみランダム共重合体が得られる．そ

れ以外の条件下では，高分子ラジカルの末端の種類によって，AモノマーとBモノマーの反応性が多少異なるので，厳密にはランダム共重合体にはならず，そのような共重合体を**統計共重合体**と呼ぶ．IUPACの命名法委員会では，統計共重合体をランダム共重合体と区別するよう勧告しているが，慣例的には両者を区別しないことがしばしばある．

共重合体の連鎖様式は，鎖中でのモノマー単位AとBの平均連鎖数 $\bar{l}_A$ と $\bar{l}_B$ によって特徴づけられる．上述のラジカル共重合の場合を例にして，平均連鎖数を計算してみよう．末端がAモノマー単位の高分子ラジカルがモノマーAと反応してAA連鎖が生じる速度は，次の式で与えられる．

$$\frac{d[AA\cdot]}{dt} = k_{AA}[A\cdot][A] \tag{1.2.21}$$

AB連鎖，BA連鎖，BB連鎖が生じる速度も同様にして表されるので，共重合体鎖中のAA連鎖の出現確率は

$$f_{AA} = \frac{k_{AA}k_{BA}[A]^2}{k_{AA}k_{BA}[A]^2 + 2k_{AB}k_{BA}[A][B] + k_{AB}k_{BB}[B]^2} \tag{1.2.22}$$

で表され（式(1.2.17)の $[A\cdot]$ と $[B\cdot]$ との関係を利用した）．AA連鎖の数はこの確率と重合度の積で与えられる．他の連鎖の出現確率（$f_{AB} = f_{BA}, f_{BB}$），連鎖の数も同様にして計算される．共重合体鎖中のAモノマー単位の数はAA連鎖の数とAB連鎖の数の和に等しく，1個以上のAモノマーが連続するAブロックの平均数はAB連鎖の平均数に等しいので，Aブロック中の平均連鎖数は

$$\bar{l}_A = \frac{f_{AA} + f_{AB}}{f_{AB}} = 1 + r_A \frac{[A]}{[B]} \tag{1.2.23}$$

で与えられる．同様にして $\bar{l}_B = 1 + r_B[B]/[A]$ となる．右辺に1が入っているのは，最低1個のAモノマー単位を含んでいるAブロックを選んで，その中のAモノマー単位数を数えたためである．

上述した厳密な意味でのランダム共重合体の場合には，l 個のAモノマー単位が連続して結合している確率は，規格化した値として $\bar{y}_A^l(1-\bar{y}_A)$ で与えられる．したがって，Aモノマー単位の連鎖数の期待値 $\langle l_A \rangle$ は，$r_A r_B = 1$ である理想共重合条件下のランダム共重合体では，$\bar{y}_A$ に関する式(1.2.19)を用いて，

$$\langle l_A \rangle = \sum_{l=0}^{\infty} l\,\bar{y}_A^l(1-\bar{y}_A) = r_A \frac{[A]}{[B]} \tag{1.2.24}$$

となる．先の式(1.2.23)で与えられるAブロック中の平均連鎖数との違いに留意されたい．

1.3 ■ 高分子鎖の分子形態と鎖の統計

　多くの球状タンパク質では3次元構造が明確に定まっており，X線結晶構造解析によってその3次元構造を決定できる．合成高分子でも，4章で述べる結晶中の高分子鎖や，溶液中であってもらせん高分子のように剛直な場合には明確な幾何学構造が存在するが，それは例外で，非晶・融体・溶液状態の一般的な合成高分子には明確な幾何学構造が存在しない．ただし，ここでの幾何学構造とは，小学校から馴染みのあるユークリッド幾何学に基づいた構造を暗に意味している．20世紀に市民権を得たフラクタル幾何学に基づけば，一般的な高分子鎖にもある種の幾何学構造があるといえるかもしれない．しかしながら，これまで用いられてきた「分子構造」のイメージからかけ離れているので，不規則な高分子鎖の3次元構造に対しては，「分子形態（コンホメーション）」という術語が用いられている．

　図1.7(a)に示すように，0番目からn番目までの$n+1$個の主鎖原子から構成され，n個の**結合ベクトル**（ボンドベクトル）$\mathbf{r}_i(i=1\sim n)$からなる線状高分子鎖を考える．ここでは，高分子鎖の長さを重合度xではなく，主鎖の**結合数**nで表すことにする．当然のことながら両者は比例関係にある．以下では，結合ベクトルの絶対値（**結合長**）と隣り合う結合ベクトルがなす角（結合角の補角：180°−結合角）は，それぞれ一定値bとθをとるとする．このように仮定するとこの高分子鎖は，$\mathbf{r}_2$から$\mathbf{r}_{n-1}$までの$n-2$個の結合ベクトルの回りの内部回転によって，そのかたち（分子形態）を変える．以下，i番目の結合回りの内部回転角を，図1.7(b)に示すように，$i-2$番目と$i+1$番

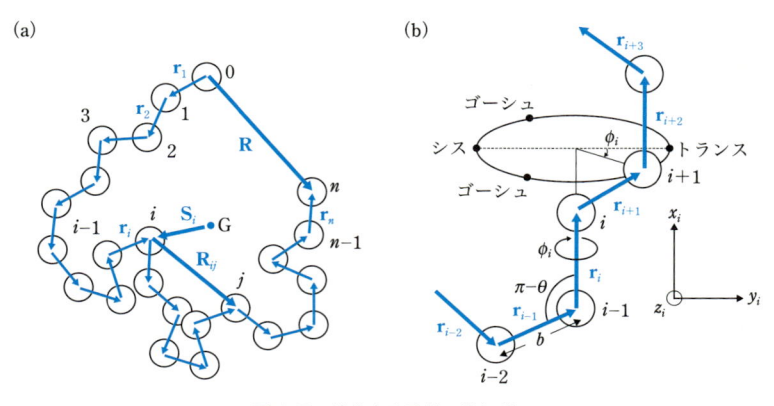

図1.7 線状高分子鎖の幾何学

目の原子が最も離れた回転状態（トランス状態）から測った回転角 ϕ_i として定義する[注1]．

この高分子鎖の $n-2$ 個の内部回転角を指定すれば，その分子形態は一義的に決まる．しかしながら，$n-2$ 個の内部回転角を指定しても，具体的な高分子鎖のかたちが思い浮かぶように人間の頭はなっていない．また，実験的にもそのような詳細な情報は得られない．そこで，直感的にもわかりやすいような高分子鎖の全体的な広がりを示す最も基本的な量として，**末端間ベクトル R** が利用される．図 1.7(a) からわかるように，**R** は次式で表される．

$$\mathbf{R} = \mathbf{r}_1 + \mathbf{r}_2 + \cdots \mathbf{r}_n = \sum_{i=1}^{n} \mathbf{r}_i \tag{1.3.1}$$

高分子鎖内の各結合は，通常いくつかの安定な回転状態をとる．たとえば，ポリエチレン鎖の場合，3 つの回転状態，$\phi = 0°$（トランス）と $\phi = \pm 120°$（ゴーシュ）が安定な回転状態である．存在確率の低い高エネルギー状態を無視し，高分子鎖の分子形態を可算個の回転異性状態の集合とみなすモデルを**回転異性状態モデル**と呼ぶ．可算個といえども，高分子鎖の回転異性状態の数は膨大であり，たとえば重合度が 200（$n = 399$）のポリエチレン鎖の回転異性状態の数は，$3^{397} \approx 10^{190}$ という天文学的な数となる．したがって，高分子鎖の分子形態（コンホメーション）をすべての回転異性状態にわたって考察することは事実上不可能であり，高分子の場合には 1 分子に対しても，統計力学的な議論が必要である．

いま希薄な溶液中に高分子鎖が孤立して溶けているとしよう．各高分子鎖は異なった回転異性状態をとり，かつ各鎖とも時々刻々とその内部回転状態を変化させている．高分子鎖が溶けている溶液に対する実験では通常，そのような多数の異なるかたちをもつ高分子鎖が関与する物性量を測定することを目的としているので，得られた物性量を解析するには，とりうるすべての回転異性状態についての統計平均が必要となる．最近では，1 分子計測の技術が進歩してきたが，高分子鎖の内部回転状態は時間とともに変化しているので，仮にある瞬間のある高分子鎖のかたちがわかってもほとんど意味がない．ある 1 人の日本人のある時期の身長を調べても，日本人全体の身長がどのようになっているのかがわからないのと同じである．多数の高分子鎖あるいはある高分子鎖の十分長い時間スケールでのかたちの変化，つまり統計的性質を調べないと，その高分子の分子形態に関する特徴はわからない．分子のかたちが一義的に決まらないというのが，高分子をわかりにくくしている主な原因であるが，それがまさに高分子の特徴であり，後述のような高分子のユニークな諸性質を生み出している根源であ

[注1] 本によっては，シス状態から測った回転角を内部回転角と定義している場合もあるので，注意されたい．

る．高分子鎖の統計的性質は，不慣れな読者にはわかりにくいと思うが，高分子科学において最も重要な基本事項であるので，その議論に慣れていただきたい．

外場などがかかっていない溶液中では，末端間ベクトル $\mathbf{R}$ は等確率で正反対の向きをとりうるので，そのまま統計平均するとゼロとなってしまう．したがって，高分子鎖の統計的性質を記述する最も基本的な統計平均量は $\mathbf{R}$ の二乗平均量，すなわち**平均二乗末端間距離** $\langle R^2 \rangle$ である．式(1.3.1)より線状高分子鎖の $\langle R^2 \rangle$ は

$$\langle R^2 \rangle = \langle \mathbf{R} \cdot \mathbf{R} \rangle = nb^2 + 2\sum_{i=1}^{n-1}\sum_{j=i+1}^{n} \langle \mathbf{r}_i \cdot \mathbf{r}_j \rangle \tag{1.3.2}$$

と得られる．ここで，$\langle \cdots \rangle$ はとりうるすべての回転異性状態にわたる統計平均を意味する．統計平均のとり方については，以下で説明する．大雑把に高分子鎖のサイズというときには，この $\langle R^2 \rangle$ の平方根が用いられ，直感的な議論では，高分子鎖を直径が $\langle R^2 \rangle^{1/2}$ の球状粒子として取り扱うことがある．この $\langle R^2 \rangle^{1/2}$ はしばしば平均の末端間距離と呼ばれる．ただし，上述のように，高分子鎖は時々刻々かたちを変えていることを忘れないでいただきたい．

高分子鎖の広がりを表す量としては，$\langle R^2 \rangle$ とともに重要な**平均二乗回転半径** $\langle S^2 \rangle$ がある．2,3章で述べるように，$\langle S^2 \rangle$ は散乱法を使って実測できるので，理論と実験を比較する際には通常，$\langle S^2 \rangle$ が利用される．高分子鎖の重心を G とし，G から主鎖上の i 番目の原子へのベクトルを $\mathbf{S}_i$ とすると，回転半径の二乗 S^2 は

$$S^2 = \frac{1}{n+1}\sum_{i=0}^{n} \mathbf{S}_i^2 \tag{1.3.3}$$

で定義される．すなわち，S^2 は高分子鎖を構成している各主鎖原子と重心間の距離の二乗の平均値である．また，i 番目の原子から j 番目の原子への距離ベクトル $\mathbf{R}_{ij}$ について $\mathbf{R}_{ij} = \mathbf{S}_j - \mathbf{S}_i$ となることを利用すると，S^2 は

$$S^2 = \frac{1}{2(n+1)^2}\sum_{i=0}^{n}\sum_{j=0}^{n} \mathbf{R}_{ij}^2 \tag{1.3.4}$$

とも書ける．この式を導くに際しては，余弦定理 $\mathbf{R}_{ij}^2 = \mathbf{S}_j^2 - 2\mathbf{S}_j \cdot \mathbf{S}_i + \mathbf{S}_i^2$ と重心の定義式 $\sum_{i=0}^{n}\mathbf{S}_i = 0$ を利用した．不規則な形をした高分子鎖の場合，重心位置を求めるのは容易ではないので，式(1.3.4)の方が利用価値が高い．式(1.3.4)の両辺に統計平均を施し，$k=j-i$ とおくと次式が得られる．

$$\langle S^2 \rangle = \frac{1}{(n+1)^2}\sum_{i=1}^{n}\sum_{k=0}^{i} \langle R_k^2 \rangle = \frac{1}{(n+1)^2}\sum_{k=0}^{n}(n-k)\langle R_k^2 \rangle \tag{1.3.5}$$

● 発展 1.2　　高分子鎖の統計力学

　一般に，高分子鎖のエネルギー E は，n 個の結合ベクトル $\mathbf{r}_i(i=1\sim n)$ の関数として与えられる．統計力学によれば，高分子鎖が $\{\mathbf{r}_1, \mathbf{r}_2, \cdots, \mathbf{r}_n\}$ で指定される形態をとる相対確率は，Boltzmann 因子 $\exp[-E(\mathbf{r}_1, \mathbf{r}_2, \cdots, \mathbf{r}_n)/k_BT]$ で与えられる．ここで，k_B は Boltzmann 定数（＝気体定数／Avogadro 定数），T は絶対温度である．この Boltzmann 因子をすべての形態にわたって積分した量を**分配関数** Z と定義する．

$$Z \equiv \int e^{-E(\mathbf{r}_1, \cdots, \mathbf{r}_n)/k_BT} d\mathbf{r}_1 \cdots d\mathbf{r}_n \tag{E1.2.1}$$

これは規格化定数であり，高分子鎖が $\{\mathbf{r}_1, \mathbf{r}_2, \cdots, \mathbf{r}_n\}$ で指定される形態をとる絶対確率は，$Z^{-1}\exp[-E(\mathbf{r}_1, \mathbf{r}_2, \cdots, \mathbf{r}_n)/k_BT]$ で与えられる．

　末端間ベクトルが $\mathbf{R}$ と $\mathbf{R}+d\mathbf{R}$ で挟まれた 3 次元空間領域内に存在する確率を $P(\mathbf{R})d\mathbf{R}$ と書く．関数 $P(\mathbf{R})$ は，末端間ベクトル $\mathbf{R}$ の分布関数と呼ばれ，形式的に次式で表される．

$$P(\mathbf{R}) = Z^{-1} \int e^{-E(\mathbf{r}_1, \cdots, \mathbf{r}_n)/k_BT} \frac{d\mathbf{r}_1 \cdots d\mathbf{r}_n}{d\mathbf{R}} \tag{E1.2.2}$$

ここで，$\int d\mathbf{r}_1 \cdots d\mathbf{r}_n/d\mathbf{R}$ は $\mathbf{R}$ が一定になるようなすべての結合ベクトルの組み合わせにわたって積分を行うことを意味する．この $P(\mathbf{R})$ がわかっていれば，平均二乗末端間距離 $\langle R^2 \rangle$ は，次式から計算される．

$$\langle R^2 \rangle = \int \mathbf{R}^2 P(\mathbf{R}) d\mathbf{R} \tag{E1.2.3}$$

　統計力学によれば，分配関数 Z は規格化定数という役割以外にも，種々の熱力学量と統計力学を結びつける重要な役割を演じている．まず，高分子鎖の内部エネルギー（平均エネルギー）U は Boltzmann 因子を使って計算され，次式で Z と関係づけられる．

$$U = \frac{\int E e^{-E/k_BT} d\mathbf{r}_1 \cdots d\mathbf{r}_n}{Z} = k_BT^2 \left(\frac{\partial \ln Z}{\partial T}\right)_V \tag{E1.2.4}$$

また，熱力学により Helmholtz エネルギー F と U との間には，

$$U = -T^2 \left[\frac{\partial}{\partial T}\left(\frac{F}{T}\right)\right]_V \tag{E1.2.5}$$

という Gibbs–Helmholtz の式が成立するので，F は Z と次の関係にある．

$$F = -k_BT \ln Z \tag{E1.2.6}$$

低分子では，多数の分子が集まった系に対して統計力学を利用するが，高分子では 1 本の鎖に対して統計力学が適用できる（もちろん，多数の高分子鎖を含む系にも利用できる）．

ここで，$\langle R_k^2 \rangle$ は高分子鎖全体のうち主鎖の原子数が $k+1$ 個の部分的な鎖（部分鎖）の平均二乗末端間距離を表し，式(1.3.2)で n を k で置き換えた $\langle R^2 \rangle$ として計算される．

末端間ベクトルの分布関数 $P(\mathbf{R})$ と同様に，回転半径 S（式(1.3.4)で定義される S^2 の平方根）に関する分布関数 $P(S)$ も定義できる．平均二乗回転半径はこの分布関数を使って形式的に次式から計算できる[注2]．

$$\langle S^2 \rangle = \int S^2 P(S) \mathrm{d}S \tag{1.3.6}$$

しかし残念ながら，以下で出てくる Gauss 鎖やみみず鎖などの高分子鎖に対する $P(S)$ は簡単な式では表現できない[2]．

1.4 ■ 高分子鎖の統計力学的取り扱い

1.4.1 ■ 線状高分子に関するモデル

A. 回転異性状態モデル

一般論はこのくらいにして，まず主鎖骨格が最も単純な n-アルカンおよびポリエチレンを例として，回転異性状態モデルについて考察する．まず，ポリエチレンの低分子モデルである n-ブタンを考えよう（図 1.8(a)参照）．良い近似で，主鎖を構成している炭素－炭素単結合の結合長 b は 0.153 nm，結合角は正四面体角よりも少し大き

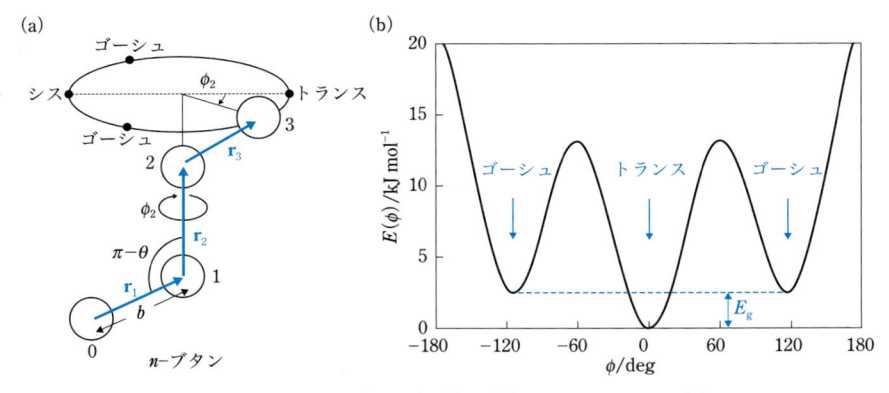

図 1.8 n-ブタンの内部回転 (a) と内部回転ポテンシャル (b)

[注2] 3, 4 章では，平均二乗回転半径の平方根 $\langle S \rangle^{1/2}$ を R_g と記し，簡単に回転半径と呼ぶ．ただし，高分子鎖はさまざまな内部回転状態をとり，回転半径 R_g はあくまでも統計平均量であることを忘れないでいただきたい．

い112°，その補角 θ は68°である．炭素ー炭素単結合は内部回転こそ許されているが，すべての回転角を等確率でとれるわけではない．分光学的測定により，n-ブタンの内部回転ポテンシャル $E(\phi)$ は図1.8(b)のようになることがわかっている．すなわち，$\phi=0°$ のトランス状態と $\phi=\pm 120°$ の2つのゴーシュ状態がポテンシャルエネルギーの低い安定状態であり，トランス状態はゴーシュ状態よりも $E_g (\approx 2\,\mathrm{kJ/mol})$ だけ安定である．トランス状態とゴーシュ状態の近傍の内部回転状態も実現可能であるが，そのようなゆらぎを無視して，3種類の回転状態のみが許されるとしたモデルが**回転異性状態モデル**である．

発展1.3で紹介した n-ブタンの $\langle R^2 \rangle$ の計算を拡張して，n が非常に大きいポリエチレン鎖の $\langle R^2 \rangle$ を回転異性状態モデルに基づく近似を使って計算することができる．主鎖中の各内部回転が互いに独立である（**独立回転鎖**）と仮定すると，次の式が得られる（発展1.4参照）．

$$\lim_{n\to\infty}\langle R^2 \rangle = nb^2 \left(\frac{1+\cos\theta}{1-\cos\theta}\right)\frac{1+\langle\cos\phi\rangle}{1-\langle\cos\phi\rangle} \tag{1.4.1}$$

ただし，

$$\langle\cos\phi\rangle = \frac{\cos 0° + [\cos(120°)+\cos(-120°)]\mathrm{e}^{-E_g/RT}}{1+2\mathrm{e}^{-E_g/RT}} \tag{1.4.2}$$

である．式(1.4.1)における $\langle R^2 \rangle$ は nb^2 に比例しているので，高分子鎖の広がりを議

● 発展 1.3　　n-ブタンの平均二乗末端間距離

最も簡単な例として，n-ブタンの平均二乗末端間距離 $\langle R^2 \rangle$ を計算してみよう．Boltzmann分布則により，2つのうちの1つのゴーシュ状態とトランス状態をとる n-ブタン分子の比は $\exp(-E_g/RT):1$ で与えられる．室温（$\approx 300\,\mathrm{K}$）では，この比は約0.45:1であり，2つのゴーシュ状態と1つのトランス状態がほぼ等確率で存在することがわかる．

さて，図1.8(a)の0番目の原子から3番目の原子までの距離が，n-ブタン分子の末端間距離 $|\mathbf{R}|$ に相当する．3番目の原子がシス状態のとき $|\mathbf{R}|=b(1+2\cos\theta)$ であり，内部回転角 ϕ のときには一般に，$|\mathbf{R}|=b[(1+2\cos\theta)^2+2\sin^2\theta(1+\cos\phi)]^{1/2}$ である．したがって，$\langle R^2 \rangle$ は次式によって計算される．

$$\langle R^2 \rangle = b^2 \frac{\left[(1+2\cos\theta)^2+4\sin^2\theta\right]+2\left[(1+2\cos\theta)^2+\sin^2\theta\right]\mathrm{e}^{-E_g/RT}}{1+2\mathrm{e}^{-E_g/RT}} \tag{E1.3.1}$$

● 発展 1.4　　式(1.4.1)の導出

式(1.3.2)より

$$\langle R^2 \rangle = \langle \mathbf{R} \cdot \mathbf{R} \rangle = nb^2 + 2\sum_{i=1}^{n-1}\sum_{j=i+1}^{n} \langle \mathbf{r}_i \cdot \mathbf{r}_j \rangle \tag{E1.4.1}$$

であるので，$\langle R \rangle^2$ を求めるには任意の i と j に対する $\langle \mathbf{r}_i \cdot \mathbf{r}_j \rangle$ を求める必要がある．そのために，まず i 番目の結合に付随した座標系 (x_i, y_i, z_i) を次のように定義する．すなわち，$\mathbf{r}_i$ 方向に x_i 軸，その x_i 軸に直交し，$\mathbf{r}_{i-1}$ と $\mathbf{r}_i$ とでつくられる平面内にあり，かつ $\mathbf{r}_{i-1}$ と同じ方向に y_i 軸，そして右手座標系になるように z_i 軸を選ぶ（図1.7(b)参照）．すると，この (x_i, y_i, z_i) 座標系において，$\mathbf{r}_i$ は $(b\,0\,0)^+$ で表される．（以下では，結合ベクトルを列ベクトルで表示する．上付き添え字＋は転置を表し，行ベクトルを列ベクトルに変換する記号である．）$\mathbf{r}_{i+1}$ は，同様に定義した $(x_{i+1}, y_{i+1}, z_{i+1})$ 座標系ではやはり $(b\,0\,0)^+$ であるが，(x_i, y_i, z_i) 座標系では，

$$\mathbf{r}_{i+1} = \begin{pmatrix} b\cos\theta \\ b\sin\theta\cos\phi_i \\ b\sin\theta\sin\phi_i \end{pmatrix} = \mathbf{T}_i \begin{pmatrix} b \\ 0 \\ 0 \end{pmatrix}, \mathbf{T}_i \equiv \begin{pmatrix} \cos\theta & \sin\theta & 0 \\ \sin\theta\cos\phi_i & -\cos\theta\cos\phi_i & \sin\phi_i \\ \sin\theta\sin\phi_i & -\cos\theta\sin\phi_i & -\cos\phi_i \end{pmatrix} \tag{E1.4.2}$$

で表される．ここで，$\mathbf{T}_i$ は結合ベクトルを $(x_{i+1}, y_{i+1}, z_{i+1})$ 座標系表示から (x_i, y_i, z_i) 座標系表示に変換する座標変換行列である．（読者は，実際に行列計算を実行して確かめられたい．）同様にして，$\mathbf{r}_j$ を (x_i, y_i, z_i) 座標系で表示してから $\mathbf{r}_i$ との内積をとると，$\langle \mathbf{r}_i \cdot \mathbf{r}_j \rangle$ は次のように表される．

$$\langle \mathbf{r}_i \cdot \mathbf{r}_j \rangle = (b\ \ 0\ \ 0)\langle \mathbf{T}_i \mathbf{T}_{i+1} \cdots \mathbf{T}_{j-1} \rangle \begin{pmatrix} b \\ 0 \\ 0 \end{pmatrix} = b^2 \langle \mathbf{T}_i \mathbf{T}_{i+1} \cdots \mathbf{T}_{j-1} \rangle_{xx} \tag{E1.4.3}$$

ただし，すべての回転異性状態にわたる統計平均は，座標変換行列の積に作用する．

いま，各結合回りの回転状態が互いに独立であると仮定するならば，上式中の座標変換行列の積についての統計平均は，各結合に関する座標変換行列の統計平均の積で置き換えられる．すなわち，独立回転鎖に対しては次のように書ける．

$$\langle R^2 \rangle = b^2 \left[n + 2\left(\sum_{i=1}^{n-1}\sum_{j=i+1}^{n} \langle \mathbf{T} \rangle^{j-i}\right)_{xx} \right] \tag{E1.4.4}$$

ここで行列 $\langle \mathbf{T} \rangle$ は，式(E1.4.2)で与えられる座標変換行列 $\mathbf{T}_i$ 中の $\cos\phi_i$ と $\sin\phi_i$ を次の平均値で置き換えた行列である．

第1章 高分子鎖の分子形態

$$\langle \cos\phi \rangle = \frac{\cos 0° + [\cos(120°) + \cos(-120°)]e^{-E_g/RT}}{1 + 2e^{-E_g/RT}} \tag{E1.4.5}$$

$$\langle \sin\phi \rangle = \frac{\sin 0° + [\sin(120°) + \sin(-120°)]e^{-E_g/RT}}{1 + 2e^{-E_g/RT}} \tag{E1.4.6}$$

E_g はトランス状態を基準としたときのゴーシュ状態のエネルギーを表す．ここで，次式で示される行列に関する等比級数の公式を利用する（$(\mathbf{E}-\langle\mathbf{T}\rangle)^{-1}$ は $\mathbf{E}-\langle\mathbf{T}\rangle$ の逆行列を表す）．

$$\sum_{i=1}^{n-1}\sum_{j=i+1}^{n}\langle\mathbf{T}\rangle^{j-i} = \sum_{i=1}^{n-1}\sum_{k=1}^{n-i}\langle\mathbf{T}\rangle^{k} = \sum_{i=1}^{n-1}(\langle\mathbf{T}\rangle - \langle\mathbf{T}\rangle^{n-i+1})(\mathbf{E}-\langle\mathbf{T}\rangle)^{-1}$$
$$= [(n-1)\langle\mathbf{T}\rangle - (\langle\mathbf{T}\rangle^{2} - \langle\mathbf{T}\rangle^{n+1})(\mathbf{E}-\langle\mathbf{T}\rangle)^{-1}](\mathbf{E}-\langle\mathbf{T}\rangle)^{-1} \tag{E1.4.7}$$

この公式により，n が無限大の極限では次の式が成立する．

$$\lim_{n\to\infty}\langle R^2 \rangle = nb^2[\mathbf{E} + 2\langle\mathbf{T}\rangle(\mathbf{E}-\langle\mathbf{T}\rangle)^{-1}]_{xx} = nb^2[(\mathbf{E}+\langle\mathbf{T}\rangle)(\mathbf{E}-\langle\mathbf{T}\rangle)^{-1}]_{xx}$$
$$= nb^2 \left(\frac{1+\cos\theta}{1-\cos\theta}\right)\frac{(1+\langle\cos\phi\rangle)^2 + \langle\sin\phi\rangle^2}{1-\langle\cos\phi\rangle^2 - \langle\sin\phi\rangle^2} \tag{E1.4.8}$$

ただし，定法により計算した次の逆行列 $(\mathbf{E}-\langle\mathbf{T}\rangle)^{-1}$ を用いた．

$$(\mathbf{E}-\langle\mathbf{T}\rangle)^{-1} = \frac{1}{D}\begin{pmatrix} 1+c+\cos\theta(c+c^2+s^2) & (1-\cos\theta)(1+c) & (1-\cos\theta)s \\ \sin\theta(c+c^2+s^2) & (1-\cos\theta)(1+c) & (1-\cos\theta)s \\ \sin\theta s & (1-\cos\theta)s & (1-\cos\theta)(1-c) \end{pmatrix} \tag{E1.4.9}$$

ここで，$c \equiv \langle\cos\phi\rangle$, $s \equiv \langle\sin\phi\rangle$, $D = (1-\cos\theta)(1-c^2-s^2)$ である．内部回転ポテンシャルが偶関数であるとすると，$\langle\sin\phi\rangle = 0$ となり，式(E1.4.8)は本文の式(1.4.1)に一致する．

また，内部回転ポテンシャルが常にゼロの自由回転鎖モデルでは，$\langle\cos\phi\rangle = 0$ となり，$\langle R^2 \rangle$ は次のように簡単化される．

$$\langle R^2 \rangle = nb^2\left(\frac{1+\cos\theta}{1-\cos\theta}\right) \tag{E1.4.10}$$

また，この自由回転鎖モデルについては，式(E1.4.8)の n^0 までの項（n のゼロ次以下の項：n を無限大にしない場合に残る項）を計算すると，式(1.4.1)の代わりに次の式が得られる．

$$\langle R^2 \rangle = nb^2\left[\frac{1+\cos\theta}{1-\cos\theta} - \frac{2\cos\theta(1-\cos^n\theta)}{n(1-\cos\theta)^2}\right] \tag{E1.4.11}$$

この式は，以下で述べるみみず鎖に対する式(1.4.13)の導出に利用される．

1.4　高分子鎖の統計力学的取り扱い

論する際に，

$$C_\infty \equiv \lim_{n\to\infty} C_n \equiv \lim_{n\to\infty} \frac{\langle R^2 \rangle}{nb^2} \tag{1.4.3}$$

で定義される**特性比**がよく用いられる．この式から明らかなように C_∞ が大きい方が高分子鎖は広がっている．いま，n-ブタンと同じ値 $E_g = 2\,\text{kJ/mol}$ を式(1.4.2)に代入すると，独立回転鎖に対する式(1.4.1)より $C_\infty = 3.36$ となる．また，式(1.4.1)では無視された n のゼロ次以下の項（発展 1.4 の式(E1.4.8)で n を無限大にしない場合に残る項）まで考慮に入れて独立回転鎖の $\langle R^2 \rangle$ を計算すると，n 依存性が計算できる．その結果を図 1.9 に示す．ただし，温度は実測値と比較するために 140℃ とした．n が約 30 以上になると，C_n はほぼ一定値に達している．

これに対して，ポリエチレンに対する C_∞ の実測値は 7 程度である．上の C_∞ の計算値が実測値より小さい理由は，n-ペンタンの回転異性状態を調べてみるとすぐにわかる．$\phi_2 = 120°$ かつ $\phi_3 = -120°$，あるいはそれらを入れ替えた回転異性状態では，両末端のメチル基が非常に接近し，エネルギーの不安定な状態となるのである．これを**ペンタン効果**と呼ぶ．すなわち，n-ペンタンの 2 つの内部回転角は独立ではない．この効果はそのままポリエチレン鎖にも現れ，式(E1.4.3)中の $\langle \mathbf{T}_i \mathbf{T}_{i+1} \cdots \mathbf{T}_{j-1} \rangle$ を $\langle \mathbf{T} \rangle^{j-i}$ では置き換えられず，式(E1.4.1)の計算を式(E1.4.4)のように簡略化できない．この行列計算の数学的困難さは，統計力学における 1 次元 **Ising モデル** と等価な問題である．高分子鎖に関するこの統計力学的問題は，ソ連の Volkenstein らのグループ，イスラエルの Lifson，および日本の永井によって数学的に取り扱われた．ただし，そ

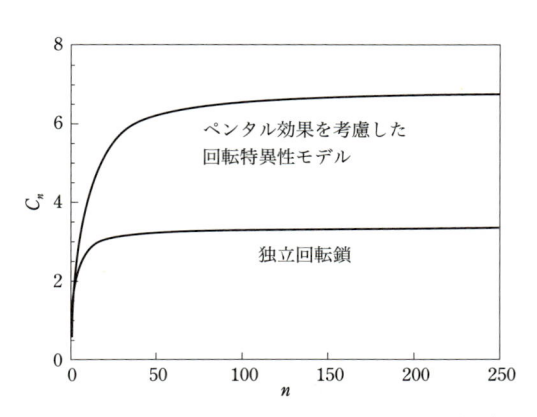

図 1.9　ポリエチレン鎖に対する特性比の主鎖結合数依存性

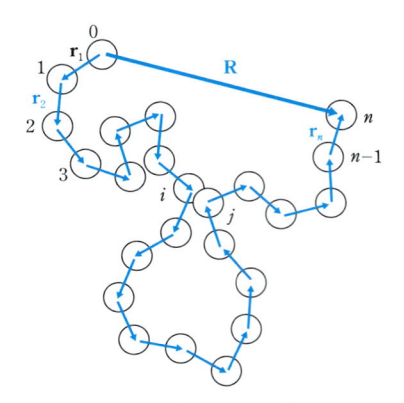

図 1.10　モノマー単位 i と j とが重なった分子形態

の記述は多くの紙面を要するので，ここでは数値的な結果だけを示す（図1.9）[3]．ただし，$\theta = 68°$，$E_g = 2.09$ kJ/mol，そして隣り合う結合の2つの内部回転角が（120°, 120°）をとるときと（120°, −120°）をとるときの内部回転エネルギー差を $\Delta E_p = 8.36$ kJ/mol とし，温度は140℃とした．ΔE_p はエネルギー計算から得られた値である．漸近値 C_∞ は6.87で，実測値とよく一致している．図からわかるように，ペンタン効果の寄与は大きい．しかし，C_n の n 依存性は，両モデル鎖で非常によく似ている．実際に $E_g = 4.9$ kJ/mol と選ぶと，独立回転鎖モデル（式(1.4.1)）の C_n の計算値は，ペンタン効果を考慮した回転異性状態モデルに対する理論線とほとんど重なる．計算がより簡単な，独立回転鎖モデルに対する C_n の式は，その意味で利用価値がある．ただし，このとき E_g の値には本来の物理的意味はなくなっている．

　ここまで話を進めてきたところで，読者の中には，隣接する結合間の相関が重要ならば，2つ以上離れた結合間の相関も高分子鎖のコンホメーションに重要ではないのかと疑われる方もおられるだろう．ペンタン効果により，$(\phi_{i-1}, \phi_i) = $（120°, −120°）および（−120°, 120°）が実質上排除されると，2つ離れた結合間，3つ離れた結合間などの相関は急激に減少し，重要ではなくなる．しかしながら，鎖に沿ってずっと離れた主鎖原子（たとえば i と j とする）は，図1.10に示すように i と j の間にある結合がループを形成することにより接近する可能性がある．ループ形成は，i と j の間のすべての結合の内部回転角の組み合わせにより決まり，鎖のエネルギー E はそれらの内部回転角の関数となる．したがって，鎖に沿って非常に離れた内部回転角同士に相関が生じる．これを**排除体積効果**と呼ぶ（後述）．ただし，この長距離相関は溶媒条件により消すことができる．詳細は1.4.2項で述べるが，上で述べたポリエチレ

ンに対する C_∞ の実測値は,この排除体積効果が消失する条件下で得られた結果である.

ポリエチレン以外のより化学構造が複雑な高分子についても,類似の方法で $\langle R^2 \rangle$ や $\langle S^2 \rangle$ を計算することができる.たとえば,ポリペプチド(タンパク質)は主鎖が−NH−CHR−CO−の繰り返し単位からなり,繰り返し単位には3種類の結合が存在する.このうち,CO−NH のアミド結合は二重結合性によりほとんどトランス状態に固定されていることが知られているが,通常 ϕ と ψ で表される残りの2種類の内部回転角の変化により,タンパク質はさまざまな回転異性状態をとりうる.そして,特定の回転異性状態が,酵素活性などさまざまな生理学的機能の発現に重大な役割を演じており,そのコンホメーション解析は非常に重要である.ただし,タンパク質の内部回転ポテンシャル $E(\phi_i, \psi_i)$ は,α 炭素に結合している側鎖の種類や溶媒環境に依存し,かつ CO−NH のアミド結合は分子内で水素結合を形成して α ヘリックスや β シート構造を形成するので,鎖に沿ってかなり離れた結合間の相関をも考慮する必要がある.

このタンパク質の例のように,ポリエチレン以外の高分子鎖のコンホメーション解析は,ポリエチレンにはなかった新たな問題を含んでおり,これまでに多くの努力が払われてきているが,ここではその詳細についてはふれない.具体的な成果については,文献3および4を参照されたい.また最近は,分子動力学シミュレーションが格段に進歩し,市販のソフトウェアを使ってかなり複雑な化学構造を有する高分子のコンホメーションが計算できるようになってきた.得られたシミュレーション結果を解釈する上で,上述した特性比の計算原理を基礎から理解しておくことは重要である.

B. Gauss 鎖モデル

n が十分大きいとき,ポリエチレン鎖に対する特性比は一定値に近づき,$\langle R^2 \rangle$ は n に比例する.この統計的性質はポリエチレン鎖に限らず,鎖に沿って十分離れた結合ベクトル間には相関がないような高分子鎖全般に共通する性質である(この条件が満たされない場合については,C. 項を参照).高分子鎖におけるこうした統計的性質は,最も単純な高分子鎖モデルである自由連結鎖にも備わっている.**自由連結鎖**とは結合長は一定であるが,各結合ベクトルは他の結合ベクトルの向きとは無関係に,任意の方向を等確率でとれるとするモデル鎖である.このモデル鎖は**酔歩鎖**とも呼ばれる[注3].この場合,式(1.3.2)中のすべての $\langle \mathbf{r}_i \cdot \mathbf{r}_j \rangle$ $(i \neq j)$ はゼロとなり,結合長を b_e とすると,$\langle R^2 \rangle$ は n の値にかかわらず,

---

[注3] 酔っ払いが酩酊状態で歩いたときの軌跡に似ていることから,酔歩鎖と名づけられた.式(1.4.5)に従う鎖を酔歩鎖モデルと呼ぶ.

$$\langle R^2 \rangle = n b_e^2 \tag{1.4.4}$$

で表され，特性比は1となる．また酔歩鎖に対しては，任意の主鎖原子対 i, j 間の平均二乗距離 $\langle R_{ij}^2 \rangle$ も，簡単に以下で表される．

$$\langle R_{ij}^2 \rangle = b_e^2 |i - j| \tag{1.4.5}$$

この式を式(1.3.5)に代入して，二重和を実行すると次式が得られる．

$$\langle S^2 \rangle = \frac{1}{6} b_e^2 n \left(\frac{n+2}{n+1} \right) \approx \frac{1}{6} b_e^2 n = \frac{1}{6} \langle R^2 \rangle \tag{1.4.6}$$

高分子の n は大きいので，第2式は良い近似で成立する．

この仮想的な高分子鎖は，$\langle R^2 \rangle$ や $\langle S^2 \rangle$ とともに，末端間ベクトル $\mathbf{R}$ の分布関数 $P(\mathbf{R})$ を導出するのに非常に便利なモデル鎖である．すでに述べたように，高分子鎖はその分子形態を時々刻々と変化させており，それに伴って $\mathbf{R}$ も変化する．$P(\mathbf{R})$ は，$|\mathbf{R}|$ が平均値 $\langle R^2 \rangle^{1/2}$ からずれる確率を与え，たとえば5, 6章で述べる高分子鎖のダイナミクスや力学的性質（ゴム弾性や粘弾性）などの物性を計算する際に必要となる量である．発展1.5の議論から，n が十分大きい条件で，$P(\mathbf{R})$ に対して次の式を得る．

$$P(\mathbf{R}) = \left(\frac{3}{2\pi n b_e^2} \right)^{3/2} \exp\left(-\frac{3R^2}{2n b_e^2} \right) \tag{1.4.7}$$

●発展 1.5　式(1.4.7)の導出とゴム弾性

主鎖中の各結合ベクトルが，結合長は一定であるが任意の方向を等確率でとれるとした仮想的な自由連結鎖に対する $\mathbf{R}$ の分布関数 $P(\mathbf{R})$ を求めよう．発展1.2の式(E1.2.2)では，$\mathbf{R}$ が一定条件下で多重積分を行う必要があり，実際上の計算は困難である．そこで，$P(\mathbf{R})$ のFourier変換 $K(\boldsymbol{\rho})$ を考える．

$$K(\boldsymbol{\rho}) = \int P(\mathbf{R}) e^{i\mathbf{R}\cdot\boldsymbol{\rho}} d\mathbf{R} = Z^{-1} \int e^{-E/k_B T} e^{i\mathbf{R}\cdot\boldsymbol{\rho}} d\mathbf{r}_1 \cdots d\mathbf{r}_n \tag{E1.5.1}$$

Z は式(E1.2.1)で定義される分配関数である．$K(\boldsymbol{\rho})$ は，すべての $\mathbf{R}$ にわたる積分をとるので，$P(\mathbf{R})$ の積分での $\mathbf{R}$ が一定の条件がなくなる．自由連結鎖の結合ベクトル $\mathbf{r}_i$ の積分は，$E=0$ とし，結合長 b_e を一定の条件下ですべての立体角 ω_i にわたって行う．

その積分は各結合ベクトルごとに独立に行うことができ，各結合ベクトルを極軸方向が ρ と平行な極座標で表すと（θ が極角，ϕ が方位角），$K(\rho)$ は次のように表される．

$$K(\rho) = Z^{-1} \int e^{i(b_e \cos\theta_1 + \cdots + b_e \cos\theta_n)\rho} \, d\omega_1 \cdots d\omega_n$$

$$= \left(\frac{1}{4\pi} \int_0^\pi e^{ib_e\rho\cos\theta} \sin\theta d\theta \int_0^{2\pi} d\phi\right)^n = \left[\frac{\sin(b_e\rho)}{b_e\rho}\right]^n \tag{E1.5.2}$$

この関数 $[\sin(b_e\rho)/b_e\rho]^n$ は，$b\rho$ が小さいときは $1 - nb_e^2\rho^2/6$ に，大きいときはゼロに漸近し，両極限で関数 $\exp(-nb_e^2\rho^2/6)$ と一致する．一致の悪い $b_e\rho$ の中間領域でも，n を大きくしていると次第に差が狭まり，十分大きい n では両関数は全領域で一致する．

Fourier 積分の公式を利用すると，十分大きい n では次の式が成立する．

$$P(\mathbf{R}) = (2\pi)^{-3} \int K(\rho) e^{-i\mathbf{R}\cdot\rho} d\rho = \frac{1}{2\pi^2} \int_0^\infty \exp\left(-\frac{nb_e^2\rho^2}{6}\right) \frac{\sin(\rho R)}{\rho R} \rho^2 d\rho \tag{E1.5.3}$$

部分積分法を利用して計算を進めると，最終的に次の $P(\mathbf{R})$ が得られる[2]．

$$P(\mathbf{R}) = \left(\frac{3}{2\pi nb_e^2}\right)^{3/2} \exp\left(-\frac{3R^2}{2nb_e^2}\right) \tag{E1.5.4}$$

末端間ベクトルが $\mathbf{R}$ のときの Gauss 鎖の分配関数を $Z_\mathbf{R}$ とすると，$Z_\mathbf{R}$ は次式のように表される．

$$Z_\mathbf{R} = \int e^{-E/RT} \frac{d\mathbf{r}_1 \cdots d\mathbf{r}_\nu}{d\mathbf{R}} = Z P(\mathbf{R}) \tag{E1.5.5}$$

ただし，発展 1.2 で与えられている Z と $P(\mathbf{R})$ の定義式を用いた．また，そのときの Helmholtz エネルギー $F(\mathbf{R})$ は，式 (E1.2.6) から次のように表される．

$$F(\mathbf{R}) = -k_B T \ln Z_\mathbf{R} = -k_B T \ln[Z P(\mathbf{R})] \tag{E1.5.6}$$

いま，Gauss 鎖の両端に外力 $\boldsymbol{f}$ をかけて $d\mathbf{R}$ だけ引き伸ばすと，F は $\boldsymbol{f} \cdot d\mathbf{R}$ だけ増加するので，$\boldsymbol{f} = (\partial F/\partial \mathbf{R})$ という関係式が成立するはずである．この熱力学的関係式と式 (E1.5.4) および (E1.5.6) を組み合わせると，

$$\boldsymbol{f} = \frac{\partial F}{\partial \mathbf{R}} = \left(\frac{3k_B T}{nb_e^2}\right)\mathbf{R} \tag{E1.5.7}$$

という関係が得られる．Gauss 鎖の張力は外力とつり合っているので，この式は，Gauss 鎖の張力が末端間距離，すなわち引っ張り歪みに比例していることを表し，高分子鎖のゴム弾性の基本式となっている．張力が歪みに比例することは Hooke の法則が成り立つことを意味し，Gauss 鎖は一種の弾性バネとみなせる．

$\exp(-ax^2)$ という形の関数は Gauss 関数と呼ばれるため,それにちなんで $P(\mathbf{R})$ が上式で与えられる高分子鎖を **Gauss 鎖**(あるいは**理想鎖**)と呼び,このモデル鎖を **Gauss 鎖モデル**という.

この $P(\mathbf{R})$ を使って R^2 の平均を求めると,当然ながら $\langle R^2 \rangle = nb_e^2$ が得られる.他方,結合長が b,特性比が C_∞ である n が十分大きい実在鎖に対する $\langle R^2 \rangle$ は,式(1.4.3)より $\langle R^2 \rangle = C_\infty nb^2$ で与えられるので,この実在鎖の $P(\mathbf{R})$ は,結合長 b_e が

$$b_e = b\sqrt{C_\infty} \tag{1.4.8}$$

の自由連結鎖に対する $P(\mathbf{R})$ として与えられる.

いま結合数が n の実在鎖を n_S 個に等分して,結合数が n/n_S の部分鎖 n_S 本からなるとみなす.結合数 n/n_S が十分大きいならば,この部分鎖は Gauss 鎖とみなせ,その平均二乗末端間距離は $b_S^2 = C_\infty b^2(n/n_S)$ で与えられる.以降,この部分鎖を**セグメント**,b_S を有効結合長あるいは有効ステップ長と称する.すなわち,結合数 n の実在鎖は,結合ベクトルが Gauss 分布に従う n_S 本のセグメントからなるとみなすことができる.このセグメントという概念は,1 よりもかなり大きい数の結合から構成され,鎖全体よりも十分小さいという条件以外には明確な制限がなく,あいまいな概念である.屈曲性高分子のさまざまな物性を議論する際に便利な概念なので後の章でもしばしば出てくるが,場合ごとにセグメントのサイズは異なるので,混乱するかもしれない.この曖昧さは,Gauss 鎖のフラクタル性から生じている.フラクタル図形は,図 1.11 に示すように,その図形を拡大・縮小してももとの図形と重なるという自己相似性をもつ図形であり,コッホ曲線などが有名である.1 本の結合よりもずっと大きいスケールで見る限り,Gauss 鎖もフラクタル図形とみなすことができ,その図形を特徴づける基本的な長さというものが存在しない.これまで小学校から習ってきたユークリッド幾何学に慣れきっている読者には,このフラクタル幾何学は曖昧模糊と

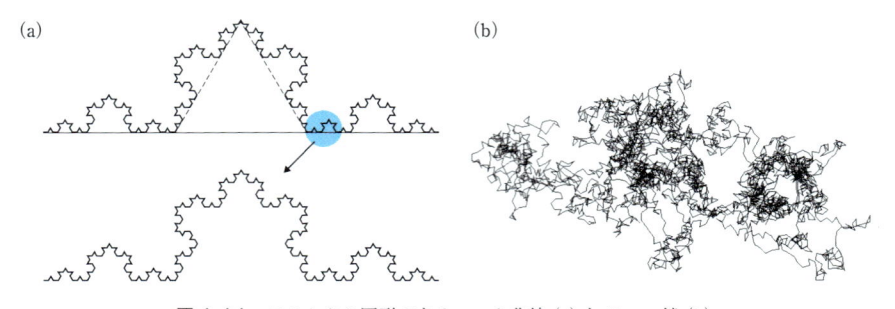

図 1.11 フラクタル図形であるコッホ曲線(a)と Gauss 鎖(b)

1.4 高分子鎖の統計力学的取り扱い

してわかりにくいと思うが，高分子を理解するにはこの新しい幾何学に慣れていただきたい．

とはいっても，Gauss鎖をもっと直感的に理解したいという欲求は誰しも抱くものである．厳密さを無視し，ときには誤解を招く恐れさえあるが，しばしばGauss鎖を直径が $\langle R^2 \rangle^{1/2}$ あるいは半径が $\langle S^2 \rangle^{1/2}$ のぼんやりとした球，もしくはセグメントがその球内に連続的に分布したモデルで置き換えることがある．また，Gauss鎖をもう少し詳細に観察すると，末端間ベクトル $\mathbf{R}$ に対して平行な方向（x軸方向）と垂直な方向（y, z軸方向）では，Gauss鎖の広がりは少し違う．いま，i番目のセグメント末端に位置する主鎖原子の位置ベクトル $\mathbf{S}_i$ の x 成分 $\langle \mathbf{S}_i \cdot \mathbf{e}_x \rangle$ を使って次の式で定義される統計量

$$\langle S_x^2 \rangle_\mathbf{R} \equiv \frac{1}{n_\mathrm{S}+1} \sum_{i=0}^{n_\mathrm{S}} \langle (\mathbf{S}_i \cdot \mathbf{e}_x)^2 \rangle_\mathbf{R} \tag{1.4.9}$$

の平方根をGauss鎖の x 軸方向の広がりとする．同様にして y, z 軸方向の広がりも定義する．これらの広がりは，n_S 本のGauss鎖が連結した鎖に対する多変数Gauss分布関数を用いて計算でき，最終結果をさらに $\mathbf{R}$ に関して統計平均すると最終的に

$$\langle S_x^2 \rangle = \frac{1}{9} n_\mathrm{S} b_\mathrm{S}^2, \quad \langle S_y^2 \rangle = \langle S_z^2 \rangle = \frac{1}{36} n_\mathrm{S} b_\mathrm{S}^2 \tag{1.4.10}$$

が得られる．すなわち，Gauss鎖は厳密には球ではなく軸比が2の回転楕円体とみなした方がよい．

高分子鎖の内部運動を議論する際には，上述のように1本の高分子鎖は多数のセグメントからなるとして取り扱う．1本の高分子鎖が n_S 本のセグメントからなり，i番目のセグメントの末端間ベクトルを $\mathbf{a}_i$ とすると鎖全体の $\mathbf{R}$ は

$$\mathbf{R} = \sum_{i=1}^{n_\mathrm{S}} \mathbf{a}_i \tag{1.4.11}$$

で表される．各セグメント中の結合数 n/n_S が十分大きければ，$\mathbf{a}_i$ 自身もGauss分布に従うはずであり，高分子鎖は n/n_S 本の弾性バネを直列に連結したモデルで表される．これを **Rouse モデル** と呼ぶ．これは6章で重要となるモデルである．ただし，セグメントを構成している結合数 n/n_S をどこまで小さくできるかという点には注意が必要である．図1.9に示すように，少なくとも特性比に関しては，n/n_S が50より小さくなると非Gauss性が現れ始めており，また高分子鎖を大きく変形させたときにも，非Gauss性が顕著になることにも注意されたい．たとえば，ポリエチレン鎖の末端間距離 R はセグメント間のなす角の補角を θ として $nb \sin[(\pi-\theta)/2] = nb_\mathrm{e} \sin[(\pi-\theta)/2]/C_\infty^{1/2}$ よりも大きくなることはないが，式(1.4.7)では $R > nb_\mathrm{e} \sin[(\pi-\theta)/2]/C_\infty^{1/2}$ でも

$P(\mathbf{R})$ は有限の値をとる．この点を修正した $\mathbf{R}$ の分布関数は，Langevin 関数 $\mathcal{L}(x) \equiv \coth x - 1/x$ の逆関数 $\mathcal{L}^{-1}(y)$ を用いて，次式で与えられる（発展 5.2 および文献 5 参照）．

$$P(\mathbf{R}) \propto \exp\left[-n\int_0^{R/nb_e} \mathcal{L}^{-1}(y)\mathrm{d}y\right] \propto \exp\left\{-\frac{3R^2}{2nb_e}\left[1+\frac{3}{10}\left(\frac{R}{nb_e}\right)^2+\frac{33}{125}\left(\frac{R}{nb_e}\right)^4+\cdots\right]\right\} \tag{1.4.12}$$

C. みみず鎖モデル

　回転異性状態モデルは，高分子鎖の局所的な化学構造が正確に考慮された統計モデルであるが，最も単純な化学構造のポリエチレンでも，$\langle R^2 \rangle$ や $\langle S^2 \rangle$ の式はいくぶん複雑である（式(1.4.1)と式（E1.4.11））．化学構造の複雑な高分子になると，それらの式はさらに複雑となる．高分子鎖の局所的な化学構造は無視することで，数学的により取り扱いやすくした高分子鎖のモデルとして**みみず鎖モデル**がある．以下ではこのモデルについて説明しよう．

　みみず鎖モデルの出発点は，結合長 b と結合角の補角 θ が一定で，結合回りの内部回転が自由に行える自由回転鎖モデルである（発展 1.4 参照）．いま，主鎖の結合数を n とし，**経路長** L を $L=nb$，**持続長** q を $q=b/(1-\cos\theta)$ とおき，L と q が一定であるという条件の下で，$n\to\infty$，$b\to 0$，$\theta\to 0$ の極限操作を行うと，折れ曲がり点のない 3 次元空間内の連続曲線が得られる．この連続曲線を**みみず鎖**と呼ぶ．このモデル鎖では，結合長や結合角という概念が消失しているが，数学的には連続曲線の方が折れ線である自由回転鎖や回転異性状態モデルよりも取り扱いやすい．みみず鎖を特徴づけるモデルパラメータは L と q であり，経路長 L は連続曲線の長さを表し，持続長 q は鎖の屈曲性の目安となる．追補 D の結果を利用すると，$\langle R^2 \rangle$ と $\langle S^2 \rangle$ は次のように表される．

$$\langle R^2 \rangle = 2Lq - 2q^2(1-\mathrm{e}^{-L/q}), \quad \langle S^2 \rangle = \frac{1}{3}Lq - q^2 + \frac{2q^3}{L}\left[1-\frac{q}{L}(1-\mathrm{e}^{-L/q})\right] \tag{1.4.13}$$

　以下ではみみず鎖モデルと前項で述べたポリエチレンに対する回転異性状態モデルとを比較しよう．ただし，連続曲線と折れ線を比較するには，何らかの対応関係が必要である．ポリエチレン鎖の伸びきり状態における結合ベクトル $\mathbf{r}$ を末端間ベクトル $\mathbf{R}$ 方向へ射影した長さ（投影長）を $h(=b\sin[(\pi-\theta)/2])$ とし，次の 2 式によってみみず鎖モデルのパラメータ L および q と，回転異性状態モデルとを対応づける．

$$L = nh, \quad q = \frac{b^2 C_\infty}{2h} \tag{1.4.14}$$

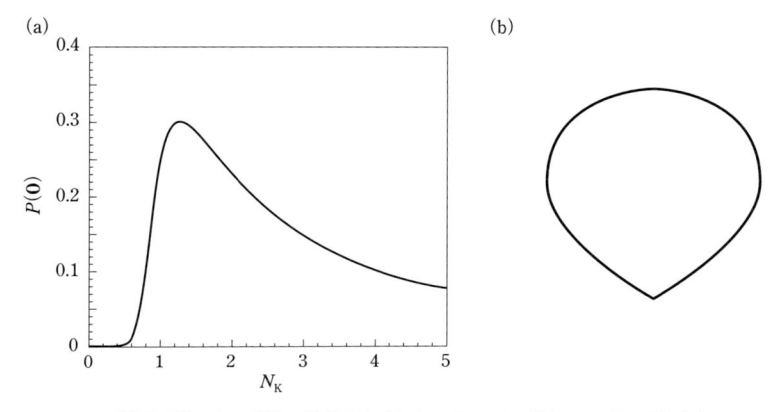

図 1.12 みみず鎖の閉環確率 (a) とエネルギー最小ループの形状 (b)

第 1 式から,両モデル鎖の伸びきり状態での末端間距離が一致し,また第 2 式からは,両モデル鎖の特性比 $\lim_{n\to\infty}\langle R^2\rangle/nb^2 = C_\infty\langle R^2\rangle/2qL$ が一致する.この式を用いると,みみず鎖と回転異性状態モデルの有限の結合数における特性比 C_n は,すべての n についてよく一致する.ポリエチレン鎖の場合,$q = 0.634$ nm とおくと,図 1.9 に示したペンタン効果を考慮に入れた回転異性状態モデルに対する結果とほとんど一致する C_n が得られる.すなわち,みみず鎖モデルは局所的な化学構造がより正確に考慮された回転異性状態モデルの良い近似となっていることが実証されている.

L を一定にし,q を無限大に近づけると,式(1.4.13)は

$$\langle R^2\rangle = L^2, \langle S^2\rangle = \frac{1}{12}L^2 \quad (q\to\infty) \tag{1.4.15}$$

となり,剛直な棒状形態に対する式となる.他方,q をゼロに近づけると,

$$\langle R^2\rangle = 2qL, \langle S^2\rangle = \frac{1}{3}qL \quad (q\to 0) \tag{1.4.16}$$

が漸近的に成立し,Gauss 鎖のふるまいになる.Gauss 鎖における b_e に対応する $2q$ および n に対応する $N_K = L/2q$ を,それぞれ **Kuhn の統計セグメント長**,**Kuhn の統計セグメント数**と呼ぶ.したがって,みみず鎖モデルは q(あるいはより厳密には N_K)を変化させることにより,剛直棒と Gauss 鎖を連続的につなぐ一般的なモデルである.

みみず鎖は非常に守備範囲の広いモデル鎖ではあるが,残念ながら末端間ベクトルの分布関数 $P(\mathbf{R})$ や回転半径に関する分布関数 $P(S)$ が簡単な関数形ではない.しかしながら,山川と Stockmayer は剛直棒と Gauss 鎖の近傍での $P(\mathbf{R})$ を内挿して,$\mathbf{R} = \mathbf{0}$ となる確率(閉環確率)$P(\mathbf{0})$ を N_K の関数として求めた.最終結果は図 1.12(a) のよう

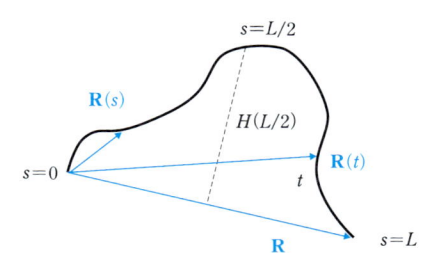

図 1.13 弾性ワイヤーモデルとしてのみみず鎖

になる[6]．剛直棒という極限状態では，もちろん鎖は曲がれないので $P(\mathbf{0}) = 0$ である．$P(\mathbf{0})$ がゼロではない有限の値をとり，ループを形成できるようになるのは，N_K が約 0.8 より大きくなったときである．またエネルギー最小のループは図 1.12(b) に示すような形であり，$N_\mathrm{K} \approx 0.8$ のときに形成されるループはこの形にほぼ固定されている[6]．

みみず鎖は，ピアノ線のように曲げに対して弾性力を生じる連続曲線（弾性ワイヤー）とみなすことができる．上では，図 1.7 に示した主鎖原子が離散的につながった高分子鎖のモデルから出発して，$n \to \infty$，$b \to 0$，$\theta \to 0$ という極限操作を行って図 1.13 に示すような連続曲線を得た．その曲線上の各点は 0 から L の間の実数である s（片末端から鎖の経路に沿って測った距離）で指定され，曲線の形は s の関数として与えられるベクトル $\mathbf{R}(s)$ で記述される．図 1.7 の離散モデルの原子番号 i が s に，$\mathbf{R}_{0i}$ が $\mathbf{R}(s)$ に，また結合ベクトル $\mathbf{r}_i$ は微分量 $\mathrm{d}\mathbf{R}(s)/\mathrm{d}s$ に対応する．この $\mathbf{R}(s)$ で指定される曲線の曲げの弾性エネルギーは，形式的に次式で表される．

$$U = \frac{1}{2}\varepsilon \int_0^L \left[\frac{\mathrm{d}^2 \mathbf{R}(s)}{\mathrm{d}s^2}\right]^2 \mathrm{d}s \tag{1.4.17}$$

ここで，ε は曲げの弾性率，被積分関数は曲線の曲率の二乗を表す．まっすぐに伸びたときには各点での曲率がゼロとなり，U はゼロとなるが，高度に屈曲した形では U は大きくなる．この弾性曲線が熱平衡状態にあるとき，各曲線の形は U に基づく Boltzmann 分布に従う．詳細は省略するが，そのように定義された弾性曲線は，上記のみみず鎖と同じ統計分布に従うことを示されている[6]．そのとき，みみず鎖を特徴づける持続長 q は，弾性ワイヤーモデルでは，次の式で定義される．

$$q = \frac{\varepsilon}{k_\mathrm{B} T} \tag{1.4.18}$$

みみず鎖モデルとよく似ているが，屈曲性が増すに従って経路長 L がある程度伸縮するモデル鎖が田上によって提案されている．両者の鎖の統計分布は異なっているが，$\langle R^2 \rangle$ や $\langle S^2 \rangle$ は両モデルで一致している．この田上モデルのよいところは，$P(\mathbf{R})$

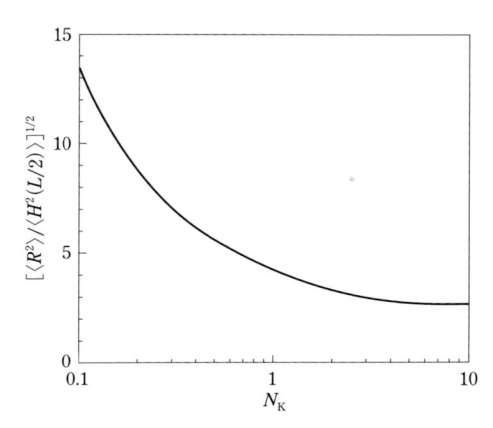

図 1.14 田上モデルにおける軸比の Kuhn の統計セグメント数依存性
[H. Hoshikawa *et al.*, *Polymer J.*, **7**, 79 (1975)]

などが解析的な式で与えられていることである．図 1.13 に示したような，鎖の中点から末端間ベクトル **R** までの距離の二乗平均 $\langle H^2(L/2) \rangle$ なども計算できる．Kuhn が導入したように，$[\langle R^2 \rangle / \langle H^2(L/2) \rangle]^{1/2}$ は高分子鎖の平均的な軸比とみなすことができる．図 1.14 にその軸比の N_K に対する依存性を示す．剛直棒の場合には軸比は無限大であるが，屈曲性が増すにつれて小さくなり，Gauss 鎖の極限では $\sqrt{6}$ となる．Gauss 鎖が末端間ベクトルの方向に伸びた回転楕円体のような形状をしていることは，すでに上述したとおりである（そこでは，回転半径に関する軸比を考察した）．

立体規則性ビニルポリマーは，結晶中でオールトランス状態ではなく，トランス状態とゴーシュ状態がある周期で繰り返されたらせん状態で存在することが多い．結晶中でのコンホメーションが孤立鎖のエネルギー最安定状態とみなすと，これらの高分子鎖は上述の直線状態がエネルギー最安定の弾性ワイヤーではなく，固有の曲率とねじれ率を有するらせん状の弾性ワイヤーでモデル化すべきである．このような弾性ワイヤーモデルを**らせんみみず鎖**と呼び，$\langle R^2 \rangle$ や $\langle S^2 \rangle$ をはじめとするさまざまな鎖の統計量が，みみず鎖の場合と同じように計算されている．このモデル鎖は，経路長 L 以外に，特性らせんの曲率とねじれ率および剛直性パラメータによって特徴づけられる．らせんみみず鎖については，他の教科書を参照されたい[6]．

上記のみみず鎖やらせんみみず鎖は，B. 項で紹介した Gauss 鎖よりも局所的な高分子の構造を反映したモデル鎖で，Gauss 鎖や Rouse 鎖の自己相似性は消失している．高分子鎖の局所部分をさらに拡大していくと，図 1.7 に示したような主鎖を構成している各原子や同図では省略した側鎖が見えてくる．4 章や 7 章で述べられる，高分子

第 1 章 高分子鎖の分子形態

固体中での結晶化やガラス転移，粘弾性緩和や誘電緩和などは，高分子鎖の局所運動が主役を演じる現象であり，原子論的モデルを利用しないと現象の本質がつかめない．そのため，読者の中には，高分子のすべての物性はこの原子論的モデルで説明されるべきであると考える方（還元論者）がいるかもしれない．しかしながら，高分子鎖の全体構造や大規模運動が重要となる物性には，Gauss 鎖やみみず鎖などの粗視化モデルが有効で，各々の物性ごとに高分子鎖の描像を変えながら理解していく必要がある．

1.4.2 ■ 排除体積効果

これまで詳細にはふれてこなかったが，高分子鎖の統計力学には厄介な問題が存在する．1.4.1 項 A. で少しだけ言及したが，図 1.10 に示したように，高分子鎖がループを形成してセグメント i と j が重なり自己相互作用することにより，高分子鎖のコンホメーションに影響を与える排除体積効果の問題である．2 章の熱力学的性質の節で取り扱う溶液中での 2 本の高分子鎖間の排除体積と区別するために，ここではより厳密に**分子内排除体積効果**と呼ぶ．この効果は，鎖に沿って離れた結合間に相関をもたらす高分子鎖の統計力学における難問である．Flory がこの排除体積効果の重要性を指摘したとき，同じ Cornell 大学の教授であった Debye は，Flory の説に強く反対したとされる．その理論的困難さが，高分子科学に混乱を招くと直感したのであろう．事実この難問は，その後多くの理論家および実験家を巻き込み，度重なる論争を引き起こした．現在でも，この問題が純粋に統計力学的に解かれたわけではない．

すでに述べたように，隣接する結合の内部回転角間にはペンタン効果による相関があるが，内部回転角間の相関は鎖に沿って離れるに従い，その重要性はいったん弱くなる．鎖の局所的な剛直性により，ある鎖長以下ではループが形成されないためである．しかし，最小のループを形成できる鎖長以上になると，図 1.10 に示したようにループ形成による相互作用が重要となり，鎖に沿って非常に離れた結合の内部回転角間に新たな相関が生じる．すなわち，<u>高分子鎖の広がりを決める因子は，鎖に沿って短距離の相互作用（結合長，結合角，内部回転角に関するペンタン効果）による寄与と，鎖に沿って長距離の相互作用（排除体積効果）による寄与に分けることができる</u>．

排除体積効果を受けた鎖の回転半径 $\langle S^2 \rangle^{1/2}$ と受けていない鎖の回転半径 $\langle S^2 \rangle_0^{1/2}$ の比を**半径膨張因子**と呼び，α_S で表す．この膨張因子は，次で定義される排除体積パラメータ z の関数として与えられる（発展 1.6 参照）．

$$z \equiv \left(\frac{3}{2\pi b_S^2}\right)^{3/2} \beta_S n_S^{1/2} \tag{1.4.19}$$

● コラム　　Paul John Flory（1910〜1985）

© Chuck Painter / Stanford News Service

P. J. Flory は，本書の複数の章でその名前が出てくることからもわかるように，高分子の物理化学分野の初期の発展に顕著な寄与をした米国の化学者で，「高分子化学の理論・実験両面にわたる基礎研究」に対して 1974 年にノーベル化学賞を受賞している．

Flory は，1931 年に Indiana 州にある Manchester 大学を卒業後，Ohio 州立大学の大学院に進学し，1934 年には光化学と分光学に関する研究で博士号を得ている．指導教授だった H. L. Johnston は低温科学の専門家で，後年重水素を製造する会社を立ち上げている．その影響もあってか，Flory は博士号取得後に大学には残らず化学企業である du Pont 社に入社し，Wallace H. Carothers の研究グループに配属される．時は Staudinger や Carothers がちょうど高分子説を確立させた直後であり，Flory はそのお膝元で，重合や高分子物質に興味を持ち，彼の研究人生はこの配属によって決定される．du Pont 時代および 1937 年の Carothers の不幸な自殺の後に移った Cincinnati 大学の 2 年間は，Carothers の影響もあり，本章で紹介する重合反応論（重合反応動力学や分岐高分子の分子量分布とゲル化理論など）で顕著な業績を残している．

第 2 次世界大戦の始まる直前の 1940 年に，天然ゴムの不足を補うための合成ゴムの研究開発を目的として石油会社 Standard Oil 社の Esso 研究所に移り，さらには 1943 年にゴム会社 Goodyear 社の研究所にグループリーダーとして移り，1948 年までそこに在籍した．戦時中のアメリカ企業研究所の研究環境がどのようなものであったかは想像し難いが，Flory の名前を世に知らしめる多くの高分子物性研究の成果がこの時期に生み出されている．次章で紹介する Flory–Huggins 理論，5 章で出てくるゲルの膨潤理論などは，いずれもこの時期の仕事である．また本章で扱う高分子鎖の排除体積効果（および同じ論文で取り扱われているバルク中での高分子鎖の形態）の理論研究は，1948 年に P. Debye から招聘されて移った Cornell 大学での仕事であるが，その着想は企業研究所時代のゴム弾性と膨潤の理論に基づいている．戦争を肯定するわけではないが，戦時下の非常事態での研究者の心理状態が科学を著しく進歩させた例は他にも数多く知られている．

Flory は，Cornell 大学にいた 1953 年に高分子科学者のバイブルとされた *"Principles of Polymer Chemistry"* を著し，その後 Mellon 研究所を経て，1961 年には Stanford 大学に移り，そこで第 2 番目の教科書である *"Statistical Mechanics of Chain Molecules"*（1969 年）を書いている．1985 年，心臓発作のために California 州にて逝去．享年 75 歳であった．

第 1 章　高分子鎖の分子形態

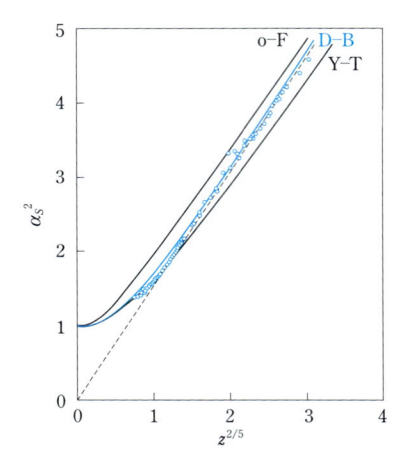

図 1.15　半径膨張因子のシミュレーション結果と理論との比較

ここで，n_S は 1 本の高分子鎖に含まれるセグメント数，β_S はセグメントの排除体積（より厳密には 2 体クラスター積分）である．これまでに，α_S については数多くの関数形が提案されているが，広い分子量領域にわたる実験結果を説明できる排除体積効果に関する解析的な理論は結局提案されなかった．図 1.15 には，格子上に発生させた自己回避鎖（自分自身と重ならない条件下で 3 次元格子上をランダムに歩む酔歩鎖）のシミュレーションから計算された α_S の z 依存性を小さい丸印で示す．ダイヤモンド格子，単純立方格子，面心立方格子，体心立方格子など異なる種類の格子を用いて行われたシミュレーションの結果は，いずれも同図中で D-B と付した実線によく合致している．この実線は，Domb と Barrett によって提案された経験式

$$\alpha_S^2 = \left[1 + 10z + \left(\frac{70\pi}{9} + \frac{10}{3}\right)z^2 + 8\pi^{3/2}z^3\right]^{2/15}(0.933 + 0.067\,e^{-0.85z - 1.39z^2}) \quad (1.4.20)$$

から計算したものである．この式の z に関する 1 次の係数は，解析的に求めた発展 1.6 の式（E1.6.14）の係数（= 134/105）と一致しており，また z の大きいところでは，α_S^2 は次の漸近式に従っている（図 1.15 中の点線）．

$$\alpha_S^2 = 1.53\,z^{2/5} \quad (1.4.21)$$

図 1.15 中で o-F と付した実線は，Flory が最初に発表した排除体積効果に関する論文（1949 年）で提案された理論線（$\alpha_S^5 - \alpha_S^3 = 2.60z$）である．この論文以降，排除体積効果の理論に関しては非常に多くの論争が展開されたが，結局は Flory の提案し

た理論が正解に近かったという皮肉な結果となっている．ただし，de Gennes が指摘しているように，Flory の理論では排除体積効果を決めるセグメント間の反発自由エネルギーと膨潤鎖の弾性 Helmholtz エネルギー（発展 1.6 の式(E1.6.4)中の TS_{rep} と F_{els}）のいずれも過大評価されており，それらが相殺されることによって正解に近い結果となっている．図 1.15 中で Y-T と付した実線は，その後に展開された解析理論の 1 つである山川―田中理論の結果を表している[2]．z の小さいところではシミュレーションの結果に近いが，z の大きいところではシミュレーション結果と一致していないことがわかる．

● 発展 1.6　　排除体積効果に対する Flory の理論と摂動理論

　低分子の実在気体に対する van der Waals 状態方程式に関連してすでに学んでいることと思うが，剛体球は実体積の 8 倍の排除体積をもつ．すなわち，斥力相互作用によりある剛体球を中心とする排除体積内には他の剛体球は入り込めない．いま簡単のために，1 本の高分子鎖を直径が末端間距離 R に等しい球内に n_S 個の分子（セグメント）が閉じ込められた気体と同等のものとみなして（セグメント気体モデル），排除体積の効果を考察しよう．セグメントの排除体積を β_S とすると，あるセグメントが別のあるセグメントの排除体積内に位置する確率は $\beta_S/[(4\pi/3)R^3]$ で与えられる．相互作用するセグメント対の総数は $n(n-1)/2$ 個であるので，球内でセグメント対が衝突している全確率は $3n^2\beta_S/[8\pi R^3]$ で与えられる（$n-1$ を n とした）．実際にはそのようなセグメント配置は許されない．この排除体積効果による並進エントロピー損失 S_{rep} は，Boltzmann の式を利用すると次式で与えられる．

$$S_{rep} = k_B \ln\left(1 - \frac{3n^2\beta_S}{8\pi R^3}\right) \approx -\frac{3k_B n_S^2 \beta_S}{8\pi R^3} \tag{E1.6.1}$$

最後の式では，球内でのセグメント密度は十分低いと仮定した．高分子鎖は，このエントロピー損失をできるだけ減らすために，末端間距離 R を大きくしようとする．しかしながら，R を増加させると，

$$F_{els} = -k_B T \ln[ZP(\mathbf{R})] = \frac{3k_B T R^2}{2n_S b_S^2} + 定数 \tag{E1.6.2}$$

で与えられる弾性 Helmholtz エネルギーを増加させてしまい，系は不安定化する．ここで，b_S はセグメント長である．実在鎖の R は，この両者がつり合った値となる．

　排除体積効果を受けていない Gauss 鎖を**非摂動鎖**，排除体積効果を受けた鎖を**摂動鎖**と呼ぶ．それぞれの平均二乗末端間距離を $\langle R^2 \rangle_0$ と $\langle R^2 \rangle$ で表し，排除体積効果の程度を表すために次の末端間距離に関する膨張因子 α_R を定義する．

$$\alpha_R{}^2 = \frac{\langle R^2 \rangle}{\langle R^2 \rangle_0} \tag{E1.6.3}$$

$\langle R^2 \rangle_0 = n_S b_S{}^2$ であり，$\langle R^2 \rangle$ を上で述べたセグメント気体の R^2 と等しいとすると，S_{rep} と F_{els} を考慮に入れた高分子鎖の Helmholtz エネルギーは次の式で与えられる．

$$F = F_{\text{els}} - TS_{\text{rep}} = \frac{3k_B T}{2}\alpha_R{}^2 + \frac{3k_B T n_S{}^2 \beta_S}{8\pi \langle R^2 \rangle_0{}^{3/2} \alpha_R{}^3} \tag{E1.6.4}$$

つり合いの条件は $dF/d\alpha_R = 0$ であり，平衡膨張因子として次の式が得られる．

$$\alpha_R{}^5 = \frac{3 n_S{}^2 \beta_S}{8\pi \langle R^2 \rangle_0{}^{3/2}} \tag{E1.6.5}$$

$\langle R^2 \rangle_0$ は n_S に比例するため，上式の右辺は $n_S{}^{1/2}$ に比例し，分子量が高いほど α_R は大きくなり排除体積効果は顕著となる．逆に低分子量域では，排除体積効果の重要性は低くなる．

　Flory は，高分子鎖をセグメントが Gauss 分布に従う連続密度モデルで表し，また弾性 Helmholtz エネルギーは Flory–Huggins 理論を利用して計算し，上述と同様の議論を行い，次の式を得た．

$$\alpha_R{}^5 - \alpha_R{}^3 = 2.6 z \tag{E1.6.6}$$

ただし，z は次の式で定義される排除体積パラメータである．

$$z \equiv \left(\frac{3}{2\pi \langle R^2 \rangle_0}\right)^{3/2} \beta_S n_S{}^2 \tag{E1.6.7}$$

α_R が大きい，つまり強い排除体積効果が働いているときには，$\alpha_R{}^3$ は $\alpha_R{}^5$ に対して無視することができて，式(E1.6.6)は数係数を除き式(E1.6.5)に漸近する．

　次に，排除体積効果の弱い（z の小さい）極限にしか適用できないが，Flory の理論よりも厳密な摂動理論を紹介する．いま，i 番目と j 番目のセグメント間の相互作用ポテンシャルを，両者間の距離ベクトル $\mathbf{R}_{ij}$ の関数 $w(\mathbf{R}_{ij})$ で表し，鎖全体の相互作用エネルギーを次式で表す．

$$E = \sum_{0 \leq i < j \leq n_S} w(\mathbf{R}_{ij}) \tag{E1.6.8}$$

ここではセグメントは高分子鎖に沿って適当な間隔で配置し，3つ以上のセグメントが同時に相互作用することはないと仮定する．末端間ベクトルの分布関数 $P(\mathbf{R})$ は，短距離相互作用のエネルギーを基準（ゼロ）とすると，上式の E を用いて次式から計算される．

$$P(\mathbf{R}) = Z^{-1} \int \exp(-E/k_B T) \frac{d\mathbf{r}_1 \cdots d\mathbf{r}_{n_S}}{d\mathbf{R}} \tag{E1.6.9}$$

式(E1.6.8)より，E は相互作用しているすべてのセグメント対に関する相互作用ポテンシャルの和で与えられるので，式(E1.6.9)中の Boltzmann 因子はそれらのセグメント対に関する Boltzmann 因子 $\exp[w(\mathbf{R}_{ij})/k_\mathrm{B}T]$ の積に分解でき，式(E1.6.9)は次のように書き換えられる．

$$P(\mathbf{R}) = Z^{-1} \prod_{0 \leq i < j \leq n_\mathrm{S}} \int \left[\int e^{-w(\mathbf{R}_{ij})/k_\mathrm{B}T} \frac{\mathrm{d}\mathbf{r}_1 \cdots \mathrm{d}\mathbf{r}_{n_\mathrm{S}}}{\mathrm{d}\mathbf{R} \, \mathrm{d}\mathbf{R}_{ij}} \right] \mathrm{d}\mathbf{R}_{ij} \quad (E1.6.10)$$

ここで，まず積分を $\mathbf{R}$ と $\mathbf{R}_{ij}$ が一定になるようなすべての結合ベクトルの組み合わせにわたって行い（鍵カッコ内），その後に $\mathbf{R}_{ij}$ に関して積分を行う．後者の積分は，$\mathbf{R}_{ij}$ がゼロに近いときにのみ，排除体積効果がない場合と比べて差が現れる．この差を表す目安として，次で定義されるセグメントの2体クラスター積分 β_S が用いられる．

$$\beta_\mathrm{S} \equiv \int \left[1 - e^{-w(\mathbf{R}_{ij})/k_\mathrm{B}T} \right] \mathrm{d}\mathbf{R}_{ij} \quad (E1.6.11)$$

これは，上述したセグメント気体モデルにおける排除体積に対応するパラメータである．$\mathbf{R}_{ij}$ がゼロに近いセグメント対がまったくなければ，$P(\mathbf{R})$ は排除体積効果が働かないとき（非摂動状態）の分布関数 $P_0(\mathbf{R})$ と等しい．図 1.10 に示したように 1 対のセグメント ij 間でのみ相互作用しているときには，$P(\mathbf{R})$ には β_S（すなわち z）に比例する $P_0(\mathbf{R})$ からのずれがあり，セグメント ij 間以外に別のもう 1 対のセグメント間でも相互作用する場合には，β_S^2（すなわち z^2）に比例する $P_0(\mathbf{R})$ からのずれがある．高分子量になるほど，相互作用を起こすセグメント対の数は増えていく．

排除体積効果（摂動）を受けた $P(\mathbf{R})$ は次のような摂動展開式で表される．

$$P(\mathbf{R}) = P_0(\mathbf{R}) + \beta_\mathrm{S} \sum_{0 \leq i < j \leq n_\mathrm{S}} Q_0(\mathbf{R}, 0_{ij}) + O(\beta_\mathrm{S}^2) \quad (E1.6.12)$$

ここで，$Q_0(\mathbf{R}, 0_{ij})$ は末端間ベクトルを $\mathbf{R}$ に固定した状態でセグメント i と j が相互作用しうる距離まで接近する確率に関係する関数で，また $O(\beta_\mathrm{S}^2)$ は β_S の二乗以上の高次の項を表す．Gauss 鎖モデルを用いて $P(\mathbf{R})$ を求め，その $P(\mathbf{R})$ を用いて $\langle R^2 \rangle$ を計算すると，次のようになる．

$$\langle R^2 \rangle = \langle R^2 \rangle_0 \left(1 + \frac{4}{3} z + \cdots \right) \quad (E1.6.13)$$

同様にして摂動鎖に対する $P(\mathbf{R}_{ij})$ の式を求め，それを使って平均値 $\langle R_{ij}^2 \rangle$ を求め，式 (1.3.5) に代入すれば，$\langle S^2 \rangle$ が計算される．末端間距離に関する膨張因子 α_R と回転半径に関する膨張因子（半径膨張因子）α_S を用いると，1 次の摂動理論の結果は次式で与えられる．

$$\alpha_R^2 \equiv \frac{\langle R^2 \rangle}{\langle R^2 \rangle_0} = 1 + \frac{4}{3} z + \cdots, \quad \alpha_S^2 \equiv \frac{\langle S^2 \rangle}{\langle S^2 \rangle_0} = 1 + \frac{134}{105} z + \cdots \quad (E1.6.14)$$

発展 1.6 を含めた以上の議論より，$\langle R^2 \rangle (\langle S^2 \rangle)$ はセグメントの有効結合長 b_S によって特徴づけられる $\langle R^2 \rangle_0 (\langle S^2 \rangle_0)$ と，2体クラスター積分 β_S によって特徴づけられる z によって決まることがわかる．このように，高分子鎖の広がりを2つのパラメータによって記述する理論を，一般に**二定数理論**と称する．

これまで述べた排除体積効果の理論は，同効果が働いていないときは Gauss 鎖としてふるまう屈曲性鎖を考察の対象としていた．非常に剛直な高分子鎖では鎖に沿って離れた部分間での衝突確率はゼロなので，排除体積効果を考える必要はないが，中途半端な剛直性を有する高分子の場合には，高分子量域で排除体積効果が無視できなくなる．高分子鎖の剛直性を考慮に入れたみみず鎖モデルに対する排除体積効果は，**準二定数理論**と呼ばれる理論によって取り扱うことができる．

まず，発展 1.6 で述べた摂動理論を考える．鎖の剛直性を考慮に入れるためには，式（E1.6.12）で出てきた分布関数 $P(\mathbf{R})$ を Gauss 鎖ではなく，みみず鎖モデルを用いて計算すればよい．その際，i, j をセグメントの番号ではなく，片末端から鎖の経路に沿って測った距離とみなす．ただし，みみず鎖に対しては非摂動状態での分布関数 $P_0(\mathbf{R})$ も $Q_0(\mathbf{R}, 0_{ij})$ も簡単な形の関数では与えられていない．山川，Stockmayer，島田は，Gauss 鎖と剛直棒という両極限近傍での分布関数からある内挿公式を利用してみみず鎖に対する分布関数を求め，α_R と α_S の単一接触項を式（E1.6.14）に対応させて次のように求めた[6]．

$$\alpha_R^2 = 1 + \frac{4}{3}\tilde{z} + \cdots, \quad \alpha_S^2 = 1 + \frac{134}{105}\tilde{z} + \cdots \tag{1.4.22}$$

ここで，$\tilde{z}$ は次式で定義されるみみず鎖に対する修正排除体積パラメータである．

$$\tilde{z} = \left(\frac{3}{2\pi}\right)^{3/2} \cdot \frac{3}{4} K(N_K) \frac{B}{2q} N_K^{1/2} \tag{1.4.23}$$

上式の B は β_S/b_S^2 で定義される排除体積強度パラメータ，$K(N_K)$ は剛直性の効果を表す因子で Kuhn の統計セグメント数 $N_K (= L/2q)$ の既知関数である．N_K が無限大のときは $K(\infty) = 4/3$ に漸近し，式(1.4.23)は Gauss 鎖に対する式(1.4.19)と等しくなる（Gauss 鎖では $2q = b_S$）．有限の N_K における $K(N_K)$ は，図 1.16 に示すような N_K 依存性をもつ．最小ループサイズの経路長よりも短い部分鎖間には相互作用が働かないので，$K(N_K)$ は N_K の小さいところでゼロに漸近している．すなわち，剛直な高分子鎖は z がゼロでなくても排除体積効果は働かない．

この修正排除体積パラメータ $\tilde{z}$ を，Gauss 鎖に対して提案された式(1.4.19)などの z の代わりに用いて排除体積効果を考慮する理論が準二定数理論である．

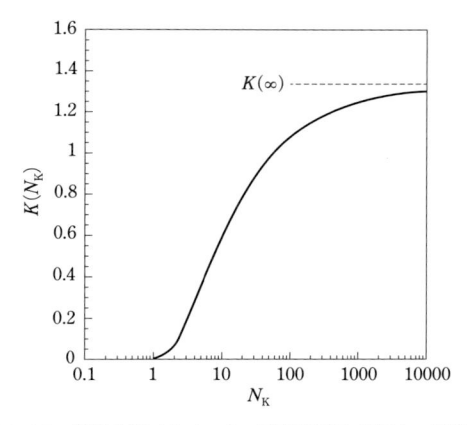

図 1.16 排除体積パラメータの剛直性因子 $K(N_\mathrm{K})$ の関数形

> ### ● コラム　　繰り込み群理論とスケーリング理論
>
> 　良溶媒中の屈曲性高分子の場合には，1 対のセグメント間でのみ相互作用している項（単一接触項）だけでは不十分で，多重接触項も考慮しなければならない．不幸なことに，摂動理論における $P(\mathbf{R})$ の展開式の収束性は悪く，計算の困難な高次の摂動項までもが必要となる．この困難を克服するために，1970 年代に入ってから，物性物理学の分野で発展した繰り込み群理論およびスケーリング理論を応用する理論的展開がなされた[7]．
>
> 　Flory の理論をはじめ，それまで z の大きいところでの排除体積効果を取り扱う理論では，統計力学における常套手段であった平均場近似が用いられてきたが，排除体積効果の問題を厳密に取り扱うにはこの近似は適当ではない．同様の理論的問題は，キューリー点近傍の磁性体や気液相平衡の限界を示す臨界点近傍の物質が呈する特異的な臨界現象を取り扱う際にも直面する．この臨界現象を厳密に取り扱うために発展したのが繰り込み群理論とスケーリング理論である．
>
> 　この理論では，臨界指数（排除体積効果の問題では，回転半径対分子量の両対数プロットの傾き）を議論の主対象とするため，この理論が流行していた一時期には，実験的研究においてもこの指数のみが注目され，回転半径の絶対値を軽視する傾向にあった．ただし，その絶対値にも高分子鎖に関する重要な分子情報が含まれているので，そのような実験データの見方は推奨できない．その理論の生い立ちから，平均場理論との違いを強調する目的で，臨界指数を中心とした議論がなされていることに留意されたい．

上述のように，排除体積効果はパラメータ z あるいは $\tilde{z}$ によって支配されている．式(1.4.19)あるいは(1.4.23)から，このパラメータは高分子鎖の重合度とセグメントの2体クラスター積分 β_S あるいは排除体積強度パラメータ B で決まっている．このうち，β_S あるいは B は高分子と溶媒の種類によって決まる．それぞれの高分子に対して，この値が大きい溶媒を**良溶媒**，小さい溶媒を**貧溶媒**と呼ぶ．特に，$\beta_S = B = 0$ となる溶媒を**シータ溶媒**と呼ぶ．また，貧溶媒中での β_S および B は一般に温度に依存し，$\beta_S = B = 0$ となる温度を**シータ温度**と定義する．Flory は，2章で述べる高分子溶液に対する Flory–Huggins 理論を分子内排除体積効果に応用して，β_S の温度(T)依存性を次の式で表した．

$$\beta_S = \beta_S^\circ \left(1 - \frac{\Theta}{T}\right) \tag{1.4.24}$$

ここで，Θ はシータ温度，β_S° は β_S の温度依存性の強さを表す定数で，高分子と溶媒の種類によって決まる．良溶媒中では，β_S はほとんど温度には依存しなくなる．

$\beta_S = B = 0$ となる溶媒条件での高分子鎖の状態を**シータ状態**と呼ぶ．すでに述べたように，排除体積効果は理論的な取り扱いが困難で，高分子鎖の溶液中での分子形態を議論する際の邪魔者とみなされてきた．したがって，そのような邪魔者が消失するシータ状態は，高分子鎖の分子形態を考察するのに理想的な状態である．これまでに，各高分子に対してこの理想状態が実現するシータ溶媒が見つかっている．

これまでに用いてきた非摂動状態という用語は，シータ状態とは厳密には同義語ではない．良溶媒中における仮想的な非摂動状態には，シータ状態なる用語はあまり用いられない（シータ状態とは，あくまでもシータ溶媒中での状態である）．多くの高分子の非摂動状態は，溶媒や温度にあまり依存しないので，非摂動状態とシータ状態とは区別せずに用いられることが多いが，非摂動状態の溶媒・温度依存性が重要となる場合には，両者は区別して議論されるべきである．

1.4.3 ■ 特殊な線状高分子

A. 高分子電解質

極性溶媒中でイオン化する電解質モノマーが重合してできた高分子を高分子電解質という．イオン化したモノマー単位間に働く強い長距離の静電相互作用は，高分子鎖の分子形態に著しい影響を与える．高分子電解質をみみず鎖モデルで表そうとすると，持続長 q と排除体積強度パラメータ B が静電相互作用によって影響を受ける．以下では，これらの影響について考える．

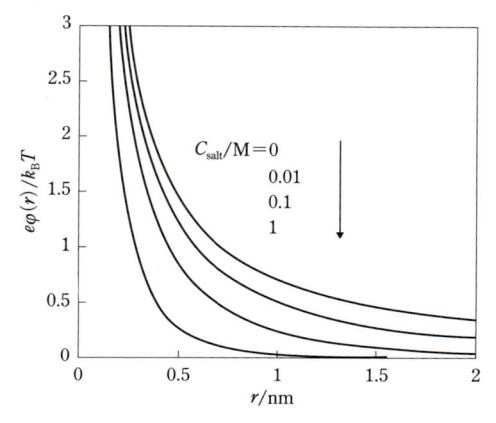

1.4 高分子鎖の統計力学的取り扱い

図 1.17 1:1 電解質水溶液中における 2 つの電荷間の静電ポテンシャルエネルギー

Debye–Hückel 理論によれば，(NaCl のような) 1:1 電解質を添加塩とする水溶液中に存在する電気素量 e をもつ電荷から距離 r 離れた位置での静電ポテンシャル $\varphi(r)$ は，次式で与えられる．

$$\varphi(r) = \frac{e}{4\pi\varepsilon_s} \frac{e^{-\kappa r}}{r} \tag{1.4.25}$$

ここで，ε_s は溶媒の誘電率，κ は **Debye の遮蔽長**（Debye 長）の逆数である．κ は，添加塩の体積モル濃度を C_{salt}，絶対温度を T として，次式から計算される．

$$\kappa^2 = 8\pi l_B \left[10^{-24} N_A (C_{\mathrm{salt}}/\mathrm{mol\ L^{-1}}) \mathrm{nm}^{-3} \right] \tag{1.4.26}$$

ただし，l_B は Bjerrum 長と呼ばれる量で，$l_B \equiv e^2/4\pi\varepsilon_s k_B T$ で定義される．25℃ の水では 0.714 nm である．図 1.17 には，距離 r だけ離れた 2 つの電気素量をもつ電荷間に働く静電ポテンシャルエネルギー $e\varphi(r)$ の添加塩濃度依存性を示す．ただし，縦軸は熱エネルギー $k_B T$ で割ってある．無塩系（$C_{\mathrm{salt}}=0$）では，2 nm 離れていても熱エネルギーに対して無視できないポテンシャルエネルギーが働いているが，$C_{\mathrm{salt}}=1\ \mathrm{M}$ では 1 nm 離れていれば静電ポテンシャルエネルギーはほとんど働いていない．これは，いま着目する 2 つの電荷のまわりを，それぞれ添加塩に由来する逆符号のイオンが取り囲み，着目する電荷を遮蔽しているからである．したがって，高分子電解質水溶液における静電相互作用にも，添加塩濃度（イオン強度）は非常に重要な役割を演じている．

第 1 章 高分子鎖の分子形態

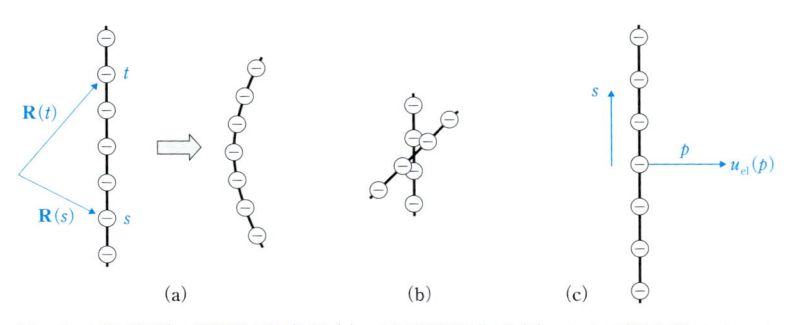

図 1.18 高分子電解質の短距離相互作用 (a)，長距離相互作用 (b)，および静電ポテンシャル $u_{\mathrm{el}}(p)$ の模式図 (c)

上記の 1:1 電解質水溶液に，全長が L で線電荷密度が σ の荷電みみず鎖が溶けているとする．このとき，このみみず鎖の静電相互作用エネルギー U_{el} は次式で与えられる．

$$U_{\mathrm{el}} = \frac{1}{2}\int_0^L \sigma \mathrm{d}s \int_0^L \sigma \mathrm{d}t \, \frac{1}{4\pi\varepsilon_{\mathrm{s}}} \frac{\exp[-\kappa|\mathbf{R}(t)-\mathbf{R}(s)|]}{|\mathbf{R}(t)-\mathbf{R}(s)|} \tag{1.4.27}$$

ここで，$\mathbf{R}(s)$ と $\mathbf{R}(t)$ はみみず鎖の経路点 s および t の位置ベクトルである（図 1.18(a) 参照）．低塩濃度の水溶液中での静電相互作用は長距離相互作用であるが，上述の二定数理論の考え方に従い，この U_{el} がみみず鎖の形態へ与える影響が短距離相互作用と長距離相互作用に分離して議論できると仮定する．その場合，短距離相互作用を特徴づける持続長への静電相互作用の寄与分 q_{el}（静電的持続長）は，みみず鎖の曲げ変形に伴う U_{el} の増分から計算される（図 1.18(a) 参照）．最終結果は

$$q_{\mathrm{el}} = \frac{(\sigma/e)^2 l_{\mathrm{B}}}{4\kappa^2} \tag{1.4.28}$$

となる．ただし，みみず鎖の全長 L は Debye 長 κ^{-1} よりもずっと長いと仮定した．

他方，長距離相互作用を特徴づける排除体積強度パラメータへの静電相互作用の寄与分 B_{el}（静電的排除体積強度パラメータ）は，高分子電解質の場合にはセグメントが棒状であると仮定して計算すべきであることが Fixman と Skolnick により指摘されている．ここで，棒状セグメントの長さ l は，Debye 長 κ^{-1} よりもずっと長く，持続長 q よりも短いとする．この条件の下で，図 1.18(b) に示したような最短距離 p（図では紙面に垂直な高さの差）で接近している 2 本の棒状セグメント間の静電相互作用エネルギー $w_{\mathrm{el}}(p)$ は，式 (1.4.25) で与えられる 1 対の電荷間の静電ポテンシャル $\varphi(r)$ をすべての電荷の対にわたって総和すれば計算できる．式 (1.4.23) に現れる排除体積強

度パラメータ B は2体クラスター積分 β_S に比例するので，発展1.6の式（E1.6.11）と同様にして，B_{el} は次式から計算できる．

$$B_{el} = \int_d^\infty \left[1 - e^{-w_{el}(p)/k_BT}\right] dp \quad (1.4.29)$$

ここで，d は高分子電解質の太さである．

　上述の議論では，もともと低分子の電解質水溶液に対して提案された Debye-Hückel 理論を高分子電解質溶液にそのまま適用したが，Onsager が指摘しているように，高分子電解質溶液に対する統計力学的考察には次のような問題点がある．簡単のために，図1.18(c)に示すようにまっすぐに伸びた状態の無限に長い高分子電解質を考えよう．この高分子電解質から距離 p だけ離れた位置での静電ポテンシャル $u_{el}(p)$ は，静電ポテンシャル $\varphi(r)$ を主鎖上の経路 s にわたって積分することで計算されるが，p が κ^{-1} よりずっと小さいときには，$\varphi(r) \sim \sigma ds/4\pi\varepsilon_s r$ と近似できるので，$u_{el}(p) = \int_{-\infty}^{\infty} \sigma ds / 4\pi\varepsilon_s \sqrt{p^2+s^2} = (2\sigma/4\pi\varepsilon_s)\ln p$ となる．いま，高分子電解質が負に帯電しているとすると，対イオンである1価の陽イオンがこの高分子電解質の近傍の距離 p_0 ($\ll \kappa^{-1}$) 以内に存在する確率は，Boltzmann 因子 $\exp[e|u_{el}(p)|/k_BT]$ の $0 < p < p_0$ の範囲にわたる総和で与えられる．すなわち，

$$\int_0^{p_0} \exp\left[\frac{e|u_{el}(p)|}{k_BT}\right] \cdot 2\pi p dp = 2\pi \int_0^{p_0} p^{1-2l_B|\sigma|/e} dp = 2\pi \left[\frac{p^{2(1-l_B|\sigma|/e)}}{2(1-l_B|\sigma|/e)}\right]_0^{p_0} \quad (1.4.30)$$

と表される．なお，正に帯電している高分子電解質近傍の陰イオンに対しても同じ式が成立する．ところが，上の式は $l_B|\sigma|/e > 1$ のときには $p=0$ で発散してしまう．これは，高分子電解質の電荷密度が高くなると，高分子電解質近傍の静電ポテンシャルが非常に強くなり，対イオンの凝縮が起こることを示唆している．このような考察から，Manning は $|\sigma| > e/l_B$ の高分子電解質では対イオン凝縮が起こり，その有効な電荷密度は e/l_B 以上にはならないとした．この Manning のイオン凝縮理論は高分子電解質水溶液のさまざまな性質を合理的に説明できる．この理論に従うと，上で説明した q_{el} や B_{el} の計算においても，$|\sigma| > e/l_B$ である高分子電解質に対しては，有効電荷密度を e/l_B で置き換える必要がある．

　図1.19には，q_{el} と B_{el} の塩濃度依存性を示す．イオン凝縮を考慮し，$|\sigma| = e/l_B$ として計算を行った．塩濃度を下げていくと，q_{el} も B_{el} も増加して，高分子電解質は非常に伸びた形態をとると予想される．$C_{salt}=0$ の極限では，高分子電解質はまっすぐに伸びた棒状形態をとるとする理論があるが，これはまだ実験的には確かめられていない．無塩系では分子内とともに高分子鎖間の相互作用も強くなるため，1本の高分子電解質の分子形態を調べるのが困難になるためである（2章参照）．さらに，無塩系で

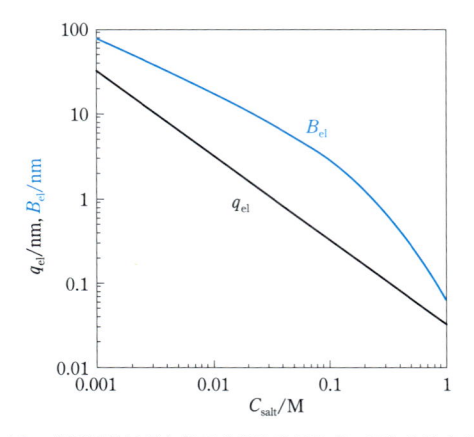

図 1.19 静電的持続長と静電的排除体積強度の添加塩濃度依存性

は静電相互作用が長距離まで及ぶために，上述の議論の前提となっている二定数理論の枠組みが成り立たないのではないかという批判もあり，問題をさらに複雑にしている．無塩水溶液中での高分子電解質の分子形態は，未解決な問題として残されている．

B. らせん高分子

剛直性高分子の典型例として，らせん高分子がある．らせん高分子といえば，ポリペプチド（タンパク質）の α ヘリックス，DNA の二重らせん，コラーゲンの三重らせんなどの生体高分子がまず頭に思い浮かぶが，合成高分子の中にもポリアセチレン誘導体（-CR=CR'-），ポリイソシアナート誘導体（-CO-NR-），かさ高い側鎖を有するポリシラン誘導体（-SiRR'-）など，溶液中でかなり規則立ったらせん構造をとるものがある．

ビニルポリマーでも，立体規則性のポリ（メチルメタクリレート）やポリスチレンなどは主鎖に不斉炭素原子をもち，トランスジグザグ構造ではなくらせん構造がエネルギー最安定状態となる．ただし，一般にこのようなビニルポリマーのらせん構造は，室温では非常に乱れており，通常らせん高分子とは呼ばない．以下では，規則性の高い剛直性らせん高分子に焦点を当てて議論する．

らせん構造は主鎖結合の内部回転角が鎖に沿って周期的な値を繰り返すときに現れる．最も簡単な例として，かさ高い側鎖 R を有する 2 置換ポリシラン誘導体を考える．ケイ素－ケイ素単結合は，炭素－炭素単結合に比べて長くかつ伸縮しやすいので，主鎖中のすべてのケイ素原子が側鎖 R をもつポリシラン誘導体を合成できる．これに対して，ビニルポリマーは炭素の単結合が短いので 4 置換のビニルモノマーは通常重

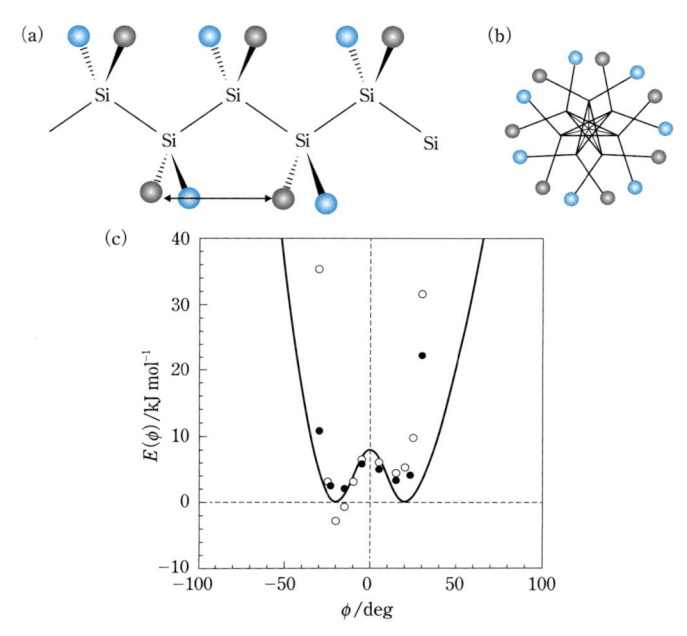

図 1.20 ポリシラン誘導体の化学構造 (a), らせん軸方向から見たらせん構造 (b), および内部回転ポテンシャル (c)

合しない．このポリシラン鎖においてトランス状態が連続すると，図 1.20(a) に示すように第 2 近接のケイ素原子に結合している側鎖が最接近し，側鎖がかさ高いときにはその側鎖間の立体反発が生じる．そのような場合には，主鎖結合がトランス状態から少しずれた内部回転状態の方が側鎖間の立体反発を避けることができ，低エネルギー状態となる．側鎖の立体反発を避けるためには，主鎖の内部回転角はトランス状態から時計回り・反時計回りのどちらにずれてもよいので，内部回転ポテンシャルは図 1.20(c) のように二重井戸型になる．この図から明らかなように，やはり側鎖のかさ高さから，ゴーシュ状態もとることができないと考えられる．

このようなポリシラン鎖が，溶液中で規則的ならせん構造をとるためには，主鎖の内部回転角が 2 つのエネルギー最安定状態のどちらかのみを連続してとる必要がある．いま，ある Si-Si 結合が正の ϕ をとり，隣の Si-Si 結合が負の ϕ をとると，側鎖間距離は 2 つの ϕ がともにトランス状態であるときよりももっと近くなるので，最近接結合の内部回転角が逆符号となる状態はきわめてとりづらい．その結果，ポリシラン鎖は片方巻きのらせん高分子となりやすい．実際のポリシラン鎖では，±30°トランス状態からずれたときにエネルギー最安定状態となり，$\phi = +30°$ のときに左巻き

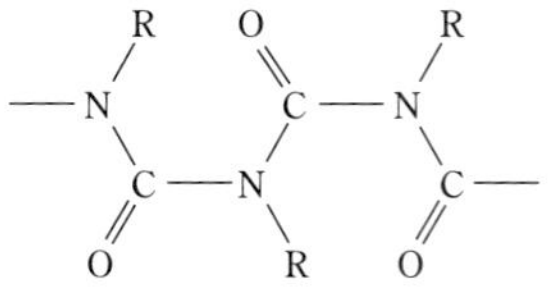

第 1 章　高分子鎖の分子形態

図 1.21　ポリイソシアナート誘導体の化学構造

の，$\phi = -30°$ のときには右巻きの 7/3 らせん（ケイ素原子 7 個ごとに 3 回転するらせん）となる（図 1.20(b) 参照）．

図 1.21 に化学構造を示すポリイソシアナート誘導体については，主鎖が連続するアミド結合からなっており，そのπ結合性より平面構造をとろうとする．しかしながら，完全平面構造をとるとカルボニル酸素と側鎖 R 間に立体反発が生じ，高エネルギー状態となる．それを避けるために，主鎖結合は平面構造からわずかにずれた内部回転状態をとり，やはり規則的ならせん構造をとる．らせん構造には，やはり右巻きらせん状態と左巻きらせん状態があるが，らせん反転部分ではカルボニル酸素と側鎖 R 間の立体反発が避けられずに高エネルギー状態となり，鎖内でらせん反転は非常に起こりにくい．ポリアセチレン誘導体についてもまったく同様な機構で規則的ならせん構造が安定化されている．このようなπ結合性の主鎖を有する高分子は，かさ高い側鎖を有するポリシランとともに代表的な合成らせん高分子である．

以上のようならせん高分子の剛直性は，それぞれの結合の内部回転角がエネルギー最安定状態からどれくらいゆらいでいるかによって決まる．式 (1.4.14) の第 2 式，発展 1.4 の式 (E1.4.8)，および式 (1.4.3) を組み合わせると，持続長に対して次式が得られる．

$$q = \frac{b^2}{2h}\left(\frac{1+\cos\theta}{1-\cos\theta}\right)\frac{(1+\langle\cos\phi\rangle)^2 + \langle\sin\phi\rangle^2}{1-(\langle\cos\phi\rangle^2 + \langle\sin\phi\rangle^2)} \quad (1.4.31)$$

ただし，片方巻きらせんの場合には内部回転ポテンシャルが偶関数ではないため，式 (1.4.1) においてゼロとした $\langle\sin\phi\rangle$ を残した（発展 1.4 の式 (E1.4.8) 参照）．式中の h は結合ベクトル **b** のらせん軸への投影長で，らせん高分子のらせん軸をみみず鎖の経路とみなしている，つまり結合ベクトルに沿った経路ではないことに注意されたい．ゆらぎがないときには，分母は $\langle\cos\phi\rangle^2 + \langle\sin\phi\rangle^2 = 1$ となるので，当然ながら q は無限大となる．

非常に低い確率ではあるが，最近接結合の内部回転角が逆符号となる可能性がある．符号が逆転した結合ではらせん反転が起こり，らせん軸の方向が不連続に変化する．そのようならせん反転が起こるらせん高分子鎖に対しては，厳密にはみみず鎖モデルは適用できない．Mansfield は，鎖中にある確率で折れ曲がりが生じるみみず鎖（折

れ曲がりみみず鎖）に対する$\langle R^2 \rangle$や$\langle S^2 \rangle$を計算した．折れ曲がり角度をθ_b, 折れ曲がり点間の平均経路長を$\langle l \rangle$とすると，Mansfield の計算結果によれば

$$\delta \equiv \frac{q}{2\langle l \rangle}(1-\cos\theta_b)^2 \tag{1.4.32}$$

で定義される量が 0.3 より小さければ，折れ曲がりみみず鎖の$\langle R^2 \rangle$や$\langle S^2 \rangle$などは次式で与えられる持続長qをもつみみず鎖と一致する．

$$\frac{1}{q} = \frac{1}{q_0} + \frac{1-\cos\theta_b}{\langle l \rangle} \tag{1.4.33}$$

ここで，q_0 は折れ曲がりのない部分のみみず鎖の持続長で，らせん高分子の場合には，式(1.4.31)から計算される．$\langle l \rangle$ はらせん反転の起こりやすさ，すなわち最近接結合の内部回転角が逆符号をとるときの自由エネルギーの減少分 ΔG_r から決まる．同じ符号の内部回転角が i 回続く確率は $(1+e^{-\Delta G_r/k_B T})^{-i}$ に比例するので，$\langle l \rangle = h\sum_{i=0}^{\infty}(1+e^{-\Delta G_r/k_B T})^{-i} = he^{\Delta G_r/k_B T}$ となる（1.2.3 項 B. 参照）．

ポリシラン誘導体の側鎖の一方あるいは2つともが光学活性をもつ場合，二重井戸型の内部回転ポテンシャルが偶関数ではなく，左右非対称になる可能性がある．このとき左右らせん状態間に1つの結合あたり自由エネルギー差$2\Delta G_h$が生じる．一般に$2\Delta G_h$は熱エネルギーに比べて小さいが，上述のΔG_rが熱エネルギーよりずっと大きいときには，$\langle l \rangle$が長くなり，左右らせん状態にあるブロック間の自由エネルギー差$2\Delta G_h \langle l \rangle/h$は熱エネルギーより大きくなる可能性がある．ポリシランの主鎖結合はσ共役であり，紫外領域に吸収帯をもつので，上の機構により左右のらせん状態のいずれかが偏って存在すれば，その吸収域に強い円二色性を呈する．1つの結合あたりの自由エネルギー差は小さくても，高分子鎖全体では大きな左右らせん状態の偏りが生じる協同現象は，多くのらせん高分子で見られる．たとえば，ポリペプチド鎖では，あるアミノ酸残基がαヘリックス状態をとる確率は，隣の残基がαヘリックス状態である方が，隣の残基がコイル状態であるときよりずっと高く，その結果ヘリックス状態の連鎖が長く続く．これは上述のポリシラン誘導体と同様に，ΔG_rに対応する自由エネルギーが大きいためである．

○コラム　　らせん高分子のエネルギー準位

多くのらせん高分子の主鎖結合は，右巻きらせん状態（P 状態）と左巻きらせん状態（M 状態）の2つの回転状態をとることができる．このようならせん高分子に光学活性な側鎖が結合している場合には，一般に右巻きらせん状態と左巻きらせん状態の

第 1 章 高分子鎖の分子形態

エネルギーにわずかな差が生じる．いま左らせん状態のエネルギーをゼロと定義し，主鎖結合あたりの右巻きらせん状態のエネルギーを E_P とする．また，右巻きらせん状態の次に左巻きらせん状態（あるいはその逆）が出現するときのエネルギー（らせん反転エネルギー）を E_r とする．

いま，E_P は熱エネルギー k_BT よりもずっと低く，E_r は熱エネルギーよりもずっと高いとする．すると，図に示すようなエネルギー準位となる．すなわち，まず鎖内にらせん反転が生じる確率は $E_r \gg k_BT$ から非常に低い．したがって，高分子はほとんど右巻きらせん状態か左巻きらせん状態しかとりえない．そして，らせん高分子の主鎖結合数 n が少ないときには，右巻きらせん状態の高分子と左巻きらせん状態の高分子のエネルギー差 nE_P はまた熱エネルギーよりも低いので両状態は混在するが，主鎖結合数が多くなると $nE_P \gg k_BT$ となり，片方のらせん状態（図では左らせん状態）しかとりえなくなる．これは，顕著な高分子効果で，高分子における協同現象の典型例とみなすことができる．主鎖結合あたりのエネルギー差は非常に小さくても，高分子になると増幅されて大きいエネルギー差を生じるのである．

このようならせん高分子の協同性を利用して，Green は (1) 重水素置換により光学活性化したポリイソシアナート誘導体，(2) アキラルなイソシアナートモノマーに少量のキラルイソシアナートモノマーを混合して合成したランダム共重合体，(3) ラセミ混合物に非常に近い RS イソシアナートモノマーのランダム共重合体などに，非常に強い主鎖由来の円二色性や旋光性が生じることを実証した．彼は，軍曹（キラルモノマー）が兵卒（アキラルモノマー）を統率するのに似ていることから，(2) の共重合体を sergeants-and-soldiers polymer，また議会における多数決に似ていることから，(3) の共重合体を majority-rule polymer と呼んだ．

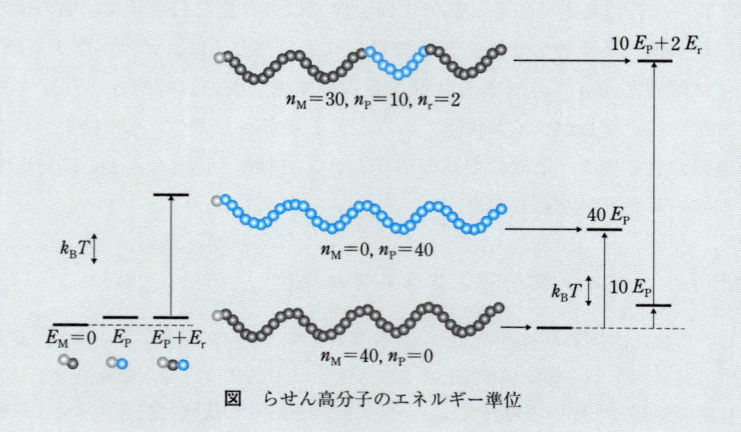

図 らせん高分子のエネルギー準位

以上のようならせん高分子は，統計力学的には1次元協同系と呼ばれ，もともとは強磁性体に対して提案されたモデルであるIsingモデルによって取り扱われる．その詳細については，他書を参照されたい[8]．

1.4.4 ■ 分岐高分子

分岐高分子の分子形態に関しても，上述の線状高分子と同じような考察をしていく必要がある．しかしながら，前述したように，分岐構造の種類は非常に多様で，分岐構造を明確に規定できる試料の調製は容易でないため，分岐高分子の分子形態についての研究は，いまだに限定的にしか進んでいない．以下では，研究の進んでいる星型高分子，櫛型高分子，およびランダム分岐高分子について述べる．

A. 星型高分子

分岐点を1つしかもたない最も単純な分岐高分子である星型高分子は，リビング重合で生長させた高分子鎖を多官能性化合物と反応させることで合成される．ここでは，図1.1(f)に示したような腕の長さが均一な星型高分子を考える．分岐高分子には末端が3つ以上あり，その広がりは$\langle R^2 \rangle$ではなく$\langle S^2 \rangle$を用いて議論される．腕の本数，すなわち分岐点の官能基数をf，各腕の主鎖原子数をn_{arm}とすると，均一星型高分子の平均二乗回転半径$\langle S^2 \rangle_{\mathrm{star}}$は次の式で与えられる．

$$\langle S^2 \rangle_{\mathrm{star}} = \frac{1}{2(fn_{\mathrm{arm}}+1)^2} \sum_{i=0}^{fn_{\mathrm{arm}}} \sum_{j=0}^{fn_{\mathrm{arm}}} \langle \mathbf{R}_{ij}^2 \rangle \quad (1.4.34)$$

ただし，$i=j=0$を分岐点とした．この$\langle S^2 \rangle_{\mathrm{star}}$は，同じ分子量（重合度）をもつ線状高分子の平均二乗回転半径$\langle S^2 \rangle_{\mathrm{lin}}$よりも小さく，両者の比

$$g_S = \frac{\langle S^2 \rangle_{\mathrm{star}}}{\langle S^2 \rangle_{\mathrm{lin}}} \quad (1.4.35)$$

を星型高分子の広がりを特徴づける量として用いることが多い．この比を**収縮因子**と呼ぶ（g_Sの添え字Sは，平均二乗回転半径$\langle S^2 \rangle$に関する収縮因子であることを示している．2章の2.5.2項A.で説明する流体力学的半径や2.6.2項で説明する固有粘度に関しても同様にしてg因子を定義できる）．排除体積効果と鎖の剛直性の効果を無視した星型Gauss鎖の場合には，重合度が十分高いときに次式が得られる．

$$g_S = \frac{\langle S^2 \rangle_{\mathrm{star}}}{\frac{1}{6} b_{\mathrm{e}}^2 (fn_{\mathrm{arm}}+1)} \approx \frac{3f-2}{f^2} \quad (1.4.36)$$

星型高分子では分岐点近傍のセグメント密度が高くなり，排除体積効果がより顕著

になると予想される．ただし，重合度が高くなると，分岐点近傍における高いセグメント密度の効果の鎖全体の排除体積効果における寄与が小さくなるので，星型鎖と線状鎖の排除体積効果の違いは，それほど顕著ではなくなる．したがって，高分子量域においては，g_S は良溶媒中でも貧溶媒中でもそれほど変わらない．

しかしながら，それほど高い重合度ではなく腕の本数が多い星型高分子では，分岐点近傍での腕鎖を Gauss 鎖とみなすことはできない．Douglas らは，重合度が高くなく腕の本数の多い星型高分子に対して，次のような g_S の経験式を提案している．

$$g_S = 1.94 f^{-4/5} \tag{1.4.37}$$

一方で，星型高分子における鎖の剛直性の効果を考慮するために，Mansfield と Stockmayer は星型みみず鎖モデルの g_S を計算した．いま，i 番目（$i=1\sim f$）の腕のみみず鎖の分岐点での単位接線ベクトルが $\mathbf{u}_i$ で，すべての $\mathbf{u}_i$ のベクトル和がゼロとなる連結様式のとき，腕鎖を剛直棒とみなした棒極限での g_S は次式で与えられる．

$$g_S = \frac{\langle S^2 \rangle_{\text{star}}}{\frac{1}{12}L^2} \approx \frac{4}{f^2} \tag{1.4.38}$$

この式を腕鎖を Gauss 鎖とみなした Gauss 極限の式(1.4.36)と比較すると，$f>2$ においては棒極限の g_S の方が小さい．中間の剛直性をもつ星型みみず鎖では，持続長 q が増加するに従い，g_S は Gauss 極限から棒極限の値に向かって単調に減少していく．すなわち，剛直鎖ほど分岐による広がりはより小さくなる．

星型高分子の排除体積効果についても，線状高分子と同様に z の小さい領域が対象の発展 1.6 で説明した摂動理論に基づく計算と z の大きい領域が対象の格子鎖を用いたシミュレーション計算が行われている．まず，排除体積効果を受けた星型高分子鎖と非摂動状態での星型高分子鎖の平均二乗回転半径の比として定義される α_S^2 の z に関する展開の 1 次の係数は，f 本腕星型高分子では次式で与えられる．

$$K_f = \frac{2}{105\sqrt{f}\,(3f-2)}\left[67 + (268\sqrt{2}-67)(f-1) + 14(101\sqrt{2}-138)(f-1)(f-2)\right] \tag{1.4.39}$$

K_f は f の増加とともに $K_2=1.28(=135/105)$，$K_3=1.30$，$K_4=1.34$，$K_6=1.45$，$K_8=1.56$ と少しずつ大きくなっている．これは，同じ重合度で f を増加させると，分岐点近傍のセグメント密度が高くなり，排除体積効果がより顕著になることによる．他方，z の大きいところでの α_S^2 については，単純立方格子を用いた志田らの Monte Carlo 法による計算結果を図 1.22 に示す．この図中の実線は，図 1.15 の点線と同じく式 (1.4.21) から計算した結果である．腕の本数 f が少ないほど，データ点はより小さい

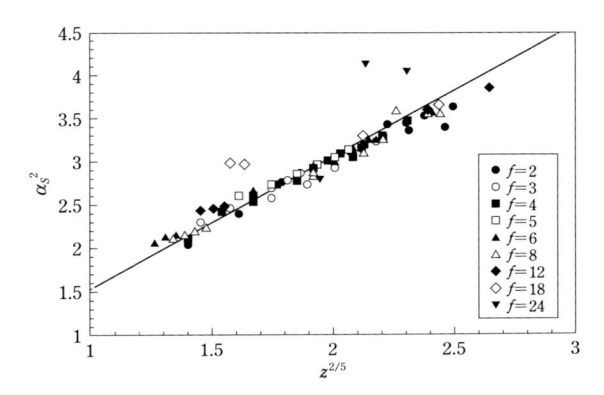

図 1.22 星型高分子の半径膨張因子のシミュレーション結果
[K. Shida *et al.*, *Macromolecules*, **31**, 2343 (1998)]

$z^{2/5}$ の領域からこの理論線に合致しているように見える．これは，z の大きい領域での星型高分子の排除体積効果は線状高分子と変わらないことを意味している．z の大きい領域では，重合度が高く，分岐点近傍の高セグメント密度の効果が鎖全体の排除体積効果にほとんど影響していないためと考えられる．したがって，z の大きいところでは，星型鎖と線状鎖の α_S^2 は等しいので，g_S は良溶媒中でも貧溶媒中でも変わらない．

B. 櫛型高分子

星型高分子の次に単純な分岐鎖は，官能基数 f の複数の分岐点に等しい重合度の部分鎖が結合し，分岐点は線状につながった櫛型高分子である．図 1.1(g) は $f=4$，部分鎖の重合度が 3 の場合のそのような規則的櫛型高分子を表している．部分鎖が Gauss 鎖で，部分鎖の重合度が分岐点の場合のこの櫛型高分子の収縮因子は次の式で与えられる．

$$g_S = \frac{3(f-1)m+1}{[(f-1)m+1]^2} + \frac{(f-1)^2 m(m^2-1)}{[(f-1)m+1]^3} \tag{1.4.40}$$

ここで，m は櫛型高分子の分岐点数である（図 1.1(g) の場合は，$m=3$）．この式で $m=1$ とおくと，星型高分子に対する式(1.4.36)と一致する．

高分子鎖の末端に二重結合（ビニル基）をもつマクロモノマーを重合させると，幹鎖のすべてのモノマー単位が高分子側鎖を有するポリマクロモノマーが得られる．この高分子は，幹鎖が分岐点のみからなり，$f=3$ の櫛型高分子とみなせる．この高分子鎖の特徴は，枝鎖のセグメントが幹鎖のまわりに密集していることである．したがって，枝鎖間に強い排除体積効果が期待され，その効果は線状高分子の場合とは様相を異にしていると考えられる．このため，線状高分子に対して展開された二定数理論を，

そのままこの櫛型高分子に適用することには無理がある．すなわち，ポリマクロモノマーの回転半径を，同じ重合度の線状高分子の$\langle S^2 \rangle_{\mathrm{lin}}$と収縮因子を用いて表すのは有効ではない．

むしろ，この櫛型高分子では幹鎖を主鎖，枝鎖を非常にかさ高い側鎖とみなすべきである．すなわち，この櫛型高分子を一種の線状高分子として取り扱う．側鎖のかさ高さのため主鎖結合はゴーシュ状態をとることはできず，この櫛型高分子の幹鎖は剛直性高分子としてふるまうと考えられる．これはらせん高分子のところで述べたポリシラン誘導体の場合とちょうどよく似た状況である．幹鎖の形態はみみず鎖を用いて表すことができるが，その持続長は枝鎖のない線状鎖のそれと比較すると大きくなっている．排除体積効果を線状鎖の場合と同じようには取り扱えないことの現れである．

C. ランダム分岐高分子

より複雑な分岐高分子として，重合度がランダムな部分鎖が官能基数fでつながったランダム分岐高分子を考えよう．ループ構造はもたないと仮定する．部分鎖がGauss鎖で重合度と分岐点数mが定まったランダム分岐高分子に対する収縮因子は次式で与えられる．

$$g_S = \frac{6}{v(v+1)(v+2)}\left\{v^2 + \frac{m!}{2}\sum_{i=1}^{m-1}\frac{i(fm-m-i)!(f-1)^{i+1}[(f-2)i+f]}{(fm-m)!(m-i-1)!}\right\} \quad (1.4.41)$$

ここで，vは部分鎖の数で，$v = (f-1)m + 1$から計算される（この関係は，ループ構造をもたないすべての分岐鎖に対して成立する）．

発展1.1で述べたA_f型モノマーの自己縮合からもランダム分岐高分子が得られる．ただし，この場合は重合度xも分岐点数mも定まっておらず，分布をもっている．任意の2つのモノマー間距離がGauss分布に従っている自己縮合体の回転半径は，Gordonらによって開発されたカスケード理論によって計算でき，次の式が得られている（追補E参照）．

$$\langle S^2 \rangle = \frac{b^2 fp}{2(1+p)[1-(f-1)p]} \quad (1.4.42)$$

ここで，bは結合長，pは官能基の反応率を表す．この式の方が，xとmが定まったランダム分岐高分子に対する式(1.4.41)よりも単純な式になっている．

1.4.5 ■ 環状高分子

非線状高分子の1つに環状高分子がある．線状高分子や分岐高分子と違って，環状高分子には鎖の末端がない．環状高分子には，図1.1(i)に描いた結び目のない単純な

環状高分子鎖や，いくつかの結び目を作ってから閉環させた自己結び目環状高分子鎖が存在する．後者は，その結び目は鎖を切らない限り解けない．環状高分子鎖の回転半径は，その結び目の数に依存するが，ここでは結び目数には注目せず，任意の結び目数の環状高分子鎖の集合について考える．

環状高分子鎖の分子形態も，分岐高分子鎖と同様に同じ分子量（重合度）をもつ線状高分子との平均二乗回転半径の比で表されることが多い．直感的に考えて，鎖が環を形成するとその平均サイズは小さくなるだろう．排除体積効果と鎖の剛直性を無視した環状 Gauss 鎖の場合には，任意の主鎖原子対 i, j 間の平均二乗距離 $\langle R_{ij}^2 \rangle$ は，式(1.4.5)の代わりに次式で表される．

$$\langle R_{ij}^2 \rangle = b_e^2 |i-j| \left(1 - \frac{|i-j|}{n}\right) \tag{1.4.43}$$

この式を式(1.3.5)に代入して二重和を実行すると，環状 Gauss 鎖の平均二乗回転半径 $\langle S^2 \rangle_{\mathrm{ring}}$ として次式が得られる．

$$\langle S^2 \rangle_{\mathrm{ring}} = \frac{1}{12} n b_e^2 = \frac{1}{2} \langle S^2 \rangle_{\mathrm{lin}} \tag{1.4.44}$$

鎖の剛直性を考慮に入れた環状みみず鎖に対する回転半径は，島田と山川によって解析解と Monte Carlo シミュレーションの結果を組み合わせた表式が得られている[6]．剛直環状鎖の極限での回転半径 $\langle S^2 \rangle_{\mathrm{ring}}^{1/2}$ は $nb_e/(2\pi)$ で与えられ，$\langle S^2 \rangle_{\mathrm{ring}} / \langle S^2 \rangle_{\mathrm{lin}} = 12/(4\pi^2) = 0.304$ である．他方，環状高分子鎖の分子内排除体積効果については，まだに十分な理論的取り扱いがなされていない．

1.5 ■ 高分子ミセル （3章 3.3.1 項も参照）

1.5.1 ■ ミセルの種類

1.2～1.4 節では，分子間相互作用が鎖に沿って均質に働くホモポリマーの溶液中における分子形態について議論した．これに対して，本節では溶媒に対する親和性がまったく異なるモノマーが重合した両親媒性の共重合体について考える．このような共重合体を選択溶媒に溶かすと，疎溶媒性のモノマー単位は凝集して相分離をしようとするのに対し，親溶媒性モノマー単位同士は溶媒中で互いに反発して高分子鎖の凝集を妨げようとする．このような相反する分子間相互作用のバランスによって，両親媒性共重合体はミセルを形成する．

また，低分子の両親媒性分子（界面活性剤）も，条件によっては溶液中で巨大なみみず鎖状あるいは2分子膜状のミセルを形成する．このような巨大ミセルは，濃度や

第 1 章　高分子鎖の分子形態

(a) 球状ミセル　(b) 円筒状ミセル　(c) 円盤状ミセル　(d) ベシクル

(e) 花型ミセル　(f) フラワーネックレス　(g) 花束ミセル

図 1.23　種々の高分子ミセル

(i) 片末端修飾高分子　(ii) 両末端修飾高分子（テレケリック高分子）

(iii) AB 型 2 元ブロック共重合体（ジブロック共重合体）　(iv) 交互共重合体　(v) 統計共重合体

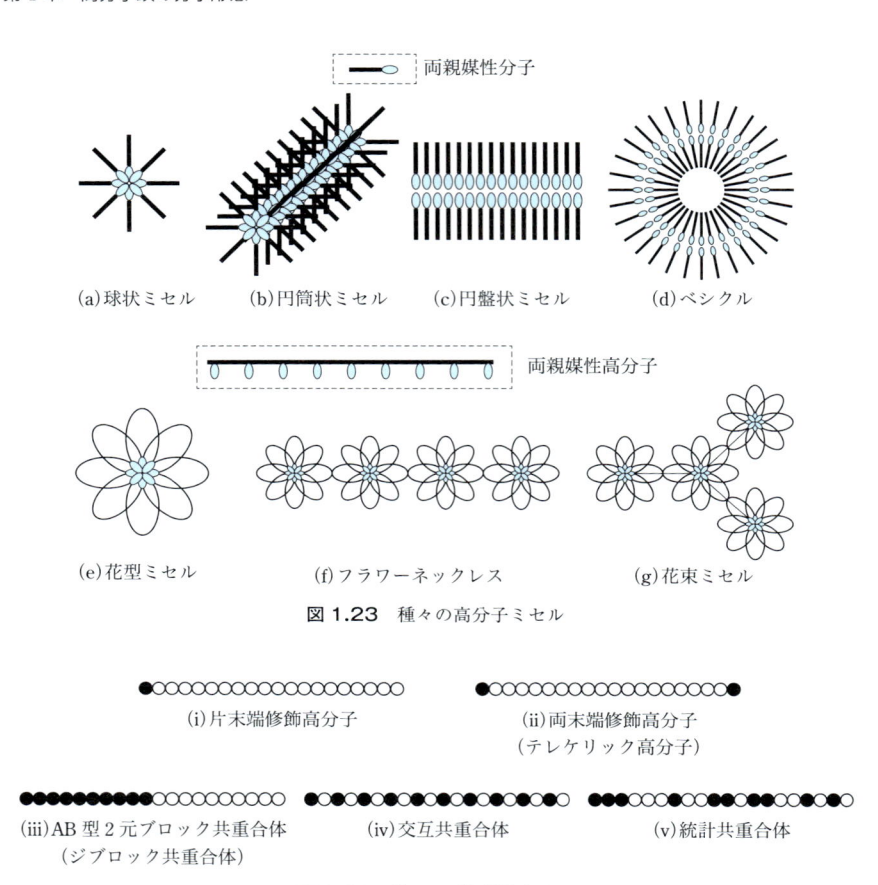

図 1.24　種々の両親媒性高分子

温度などの外部条件を変化させると重合度が変化する高分子（超分子ポリマー）とみなすことができる．

　図 1.23 に示すように，疎溶媒性部位を 1 つだけ有する両親媒性分子が形成するミセルには，球状ミセル(a)，円筒状ミセル(b)，2 分子膜ミセルなどがある．最後の 2 分子膜ミセルは，さらに円盤状ミセル(c)とベシクル(d)に細分される．図 1.24 に示すように，片末端修飾高分子(i)や，親溶媒性ブロックと疎溶媒性ブロックからなる AB 型 2 元ブロック共重合体（ジブロック共重合体）(iii)は，この種の両親媒性分子とみなすことができる．もちろん低分子の界面活性剤もこの種の両親媒性分子である．他方，両親媒性高分子には，1 つの分子内に複数の疎溶媒性部位を有するものもある．

図 1.24 に示す両末端修飾高分子（テレケリック高分子）(ii)，交互共重合体(iv)，統計共重合体(v)はこの種の高分子に属する．これらは，低分子の界面活性剤では見られない，図 1.23 に示す花型ミセル(e)，フラワーネックレス(f)，花束ミセル(g)などを形成する可能性がある．

　通常の高分子の重合度に対応する，1個のミセルを構成している高分子鎖の数は会合数と呼ばれる．以下，会合数を m で表す．また，分子量という術語は，共有結合でつながった分子1モルの質量という定義が染み付いているので，ミセルに対する「分子量」は，ここではモル質量と呼ぶことにする．ただし，その記号は，通常の高分子と同様に M で表す．通常，m と M とは比例関係にある．

　通常の高分子と巨大ミセルの本質的な違いは，後者は一般には両親媒性分子の濃度や温度を変化させると会合数および会合数分布が変化することである[注4]．<u>通常の高分子では，重合度を定数として取り扱えるが，ミセルの場合には会合数は濃度や温度の関数として考えなければならない</u>．巨大ミセルをはじめ高分子集合体に対して分子量という術語を使うことに抵抗があるのは，分子量は定数であるという固定観念があるためである．さらに，この状況は術語の問題だけにとどまらず，分子量測定の概念を本質的に変えてしまう．通常の高分子溶液に対する分子量測定では，分子間相互作用による影響を消すために，浸透圧，光散乱，沈降平衡測定などの各測定で得られたデータを濃度ゼロに外挿して分子量を求める．しかしながら，モル質量が濃度に依存する場合には，この無限希釈という操作が行えず，各有限濃度でモル質量を決定する必要がある．次章で述べるように，有限濃度では，ミセル間の相互作用が各測定量に影響を与えているので，その相互作用効果を無限希釈法以外の何らかの方法で取り除かなければ真のモル質量は求まらない．したがって，ミセルのモル質量測定は，通常の高分子の分子量測定よりも一般に難しい．

1.5.2 ■ 高分子ミセルの会合数分布：解離－会合平衡

　溶液中での超分子ポリマー，高分子会合体の会合数分布は，次の解離－会合平衡から決まる．

$$m\mathrm{M} \underset{}{\overset{K_m}{\rightleftharpoons}} \mathrm{M}_m \tag{1.5.1}$$

溶液中での単量体 M と m 量体 M_m の化学ポテンシャルを，それぞれ μ_1 と μ_m とすると，解離－会合平衡にある系では，次の式が成立している．

[注4] 球状ミセルや花型ミセルなどは最適会合数が存在するので，式(1.5.6)で与えられる臨界ミセル濃度よりも十分高い両親媒性分子濃度では，会合数はその濃度にはほとんど依存しない．

$$m\mu_1 = \mu_m \tag{1.5.2}$$

溶液が十分希薄で溶質分子間の相互作用が無視できる場合には，m 量体の（モルあたりではなく）1 分子あたりの化学ポテンシャルは，一般に次の理想溶液に対する式で与えられる．

$$\frac{\mu_m}{k_\mathrm{B}T} = \frac{\mu_m^\circ}{k_\mathrm{B}T} + \ln\left(\frac{\phi_m}{m}\right) \tag{1.5.3}$$

ここで，$k_\mathrm{B}T$ は Boltzmann 定数と絶対温度の積，μ_m° は m 量体の標準化学ポテンシャル（内部自由エネルギー），ϕ_m は溶液中での m 量体の体積分率である．この式を式(1.5.2)に代入すると，体積分率で定義される会合定数 K_m は次の式で表される．

$$K_m \equiv \frac{\phi_m}{\phi_1^m} = m\exp(-\Delta_m) \tag{1.5.4}$$

ここで，ϕ_1 は単量体の体積分率，Δ_m は

$$\Delta_m \equiv \frac{\mu_m^\circ - m\mu_1^\circ}{k_\mathrm{B}T} \tag{1.5.5}$$

で定義される値，つまり内部自由エネルギー変化を $k_\mathrm{B}T$ で割った値である．式(1.5.4)の左側の等式は，高校で習う質量作用の法則を表している．ただし，平衡定数 K_m の中身については上述のように熱力学的な議論が必要で，高校では教えられていない．

式(1.5.4)を使って具体的に計算してみるとわかるが，会合数 m が大きいときには，

$$\phi_\mathrm{CMC} = K_m^{-2/m} \tag{1.5.6}$$

で与えられる**臨界ミセル濃度**（critical micelle concentration, CMC）を境に，急激に会合体成分の濃度が増加する．この現象は，沸点を境に気体から液体に相転移する現象とよく似ているが，臨界ミセル濃度近傍の有限の濃度幅で単量体と会合体は共存するので，ミセル化は相転移現象ではない．

溶液中でのミセルの会合数分布関数の形は，K_m すなわち Δ_m の m に対する依存性によって決まる．以下では，典型的な会合様式（モルフォロジー）である球状ミセル，円筒状ミセル，および 2 分子膜ミセル，さらにはランダム会合体の一種である花束ミセルについて会合体分布関数の形を考えよう（図 1.23 参照）．

A. 球状ミセル

球状ミセルを形成する両親媒性分子は，溶媒に対して親和性の高い部分と低い部分からなり，疎溶媒性部が集まって球状のコア（核）を形成し，親溶媒性部はその球の

表面に位置してミセルを安定化している．疎溶媒性部が集まってコアを形成する際の自由エネルギー利得は会合数に比例するため，$-\lambda m$ で表す．他方，コア表面の親水性部間に働く相互作用には静電相互作用や排除体積相互作用などさまざまあるが，相互作用エネルギーは相互作用する親水性部の組の数に比例すると仮定して σm^2 で表す．ここで，λ と σ は比例定数である．また球状ミセルが形成されるとミセル表面と溶媒との間には界面張力が新たに生じる．これらを合わせると球状ミセルの形成自由エネルギーは

$$\Delta_m = -\lambda m + \sigma m^2 + 4\pi R_c^2 \gamma \tag{1.5.7}$$

で表される．ここで，$4\pi R_c^2$ はミセル表面と溶媒との間の界面の面積で，γ は界面張力を表す．この式(1.5.7)を式(1.5.4)に代入して整理すると，

$$\phi_m = m\mathrm{e}^{-4\pi R_c^2 \gamma}(\phi_1 \mathrm{e}^{\lambda})^m \mathrm{e}^{-\sigma m^2} = \mathrm{constant} \cdot m \mathrm{e}^{-\sigma(m-m_0)^2} \tag{1.5.8}$$

という会合数分布が得られる．ただし，

$$m_0 \equiv -\frac{\lambda + \ln \phi_1}{2\sigma} \tag{1.5.9}$$

である．この分布から，数平均の会合数および重量平均の会合数を求めると，それぞれ次のようになる．

$$\sqrt{\sigma} m_\mathrm{n} = \sqrt{\sigma} m_0 + \frac{1}{\sqrt{\pi}}, \sqrt{\sigma} m_\mathrm{w} = \frac{\sigma m_0^2 + (2/\sqrt{\pi})\sqrt{\sigma} m_0 + 1/2}{\sqrt{\sigma} m_0 + 1/\sqrt{\pi}} \tag{1.5.10}$$

図1.25には，式(1.5.8)より計算した $\sqrt{\sigma}m$ を ϕ_m に対してプロットしたグラフを示す．ただし，各曲線は極大値が1になるように還元してある．$\sqrt{\sigma}m_0$ の値が大きくなるに従い，分布曲線の極大は右側に移動し，かつ分布が狭くなっている．図中に示した各曲線に対する $m_\mathrm{w}/m_\mathrm{n}$ の値から，球状ミセルの会合数分布は相当狭いことがわかる．

図1.23(f)に示した花型ミセルは，1本の高分子鎖に複数の疎水基が結合している両親媒性高分子から形成されるが，各疎水基は鎖につながれているので独立には並進運動できない．高分子鎖の重合度を x とすると，各疎水基の非会合状態での化学ポテンシャル μ_1 は1本の非会合状態の高分子鎖の化学ポテンシャルを x で割った量で近似的に与えられる．また，疎水基が m 量体のコア内に取り込まれる際には高分子鎖がループを形成する必要があり，鎖の形態エントロピーが減少する．これは，式(1.5.7)中の λ を変化させる．以上の μ_1 と λ の変化は，式(1.5.9)で与えられる最適会合数 m_0 に影響を与えるが，式(1.5.8)で与えられる会合数分布の関数形には影響を与えず，花型ミセルの会合数分布はやはり狭い．なお，花型ミセルには，ミセルを構成する高分

第 1 章　高分子鎖の分子形態

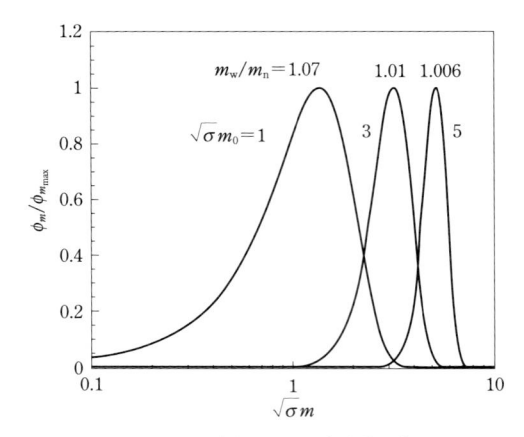

図 1.25　球状ミセルの会合数分布

子鎖の本数としての会合数も定義できる．この高分子鎖の会合数とコア内に取り込まれた疎水基の会合数とを混同されないように注意されたい．後者の会合数が最適値 m_0 になるような本数の高分子鎖が集まって1つの花型ミセルが形成される．したがって，m_0 が決まると高分子鎖の会合数も決まるので，臨界ミセル濃度以上では，花型ミセルの平均モル質量には濃度依存性はなく，平均モル質量の測定は通常の高分子溶液と同じ方法によって行える．

B. 円筒状ミセル

次に，円筒状ミセルについて考える．このミセルを構成している両親媒性分子は，円筒の末端部分を除いて同一の環境にあり，末端部分の効果を無視すると，ミセル形成による自由エネルギーの利得は会合数 m に比例すると考えてよい．ただし，円筒の末端部分における両親媒性分子のパッキング状態は中央部とは異なり，一般に末端部分のほうが高エネルギー状態になっている．このことを考慮すると，m 量体の内部自由エネルギー μ_m° は，$\mu_m^\circ/k_B T = gm + g_e$ で表される m 依存性をもつと考えられる．ただし，g は円筒中央部の内部自由エネルギー係数，g_e は高エネルギー状態になっているミセル末端部の寄与を表している．ミセルを構成する両親媒性分子1分子については $\mu_1 = g + g_e$ なので，上の μ_m° の式と式(1.5.5)から

$$\Delta_m = -(m-1)g_e \tag{1.5.11}$$

が得られる．これを式(1.5.4)に代入すると，円筒状ミセルのサイズ分布として次の式が得られる．

$$\phi_m = m\mathrm{e}^{-g_e}(\phi_1\,\mathrm{e}^{g_e})^m \tag{1.5.12}$$

これは，縮重合体の重合度分布である最確分布と一致している．長いミセルが形成されるためには，$\phi_1\mathrm{e}^{g_e}$ が 1 に近い値である必要がある．ただし，$\phi_1\mathrm{e}^{g_e}<1$ でないと全ミセル量は発散してしまう．$\phi_1\mathrm{e}^{g_e}$ は縮重合体における官能基の反応率 p に対応する．この分布を使い平均会合数 m_n と m_w を計算すると次式のようになる．

$$m_\mathrm{n} = \frac{1}{1-\phi_1\,\mathrm{e}^{g_e}}, \quad m_\mathrm{w} = \frac{1+\phi_1\,\mathrm{e}^{g_e}}{1-\phi_1\,\mathrm{e}^{g_e}} \tag{1.5.13}$$

また，溶液中の高分子の全体積分率 ϕ は次式で表される．

$$\phi = \sum_{m=1}^{\infty}\phi_m = \frac{\phi_1}{(1-\phi_1\,\mathrm{e}^{g_e})^2} \tag{1.5.14}$$

式 (1.5.13) と (1.5.14) を組み合わせると，会合数の大きいミセルが形成される条件 $\phi_1\mathrm{e}^{g_e}\approx 1$ では，$m_\mathrm{w}\approx 2m_\mathrm{n}\approx\phi^{1/2}$ なる関係が成り立つ．すなわち，円筒状ミセルの平均の長さは，高分子濃度の平方根に比例して増加する．

C. 2 分子膜ミセル

円盤状ミセルでは，円盤の縁の円周部分が高エネルギー状態となる．m 量体では縁の円周部分の長さは $\sqrt{m}$ に比例するので，内部自由エネルギー μ_m° は中央部分の m に比例する項と合わせて，$\mu_m^\circ/k_\mathrm{B}T = g'm + g'_e\sqrt{m}$ と書ける．この式より

$$\Delta_m = -(m-\sqrt{m})g'_e \tag{1.5.15}$$

が得られる．これを式 (1.5.4) に代入すると，ミセルのサイズ分布は次のように書ける．

$$\phi_m = m(\phi_1\,\mathrm{e}^{g'_e})^m\,\mathrm{e}^{-g'_e\sqrt{m}} \tag{1.5.16}$$

円筒状ミセルの場合と同様に，全ミセル量が発散しないためには，$\phi_1\mathrm{e}^{g'_e}<1$ でなければならない．この収束条件を満たし，かつ単量体の体積分率 ϕ_1 が 0.135 よりも低い場合には，$m\geq 1$ のすべての領域で次の不等式が成立する．

$$\frac{\mathrm{d}\ln\phi_m}{\mathrm{d}m} = \frac{1}{m} + \ln(\phi_1\,\mathrm{e}^{g'_e}) - \frac{g'_e}{2\sqrt{m}} < \frac{1}{m} + \frac{\ln\phi_1}{2\sqrt{m}} < 0 \tag{1.5.17}$$

すなわち，大きな円盤状ミセルは形成されない．会合数の大きい円盤状ミセルが形成されるには，$\phi_1\mathrm{e}^{g'_e}>1$ という条件が必要であるが，そのときには $\lim\limits_{m\to\infty}\phi_m$ がゼロとはならず，安定な平衡サイズ分布は存在しない．この点が円筒状ミセルとは根本的に異なり，円盤状ミセルの平衡論的な議論は困難となっている．

D. 花束ミセル

このミセルは，花型ミセルのランダム会合体とみなせる．花型ミセルを結合させているのはブリッジ鎖である．ここでは単位花型ミセルを f 官能性の単量体とみなす．単量体 m 個がランダムに会合する場合，式(E1.1.2)で与えられる ω'_m 種類の構造異性体が存在する（ここでは重合度 x を会合数 m で置き換えた）．各構造異性体を構成している m 個の単位花型ミセルは，$m-1$ 本のブリッジ鎖でつながれている．1 本のブリッジ鎖の結合エネルギーを Δf とすると，会合数 m のランダム会合体に対する Δ_m は次の式で与えられる．

$$\Delta_m = (m-1)(\Delta f/k_B T) - \ln(\omega'_m/m!) \tag{1.5.18}$$

これを式(1.5.4)に代入して整理すると，ミセルのサイズ分布は次のように書ける（式(E1.1.6)の w_x を参照）．

$$\phi_m = \frac{\phi f(fm-m)!}{(m-1)!(fm-2m+2)!} p^{m-1}(1-p)^{fm-2m+2} \tag{1.5.19}$$

ここで，ϕ は溶液中での高分子の全体積分率，p は次式から計算されるランダム会合体中の官能基の反応率を表す．

$$p = \frac{1+X-\sqrt{1+2X}}{X}, \quad X \equiv 2f\phi\exp(-\Delta f/k_B T) \tag{1.5.20}$$

このサイズ分布は，1.2.2 項で取り上げた分岐高分子の重合度分布と等価であり，平均会合数も同様にして計算される（式(E1.1.7)を参照）．

1.5.3 ■ ミセルの広がり

高分子ミセルは，疎溶媒性部位が凝集してできたドメインを分岐点とする分岐高分子とみなすことができる．よって，その広がりを計算するには，1.4.4 項で述べた対応する分岐高分子の広がりについての計算法が利用できる[注5]．

A. 球状ミセル

図 1.23(a) に模式的に示した球状ミセルは，星型高分子と同一視できる．しかしながら，中心のコアはまわりのコロナ鎖に比べて必ず小さいということはないため，その広がりを見積もる際には，コアのサイズも考慮に入れる必要がある．まず，会合数が m の球状ミセルの中心コアの半径 R_core は，次式から計算される．

[注5] 高分子ミセル（会合体）の形態を調べる際には，前項で述べたように，会合数が高分子濃度に依存する可能性があること，および 2 分子膜ミセルの場合には会合数が非常に異なるミセル成分が存在する可能性のあることに留意する必要がある．

$$R_{\text{core}} = \left(\frac{3mM_{\text{core}}}{4\pi N_A c_{\text{core}}}\right)^{1/3} \tag{1.5.21}$$

ここで，M_{core} はコアを形成する両親媒性分子部分のモル質量，c_{core} は両親媒性分子部分がコア内に占める質量濃度を表す．

これに対して，球状ミセルのコロナ鎖領域のセグメント密度は，分子量が M_{star} で回転半径が $\langle S^2 \rangle_{\text{star}}^{1/2}$ の星型 Gauss 鎖のセグメント密度，すなわち，

$$\rho_{\text{star}}(s) = \frac{M_{\text{star}}}{N_A}\left(\frac{3}{2\pi\langle S^2\rangle_{\text{star}}}\right)^{3/2}\exp\left(-\frac{3s^2}{2\langle S^2\rangle_{\text{star}}}\right) \tag{1.5.22}$$

で近似的に表されるとする．ここで，s は球状ミセルの中心からの星型 Gauss 鎖の距離を表す．実際のコロナ鎖は，$s > R_{\text{core}}$ の領域のみに存在するので，コロナ領域の密度は

$$\int_{R_{\text{core}}}^{\infty} \rho_{\text{star}}(s) \cdot 4\pi s^2 ds = \frac{2M_{\text{star}}}{\sqrt{\pi} N_A}\left[\text{erfc}(\alpha) + \alpha e^{-\alpha^2}\right] = \frac{mM_{\text{corona}}}{N_A} \tag{1.5.23}$$

となる．ここで，$\alpha^2 \equiv 3R_{\text{core}}^2/(2\langle S^2\rangle_{\text{star}})$，$\text{erfc}(x)$ は誤差積分 $\left[\equiv \int_x^\infty \exp(-t^2)dt\right]$，$M_{\text{corona}}$ はコロナ鎖のモル質量を表す．この式と式 (1.4.37) で与えられる星型高分子の g_S の式を連立させると，R_{core} と mM_{corona} から球状ミセルに対応する星型高分子の $\langle S^2\rangle_{\text{star}}^{1/2}$（および M_{star}）が計算される．

B. 花型ミセル

水溶性高分子に対して長鎖アルキル基などの疎水基を鎖に沿ってランダムに導入した両親媒性高分子は，水溶液中で疎水基が凝集してコアを形成し，花型ミセル（図 1.23(e)）として存在する．両親媒性高分子の主鎖はループ鎖となるが，1.4.1 項 C. で述べたように，経路長が持続長 q の 1.6 倍より短いループ鎖は形成できないので，必ずしもすべての疎水基がコア内に挿入されるわけではない．鎖に沿って隣接する疎水基間距離が $1.6q$ よりも短いときには，主鎖の剛直性によりループ鎖の経路長の最小値 $l_{\min}$ およびループ鎖の高さ d_{loop} は決まり，次のようになる．

$$l_{\min} = 1.6q, \quad d_{\text{loop}} = 0.62q \tag{1.5.24}$$

花型ミセルを構成している各高分子鎖の重合度を x，モノマー単位あたりの経路長を h とすると，花型ミセル中の 1 本の両親媒性高分子鎖あたりのループ鎖数は $xh/l_{\min}$ となり，コアに挿入されている高分子鎖あたりの疎水基の数はこのループ鎖数に 1 を加えた値に比例すると考えられるので，コア半径は

$$\frac{4\pi}{3}R_{\text{core}}^3 = \lambda m\left(\frac{xh}{l_{\min}} + 1\right)v_{\text{hp}} \tag{1.5.25}$$

から計算される．ここで，λ はループ鎖の根もとの部分でコア内に挿入している疎水基の数（1つの根あたり），v_{hp} は疎水基の分子体積を表す．花型ミセルの半径 $R_{micelle}$ は

$$R_{micelle} = R_{core} + d_{loop} \tag{1.5.26}$$

より計算される．

C. その他のミセル

円筒状ミセルは会合数が大きくなり長くなると，屈曲性が顕著になってくる．そのようなミセルをみみず鎖ミセルと呼ぶ．みみず鎖ミセルの回転半径は，1.4.1 項 C. で述べた方法で計算される．図 1.23(g) に示した花束ミセルの回転半径については，1.4.4 項 C. で述べたランダム分岐高分子に対する式が利用できる．ただし，単位花型ミセルの回転半径 $\langle S^2 \rangle_u^{1/2}$ が無視できない場合には，

$$\langle S^2 \rangle_{micelle} = \langle S^2 \rangle_{random\ branch} + \langle S^2 \rangle_u \tag{1.5.27}$$

とする必要がある．図 1.23(d) に示したベシクルの回転半径も式(1.3.3)から計算できる．

フラワーネックレスの広がりは，単位花型ミセルの半径 $R_{micelle}$ を式(1.5.26)から計算し，その2倍を直径 b_n とするビーズ（小球）が数珠状に連なったみみず鎖ビーズモデル（2章の図2.5を参照）の広がりと同一視できる．ただし，単位花型ミセルを剛体球とみなすと，図 1.26 に示すように角度 θ_0 は 60° 以下にはできない．この制限を有するみみず鎖ビーズモデルの持続長 q は

$$q = \frac{b_n}{2}\left(\frac{3 - \cos 60°}{1 + \cos 60°}\right) \tag{1.5.28}$$

で与えられ（式(1.4.14)参照），十分長いフラワーネックレスの回転半径は，この q を用いてみみず鎖に対する追補 D の式(1D.4)から計算できる．

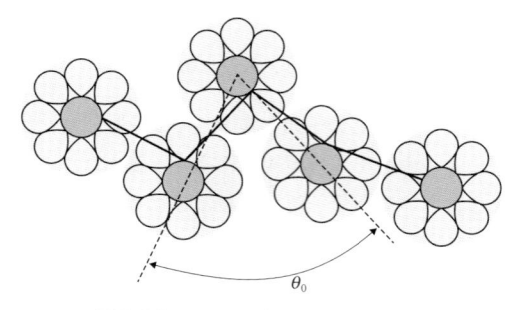

図 1.26 フラワーネックレスの模式図

1.6 ■ 実験との比較

　高分子の広がりを表す最も基本的な物理量は，平均二乗末端間距離 $\langle R^2 \rangle$ と平均二乗回転半径 $\langle S^2 \rangle$ である．前者を測定する適当な実験法が存在しないのに対し，後者は光や X 線，中性子線を用いた散乱法によって実測できる．散乱法の詳細については 2.4 節で述べ，ここでは散乱法から得られた種々の高分子に対する回転半径 $\langle S^2 \rangle^{1/2}$ の分子量依存性の実験結果を，上で紹介した理論の結果と比較する．本節で紹介する高分子の化学構造を表 1.1 および表 1.2 にまとめて掲げる．

1.6.1 ■ 線状高分子

　1.4.1 項 C. で説明したように，みみず鎖モデルは線状高分子の分子形態を記述する一般的なモデルである．このモデルを特徴づけるパラメータは，経路長（全長）L と主鎖の剛直性を表す持続長 q である．経路長 L は，高分子試料の分子量 M と，主鎖の結合ベクトルの分子軸への投影長 h，および主鎖結合あたりの（平均）モル質量 M_b を用いて，

$$L = \frac{hM}{M_b} \tag{1.6.1}$$

によって計算される．ただし，多糖である CTC と SPG の場合は，グルコース残基を仮想的な主鎖結合とみなす．式 (1.4.13) からわかるように，Kuhn の統計セグメント長 $2q$ を長さの尺度とすると，みみず鎖の回転半径は Kuhn の統計セグメント数 $N_K(=L/2q)$ だけの関数として表される．

　図 1.27 には，主鎖の剛直性が異なる 5 種類の線状高分子について，$2q$ を単位とする還元回転半径 $\langle S^2 \rangle^{1/2}/2q$ を N_K に対してプロットした．縦軸，横軸の値を計算するのに用いた各高分子に対する q と h の値は，表 1.1 にまとめて示した．まず，屈曲性高分子であるポリスチレンは，シータ溶媒であるシクロヘキサン中では排除体積効果が働かず，すべてのデータ点は非摂動みみず鎖モデルに対する式 (1.4.13) から計算された理論線（実線）によく合致している．これに対して，良溶媒であるベンゼン中およびトルエン中におけるポリスチレン鎖は排除体積効果を受けているため，高分子量域で非摂動みみず鎖モデルに対する理論線よりも上にずれている．$\tilde{z}$ の定義式 (1.4.23) に排除体積強度パラメータ $B = 0.5$ nm を代入して $\tilde{z}$ を求め，半径膨張因子 α_S に関する式 (1.4.20) の z の代わりに用いて α_S を計算し，得られた α_S を非摂動みみず鎖モデルに対する回転半径の理論値にかけると，点線で示すように両溶媒中でのデータ点を

第 1 章　高分子鎖の分子形態

表 1.1　回転半径の分子量依存性の研究に用いられた高分子の化学構造と分子特性値
表中の h と g は図 1.27 に示した実験と理論の比較から決められた値.

高分子	化学構造	M_b	h/nm	q/nm
ポリスチレン（PS）	$-(\mathrm{CH_2-CH})_x-$（フェニル基）	52	0.13	1.0
セルロース・トリス（フェニルカルバメート）（CTC）	（グルコース環、R = $-$CONH$-$C$_6$H$_5$）	519[a]	0.52	10.5
ポリ(N-ヘキシルイソシアナート)（PHIC）	$-(\mathrm{CO-N})_x-$、$\mathrm{C_6H_{13}}$	64	0.090	42
ポリ[(R)-3,7-ジメチルオクチル-(S)-3-メチルペンチルシリレン]（PRS）	（Si主鎖、側鎖に分岐アルキル基）	254	0.20	103
シゾフィラン（SPG）	（β-1,3-グルカン）	216[a]	0.30	150
ポリスチレンポリマクロモノマー（PSPMM）	（マクロモノマー、$n=15$）	825	0.13	8.0
ポリ(スチレンスルホン酸)ナトリウム（PSS）	$-(\mathrm{CH_2-CH})_x-$、$-\mathrm{SO_3Na}$	103	0.125	1.5[b] 3.4[c]

[a] 主鎖グルコース単位あたり，[b] 0.5 M NaCl 水溶液中，[c] 0.05 M NaCl 水溶液中.

1.6 実験との比較

表 1.2 流体力学的半径の分子量依存性の研究に用いられたランダムあるいは交互共重合体のモノマー単位の化学構造と分子特性値
表中の h はオールトランス状態での値,q は AMPS ホモポリマーに対して決められた文献値.

高分子	繰り返し単位の化学構造	M_b	h/nm	q/nm
(2-アクリルアミド)-2-メチルプロパンスルホン酸ナトリウム (AMPS)	—CH$_2$—CH— | CO | NH | C(CH$_3$)$_2$ | CH$_2$ | SO$_3$Na	108	0.13	4.0^a
N-アクリロイルアミノ酸ナトリウム	—CH$_2$—CH— | C=O | NH | R—CH | C=O | ONa			
N-アクリロイルグリシン (AGly)	R= —H	75.5		
N-アクリロイルバリン (AVal)	—CH(CH$_3$)$_2$	96.5	0.13	—
N-アクリロイルイソロイシン (AIle)	—CH(CH$_3$)(C$_2$H$_5$)	103.5		
マレイン酸ナトリウム (MAL)	—CH—CH— | | C=O C=O | | ONa ONa	80	0.13	—
N-ドデシルメチルメタクリルアミドまたはドデシルビニルエーテル (C12)	CH$_3$ | —CH$_2$—C— —CH$_2$—CH— | | C=O or O | | NH C$_{12}$H$_{25}$ | C$_{12}$H$_{25}$	126.5 or 106	0.13	—

^{a} 0.05 M NaCl 水溶液中.

第1章 高分子鎖の分子形態

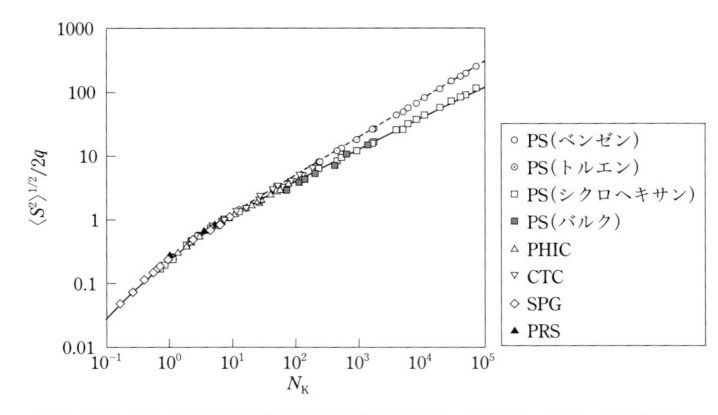

図 1.27 種々の高分子における回転半径の Kuhn の統計セグメント数依存性

再現できる．N が小さい領域では，良溶媒中でのデータ点は実線に近く，排除体積効果は分子量が低いときには重要でないことを実証している．より剛直性の高い CTC，PHIC，PRS，SPG は，いずれも良溶媒中でのデータ点ではあるが，非摂動みみず鎖に対する理論線によく従っており，排除体積効果はほとんど働いていない．さらに，同図中には融体状態のポリスチレンにおける1本鎖の回転半径のデータ（■）も示してある．このデータは，重水素でラベルしたポリスチレン試料に対する小角中性子散乱によって得られたものである（3章3.1.2項参照）．データ点は非摂動みみず鎖に対する実線によく合致しており，<u>融体状態のポリスチレンにも排除体積効果はほとんど働いていない</u>と結論される．融体や濃厚溶液中での高分子鎖の排除体積効果については，1.4.2項では考慮されなかった高分子鎖間の相互作用も考慮に入れる必要がある．小角中性子散乱の結果は，高分子間相互作用が高分子鎖の排除体積効果を相殺する働きをしていることを意味している．非晶質の固体中でも高分子鎖は非摂動鎖として存在することがわかっている．これは固体物性を議論する際に重要な事実である．

ポリスチレンの主鎖炭素は，1つおきに不斉炭素となっている．山川らは，ポリスチレン鎖をみみず鎖モデルよりもより一般的ならせんみみず鎖モデルを用いて特徴づけた[6]．表1.1 の h の値は，その特性らせんのらせん軸への主鎖結合ベクトルの投影長と一致している．ただし，トランスジグザグ構造での値（$= b\sin[(\pi-\theta)/2] = 0.128$ nm；$b = 0.154$ nm，$\theta = 112°$ とした）も表1.1 の h の値に非常に近く，ポリスチレンの特性らせんは伸びきり状態に非常に近いといえる．また，ポリスチレンの q と h から式(1.4.14)を用いて計算した特性比 C_∞ は 10.8 となる．この特性比は，図1.9 に示したポリエチレン鎖に対する値より大きい．これは側鎖のフェニル基によって，ゴー

シュ状態のエネルギーがより高くなっているためと解釈できる．

ポリシラン誘導体である PRS は剛直ならせん高分子である．この高分子は，主鎖中のすべてのケイ素原子に対して γ 位に分岐をもつアルキル側鎖が 2 本結合しており，立体反発によりゴーシュ状態はほとんどとることができない．さらに，1.4.3 項 B. で説明したように，トランス状態も最近接の側鎖間の立体反発で高エネルギー状態となっている（図 1.20 参照）．この側鎖間の立体反発を避けるために，主鎖の内部回転角がトランス状態よりも $\pm 20°$ ずれたところにエネルギーの極小点があり，ポリシラン主鎖は左右巻きの 7/3 らせんをとる．実際，表 1.1 に掲げた PRS の h は 0.20 nm で，ポリシラン鎖の 7/3 らせんに対して期待される値 0.19 nm に近い（$b = 0.234$ nm, $\theta = 111°$ として）．さらに，図 1.20 に示した内部エネルギー曲線を用いて内部回転角の正弦と余弦の統計平均値を計算し，式(1.4.31)に代入すると，表 1.1 に示した実測値と一致する．なお，ポリシラン鎖が分子内で左右らせんを反転した際の折れ曲がり角度は 11° と小さく，この折れ曲がりによる q の減少は小さい（式(1.4.33)参照）．

ポリイソシアナート鎖は主鎖内に NR–CO 結合と CO–NR 結合の 2 種類の結合を有する．そのため，この鎖の内部回転ポテンシャルは 2 変数関数となる．そしてどちらの結合にも二重結合性があり，エチレンと同様に平面構造をとりやすい．しかしながら，図 1.21 に示したような完全な平面構造をとると，側鎖 R とカルボニル酸素間の立体反発が生じて高エネルギー状態となる．したがって，完全平面状態から少しねじれた状態がエネルギー最安定状態となる．ねじれの向きによって左右らせん状態が存在する．ポリ（メチルイソシアナート）の X 線結晶構造解析により，ポリイソシアナート主鎖は 8/3 らせんをとり，主鎖結合あたりの（平均）経路長 h は 0.09 nm であると報告されている．表 1.1 に示す PHIC の h の実測値はこの値と一致している．

セルロース誘導体である CTC も，内部回転角には図に示すようにグリコシド結合酸素の両側の ϕ と ψ の 2 種類があり，内部回転ポテンシャルは 2 変数関数となる．Brant らのエネルギー計算によると，無置換のセルロースは左巻きの 3/1 らせん（$\phi = 50°, \psi = 0°$）と 2/1 のジグザグ状態（$\phi = 22°, \psi = -35°$）に近いコンホメーションが安定とされている．グルコース残基あたりの h は，それぞれ 0.511 nm と 0.518 nm で，どちらも伸びきり状態に近い．セルロース鎖の剛直性は，この内部回転特性に起因している．表 1.1 の CTC に対する h の値は，この伸びきり状態の値に近い．

内部回転ポテンシャルが 2 変数関数となる場合の持続長の計算は，1 種類の結合の場合よりも複雑になるが，同様に計算できる．表 1.1 の CTC に対する q 値は Brant らの内部回転ポテンシャルと矛盾しない．

ポリスチレンのすべてのベンゼン環のパラ位に，解離基であるスルホン酸基を結合

第 1 章　高分子鎖の分子形態

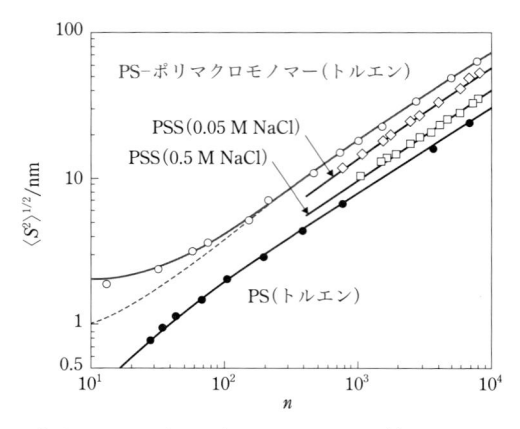

図 1.28　ボトルブラシ型ポリスチレンとポリ(スチレンスルホン酸)ナトリウムの回転半径の主鎖結合数依存性

させたポリスチレンスルホン酸ナトリウムの塩水溶液中での回転半径の実測値を図 1.28 に示す（◇，□）．横軸は主鎖の結合数である．トルエン中のポリスチレン鎖（●）と比較すると，より広がっている．特に塩濃度が低いときにその効果が顕著で，解離しているスルホン酸イオン間の静電反発力が広がりの増加の原因である．みみず鎖モデルによるフィッティングをやはり実線で示したが，用いたパラメータ q と B は，表 1.1 に示すように，トルエン中のポリスチレンのものよりも大きくなっている．図 1.19 に示した静電的持続長と静電的排除体積強度の理論と比較すると，前者は実験値を過小評価，後者は実験値を過大評価している．

1.6.2 ■ 分岐高分子

図 1.29 には，4 本腕と 6 本腕の星型ポリスチレンの回転半径を線状ポリスチレンと比較した結果を示す．収縮因子 g_S を，Gauss 鎖に対する理論式(1.4.36)を用いて計算し，星型ポリスチレンの回転半径の実測値を $g_S^{1/2}$ で割ると，星型ポリスチレンの回転半径の分子量依存性とほとんど重なる．ただし，6 本腕の星型ポリスチレンのシクロヘキサン中でのデータ点は線状ポリスチレンのデータ点よりも少し上方にずれており，Gauss 鎖に対する理論は g_S をわずかに過小評価していることがわかる．Douglas らは，腕の本数がさらに多くなると，良溶媒中でも，Gauss 鎖に対する理論は g_S を過小評価していると報告している．

すべてのモノマー単位に枝鎖が結合したポリマクロモノマーは，規則的な櫛型高分子の典型例であるが，その形状からボトルブラシと呼ばれている．側鎖密度が高いた

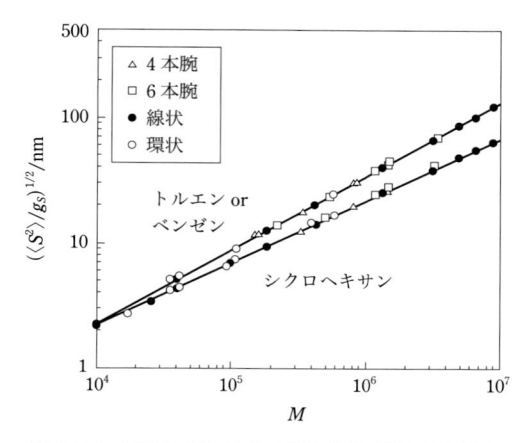

図 1.29　星型ポリスチレンの回転半径の分子量依存性

めに側鎖間および側鎖と主鎖間の立体反発が強く，ビニルポリマーにおいても主鎖はゴーシュ状態をとることができず，剛直鎖としてふるまう．このような分岐高分子の広がりについては，1.4.4 項 B. で述べたように，収縮因子を用いて議論するよりも，側鎖によって太くなった線状剛直鎖とみなして議論した方が便利である．図 1.28 には，線状ポリスチレンのすべてのベンゼン環のパラ位に対して重合度が 15 のオリゴスチレンが側鎖として結合したポリマクロモノマー（ボトルブラシ型ポリスチレン）の良溶媒であるトルエン中での回転半径（○）も示した．線状ポリスチレンの同溶媒中での結果と比較すると，同じ主鎖の結合数では，ポリマクロモノマーの方がずっと広がっていることがわかる．図中の青い実線は，表 1.1 に示すみみず鎖パラメータを用いて計算した結果である．側鎖の影響でポリマクロモノマーに対する q と B は通常のポリスチレンよりも大きくなっており，このため広がりも大きくなっている．なお，主鎖結合数 n の小さい領域でのポリマクロモノマーの回転半径には，側鎖による鎖の太さの影響が重要である．図中の青い破線は太さを無視した理論線である．なお，図 1.28 には示していないが，線状ポリスチレンに対するシータ状態である 34.5℃ のシクロヘキサン中でも，このポリスチレンマクロモノマーの q は 5 nm と線状ポリスチレンよりずっと大きく，枝鎖間の相互作用は消えていないことがわかる．これは先に述べたように，枝鎖のセグメント密度は非常に高いためである．

最後に，環状ポリスチレンの回転半径の結果を図 1.29 に○で示す．ただし，収縮因子 g_S として，式 (1.4.44) に示した非摂動状態での値 1/2 よりも少し大きい値 0.65 を用いた．良溶媒中とシータ溶媒中のどちらのデータ点も線状ポリスチレンに対する

直線によく従っている．シータ溶媒中での収縮因子が式(1.4.44)より少し小さい原因は，合成段階で結び目数の多い環状鎖ができにくかったためかもしれない．

1.6.3 ■ 両親媒性高分子

最後に，疎水性モノマーと親水性（電解質）モノマーからなる両親媒性のランダム共重合体および交互共重合体が塩水溶液中で形成するミセルの広がりついて，実験と理論の比較を行う．主鎖がいずれも炭素－炭素単結合からなるビニルポリマーで，疎水基としてドデシル基を有し，電解質モノマーの種類の異なるさまざまな両親媒性ランダム共重合体あるいは交互共重合体が 0.05 M NaCl 水溶液で形成するミセルについて，これまでに数多くの研究がなされてきた．

まず静的光散乱測定より，これらの共重合体は塩水溶液中で複数分子が会合したミセルを形成していることが確認された．次に，これらのミセル溶液に疎水性の蛍光物質であるピレンを添加すると，水溶液中で形成されている疎水基が凝集してできた疎水性ミクロドメイン内にピレンは内包された．ピレンが疎水性ドメイン内に存在することは，ピレンから発光される蛍光スペクトルから確かめられた．さらに，ピレンからの蛍光の寿命測定から，疎水性ミクロドメインあたりに内包されているピレンの平均数が求められ，添加したピレンの量から水溶液中に存在する疎水性ミクロドメインの数濃度が，さらにその数濃度とミセルの数濃度から，ミセル 1 個あたりの疎水性ミクロドメイン（疎水性コア）の数が見積もられた．その結果，共重合体の重合度 x が約 300 以下（主鎖炭素数が約 600 以下）では単核ミセルが形成され，それ以上では，多核ミセルが形成されていることが判明した．前者は花型ミセル，後者はフラワーネックレスであると考えられる．

図 1.30 には，表 1.2 にモノマー単位の化学構造を示した種々の両親媒性ランダム共重合体および交互共重合体ミセルの 0.05 M NaCl 水溶液中での流体力学的半径 R_H のデータを，分子分散している AMPS のホモポリマーに対するデータ（図中の◇）とともに示す．流体力学的半径については 2.5.2 項で説明するが，回転半径と同様に高分子ミセルのサイズを表す物理量である．球状粒子の場合には R_H は球の半径と一致する[注6]．また，横軸の n は 1 個のミセル中に含まれる高分子主鎖の結合数（1 本鎖の主鎖結合数に会合数をかけたもの）で，$n<2000$ のミセルは単核ミセル，$n>2000$ のミセルは多核ミセルであることが蛍光実験からわかっている（AMPS ホモポリマー

[注6] 花型ミセルのサイズは小さく，静的光散乱測定では精度良く回転半径を決められなかったため，動的光散乱測定より得られた R_H を用いて議論する．

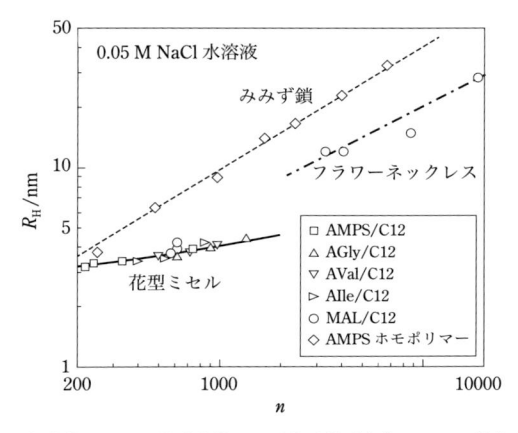

図 1.30 両親媒性ランダム共重合体および交互共重合体ミセルの流体力学的半径
［M. Ueda *et al.*, *Macromolecules*, **44**, 2970（2011）］

についてはnは1本鎖の主鎖結合数）．図中の破線は，主鎖がトランス状態をとったときの$h=0.13$ nmと$q=4.0$ nmを用いたみみず鎖の理論線を表す（R_Hの計算には鎖の太さdも必要で，破線は$d=1.7$ nmを用いた結果である）．AMPSホモポリマーのデータ点は，低重合度の点を除き，この理論線よりもかなり下にずれている．これに対して，実線は，式(1.5.24)〜(1.5.26)より計算した花型ミセルに対する理論線，一点鎖線はフラワーネックレスに対応するみみず鎖ビーズモデルに対する理論線を表す．ただし，式中のhとqには，AMPSホモポリマーと同じ値を用いた．どちらの理論計算にも少数の調節パラメータが含まれるが，単核ミセルのデータ点は花型ミセルの理論線に，（MAL/C12に対する）多核ミセルのデータ点はフラワーネックレスの理論線によく従っており，予想どおりの結果となっている．

第1章　高分子鎖の分子形態

文献

1) P. J. Flory, *Principles of Polymer Chemistry*, Cornell University Press, Ithaca (1953)；日本語訳）岡 小天，金丸 競 訳，高分子化学，丸善 (1956)
2) H. Yamakawa, *Modern Theory of Polymer Solutions*, Harper & Row, New York (1971)：本書は http://www.molsci.polym.kyoto-u.ac.jp/archive.html からダウンロード可能
3) P. J. Flory, *Statistical Mechanics of Chain Molecules*, John Wiley & Sons, New York (1969)；日本語訳）安部明廣 訳，鎖状分子の統計力学，培風館 (1971))
4) W. L. Mattice and U. W. Suter, *Conformational Theory of Large Molecules*, John Wiley & Sons, New York (1994)
5) 斎藤信彦，高分子物理学，裳華房 (1958)
6) H. Yamakawa, *Helical Wormlike Chains in Polymer Solutions*, Springer Verlag, Berlin & Heidelberg (1997)
7) P.-G. de Gennes, *Scaling Concepts in Polymer Physics*, Cornell University Press, Ithaca & London (1979)
8) D. Poland and H. A. Scheraga, *Theory of Helix-coil Transitions in Biopolymers : Statistical Mechanical Theory of Order-Disorder Transitions in Biological Macromolecules*, Academic Press, New York (1970)

追補 A　重合反応動力学から導出される分子量分布

本文では，2官能性モノマーの重縮合体（ポリエステルやポリアミドなど）の分子量分布を，反応率に基づいて考察した．同じ結果は，重合反応の動力学的考察からも得られる．ここでは，重縮合だけでなく，ラジカル重合およびリビング重合における分子量分布を動力学的考察から導出する．

A.1　重縮合

重縮合反応は，一般に以下の反応式によって表される．

$$\begin{cases} M_i + M_{x-i} \to M_x & (x \geq 2;\ 1 \leq i \leq x-1) \\ M_i + M_x \to M_{i+x} & (x \geq 1;\ 1 \leq i) \end{cases} \quad (1A.1)$$

ここで，第1式は x 量体（M_x）が形成される反応，第2式は x 量体が消失する反応である．重合反応はこの反応式に従って生じるとし，各素反応の反応速度定数 k が共通であると仮定すると，x 量体のモル濃度 $[M_x]$ に関する反応動力学方程式は次の式で与えられる．

$$\begin{aligned} \frac{d}{dt}[M_x] &= k \sum_{i+j=x} [M_i][M_j] - k \sum_{i=1}^{\infty} [M_i][M_x] \\ &= \frac{1}{2} k \sum_{i=1}^{x} [M_i][M_{x-i}] - k \sum_{i=1}^{\infty} [M_i][M_x] \end{aligned} \quad (1A.2)$$

上式第2辺のはじめの和は，$i+j=x$ を満たすすべての i と j について行うことを示しており，第3辺ではそれを i についての和で表した（i 量体と $x-i$ 量体から x 量体ができる場合と，$x-i$ 量体と i 量体から x 量体ができる場合を二重に数えていることを考慮して 1/2 をかけてある）．ただし，$[M_0]=0$ と定義する．

まず，系中に存在するすべてのモノマーと重合体の総モル濃度について考え，式(1A.2) の和をとると，

$$\frac{2}{k} \frac{d}{dt} \sum_{x=1}^{\infty} [M_x] = \sum_{x=1}^{\infty} \sum_{i=1}^{x} [M_i][M_{x-i}] - 2 \sum_{x=1}^{\infty} [M_x] \sum_{i=1}^{\infty} [M_i] = -\left(\sum_{x=1}^{\infty} [M_x]\right)^2 \quad (1A.3)$$

が得られる．ここでは，第2辺の前の二重和のうちの i に関する和は，$x-i$ を j とおけば後ろの二重和のうちの i に関する和と等しくなり（x は無限大まで変化する），これにより第3辺を得た．この微分方程式は容易に解けて，次の解が得られる．

$$\sum_{x=1}^{\infty} [M_x] = \frac{C_0}{1 + \frac{1}{2} C_0 kt} \quad (1A.4)$$

ただし，C_0 は仕込みモノマーのモル濃度である．実際，この解の時間微分をとると，上の微分方程式が成立していることを確かめられる．

次に $x=1$，つまりモノマーに対する動力学方程式は

$$\frac{2}{k}\frac{d}{dt}[M_1] = -2[M_1]\sum_{i=1}^{\infty}[M_i] = -\frac{2[M_1]C_0}{1+\frac{1}{2}C_0kt} \tag{1A.5}$$

と書くことができ，その解は次式で与えられる．

$$[M_1] = \frac{C_0}{\left(1+\frac{1}{2}C_0kt\right)^2} \tag{1A.6}$$

$x=2$ については次のような非斉次微分方程式となる．

$$\frac{2}{k}\frac{d}{dt}[M_2] = [M_1]^2 - 2[M_2]\sum_{i=1}^{\infty}[M_i] = -\frac{2C_0}{1+\frac{1}{2}C_0kt}[M_2] + \frac{C_0^2}{\left(1+\frac{1}{2}C_0kt\right)^4} \tag{1A.7}$$

物理数学の教科書を参考にこれを解くと（定数変化法を用いる），次の解が得られる．

$$[M_2] = \frac{\frac{1}{2}C_0^2 kt}{\left(1+\frac{1}{2}C_0kt\right)^3} \tag{1A.8}$$

同様にして，逐次動力学方程式を解いていくと，任意の $x(\geq 1)$ に対して次の解が得られる．

$$[M_x] = C_0\frac{\left(\frac{1}{2}C_0kt\right)^{x-1}}{\left(1+\frac{1}{2}C_0kt\right)^{x+1}} \tag{1A.9}$$

したがって，x 量体のモル分率 n_x は次の式で与えられる．

$$n_x = [M_x]\bigg/\sum_{x=1}^{\infty}[M_x] = \frac{\left(\frac{1}{2}C_0kt\right)^{x-1}}{\left(1+\frac{1}{2}C_0kt\right)^x} \tag{1A.10}$$

いま，$p \equiv \frac{1}{2}C_0kt / \left(1+\frac{1}{2}C_0kt\right)$ とおくと，上式は本文の最確分布の式(1.2.4)と一致する．

A.2 ラジカル重合

不飽和化合物のラジカル重合は，次のような開始反応，生長反応，停止反応の3段階で起こる．

$$\begin{aligned}
&I \xrightarrow{k_d} I\cdot, \quad I\cdot + M \xrightarrow{k_i} M_1\cdot &&\text{（開始反応）}\\
&M_x\cdot + M \xrightarrow{k} M_{x+1}\cdot &&\text{（生長反応）} \\
&M_x\cdot + M_z\cdot \xrightarrow{k_t} M_x + M_z \text{ または } M_{x+z} &&\text{（停止反応）}
\end{aligned} \tag{1A.11}$$

ここで，I は開始剤，I· は活性化された開始剤ラジカル，M はモノマー（不飽和化合物），$M_x\cdot$ はラジカル末端を有する x 量体，そして M_x は不活性化された x 量体を表す．ただし，連鎖移動による開始反応と停止反応は無視し，停止反応は不均化と再結合のみで起こり，それぞれ $M_x + M_z$ または M_{x+z} が生成すると仮定した．

上の式に従って重合反応が起こるとすると，重合体ラジカルの生成速度は $[M_1\cdot]$ をモノマーラジカルのモル濃度，$[M_x\cdot]$ を x 量体ラジカルのモル濃度として

$$M_x\cdot + M \xrightarrow{k} M_{x+1}\cdot \tag{1A.12}$$

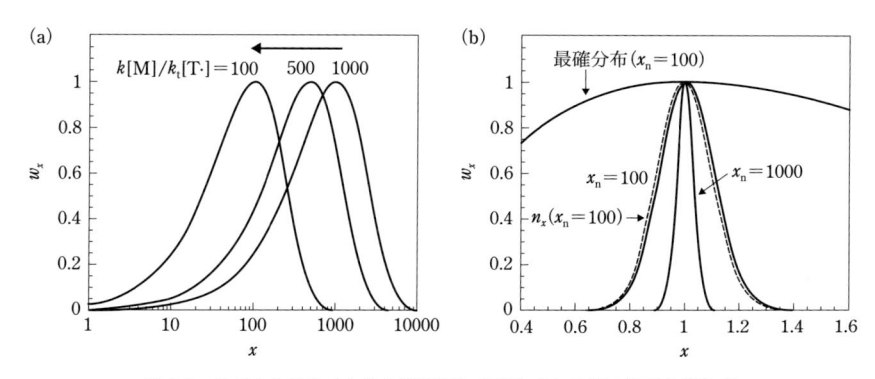

図 1A　ラジカル重合 (a) およびリビング重合 (b) における重合度分布

で与えられる．ここで，$[\mathrm{T}\cdot] \equiv \sum_{i=1}^{\infty}[\mathrm{M}_i\cdot]$ とおいた．一般にラジカル重合では，重合の進行中において，$[\mathrm{M}_x\cdot]$ はほぼ一定値を維持している．これは，開始剤のラジカル化反応に比べて，その後のモノマーのラジカル化反応，生長反応，および停止反応が迅速に起こるためである．この定常状態では，上式の左辺はすべてゼロとおくことができ，それらから次式が得られる．

$$[\mathrm{M}_x\cdot] = p'^{x-1}\frac{k_\mathrm{i}[\mathrm{I}\cdot]}{kp'}, \quad p' \equiv \frac{k[\mathrm{M}]}{k[\mathrm{M}] + k_\mathrm{t}[\mathrm{T}\cdot]} \tag{1A.13}$$

全ラジカル種中の x 量体のモル分率 n_x は $[\mathrm{M}_x\cdot]$ に，重量分率 w_x は $x[\mathrm{M}_x\cdot]$ に比例するので，高分子ラジカルの n_x および w_x は，見かけ上式(1.2.4)で与えられる最確分布と同じ x 依存性をもつ（式(1.2.4)の p と式(1A.13)の p' を同一視する）．ただし，p' はモノマー濃度の項を含んでおり，重合の進行に伴って減少する．図1A(a)には，$k[\mathrm{M}]/k_\mathrm{t}[\mathrm{T}\cdot]$ の値の変化による高分子ラジカルの重合度分布の変化を示す（ただし，縦軸の値は最大値が1になるように還元されている）．モノマーが消費されて $[\mathrm{M}]$ が 1/10 になると，平均重合度もおよそ 1/10 になる．

高分子ラジカルは，不均化あるいは再結合によってその生長を停止させる．不均化のみによって停止した場合，分子量分布は高分子ラジカルの分子量分布と同一であるが，再結合による停止反応が増えてくると，分子量分布は狭くなる．また，重合反応が進行すると，p' が減少して重合度の低い高分子ラジカルが生成し，分子量分布は広くなる．さらに，連鎖移動や不純物による停止反応も起こりうる．一般に，連鎖移動や不純物による停止反応は分子量分布を広くする．

A.3　リビング重合

　ラジカル重合とは逆に，迅速な開始反応の後にゆっくりとした生長反応が起こり，停止反応は起こらないリビング重合の場合，重合反応速度式は，$[M_1]$をモノマーのモル濃度，$[M_x^*]$を重合活性をもつx量体のモル濃度として，

$$\frac{d}{dt}[M_1^*] = k[M][I^*] - k[M][M_1^*]$$
$$\frac{d}{dt}[M_{x+1}^*] = k[M][M_1^*] - k[M][M_{x+1}^*] \quad (x=1,2,\cdots) \tag{1A.14}$$

で与えられる．ただし，$[I^*]$は活性化された開始剤濃度を表す．開始種の仕込みの（$t=0$における）モル濃度をI°で表すと，上の連立微分方程式の解は次式で与えられる．

$$n_x \equiv \frac{[M_x^*]}{I^\circ} = \frac{1}{x!} x_n^{\ x} e^{-x_n}, \ w_x = \frac{x[M_x^*]}{\sum_{x'=1}^{\infty} x'[M_{x'}^*]} = \frac{1}{(x-1)!} x_n^{\ x-1} e^{-x_n} \tag{1A.15}$$

ここで，x_nは重合活性種の数平均重合度（不活性モノマーは含まない）で，その時間（t）依存性は

$$x_n = \frac{C_0}{I^\circ}\left(1 - e^{-I^\circ kt}\right) \tag{1A.16}$$

で与えられる．ただし，C_0は仕込みモノマーのモル濃度を表す．開始種がすべての重合活性種を生み出し，開始種自身は反応のごく初期に消費しつくされるので，$I^\circ = \sum_{x'=1}^{\infty}[M_{x'}^*]$（重合活性種の全モル濃度）が成立する．また，時刻$t$で反応したモノマー濃度を重合活性種の全モル濃度で割ったものがx_nであるので，時刻tでの反応率pは$x_n I^\circ / C_0$で与えられる．式（1.2.15）で与えられるn_xは，統計学に見られるPoisson分布の形をしている．上の式から重量平均重合度は次のようになる．

$$x_w = x_n + 1 \tag{1A.17}$$

図1A(b)に示すように，重合が進んでx_nが1よりずっと大きくなると，Poisson分布は最確分布よりずっと狭くなり，平均分子量比M_w/M_nは1に近づく（図中の点線が$x_n = 100$の場合のモル分率を表す）．リビング重合で分子量分布の狭い試料が得られるのはこのためである．最近は，リビングアニオン重合法に加えて，新規のリビングカチオン重合法やリビングラジカル重合法が開発されてきており，分子量分布の狭い試料がより容易に得られるようになってきている．

追補 B　カスケード理論による自己縮合体の分子量分布の計算

　本文の発展 1.1 で述べた A_f 型モノマーの重縮合体の分子量分布は，カスケード理論によっても計算できる．このカスケード理論は，イギリスの数学者 Good によって考案され，やはりイギリスの高分子学者 Gordon によって分岐高分子系に応用された，非常に巧妙な数学的手法である．この理論は，Gordon がカスケード過程と呼ばれる数学問題を重縮合体の分子量分布の計算に応用したものである．まず，重量分率 w_x に関する母関数 $W(\theta)$ を次のように定義する．

$$W(\theta) \equiv \sum_{x=1}^{\infty} w_x \theta^x \tag{1B.1}$$

ここで，θ は単なる数学的なダミー変数で，物理的な意味はない．この $W(\theta)$ から，たとえば x_w は次の微分操作によって計算できる．

$$\left[\frac{\partial W(\theta)}{\partial \theta}\right]_{\theta=1} \equiv W'(1) = \sum_{x=1}^{\infty} x w_x = x_w \tag{1B.2}$$

系中に存在する官能基の反応率 p を用いて，母関数 $W(\theta)$ は次の式で表される．

$$W(\theta) \equiv \theta[1-p+pu(\theta)]^f, \quad u(\theta) = \theta[1-p+pu(\theta)]^{f-1} \tag{1B.3}$$

第 2 式右辺の $u(\theta)$ に第 2 式を繰り返し代入し，それを第 1 式の $u(\theta)$ に代入すると，θ のあらわな関数としての $W(\theta)$ が得られる．$u(1)=1$ であることは，式(1B.3)の第 2 式から自明である．式(1B.3)の両式を θ で微分してから $\theta=1$ を代入すると，次式が得られる．

$$\begin{aligned}
W'(1) &\equiv [1-p+pu(1)]^f + f[1-p+pu(1)]^{f-1} pu'(1) \\
u'(1) &= [1-p+pu(1)]^{f-1} + (f-1)[1-p+pu(1)]^{f-2} pu'(1)
\end{aligned} \tag{1B.4}$$

この 2 つの式に $u(1)=1$ を代入して式(1B.2)を利用すると，x_w に対する発展 1.1 の式(E1.1.7)の第 2 式が得られる．また，ここでは詳細は示さないが，Lagrange 展開法を利用すると，$W(\theta)$ は上式(1B.3)より θ のべき級数展開の形で表され，式(1B.1)と比較すると展開係数 w_x ($x=1, 2, \cdots$) が求められる．結果は式(E1.1.6)の第 2 式に一致する．

　カスケード理論の有用性は，重縮合体の平均分子量や分子量分布だけではなく，回転半径や流体力学的半径，2 章で述べる粒子散乱関数なども計算できることである．これらについては追補 E で紹介する．

追補 C　ラジカル共重合体の組成分布と重合度分布の関係

　定常状態で進行しているラジカル共重合のある時刻に生成した，重合度が x と $x+\mathrm{d}x$ の間にあり，モノマーAの含量が y_A と $y_\mathrm{A}+\mathrm{d}y_\mathrm{A}$ の間にある共重合体の重量分率については，式(1.2.14)から得られる生長速度式が定常状態にある条件から計算を進めることで，最終的に次の結果が得られる．

$$w(x,y_\mathrm{A})\mathrm{d}x\mathrm{d}y_\mathrm{A} = \frac{x}{x_\mathrm{n}^2}\mathrm{e}^{-x/x_\mathrm{n}}\mathrm{d}x\sqrt{\frac{x}{2\pi\kappa\bar{y}_\mathrm{A}(1-\bar{y}_\mathrm{A})}}\exp\left[-\frac{x(y_\mathrm{A}-\bar{y}_\mathrm{A})^2}{2\kappa\bar{y}_\mathrm{A}(1-\bar{y}_\mathrm{A})}\right]\mathrm{d}y_\mathrm{A} \tag{1C.1}$$

式中の x_n は数平均重合度を表し，$\bar{y}_\mathrm{A}$ は式(1.2.19)より計算されるものである．κ は組成分布の広さを決めるパラメータで，次式から計算される．

$$\kappa \equiv \frac{r_\mathrm{A}[\mathrm{A}]^2 + 2r_\mathrm{A}r_\mathrm{B}[\mathrm{A}][\mathrm{B}] + r_\mathrm{B}[\mathrm{B}]^2}{r_\mathrm{A}[\mathrm{A}]^2 + 2[\mathrm{A}][\mathrm{B}] + r_\mathrm{B}[\mathrm{B}]^2} \tag{1C.2}$$

理想共重合の場合は，$\kappa=1$ となる．この分布関数は，あくまでもある時刻に生成した共重合ラジカルに関するもので，長時間にわたって積算された共重合体では平均モノマー組成が（共重合アゼオトロープ以外では）変化しているので，この分布関数では表せない．また，重合反応が再結合で停止する場合には，共重合体ラジカルと同一の重合度分布とはならない．共重合反応をごく初期で停止剤添加により止めたときの試料に対して，[A]と[B]の値として仕込みモノマーの濃度を使ったこの分布関数が使える．

　例として $x_\mathrm{n}=100$，$\bar{y}_\mathrm{A}=0.3$ のときの，異なる組成 y_A での重合度分布を図1C(a)に示す．y_A が平均組成に等しいときに最も高い重合度の分布が得られ，それから離れるに従い低重合度側に移動する（分布は $|y_\mathrm{A}-\bar{y}_\mathrm{A}|$ の関数である）．重量平均重合度は次の式で与えられる（図中の矢印参照）．

$$x_\mathrm{w}(y_\mathrm{A}) = \frac{\Gamma(7/2)}{\Gamma(5/2)}\left[\frac{1}{x_\mathrm{n}} + \frac{(y_\mathrm{A}-\bar{y}_\mathrm{A})^2}{2\kappa\bar{y}_\mathrm{A}(1-\bar{y}_\mathrm{A})}\right]^{-1} \tag{1C.3}$$

　上と同じ $x_\mathrm{n}=100$，$\bar{y}_\mathrm{A}=0.3$ のときの，異なる x における組成分布を図1C(b)に示す．ただし，ピークの高さはあわせている．重合度が高いほど分布は狭くなっているが，組成分布はいずれも $\bar{y}_\mathrm{A}$ に関して左右対称なので，平均組成は x によらず $\bar{y}_\mathrm{A}$ に等しい．

　式(1C.1)の分布関数を y_A について 0 から 1 まで積分すると，単独重合のときと同様，最確分布（式(1.2.4)あるいは $h=1$ とおいたときの式(1.2.6)）と同じ式になる．他方，式(1C.1)の分布関数を x について 0 から ∞ まで積分すると，

$$w(y_\mathrm{A})\mathrm{d}y_\mathrm{A} = \frac{3\sqrt{\beta}\mathrm{d}y_\mathrm{A}}{4\left[1+\beta(y_\mathrm{A}-\bar{y}_\mathrm{A})^2\right]^{5/2}},\quad \beta \equiv \frac{x_\mathrm{n}}{2\kappa\bar{y}_\mathrm{A}(1-\bar{y}_\mathrm{A})} \tag{1C.4}$$

という組成分布が得られ，上述のように κ が小さくなるに従い分布は狭くなる．

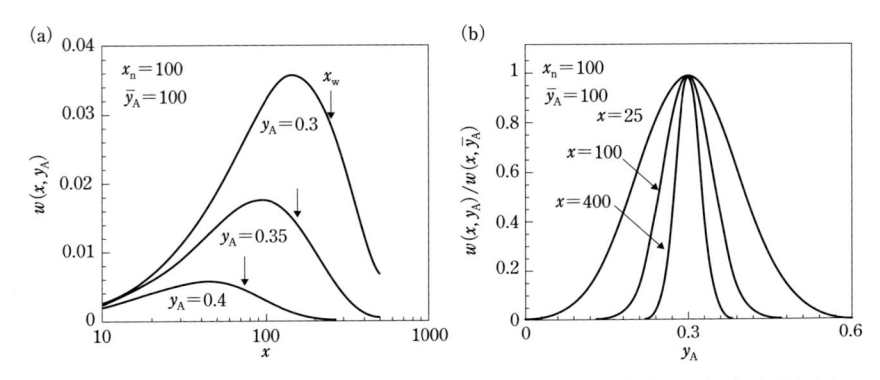

図 1C 異なるモノマー組成における重合度分布 (a) および異なる重合度における組成分布 (b)

重合度 x を固定して，確率 $\bar{y}_A$ でランダムに A を発生させるときの組成分布は，よく知られた次の二項分布（Bernoulli 分布）に従うはずである．

$$w(y_A)\mathrm{d}y_A = {}_xC_{xy_A}\,\bar{y}_A{}^{xy_A}(1-\bar{y}_A)^{x-xy_A}\,\mathrm{d}y_A \tag{1C.5}$$

いま，この二項分布を，$x_n=x$，$\kappa=1$ とした式(1C.4)と比較すると，式(1C.4)の方が分布がわずかに狭くなっている．また，x が十分大きいときには，二項分布は Poisson 分布に漸近することが知られているが，有限の x では Poisson 分布は二項分布よりも少し広くなっている．

追補 D　式(1.4.13)の導出

　みみず鎖の $\langle R^2 \rangle$ と $\langle S^2 \rangle$ は，次のようにして求められる．まず，出発モデルである自由回転鎖の $\langle R^2 \rangle$ は，n^0 までの項を考慮して次式で与えられる（発展 1.4 の式(E1.4.10)）．

$$\langle R^2 \rangle = nb^2 \left[\frac{1+\cos\theta}{1-\cos\theta} - \frac{2\cos\theta(1-\cos^n\theta)}{n(1-\cos\theta)^2} \right] \tag{1D.1}$$

この式に対して，全長 $L=nb$ と $q=b/(1-\cos\theta)$ が一定の条件で，$n \to \infty$，$b \to 0$，$\theta \to 0$ という極限操作を行うと，次の式が得られる（Napier 数の定義式 $\lim_{x\to\infty}(1-1/x)^x = e^{-1}$ を利用）．

$$\begin{aligned}
\langle R^2 \rangle &= nb \left[\frac{2b}{1-\cos\theta} - \frac{2b(1-\cos^n\theta)}{n(1-\cos\theta)^2} \right] \\
&= L \left\{ 2q - \frac{2q^2}{L} \left[1 - \left(1 - \frac{L}{qn}\right)^n \right] \right\} \\
&\to 2Lq - 2q^2(1-e^{-L/q})
\end{aligned} \tag{1D.2}$$

また，式(1.3.5)で和を積分で置き換えた連続鎖に対する $\langle S^2 \rangle$ の式を利用する．

$$\langle S^2 \rangle = \frac{1}{L^2} \int_0^L (L-s)\langle R^2(s) \rangle ds \tag{1D.3}$$

ここで，$\langle R^2(s) \rangle$ は経路長が s の部分鎖の平均二乗末端間距離で，式(1D.2)の L を s で置き換えた式を利用すると，次式が得られる．

$$\begin{aligned}
\langle S^2 \rangle &= \frac{1}{L^2} \int_0^L (L-s) \left[2qs - 2q^2(1-e^{-s/q}) \right] ds \\
&= \frac{1}{3}Lq - q^2 + \frac{2q^3}{L} \left[1 - \frac{q}{L}(1-e^{-L/q}) \right]
\end{aligned} \tag{1D.4}$$

追補 E　カスケード理論による自己縮合体の回転半径の計算

　Gordon によって導入されたカスケード理論は，重合度 x と分岐点数 m が定まっていないランダム分岐高分子の回転半径，流体力学的半径，粒子散乱関数などの計算にも利用できる．その際，中心的な役割を演じる関数は，経路数 $N_{ln,x}$ に関する母関数 $u_0(\theta)$ である．ここで，経路数 $N_{ln,x}$ とは，x 量体において，l 番目のモノマー単位から出発してモノマー単位数が n だけ離れた経路の数を表す．この経路数 $N_{ln,x}$ およびモノマー単位数 n の部分鎖の平均二乗末端間距離 $\langle R_n^2 \rangle$ を使い，線状高分子に対する式(1.3.5)に対応させて，x 量体の平均二乗回転半径 $\langle S^2 \rangle_x$ は

$$\langle S^2 \rangle_x = \frac{1}{2x^2} \sum_{l=1}^{x} \sum_{n=1}^{x-1} N_{ln,x} \langle R_n^2 \rangle \tag{1E.1}$$

で表される．Gauss 鎖の場合，$\langle R_n^2 \rangle = b^2 n$ である．分子量分布をもつ重縮合体全体の z 平均二乗回転半径 $\langle S^2 \rangle_z$ は，次式で表される．

$$\langle S^2 \rangle_z = \frac{1}{x_w} \sum_{x \geq 1} w_x x \langle S^2 \rangle_x \tag{1E.2}$$

経路数の母関数 $u_0(\theta)$ は，次の式で定義される．

$$u_0(\theta) = \sum_{x \geq 1} \frac{w_x}{x} \sum_{l=1}^{x} \theta^{\sum_{n=1}^{x-1} N_{ln,x} \langle R_n^2 \rangle} \tag{1E.3}$$

この母関数を使って，$\langle S^2 \rangle_z$ は次の式から計算される．

$$\left(\frac{\partial u_0(\theta)}{\partial \theta} \right)_{\theta=1} \equiv u_0'(1) = \sum_{x \geq 1} \frac{w_x}{x} \sum_{l=1}^{x} \sum_{n=1}^{x-1} N_{ln,x} \langle R_n^2 \rangle = 2x_w \langle S^2 \rangle_z \tag{1E.4}$$

したがって，$u_0'(1)$ がわかれば，$\langle S^2 \rangle_z$ は計算できる．

　追補 B で述べた重量分率の母関数 $W(\theta)$ に対応させて，経路数の母関数 $u_0(\theta)$ は次の連続する式によって表される．

$$\left. \begin{aligned} u_0(\theta) &\equiv [1 - p + p u_1(\theta)]^f \\ u_1(\theta) &\equiv \theta^{\langle R^2 \rangle} [1 - p + p u_2(\theta)]^{f-1} \\ u_2(\theta) &\equiv \theta^{\langle R_2^2 \rangle} [1 - p + p u_3(\theta)]^{f-1} \\ &\vdots \end{aligned} \right\} \tag{1E.5}$$

ここで，θ は物理的な意味のないダミー変数，p は重合系中に存在する官能基の反応率を表す．まず，$u_0(1) = u_1(1) = u_2(1) = \cdots = 1$ である．実際にこれらを上の式(1E.5)に代入するとすべての等式は成立している．次に，$u_0(\theta)$ の式を微分すると

$$u'_0(\theta) = f\left[1 - p + pu_1(\theta)\right]^{f-1} pu'_1(\theta) \rightarrow u'_0(1) = fpu'_1(1) \tag{1E.6}$$

となり，$u_1(\theta)$ 以降の式も同様に微分することにより，次の漸化式が得られる．

$$u'_n(1) = \langle R_n^2 \rangle + (f-1)pu'_{n+1}(1) \quad (n \geq 1) \tag{1E.7}$$

これらの漸化式を逐次代入していくと，$u'_0(1)$ に対する次の級数が得られる．

$$u'_0(1) = fp\left[\langle R_1^2 \rangle + (f-1)p[\cdots]\right] = fp\sum_{n=1}^{\infty}\left[(f-1)p\right]^{n-1}\langle R_n^2 \rangle \tag{1E.8}$$

Gauss 鎖からなるランダム分岐鎖の場合，$\langle R_n^2 \rangle = b^2 n$ として，上の級数は

$$u'_0(1) = b^2 \frac{fp}{(f-1)p} \frac{(f-1)p}{\left[1-(f-1)p\right]^2} \tag{1E.9}$$

となる．これを式(1E.2)に代入し，x_w については式(1.2.5)の第 2 式を利用すれば，最終的に次式が得られる．

$$\langle S^2 \rangle_z = \frac{b^2 fp}{2(1+p)[1-p(f-1)]} \tag{1E.10}$$

第2章　溶液物性

　高分子は通常，熱分解温度まで加熱しても気体にならないので，高分子鎖1本の性質（分子量や鎖の形態）を調べるには，高分子を低分子溶媒に溶かし，鎖を分子分散させた状態でその溶液物性を研究するのが常套手段である．また，高分子材料は，しばしば低分子溶媒に溶かしてからフィルム，繊維，その他の形状に成形加工される．その際，溶液状態の物性は加工プロセスや成形後の材料物性に重大な影響を与える．さらには，高分子はさまざまな工業製品（ペイント，インク，接着剤など），化粧品，パーソナルケア製品，食品などの溶液材料に利用されることも多い．高分子溶液物性の理解は，それら溶液材料の品質向上に重要な寄与をもたらす．本章では，高分子の分子特性解析に利用され，また種々の応用において重要となる高分子の溶液物性について述べる．

　高分子溶液物性は溶質である高分子の分子量に依存しないものと分子量に著しく依存するものの2種類に大別できる．高分子溶液の密度，圧縮率，熱伝導率，熱膨張率，屈折率，吸光係数などは，溶質である高分子の分子量には通常（末端基が影響を及ぼす低分子量域や特殊な高分子を除き）依存しない．これに対して，高分子溶液の粘度や拡散係数，相挙動，光散乱現象などは，溶質高分子の分子量に著しく依存する．後者が高分子溶液特有の物性であり，前者は基本的に低分子溶液の物性と大差ない．本章では，後者の高分子溶液特有の物性のみを扱う．

2.1 ■ 高分子溶液モデルと分子間相互作用

　巨大分子である高分子は非常に多数の原子から構成されているが，たとえば溶液中での2本の高分子鎖間の相互作用を考察するのに，構成原子間1つ1つの相互作用から議論していては埒が明かない．低分子の溶液論のように詳細な分子構造からの議論は不可能で，必然的に高分子鎖を粗視化しなくてはならない．1章で述べたGauss鎖やみみず鎖などがその粗視化の例である．高分子鎖が粗視化されているならば，溶液中に存在する溶媒の分子構造のみを詳細に考慮しても意味がない．そこで，高分子溶液論では溶媒の分子構造も粗視化される．低分子溶液の研究者には，非常に荒っぽい議論と思われるかもしれないが，「木を見て森を見ず」では高分子溶液物性を議論で

きない．加えて，高分子の分子量に著しく依存する溶液物性においては，溶質である高分子が溶媒に対して非常にサイズの大きい分子であることが重要で，純溶媒の性質は直接的には重要な役割を演じていないことも，溶媒分子の粗視化を正当化している．

2.1.1 ■ 格子モデル

歴史的には，1942 年に Flory と Huggins が独立に提案した高分子溶液に対する格子モデルが最も有名な高分子溶液モデルである．格子モデルに基づく Flory–Huggins の統計熱力学理論（以下，Flory–Huggins 理論と称する）は，高分子溶液が低分子溶液に対して提案された理想溶液から逸脱する挙動を呈する理由を見事に説明した．この理論により，高分子が通常の熱力学を適用できる物質であるということが一般の化学者に認知されたといっても過言ではない．

格子モデルは，もともと低分子液体の混合物に対して提案され，理想溶液の混合エントロピーの導出などに利用されていたが，低分子の液体論では，より精密な分子構造を反映したモデルに取って代わられた．しかしながら，高分子溶液の場合には，上で述べたように原子レベルのモデルに基づく議論が困難なので，現在でも格子モデルは最もよく使われているモデルであり，以下の章にもしばしば登場する．

このモデルでは，図 2.1 に示すように，高分子鎖を図中の黒丸で示すセグメント（あるいは構成単位）が線状に連なった数珠状の分子とみなす．セグメントで占められていない格子点は，白丸で表された低分子の溶媒分子で占められる．高分子のセグメントと溶媒分子を同じサイズの格子に配置させるので，溶媒分子と同じサイズの高分子の部分をセグメントに選ぶ必要がある．溶媒の分子数を n_s，高分子鎖の本数を n_p とし，1 本の高分子鎖は P' 個のセグメントからなるとする．高分子と溶媒は合計で $n_\mathrm{s}+P'n_\mathrm{p}$ の格子点上に配置される．各格子点にはセグメントあるいは溶媒を 2 つ以上配置させ

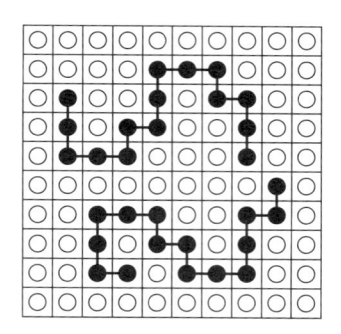

図 2.1　高分子溶液に対する格子モデル

コラム　　Flory–Huggins 理論

FloryとHugginsが，独立に有名な格子理論を提出した1942年当時，Floryはまだ32歳であったのに対し，Hugginsは45歳の著名な研究者であった．噂によれば，Floryの格子理論の論文の査読がHugginsに依頼されたそうである．あくまでも想像であるが，このときHugginsがこの査読の論文に却下の判定を下していたら，この格子理論はHuggins理論と呼ばれることになっていた可能性がある．Hugginsは，紳士的にも自身の理論と酷似していたFloryの論文を，独立に行われた立派な仕事は評価されるべきとして，論文の掲載を推薦したそうである．その結果，現在この理論はFlory–Huggins理論と呼ばれている．エポック・メイキングな研究成果は，往々にして同じ時期に複数の研究者によって独立になされることがある．研究者の倫理として，Hugginsのようなフェアな態度に学ぶところは多い．

ることはできない．結合している隣同士のセグメントは最近接の格子点に位置し，結合の向きは他のセグメントと重ならない条件下で自由にとれるとする．格子理論では，高分子濃度は溶液中で全高分子が占める体積分率 ϕ で表す．n_s, n_p, P' を用いて，体積分率は次式で与えられる．

$$\phi = \frac{P' n_p}{n_s + P' n_p} \tag{2.1.1}$$

高分子溶液の熱力学的性質を議論する際には，セグメントあるいは溶媒が最近接格子点に配置されたときに引力ポテンシャルが働くとする．セグメント－セグメント，溶媒－溶媒，およびセグメント－溶媒が最近接格子点に配置されたときの引力ポテンシャルを，それぞれ $\varepsilon_{\bullet\bullet}$, $\varepsilon_{\circ\circ}$, $\varepsilon_{\bullet\circ}$ で表す．第2近接以上に離れた格子点間に配置されたセグメントあるいは溶媒間には相互作用は働かない，つまり，相互作用は短距離相互作用のみと仮定する．このとき，高分子溶液中で2つのセグメントが接近してくると図2.2のような有効セグメント間ポテンシャル $u(r)$ が働く．r は2つのセグメントの中心間距離である．またポテンシャル井戸の深さ $\Delta\varepsilon$ は，$2 \times \varepsilon_{\bullet\circ} - [\varepsilon_{\bullet\bullet} + \varepsilon_{\circ\circ}]$ で与えられる．これは，①と②の状態から③の状態に変化すると，$2 \times \bullet\circ \to \bullet\bullet + \circ\circ$ というセグメントと溶媒の配置交換を伴うからである．$u(r)$ を式で表せば以下のようになる．

$$u(r) = \begin{cases} \infty & (r < d) \\ -\Delta\varepsilon & (d \leq r < 2d) \\ 0 & (r \geq 2d) \end{cases} \tag{2.1.2}$$

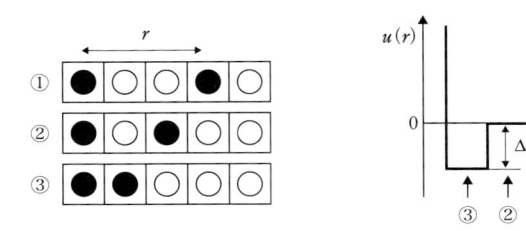

図 2.2 格子モデルにおける有効セグメント間相互作用ポテンシャル

このポテンシャル $u(r)$ を特徴づける相互作用パラメータとしては，次式で定義される χ（カイ）パラメータが用いられる．

$$\chi \equiv \left(\frac{z}{k_B T}\right)\left[\varepsilon_{\bullet\circ} - \frac{1}{2}(\varepsilon_{\bullet\bullet} + \varepsilon_{\circ\circ})\right] \tag{2.1.3}$$

ここで，z は配位数（各格子点のまわりにあるすべての最近接格子点数），$k_B T$ は Boltzmann 定数と絶対温度の積を表す．

2.1.2 ■ みみず鎖モデル

前章で述べたように，みみず鎖モデルは粗視化モデルであるが，モノマー単位よりも少し大きいスケール以上において実在鎖をうまく表現できる．したがって，高分子の溶液物性の議論においても，このみみず鎖モデルを用いた定式化の方が上述の格子モデルよりも優れていると考えられる．実際，低分子の液体論では，格子モデルからの脱却が近代化の流れであった．みみず鎖モデルを用いた高分子溶液物性の定式化において，溶媒は連続誘電媒体とみなされる．

溶液中に存在する2本のみみず鎖には，格子モデルで想定したように，近距離で作用する斥力ポテンシャル $u_0(r)$ と長距離で作用する引力ポテンシャル $w(r)$ が働いていると考える．斥力ポテンシャル $u_0(r)$ については，図2.3に示すようにみみず鎖に太さを導入したみみず鎖円筒を考え，円筒の太さを d，2本のみみず鎖の最短距離を r として次の式で表すハードコア斥力のポテンシャルを想定する．

$$u_0(r) = \begin{cases} \infty & (r < d) \\ 0 & (r \geq d) \end{cases} \tag{2.1.4}$$

これに引力ポテンシャル $w(r)$ を加えて，2本のみみず鎖間に働く相互作用ポテンシャル $u(r)$ は次のように表される．

$$u(r) = u_0(r) + w(r), \quad w(r) = \begin{cases} 0 & (r < d) \\ -\varepsilon(d/r)^4 & (r \geq d) \end{cases} \tag{2.1.5}$$

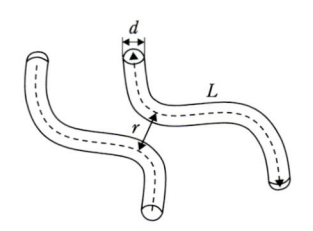

図 2.3 みみず鎖円筒モデル
L は経路長,d は円筒の太さ,そして r は 2 本のみみず鎖円筒間の最短距離を表す.

引力ポテンシャル $w(r)$ の計算は発展 2.1 を参照されたい.式中のパラメータ ε の具体的な表式も同じ発展 2.1 で与えられている.ただし,$w(r)$ および $u_0(r)$ の詳細な関数形は,高分子溶液の巨視的な物性には重要ではないことが多い.したがって,溶液物性の定式化では,図 2.4 左のポテンシャルを右のような井戸型ポテンシャルで置き換えることが多い.すなわち,引力ポテンシャルを次のように表す.

$$w(r) = \begin{cases} 0 & (r < d) \\ -\varepsilon & \left(d \leq r \leq \frac{3}{2}d\right) \\ 0 & \left(\frac{3}{2}d < r\right) \end{cases} \quad (2.1.6)$$

溶媒が高分子に対して良溶媒ならば井戸の深さ ε は小さく,逆に貧溶媒ならば ε は大きい値をとる.式(2.1.5)の $w(r)$ に式(2.1.6)を代入した $u(r)$ が,図 2.2 に示した格子モデルにおける有効セグメント間ポテンシャルに対応する.

もし,2 本のみみず鎖が 2 箇所以上の部分間で $1.5d$ より接近している場合,相互作用ポテンシャル $u(r)$ はそれらの部分での相互作用の和となり,一般には $u(r)$ は相互作用しているみみず鎖の形態に依存する.以下では,取り扱いの容易な 1 箇所での相互作用の寄与が圧倒的な場合を主として考慮する.これを**単一接触近似**と呼び,この場合 $u(r)$ は相互作用しているみみず鎖の形態に依存しない[注1].

希薄溶液の場合には,$u(r)$ をさらに粗視化してデルタ関数で表すことが可能である.

$$u(r) = \beta_S \delta(r) \quad (2.1.7)$$

ここで,β_S は 1 章でも述べたセグメントの 2 体クラスター積分(1 章の式(E1.6.11)参照)であり,良溶媒中では β_S は正の大きな値を,また貧溶媒中ならば β_S はゼロ近傍

[注1] 2.2.1 項において,第 2 ビリアル係数に及ぼす多点での相互作用の効果(多重接触効果)について説明する.

● 発展 2.1　　引力ポテンシャルの計算

2本のみみず鎖円筒aとbの最近接部分近傍では，それぞれのみみず鎖はまっすぐとみなせる．図に示すように，みみず鎖aとbの経路上の点を，それぞれ最近接点から測った距離 s_a と s_b で表し，微小線分 ds_a と ds_b 間のポテンシャルを $\varphi(s_a, s_b)ds_a ds_b$ で表すと，みみず鎖円筒間の引力ポテンシャル $w(r)$ は，次式から計算される．

$$w(r) = -2k_B T \int ds_a \int ds_b \varphi(s_a, s_b) \tag{E2.1.1}$$

ただし，$k_B T$ は Boltzmann 定数と絶対温度の積で，積分はすべての経路にわたって行う．

いま，着目しているみみず鎖aの最近接部分の軸方向（$\mathbf{a}_3$ 方向）の周波数 ω での単位経路長あたりの分極率を $\alpha_3(\omega)$，それと直角な方向（$\mathbf{a}_1, \mathbf{a}_2$ 方向）の単位経路長あたりの分極率を $\alpha_1(\omega)$，$\alpha_2(\omega)$ とし（$\alpha_1(\omega) = \alpha_2(\omega)$），溶媒の誘電率を $\varepsilon(\omega)$ とすると，ポテンシャル $\varphi(s_a, s_b)$ は次のように表される．

$$\varphi(s_a, s_b) \equiv \sum_{\mu,\nu=1}^{3} J_{\mu\nu} G_{\mu\nu}(s_a, s_b) \tag{E2.1.2}$$

ここで，$J_{\mu\nu}$ と $G_{\mu\nu}(s_a, s_b)$ は次式で与えられる．

$$J_{\mu\nu} = \frac{\alpha_\mu(0)\alpha_\nu(0)}{2\varepsilon^2(0)} + \sum_{n=1}^{\infty} \frac{\alpha_\mu(i\omega_n)\alpha_\nu(i\omega_n)}{\varepsilon^2(i\omega_n)} \tag{E2.1.3}$$

$$G_{\mu\nu}(s_a, s_b) \equiv \frac{\{\mathbf{a}_\mu(s_a) \cdot \mathbf{a}_\nu(s_b) - 3[\mathbf{a}_\mu(s_a) \cdot \mathbf{u}][\mathbf{a}_\nu(s_b) \cdot \mathbf{u}]\}^2}{\rho^6} \tag{E2.1.4}$$

ただし，$\omega_n \equiv (2\pi)^2 n k_B T/h$（$h$ は Planck 定数），ρ は図中の経路点 s_a と s_b 間の距離を表し，$\mathbf{u}$ は点 s_a と s_b を結んだ線分の方向を表す単位ベクトルである．式(E2.1.1)中の積分範囲は相互作用が及ぶ距離にわたってとるべきであるが，$\varphi(s_a, s_b)$ が ρ^{-6} に比例する短距離相互作用なので，積分範囲を $-\infty$ から $+\infty$ に拡張しても有意な誤差は生じ

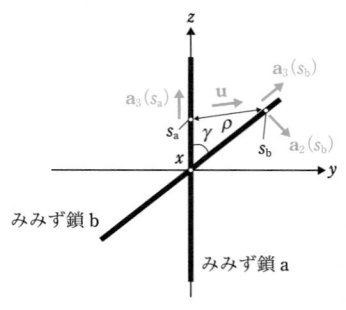

図　相互作用している2本のみみず鎖の最近接部分

ない．実際にこの積分を実行すると

$$\frac{w(r)}{k_B T} = -\frac{J_I + J_A P_2(\cos\gamma)}{r^4 \sin\gamma} \tag{E2.1.5}$$

$$J_I \equiv \frac{\pi}{32}(11J_{33} + 26J_{31} + 59J_{11}), \quad J_A \equiv \frac{\pi}{2}(J_{33} - 2J_{31} + J_{11}) \tag{E2.1.6}$$

が得られる．ここで，γ は $\mathbf{a}_3(s_a)$ と $\mathbf{a}_3(s_b)$ がなす角，$P_2(\cos\gamma)$ は 2 次の Legendre の多項式である．みみず鎖の分極率が等方的な場合 ($\alpha_1(\omega) = \alpha_2(\omega) = \alpha_3(\omega)$)，$J_A = 0$ となる．

式(E2.1.5)では，$w(r)$ に γ 依存性がある．等方溶液中では，この $w(r)$ を等方平均して

$$\frac{1}{2}\int_0^\pi w(r)\sin\gamma\, d\gamma = -\frac{\pi k_B T J_I}{2r^4} \tag{E2.1.7}$$

となる．すなわち，式(2.1.5)のパラメータは次のようになる．

$$\varepsilon = \frac{\pi k_B T J_I}{2d^4} \tag{E2.1.8}$$

液晶溶液中では，ε には高分子の配向状態に依存する J_A を含む項が残ることに注意されたい．

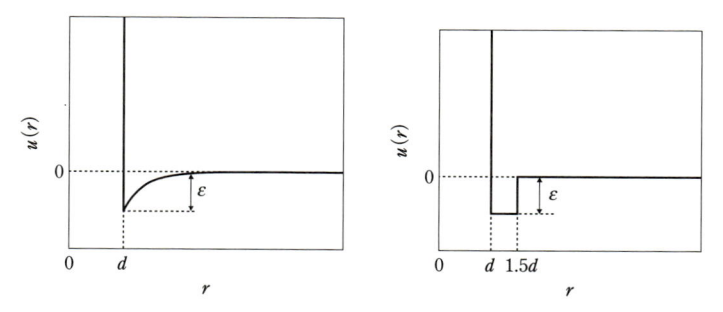

図 2.4 溶液中におけるセグメント間相互作用ポテンシャル

の正か負の値をとる．しかしながら，高分子の濃度が高くなると，みみず鎖の全相互作用ポテンシャル $u(r)$ の斥力項と引力項の熱力学的性質への寄与はより複雑となり，β_S では表せなくなる．1 章で述べた分子内排除体積効果が β_S でほとんど記述できたのは，1 本の直鎖高分子鎖内ではセグメント密度が希薄だからである．高分子の濃度を高くすると，分子間のセグメント密度が希薄であり続けることはない．なお Flory–Huggins 理論では，χ は引力ポテンシャルの強さを表すパラメータであり，1 つの格子点を 2 個以上のセグメントが占められないという条件が斥力ポテンシャルに対応する．2 体クラスター積分 β_S は，Flory–Huggins 理論では $(1/2) - \chi$ に比例する

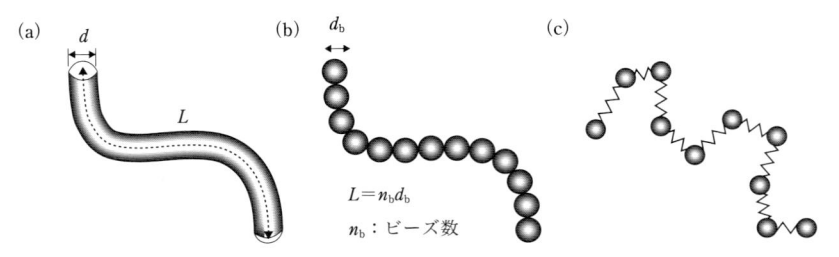

図 2.5 (a) みみず鎖（冠球）円筒モデル，(b) みみず鎖ビーズモデル，(c) バネービーズモデル

量が対応する（式(2.2.30)参照）．すなわち，$1/2$ が β_S における斥力項に対応する量とみなせる．

図 2.5 に示すみみず鎖円筒モデルあるいはそれとほぼ等価な**みみず鎖ビーズモデル**は，高分子溶液の粘度や拡散係数の定式化においても利用される．高分子溶液の流体力学的性質に関する理論のルーツは，Einstein のコロイド溶液の理論にさかのぼる．現在，粘度や拡散係数に関する Einstein の関係式として知られている有名な式では，非圧縮性のニュートン流体中に分散している球状粒子がコロイド粒子のモデルとして利用されている[注2]．その後，これらの理論は，回転楕円体，円筒，そしてみみず鎖円筒あるいはみみず鎖ビーズなどの形状の粒子に拡張されていった．

みみず鎖円筒モデルは高分子鎖を直径 d の円筒とみなすモデルであり，みみず鎖冠球円筒モデルは経路長が L_c のみみず鎖を中心軸とし，直径が d の円筒の両端にやはり直径が d の半球をつけたモデルである．みみず鎖冠球円筒モデルの全長は $L = L_c + d$ である．これに対して，みみず鎖ビーズモデルはみみず鎖の経路上に，相互作用点あるいは流体力学的な抵抗点となる直径 d_b のビーズ（小球）を数珠状に等しい間隔 d_b で n_b 個並べたモデルであり，全長は $L = n_b d_b$ である．

さらに，屈曲性高分子鎖の流体力学的性質を議論する際には，図 2.5(c) に示すようなビーズを弾性バネでつないだ**バネービーズモデル**がしばしば利用される．隣接バネ間の結合角は任意に変化できるとし，ビーズに外力が印加されるとバネが変形して弾性力が生じるとする（各バネの曲げ変形は考えない）．このモデルは Gauss 鎖とみなすことができる．溶液中あるいは融体中で，高分子鎖は熱的揺動力によって分子全体の並進・回転とともに局所的な形態変化（ミクロブラウン運動）を起こしている．このミクロブラウン運動の理論的取り扱いにおいても，バネービーズモデルは非常に有用である．

[注2] Einstein がこれらの式を提案したときには，まだ高分子の存在は認められていなかった．

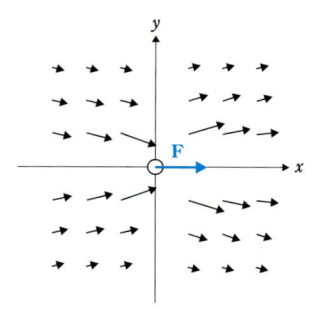

2.1 高分子溶液モデルと分子間相互作用

図 2.6 原点に力 F を印加したときの溶媒の流れ

これらのモデル鎖が溶媒中で並進運動や回転運動，ミクロブラウン運動をすると，鎖と溶媒間に摩擦が生じる．この摩擦力が高分子溶液の粘度や拡散速度，また高分子鎖のダイナミクスを決める．このような高分子溶液の流体力学的性質を議論する際には，高分子鎖内および高分子鎖間の流体力学的相互作用を考慮する必要がある．いま，高分子鎖上のある点に力 F を加えると，その点が運動するとともにまわりの溶媒の流れが生み出される．力を加えた点から距離ベクトル r だけ離れた位置での溶媒の流れの速さ $\mathbf{v}(\mathbf{r})$ は次の式で与えられる．

$$\mathbf{v}(\mathbf{r}) = \mathbf{T}(\mathbf{r}) \cdot \mathbf{F}, \quad \mathbf{T}(\mathbf{r}) \equiv \frac{1}{8\pi\eta_s |\mathbf{r}|}\left(\mathbf{I} + \frac{\mathbf{rr}}{|\mathbf{r}|^2}\right) \tag{2.1.8}$$

ここで，η_s は溶媒の粘性係数，I は単位テンソルで，$\mathbf{T}(\mathbf{r})$ は **Oseen テンソル**と呼ばれるものである[注3]．r に位置する同一鎖あるいは異なる鎖上の点は力 F によって生じた溶媒の流れ $\mathbf{v}(\mathbf{r})$ により，新たな溶媒分子との間の摩擦力を感じる．これが**流体力学的相互作用**である．具体的には，力を加えた点のまわりでは，図 2.6 に示すような溶媒の流れが生じる．式からわかるように流体力学的相互作用はクーロン相互作用と同様，r^{-1} に比例して減衰する長距離相互作用であり，その影響は重要である．

Kirkwood と Riseman は，この流体力学的相互作用を考慮に入れることで，1948 年にみみず鎖ビーズモデルの Gauss 極限での固有粘度や拡散係数を定式化した（後述）．これは高分子溶液の熱力学的性質を取り扱う Flory–Huggins 理論に比肩するともいえる，高分子溶液の流体力学的性質を取り扱う歴史的な理論である．

1953 年に Rouse がバネービーズモデルを提案したときには，ビーズ間の流体力学的相互作用は考慮されていなかった．この相互作用を考慮に入れたのは Zimm である．

[注3] **rr** はダイアディックと呼ばれるテンソル量で，ベクトルとの内積は次の規則に従う：$\mathbf{rr}\cdot\mathbf{F} = (\mathbf{r}\cdot\mathbf{F})\mathbf{r}$（345 頁の脚注も参照）．テンソルについては付録 C を参照．

そのため，もともとのバネ−ビーズモデルを **Rouse** モデル，流体力学的相互作用を考慮したモデルを **Zimm** モデルと呼ぶ．6 章で述べるように，希薄溶液中では Zimm モデルが良いモデルであるが，濃厚溶液中での高分子鎖の運動を取り扱う際には，むしろ Rouse モデルが良いモデルとなる．これは，分子間の流体力学的相互作用が分子内の流体力学的相互作用を遮蔽するためであると考えられている．

以上で述べたみみず鎖モデルやバネ−ビーズモデルでは，溶媒は連続体として取り扱われているが，実際には溶媒分子は有限のサイズをもっている．そして，そのサイズは高分子鎖の太さに比べて必ずしも無視できるほど小さくない．したがって，溶媒を連続体とみなす近似は，高分子鎖の太さ d の定義を曖昧にする．後で，高分子溶液の熱力学的あるいは流体力学的性質に関する理論と実験の比較から高分子鎖の太さ d を決定するが，得られた値にはその定義の曖昧さが含まれていることに注意する必要がある．

2.1.3 ■ ファジー円筒モデルと管モデル

高分子溶液の濃度が高くなると，各高分子鎖はまわりの高分子鎖と衝突しながら，あるいは絡み合いながら運動するようになる．上で述べたように，高分子鎖間にはハードコア斥力が働くので，（鎖を切断しない限り）互いを通り抜けることはできない．このような相互作用を **トポロジー相互作用**（あるいはトポロジー的拘束）と呼ぶ．高分子濃厚溶液の拡散性や粘性などの動的性質には，この高分子鎖間のトポロジー相互作用が非常に重要になる．トポロジー相互作用を定量的に取り扱うために，以下で述べる 2 つのモデルが提案されている．

まず，高分子の濃度がそれほど高くない場合，図 2.7(a) に示すように，各高分子鎖の末端間ベクトル **R** は自由には変えられないが，分子形態は比較的自由に変えられる．そこで，**R** が一定の条件下で分子形態を変化させると，各高分子鎖のセグメントは円筒状に分布するはずである．この円筒状のセグメント分布を **ファジー円筒** と呼ぶ．ファジー円筒は，その有効長さ L_eff と有効直径 d_eff によって特徴づけられ，みみず鎖円筒

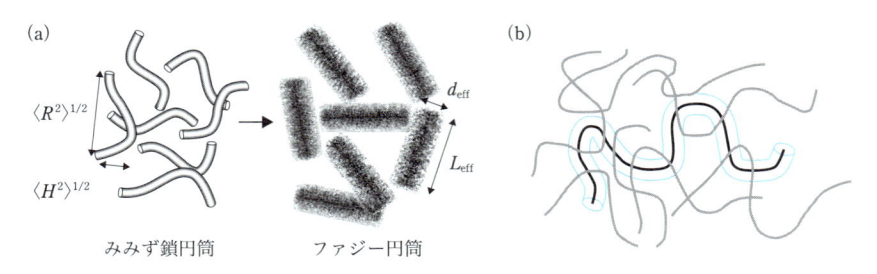

図 2.7 みみず鎖円筒とファジー円筒 (a) および管モデル (b)

との間には次の関係がある．

$$L_{\text{eff}} = \sqrt{\langle R^2 \rangle}, \quad d_{\text{eff}} = \sqrt{\langle H^2 \rangle + d^2} \qquad (2.1.9)$$

ここで，$\langle R^2 \rangle$ はみみず鎖の平均二乗末端間距離，$\langle H^2 \rangle$ はみみず鎖の鎖中点と末端間ベクトル **R** との距離の二乗平均（1章の図1.13参照），そして d はみみず鎖円筒の太さである．Gauss鎖極限において，$\langle H^2 \rangle \gg d^2$ ならば，ファジー円筒の軸比 $L_{\text{eff}}/d_{\text{eff}}$ は $\sqrt{6} \approx 2.5$ となり，剛直性が増すに従い軸比は大きくなる（1章の図1.14参照）．

このような濃厚溶液中での高分子鎖の運動は，ファジー円筒がまわりの円筒と衝突しながら，円筒軸に対して平行および垂直な方向へ並進したり，円筒軸が回転したりする運動と同一視できる．ただし，これらの運動を議論する際には，ファジー円筒間の直接の衝突以外に，上述の流体力学的相互作用が円筒間（高分子鎖間）に働くことも考慮に入れる必要がある．なお，ファジー円筒モデルでは高分子鎖のミクロブラウン運動は議論できない．

屈曲性高分子の溶液の場合，濃度が非常に高くなると，高分子鎖は互いに高度に絡み合い，分子形態変化も自由には行えなくなる．このような濃厚溶液（あるいは高分子融体）中で，各高分子鎖は図2.7(b)に示すような仮想的な管の中に閉じ込められたような状況に置かれる．しかしながら，管の中に閉じ込められた高分子鎖でも，管の外へ出ようとする方向にはブラウン運動できる[注4]．このような管の中のブラウン運動を**レプテーション（ほふく）運動**と呼ぶ．このレプテーション運動を繰り返していると，鎖の端にもともとあった絡み合いが解消し，最終的には鎖はもとの管から抜け出せて，新たな分子形態をとることができるようになる．この**管モデル**を用いた高分子鎖の運動については，2.5.2項で述べる．

2.1.4 ■ モデルパラメータと溶液物性

高分子溶液論の主目的は，上述の高分子モデルを利用して，高分子溶液の諸物性を定式化することにある．こうした定式化により，われわれは高分子の溶液物性の予言や制御，あるいは要求される物性を生み出すための高分子の分子設計が行える．ただし，定式化された溶液物性の表式には，用いた高分子溶液モデルのモデルパラメータが含まれているので，溶液物性を予言する際には，考察の対象となっている高分子のモデルパラメータを知っておく必要がある．この各高分子のモデルパラメータの決定は，実際に高分子の溶液物性を測定し，対応する溶液物性の表式と比較することによっ

[注4] 管の中で制約されたミクロブラウン運動も起こると考えられ，それは管に閉じ込められたバネ－ビーズモデルで記述される[2]．

```
                物性の予言・制御,分子設計
  ┌──────────────┐  ──────────────→  ┌──────────────┐
  │ 高分子モデル │                    │さまざまな溶液物性│
  │ モデルパラメータ│ ←──────────────  │              │
  └──────────────┘                    └──────────────┘
                モデルパラメータの決定
```

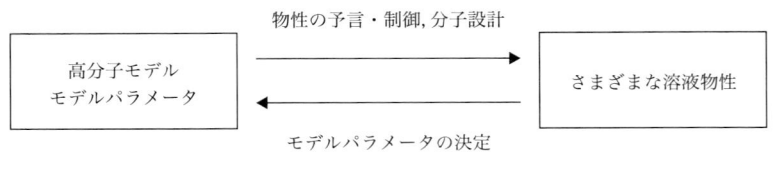

図 2.8　高分子溶液の研究スキーム

て行われる（図 2.8 参照）．これは循環論法のように思われるかもしれない．しかしながら，ある理想的な条件下においてある単純な溶液物性を測定してモデルパラメータを決定しておけば，他の有用な溶液物性が予言・制御可能となるので，溶液物性の定式化は十分有意義な作業である．さらに，高分子のモデルパラメータは，溶液物性のみならず，本書の他の章で取り上げる高分子物性とも密接に関係していることが多いので，溶液物性測定によるモデルパラメータの決定の作業は，高分子科学における基礎的かつ重要な課題である．この作業を**分子特性解析**と呼ぶ．

溶液物性の定式化においては，しばしば近似が用いられるが，用いた近似によって理論が不正確になり，溶液物性の予言・制御や分子特性解析によるモデルパラメータの決定に誤差が生じる．この誤差を最小にするためには，用いた近似がいま考察の対象となっている実験条件に適しているかどうかを十分吟味する必要がある．もし仮に近似が不適切であれば，誤差は非常に大きくなり，理論と実験の比較がほとんど意味をなさなくなる可能性がある．したがって，定式化された理論の最終結果を鵜呑みにするのではなく，途中で用いた近似についても十分理解しておくことは重要である．本書では，理論の見通しをよくするために，高度な理論の解説については発展で扱っている．実際に理論を利用される際には，最終結果をつまみ食いするのではなく，理論の成り立ちを知るために是非発展も読まれることを薦める．

2.2 ■ 熱力学的性質

Staudinger の高分子説が提唱される以前から，高分子物質の分子量測定は行われていた．用いられた手法は，浸透圧や沸点上昇・凝固点降下などの溶液の熱力学的性質を利用する方法であった[注5]．その測定結果から，高分子の存在がすぐには認められなかったのは，高分子溶液の熱力学的性質が強い非理想性を呈したためであった．すでに述べたように，この非理想性を最初に明確に説明したのが，Flory–Huggins 理論である．

[注5] このあたりの歴史については，Flory の教科書 "*Principles of Polymer Chemistry*" の第 1 章に詳しく述べられている[4]．

2.2.1 ■ 浸透圧および関連する現象

　低分子のみを透過させることのできる半透膜でできた袋に高分子溶液を入れて純溶媒に浸すと，袋内の圧力が増加する．この圧力を**浸透圧**という．袋内に高分子溶液を入れすぎると，袋が膨張して破裂することがある．大腸菌や生きた細胞を高濃度の食塩水から純水中に入れると破裂するのも同じ現象である．

　よく知られているように，浸透圧の熱力学的な定式化を行ったのは van't Hoff である．彼に従い，浸透圧を熱力学的に定式化しよう．溶媒は半透膜を透過できるので，浸透平衡状態では，溶液側と溶媒側の溶媒成分の化学ポテンシャル μ_s は等しくなければならない．ここで，μ_s は溶液の圧力 P と質量濃度 c に依存することを考慮すると，浸透平衡の条件は次のように書ける．

$$\mu_s(P, 0) = \mu_s(P + \Pi, c) \tag{2.2.1}$$

左辺が溶媒側，右辺が溶液側の溶媒の化学ポテンシャルである．一般に溶液における溶媒の化学ポテンシャル μ_s の圧力依存性は弱いので，$\mu_s(P + \Pi, c) = \mu_s(P, c) + [\partial \mu_s(P, c)/\partial P]\Pi$ と近似でき，上の式に代入すると

$$\Pi = \frac{1}{V_s}[\mu_s(P, 0) - \mu_s(P, c)] \tag{2.2.2}$$

が得られる．ここで，V_s は溶媒のモル体積で，$\partial \mu_s(P, c)/\partial P = V_s$ という関係を利用した．

　一方，高分子溶液と溶媒を共存させた密閉系の中での溶媒の蒸発速度から高分子の分子量を測定する方法を，蒸気圧浸透圧法と呼ぶ．これは，溶液の浸透圧を直接測定するのではなく，高分子溶液と溶媒の化学ポテンシャル差 $\mu_s(c) - \mu_s(0)$ を蒸発速度より求める方法である．式(2.2.2)で示したように，$\mu_s(c) - \mu_s(0)$ と Π は比例しているのでこの名前がついている．また，古典的分子量測定法として知られている沸点上昇法，凝固点降下法も，沸点上昇と凝固点降下が浸透圧と同様に $\mu_s(c) - \mu_s(0)$ に比例していることを利用している．その共通性から，浸透圧，沸点上昇，凝固点降下をまとめて，溶液の**束一的性質**と呼ぶ．

　また，高分子溶液を遠心分離機を用いて遠心すると，高分子成分はある程度沈降して，回転軸方向に濃度分布を生じる．遠心場中ではこの濃度勾配により拡散して，最終的にはある平衡濃度分布に達する．これを**沈降—拡散平衡**と呼ぶ[注6]．遠心場中の溶

[注6] この現象を利用して高分子の分子量測定を初めて行ったのは Svedberg で，コロイド・高分子に関する一連の研究で 1926 年にノーベル化学賞を受賞している．

液において回転中心から距離 r にある高分子成分の化学ポテンシャル $\mu(r)$ は次式で与えられる.

$$\mu(r) = \mu - \frac{1}{2} M(1-\bar{v}\rho)\omega^2 r^2 \tag{2.2.3}$$

ここで，μ は遠心場の働いていない溶液中での高分子成分の化学ポテンシャル，M は高分子の分子量，$\bar{v}$ は高分子の部分比容，ρ は溶液の密度，そして ω は回転角速度である．$1-\bar{v}\rho$ は浮力因子である．沈降ー拡散平衡の条件は $d\mu(r)/dr=0$ であり，式(2.2.3)から遠心場中の濃度勾配 dc/dr に関して次の関係式が得られる．

$$\frac{dc}{dr} = \frac{M(1-\bar{v}\rho)\omega^2 r}{\partial \mu/\partial c} \tag{2.2.4}$$

溶液中の高分子のモル分率が1よりもずっと小さい条件では（相当広い濃度範囲でこの条件は満たされるが），次の Gibbs-Duhem の式が成立する．

$$\frac{\partial \mu}{\partial c} = \frac{M}{c}\frac{\partial \Pi}{\partial c} \tag{2.2.5}$$

この近似式を用いると，遠心場中の溶液における高分子の濃度勾配は浸透圧と次の関係にあることがわかる．

$$\frac{dc}{dr} = \frac{\partial \rho}{\partial c} c \left(\frac{\partial \Pi}{\partial c}\right)^{-1} \omega^2 r \tag{2.2.6}$$

ただし，$1-\bar{v}\rho = \partial\rho/\partial c$ という熱力学的関係式を用いた．式中の $(\partial \Pi/\partial c)^{-1}$ は**浸透圧縮率**と呼ばれる．

コロイド溶液や高分子溶液に光を照射したときに光路が光って見えるチンダル現象，すなわち光散乱現象も，高分子溶液の熱力学的性質（浸透圧縮率）と密接に関係している．Maxwell 方程式によれば，電磁波である光は屈折率の均一な媒体中を直進する．すなわち，高分子溶液中の屈折率が均一ならば，光散乱は起こらない．光散乱が起こるのは，溶液中での濃度のゆらぎにより屈折率に局所的な不均一性が生じているためである．この濃度ゆらぎは熱力学的性質と関係している[注7]．

高分子溶液中に，高分子鎖よりもずっと大きいが光の波長よりは小さいサイズの体積 V の微小領域を考える．高分子鎖はブラウン運動によって，この微小領域に入ったり出たりする．この微小領域内の高分子の物質量が平均値 $\langle n \rangle$ からずれて $n = \langle n \rangle + \Delta n$ になる確率は，Boltzmann 因子 $\exp[-(\partial^2 F/\partial n^2)_{T,V}(\Delta n)^2/2(k_B T)]$ に比例する．

[注7] 光散乱現象と液体の熱力学的性質との関係を最初に理論的に明らかにしたのは，Einstein である．

この確率を用いると微小領域での濃度ゆらぎの二乗平均 $\langle(\Delta c)^2\rangle$ は，$(\partial\mu/\partial c)_{T,V} = V(\partial^2 F/\partial n^2)_{T,V}$ という熱力学的関係式を利用して，次式のように得られる．

$$\langle(\Delta c)^2\rangle = \left(\frac{M}{V}\right)^2 \langle(\Delta n)^2\rangle = \frac{Mk_B T}{V(\partial\mu/\partial c)} \tag{2.2.7}$$

この濃度ゆらぎによって，微小領域の屈折率 $\tilde{n}$ は周囲より $(\partial\tilde{n}/\partial c)\Delta c$ だけ増加し，その結果，光は散乱される．2.4節で説明するように，散乱角度ゼロにおける過剰 Rayleigh 比 R_0 は次式で表される．

$$R_0 = \frac{4\pi^2 \tilde{n}^2 V}{\lambda^4}\left(\frac{\partial \tilde{n}}{\partial c}\right)^2 \langle(\Delta c)^2\rangle \tag{2.2.8}$$

λ は光の波長である．この式に式(2.2.7)の $\langle(\Delta c)^2\rangle$ を代入すると，次の熱力学的関係式が得られる．

$$R_0 = \frac{4\pi^2 \tilde{n}^2}{N_A \lambda^4}\left(\frac{\partial \tilde{n}}{\partial c}\right)^2 \frac{MRT}{\partial\mu/\partial c} = KcRT\left(\frac{\partial \Pi}{\partial c}\right)^{-1} \tag{2.2.9}$$

ここで，N_A は Avogadro 定数，R は気体定数，K は次式で定義される光学定数である．

$$K \equiv \frac{4\pi^2 \tilde{n}^2}{N_A \lambda^4}\left(\frac{\partial \tilde{n}}{\partial c}\right)^2 \tag{2.2.10}$$

式(2.2.9)の後ろの等式の導出には式(2.2.5)で示した Gibbs–Duhem の式を利用した．沈降平衡の式(2.2.6)と同様に，R_0 も浸透圧縮率に比例する．高分子溶液からの光散乱現象については，2.4節でより詳細に述べる．

以上で述べた諸現象は，いずれも $\mu_s(c) - \mu_s(0)$，すなわち Π と関係している．したがって，浸透圧，蒸気圧，沸点，凝固点，沈降平衡，光散乱は，相互に共通性を有する熱力学的現象である．そして，これらのいずれの測定を行っても，高分子溶液の熱力学的性質を調べることができる．

2.2.2 ■ 第2ビリアル係数

高分子溶液が希薄な場合には，浸透圧 Π は次のビリアル展開式で表される．

$$\frac{\Pi}{RT} = \frac{c}{M} + A_2 c^2 + A_3 c^3 + \cdots \tag{2.2.11}$$

ここで，R は気体定数，M は高分子の分子量，そして A_2 および A_3 はそれぞれ**第2ビリアル係数**および**第3ビリアル係数**である．この式でビリアル項を無視すると，分子量測定の基礎式である有名な van't Hoff の式となる．また，A_2 と A_3 はそれぞれ

希薄溶液中での 2 本および 3 本の高分子鎖間の相互作用の強さを表す特性量である.

第 2 ビリアル係数についてもう少し詳細に考察しよう. この物理量は, 希薄溶液中での 2 つの分子間の相互作用を反映している (発展 2.2 参照). ハードコア斥力のみが働いている分子の場合の A_2 は, 分子の重心が他の分子の存在によって入り込めない体積として定義される排除体積 V_{ex} と次の関係にある (式(E2.2.13)に対応).

$$A_2 = \frac{N_\mathrm{A} V_{\mathrm{ex}}}{2M^2} \tag{2.2.12}$$

● 発展 2.2　　球状粒子系の統計力学

N 個の球状粒子を含む体積 V の液体系を考える. 球状粒子の微視的状態は, その重心位置のみで特定できる. i 番目の球状粒子の重心位置は $\mathbf{q}_i$, 全球状粒子間のポテンシャルエネルギーは $U(\mathbf{q}_1, \cdots, \mathbf{q}_N)$ と表す. 2 体近似を用いると, U は次のように書ける.

$$U = \sum_{i=1}^{N-1} \sum_{j>i}^{N} u(q_{ij}) \tag{E2.2.1}$$

ここで, $q_{ij} \equiv |\mathbf{q}_j - \mathbf{q}_i|$, $u(q_{ij})$ は粒子 i と粒子 j の間のポテンシャルを表す. N 個の球状粒子系の分配関数 Q_N は次の式で与えられる.

$$Q_N = \frac{1}{N!} \int_V \exp\left[-\frac{U(\mathbf{q}_1, \mathbf{q}_2, \cdots, \mathbf{q}_N)}{k_\mathrm{B} T}\right] d\mathbf{q}_1 \cdots d\mathbf{q}_N \tag{E2.2.2}$$

統計力学によれば, この液体系の Helmholtz エネルギー F は, 次式から計算される.

$$F = -k_\mathrm{B} T \ln Q_N \tag{E2.2.3}$$

まず, 最も簡単な場合として, $U=0$ の場合を考える. このときは

$$Q_N \equiv \frac{V^N}{N!} \tag{E2.2.4}$$

であり, F は次式で与えられる.

$$F = -k_\mathrm{B} T \ln\left(\frac{V^N}{N!}\right) \approx -k_\mathrm{B} T (N \ln V - N \ln N + N) = N k_\mathrm{B} T (\ln c' - 1) \tag{E2.2.5}$$

ここで, $c' \equiv N/V$ は球状粒子の数密度である. これより, 球状粒子の化学ポテンシャル μ と液体の圧力 P は, 次式で与えられる.

$$\mu \equiv \left(\frac{\partial F}{\partial N}\right)_{T,V} = k_\mathrm{B} T (\ln c' - 1) + N k_\mathrm{B} T \frac{V}{N} \frac{1}{V} = k_\mathrm{B} T \ln c', \quad P \equiv -\left(\frac{\partial F}{\partial V}\right)_{T,N} = k_\mathrm{B} T c' \tag{E2.2.6}$$

式(E2.2.6)の後ろの式は，理想気体の状態方程式を与える．

次に球状粒子間の相互作用を考えに入れる．式(E2.2.1)を用いると，次式が得られる．

$$Q_N = \frac{1}{N!}\int_V \exp\left[-\frac{1}{k_B T}\sum_{1\leq i<j\leq N} u(q_{ij})\right]\mathrm{d}\mathbf{q}_1\cdots\mathrm{d}\mathbf{q}_N = \frac{1}{N!}\int_V \prod_{1\leq i<j\leq N}\exp\left[-\frac{u(q_{ij})}{k_B T}\right]\mathrm{d}\mathbf{q}_1\cdots\mathrm{d}\mathbf{q}_N \quad (\text{E2.2.7})$$

さらに計算を進めるために，次で定義されるMayer関数 $f(q_{ij})$ を導入する．

$$f(q_{ij}) \equiv \exp\left[-\frac{u(q_{ij})}{k_B T}\right] - 1 \quad (\text{E2.2.8})$$

すると，式(E2.2.7)の被積分関数は次のように展開できる．

$$\prod_{1\leq i<j\leq N}\exp\left[-\frac{u(q_{ij})}{k_B T}\right] = \prod_{1\leq i<j\leq N}[1+f(q_{ij})] = 1 + \sum_{1\leq i<j\leq N}f(q_{ij})+\cdots \quad (\text{E2.2.9})$$

これにより Q_N は，次のようなクラスター展開の形で表される．

$$Q_N = \frac{1}{N!}\left[V^N + \frac{1}{2}N(N-1)V^{N-2}\iint_V f(q_{ij})\mathrm{d}\mathbf{q}_i\mathrm{d}\mathbf{q}_j + \cdots\right] \approx \frac{V^N}{N!}\left\{1 + N\left[\frac{1}{2}\beta c' + O(c'^2)\right]\right\} \quad (\text{E2.2.10})$$

ここで，β は次式のように定義される $f(q_{ij})$ 関数の全空間にわたる積分量で，2体クラスター積分と呼ぶ．$O(c'^2)$ は c' の二乗以上の高次の項を表す．

$$\beta \equiv -4\pi\int_0^\infty f(q_{ij})q_{ij}^2 \mathrm{d}q_{ij} \quad (\text{E2.2.11})$$

2つの球の間にハードコア斥力のみが働いているとき，1つの球がもう1つの球と重なる体積（すなわち排除体積）内にあるときに $f(q_{ij}) = -1$ となり，それ以外ではゼロとなる．したがって，ハードコア斥力のみが働く球状粒子に対する β は排除体積に等しい．式(E2.2.10)の分配関数を利用すると，系の圧力 P は次のように表される．

$$P = k_B T c'\left[1 + \frac{1}{2}\beta c' + O(c'^2)\right] \quad (\text{E2.2.12})$$

数密度 c' を通常の密度 $c(=c'M/N_A;M$ はモル質量）に変換し，ビリアル展開式（式(2.2.11)）の形にすると，第2ビリアル係数 A_2 は次式で表される．（この液体系の P は溶液系の Π に対応する．）

$$A_2 = \frac{N_A \beta}{2M^2} \quad (\text{E2.2.13})$$

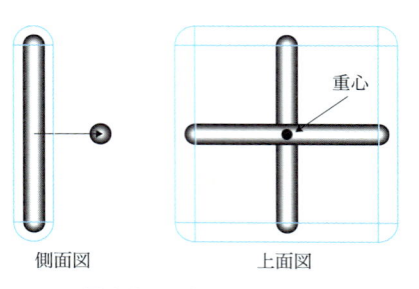

図 2.9 冠球円筒の排除体積

ハードコア斥力のみが働いているまっすぐな冠球円筒の V_{ex} は，2本の円筒が直交している場合，図 2.9 からわかるように次式で与えられる．

$$V_{\text{ex}} = 2L_c^2 d + 2\pi d^2 L_c + \frac{4\pi}{3} d^3 \tag{2.2.13}$$

上式において右辺の第 1 項は $L_c \times L_c \times 2d$ の直方体，第 2 項は長さが L_c で半径が d の円柱の半分 4 つ分，そして第 3 項は半径が d の球の 1/4 の 4 つ分の体積を表す．等方的な溶液中では，円筒分子は任意の方向を向いているので，その方向について平均すると，第 1 項は $(\pi/2)L_c^2 d$ となる．$L_c \gg d$ の場合は，式(2.2.13)の右辺の第 2 項目，第 3 項目は無視できて，

$$A_2 = \frac{\pi N_A L_c^2 d}{4M^2} \tag{2.2.14}$$

となる．

次に円筒分子間に，図 2.4 に示したように，斥力と引力の両方が働いている場合を考えよう．式(E2.2.11)で定義される球状粒子の **2 体クラスター積分** β を円筒分子に拡張すると，次の式が得られる．

$$\beta \equiv \frac{\pi}{2} L_c^2 \int_0^\infty \left\{ 1 - \exp\left[-\frac{u(r)}{k_B T} \right] \right\} dr \tag{2.2.15}$$

さらに r に関する積分を $r<d$ と $r>d$ に分けて行い，得られた結果を式(E2.2.13)に代入すると

$$A_2 = \frac{\pi N_A}{4(M/L_c)^2}(d+\delta) \tag{2.2.16}$$

という A_2 の表式が得られる．ただし，δ は次の式で定義される．

$$\delta = \int_d^\infty \left\{1 - \exp\left[-\frac{w(r)}{k_B T}\right]\right\} dr \tag{2.2.17}$$

δ は負の値をとり，引力ポテンシャルの深さ ε が大きいほど絶対値が大きくなる．式(2.2.16)からわかるように，A_2 は d と δ の和に比例し，引力ポテンシャルが強いほど，その値は小さくなる．

十分長い円筒分子の L_c は M に比例するので，式(2.2.14)あるいは(2.2.16)で与えられる A_2 には分子量依存性はない．他方，円筒分子に屈曲性を導入すると，図2.9に示した平行四面体状の排除体積が湾曲し始め，そのうち平行四面体は自分自身で重なるようになる．こうなると，V_{ex} は式(2.2.13)から計算される体積よりも重なった部分だけ小さくなる（引力が働く場合にも，β は式(2.2.15)では表されなくなる）．排除体積の自分自身との重なりは，分子量が高くなるほど顕著になるので，A_2 は分子量の減少関数となる．この排除体積の自分自身との重なりは，2本の高分子鎖が2点以上で同時に相互作用することに対応する．この多重接触の効果を考慮に入れ，A_2 は次のように書かれる．

$$A_2 = \frac{N_A B}{2 M_L^2} h(\hat{z}) \tag{2.2.18}$$

ただし，M_L は単位経路長あたりのモル質量で式(2.2.16)中の M/L_c に対応し，B は排除体積強度を表す量で（長さの次元をもつ），1章の分子内排除体積効果のところで出てきた式(1.4.23)中の B と同一量である．関数 $h(\hat{z})$ は，多重接触効果の度合いを表す因子で，Barrett はコンピュータ・シミュレーションを利用して，この因子 $h(\hat{z})$ に対して次の式を提案した．

$$h(\hat{z}) \equiv (1 + 7.74\hat{z} + 52.3\hat{z}^{27/10})^{-10/27} \tag{2.2.19}$$

ただし，$\hat{z}$ は A_2 に関する還元排除体積パラメータで，1章の式(1.4.19)で与えられるもとの排除体積パラメータ z を用いて次式で定義される．

$$\hat{z} \equiv \frac{Q(N_K)}{2.865 \alpha_S^3} z = \frac{Q(N_K)}{2.865 \alpha_S^3} \left(\frac{3}{2\pi}\right)^{3/2} B N_K^{1/2} \tag{2.2.20}$$

ここで，α_S は分子内排除体積効果の A_2 への影響を考慮に入れた半径膨張因子（1.4.2項参照），$Q(N_K)$ は高分子鎖の剛直性の効果を表す Kuhn の統計セグメント数 N_K のみの関数で，具体的な関数形は少々複雑なのでここでは示さない．文献[8]を参照されたい．

次項で述べる格子モデルから得られる式(2.2.30)における A_2 および液体論の拡張から得られる式(2.2.37)は，いずれも分子量依存性がなく，$h(\hat{z})$ の $\hat{z}$ 依存性が無視され

ている.これは,2本の高分子鎖が1点でしか相互作用していない場合に対応し,単一接触近似と称される.鎖が剛直で N_K が小さいとき,分子量が低くて高分子鎖1本あたりのセグメント数 P' が小さいとき,および溶媒が貧溶媒で β_S がゼロに近いときには $\hat{z}$ はゼロに近づき,$h(\hat{z})$ は1となり,単一接触近似が良い近似となる[注8].

2.2.3 ■ 広い濃度範囲にわたる熱力学量の定式化

高分子溶液の濃度が高くなると,高分子鎖は互いに重なり始め3分子以上の相互作用も無視できず,第3ビリアル項以上が重要となる.その目安となる濃度が重なり濃度 c^* で,1本の高分子鎖の内部濃度と等しくなる溶液全体の質量濃度として定義される.高分子鎖を半径が回転半径 $\langle S^2 \rangle^{1/2}$ と等しい球とみなすと,高分子のモル質量を M として,次式で表される.

$$c^* = \frac{M/N_A}{(4\pi/3)\langle S^2 \rangle^{3/2}} \quad (2.2.21)$$

あるいは,式(2.2.12)と V_{ex} が $\langle S^2 \rangle^{3/2}$ に比例することを利用すると,式(2.2.21)から次なる関係も成立する.

$$c^* \propto \frac{1}{A_2 M} \quad (2.2.22)$$

したがって,c^* 以上の濃度では高次のビリアル項も考慮しなければならないが,高次のビリアル係数の定式化は A_2 よりもさらに理論的な困難を伴う(発展2.2の式(E2.2.9)と(E2.2.10)における高次の展開項の計算が必要).これまでに多くの理論研究が行われてきたが,あらゆる高分子濃度において正確である熱力学量の表式はいまだに得られていない.以下では,いくつかの近似理論を紹介する.

A. 繰り込み群理論

この理論は,もともと磁性や種々の相転移における臨界現象を取り扱う理論として物理学の分野で発展したものである.この理論の高分子溶液系への応用を紹介した教科書は多数出版されているため(たとえば文献3),ここではその説明は省略して,結果のみを紹介する.

高次のビリアル項が重要となる c^* 以上で,かつ体積分率 ϕ が $\phi \lesssim 0.1$ を満たす濃度領域を準希薄溶液(あるいは準濃厚溶液)と呼ぶ.溶液中における高分子の局所濃度

[注8] 棒状高分子でも,2本の分子が平行になったときには多数のセグメント対が同時に相互作用するが,すべての配向状態の中で完全に平行になる確率は非常に低いので,棒状高分子の場合には,そのような多点相互作用は無視できる.

の不均一性が溶液の熱力学的性質に重要な影響を及ぼすこうした濃度領域では，平均場近似は良い近似ではない．繰り込み群理論は，そのような平均場近似の適用範囲外にある溶液を取り扱う理論である．繰り込み群理論においては，熱力学量は高分子鎖の重なり度 X すなわち c/c^* をパラメータとして表される．大野と太田は式 (2.2.22) を利用して

$$X \equiv (16/9) A_2 Mc \tag{2.2.23}$$

と選び，繰り込み群理論を利用して，浸透圧の濃度微分（浸透圧縮率の逆数）に関する次式を得た[2]．

$$\frac{M}{RT}\frac{\partial \Pi}{\partial c} = \left\{1 + \frac{1}{8}\left[9X - 2 + 2\frac{\ln(1+X)}{X}\right]\right\} \exp\left\{\frac{1}{4}\left[\frac{1}{X} + \left(1 - \frac{1}{X^2}\right)\ln(1+X)\right]\right\} \tag{2.2.24}$$

この式は，ビリアル展開すると次のようになり，希薄領域においても十分正確である（厳密には第 2 ビリアル項の係数は 2 である）．

$$\frac{M}{RT}\frac{\partial \Pi}{\partial c} = 1 + \frac{16}{9}e^{1/8} A_2 Mc + \cdots \approx 1 + 2.01 A_2 Mc + \cdots \tag{2.2.25}$$

B. Flory–Huggins 理論

溶液中での高分子の占める体積が無視できなくなる濃厚溶液（$\phi \gtrsim 0.1$）では，上述の繰り込み群理論は成立しなくなる．このような濃度領域の溶液中では高分子を構成しているモノマー単位は均一に分布しているので，準希薄溶液とは逆に平均場近似が良い近似となる．その結果，格子モデルに基づき，平均場近似を用いた Flory–Huggins 理論が適用可能となる．

Flory–Huggins 理論において，熱力学的性質を特徴づける最も基本的な量は，混合 Helmholtz エネルギー ΔF である[注9]．すなわち，混合前の純溶媒と純高分子の Helmholtz エネルギーをそれぞれ F_s° と F_p° とし，混合後の溶液の Helmholtz エネルギーを F とするとき，ΔF は

$$\Delta F = F - (F_s^\circ + F_p^\circ) \tag{2.2.26}$$

で定義される（図 2.10 参照）．

[注9] 格子モデルでは，その性質上，混合による体積変化を考えないので，混合 Helmholtz エネルギーと混合 Gibbs エネルギーの区別はない．なお，古い教科書に出てくる Helmholtz 自由エネルギーおよび Gibbs 自由エネルギーは，それぞれ Helmholtz エネルギーおよび Gibbs エネルギーと同一の物理量である．IUPAC では後者の使用を推奨している．

第 2 章 溶液物性

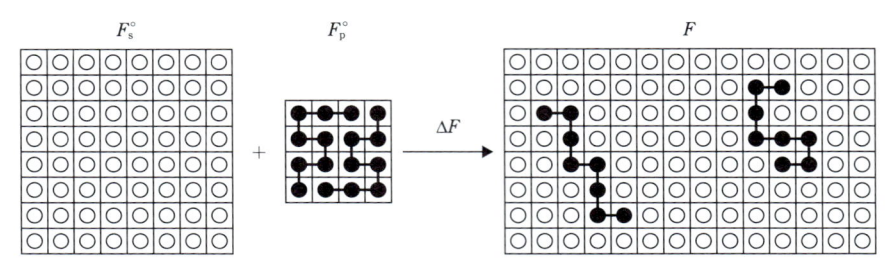

図 2.10 格子モデルにおける混合 Helmholtz エネルギー

溶液中の溶媒と高分子鎖の分子数を，それぞれ n_s と n_p，セグメントの数を P' で表すと，ΔF は次式で与えられる[4]．

$$\Delta F = k_B T(n_s + P'n_p)[(1-\phi)\ln(1-\phi) + (\phi/P')\ln\phi + \chi\phi(1-\phi)] \quad (2.2.27)$$

この ΔF の式から，高分子溶液中での溶媒と高分子の化学ポテンシャル[注10]はそれぞれ

$$\begin{aligned}
\mu_s &\equiv \left(\frac{\partial \Delta F}{\partial n_s}\right)_{V, n_p} = \mu_s^\circ + k_B T[\ln(1-\phi) + (1-1/P')\phi + \chi\phi^2] \\
\mu &\equiv \left(\frac{\partial \Delta F}{\partial n_p}\right)_{V, n_s} = \mu^\circ + k_B T[\ln\phi - (P'-1)(1-\phi) + \chi P'(1-\phi)^2]
\end{aligned} \quad (2.2.28)$$

で与えられる．ここで，μ_s° と μ° はそれぞれ溶媒と高分子の標準化学ポテンシャルである．溶液の浸透圧 Π は，$-(\mu_s - \mu_s^\circ)$ を溶媒の分子体積 v_s で割った量に等しく，次式で与えられる．

$$\Pi = -\frac{\mu_s - \mu_s^\circ}{v_s} = -\frac{k_B T}{v_s}[\ln(1-\phi) + (1-1/P')\phi + \chi\phi^2] \quad (2.2.29)$$

実験と比較する場合には，体積分率 ϕ は実験でわかっている高分子の質量濃度 c と高分子の部分比容 $\bar{v}$ の積から計算される．この式をビリアル展開すると次のようになる．

$$\frac{\Pi}{RT} = \frac{c}{M} + \frac{\bar{v}^2}{V_s}\left(\frac{1}{2} - \chi\right)c^2 + \frac{\bar{v}^3}{3V_s}c^3 + \cdots \quad (2.2.30)$$

(V_s は溶媒のモル体積．) この式を式(2.2.11)と比較すると，$A_2 = (\bar{v}^2/V_s)(1/2 - \chi)$ となる．これは高分子の分子量には依存しないので，Flory–Huggins 理論では A_2 の分子量依存性を説明できない．これは前項で説明した単一接触近似に対応する結果である．

[注10] 熱力学では，通常化学ポテンシャルは ΔF の物質量（モル数）による微分で定義されるが，これ以降本章では，式(2.2.28)のように分子数による微分で定義する．

2.2 熱力学的性質

この Flory-Huggins 理論は，P_1' 個のセグメントからなる n_1 本の高分子鎖 1 と P_2' 個のセグメントからなる n_2 本の高分子鎖 2 から構成されるポリマーブレンド系にも容易に拡張される．その結果，式(2.2.27)は次の式に拡張される．

$$\Delta F = k_B T (P_1' n_1 + P_2' n_2) \left(\frac{\phi_1}{P_1'} \ln \phi_1 + \frac{\phi_2}{P_2'} \ln \phi_2 + \chi \phi_1 \phi_2 \right) \qquad (2.2.31)$$

ただし，ϕ_1 と ϕ_2 は高分子成分 1 と 2 の体積分率であり，式(2.1.1)と同様にして計算される．

C. 尺度可変粒子理論

尺度可変粒子理論（scaled particle theory）は格子モデルではなく，みみず鎖冠球円筒モデルを用いた統計力学理論である．この理論はもともと真空の箱の中に剛体球を詰め込んだ系のエントロピーを計算する理論として提案された．粒子間の引力はこの理論では取り扱えない（以下で述べる，熱力学的摂動論では引力の効果を考慮する）．この理論をハードコア斥力のみが働くみみず鎖冠球円筒を含む溶液系に適用するには，みみず鎖冠球円筒を溶液に挿入する際，円筒が占める体積分だけ溶媒を減らす必要がある．そのため，図 2.11 のように仮想的に体積一定の高分子溶液が半透膜を隔てて溶媒と接触していると想定する．すなわち，高分子溶液は体積 V と溶媒の化学ポテンシャルが一定の条件下にあると考える必要がある．この条件下での N 個の高分子粒子系の**特性関数**を F で表す．ただし，このような浸透平衡状態を保つためには，実際は高分子溶液に高分子濃度に応じた浸透圧 Π を印加する必要があるが，以下では高分子溶液の熱力学的性質の圧力依存性は無視し，通常実験が行われる 1 気圧下での熱力学量（すなわち，Flory-Huggins 理論の ΔF）と同一視する．次項で高分子間に引力が働く場合を考慮するので，それと区別するために，ここではハードコア斥力のみが働くみみず鎖冠球円筒の溶液系の特性関数を F_0，浸透圧を Π_0，化学ポテンシャルを μ_0 と表す．

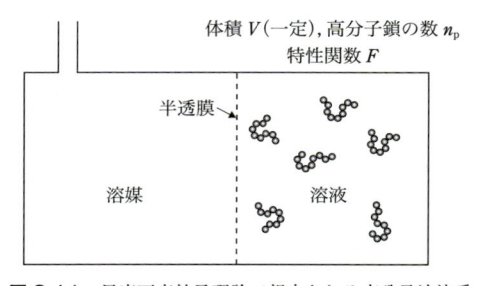

図 2.11 尺度可変粒子理論で想定される高分子溶液系

第 2 章　溶液物性

　発展 2.3 で紹介する球状粒子系に対する尺度可変粒子理論を，経路長が L で太さが d のみみず鎖冠球円筒（円筒部分の経路長は $L_c = L - d$）を n_p 本個含む溶液系に拡張して，熱力学関数が定式化された．結果のみを示すと次のようになる[6]．

$$\frac{F_0}{n_p k_B T} = \frac{\mu^\circ}{k_B T} - 1 + \ln\left(\frac{c'}{1-vc'}\right) + \frac{C_1}{2}\left(\frac{c'}{1-vc'}\right) + \frac{C_2}{3}\left(\frac{c'}{1-vc'}\right)^2 \quad (2.2.32)$$

$$\frac{\Pi_0}{k_B T} = -\frac{1}{k_B T}\left(\frac{\partial F_0}{\partial V}\right)_{T,n_p} = \frac{c'}{1-vc'}\left[1 + \frac{C_1}{2}\left(\frac{c'}{1-vc'}\right) + \frac{2C_2}{3}\left(\frac{c'}{1-vc'}\right)^2\right] \quad (2.2.33)$$

$$\frac{\mu_0}{k_B T} = \frac{1}{k_B T}\left(\frac{\partial F_0}{\partial n_p}\right)_{T,V} = \frac{\mu^\circ}{k_B T} + \ln\left(\frac{c'}{1-vc'}\right) + C_1\left(\frac{c'}{1-vc'}\right) + C_2\left(\frac{c'}{1-vc'}\right)^2 + \frac{v\Pi_0}{k_B T} \quad (2.2.34)$$

ただし，c' は溶液中での高分子の数密度（$= n_p/V$），μ° は高分子 1 分子の内部自由エネルギーであり，高分子の分子体積 v，定数 C_1, C_2 は次式で定義される．

$$v \equiv \frac{\pi}{4}L_c d^2 + \frac{\pi}{6}d^3, \quad C_1 \equiv \frac{\pi}{2}L_c^2 d + 6v, \quad C_2 \equiv \left(C_1 - 2v - \frac{\pi}{6}d^3\right)\left(v + \frac{\pi}{12}d^3\right) \quad (2.2.35)$$

● 発展 2.3　球状粒子系の尺度可変粒子理論

　体積 V にある N 個の球状粒子からなる系に対して，Helmholtz エネルギーは式 (E2.2.2) と (E2.2.3) で与えられる．尺度可変粒子理論は，これらの式から導かれる化学ポテンシャル μ に関する次の一般式を利用する．

$$\frac{\mu}{k_B T} \equiv \left(\frac{\partial}{\partial N}\frac{F}{k_B T}\right)_{T,V} = \ln N - \left(\frac{\partial \ln Q'_N}{\partial N}\right)_{T,V} = \ln c' - \ln\left(\frac{Q'_{N+1}}{VQ'_N}\right) \quad (E2.3.1)$$

ここで，Q'_N は N 個の粒子が区別できるとした場合の分配関数で，次式で定義される．

$$Q'_N \equiv \int_V \exp\left[-\frac{U(\mathbf{q}_1, \cdots, \mathbf{q}_N)}{k_B T}\right] d\mathbf{q}_1 \cdots d\mathbf{q}_N \quad (E2.3.2)$$

Q'_{N+1} は系にもう 1 つの粒子を追加したときの Q'_N である（式 (E2.2.2) で定義される Q_N は N 個の粒子が区別できないとした場合の分配関数）．$\exp(-U/k_B T)$ は系に存在している N 個の粒子が重ならない相対確率である．この式から，式 (E2.3.1) の最後の項の対数関数の中身は次のように表される．

$$\frac{Q'_{N+1}}{VQ'_N} = \frac{\int_V \exp\left[-\frac{U(\mathbf{q}_1,\cdots,\mathbf{q}_N)}{k_B T}\right]\left\{\frac{1}{V}\int_V \exp\left[-\frac{1}{k_B T}\sum_{i=1}^N u(\mathbf{q}_{N+1},\mathbf{q}_i)\right]d\mathbf{q}_{N+1}\right\}d\mathbf{q}_1\cdots d\mathbf{q}_N}{\int_V \exp\left[-\frac{U(\mathbf{q}_1,\cdots,\mathbf{q}_N)}{k_B T}\right]d\mathbf{q}_1\cdots d\mathbf{q}_N}$$

$$(E2.3.3)$$

この式で，$u(\mathbf{q}_{N+1}, \mathbf{q}_i)$ は追加した $N+1$ 番目の粒子と任意の i 番目の粒子間の相互作用ポテンシャルである．粒子間にハードコア斥力のみが働く場合，系に追加した $N+1$ 番目の粒子がすでに系中に存在する粒子と重なれば $u(\mathbf{q}_{N+1}, \mathbf{q}_i) = \infty$，重ならなければ $u(\mathbf{q}_{N+1}, \mathbf{q}_i) = 0$ となり，Q'_{N+1}/VQ'_N は $N+1$ 番目の粒子がすでに溶液中に存在する N 分子と重ならずに挿入できる絶対確率 p を表している．

ハードコア斥力が働く球状粒子系の μ は，$\mu/k_B T = \ln c' - \ln p$ から計算されるが，高密度の系に対する p を計算するのは容易ではない．尺度可変粒子理論では，まず挿入する粒子サイズを小さくして，その計算を行う．すでに系中に存在する球状粒子の直径を d，新たに挿入する尺度可変粒子の直径を κd とする．$\kappa \ll 1$ の場合には，すでに存在している2つ以上の球状粒子と同時に重なる可能性は無視できる．したがって，小さいスケールの粒子に対する p はそのスケールの粒子と1個の球状粒子との排除体積を $v_{ex}(=(\pi/6)(1+\kappa)^3 d^3)$ として，$p = 1 - c' v_{ex}$ で与えられる．したがって，μ は次のようになる．

$$\frac{\mu}{k_B T} = \ln c' - \ln\left\{1 - \frac{\pi}{6}[(1+\kappa)d]^3 c'\right\} \quad (\kappa \ll 1) \tag{E2.3.4}$$

他方，逆に尺度可変粒子のスケールを非常に大きくすると，すでに系に存在する N 個の粒子の集まりは連続体とみなすことができ，化学ポテンシャルの非理想性を表す $\mu - k_B T \ln c'$ はその連続体が生み出す圧力 P に抗して大きなスケールの粒子を挿入するスペースを作るための仮想仕事と等しいとおくことができる．すなわち，

$$\mu - k_B T \ln c' = \frac{\pi}{6}(\kappa d)^3 P \quad (\kappa \gg 1) \tag{E2.3.5}$$

いま必要なのは，$\kappa = 1$ における μ である．それを求めるために，次の内挿式を利用する．

$$\frac{\mu}{k_B T} - \ln c' = \tilde{C}_0 + \tilde{C}_1 \kappa + \tilde{C}_2 \kappa^2 + \tilde{C}_3 \kappa^3 \tag{E2.3.6}$$

未知係数 $\tilde{C}_k (k=0 \sim 3)$ は $\kappa \ll 1$ および $\kappa \gg 1$ の極限で上の式 (E2.3.4) と (E2.3.5) に一致するように決める．最終的に以下の式が得られる．

$$\frac{\mu}{k_B T} = \ln\left(\frac{c'}{1-vc'}\right) + 6\left(\frac{vc'}{1-vc'}\right) + \frac{9}{2}\left(\frac{vc'}{1-vc'}\right)^2 + \frac{vP}{k_B T} \tag{E2.3.7}$$

さらに，次式で与えられる Gibbs–Duhem の式

$$\left(\frac{\partial P}{\partial c'}\right)_T = c'\left(\frac{\partial \mu}{\partial c'}\right)_T \tag{E2.3.8}$$

と組み合わせると，P の表式も得られ，P を V で積分すれば F の表式も得られる．

D. 熱力学的摂動論

図 2.4 に示した分子間ポテンシャルを斥力部分と引力部分に分け，斥力ポテンシャルのみが働く系を基準系とし，引力ポテンシャルの効果をその基準系への熱力学的摂動として取り込む考え方を**熱力学的摂動論**と呼ぶ．この摂動論も，やはり最初は球状粒子系に対して提案され（発展 2.4 参照），その後みみず鎖冠球円筒系に拡張された．特性関数 F に関する最終結果は，次のようになる．

$$\frac{F}{n_p k_B T} = \frac{F_0}{n_p k_B T} + \left(\frac{3}{8}L_c^2 d + \frac{3}{4}L_c d^2 + d^3\right)\Psi c', \quad \Psi \equiv \frac{-4.974\hat{\varepsilon} f^{(1)}}{1-[\hat{\varepsilon} f^{(2)}/2f^{(1)}]} \quad (2.2.36)$$

ただし，みみず鎖冠球円筒の円筒部分と末端の半球部分の引力の強さは同じであると考える．F_0 は基準系の特性関数であり，前項で述べた尺度可変粒子理論の結果が利用できる．また，$\hat{\varepsilon}$ はポテンシャル井戸の深さ ε を熱エネルギー $k_B T$ で割った引力の強さを表すパラメータ，$f^{(1)}$ と $f^{(2)}$ はそれぞれ 1 次と 2 次の摂動項で，発展 2.4 の式（E2.4.6）と（E2.4.7）で与えられる．$L_c = 0$ とすると，球状粒子系に対する Barker–Henderson の式（式(E2.4.8)）に一致する．また，この F の式から，浸透圧と高分子の化学ポテンシャルは，次の式で与えられる．

$$\frac{\Pi}{k_B T} = \frac{\Pi_0}{k_B T} + \left(\frac{3}{8}L_c^2 d + \frac{3}{4}L_c d^2 + d^3\right)\left(\Psi + \phi\frac{d\Psi}{d\phi}\right)c'^2 \quad (2.2.37)$$

$$\frac{\mu}{k_B T} = \frac{\mu_0}{k_B T} + \left(\frac{3}{8}L_c^2 d + \frac{3}{4}L_c d^2 + d^3\right)\left(2\Psi + \phi\frac{d\Psi}{d\phi}\right)c' \quad (2.2.38)$$

ただし，ϕ は冠球円筒の体積分率である（$= vc'$）．この理論では溶媒を連続媒体とみなしているので，溶媒の化学ポテンシャルという概念は存在しない．あえて定義するならば，溶媒の分子体積 v_s を用いて，$\mu_s - \mu_s^\circ = -\Pi v_s$ から計算できる．

式(2.2.37)をビリアル展開すると，第 2 ビリアル係数として，次式が得られる．

$$A_2 = \frac{\pi N_A d}{4(M/L_c)^2}\left(1 - \frac{2.375\hat{\varepsilon}}{1 - \frac{1}{2}\hat{\varepsilon}}\right) \quad (2.2.39)$$

ただし，末端部分の効果は無視した．この式はまっすぐな冠球円筒に関する A_2 の表式（式(2.2.16)参照）と同一で，尺度可変粒子理論と熱力学的摂動論を組み合わせた理論でも，多重接触効果は考慮されていない．この式を式(2.2.16)と比較すると引力パラメータ δ は

$$\delta = -\frac{2.375\hat{\varepsilon}}{1 - \frac{1}{2}\hat{\varepsilon}} d \quad (2.2.40)$$

によって，$\hat{\varepsilon}$ と関係づけられる．

発展 2.4　球状粒子系に対する熱力学的摂動論

BarkerとHendersonは，図2.4の右側に示す井戸型ポテンシャル$u(r)$をもつ球状粒子系に対する熱力学的摂動論を提案した．まず，N個の球状粒子からなる系の全ポテンシャルエネルギーを次のように表す．

$$U(\mathbf{q}_1, \mathbf{q}_2, \cdots, \mathbf{q}_N; \varepsilon) = U_0(\mathbf{q}_1, \mathbf{q}_2, \cdots, \mathbf{q}_N) + \varepsilon W(\mathbf{q}_1, \mathbf{q}_2, \cdots, \mathbf{q}_N) \quad \text{(E2.4.1)}$$

ただし，

$$W \equiv \sum_{i=1}^{N-1} \sum_{j>i}^{N} w'(r_{ij}), \ w'(r) \equiv \begin{cases} 0 & (r \leq d,\ 1.5d \leq r) \\ -1 & (d < r < 1.5d) \end{cases} \quad \text{(E2.4.2)}$$

である．式(E2.4.1)の右辺の第1項が全斥力ポテンシャルを，第2項が全引力ポテンシャルを表し，εは井戸の深さで摂動の強さを表す．式(E2.2.2)で与えられている分配関数の定義より，次の式が得られる．

$$\frac{Q_N(\varepsilon)}{Q_N(0)} = \frac{\int_V \exp(-U_0/k_\mathrm{B}T) \exp(-\varepsilon W/k_\mathrm{B}T) \mathrm{d}\mathbf{q}_1 \cdots \mathrm{d}\mathbf{q}_N}{\int_V \exp(-U_0/k_\mathrm{B}T) \mathrm{d}\mathbf{q}_1 \cdots \mathrm{d}\mathbf{q}_N} \equiv \left\langle \exp\left(-\frac{\varepsilon W}{k_\mathrm{B}T}\right) \right\rangle_0 \quad \text{(E2.4.3)}$$

統計力学によれば，$\exp[-U_0(\mathbf{q}_1, \cdots, \mathbf{q}_N)/k_\mathrm{B}T]$は基準系が$\mathbf{q}_1, \cdots, \mathbf{q}_N$という分子配置をとる相対確率であるので，上式は基準系における$\exp[-\varepsilon W(\mathbf{q}_1, \cdots, \mathbf{q}_N)/k_\mathrm{B}T]$という物理量の統計平均を表す（以降，この基準系における統計平均を$\langle \ldots \rangle_0$で表す）．これから，熱力学的摂動を受けた系のHelmholtzエネルギーFは，次の摂動展開式で表される．

$$\frac{F - F_0}{k_\mathrm{B}T} = -\ln\left[\frac{Q_N(\varepsilon)}{Q_N(0)}\right] = -\ln\left\langle \exp\left(-\frac{\varepsilon W}{k_\mathrm{B}T}\right) \right\rangle_0 = N[f^{(1)}\hat{\varepsilon} + f^{(2)}\hat{\varepsilon}^2 + f^{(3)}\hat{\varepsilon}^3 + O(\hat{\varepsilon}^4)] \quad \text{(E2.4.4)}$$

ここで，F_0は基準系のHelmholtzエネルギー，$\hat{\varepsilon} \equiv \varepsilon/k_\mathrm{B}T$で，$\hat{\varepsilon}$の$n$次項を$n$次の摂動項と呼ぶ．$O(\hat{\varepsilon}^4)$は$\hat{\varepsilon}$の四乗以上の項である．上式の最後の等式から，3次までの摂動係数は基準系におけるWのモーメントと次の関係式で結ばれている．

$$f^{(1)} \equiv \frac{\langle W \rangle_0}{N},\ f^{(2)} \equiv \frac{\langle W \rangle_0^2 - \langle W^2 \rangle_0}{2N},\ f^{(3)} \equiv \frac{2\langle W \rangle_0^3 - 3\langle W \rangle_0 \langle W^2 \rangle_0 + \langle W^3 \rangle_0}{6N} \quad \text{(E2.4.5)}$$

BarkerとHendersonは，コンピュータ・シミュレーションの結果を利用して2次の摂動項まで計算し，結果を次の経験式で表した[1]．

$$f^{(1)}(\phi) = 1 + 0.9319\phi + \frac{0.8906}{\phi}\left[1 - \frac{9}{\sqrt{2\pi}}\phi - \exp\left(-\frac{9\phi}{\sqrt{2\pi - 6\phi}}\right)\right] \quad \text{(E2.4.6)}$$

第2章 溶液物性

$$f^{(2)}(\phi) = 1 - 7.617\phi - \frac{1.675}{\phi}\left[1 - \frac{16.5}{\sqrt{2\pi}}\phi - \exp\left(-\frac{16.5\phi}{\sqrt{2\pi}-6\phi}\right)\right] \quad \text{(E2.4.7)}$$

ただし，ϕ は球状粒子の体積分率である（$=(\pi/6)d^3c'$）．そして，より高次の摂動項は Padé 近似で表し，最終的に次の式を得た．

$$\frac{F - F_0}{Nk_\mathrm{B}T} = \Psi(\phi;\hat{\varepsilon})d^3c', \quad \Psi(\phi;\hat{\varepsilon}) \equiv \frac{-4.974\hat{\varepsilon}f^{(1)}(\phi)}{1 - \frac{1}{2}\hat{\varepsilon}f^{(2)}(\phi)/f^{(1)}(\phi)} \quad \text{(E2.4.8)}$$

2.2.4 ■ 実験との比較

A. 第2ビリアル係数

第2ビリアル係数は，溶液中での高分子間相互作用あるいは高分子と溶媒の親和性を特徴づける基本量として，さまざまな高分子溶液系について測定されてきた．図2.12には，剛直性の異なる高分子について良溶媒中での A_2 の分子量依存性を示す（各高分子の化学構造については表2.1を参照）．いずれも，A_2 と分子量 M は光散乱法あるいは沈降平衡法より求めたものである．浸透圧法よりも光散乱法と沈降平衡法の方が精度の高いデータが得られる．図を見ると，まずポリ（ヘキシルイソシアナート）（PHIC）のヘキサン中（25°C）での A_2 には，ほとんど分子量依存性が認められない．シゾフィラン（SPG）三重らせんの水中（25°C）でのデータ点は多少ばらついているが，低分子量の3点（左から3つの▲）を除き，系統的な分子量依存性はやはり見ら

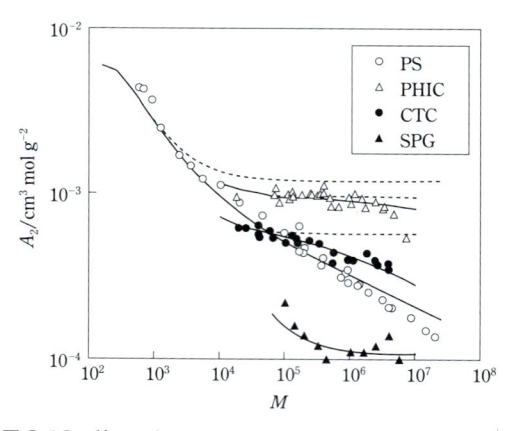

図2.12 種々の高分子の第2ビリアル係数の分子量依存性

れない．これに対して，セルロース・トリス（フェニルカルバメート）（CTC）のテトラヒドロフラン（THF）中（25℃）でのA_2は高分子量域で減少しており，屈曲性高分子であるポリスチレンのトルエン中（15℃）でのA_2は，全分子量域で分子量の減少関数となっている．以上より，A_2の分子量依存性は，高分子鎖の剛直性によって決まっていることがわかる．剛直性高分子に対しては単一接触近似が良い近似であるのに対して，屈曲性高分子では多重接触の効果が顕著となる．

これらの実験結果を上述の理論と比較する前に，高分子鎖の末端効果について述べておこう．高分子鎖の末端は，一般に中央部分とは化学構造が異なっており，開始剤や停止剤の断片が結合していたり，未反応の官能基が残っていたりする．図2.12で用いたポリスチレンの片末端には，開始剤の断片であるブチル基が結合している．シゾフィランの場合は，超音波照射によって三重らせんを切断して低分子量試料を得ており，末端部分は完全な三重らせん構造を形成していない可能性がある．末端部分と中央部分の相互作用および末端部分同士の相互作用は，中央部分同士の相互作用とは一般に異なっているはずである．この末端効果を考慮するために，A_2に次の付加項を加える．

$$A_2 = A_{2,\infty} + a_1 M^{-1} + a_2 M^{-2} \tag{2.2.41}$$

ここで，$A_{2,\infty}$は末端効果がないときのA_2であり，上で述べた理論から計算される．a_1とa_2は，それぞれ末端部分と中央部分の相互作用および末端部分同士の相互作用が中央部分同士の相互作用と異なることによるA_2の変化を記述する係数である．

各高分子に対して，排除体積強度パラメータBと末端効果の係数a_1, a_2を適当に選び，式(2.2.18)～(2.2.20)と(2.2.41)から計算した理論線が図中の実線である．選んだパラメータの値を表2.1に掲げる（シゾフィランについては多重接触効果が現れていないので，Bは一義的には決められない）．いずれの高分子についても，理論線は実験データをほぼ再現している．また図中の点線は，単一接触近似，すなわち式(2.2.16)を用いて計算したA_2を式(2.2.41)の$A_{2,\infty}$に代入した結果を示している．式(2.2.16)中の$d+\delta$の値には，表2.1に掲げた値を用いた．高分子鎖の屈曲性が増すに従い，より低い分子量から実験とのずれが顕著になっている．シゾフィランについては実線と点線は重なっているが，ポリスチレンでは分子量が10^4以下の領域でしか単一接触近似は成立しない．

B． 浸透圧縮率

すでに述べたように，浸透圧の濃度微分$\partial\Pi/\partial c$（浸透圧縮率の逆数）は，沈降平衡法や光散乱法によって測定できる．図2.13には，異なる分子量のシゾフィラン試料

第2章 溶液物性

表2.1 第2ビリアル係数から求めた相互作用パラメータ

高分子	繰り返し単位の化学構造	溶媒	B/nm $((d+\delta)$/nm$)$	a_1	a_2
ポリスチレン (PS)	—CH$_2$—CH— (フェニル)	トルエン	0.82 (0.32)	1.7	−150
セルロース・トリス(フェニルカルバメート) (CTC)	[R=—CONHC$_6$H$_5$]	テトラヒドロフラン (THF)	2.15 (1.3)	1.4	580
ポリ(ヘキシルイソシアナート) (PHIC)	—CO—N(C$_6$H$_{13}$)—	ヘキサン	2.0 (1.07)	2.1	280
シゾフィラン (SPG)		水	1.9 (1.06)	5.0	9900

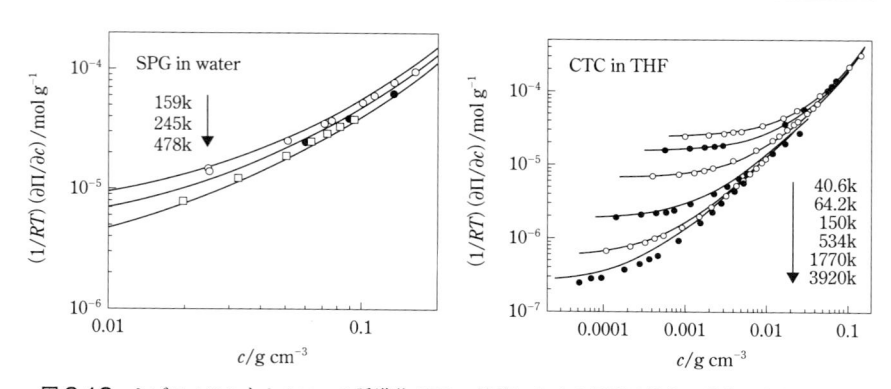

図2.13 シゾフィランとセルロース誘導体 CTC の溶液における浸透圧縮率の逆数の濃度依存性
図中の k 付きの数字は,高分子試料の分子量を表す(たとえば,159k = 159×10^3).

と CTC 試料の 0.1 g/cm^3 を超えたあたりの濃度までの等方溶液に対する $\partial\Pi/\partial c$ の高分子濃度依存性を示す.シゾフィラン水溶液の $\partial\Pi/\partial c$ は沈降平衡法から式(2.2.6)を利用して,また CTC の THF 溶液に対する $\partial\Pi/\partial c$ は光散乱測定から式(2.2.9)を利用

表 2.2 浸透圧縮率の逆数から求めた相互作用パラメータ

高分子	溶媒	温度	d/nm	$\hat{\varepsilon}$
シゾフィラン（SPG）	水	25°C	1.65	0.14
セルロース・トリス(フェニルカルバメート)（CTC）	テトラヒドロフラン（THF）	25°C	1.47	0.03
ポリスチレン（PS）	トルエン	15°C	0.55	0.16
	シクロヘキサン（CH）	15°C	0.43 (0.345)[a]	0.39
ヘキサ(オキシエチレン)-n-ドデシルエーテル（$C_{12}E_6$）	水	25°C	2.3	0.31
		30°C	2.3	0.33
		45°C	2.3	0.345

[a] 図2.14(c)の破線に対する d の値.

して求めた．図 2.13(a),(b) のいずれにおいても，実線はみみず鎖冠球円筒モデルに対する尺度可変粒子理論と熱力学的摂動論の組み合わせによって計算された理論値を表している．計算に用いた相互作用パラメータ d と $\hat{\varepsilon}$ は，表 2.2 に掲げる．前項の第 2 ビリアル係数のところで決めた $d+\delta$ は式 (2.2.40) のように d と $\hat{\varepsilon}$ に関係し，d を与えれば A_2 から決めた $d+\delta$ の値を用いて $\hat{\varepsilon}$ は自動的に決まる．CTC の最高分子量のデータを除き，実線はデータ点とよく一致している．分子量が 392 万（3920k）の CTC は，A_2 についても単一接触近似による理論値が実験値とずれており（図 2.10 参照），多重接触効果が重要である．その効果が $\partial\Pi/\partial c$ にも反映されて，理論が過大評価をしていると考えられる．ただし，濃度が高くなると，この CTC 試料についても理論と実験の一致は良好となっており，多重接触効果は重要ではなくなっている．

図 2.14(a) には，分子量 9,700(9.7k) 以下の低分子量ポリスチレンの 5 つの試料と，分子量が 90.1 万（901k）の高分子量ポリスチレンのトルエン溶液（15°C）に対する $\partial\Pi/\partial c$ の広い濃度範囲にわたる濃度依存性を示す．低分子量の 5 試料のトルエン溶液に対する $\partial\Pi/\partial c$ は沈降平衡法より式 (2.2.6) を利用して求め，901k の高分子試料のトルエン溶液に対する $\partial\Pi/\partial c$ は，浸透圧測定から得た Π を濃度微分して求めた．低分子量ポリスチレン溶液の $\partial\Pi/\partial c$ は，やはり表 2.2 に掲げる d と $\hat{\varepsilon}$ を用いて尺度可変粒子理論と熱力学的摂動論の組み合わせによって計算された理論線によく従っている．図 2.13 においても，分子量が 1 万以下の範囲まではポリスチレンのトルエン溶液中での A_2 は単一接触近似の理論線（点線）に近いことに注意されたい．他方，高分子量の試料のデータ点は理論線よりもずっと下にあり，多重接触効果の重要性を示している．ただし，同高分子量試料のデータ点も，濃度が 0.1 g/cm³ を超えると理論との不一致は消失しており，CTC 溶液と同様に濃厚領域では多重接触の効果は重要

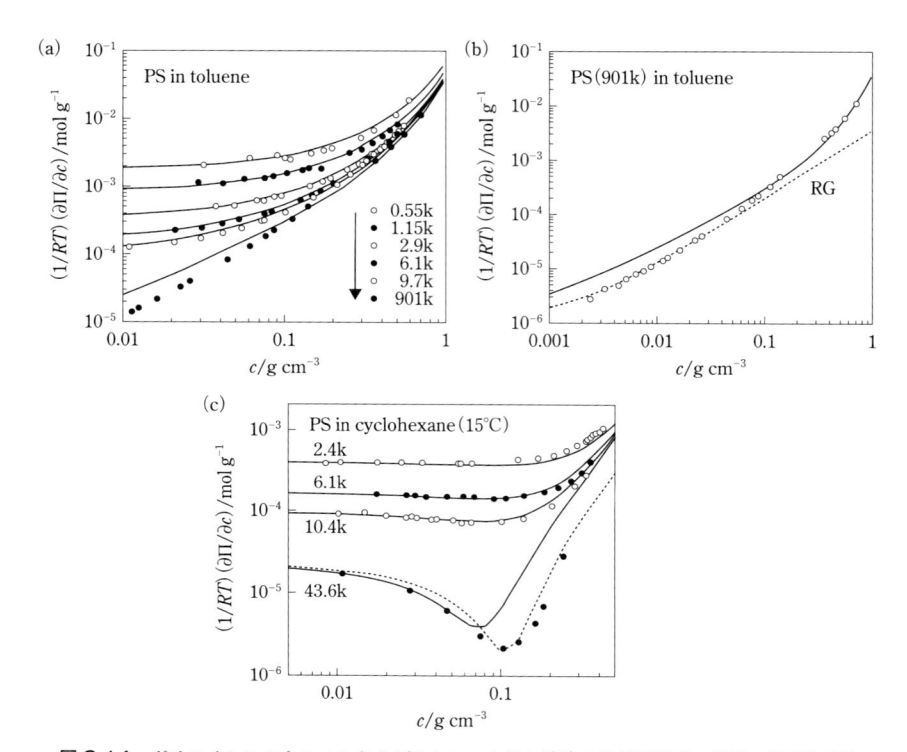

図 2.14 ポリスチレンのトルエンおよびシクロヘキサン溶液の浸透圧縮率の逆数の濃度依存性

ではなくなることを実証している．

図 2.14(b) には，この高分子量ポリスチレンのトルエン溶液に対する $\partial\Pi/\partial c$ を式 (2.2.24) で与えられた大野－太田の繰り込み群理論（点線），および尺度可変粒子理論と熱力学的摂動論を組み合わせて計算した理論値（実線）と比較している．後者の理論が実験値と一致しない希薄領域および準希薄領域（$c/\mathrm{g\,cm}^{-3} \approx \phi \lesssim 0.1$）において，繰り込み群理論はデータ点とよく一致している（ただし，式 (2.2.25) 中の X は実測の A_2 を用いて計算した）．このように 2 つの理論は相補的な関係にある．

高分子－貧溶媒系の例として，図 2.14(c) には PS のシクロヘキサン溶液（15°C）における $\partial\Pi/\partial c$ の実験値を尺度可変粒子理論と熱力学的摂動論を組み合わせて計算した理論値と比較する．実験結果は沈降平衡法より得た結果である．この系では，溶液の温度（15°C）はシータ温度（34.5°C）より低く，c に対する $\partial\Pi/\partial c$ のプロットの初期勾配はわずかに負となっており，第 2 ビリアル係数は負である．しかしながら，

2.2 熱力学的性質

> **●コラム　　高分子溶液論の欠陥**
>
> 　これまでの高分子溶液論では，高分子および溶媒分子を粗視化し，多くの成功を収めてきた．しかしながら，その粗視化によって明確な議論ができなくなってしまう現象があるのも事実である．たとえば，ある高分子がある溶媒になぜ溶解するのかを説明する際，あるいはある高分子溶液の相挙動やゲル化を説明する際は，高分子と溶媒の同種・異種分子間の水素結合や疎水性相互作用が重要となる場合がある．このような相互作用は高分子と溶媒の詳細な分子構造に依存しており，粗視化したモデルに基づく理論によりこうした相互作用を予言することは困難である．すなわち，粗視化モデルでは，そのような相互作用をアプリオリに予言できない．これは，これまでの高分子溶液論の重大な欠陥である．その欠点を改善するためには，低分子の液体論や計算機科学を高分子溶液論に応用するなどして，高分子鎖や溶媒分子の原子レベルの構造から議論を出発させる必要がある．これは将来の課題である．

高濃度側では正の濃度依存性に転じている．これは高濃度では，高分子鎖間の斥力の寄与の方が，引力の寄与よりも大きいためである．実線で示した理論値は，$d = 0.43$ nm，$\hat{\varepsilon} = 0.39$ を用いて計算したものである．分子量が 10.4k 以下のデータ点とはほぼ一致しているが，43.6k の試料データとは高濃度領域で大きくずれている．同じ高分子量 PS でもトルエン溶液のときには，理論値と実験値のずれが低濃度領域で顕著であったこととは対照的である．貧溶媒中では A_2 に対する多重接触の効果は重要ではなく，そのためシクロヘキサン溶液の場合には，低濃度では理論値と実験値がよく一致している．

　シクロヘキサン中における PS の $\hat{\varepsilon}$ の値は，良溶媒であるトルエン中での値と比べて大きく，ポテンシャルの井戸はより深くなっている．また，みみず鎖円筒の直径 d はトルエン中（0.55 nm）よりも小さくなっている．ハードコア直径 d が溶媒に依存するのは不合理のように思われるかもしれない．2.1.2 項で述べたように，みみず鎖モデルを用いた高分子溶液物性の定式化において，溶媒は連続誘電媒体とみなされているが，PS の太さに比べてトルエンやシクロヘキサン分子は無視できるほど小さくはない．有限サイズの溶媒分子との間の斥力や引力が，みみず鎖冠球円筒モデルのハードコア直径 d にどのように影響するかを，現段階の高分子溶液論では議論できない．

　ここでは示さないが，PS のシクロヘキサン中での d は温度にも依存する．溶媒が貧溶媒になるに従って（すなわち低温ほど），d の値は小さくなる傾向にある．ハードコア直径をまったくの調節パラメータとみなし，分子量にも依存すると仮定すると，

具体的には分子量が高くなるとともに d が小さくなるようにすると，$\partial\Pi/\partial c$ の実験値と理論値の一致はよりよくなる．たとえば，15°C のシクロヘキサン中での 43.6k の PS 試料に対しては，$d = 0.345$ nm と選ぶと図中の点線が得られ，実験結果をほぼ再現することができる．ただし，d を溶媒，温度，および分子量にまで依存するパラメータとすると，みみず鎖円筒モデルはもはや分子論ではなくなっている．これが，現段階での理論の限界である．

C. 低分子ミセル溶液の熱力学的性質

最後に，みみず鎖ミセルを形成している低分子界面活性剤であるヘキサ（オキシエチレン）-n-ドデシルエーテル（$C_{12}E_6$）の水溶液に対する光散乱法から得た Kc/R_0 の濃度依存性を図 2.15 に示す．単分散の高分子溶液の場合には，式(2.2.9)から Kc/R_0 は $(\partial\Pi/\partial c)/RT$ と等しい物理量になるが，分子量分布があると両者は一致しない．1 章の 1.5.2 項 B. で述べたように，みみず鎖ミセルの会合数は最確分布に従うので，図 2.15 の縦軸は $(\partial\Pi/\partial c)/RT$ とは異なる．多成分系の光散乱理論より，Kc/R_0 の濃度依存性の切片は重量平均モル質量 M_w の逆数を，初期勾配はある平均の第 2 ビリアル係数 A_2^{LS} を与える．2.2.1 項で述べたように，第 2 ビリアル係数の分子量（会合数）依存性は弱いので，A_2^{LS} は分子量分布のない高分子試料に対するそれの良い近似となっている．

図 2.15 に示すように，Kc/R_0 は低濃度では界面活性剤濃度の減少関数となっている．しかしながら，これは A_2^{LS} が負であることを意味しているわけではなく，1 章の 1.5.2 項 B. で述べたように，みみず鎖ミセルの M_w が界面活性剤濃度の平方根に比例して

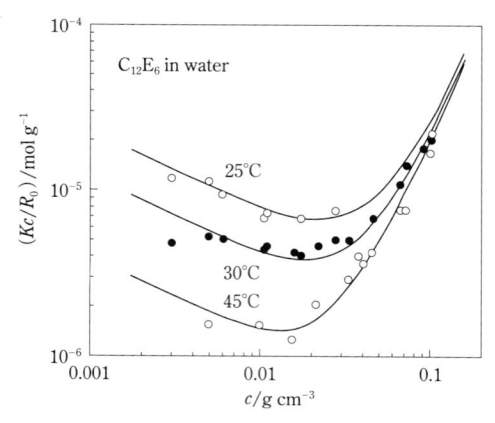

図 2.15 ヘキサ（オキシエチレン）-n-ドデシルエーテル（$C_{12}E_6$）の水溶液に対する Kc/R_0 の濃度依存性

増加するためである（M_w^{-1} は c の減少関数）．これに対して，高濃度では界面活性剤濃度の増加関数となっているが，これは，みみず鎖ミセル間の斥力の Kc/R_0 への寄与が，ミセルの M_w の増加よりも強くなったためである．また，高温ほど Kc/R_0 が低下しているのは，脱水和の進行により $C_{12}E_6$ の疎水性が増し，M_w が温度の増加とともに増加している（M_w^{-1} が温度の増加とともに減少している）ためである．

1章の式(1.5.13)と(1.5.14)から M_w（重量平均の会合数 m_w と $C_{12}E_6$ の分子量の積）を求め，ミセル間相互作用の Kc/R_0 への寄与を多成分系に拡張した尺度可変粒子理論と熱力学的摂動論の組み合わせにより定式化した表式を利用すると，図2.15に示す実線が得られる．計算に用いたみみず鎖ミセルに対する相互作用パラメータ d と $\hat{\varepsilon}$ の値は，表2.2に示した．後者が高温ほど大きくなっているのも，脱水和の影響である．

2.3 ■ 溶解性と相分離

溶融しない高分子材料を成形加工するには，溶液状態で成形してから溶剤を除去するのが一般的な方法である．地球上に最も豊富に存在する高分子材料であるセルロースを成形加工するための溶剤があれば工業的には非常に有用であるが，高分子の長い歴史にもかかわらず，いまだにその探索が行われている．ある高分子がどの溶媒に溶解するかを予言するのは，容易ではない．固体の高分子が結晶化していたり，水素結合を形成していたりすると溶解が困難となり，その一方で高分子と溶媒の間に水素結合などの特殊な相互作用が働くと予想外に高い溶解性が得られる場合などもある．セルロースの難溶性は，セルロース分子間の水素結合に起因する．本節では，高分子の分子間や高分子と溶媒分子間に特殊な相互作用が働かない系における溶解性と相分離現象の一般論について説明する．高分子の溶解性についての各論にはふれない．なお，2種類の高分子の混合系（ポリマーブレンド系）の相溶性については，3章の3.2節を参照されたい．

2.3.1 ■ 高分子－貧溶媒系

図2.11に示すように，非晶状態の高分子と純溶媒を混合したときに溶液が形成されるためには，混合 Helmholtz エネルギー ΔF が負でなければならない．Flory–Huggins 理論の式(2.2.27)からわかるように，ΔF が負になるためには，相互作用パラメータ χ が小さくなければならない．すなわち，溶媒が良溶媒である必要がある．図2.16には，式(2.2.27)を使って計算した異なる χ における $\Delta F/k_B T(n_s + P'n_p)$ の濃度依存性を示す．セグメント数 $P' = 10$ とした．$\chi = 0$ と 1.05 ではすべての体積分率 ϕ に

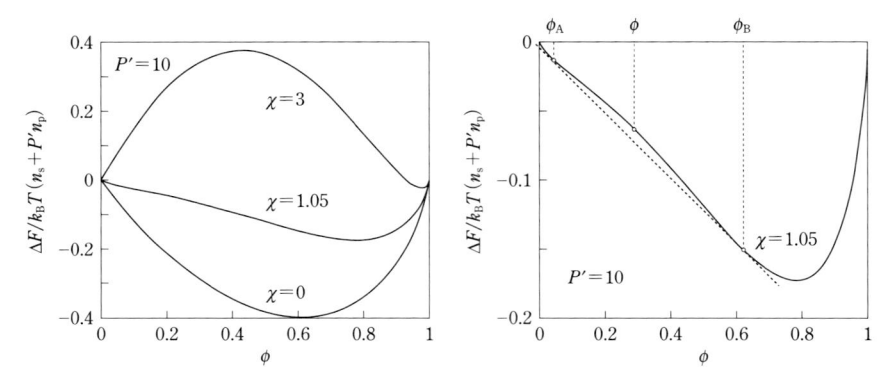

図 2.16 Flory–Huggins 理論から計算した混合 Helmholtz エネルギー ΔF の濃度依存性
右図は，$\chi=1.05$ のときの拡大図．

おいて ΔF は負，$\chi=3$ ではほとんどの ϕ において ΔF は正となっている．この ΔF は，純粋な高分子と溶媒が完全に非相溶にある状態とこの 2 つが均一な溶液にある状態（完全相溶状態）の Helmholtz エネルギーの差であるが，現実には濃度の異なる 2 つの相に相分離する状態も考慮に入れる必要がある．

図 2.16 の右側には，$\chi=1.05$ における $\Delta F/k_\mathrm{B}T(n_\mathrm{s}+P'n_\mathrm{p})$ の曲線を拡大した．この曲線は $0.1 \lesssim \phi \lesssim 0.5$ の領域で上に凸となっており，図中に点線で示すようにこの曲線に対して $\phi=\phi_\mathrm{A}$ と $\phi=\phi_\mathrm{B}$ の 2 点で接する共通接線が引ける（$\phi_\mathrm{A}<\phi_\mathrm{B}$ とする）．いま，$\phi_\mathrm{A}<\phi<\phi_\mathrm{B}$ を満たす濃度 ϕ の溶液において，濃度が ϕ_A と ϕ_B の 2 つの相 A と相 B が共存すると仮定しよう．質量保存則より，相 A と相 B の体積比は $(\phi_\mathrm{B}-\phi)/(\phi-\phi_\mathrm{A})$ で与えられ，そのような二相が共存した状態の $\Delta F/k_\mathrm{B}T(n_\mathrm{s}+P'n_\mathrm{p})$ は，図中の黒丸で示した ϕ における共通接線の値となる．均一一相状態の $\Delta F/k_\mathrm{B}T(n_\mathrm{s}+P'n_\mathrm{p})$ は ϕ における実線の値（図中の ϕ での白丸）で，黒丸はこの白丸より下にあることから，濃度が ϕ_A と ϕ_B の二相が共存する状態の方が熱力学的に安定であることがわかる．すなわち，高分子が任意の濃度で溶媒に完全に溶解するには，ΔF が負であるだけでは不十分で，ϕ に対する $\Delta F/k_\mathrm{B}T(n_\mathrm{s}+P'n_\mathrm{p})$ の曲線が上に凸の部分をもたないことが必要である．そのためには，以下の条件が満たされていなければならない（導出については文献[4]を参照）．

$$\chi < \chi_\mathrm{c} \equiv \frac{1}{2}\left(1+\frac{1}{P'^{1/2}}\right)^2 \tag{2.3.1}$$

$P'=10$ では，$\chi<0.866$ が完全相溶のための条件である．また，$\chi=\chi_\mathrm{c}$ において，ϕ に対する $\Delta F/k_\mathrm{B}T(n_\mathrm{s}+P'n_\mathrm{p})$ の曲線は $\phi=\phi_\mathrm{c}\equiv 1/(1+P'^{1/2})$ で変曲点をもち，χ がこの χ_c

より少しでも大きくなれば曲線には上に凸の部分が現れ，ϕ_c よりも少し高い濃度と低い濃度の二相に分離する．その意味で，χ_c と ϕ_c で指定される相図上の点を**臨界点**と呼ぶ．また，ϕ_c を臨界組成，χ_c に対応する温度を臨界温度という．

式(2.1.3)からわかるように，もし相互作用ポテンシャル $u(r)$ に温度依存性がなければ，χ は絶対温度に逆比例する．すなわち，高温ほど χ の値は小さくなり，溶解性が増す．物理的には，ΔF に対する混合エンタルピー ΔH よりも混合エントロピー ΔS の寄与が増すので，より溶解しやすくなると解釈できる．前節では，ポリスチレンのシクロヘキサン溶液（15℃）に対する浸透圧縮率の逆数の濃度依存性の実験値を，尺度可変粒子理論と熱力学的摂動論を組み合わせて計算した理論値と比較し，みみず鎖冠球円筒の太さ d とポテンシャルの井戸の深さを熱エネルギーで割った量 $\hat{\varepsilon}$ を決めた．この $\hat{\varepsilon}$ が Flory-Huggins 理論における χ に対応する相互作用パラメータである．また，ここでは示さないが，式(2.2.36)を用いて計算される数濃度 c' に対する F/Vk_BT の曲線は，図2.16と同様に $\hat{\varepsilon}$ を大きくしていくと上に凸の部分が現れ，共通接線を引くことで，その2つの接点から共存する二相の濃度を予言する．このようにして相分離濃度を温度の関数として求めれば，相図（共存組成曲線）が得られる．

図2.17には，分子量が42.8k，107k，186kのPSのシクロヘキサン溶液に対する相図の実験結果を丸印で示す．データ点よりも高温側が均一一相領域，低温側が二相分離領域である．また，データ点は上に凸の曲線に従っており，その極大が臨界点である．分子量が高いほど，臨界温度は高温に，また臨界組成（濃度）は低濃度側に移動している．これは定性的には上述の Flory-Huggins 理論の予想と一致している．

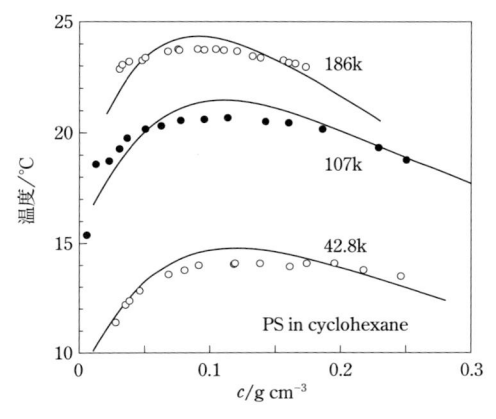

図2.17 ポリスチレンのシクロヘキサン溶液に対する相分離温度

前節で PS のシクロヘキサン溶液に対する浸透圧縮率の逆数の実験値データと比較した尺度可変粒子理論と熱力学的摂動論の組み合わせ理論を用いて，相図を計算してみよう．ただし，相互作用パラメータであるハードコア直径 d とポテンシャル井戸の深さ $\hat{\varepsilon}$ は，2.2.3 項 B. で述べたように，分子量と温度に依存する．それらの依存性は理論からは与えられないが，ここでは次の簡単な経験式を用いて相図計算を行う．

$$\begin{cases} d/\mathrm{nm} = 4200/M + 0.277 \\ \hat{\varepsilon} = 1.14 \times 10^{-4} (T'/{}^\circ\mathrm{C})^2 - 6.27 \times 10^{-3} (T'/{}^\circ\mathrm{C}) - 5.90 \times 10^{-8} M_\mathrm{w} + 0.463 \end{cases} \quad (2.3.2)$$

ここで，T' は摂氏温度，M は PS の分子量で，d の温度依存性は無視した．図 2.17 の実線が得られた理論相図の結果である．理論線は概ね実験点を再現しているが，臨界点近傍で実験データの方がより平坦な曲線に従っているように見える．臨界点近傍では，臨界ゆらぎと呼ばれる長距離にわたる濃度ゆらぎが溶液中に存在するが，いまの理論ではこの効果を考慮していない．また，前節で述べたように，希薄領域で重要な多重接触効果もいまの理論では無視されている．相互作用パラメータ d と $\hat{\varepsilon}$ の温度・分子量依存性の選び方とともに，これらの理論の本質的な欠点が，実験と理論の相図のずれに反映されていると考えられる．

水溶性高分子の水溶液では，高温で相分離する系が多数報告されている．このような系の相図を，**下限臨界相溶温度**（lower critical solution temperature, **LCST**）**型相図**と呼ぶ（これに対して，上述の PS－シクロヘキサン系のように低温で相分離する系の相図を，上限臨界相溶温度（upper critical solution temperature, UCST）型相図という）．水溶性高分子の多くは，溶媒である水分子が水和することによって水に対する親和性が高められている．もし高温で高分子鎖からの脱水和が起これば，水に対する溶解性は減少するため，相互作用ポテンシャル $u(r)$ の井戸の深さが増加し，χ あるいは $\hat{\varepsilon}$ は温度の増加関数となる．その結果，図 2.17 とは逆の下に凸の LCST 型の共存組成曲線が得られる．

2.3.2 ■ 剛直性高分子－良溶媒系

図 2.9 に示した 2 本の冠球円筒分子間の排除体積 V_ex は，2 本の分子の向きに依存する．図 2.9 には直交する場合を描いたが，2 本の冠球円筒の軸がなす角度を γ とすると，V_ex は次のように表される．

$$V_\mathrm{ex} = 2L_\mathrm{c}^2 d |\sin \gamma| + 2\pi d^2 L_\mathrm{c} + \frac{4\pi}{3} d^3 \quad (2.3.3)$$

すなわち，排除体積は分子が平行に配向する方が小さくなる．この排除体積の減少は，

系中の冠球円筒の並進エントロピーの増大をもたらす．他方，冠球円筒の配向は配向エントロピーの減少を引き起こす．冠球円筒の濃度が十分高い場合には，円筒の配向による並進エントロピーの利得が配向エントロピーの損失よりも大きくなり，溶液は円筒がある方向に配向した**液晶状態（ネマチック相）**が熱力学的に安定となる．これによって，棒状分子溶液は自発的に液晶化する．

以上は，まっすぐな冠球円筒分子を想定した議論であったが，みみず鎖冠球円筒にも拡張できる．ただし，みみず鎖冠球円筒では各経路点での単位接線ベクトル **a** の向きによって分子の配向状態が定義され，棒状分子に対する配向エントロピー損失はみみず鎖の形態エントロピー損失 ΔS_{conf} に置き換える必要がある．Khokhlov と Semenov は，みみず鎖に対するこの形態エントロピーを定式化した．いま，みみず鎖の単位接線ベクトル **a** の配向分布関数 $\Psi(\mathbf{a})$ を Onsager に従い，次の試行関数で表す．

$$\Psi(\mathbf{a}) = \left(\frac{\alpha}{4\pi \sinh \alpha}\right) \cosh(\alpha \mathbf{a} \cdot \mathbf{n}) \quad (2.3.4)$$

ここで，α は配向度を表すパラメータで，等方状態ではゼロ，完全配向では無限大となる．Khokhlov と Semenov は，この配向分布関数を用いて，Kuhn の統計セグメント数 N_K が 1 よりも十分小さいときと十分大きいときの ΔS_{conf} を求めた．彼らの得た結果は，次の経験的な内挿式で表される（ただし，α が十分大きい場合[6]）．

$$\Delta S_{\text{conf}} = \ln \alpha - 1 + \pi e^{-\alpha} + \frac{1}{3} N_K(\alpha - 1) + \frac{5}{12} \ln \left\{ \cosh \left[\frac{2}{5} N_K(\alpha - 1) \right] \right\} \quad (2.3.5)$$

配向に伴う並進エントロピーの増大を表す式は，（単一接触近似の下では）まっすぐな冠球円筒分子に対する式と変わらない．式(2.3.3)の排除体積の配向依存性を考慮して，尺度可変粒子理論中のパラメータ C_1 は次のように書き直される（C_2 は，その C_1 を使って計算される）．

$$C_1 \equiv \frac{\pi}{2} L_c^2 d\rho + 6v \quad (2.3.6)$$

ここで，ρ は 2 本のみみず鎖冠球円筒が接触している経路点での単位接線ベクトル **a** と **a**′ がなす角度を $\gamma(\mathbf{a}, \mathbf{a}')$ として，次の式で定義される．

$$\rho \equiv \frac{4}{\pi} \iint |\sin \gamma(\mathbf{a}, \mathbf{a}')| \Psi(\mathbf{a}) \Psi(\mathbf{a}') d\mathbf{a} d\mathbf{a}' = \frac{4}{\sqrt{\pi \alpha}} \left[1 - \frac{30}{32\alpha} + \frac{210}{(32\alpha)^2} + \frac{1260}{(32\alpha)^3} + \cdots \right] \quad (2.3.7)$$

式(2.2.32)の F_0 にこの C_1 を代入し，また形態エントロピー損失 ΔS_{conf} を加えると，ハードコア斥力のみが働くみみず鎖冠球円筒の液晶溶液に対する特性関数 F_0 が得られる．多くの剛直性高分子は，一般に溶解性が低く，良溶媒にしか溶解しない場合が

> ● コラム　　高分子液晶と超強力繊維
>
> 　超強力繊維（高強度・高弾性率繊維）は，防弾チョッキや種々のスポーツ用具の材料などとして利用されている．その草分け的存在が，ケブラー（正式名称：ポリパラフェニレンテレフタルアミド）である．このケブラーは，du Pont 社で初めて開発されたが，最初に溶液紡糸をしようとしたところ，その溶液の粘度が高すぎて紡糸できなかったそうである．常識的には，溶液の濃度を上げるとさらに高粘性になり紡糸がより困難になると予想されたが，実際に実験してみると，逆に急激に粘度が下がり，しかも非常に高分子の配向度が高く，それによって高強度・高弾性率の繊維が得られた．ケブラーは剛直性高分子の典型例で，溶液の濃度を上げると液晶状態となり，その結果溶液の粘度は低下し，高配向度の繊維が得られたのである．このように，液晶溶液から紡糸する方法を，液晶紡糸という．高分子液晶は，外部の電場などに対する応答速度が遅いので，低分子液晶のように表示素子としては利用できないが，超強力繊維の製造段階で役に立っている．

多いので，ここでは高分子間の引力相互作用は考慮しない．図 2.12 には，その F_0 の配向度依存性を示す．ただし，1 章の表 1.1 に示した CTC に対する分子パラメータを用い，$d = 1.47$ nm，$N_K = 10$ とした．また，高分子の質量濃度 c と数濃度 c' とは，$c = c'M/N_A$ で関係づけられる．縦軸は Helmholtz エネルギー密度 $F(\alpha)/V$ を k_BT で割った量の等方状態（$\rho = 1$；$\Delta S_{conf} = 0$）からの差で示してある[注11]．高分子濃度が低いときには（たとえば 0.3 g/cm³），$F(\alpha)/Vk_BT$ は α の単調増加関数であるが，濃度が高くなると，$F(\alpha)/Vk_BT$ の曲線は有限の α で極小をとるようになり（図中の矢印），かつそのときの $F(\alpha)/Vk_BT$ が等方状態でのそれよりも小さくなる．すなわち，高分子溶液は配向状態の方が熱力学的に安定となる．図中の矢印からわかるように，高分子濃度が高くなるほど，熱平衡状態の配向度は高くなる．

　ここでは具体的には示さないが，経路長 L と太さ d を固定して，高分子鎖の剛直性 q を減少させていくと，$N_K(=L/2q)$ の増加とともに形態エントロピー損失 ΔS_{conf} が増加し，液晶状態が不安定化する．すなわち，より高濃度にしなければ $F(\alpha)/Vk_BT$ の曲線には極小が現れなくなる．典型的な屈曲性高分子であるポリスチレンの溶液な

[注11] 図 2.18 において破線で示した α が小さい領域では，式(2.3.5)と(2.3.7)が使えないので，正確な計算が行えない．しかし，熱力学的に安定な液晶状態では α は大きい値をとるので，この α の小さい領域は重要ではない．

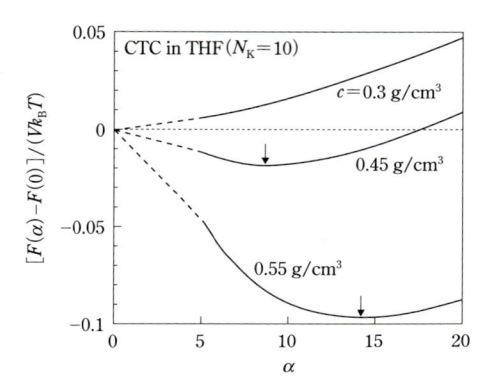

図 2.18 Helmholtz エネルギー密度の配向度依存性

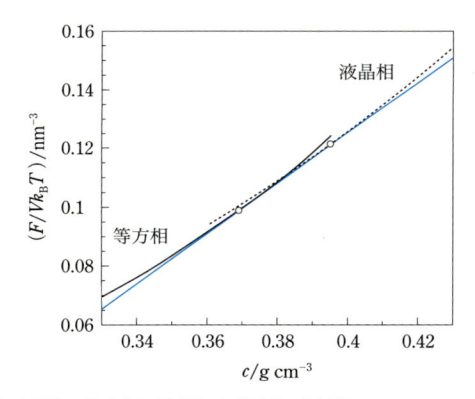

図 2.19 剛直性高分子溶液の液晶相（点線）と等方相（実線）の Helmholtz エネルギー密度曲線
青色の線は共通接線を，曲線上の丸印は接点を示す．

どは，濃度をいくら上げても液晶状態とはならない．

図 2.18 に示したような，液晶相における Helmholtz エネルギー密度 F/Vk_BT の極小値を高分子濃度の関数としてプロットすると図 2.19 の実線で示したような曲線が得られる．これに対して等方相に対する F/Vk_BT は同図中の点線のようになり，$c=0.38\,\mathrm{g/cm^3}$ 付近で大小関係が逆転している．しかしながら，この濃度を境に等方状態から液晶状態に不連続な相転移が起こるわけではない．

前項の高分子－貧溶媒系における混合 Helmholtz エネルギーの濃度依存性（図 2.16(b)）と同様に，Helmholtz エネルギー密度曲線に共通接線を引くことができ，その共通接線が一相状態の Helmholtz エネルギー密度曲線よりも下にあるときには，2

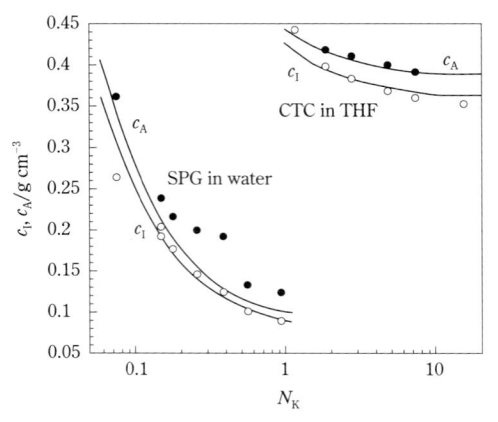

図 2.20 シゾフィラン水溶液と CTC の THF 溶液に対する等方相－液晶相境界濃度
なお，図 2.13 に示したシゾフィラン水溶液と CTC の THF 溶液に対する浸透圧縮率のデータは，c_I よりも低い等方溶液に対する結果のみを示した．

つの接点に対応する二相が共存する方が熱力学的に安定となる．図 2.19 でも，熱力学的により安定な低濃度側の点線（等方相）と高濃度側の実線（異方相）をつないだ曲線に対して共通接線（図中の青色の実線）を引くことができ，その接線は一相状態に対する点線や実線よりも下にあるので，図中の丸印で示した 2 つの接点の間の濃度では，等方相と液晶相（ネマチック液晶相）が共存した方が熱力学的に安定となる．以下では共存する等方相の質量濃度を c_I，液晶相の質量濃度を c_A とする．

シゾフィラン（SPG）の水溶液と CTC の THF 溶液に対して，1 章の表 1.1 に示した分子パラメータと本章の表 2.2 に示した相互作用パラメータを式(2.2.32)で与えられる Helmholtz エネルギー F の表式（ただし，式(2.3.5)～(2.3.7)を利用した）に代入して，図 2.19 のような等方相と液晶相の Helmholtz エネルギー密度曲線を描き，その共通接線から c_I と c_A を見積もると，図 2.20 の結果が得られる[注12]．どちらの溶液系も実測の相境界濃度とよく一致している．シゾフィラン水溶液の c_A が理論値から少しずれているように見えるが，その原因の一端は用いた試料の分子量分布にあると思われる．

[注12] 相境界濃度 c_I と c_A は，等方相と液晶相の浸透圧 Π および化学ポテンシャル μ が一致するという相平衡条件式の連立方程式を解くことによっても求められる．

2.4 ■ 光散乱

　高分子溶液あるいはコロイド溶液の特徴の1つに，強い光散乱能がある．高校の化学の教科書にはコロイド化学の章があり，どの教科書にも，その章にはレーザー光をコロイド溶液に照射するとその光路が光って見える写真が掲載されている．これは，暗がりの部屋に差し込んだ光で空気中の塵が光って見えるチンダル現象の溶液版であるが，低分子溶液ではそのような光路はほとんど見えない．

　コロイド溶液からの光散乱現象（チンダル現象）については，19世紀の終わりから20世紀の初めにかけて，Rayleigh, Einstein, Smoluchowski などの理論家によって定式化されていたが，高分子溶液研究に対して本格的に利用されるきっかけを与えたのは Debye で，1940年頃のことである．現在，光散乱法は高分子の分子量やサイズ（回転半径）などを測定する最も標準的な方法として用いられる．前節ですでに述べたように，高分子溶液の熱力学的性質を調べる目的にも，この光散乱法が利用されている．

　ここでは，高分子鎖をみみず鎖ビーズモデルで考える．光の波長がビーズサイズよりずっと大きいと仮定すると，各ビーズは散乱点とみなせる．いま，図2.21のように高分子溶液内の光を散乱させる部分（散乱体積）に直交座標系 (x, y, z) を設定する．座標原点 O は任意とし，入射光（平面波）の進行方向を x 軸，入射光の電場の振動

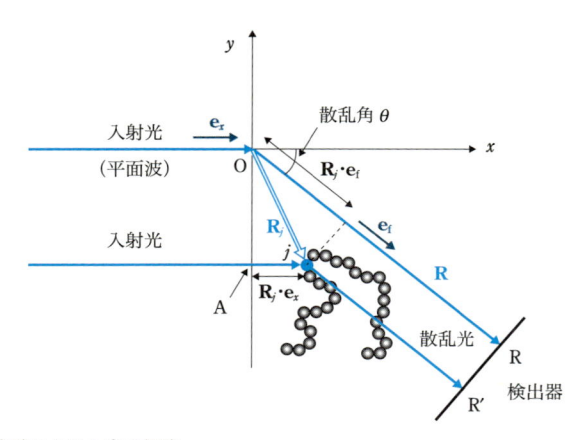

図2.21 散乱実験における光の経路
　　　　実際には，検出器は散乱体積よりずっと離れた位置に設置するが，ここでは **R** の絶対値を実際よりずっと短く描いている．

方向を z 軸に選ぶ．原点 O における時刻 t での入射光の電場を次式で表す（実際には，この複素数表示の実部が電場を表す）．

$$E_0(\mathrm{O},t) = E_0^\circ \exp(i\omega t) \tag{2.4.1}$$

ここで，E_0° は電場の振幅，ω は入射光の角周波数である．入射光の波面は yz 面と平行なので，この yz 面における時刻 t での入射光の電場は，やはりこの式で表される．いま，位置 $\mathbf{R}_j$ に存在する j 番目のビーズに入射光が当たると電場が印加され，ビーズには振動分極が誘起される．この誘起振動分極により，新たな電磁波が四方に放射される．これが散乱光である．ビーズが光学的に等方的と仮定すると，散乱光の電場の振動方向も入射光と同じ z 軸である．以下ではこの場合を考え，異方散乱は無視する[注13]．散乱角 θ の方向に散乱された光が時刻 t に位置 R' にある強度検出器に達したときの電場は次式で与えられる．

$$E = \Delta\alpha \left(\frac{2\pi}{\lambda}\right)^2 \frac{1}{R} E_0(\mathrm{A}, t-\Delta t) \tag{2.4.2}$$

ここで，$\Delta\alpha$ は散乱点（ビーズ）の過剰分極率（溶媒との分極率の差），$R = |\mathbf{R}|$ は散乱体積と検出器までの距離，$E_0(\mathrm{A}, t-\Delta t)$ は図 2.21 中の点 A における時刻 $t-\Delta t$ での入射光電場，Δt は入射光が点 A を通過してから検出器の位置 R' に達するまでの時間を表す．時刻 t に R' に達した散乱光は，時刻 $t-\Delta t$ に A を通過した入射光から生じたものであることに注意されたい．また，$E_0(\mathrm{A}, t-\Delta t)$ は $E_0(\mathrm{O}, t-\Delta t)$ と同一で，式 (2.4.1) で与えられる．図 2.21 からわかるように，時間差 Δt は，入射光と散乱光の進行方向の単位ベクトルをそれぞれ $\mathbf{e}_x$ と $\mathbf{e}_\mathrm{f}$，溶液中での光速を v として次式で表される．

$$\Delta t \equiv \frac{\mathbf{e}_x \cdot \mathbf{R}_j - \mathbf{e}_\mathrm{f} \cdot (\mathbf{R} - \mathbf{R}_j)}{v} \tag{2.4.3}$$

以上より，1 本の高分子鎖からの散乱光電場の和は

$$E = \Delta\alpha E_0^\circ \left(\frac{2\pi}{\lambda}\right)^2 \frac{1}{R} \exp\left[i\omega\left(t - \frac{\mathbf{e}_\mathrm{f} \cdot \mathbf{R}}{v}\right)\right] \sum_{j=1}^{n_\mathrm{b}} \exp(i\mathbf{q} \cdot \mathbf{R}_j) \tag{2.4.4}$$

で表される．ここで，$\mathbf{q}$ は $(\omega/v)(\mathbf{e}_\mathrm{f} - \mathbf{e}_x)$ で定義される散乱ベクトルと呼ばれる量である．その絶対値 q は，散乱角 θ を用いて次式から計算される[注14]．

[注13] 振動方向が図 2.21 の z 軸に平行な直線偏光を入射光として用いたときに，やはり z 軸に平行な振動の散乱光の成分を VV 散乱成分，xy 平面に平行な振動の散乱光の成分を VH 散乱という．ここでは，光学的に等方的な散乱体を想定し，VV 散乱のみを考慮する．

[注14] 持続長の q と混乱しないように注意されたい．

2.4 光散乱

$$q = \frac{4\pi\tilde{n}}{\lambda}\sin\left(\frac{\theta}{2}\right) \tag{2.4.5}$$

　光の振動数（$=v/\lambda$）は 10^{14} Hz 程度で，電場は高速に振動しているため，その時間変化を測定するのは不可能である．測定できるのは光の強度であり，これは電場の二乗の時間平均に比例する．入射光の強度を I° とすると，1本の高分子鎖から散乱角 θ 方向へ散乱される光の強度 i_θ は次式で与えられる．

$$i_\theta = I^\circ \left(\frac{2\pi}{\lambda}\right)^4 \frac{(\Delta\alpha)^2}{R^2} \sum_{j=1}^{n_b}\sum_{k=1}^{n_b} \exp[i\mathbf{q}\cdot(\mathbf{R}_j - \mathbf{R}_k)] \tag{2.4.6}$$

光散乱実験では，多数の高分子鎖から散乱された光を解析する．各高分子鎖は，さまざまな重心位置，配向方向，分子形態をとっているので，測定される散乱光強度 I_θ は，それらに関する統計平均として得られる．以下では，鎖の配向方向と分子形態に関する統計平均を $\langle\ldots\rangle$ で表す．十分希薄な高分子溶液では，各高分子鎖から独立に散乱が起こり，N 本の高分子鎖から散乱される光の強度 I_θ は重心位置に関する平均をとると $N\langle i_\theta\rangle$ となる．また，過剰分極率 $\Delta\alpha$ は溶液の屈折率の濃度増分 $\partial\tilde{n}/\partial c$ を用いて次のように表される．

$$\Delta\alpha = \frac{M_b \tilde{n}}{2\pi N_A} \frac{\partial\tilde{n}}{\partial c} \tag{2.4.7}$$

ここで，M_b は1個のビーズのモル質量である．

　通常，散乱光の強度は次式で定義される **Rayleigh 比** R_θ で表される．

$$R_\theta = \frac{I_\theta R^2}{I^\circ V} \tag{2.4.8}$$

ここで，V は散乱に関与する高分子鎖を含む溶液の体積（散乱体積）である．この式に式(2.4.6)，(2.4.7)を代入すると，次の式が得られる．

$$R_\theta = KcMP(q) \tag{2.4.9}$$

ここで，M は高分子の分子量であり，$M_b n_b$ に等しい．K は 2.2 節の式(2.2.10)で定義された光学定数である．また，$P(q)$ は<u>粒子散乱関数</u>と呼ばれ，次式で定義される．

$$P(q) \equiv \frac{1}{n_b^2}\sum_{j=1}^{n_b}\sum_{k=1}^{n_b}\langle\exp[i\mathbf{q}\cdot(\mathbf{R}_j - \mathbf{R}_k)]\rangle \equiv \frac{1}{n_b^2}\sum_{j=1}^{n_b}\sum_{k=1}^{n_b}\left\langle\frac{\sin[\mathbf{q}\cdot(\mathbf{R}_j - \mathbf{R}_k)]}{\mathbf{q}\cdot(\mathbf{R}_j - \mathbf{R}_k)}\right\rangle \tag{2.4.10}$$

上の式の第2式は，高分子鎖の配向方向に関して等方平均をとった結果である．上式中の sin 関数を展開すると，$P(q)$ は次のように得られる．

$$P(q) \equiv 1 - \frac{1}{3}\langle S^2 \rangle q^2 + O(q^4) \tag{2.4.11}$$

ここで，$O(q^4)$ は q の四乗以上の項である．よって，希薄溶液に対する光散乱測定により，高分子の分子量 M と平均二乗回転半径 $\langle S^2 \rangle$ が求まる．

次に，2.2節で述べたように，高分子溶液中の微小領域を考える．濃度ゆらぎによって，この微小領域の分極率が平均値から $\Delta\alpha$ だけずれたときに，この領域から $\theta=0$ の方向へ散乱される光の Rayleigh 比 R_0 は，式(2.4.6)と(2.4.8)を利用して次の式で与えられる．

$$R_0 = \left(\frac{2\pi}{\lambda}\right)^4 \frac{(\Delta\alpha)^2}{V} = \frac{4\pi^2 \tilde{n}^2}{\lambda^4} V(\Delta\tilde{n})^2 \tag{2.4.12}$$

ここで，V は微小散乱体積であり，$\theta=0$ では散乱光の干渉は起こらないため，式(2.4.6)中の指数関数で表された位相差因子は省略した．第2式は，式(2.4.7)を利用して，分極率のずれ $\Delta\alpha$ を屈折率の平均値からのずれ $\Delta\tilde{n}$ に変換して得た（$\Delta\alpha=(V/2\pi)\tilde{n}\Delta\tilde{n}$）．また，屈折率のずれを濃度ゆらぎに変換し，さらに熱平均をとると

$$R_0 = \frac{4\pi^2 \tilde{n}^2 V}{\lambda^4} \left(\frac{\partial \tilde{n}}{\partial c}\right)^2 \langle (\Delta c)^2 \rangle \tag{2.4.13}$$

のようになり，最終的には

$$\frac{R_0}{Kc} = RT\left(\frac{\partial \Pi}{\partial c}\right)^{-1} \tag{2.4.14}$$

が得られる．濃度と散乱角度ゼロの極限で，式(2.4.14)と(2.4.9)は一致することが確かめられる．

散乱光強度は，式(2.4.13)からわかるように，微小領域の屈折率ゆらぎ，すなわち濃度ゆらぎに起因している．濃度ゆらぎは時間とともに変動しているので，散乱光強度も時間とともにゆらいでいる．その変動している散乱光強度 $I(t)$ を用いて，次式で定義される**自己相関関数** $g^{(2)}(t)$ を定義する[注15]．

解説 用語 相関関数

$$g^{(2)}(t) \equiv \frac{\langle I(t+t_0)I(t_0)\rangle_{t_0}}{\langle I(t_0)\rangle_{t_0}^2} \tag{2.4.15}$$

ただし，$\langle \ldots \rangle_{t_0}$ は t_0 に関する時間平均を表す（t_0 に依存しなくなるまで長時間にわたって平均化する）．遅延時間 t が十分長いと2つの時間での散乱光強度に相関がなくなり，$I(t+t_0)$ と $I(t_0)$ は独立に時間平均がとれるので，$g^{(2)}(t)=1$ となる．他方，t が短くなっ

[注15] 散乱光電場の二乗に比例する散乱光強度に関する相関関数なので，上付き添え字の(2)を付けてある．

てくると2つの時間での散乱光強度に相関が現れ，$g^{(2)}(t)$は1より大きくなる．この自己相関関数$g^{(2)}(t)$は，濃度ゆらぎに関する時間相関関数のFourier変換量（中間散乱関数と呼ばれる）

$$S(q,t) \equiv \int \langle \Delta c(\mathbf{r},t)\Delta c(0,0)\rangle \exp(-i\mathbf{q}\cdot\mathbf{r})d\mathbf{r} \quad (2.4.16)$$

と次の関係にある．

$$g^{(2)}(t) = 1 + \beta[S(q,t)]^2 \quad (2.4.17)$$

ただし，βは1に近い定数で，上式は濃度ゆらぎが独立に起こっている多数の微小領域から散乱体積が構成されている場合に成立する．$S(q,t)$は高分子の濃度ゆらぎの速さ，言い換えると高分子のブラウン運動の速さを反映する量である．関数$S(q,t)$の具体的な関数形については次節で述べる．

上で述べた散乱光強度の時間平均R_θを用いて高分子溶液を調べる方法を静的光散乱法（あるいは時間平均光散乱法），散乱光強度の時間変動$g^{(2)}(t)$を用いて高分子溶液の動的性質を調べる方法を動的光散乱法（あるいは準弾性光散乱法）と呼ぶ．

2.5 ■ 拡散現象

コーヒーに砂糖を入れると，結晶状の砂糖はコーヒーに溶けてコーヒー全体に拡がっていく．普通は，砂糖を入れてからスプーンで撹拌するが，撹拌しないでも十分長い時間待てば砂糖の濃度は自然に均一になっていく．これは，溶液中の溶質が濃度の高い側から低い側に自然に移動するためで，このような現象を**拡散現象**という．19世紀中頃にGrahamは，溶液中で速く拡散する溶質と遅い溶質を分類し，後者をコロイドと呼んだ．1章のコラムで述べたように，このコロイドの概念は，高分子（分子性コロイド）と会合性コロイドを同一視する起源となった．高分子説の確立には障害となったものの，巨大な分子あるいは分子集合体を低分子物質と区別したのはGrahamの慧眼であろう．

2.5.1 ■ 拡散過程

これまでは，高分子鎖を巨視的な物体のように取り扱ったが，高分子鎖は溶液中で熱ゆらぎによりブラウン運動をしている．ここでは，このブラウン運動による拡散現象について考察する．いま，図2.22に示すような矩形の容器に入った溶液を考え，x軸の値がxと$x+\Delta x$の間の範囲にある面積Aの層状領域に着目する．高分子鎖（の

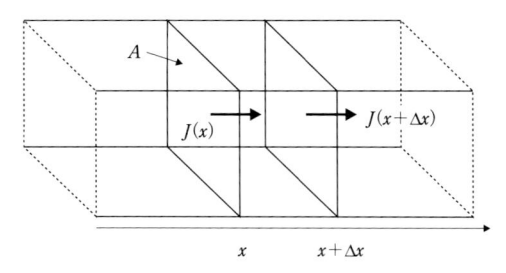

図 2.22　矩形の容器に入っている溶液中での溶質の流れ

重心)はブラウン運動によりこの領域に入ったり出たりしている．単位時間あたりに x および $x+\Delta x$ の面を通って左から右に移動する高分子鎖の数を，それぞれ $AJ(x)$ および $AJ(x+\Delta x)$ とする．$J(x)$ は x における流束密度である(右から左への移動は負の $J(x)$ で表す)．この流束密度を使うと，時間 Δt の間に着目する層状領域に流れ込む高分子鎖の数は $A[J(x)-J(x+\Delta x)]\Delta t$ で，その領域での数濃度の変化 $\Delta c'$ は

$$\Delta c' = \frac{J(x)-J(x+\Delta x)}{\Delta x}\Delta t \tag{2.5.1}$$

で与えられる．したがって，単位時間あたりの濃度変化は，$\Delta x\to 0$, $\Delta t\to 0$ の極限では次のように表される．これを連続の式と呼ぶ．

$$\frac{\partial c'}{\partial t} = -\frac{\partial J(x)}{\partial x} \tag{2.5.2}$$

いま，位置 x では面の左側の方が右側よりも高分子鎖の数が多い，つまり濃度が高いとしよう．各高分子鎖のブラウン運動はランダムで，左にも右にも等確率で移動しているが，高分子鎖の数は左側の方が多いので，左側から右側に移動する鎖の方が多いはずである．すなわち，左側から右側に流れが生じる．これを拡散流と呼び，濃度変化が十分小さいときには，次の線形関係が成立する．

$$J(x) = -D\frac{\partial c'(x)}{\partial x} \tag{2.5.3}$$

ここで，比例係数 D は拡散の速さを表す目安となる量で，**拡散係数**と呼ばれる．式(2.5.2)と(2.5.3)より，次式で与えられる**拡散方程式**が得られる．

$$\frac{\partial c'}{\partial t} = D\frac{\partial^2 c'}{\partial x^2} \tag{2.5.4}$$

3次元方向に拡散が起こる場合の拡散方程式は，上式を単純に拡張することにより次式で与えられる．

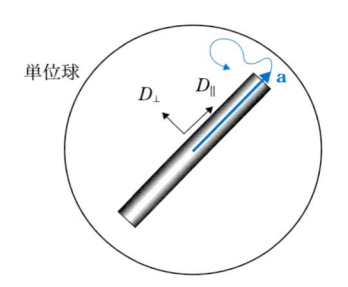

図 2.23 棒状分子の並進・回転拡散

$$\frac{\partial c'}{\partial t} = D\left(\frac{\partial^2}{\partial x^2} + \frac{\partial^2}{\partial y^2} + \frac{\partial^2}{\partial z^2}\right)c' \equiv D\nabla^2 c' \tag{2.5.5}$$

この式のように定義される ∇^2 をラプラシアンと呼ぶ.

上では高分子鎖は球対称であると暗に仮定していたが,棒状分子や 2.1.3 項で述べたファジー円筒などの一軸対称な粒子の場合には,分子軸方向の拡散係数 $D_\parallel$ と分子軸と垂直な方向の拡散係数 $D_\perp$ は等しいとはかぎらない(図 2.23).そのような場合の拡散方程式は次式で与えられる.

$$\frac{\partial c'}{\partial t} = \left[(D_\parallel - D_\perp)\left(a_x \frac{\partial}{\partial x} + a_y \frac{\partial}{\partial y} + a_z \frac{\partial}{\partial z}\right)^2 + D_\perp \nabla^2\right]c' \tag{2.5.6}$$

ここで,$(a_x, a_y, a_z) \equiv \mathbf{a}$ は分子軸の方向を表す単位ベクトルである.また,一軸対称な粒子では,粒子軸の向きの回りの回転ブラウン運動も起こっている.すなわち,分子の方向を表す単位ベクトル $\mathbf{a}$ は,時々刻々その向きをランダムに変化させている.この回転ブラウン運動は,図 2.23 に示すように,$\mathbf{a}$ の始点を中心とする単位球の球面上で $\mathbf{a}$ の終点が 2 次元の並進ブラウン運動を起こしているのと等価であり,ベクトル解析の結果を使うと $\mathbf{a}$ の方向を向いている粒子の数濃度 $c'(\mathbf{a})$ は,次の回転拡散方程式に従う.

$$\frac{\partial c'(\mathbf{a})}{\partial t} = D_\mathrm{r}\left[\left(a_y \frac{\partial}{\partial a_z} - a_z \frac{\partial}{\partial a_y}\right)^2 + \left(a_x \frac{\partial}{\partial a_z} - a_z \frac{\partial}{\partial a_x}\right)^2 + \left(a_x \frac{\partial}{\partial a_y} - a_y \frac{\partial}{\partial a_x}\right)^2\right]c'(\mathbf{a}) \tag{2.5.7}$$

ここで,D_r は**回転拡散係数**である.

2.5.2 ■ 拡散係数

高分子鎖の溶液中での拡散の速さを表す拡散係数は，高分子鎖の分子形態および分子間相互作用によって決まる物理量である．以下では，その定式化を行う．

A. 無限希釈状態での拡散係数

まず，重力場中にある希薄高分子溶液を考える．高分子鎖の質量を m，溶液中での高分子鎖の摩擦係数を ζ，そして重力加速度を g とすると，高分子鎖には $F = mg$ の重力が働き，速度 mg/ζ で沈降している（実際の溶液中では浮力が働くが，これは無視する）．これは，高分子鎖が重力ポテンシャル mgx の影響を受けているためであると解釈できる．ここで，鉛直方向に x 軸をとり，溶液の底を $x=0$ とする．この重力によって，高分子鎖は溶液の底に向かって沈降していくが，その結果として濃度勾配が生じて上記の拡散が起こり，最終的にはある濃度分布で平衡状態に達する（沈降－拡散平衡）．統計力学によれば，この平衡状態における数濃度分布 $c'(x)$ は溶液の底での数濃度を c'_0 として次の Boltzmann 分布に従うはずである．

$$c'(x) = c'_0 \exp\left(-\frac{mgx}{k_B T}\right) \tag{2.5.8}$$

式 (2.5.3) によれば，この濃度勾配によって単位面積あたりに次の拡散流束が生じる．

$$J(x) = D\frac{mgc'(x)}{k_B T} \tag{2.5.9}$$

沈降－拡散平衡が成り立つためには，重力による沈降とこの拡散流がつり合っていなければならない．重力による高分子鎖の流束密度は $(mg/\zeta)c'(x)$ であるので，拡散流束密度のつり合いの条件から，次の関係式が得られる．

$$D = \frac{k_B T}{\zeta} \tag{2.5.10}$$

これを，**Einstein の関係式**という．すなわち，希薄溶液中での高分子の拡散係数は摩擦係数 ζ から計算できる．そこで，以下では高分子鎖の摩擦係数 ζ について考察する．

まず，粘性係数が η_s である溶媒中に浸されている半径 a の 1 個の粒子（ビーズ）を考える（図 2.24(a)）．この粒子に外力 $\mathbf{F}$ が印加されると，粒子は $\mathbf{F}$ と同じ方向へその大きさに比例した速度ベクトル $\mathbf{u}$ で運動するだろう．Stokes は，流体力学的な考察から次の式を得た．

$$\mathbf{F} = \zeta° \mathbf{u}, \quad \zeta° = 6\pi\eta_s a \tag{2.5.11}$$

2.5 拡散現象

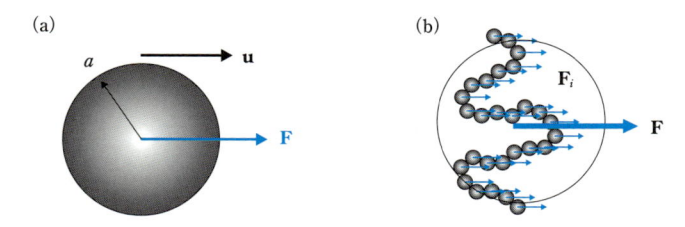

図 2.24 球状分子 (a) と高分子の並進運動 (b)

球状粒子の（並進）摩擦係数 ζ° は球の半径 a に比例する．以下で述べる高分子鎖の摩擦係数と区別するために，球の摩擦係数には上付きの丸を付した．

次に，半径 a のビーズが n_b 個つながった高分子鎖を考える（図 2.24(b)）．この高分子鎖の重心に力 $\mathbf{F}$ が加えられると，高分子鎖は $\mathbf{F}$ に比例した速度 $\mathbf{u}$ で運動する．力 $\mathbf{F}$ は，各ビーズ i にかかる力 $\mathbf{F}_i$ の総和として与えられる．各ビーズは速度 $\mathbf{u}$ で運動しているが，2.1.2 項で述べたように，ビーズ間には流体力学的相互作用が働いているので，各 $\mathbf{F}_i$ については Stokes の式（式(2.5.11)）は成立しない．すなわち，高分子鎖の摩擦係数は $6\pi\eta_s n_b$ とはならない．流体力学的相互作用を考慮に入れた高分子鎖の摩擦係数（拡散係数）の計算は，Kirkwood と Riseman によって行われた．その理論のあらましは，発展 2.5 で紹介する．

● 発展 2.5　Kirkwood–Riseman 理論―拡散係数

流体力学的相互作用を考慮に入れた高分子鎖中のビーズ i の摩擦係数を，改めて $\zeta_i \equiv \mathbf{F}_i/\mathbf{u}$ で定義する．流体力学的相互作用は高分子の分子形態に依存するので，それぞれの ζ_i も形態に依存した物理量となる．したがって，高分子鎖全体の摩擦係数 ζ は

$$\mathbf{F} = \sum_{i=1}^{n_b} \langle \zeta_i \rangle \mathbf{u} = \zeta \mathbf{u} \tag{E2.5.1}$$

から計算される．式中の $\langle \ldots \rangle$ は高分子の分子形態に関する統計平均量を表す．

個々のビーズの摩擦係数 $\langle \zeta_i \rangle$ は次のように計算される．任意に選んだビーズ i が存在する位置 $\mathbf{R}_i$ での溶媒の流れ $\mathbf{v}(\mathbf{R}_i)$ は，式(2.1.8)で定義した Oseen テンソル $\mathbf{T}$ を用いて

$$\mathbf{v}(\mathbf{R}_i) = \sum_{j \neq i} \mathbf{T}(\mathbf{R}_{ij}) \cdot \mathbf{F}_j \tag{E2.5.2}$$

で表される．ここで，$\mathbf{R}_{ij}$ はビーズ i,j 間の距離ベクトルであり，和は i 以外のすべてのビーズにわたってとる．ビーズ i が速度 $\mathbf{u}$ で並進運動するためには，

$$\mathbf{F}_i = \zeta°[\mathbf{u} - \mathbf{v}(\mathbf{R}_i)] \tag{E2.5.3}$$

という力をビーズ i に加える必要がある．ここで，$\zeta°$ は式(2.5.11)で与えられる孤立した球に対する摩擦係数である．この式(E2.5.3)に $\mathbf{F}_i = \zeta_i \mathbf{u}$ と式(E2.5.2)を代入し，鎖の形態に関する統計平均をとると，ζ_i に関する次の n_b 元連立方程式が得られる．

$$\langle \zeta_i \rangle = \zeta°\left(1 - \frac{1}{6\pi\eta_\mathrm{s}} \sum_{j \neq i} \langle R_{ij}^{-1}\rangle \langle \zeta_j \rangle \right) \tag{E2.5.4}$$

ここでは，Oseen テンソルをあらかじめ鎖の形態に関する統計平均をとった量で置き換える前平均近似を用いた．式中の $\langle R_{ij}^{-1}\rangle$ は，鎖の統計に依存する量である．上式の和を積分に置き換えて得られる積分方程式を解き，その解（関数）$\langle \zeta_i \rangle$ を式(E2.5.1)に代入すると摩擦係数 ζ が求まる．

また，回転摩擦係数 ζ_r も同様に計算される．高分子鎖を角速度 $\boldsymbol{\omega}$ で回転させると，その鎖に属しているビーズ i の速度は，$\mathbf{u}_i = \boldsymbol{\omega} \times \mathbf{S}_i$ で与えられる．ここで，$\mathbf{S}_i$ は回転中心からビーズ i までの距離ベクトルである．ただし，この高分子鎖の他のビーズも同じ角速度で回転しており，その運動によって式(2.1.8)で与えられる溶媒の流れ $\mathbf{v}(\mathbf{S}_i)$ がビーズ i の場所に生じる．その結果，鎖を回転させるには，ビーズ i に次の外力を印加する必要がある．

$$\mathbf{F}_i = \zeta[\boldsymbol{\omega} \times \mathbf{S}_i - \sum_{j(\neq i)=1}^{n_\mathrm{b}} \mathbf{T}(\mathbf{R}_{ij})\mathbf{F}_j] \tag{E2.5.5}$$

この式の両辺に対して左から $\mathbf{S}_k$ の外積をとると

$$\begin{aligned}\langle \mathbf{S}_k \times \mathbf{F}_i\rangle &= \zeta\langle \mathbf{S}_k \times (\boldsymbol{\omega} \times \mathbf{S}_i)\rangle - \zeta\sum_{j(\neq i)=1}^{n_\mathrm{b}} \langle \mathbf{S}_k \times \mathbf{T}(\mathbf{R}_{ij})\mathbf{F}_j\rangle \\ &= \frac{2}{3}\zeta\langle \mathbf{S}_i \cdot \mathbf{S}_k\rangle \boldsymbol{\omega} - \frac{\zeta}{6\pi\eta_\mathrm{s}}\sum_{j(\neq i)=1}^{n_\mathrm{b}} \left\langle \frac{1}{R_{ij}}\right\rangle \langle \mathbf{S}_k \times \mathbf{F}_j\rangle \end{aligned} \tag{E2.5.6}$$

という $\langle \mathbf{S}_k \times \mathbf{F}_i\rangle$ に関する n_b^2 元連立方程式が得られる．ここでもやはり前平均近似を用いた．ビーズ番号を連続変数とみなすと，$\langle \mathbf{S}_k \times \mathbf{F}_i\rangle$ は 2 変数関数とみなされ，上式はその関数に関する積分方程式となる．この積分方程式を解き，得られた $\langle \mathbf{S}_k \times \mathbf{F}_i\rangle$ を式(2.5.16)に代入すると回転摩擦係数 ζ_r が計算できる．

Kirkwood と Riseman の理論による Gauss 鎖に対する摩擦係数の最終結果は次式で与えられる．

$$\zeta = 6\pi\eta_\mathrm{s}\left(\frac{3}{8}\sqrt{\pi}\langle S^2\rangle^{1/2}\right) = 6\pi\eta_\mathrm{s}\frac{\langle S^2\rangle^{1/2}}{1.50} \tag{2.5.12}$$

この摩擦係数は，半径が $\langle S^2\rangle^{1/2}/1.50$ の球の摩擦係数に等しい．これは，高分子鎖内

部の溶媒が Oseen テンソルに従って高分子鎖と一緒に並進運動するためである．このように溶媒が高分子鎖と一体になって運動する効果を**非すぬけ効果**と呼ぶ．この等価球の半径を**流体力学的半径** R_H と呼び，高分子鎖の広がりの目安にする．すなわち，R_H は摩擦係数から次式のように定義される．

$$R_\mathrm{H} \equiv \frac{\zeta}{6\pi\eta_\mathrm{s}} = \frac{k_\mathrm{B}T}{6\pi\eta_\mathrm{s}D} \tag{2.5.13}$$

上式の第2式では，Einstein の関係式（式(2.5.10)）を用いた．しかしながら，より基本的な量である回転半径との比 $\rho = \langle S^2 \rangle^{1/2}/R_\mathrm{H}$ は，厳密には定数ではなく，高分子鎖の形態，剛直性や分岐構造などに依存するので，注意が必要である．球状粒子の場合は $\rho = (3/5)^{1/2} = 0.775$，非摂動鎖（Gauss 鎖）の場合は $\rho = 1.50$ である．ビーズの直径が d_b で，長さが $L(=n_\mathrm{b}d_\mathrm{b})$ のビーズが直線状に連なったみみず鎖ビーズモデルに対する R_H は

$$R_\mathrm{H} = \frac{L}{2\ln(L/d_\mathrm{b})} \tag{2.5.14}$$

となり，無限に細い棒状分子では $\rho = \infty$ となってしまう．もともと R_H は屈曲性高分子鎖に対して導入された量なので，棒状分子に適用するのは無理がある．

任意の剛直性を有するみみず鎖に対する ζ あるいは R_H の計算も行われているが，ここではその詳細は述べない．最終的に R_H は，みみず鎖ビーズモデルではビーズの直径 d_b，ビーズの数 n_b，および持続長 q の関数として，またみみず鎖冠球円筒モデルでは円筒の長さ L_c，太さ d，および持続長 q の関数として与えられている．興味のある方は文献[8]を参照されたい．

1章で述べたように，良溶媒中での高分子鎖には一般に分子内排除体積効果が働き，鎖はその効果が働かない非摂動状態のときよりも広がった形態をとる．この効果は，もちろん流体力学的半径にも影響を与える．回転半径のときと同様に，排除体積効果を受けた高分子鎖の流体力学的半径 R_H と非摂動状態での流体力学的半径 $R_{\mathrm{H},0}$ の比として，流体力学的半径に関する膨張因子 α_H を次のように定義する．

$$\alpha_\mathrm{H} \equiv \frac{R_\mathrm{H}}{R_{\mathrm{H},0}} \tag{2.5.15}$$

この膨張因子に対しても，1.4.2項で述べたような排除体積効果の理論が構築され，α_S と同様に，排除体積パラメータ z（式(1.4.19)参照）あるいは高分子鎖の剛直性を考慮に入れた修正排除体積パラメータ $\tilde{z}$（式(1.4.23)参照）の関数として与えられている．詳細は文献[8]を参照されたい．

高分子鎖が溶媒中で回転運動する場合の摩擦も，同様に取り扱える．並進運動の式(2.5.11)に対応して，回転運動の場合には高分子鎖にかかるトルク $\mathbf{N}$ と回転角速度 $\boldsymbol{\omega}$ との間に比例関係が成立する．高分子鎖全体のトルクは，各ビーズにかかるトルクの和として与えられるので，次の関係式が得られる．

$$\mathbf{N} = \sum_{i=1}^{n_b} \langle \mathbf{S}_i \times \mathbf{F}_i \rangle = \zeta_r \boldsymbol{\omega} \tag{2.5.16}$$

ここで，$\mathbf{S}_i$ はビーズ i の重心からの距離ベクトル，$\mathbf{F}_i$ は各ビーズ i に印加される外力である．比例係数の ζ_r は回転摩擦係数と呼ばれる．

回転摩擦係数 ζ_r も並進摩擦係数と同様な方法によって計算でき（発展2.5参照），Gauss鎖極限では次式が得られる．

$$\zeta_r = 28.0\eta_s \langle S^2 \rangle^{3/2} = 8\pi\eta_s (1.04 \langle S^2 \rangle^{1/2})^3 \tag{2.5.17}$$

半径 R の球の回転摩擦係数は $8\pi\eta_s R^3$ なので，Gauss鎖の ζ_r は半径が $1.04\langle S^2\rangle^{1/2}$ の球の回転摩擦係数に等しい．他方，棒状分子に対しては次式が得られている．

$$\zeta_r = \frac{\pi\eta_s L^3}{3\ln(L/d_b)} \tag{2.5.18}$$

なお，回転摩擦係数は，2.6.2項で述べる固有粘度と密接な関係にある．

B. 濃厚溶液中での自己拡散係数

通常，拡散係数は濃度が不均一な溶液に対する測定から求められる．ところが，溶質の熱力学的性質は変えずに，たとえば蛍光物質や同位体を用いてラベル化した溶質を非ラベル化試料と混合することで，全溶質の濃度が均一な溶液中でも拡散係数を測定することができる．パルス磁場勾配核磁気共鳴法も，そのような測定法の1つである．この手法では，原子核スピンの方向によって試料をラベル化している．このような手法で求めた拡散係数は**自己拡散係数**と呼び，以下では D_s で表す．これに対して，濃度が不均一な（ラベル化を行っていない試料の）溶液中での拡散係数を**相互拡散係数**と呼び，D_m で表す．溶質分子間に相互作用が働かない希薄溶液では2つの拡散係数は一致するが，相互作用が働く有限濃度の溶液では両者は一般に一致しない．理論的には自己拡散係数の方が取り扱いやすいので，まず濃厚溶液中での高分子鎖の自己拡散係数 D_s について考察する．

C. ファジー円筒モデルに基づく自己拡散係数の定式化

高分子溶液の濃度が高くなると，各高分子鎖はまわりの高分子鎖と衝突しながらあるいは絡み合いながら運動するようになり，その結果，自己拡散係数 D_s は高分子濃度とともに減少する．2.1.3項で述べたように，高分子濃度がそれほど高くない場合

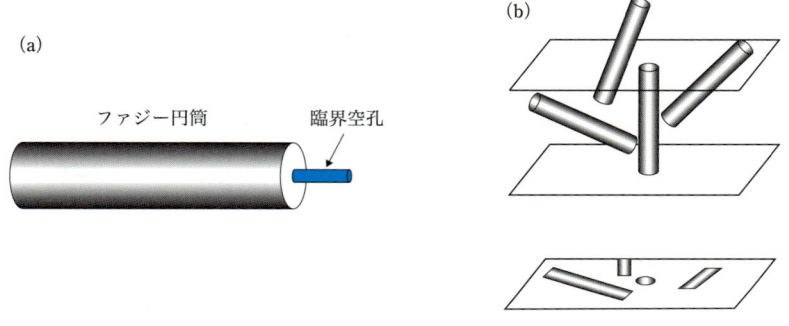

図 2.25 ファジー円筒と臨界空孔 (a), 横方向に拡散するファジー円筒と障害物円筒 (b)

には，高分子鎖の分子形態は比較的自由に変えられ，図 2.7(a) に模式的に示したようなファジー円筒モデルが適用できる．

ファジー円筒の拡散は，図 2.23 と同じように，円筒軸に対して平行な縦方向の拡散係数 $D_\parallel$ と垂直な横方向の拡散係数 $D_\perp$ によって記述される．円筒間の衝突による拡散の遅延は，$D_\parallel$ についてはもともと低分子液体の自己拡散現象に対して提案された空孔理論を用いて，$D_\perp$ については発展 2.6 で説明する Green 関数法を用いて定式化できる[6]．

空孔理論では，拡散分子の前方に，ある臨界サイズよりも大きい空孔が形成されたときにのみ拡散運動が起こると仮定する（4 章の 4.4.4 項 A. 参照）．ファジー円筒の縦方向の拡散では，円筒前方にファジー円筒と相似な臨界空孔よりも大きい空孔ができたときに拡散が起こるとする（図 2.25(a) 参照）．すなわち，拡散が起こる確率 P_h は，長さが $\lambda^* L_{\mathrm{eff}}$ で太さが $\lambda^* d_{\mathrm{eff}}$ の円筒状臨界空孔とまわりの高分子鎖（経路長 L, 太さ d）との排除体積 V_{ex}^*

$$V_{\mathrm{ex}}^* = \frac{\pi}{4}\left[\lambda^* L_{\mathrm{eff}} L(\lambda^* d_{\mathrm{eff}}+d)+\lambda^{*3} L_{\mathrm{eff}} d_{\mathrm{eff}}^{\ 2}+Ld^2+\frac{1}{2}(\lambda^* L_{\mathrm{eff}} d^2+\lambda^{*2} L d_{\mathrm{eff}}^{\ 2}) \right.$$
$$\left.+\frac{\pi}{2}(\lambda^* L_{\mathrm{eff}}+L)\lambda^* d_{\mathrm{eff}} d+\frac{\pi}{4}\lambda^* d_{\mathrm{eff}} d(\lambda^* d_{\mathrm{eff}}+d)\right] \tag{2.5.19}$$

を用いて

$$P_h = \exp(-V_{\mathrm{ex}}^* c') \tag{2.5.20}$$

と表される．ここで，L_{eff} と d_{eff} はそれぞれファジー円筒モデルの有効長さと有効直径，c' はファジー円筒の数濃度，またファジー円筒と臨界空孔との相似比 λ^* は調節パラ

発展 2.6　Green 関数法による拡散係数の定式化

いま，障害物のない 1 次元自由空間における拡散を考える．このときの拡散粒子の拡散係数を D_0 と書き，拡散方程式を解くと，次の非摂動解が得られる．

$$G_0(x-x';t,t') = \frac{1}{\sqrt{4\pi D_0(t-t')}} \exp\left[-\frac{(x-x')^2}{4D_0(t-t')}\right] \quad \text{(E2.6.1)}$$

この関数は，時刻 t' においてその重心が場所 x' に存在していた高分子鎖が，時刻 t に場所 x に存在する条件確率を表し，非摂動 Green 関数と呼ばれる．この関数から拡散係数 D_0 は，次式を使って計算できる．

$$D_0 = -\frac{1}{2}\lim_{t-t'\to\infty}\frac{1}{t-t'}\left.\frac{\partial^2 \hat{G}(k;t,t')}{\partial k^2}\right|_{k=0} \quad \text{(E2.6.2)}$$

ここで，

$$\hat{G}_0(k;t,t') \equiv \int_{-\infty}^{\infty} G_0(x-x';t,t')\mathrm{e}^{-ik(x-x')}\,\mathrm{d}(x-x') \quad \text{(E2.6.3)}$$

である．

次に，時刻 t_1 から t_2 の間に拡散空間内の場所 $x=R$ に障害物が現れたとしよう．この障害物との衝突によって，Green 関数は摂動を受ける．摂動 Green 関数は，次のように表される．

$$G(x-x';t,t') \equiv \int_{-\infty}^{\infty}\mathrm{d}x_1\int_{-\infty}^{\infty}\mathrm{d}x_2 G_0(x-x_2;t,t_2)Q(x_2,x_1;t_2,t_1)G_0(x_1-x';t_1,t') \quad \text{(E2.6.4)}$$

ここで，$Q(x_2,x_1;t_2,t_1)$ は時刻 t_1 において場所 x_1 に存在していた拡散粒子が時刻 t_2 において場所 x_2 に存在する遷移確率を表す．$x_1<x_2$ と仮定すると，次の 5 通りが考えられる（図参照）．

(1) $R<x_1<x_2$ で，障害物と衝突せずに x_1 から x_2 に遷移する場合．
(2) $R<x_1<x_2$ で，障害物と衝突して x_1 から x_2 に遷移する場合．
(3) $x_1<R<x_2$ の場合．このときは $Q=0$ である．
(4) $x_1<x_2<R$ で，障害物と衝突せずに x_1 から x_2 に遷移する場合．
(5) $x_1<x_2<R$ で，障害物と衝突して x_1 から x_2 に遷移する場合．

これらの 5 つの場合を考慮した遷移確率は，非摂動 Green 関数を用いて次のように表される．

$$\begin{aligned}Q(x_2,x_1;t_2,t_1) &= \theta_+(x_2-R)[G_0(x_2-x_1;t_2,t_1)+G_0(x_2-2R+x_1;t_2,t_1)]\theta_+(x_1-R) \\ &+ \theta_-(x_2-R)[G_0(x_2-x_1;t_2,t_1)+G_0(x_2-2R+x_1;t_2,t_1)]\theta_-(x_1-R)\end{aligned}$$
$$\text{(E2.6.5)}$$

2.5 拡散現象

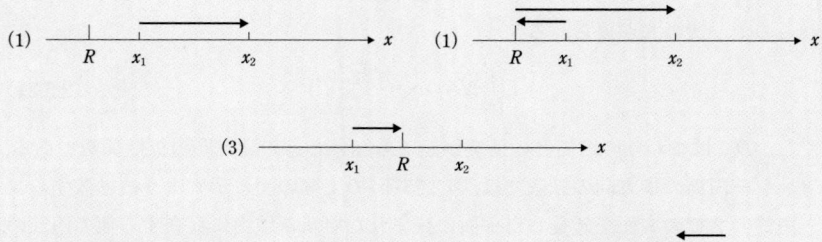

```
(1)  |----|----→----------→ x        (1)  |----|←--------|--------→ x
     R   x₁       x₂                       R   x₁        x₂

              (3)  |---→----|--------→ x
                   x₁   R   x₂

(4)  |----→----|----|--------→ x      (5)  |----→--------|←---|--→ x
     x₁       x₂   R                       x₁           x₂   R
```

図 1つの障害物が存在する空間中での拡散過程

ただし，

$$\theta_+(x-R) \equiv \begin{cases} 1 & (x>R) \\ 0 & (x<R) \end{cases}, \quad \theta_-(x-R) \equiv \begin{cases} 0 & (x>R) \\ 1 & (x<R) \end{cases} \quad \text{(E2.6.6)}$$

である．

拡散時間 $t-t'$ が十分長いとして，確率変数 t_1, t_2, R に関して平均化した摂動 Green 関数の Fourier 変換量は，数学処理の後に次式で与えられる．

$$\langle \hat{G}(k;t,t') \rangle \equiv \exp[-D_0 k^2 (t-t')] + \frac{8}{3\sqrt{\pi} l}(D_0 \tau)^{3/2} k^2 + O(k^4) \quad \text{(E2.6.7)}$$

これを式 (E2.6.2) に代入して得られる 1 次の摂動自己拡散係数 $D_s^{(1)}$ は

$$D_s^{(1)} = D_0 - \frac{8(D_0 \tau)^{3/2}}{3\sqrt{\pi} l(t-t')} \quad \text{(E2.6.8)}$$

となる．ただし，l は拡散空間サイズ，τ は障害物の寿命を表す．この摂動計算は複数個の障害物と複数回衝突する場合にも拡張され，最終的に次式が得られる．

$$D_s = D_0 \left(1 + \frac{4}{3\sqrt{\pi}} \rho_B \tau^{3/2} D_0^{1/2}\right)^{-2} \quad (1\,\text{次元}) \quad \text{(E2.6.9)}$$

ただし，ρ_B は単位時間，単位長さあたりに現れる障害物の数を表す．計算は煩雑になるが，同様の議論は棒状の障害物が存在する 2 次元空間中での拡散現象についても行うことができ，次の式が得られる．

$$D_s = D_0 \left(1 + \frac{2}{3\sqrt{\pi}} \rho_B b \tau^{3/2} D_0^{1/2}\right)^{-2} \quad (2\,\text{次元}) \quad \text{(E2.6.10)}$$

b は障害物の平均長さ，ρ_B は単位時間，単位面積あたりに現れる障害物の数である．

メータである．ファジー円筒の縦方向の拡散係数 $D_\parallel$ は，この確率に比例すると考えられるので，次の式が得られる．

$$D_\parallel = D_{\parallel,0} \exp(-V_{\text{ex}}^* c') \tag{2.5.21}$$

ただし，$D_{\parallel,0}$ はまわりの円筒との衝突が起こらないときの縦方向の拡散係数である．

ファジー円筒の横方向の拡散では，図2.25(b)の上側の図に示すように拡散するファジー円筒の2枚の底面を延長した平面に挟まれた層状領域内に存在する他の円筒の部分あるいは全部が障害物となる．拡散するファジー円筒と層状領域内に存在する障害物円筒部分を2枚の平面のどちらかの上に投影すると，図2.25(b)の下側の図に示すように，ファジー円筒の横方向の拡散は長方形の障害物が存在する2次元平面での円盤の拡散と等価となる．したがって，発展2.6の2次元拡散の式(E2.6.10)が利用できる．この式中の障害物に関する物理量をファジー円筒モデルの有効長さ L_{eff} と有効直径 d_{eff} を用いて表すと，最終的に横方向の拡散係数 $D_\perp$ について次式を得る[6]．

$$D_\perp = D_{\perp,0} \left\{ 1 + \frac{1}{\beta_\perp^{1/2}} L_{\text{eff}}^3 \left[1 + \frac{C(N)}{3} \frac{d_{\text{eff}}}{L_{\text{eff}}} \right] \left[1 + C(N) \frac{d_{\text{eff}}}{L_{\text{eff}}} \right] c' \left(\frac{2D_{\perp,0}}{D_{\parallel,0}} \frac{D_{\parallel,0}}{D_\parallel} \right)^{1/2} \right\}^{-2} \tag{2.5.22}$$

ただし，$D_{\perp,0}$ は円筒間の衝突がないとき（非摂動状態）の横方向の拡散係数，$\beta_\perp$ は定数で，寺岡によるコンピュータ・シミュレーションから $\beta_\perp = 561$ と求められている．ファジー円筒の先端付近と他の円筒との衝突が起こった場合には，ファジー円筒内のセグメントゆらぎによって衝突が回避される可能性がある．その効果の寄与を表すのが因子 $C(N_K)$ で，経験的な次式が通常利用される．

$$C(N_K) = \frac{1}{2}\left[\tanh\left(\frac{1}{4} N_K - 1 \right) + 1 \right] \tag{2.5.23}$$

ここでは，N_K が小さいほど，ゆらぎの効果が大きいと仮定している．また，式(2.5.22)中の $D_{\parallel,0}/D_\parallel$ は，上の式(2.5.21)から計算される．$D_{\perp,0}/D_{\parallel,0}$ の計算方法については文献[6]を参照されたい．自己拡散係数 D_s は，式(2.5.21)と(2.5.22)で与えられる $D_\parallel$ と $D_\perp$ より次式に従って計算される．

$$D_s = \frac{1}{3}(D_\parallel + 2D_\perp) \tag{2.5.24}$$

式(2.5.21)と(2.5.22)において，$D_{\parallel,0}$ と $D_{\perp,0}$ は，ファジー円筒が直接衝突しない非摂動状態の拡散係数である．ただし，有限濃度においては，分子間での直接の衝突が生じないとしても，流体力学的相互作用は働いている．それを考慮するために，0 とい

う添え字付きのこれらの拡散係数にも濃度依存性を導入する．分子間の流体力学的相互作用は計算が困難で，厳密な計算はいまだに行われていない．これまでに，次の経験式が用いられてきた．

$$D_{0,\parallel} = \frac{D_{0,\parallel}^\circ}{1+k'_{H,\parallel}[\eta]c} \quad D_{0,\perp} = \frac{D_{0,\perp}^\circ}{1+k'_{H,\perp}[\eta]c} \quad (2.5.25)$$

ここで，$D_{0,\parallel}^\circ$ と $D_{0,\perp}^\circ$ は無限希釈状態での拡散係数，$[\eta]$ は次節で説明する固有粘度，そして $k'_{H,\parallel}$ と $k'_{H,\perp}$ が分子間流体力学的相互作用の強さを表すパラメータである．これも次節の粘度のところで述べるが，k'_H は粘性係数である Huggins 係数の分子間流体力学的相互作用成分に対応する．軸比が大きいファジー円筒では，直接の衝突による自己拡散の遅延の方が，分子間流体力学的相互作用による遅延よりも重要である．

D. 管モデルによる自己拡散係数の考察

濃度が非常に高い屈曲性高分子溶液では，高分子鎖は互いに高度に絡み合い，分子形態変化も許されなくなる．このような濃厚溶液（あるいは高分子融体）中では，各高分子鎖は図 2.7(b) に示すような仮想的な管の中に閉じ込められており，管の外へ出ようとする方向のブラウン運動（レプテーション運動）のみが許される．このレプテーション運動は 1 次元の拡散過程であり，時刻 t' においてその重心が管の軸に沿った座標 x' に存在していた鎖が，時刻 t に座標 x に存在する条件確率は，やはり発展 2.6 の式(E2.6.1)で与えられる（管の両端が他の鎖で塞がれることはないと仮定する）．これは Gauss 分布の形をしており，Gauss 鎖のときと同様に，平均二乗変位 $\langle (x-x')^2 \rangle$ は $2D_0(t-t')$ で与えられる．ただし，拡散係数 D_0 は Einstein の式(式(2.5.10))より鎖の摩擦係数に逆比例するが，いまは管内の拡散を考えているので，摩擦係数は鎖のセグメント数 n_S に比例すると考えられる．すなわち，$D_0 = D_1/n_S$ と書ける（D_1 は 1 個のセグメントの管内での拡散係数）．この高分子鎖がもとの管から完全に脱出する時間（レプテーション時間）を τ_{rep} とすると，次の比例式が成立するはずである．

$$(b_S n_S)^2 \propto \frac{D_1}{n_S} \tau_{\text{rep}} \quad (2.5.26)$$

ただし，b_S はセグメント長，すなわち $b_S n_S$ は鎖の全長を表す．この式から

$$\tau_{\text{rep}} \propto n_S^3 \quad (2.5.27)$$

が成り立つ．すなわち，管からの脱出時間は分子量の三乗に比例することがわかる．

上のレプテーション運動は曲がった管内の拡散過程であり，管からの脱出時間の間に 3 次元空間内での平均二乗変位は，平均二乗末端間距離 $\langle R^2 \rangle = b_S^2 n_S$ に比例すると考えてよい．したがって，3 次元空間内でのレプテーション運動による自己拡散係数

D_s は，次式で与えられる．

$$\frac{\partial}{\partial t}\Delta c'(\mathbf{r},t) = \nabla\cdot[D\nabla+\zeta^{-1}\nabla U(\mathbf{r})]\Delta c'(\mathbf{r},t) \tag{2.5.29}$$

$$D_\mathrm{s} \propto \frac{b_\mathrm{S}^{\,2} n_\mathrm{S}}{\tau_\mathrm{rep}} \propto \frac{D_1}{n_\mathrm{S}^{\,2}} \tag{2.5.28}$$

すなわち，管モデルに基づく屈曲性高分子鎖の自己拡散係数は，分子量の二乗に逆比例する．

E. 濃厚溶液の相互拡散係数

次に，濃度が不均一な高分子溶液で起こる拡散現象を分子論的に考察しよう．不均一な濃度分布，つまり時刻 t における場所 $\mathbf{r}$ での濃度ゆらぎを高分子鎖の数濃度の平均値からのずれ $\Delta c'(\mathbf{r},t)$ として表す．いま希薄溶液がポテンシャル場 $U(\mathbf{r})$ 中に存在するとき，この濃度ゆらぎは式(2.5.5)を拡張した次の一般化拡散方程式に従う．

$$\frac{\partial}{\partial t}\Delta c'(\mathbf{r},t) = \nabla\cdot[D\nabla+\zeta^{-1}\nabla U(\mathbf{r})]\Delta c'(\mathbf{r},t) \tag{2.5.29}$$

ここで，∇ は微分演算子ナブラ[注16]，ζ は高分子の摩擦係数である．この式の右辺の鍵カッコ内第1項は，式(2.5.5)からわかるように，拡散による高分子の流れを表し，他方，第2項はポテンシャル場による流れを表している．

この拡散方程式を濃厚溶液系に応用することを考える．まず，Einsteinの関係式に基づいて $\zeta^{-1}=D/k_\mathrm{B}T$ とおき，分子間衝突と流体力学的相互作用による拡散の遅延と高分子の拡散流に伴う溶媒の逆流[注17]を考慮するために，拡散係数 D を自己拡散係数 $D_\mathrm{s}(1-\bar{v}c)$ で置き換える（$\bar{v}$ は高分子の部分比容）．さらに，分子間の熱力学的相互作用を分子場 $U(\mathbf{r})$ によって考慮する．1本の高分子鎖をセグメントが連続的に分布する連続密度モデルで表すと，2分子間の相互作用ポテンシャルは次のように書ける．

$$w(\mathbf{r}-\mathbf{r}') = \beta\int d\mathbf{R}\int d\mathbf{s}\int d\mathbf{s}'\rho(\mathbf{s})\rho(\mathbf{s}')\delta[\mathbf{R}-(\mathbf{r}+\mathbf{s})]\delta[\mathbf{R}-(\mathbf{r}'+\mathbf{s}')] \tag{2.5.30}$$

ここで，$\mathbf{r}$ と $\mathbf{r}'$ は相互作用している2本の高分子鎖の重心位置を表すベクトル，$\mathbf{s}$ と $\mathbf{s}'$ はそれぞれの鎖の重心からの距離ベクトル，そして $\mathbf{R}$ は場所 $\mathbf{s}$ と $\mathbf{s}'$ の間の距離ベクトルである（図2.26参照）．また，$\rho(\mathbf{s})$ は重心が $\mathbf{r}$ に位置する高分子鎖に属するセグメントの場所 $\mathbf{s}$ における密度（$\rho(\mathbf{s}')$ についても同様に定義），β はセグメント間の相互作用の強さを表すパラメータである．溶液中の高分子鎖の数濃度を c' とすると，

[注16] ∇ は直交座標系 (x,y,z) において次式で与えられる．
$$\nabla = \mathbf{e}_x\frac{\partial}{\partial x}+\mathbf{e}_y\frac{\partial}{\partial y}+\mathbf{e}_z\frac{\partial}{\partial z}$$
ここで，$\mathbf{e}_x, \mathbf{e}_y, \mathbf{e}_z$ は x, y, z 軸方向の単位ベクトルを表す．

[注17] 高分子の拡散流のみが生じると拡散方向の溶液密度が高くなるので，これを防ぐために溶媒の逆流が起こり，高分子と溶媒間の摩擦が増大する．

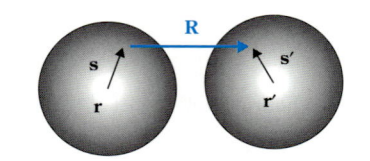

図 2.26 2 本の高分子鎖のセグメント密度

この相互作用ポテンシャルを用いて，分子場は次のように表される．

$$U(\mathbf{r}) = c' \int w(\mathbf{r}-\mathbf{r}')\Delta c'(\mathbf{r}',t)\mathrm{d}\mathbf{r}' \tag{2.5.31}$$

このように，高分子間の相互作用が高分子ダイナミクスに与える影響を分子場で考慮する理論手法を**動的平均場近似**という．

いま，溶液中の不規則な濃度ゆらぎを Fourier 分解し，波数ベクトルが $\mathbf{q}$ である Fourier 成分のみを考慮する．上の分子場を一般化拡散方程式に代入し，両辺を Fourier 変換すると，この Fourier 成分の振幅 $c'_\mathbf{q}(t) \equiv \int \Delta c'(\mathbf{r},t)\exp(-i\mathbf{q}\cdot\mathbf{r})\mathrm{d}\mathbf{r}$ に関する次の微分方程式が得られる．

$$\frac{\partial}{\partial t}c'_\mathbf{q}(t) = -\Gamma c'_\mathbf{q}(t) \tag{2.5.32}$$

ここで，

$$\Gamma \equiv D_\mathrm{s}(1-\bar{v})q^2[1+2A_2 M P(q)c] \tag{2.5.33}$$

である．M は高分子の分子量，A_2 は第 2 ビリアル係数，$P(q)$ は粒子散乱関数である（2.4 節参照）．式 (2.5.31) で与えられる分子場は，2 分子間の相互作用のみを考慮したものであるが，3 分子以上の相互作用も考慮すると，式 (2.5.33) は次のように拡張される．

$$\Gamma \equiv D_\mathrm{s}(1-\bar{v}c)q^2\frac{M}{RT}\frac{\partial \Pi}{\partial c} \tag{2.5.34}$$

式 (2.5.32) の微分方程式を解くと，次の式が得られる．

$$c'_\mathbf{q}(t) = A(\mathbf{q})\exp(-D_\mathrm{m}q^2 t) \tag{2.5.35}$$

ここで，$A(\mathbf{q})$ は積分定数，D_m が相互拡散係数である．D_m は D_s と次の関係にある．

$$D_\mathrm{m} \equiv \frac{\Gamma}{q^2} = D_\mathrm{s}(1-\bar{v}c)\frac{M}{RT}\frac{\partial \Pi}{\partial c} \tag{2.5.36}$$

2.4 節で述べた光散乱において，散乱ベクトルが $\mathbf{q}$ の散乱光は，濃度ゆらぎの波数

ベクトルが同じく **q** である Fourier 成分から生じている．その結果，動的光散乱法で求められる散乱光強度に関する自己相関関数 $g^{(2)}(t)$ は，式(2.4.16)で定義される濃度ゆらぎに関する時間相関関数の Fourier 変換量（中間散乱関数）$S(q,t)$ と関係している．この $S(q,t)$ は上で求めた $c'_\mathbf{q}(t)$ に比例しているので，$[g^{(2)}(t)-1]^{1/2}$ は単一指数関数に従って遅延時間 t とともに減衰し，その減衰速度から式(2.5.34)で与えられる Γ が実験的に求められる．すなわち，動的光散乱法からは自己拡散係数 D_s ではなく，相互拡散係数 D_m が得られる．

自己拡散係数 D_s は，高分子濃度の減少関数であるが，浸透圧縮率の逆数 $\partial\Pi/\partial c$ の高分子濃度依存性は溶媒に依存する．図2.14と図2.15(a)に示したように，良溶媒中では $\partial\Pi/\partial c$ は濃度の増加関数であるのに対し，貧溶媒中では低濃度領域で濃度の減少関数となる．したがって，D_m の高分子濃度依存性は両者のバランスで決まり，増加関数になることも減少関数になることもある．ただし，増加関数になったからといって，自己拡散が速くなったわけではないことに注意されたい．

2.5.3 ■ 実験結果との比較

まず，無限希釈状態の溶液中でのさまざまな高分子の流体力学的半径 R_H について述べる．図2.27には，トルエンおよびシクロヘキサン中のポリスチレン（PS），ヘキサン中のポリ(n-ヘキシルイソシアナート)（PHIC），THF 中のセルロース・トリス（フェニルカルバメート）（CTC），および水中のシゾフィラン三重らせん（SPG）の実験結果を示す（各高分子の化学構造は表2.1参照）．PS と CTC については動的光散乱法から，PHIC と SPG については超遠心法から求められた R_H の結果である．グ

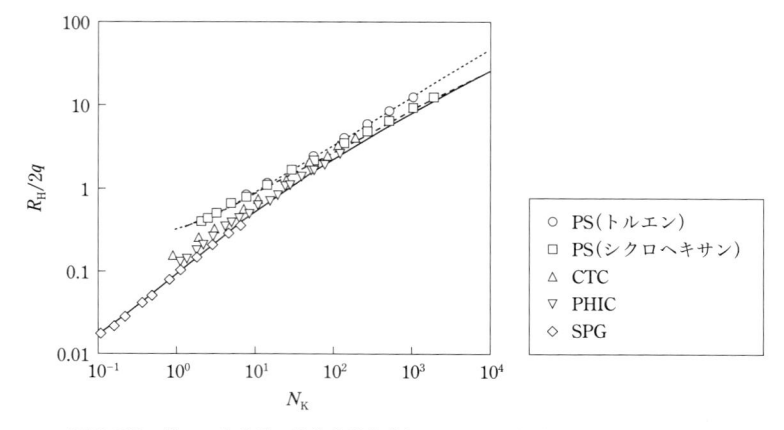

図 2.27 種々の高分子の流体力学的半径の Kuhn の統計セグメント数依存性

2.5 拡散現象

表 2.3 流体力学的半径，固有粘度，および回転半径の計算に用いた分子パラメータ

高分子	溶媒	$(M_b/h)/\text{nm}^{-1}$	q/nm	d/nm	B/nm
PS	トルエン・ベンゼン シクロヘキサン	$350^a, 400^{b,c}$	$1.0^{a,b,c}$	$0.7^a, 0.81^b$	$0.5^{a,b,c}$ $0^{a,b,c}$
CTC	テトラヒドロフラン	$990^{a,b,c}$	$10.5^{a,b,c}$	$1.8^a, 2.2^b$	—
PHIC	ヘキサン	$715^{a,b,c}$	$42^{a,b,c}$	$2.5^a, 1.8^b$	—
SPG	水（0.01M NaOH 水溶液^d）	$2170^{a,b,c}$	$200^{a,b}, 150^c$	$2.6^{a,b}$	—

^{a} 流体力学的半径の計算，^{b} 固有粘度の計算，^{c} 回転半径の計算，^{d} 回転半径の測定に用いた溶媒．

ラフは，R_H を Kuhn の統計セグメント長 $2q$ で割った量を Kuhn の統計セグメント数 N_K に対してプロットしたものであり，N_K には各試料の分子量 M と表 2.3 に掲げた単位経路長あたりの分子量 M_b/h および持続長 q から計算した値を用い（$N_K = M/[2q(M_b/h)]$），縦軸の q には同表に掲げた値を用いた．

図 2.27 は 1 章の図 1.27 で示した回転半径 $\langle S^2 \rangle^{1/2}$ に関するグラフと類似したグラフである．トルエン中での PS 鎖には分子内排除体積効果が働いているが，それ以外の高分子，溶媒では排除体積効果は重要ではないことは，この図 1.27 の丸印以外のすべてのデータ点が非摂動状態に対するみみず鎖の理論線によく従っていることからわかる．しかしながら，図 2.27 の R_H に関するグラフでは，トルエン中での PS に対する丸印以外のデータ点も，特に N_K の小さい領域では 1 本の共通の曲線には乗っていない．これは，非摂動状態の $R_H/2q$ が N_K だけではなく，鎖の太さ d にも依存するためである．

ここでは，2.5.2 項 A. で述べたみみず鎖円筒モデルに基づく R_H の流体力学的計算と比較する．たとえば，水溶液中での SPG とシクロヘキサン中での PS に対しては，計算に必要な $M_b/h, q$，および d として表 2.3 に掲げた値（表中の上付き添え字 a が付いた値）を用いると，同図中の実線と破線が得られ，実測値をよくフィットできている．また，図が煩雑になるので示していないが，PHIC と CTC のデータについても，表 2.3 に掲げた値を用いると，良好なフィットが行えた．表 2.3 からわかるように，R_H の計算に用いた M_b/h と q は，回転半径の計算に用いた値と一致しているか近い値であり，M_b/h と q という高分子鎖の広がりを表す 2 つの物理量がともに，みみず鎖モデルにより首尾一貫して記述できることを実証している．また，図 2.27 の実線と破線が N_K の大きい領域でほとんど重なっていることから，高分子鎖が十分長くなれば，$R_H/2q$ は N_K だけの関数とみなすことができ，d は重要でなくなることを示している．

図 2.27 中の丸印（トルエン中の PS）は，N_K の大きい領域でも非摂動状態のみみず鎖円筒の理論線（実線および破線）には漸近していない．これは，分子内排除体積

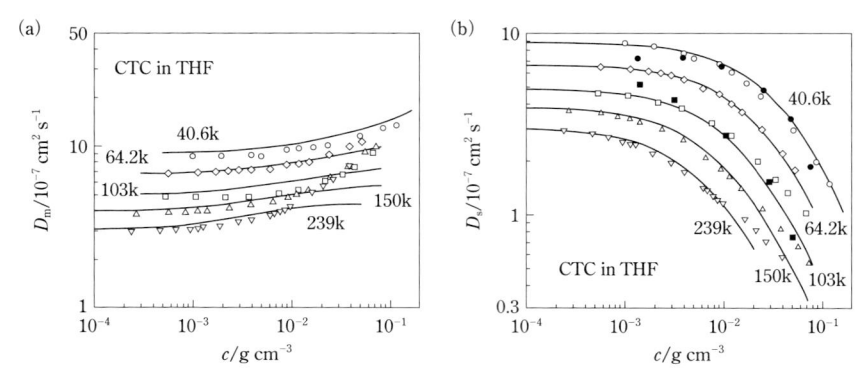

図 2.28 CTC の THF 溶液の相互および自己拡散係数の濃度依存性

効果のためである．1.4.2 項で述べた排除体積効果の理論を流体力学的半径の計算にも応用することで，式 (2.5.15) で定義される R_H に関する膨張因子 α_H は修正排除体積パラメータ $\tilde{z}$ の関数として計算されている．式 (1.4.23) 中の排除体積強度パラメータ B の値として，1 章の回転半径の計算のときと同じ 0.5 nm を用いて $\tilde{z}$，α_H，R_H を計算すると，図 2.27 中の点線が得られ，実測値とよく一致する．点線と破線のずれが，図 1.27 のときよりも小さいのは，R_H が測定された N_K の範囲が狭いからである．

次に濃厚溶液の拡散現象を考察する．図 2.28(a) には，分子量が異なる CTC の THF 溶液の希薄溶液からかなり高濃度の溶液について動的光散乱法より求められた相互拡散係数 D_m の濃度依存性を示す．濃度の増加に伴い D_m はゆるやかに増加しており，その依存性は高分子量試料ほどより低濃度から増加し始めている．式 (2.5.36) からわかるように，D_m には浸透圧縮率の逆数 $\partial\Pi/\partial c$ がかかっている．CTC の THF 溶液に対する $\partial\Pi/\partial c$ の実測値は，図 2.14(b) に示した．この結果を利用して，D_m から自己拡散係数 D_s を求めると，図 2.28(b) の白抜きシンボルのデータ点が得られる（溶媒の逆流の効果も実測の部分比容 $\bar{v}$ を用いて補正した）．また，分子量 40.6k と 103k の CTC の THF 溶液については，パルス磁場勾配核磁気共鳴法を用いて直接測定した D_s である．その結果は，図 2.28(b) の黒丸と黒四角で示した．分子量 103k の高濃度領域におけるデータを除いて，静的光散乱法と動的光散乱法を組み合わせて求めた白丸と白四角の結果とほぼ一致している．103k 試料の高濃度域での黒四角と白四角のずれは，前項 E. で述べた動的平均場近似を用いて得られる式 (2.5.36) が，屈曲性が高く濃度も高い高分子溶液に対しては成立していないことを示唆している．ただし，濃厚高分子溶液の相互拡散係数と自己拡散係数の関係については，まだ十分な実験データが収集されておらず，現段階では明確な結論を得るに至っていない．

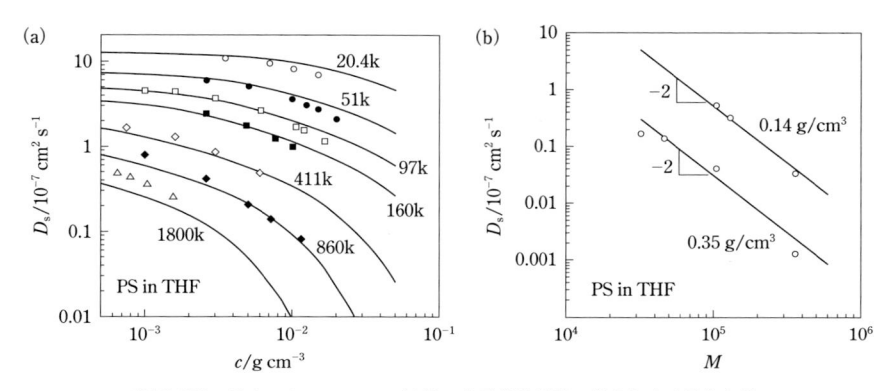

図 2.29 ポリスチレンの THF 溶液の自己拡散係数の濃度と分子量依存性

　図 2.28(b) 中の実線は，前項 C. で述べたファジー円筒モデルに基づく自己拡散係数の理論から計算した D_s の結果を表している．ただし，計算に必要なファジー円筒の長さ L_e と太さ d_e，および無限希釈状態での拡散係数と固有粘度 $[\eta]$ は表 2.3 に示した CTC に対するみみず鎖円筒モデルのパラメータを用いて計算し，ファジー円筒と臨界空孔との相似比 λ^* としては 0.04，分子間流体力学的相互作用の強さを表すパラメータとしては $k'_{\mathrm{H},\parallel}=0.28$，$k'_{\mathrm{H},\perp}=0.47$ を選んだ．各実線は，$D_s > 1\times 10^{-7}$ cm^2/s の実験データとよく一致しており，濃度がそれほど高くない領域での CTC の拡散係数は，ファジー円筒モデルによってうまく記述されていることがわかる．図 2.28(a) 中の実線は，図 2.14(b) に示した CTC の THF 溶液に対する $\partial\Pi/\partial c$ の理論値とファジー円筒モデルに基づく D_s の理論値を組み合わせて計算した相互拡散係数 D_m の理論値で（$\bar{v}$ には実測値を用いた），対応する濃度領域で実験結果とよく一致している．これより，D_m の高分子濃度に対する弱い依存性は，濃度の増加関数である $\partial\Pi/\partial c$ と減少関数である D_s が相殺された結果であるといえる．図 2.28(b) に示した高分子量の 3 つの CTC 試料についての実験データ点は理論線よりも上にずれており，(b) においても同じ試料に対する白抜きのデータ点は理論線よりも上にずれている．これは，屈曲性の高い高分子の高濃度下での自己拡散現象は，ファジー円筒モデルでは記述できないことを示唆している．しかしながら，図 2.28(b) における，分子量 103k の試料に対する黒丸が，対応する理論線に従っているように見えることから，D_m の理論と実験のずれの一部は式 (2.5.36) に原因があるのかもしれない．

　図 2.29(a) には，典型的な屈曲性高分子であるポリスチレン（PS）の THF 中での D_s の高分子濃度依存性を示す．ただし，D_s は動的光散乱法により得た D_m の値と，繰り込み群理論から得られた式 (2.2.24) から計算した $\partial\Pi/\partial c$ の理論値から求めた値で

ある.また,実線は図 2.28 と同じ方法でファジー円筒モデルを用いて計算した D_s の理論値である.(λ^*,$k'_{\mathrm{H},\|}$,$k'_{\mathrm{H},\perp}$ にも同じ値を用いた.ただし,分子内排除体積効果を考慮に入れて L_e と d_e を求めた.)各試料とも測定濃度範囲が広くないが,分子量 1800k の試料を除き,対応する理論線にほぼ従っているように見える.

図 2.29(b) には,同じ PS の THF 溶液について強制 Rayleigh 散乱法(微量の蛍光色素によってラベル化した試料を用いた自己拡散係数測定法)によって測定した D_s の分子量依存性を示す.測定濃度は図 2.29(a) よりもずっと高い.図中の実線は,式 (2.5.28) で与えられた管モデルから予想される D_s の分子量依存性で,2 つの濃度におけるデータ点はほぼ傾き -2 の直線に従っている.この結果は,高濃度領域での屈曲性高分子の絡み合い効果は管モデルによって記述できることを示している.

2.6 ■ 粘　性

高分子溶液の特徴の 1 つは,粘度の強い高分子濃度依存性である.Staudinger はその点に注目し,高分子の分子量測定法がまだ確立していなかった時代に,希薄溶液粘度の濃度依存性を分子量測定に利用することを提案した.また,その特徴を生かして,高分子はさまざまな製品の増粘剤,レオロジーコントロール剤として利用されている.

2.6.1 ■ ずり流動

鉛直に立てた断面が半径 a の円であるまっすぐな毛細管内の定常的な流れを考える.図 2.30 に示すように,毛細管上部に液溜を取り付け,そこに液体を注ぐと,その液体は毛細管内を定常的に流下する.流れを引き起こすのは液体にかかる重力である.液体の上下両端にかかる圧力差を ΔP とし,毛細管の中心軸からの動径距離を r,毛細管の長さを l とすると,毛細管内での液体の流速 v は次の式で与えられる.これ

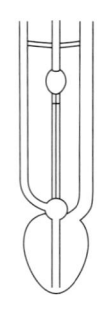

図 2.30　毛細管粘度計

をHagen-Poiseuille流と呼ぶ．

$$v = \frac{\Delta P}{4\eta l}(a^2 - r^2) \tag{2.6.1}$$

ここで，ηは液体の粘性係数と呼ばれる物理量で，高粘性の液体ほどηは大きく，流速vは遅くなる．単位時間あたりに毛細管から流れ出る液体量qは

$$q = \int_0^a v \cdot 2\pi r \mathrm{d}r = \frac{\pi a^4 \Delta P}{8\eta l} \tag{2.6.2}$$

で与えられ，逆に一定量Qの液体が毛細管から流れ出るのに必要な時間（流下時間）tは次の式で与えられる．

$$t = \frac{Q}{q} = \frac{8lQ}{\pi a^4 \Delta P}\eta \tag{2.6.3}$$

すなわち，流下時間は液体の粘性係数ηに比例する．毛細管粘度計はこの式を利用してηの測定を行っている．

Hagen-Poiseuille流の場合，流れの速度勾配（ずり速度）$\dot{\gamma}$は

$$\dot{\gamma} \equiv \frac{\mathrm{d}v}{\mathrm{d}r} = \frac{\Delta P}{2\eta l}r \tag{2.6.4}$$

となり，毛細管の中心ではゼロで，中心から離れるほど大きくなる．これに対して，速度勾配が一定の流れを単純ずり流動と呼ぶ．図2.31に示すように，2枚の平行な平板の間に流体を挟み，上の平板を速度vでずらすと，単純ずり流動が生じる（平板の4隅から液体が漏れることはないと想定している）．このときの速度勾配$\dot{\gamma}$は，板の間隔をdとすると，v/dである．このずり流動を引き起こすには，上の平板に力Fをかける必要がある．ニュートン流体の場合，このFはvに比例するとともに，平板の面積Aに比例し，また板の間隔dに反比例する．すなわち，次の式が成立する．

$$F = \frac{\eta v A}{d} \tag{2.6.5}$$

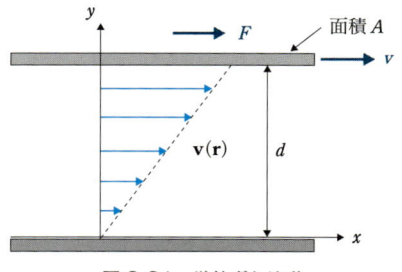

図2.31 単純ずり流動

ここで，比例係数 η は式(2.6.3)と同じ粘性係数である．式中の A と d は，実験条件に依存する物理量である．いま，物理量 F/A を**応力**と定義して σ で表し，上で定義した速度勾配 $\dot{\gamma}$（より一般的には歪み速度と呼ぶ）を使うと

$$\sigma = \eta \dot{\gamma} \tag{2.6.6}$$

と書ける．この式は，実験条件に依存するパラメータを含まない流動に関するより基本的な式である．この式を粘性係数 η の定義式とみなすことができる．高分子溶液の場合，ずり速度 $\dot{\gamma}$ を高くしていくと η が $\dot{\gamma}$ に依存するようになる．このような現象を非ニュートン粘性と呼ぶ．本章では十分ずり速度が低いニュートン粘性のみを取り扱う．特に，そのような条件下での粘性係数を**ゼロずり粘度**と呼ぶ．

外力 F は，平板を単位時間あたり v だけ移動させる．これによって，溶液は単位時間に Fv だけの仕事を受けることになり，得られたエネルギーは溶液内部の摩擦によって消費される．この仕事によって，溶液が単位時間・単位体積あたりに受けるエネルギー量（すなわち，単位体積の溶液内部における単位時間あたりの摩擦エネルギー）w は次式で与えられる．

$$w = \frac{Fv}{Ad} = \eta \dot{\gamma}^2 \tag{2.6.7}$$

ただし，この式には純溶媒の摩擦エネルギーは考慮されていない．

3次元的な単純ずり流動は，場所 $\mathbf{r}$ での流速を $\mathbf{v}(\mathbf{r})$ とおくと次の式で表せる．

$$\mathbf{v}(\mathbf{r}) \equiv \begin{pmatrix} v_x \\ v_y \\ v_z \end{pmatrix} = \begin{pmatrix} 0 & \dot{\gamma} & 0 \\ 0 & 0 & 0 \\ 0 & 0 & 0 \end{pmatrix} \mathbf{r} = \begin{pmatrix} 0 & \dot{\gamma} & 0 \\ 0 & 0 & 0 \\ 0 & 0 & 0 \end{pmatrix} \begin{pmatrix} x \\ y \\ z \end{pmatrix} \tag{2.6.8}$$

式中の行列を歪み速度テンソルと呼ぶ．流体中の任意の点 $\mathbf{r}_0$ 上から流体の流れに乗って近傍の流体の流れを観察すると，そのときの流速は次の式から2つの流れの合成とみなすことができる．

$$\mathbf{v}(\mathbf{r}) - \mathbf{v}(\mathbf{r}_0) = \begin{pmatrix} 0 & \frac{1}{2}\dot{\gamma} & 0 \\ \frac{1}{2}\dot{\gamma} & 0 & 0 \\ 0 & 0 & 0 \end{pmatrix} (\mathbf{r} - \mathbf{r}_0) + \begin{pmatrix} 0 & \frac{1}{2}\dot{\gamma} & 0 \\ -\frac{1}{2}\dot{\gamma} & 0 & 0 \\ 0 & 0 & 0 \end{pmatrix} (\mathbf{r} - \mathbf{r}_0) \tag{2.6.9}$$

図2.32に示すように，右辺の第1項目は xy 平面の右45°方向に引き伸ばされる流れ，第2項目は時計回りに角速度 $\dot{\gamma}/2$ で回転する流れを表す．流体が希薄高分子溶液の場合，重心位置が $\mathbf{r}_0$ にある高分子鎖は，溶液中でこれら2種類の流れを感じる．前者

2.6 粘 性

> ● **コラム　乱流と高分子**
>
> 　本節ではゆっくりとした流動のみを考察するが，流動が高速になると，乱流と呼ばれる不規則な流れが生じ，図 2.31 に示した単純ずり流動のような規則的な流れではなくなる．乱流が生じると，効率的な流れが妨げられる．たとえば，消火のための放水が高くまで届かなくなる，冷却水の循環が非効率的になるなどの現象が生じる．このとき，ごく少量の水溶性高分子を水に溶解させると，乱流を防止することができる．少量の高分子の添加によって溶媒の粘度が下がったように見えるこの現象は，高分子は増粘剤として利用されるものという常識とは逆である．理論的な取り扱いが困難なこの乱流防止現象は，実用的には非常に重要な現象である．

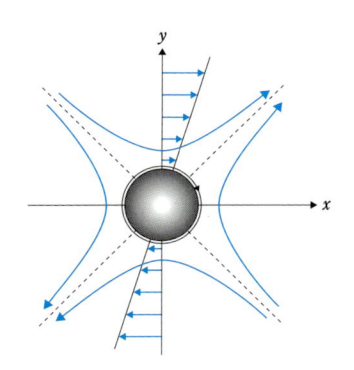

図 2.32　単純ずり流動の回転成分と変形成分

の引き伸ばしは鎖の形態変化をもたらすが，鎖は形態エントロピーが最小の状態に戻ろうとするので，溶液が希薄ならばそれほど変形しない（濃厚溶液や融体の場合は，鎖が互いに絡み合っているので，その変形が重要となる；2.6.3 項 B. を参照）．他方，後者の回転流れは，高分子鎖の回転を引き起こす．絡み合いのない高分子溶液の粘性の起源は，この各高分子鎖の回転運動である．

2.6.2 ■ 希薄溶液の粘度

　高分子溶液の濃度が希薄な場合，ずり流動している溶媒中で各高分子鎖はほぼ独立に回転していると考えられる．理論的な取り扱いが容易なこの希薄溶液について，まず考察する．

A. 固有粘度

高分子溶液の粘度は,かなり希薄な領域でも非線形的であり,次のような現象論的な式で表される.

$$\eta = \eta_s + [\eta]c + k'([\eta]c)^2 + \cdots \qquad (2.6.10)$$

ここで,η_s は溶媒の粘性係数,c は高分子の質量濃度を表し,c に対して1次の項の係数 $[\eta]$ は**固有粘度**,2次項の係数 k' は **Huggins 係数**と呼ばれる[注18]. 高分子の分子量や鎖の溶液中での広がりは $[\eta]$ に反映されるので,$[\eta]$ は高分子試料の特性量として,高分子科学の黎明期から用いられてきた[注19]. 実験的には,相対粘度 $\eta_r \equiv \eta/\eta_s$ あるいは比粘度 $\eta_{sp} \equiv \eta_r - 1$ を用いて,次の式から $[\eta]$ と k' を決定する.

$$\frac{\eta_{sp}}{c} \equiv \frac{\eta - \eta_s}{\eta_s c} = [\eta] + k'[\eta]^2 c + \cdots, \quad \frac{\ln \eta_r}{c} = [\eta] + \left(k' - \frac{1}{2}\right)[\eta]^2 c + \cdots \quad (2.6.11)$$

すなわち,c に対して η_{sp}/c をプロットしたグラフ(Huggins プロット)あるいは c に対して $(\ln \eta_r)/c$ をプロットしたグラフ(Mead-Fuoss プロット)の切片と初期勾配より $[\eta]$ と k' を求める.ただし,この式において c^3 以上の高次項を無視するには,相当薄い濃度で測定する必要がある.

固有粘度 $[\eta]$ から分子量 M を求めるには,両者の関係が必要である.Staudinger は両者に比例関係が成立すると主張したが,その後の研究でこの Staudinger の粘度式は正しくなく,多くの高分子の $[\eta]$ に対して次のべき乗則が成立することが明らかとなった.

$$[\eta] = KM^a \qquad (2.6.12)$$

ここで,K と a は高分子と溶媒の組み合わせごとに定まった定数であり,上式を **Mark-Houwink-桜田の式**という.

B. 固有粘度の流体力学的計算

ずり流動中に存在する1本の高分子鎖を考える(図2.33(a)).その重心は溶媒とともに移動しているので,重心上から溶媒と高分子鎖の運動を観測することは,式(2.6.8) で与えられる溶媒の流れの中で座標原点に高分子鎖の重心を置いて運動を観測することと等価になる.そして重心から観測したときには,高分子鎖は上述のように時計回

[注18] 歴史的には k' を Huggins 定数と呼んでいたが,その値は高分子や溶媒の種類によって変化するので,ここでは Huggins 係数という呼び名を用いる.
[注19] 昔は c を g/dL という単位で表していたので,$[\eta]$ の数値は現在使われている g/cm^3 の濃度単位のときの 1/100 となる.古い文献を読むときは注意が必要である.

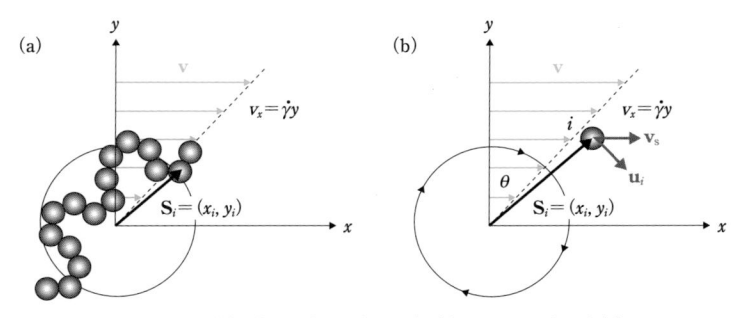

図 2.33 単純ずり流動中の高分子鎖 (a) と 1 つのビーズ (b)

りに角速度 $\dot{\gamma}/2$ で回転する溶媒の流れに従って回転している．いま，高分子鎖の中の 1 つのビーズ（摩擦点）i のみを考察する（図 2.33(b)）．とりあえず，他のビーズの運動による溶媒の流れの影響（流体力学的相互作用）は無視する．ビーズ i が存在する位置 $S_i = (x_i, y_i, z_i)$ での溶媒の流速ベクトル v_s とビーズの速度ベクトル u_i は次の式で与えられる．

$$\mathbf{v}_S = \begin{pmatrix} 0 & \dot{\gamma} & 0 \\ 0 & 0 & 0 \\ 0 & 0 & 0 \end{pmatrix} \begin{pmatrix} x_i \\ y_i \\ z_i \end{pmatrix}, \quad \mathbf{u}_i = \begin{pmatrix} 0 & \frac{1}{2}\dot{\gamma} & 0 \\ -\frac{1}{2}\dot{\gamma} & 0 & 0 \\ 0 & 0 & 0 \end{pmatrix} \begin{pmatrix} x_i \\ y_i \\ z_i \end{pmatrix} \quad (2.6.13)$$

よって，溶媒がビーズ i に及ぼす摩擦力 $\mathbf{F}'_i$ は次の式で与えられる[注20]．

$$\mathbf{F}'_i = \zeta^\circ (\mathbf{v}_S - \mathbf{u}_i) = \frac{1}{2}\dot{\gamma}\zeta^\circ \begin{pmatrix} y_i \\ x_i \\ 0 \end{pmatrix} \quad (2.6.14)$$

ただし，ζ° はビーズの摩擦係数である．単位時間あたりにこの摩擦力によって消費されるエネルギー散逸量は $\mathbf{F}'_i \cdot \mathbf{v}_S$ であり，したがって，ずり流動している高分子溶液中で消費されるエネルギー散逸量の合計は単位体積あたり次式のようになる．

$$w = \frac{1}{2}\zeta^\circ \dot{\gamma}^2 c' \sum_{i=1}^{n_b} y_i^2 \quad (2.6.15)$$

これを式 (2.6.7) と比較すると，高分子溶液の粘性係数は次の式から計算されることが

[注20] 2.5.2 項 A. で述べた高分子鎖の摩擦係数（拡散係数）の考察において登場したビーズ i に印加された外力 $\mathbf{F}_i$ は，この $\mathbf{F}'_i$ とは逆向きである．

わかる．

$$\eta = \eta_s + \frac{1}{2}\zeta°c'\sum_{i=1}^{n_b} y_i^2 \tag{2.6.16}$$

ただし，純溶媒の粘性項を加えた．この式を濃度 c の2次以上の項を無視した式(2.6.10)に代入すると，次の式が得られる．

$$[\eta] = \frac{\zeta° N_A}{2\eta_s M}\sum_{i=1}^{n_b} y_i^2 \tag{2.6.17}$$

高分子鎖が Gauss 鎖である場合，上式におけるビーズの y 座標の二乗和は，形態に関する統計平均とすると $(n_b d_b)^2/18$ となり，これを式(2.6.17)に代入すると，式(2.6.10)で定義される固有粘度 $[\eta]$ は次の式から得られる．

$$[\eta] = \frac{\pi N_A d^3 n_b^2}{12M} \quad (\text{流体力学的相互作用を無視}) \tag{2.6.18}$$

ただし，$\zeta° = 3\pi\eta_s d_b$ とした．ビーズ間の流体力学的相互作用を考慮した $[\eta]$ の定式化は Kirkwood と Riseman によって行われ（発展 2.7 参照），次のような結果が得られている．

$$[\eta] = \Phi \frac{d^3 n_b^{3/2}}{M} = 6^{3/2}\Phi\frac{\langle S^2 \rangle^{3/2}}{M} \tag{2.6.19}$$

Φ は Flory の粘度定数と呼ばれ，理論計算の結果では 2.87×10^{23}（$= 0.477 N_A$）である．流体力学的相互作用を考慮することにより，$[\eta]$ の分子量依存性が変化していることに注意されたい（$[\eta] \propto M$ から $[\eta] \propto M^{1/2}$）．流体力学的相互作用は固有粘度に重大な影響をもたらす．したがって，Mark-Houwink-桜田の粘度指数は，Gauss 鎖の場合 0.5 である．

● 発展 2.7　　Kirkwood–Riseman 理論—固有粘度

ビーズ間の流体力学的相互作用を考慮した場合，ずり流動している単位体積中の高分子溶液で消費されるエネルギー散逸量の合計 w と固有粘度 $[\eta]$ は，式(2.6.15)および(2.6.17)の代わりに，溶媒がビーズ i に及ぼす摩擦力の x 成分 $F'_{i,x}$ を用いて次の式で表される．

$$w = \dot{\gamma}c'\sum_{i=1}^{n_b}\langle F'_{i,x} y_i\rangle, \quad [\eta] = \frac{N_A}{\dot{\gamma}\eta_s M}\sum_{i=1}^{n_b}\langle F'_{i,x} y_i\rangle \tag{E2.7.1}$$

前節で述べたように，ずり流動している希薄溶液中で各高分子鎖はその重心（抵抗中

心）の回りを角速度 $\dot{\gamma}/2$ で回転している．したがって，ビーズ i の重心に対する相対的な運動は

$$\mathbf{u}_i = \frac{1}{2}\dot{\gamma}(\mathbf{S}_i \times \mathbf{e}_z) \quad (\text{E2.7.2})$$

で表される．ここで，$\mathbf{e}_z$ は z 軸方向の単位ベクトルである．他方，鎖の重心は溶媒と同じ速度で並進運動し，ビーズ i の位置 $\mathbf{S}_i$ での溶媒は重心位置での流れに対して

$$\mathbf{v}^\circ(\mathbf{S}_i) = \dot{\gamma} y_i \mathbf{e}_x \quad (\text{E2.7.3})$$

で表される相対速度で本来は流れているが，高分子溶液中では回転運動している高分子鎖中の各ビーズが溶媒に及ぼす摩擦力によって溶媒の流れは乱される．この流体力学的相互作用の効果を考慮に入れると，溶媒の相対流れは次式で記述される（希薄な極限では，他の鎖からの溶媒の流れによる摂動は考えなくてよい）．

$$\mathbf{v}(\mathbf{S}_i) = \mathbf{v}^\circ(\mathbf{S}_i) + \sum_{j \neq i} \mathbf{T}(\mathbf{S}_j - \mathbf{S}_i) \cdot \mathbf{F}'_j \quad (\text{E2.7.4})$$

溶媒が各ビーズに及ぼす摩擦力 $\mathbf{F}'_i$ は，次式で与えられる．

$$\mathbf{F}'_i = \zeta[\mathbf{v}(\mathbf{S}_i) - \mathbf{u}_i] \quad (\text{E2.7.5})$$

この式に，式 (E2.7.2) と (E2.7.4) を代入し，両辺に $(\mathbf{S}_k \cdot \mathbf{e}_y)\mathbf{e}_x$ を内積して鎖の形態に関する統計平均をとると，$(\mathbf{F}'_i \cdot \mathbf{e}_x)(\mathbf{S}_k \cdot \mathbf{e}_y)$ $(i, k = 1 - n_b)$ に関する以下の n_b^2 元連立方程式が得られる．

$$\langle(\mathbf{F}'_i \cdot \mathbf{e}_x)(\mathbf{S}_k \cdot \mathbf{e}_y)\rangle = \frac{1}{2}\zeta\dot{\gamma}\langle(\mathbf{S}_i \cdot \mathbf{e}_y)(\mathbf{S}_k \cdot \mathbf{e}_y)\rangle + \frac{\zeta}{6\pi\eta_s}\sum_{j \neq i}\left\langle\frac{1}{R_{ij}}\right\rangle\langle(\mathbf{F}'_j \cdot \mathbf{e}_x)(\mathbf{S}_k \cdot \mathbf{e}_y)\rangle \quad (\text{E2.7.6})$$

ただし，Oseen テンソルについては先述の前平均近似を用いた．式中の j に関する和を積分で置き換えると積分方程式となり，その解 $(\mathbf{F}'_i \cdot \mathbf{e}_x)(\mathbf{S}_i \cdot \mathbf{e}_y)$ を式 (E2.7.1) の第 2 式に代入すると固有粘度が計算される．発展 2.5 で述べた回転摩擦係数を計算するための積分方程式（式 (E2.5.6)）との類似性に注意されたい．

次に棒状分子の場合の計算を紹介する．まず流体力学的相互作用を無視すると，式のビーズの y 座標の二乗和は，棒の向きに関する等方平均をとって $d_b^2 n_b^3/12$ となり，高分子と溶媒との摩擦に起因する粘性係数は次のようになる．

$$\eta - \eta_s = \frac{\pi\eta_s(n_b d_b)^3}{8}c' \quad (\text{流体力学的相互作用を無視}) \quad (2.6.20)$$

ビーズ間の流体力学的相互作用を考慮した η の定式化は，やはり Kirkwood と

Riseman によって行われ，次の式が得られている（$L = n_b d_b$）．

$$\eta - \eta_s = \frac{\pi \eta_s L^3}{90 \ln(L/d_b)} c' \qquad (2.6.21)$$

上の議論では，棒状分子を巨視的な粒子として取り扱ったが，実際には棒状分子は並進および回転のブラウン運動を行っている．（上の計算で，棒の向きに関して等方平均をとったが，これは暗に回転ブラウン運動を想定していた．）この棒状分子の回転ブラウン運動を正しく考慮したのが Kirkwood の一般論である．この理論は，任意の形状の高分子鎖のすべての自由度の運動性を規定する確率密度関数 P に対する拡散方程式を，Riemann 空間内の一般化曲線座標を用いて記述し，その解から高分子鎖のブラウン運動（内部自由度に関するミクロブラウン運動も含めて）を予想するというものである．数学的複雑性もあり，その理論の詳細は文献[7]に譲り，ここでは回転ブラウン運動の粘度への寄与のエッセンスのみを簡単に説明する．

まず，棒状分子の溶液に回転ブラウン運動よりもずっと速いずり流動を瞬間的に印加すると，式(2.6.9)で与えられる xy 平面内の 45°方向に溶液を引き伸ばそうとする流れによって棒状分子は配向する．このとき，溶液内には分子配向に伴うエントロピー弾性が生じ，ずり変形を起こす前の状態に戻ろうとする．その後に流れを止めると，棒状分子は回転ブラウン運動によりもとの等方的な状態に戻り，エントロピー弾性も消失する．定常ずり流動下でも，この棒状分子の配向化と回転緩和は継続的に起こっているはずで，エントロピー弾性力が棒状分子溶液内に生じ続けている．すなわち，棒状分子溶液は純粘性体ではなく粘弾性体としてふるまっているはずである（発展 2.8 参照）．上の固有粘度計算では，このうちの弾性効果を考慮していなかった．

このエントロピー弾性項を加えた溶液の粘性係数は，Kirkwood と Auer によって Kirkwood の一般論から次のように与えられた．

$$\eta - \eta_s = \frac{2\pi \eta_s L^3 c'}{45 \ln(L/d_b)} \qquad (2.6.22)$$

この式では，回転拡散係数 D_r に対する Einstein の関係式を利用している．回転ブラウン運動を考慮していない式(2.6.21)との違いに注意されたい．棒状分子溶液の粘度において，回転ブラウン運動は重要な役割を担っている[注21]．これを固有粘度の式に代入すると次の式が得られる．

[注21] これに対して，屈曲性高分子溶液の粘度における高分子鎖の回転ブラウン運動や内部運動（ミクロブラウン運動）の効果は，バネービーズモデル（Zimm モデル）によって考慮された．その結果は，同効果が考慮されていない Kirkwood−Riseman 理論の結果とほとんど違いがなく，屈曲性高分子溶液の場合には，ブラウン運動の粘度への寄与は重要でないことがわかっている．

$$[\eta] = \frac{2\pi N_A L^3}{45 M \ln(L/d_b)} \quad (2.6.23)$$

この $[\eta]$ の分子量依存性は,対数項を含んでいるので,厳密には Mark-Houwink-桜田の式は成立しないが,近似的には $M^{1.7}$ に比例している.Gauss 鎖に対する $[\eta]$ よりも,その分子量依存性が強いことに注意されたい.

以下ではすでに 2.5.2 項 A. で予告した,固有粘度と式(2.5.16)で定義される回転摩擦係数 ζ_r との関係についてふれる.Gauss 鎖と棒状分子の場合は,前節の式(2.5.17)および式(2.5.18)と本節の式(2.6.19)および式(2.6.23)より

$$[\eta] = \frac{N_A \zeta_r}{4\eta_s M} \ (\text{Gauss 鎖}), \quad [\eta] = \frac{2 N_A \zeta_r}{15 \eta_s M} \ (\text{棒状分子}) \quad (2.6.24)$$

という単純な関係がある.これは,高分子溶液の粘度が高分子鎖のずり流動場における回転運動と関係しているためである(数学的には,発展 2.5, 2.7 の式(E2.5.6)と(E2.7.6)の類似性による).

最後に固有粘度に対する排除体積効果について概説する.この効果の固有粘度への寄与は,回転半径や流体力学的半径と同様に,排除体積効果を受けた高分子鎖の固有粘度 $[\eta]$ と非摂動状態の固有粘度 $[\eta]_0$ を使って定義される次の膨張因子 α_η で表される.

$$\alpha_\eta^3 = \frac{[\eta]}{[\eta]_0} \quad (2.6.25)$$

回転半径や流体力学的半径の膨張因子と同様に,排除体積効果の理論から,α_η は排除体積パラメータ z(式(1.4.19)参照)あるいは高分子鎖の剛直性を考慮に入れた修正排除体積パラメータ $\tilde{z}$(式(1.4.23)参照)の関数として与えられている.詳細は文献[8]を参照されたい.

● 発展 2.8 　高分子溶液の粘弾性現象

　高分子溶液は,本質的に液体の性質である粘性と固体的性質である弾性の両方をもち合わせている粘弾性体である.この粘弾性現象を理論的に取り扱う際には,液体としての取り扱いと固体としての取り扱いの両方が存在する.2.6.2 項 B. での取り扱いは,高分子溶液を液体として見た取り扱いであった.これに対して,高分子溶液を固体とみなす取り扱いも存在する.

　物質の弾性的性質は,剛性率(ずり弾性率)G で特徴づけられる.図 2.31 に示したずり流動をずり速度無限大で行い,ずり歪みが γ になったところで停止したとする.

このずり変形直後のずり応力の弾性成分（弾性応力）σ_{els} は，$\sigma_{els}=G\gamma$ で表される．高分子溶液は粘弾性体なので，変形後に時間が経過すれば応力は緩和し，十分時間が経過すれば応力はゼロとなる．この応力緩和は，剛性率に時間依存性を導入して，次式で表される．

$$\sigma_{els} = G(t)\gamma \tag{E2.8.1}$$

この関数 $G(t)$ を緩和剛性率と呼ぶ．

　高分子溶液が $\dot{\gamma}$ の一定ずり速度で定常的に流動している場合の弾性応力は，上式を応用して次の式で表されるはずである（Boltzmann の重畳原理）．

$$\sigma_{els} = \int_{-\infty}^{0} G(-t')\dot{\gamma}\,dt' = \dot{\gamma}\int_{0}^{\infty} G(t)\,dt \tag{E2.8.2}$$

すなわち，弾性応力に起因する粘性係数 η_{els} は $G(t)$ を用いて，次の式で関係づけられる．

$$\eta_{els} = \frac{\sigma}{\dot{\gamma}} = \int_{0}^{\infty} G(t)\,dt \tag{E2.8.3}$$

高分子溶液の全粘性係数は，この η_{els} に純溶媒の粘性係数（溶媒内部の摩擦に起因する成分）および溶媒と高分子間の摩擦に起因する粘性応力成分が加わる．

　棒状高分子の希薄溶液に対しては，Kirkwood と Auer によって次式が定式化されている．

$$G(t) = \frac{3}{5}c'k_{B}T\exp(-6D_{r}t) \tag{E2.8.4}$$

また，屈曲性高分子の希薄溶液に対しては，バネ－ビーズモデルに基づいた Zimm の計算から，次式が得られている．

$$G(t) = c'k_{B}T\sum_{p=1}^{\infty}\exp\left(-\frac{t}{\tau_{p}}\right) \tag{E2.8.5}$$

ただし，

$$\tau_{p} = \frac{\eta_{s}\langle R^{2}\rangle^{3/2}}{\sqrt{3\pi}k_{B}Tp^{3/2}} \tag{E2.8.6}$$

である．

　高分子溶液の粘度には，この η_{els} に加えて，溶媒内部の摩擦に起因する粘度項と溶媒－高分子間の摩擦に起因する粘度項が存在する．摩擦に起因する粘度項は流動を止めた瞬間にゼロとなるので，$G(t)$ には含まれていない．

2.6.3 ■ 濃厚溶液のゼロずり粘度

　高分子の濃度を高くしていくと，2.1.3項の図2.7(a)に示したように，高分子鎖が回転しようとするとき，まわりの高分子鎖と衝突して回転が妨げられる．また，直接衝突しなくても，鎖間の流体力学的相互作用によって，やはり回転運動は遅くなる．高分子濃厚溶液における粘度の増加は，こうした各高分子鎖の回転運動の困難さによってもたらされる．

A. ファジー円筒モデルに基づく溶液粘度の定式化

　図2.7(a)に示したように，みみず鎖円筒の集合を（回転緩和時間よりも短い）ある時間にわたって時間平均すると，ファジー円筒の集合とみなせるようになる．まず，このファジー円筒の濃厚溶液の粘性係数（ゼロずり粘度）η と同溶液中でのファジー円筒の回転運動の関係を定式化しよう．

　まず，上述の希薄溶液に対する Kirkwood と Auer の粘度表式についてもう少し考察する．式(2.6.21)と(2.6.22)の比較より，棒状分子溶液の粘性係数のエントロピー弾性項（弾性応力粘度）η_{els} は次の式で与えられる（発展2.8の式(E2.8.3)と(E2.8.4)も参照）．

$$\eta_{\text{els}} = \frac{\pi \eta_s L^3 c'}{30 \ln(L/d_b)} = \frac{\zeta_r}{10} c' = \frac{k_B T}{10 D_r} c' \quad (2.6.26)$$

ただし，第2式には前節で述べた回転摩擦係数の結果を用い，第3式には回転拡散係数に関する Einstein の関係式を用いた．エントロピー弾性項が D_r に逆比例するのは，エントロピー弾性が持続する時間の目安である回転緩和時間が $1/2D_r$ で与えられるためである．これに対応して，式(2.6.21)で与えられる粘性係数のエントロピー弾性項以外の部分（粘性応力粘度）η_{vis} は

$$\eta_{\text{vis}} = \frac{\zeta_r}{30} c' = \frac{k_B T}{30 D_r} c' \quad (2.6.27)$$

と書くことができる．全粘性係数は次の3つの項からなる．

$$\eta = \eta_s + \eta_{\text{els}} + \eta_{\text{vis}} \quad (2.6.28)$$

以下では，ファジー円筒を棒状分子とみなし，上式をファジー円筒の濃厚溶液の粘度の計算に利用する．

　濃厚溶液中では，高分子鎖は回転しにくくなるが，その効果は上の3つの項のうち η_{els} に対して D_r を通じて反映される．粘性応力粘度 η_{vis} は，高分子と溶媒との間の摩擦に起因するので，高分子の回転しにくさとは直接には関係がない．ただし，まわり

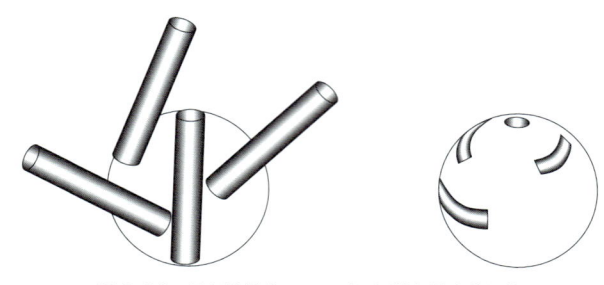

図 2.34 回転拡散するファジー円筒と障害物円筒

の高分子の運動により，溶媒の流れが乱されることによって ζ_r は変化する．以下では，2.5.2 項と同様に，まわりの棒状高分子との衝突の影響を受けている回転拡散係数を D_r，衝突の影響は受けていないが分子間流体力学的相互作用の影響は受けている回転拡散係数を $D_{r,0}$，そして両方の影響を受けていない（無限希釈状態での）回転拡散係数を $D_{r,0}^{\circ}$ と書くことにする．このようにすると，全粘性係数は次のように書ける．

$$\eta = \eta_s + \frac{k_B T}{10 D_r} c' + \frac{k_B T}{30 D_{r,0}} c' = \eta_s \left[1 + [\eta] \left(\frac{D_{r,0}^{\circ}}{D_{r,0}} \right) \left(\frac{1}{4} + \frac{3}{4} \frac{D_{r,0}}{D_r} \right) c \right] \quad (2.6.29)$$

ファジー円筒の回転拡散では，図 2.34 に示すように回転拡散するファジー円筒をちょうど取り囲む直径 L_{eff} の球と交わった他の円筒部分が障害物となる．この球面に拡散するファジー円筒と障害物円筒部分を投影すると，図 2.34 の右側に示すように，ファジー円筒の回転拡散はリボン状の障害物が存在する球面での円盤の拡散と等価となる．球面上の並進拡散は，拡散時間が短いときには 2 次元平面上の拡散過程と同一視でき，したがって発展 2.6 の 2 次元拡散の式（E2.6.10）が利用できる．この式中の障害物に関する物理量をファジー円筒モデルの有効長さ L_{eff} と有効直径 d_{eff} を用いて表すと，最終的に D_r として次式が得られる[6]．

$$D_r = D_{r,0} \left\{ 1 + \frac{1}{\beta_r^{1/2}} L_{\mathrm{eff}}^3 \left[1 + C(N_K) \frac{d_{\mathrm{eff}}}{L_{\mathrm{eff}}} \right]^3 \left[1 - \frac{C(N_K)}{5} \frac{d_{\mathrm{eff}}}{L_{\mathrm{eff}}} \right] c' \left(\frac{L_{\mathrm{eff}}^2 D_{r,0}}{6 D_{\parallel,0}} \frac{D_{\parallel,0}}{D_{\parallel}} \right)^{1/2} \right\}^{-2} \quad (2.6.30)$$

定数 β_r は，寺岡によってコンピュータ・シミュレーションから 1350 と求められており，$C(N_K)$ はファジー円筒内のセグメントゆらぎによる衝突回避の効果を表す因子で，前述の経験式（式(2.5.23)）で与えられる．$D_{r,0}/D_{\parallel,0}$ の計算方法は文献[6]を参照されたい．さらに，分子間流体力学的相互作用による遅延因子 $D_{r,0}^{\circ}/D_{r,0}$ は式(2.5.25)の経験

式と同様に，次式によって計算される．

$$\frac{D_{r,0}^\circ}{D_{r,0}} = 1 + k'_{HI}[\eta]c \qquad (2.6.31)$$

式(2.6.29)で与えられる η の式を高分子濃度でべき級数展開すると，濃度に対する2次の項の展開係数は Huggins 係数と関係する．この展開係数は，式(2.6.31)で与えられる $D_{r,0}$ の濃度依存性由来の項と式(2.6.30)で記述される円筒間の直接衝突に由来する項の2つに分けられ，Huggins 係数 k' は次の2つの項の和として表される．

$$k' = k'_{HI} + k'_{EN} \qquad (2.6.32)$$

ここで，k'_{EN} は円筒間の直接衝突に由来する Huggins 係数の項で，次式で与えられる．

$$k'_{EN} = \frac{3L_{eff}^4 N_A}{2\sqrt{\beta_r}\,[\eta]M}\left[1 + C(N_K)\frac{d_{eff}}{L_{eff}}\right]^3 \left[1 - \frac{C(N_K)}{5}\frac{d_{eff}}{L_{eff}}\right]\left(\frac{D_{r,0}}{6D_{\parallel,0}}\right)^{1/2} \qquad (2.6.33)$$

これらの2つの項は，通常同じオーダーである．他方，濃度の高い領域でのゼロずり粘度では円筒間の直接衝突に起因する回転拡散の遅延の項が優勢となる．

B. 管モデルに基づく粘度式

屈曲性高分子溶液の濃度がかなり高くなると，図2.35(a)に示したように，高分子鎖同士は高度に絡み合い，分子形態の変化も起こせなくなり，上述のファジー円筒モデルが適用できなくなる．このような高分子濃厚系では，絡み合い点間の部分鎖（セグメント）（図2.35(a)中の楕円で表示した絡み合い点の間の鎖部分）から構成された網目によるエントロピー弾性 σ_{els} が応力を支配する．管の中に入っている高分子鎖を Rouse モデルで置き換え（図2.35(b)），流動に伴いバネが引き伸ばされて弾性力が生じると考えればわかりやすいだろう．ただし，前節で述べたように，この濃厚系中で各高分子鎖はレプテーション運動を行っているので，網目は過渡的なもので，瞬間的な変形に対して応力は緩和し，この高分子濃厚系は粘弾性体としてふるまう．この粘

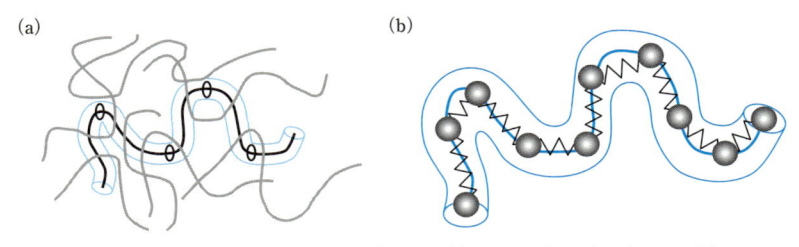

図 2.35 濃厚溶液中の高分子鎖(a)および管の中のバネ－ビーズモデル(b)

弾性現象については6章で詳しく述べる．ここでは，ゼロずり粘度に焦点を当てて議論する．

発展2.8で述べたように，粘弾性体の粘度は緩和剛性率 $G(t)$ の時間積分から計算される（式(E2.8.3)）．いま，絡み合い点間のセグメント（バネ）のセグメント長を b_S，1本の高分子鎖に含まれるセグメントの数を n_S としよう．この絡み合い網目系の瞬間剛性率 $G(0)$ は，絡み合い点間セグメントの数濃度 $n_\mathrm{S}c'$ に比例すると考えられる．また，この系の応力の最長緩和時間は，2.5.2項C.で述べた管から高分子鎖が完全に脱出する時間（レプテーション時間）τ_rep と同程度であろう．より緩和時間の短い緩和モードも存在するが，式(E2.8.3)で与えられるように，粘度は $G(t)$ の時間積分で与えられるので，積分への寄与の小さい速い緩和成分は η にはあまり重要ではない．したがって，緩和剛性率 $G(t)$ を次式で近似する．

$$G(t) \approx n_\mathrm{S}c'k_\mathrm{B}T \exp\left(-\frac{t}{\tau_\mathrm{rep}}\right) \tag{2.6.34}$$

この式を式(E2.8.3)に代入すると，粘性係数の弾性応力成分 η_els には次の比例式が成立する．

$$\eta_\mathrm{els} \propto n_\mathrm{S}c'k_\mathrm{B}T\tau_\mathrm{rep} \propto cn_\mathrm{S}^3 \tag{2.6.35}$$

ただし，高分子の質量濃度 c は $n_\mathrm{S}c'$ に比例すること，τ_rep については式(2.5.27)を利用した．すなわち，<u>管モデルからは，質量濃度が一定の屈曲性高分子溶液の粘度は分子量の三乗に比例すると予言される</u>．

2.6.4 ■ 実験結果との比較

前節の流体力学的半径に関する図2.26に対応する固有粘度 $[\eta]$ の実験結果を図2.36に示す．ただし図2.36では，$[\eta]$ と分子量の実測値の積を Kuhn の統計セグメント長 $2q$ の三乗で割った量を Kuhn の統計セグメント数 N_K に対してプロットしており，N_K と q は図2.26と同様に表2.3に掲げたみみず鎖パラメータから計算した．また，図中の実線と破線（図中の□印とほとんど重なっている）は，表2.3に掲げたパラメータ値（表中の上付き添え字 b が付いた値）を用いて計算したそれぞれシゾフィラン三重らせん（SPG；図中の菱形）とシータ溶媒中でのポリスチレン（PS；図中の四角）に対するみみず鎖円筒モデルに基づく流体力学的計算の結果である．両高分子とも実験と理論との一致は良好である．また，煩雑になるので図には示していないが，ポリ(n-ヘキシルイソシアナート)(PHIC)とセルロース・トリス(フェニルカルバメート)(CTC)のデータ点も，表2.3に掲げたパラメータ値をもつみみず鎖円筒モデルによっ

2.6 粘 性

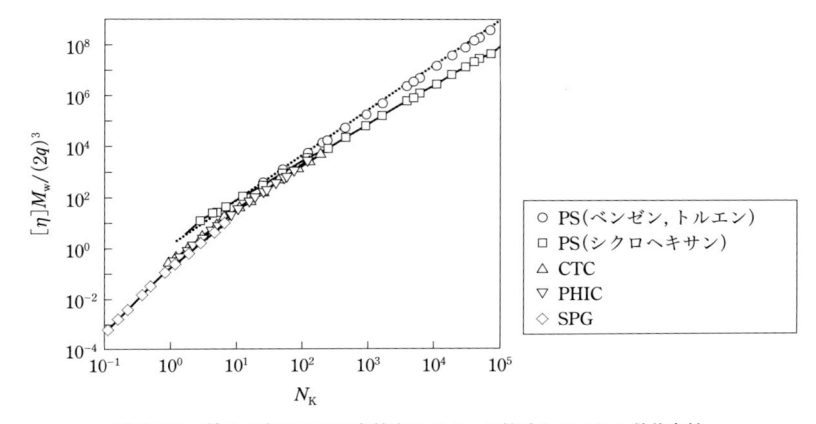

図2.36 種々の高分子の固有粘度のKuhnの統計セグメント数依存性

てうまく再現できた．N_Kの小さい領域でデータ点が重ならないのは，流体力学的半径と同様に$[\eta]M$がN_Kだけでなく，ファジー円筒モデルの有効直径d_{eff}にも依存するためである．高分子鎖が十分長くなれば，d_{eff}への依存性は重要でなくなり，N_Kの大きい領域では図中の実線と破線は重なっている．

図2.36中の丸印は，良溶媒であるトルエンとベンゼン中でのPSのデータ点であり，式(1.3.28)中の排除体積強度パラメータBとして，回転半径や流体力学的半径の計算のときと同じ0.5 nmを用いて粘度膨張因子α_η（式(2.6.25)参照）を計算すると，図中の点線で示すように，N_Kの大きい領域でのシータ状態（図中の破線）からのずれをうまく説明できる．N_Kの小さい領域では，排除体積効果は重要ではなく，丸印と四角印（および点線と破線）はほとんど重なっている．

図2.37には，経路長Lがいずれも約200 nmで鎖の剛直性の異なるSPG，PHIC，CTC，および$L=340$ nmのPSの広い濃度範囲にわたる溶液粘度の濃度依存性を示す．ただし，横軸は高分子の質量濃度cを分子量Mで割った高分子鎖の数濃度に比例する量である．測定溶媒は，それぞれ水，トルエン，THF，およびシクロヘキサンで，同溶媒中での各高分子の持続長は，それぞれ200 nm，37 nm，10.5 nm，1 nmである（表2.3中のqの値を参照）[注22]．明らかに，鎖の剛直性が高いほど，より低濃度から粘度の増加が認められる．これは，同じ経路長では持続長の大きいほど高分子鎖の広がりが大きく，分子間の衝突による回転拡散の遅延がより顕著なためである．ただし，CTCの溶液粘度は，高濃度域でPHIC溶液の粘度と逆転している．

[注22] PHICはトルエン中とヘキサン中でqの値が少し異なる．

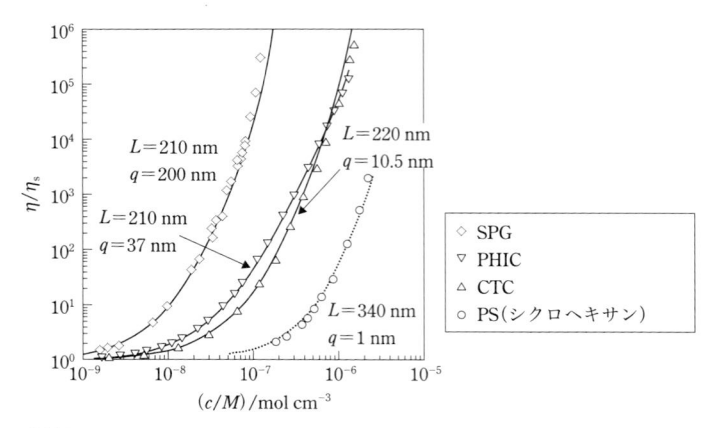

図 2.37 剛直性が異なり経路長がほぼ等しい高分子鎖の広い濃度範囲にわたる溶液粘度の濃度依存性

　図中の実線は，上で説明したファジー円筒モデルに基づく理論から計算した各試料に対する η の理論値を表している．計算に必要な分子間流体力学的相互作用に起因する Huggins 係数 $k'_{\rm HI}$ は，実測の Huggins 係数 k' から円筒間の衝突に起因する Huggins 係数 $k'_{\rm EN}$（式(2.6.32)）を差し引いた値を用いた（それ以外の流体力学パラメータは表 2.3 に掲げたみみず鎖パラメータより計算した）．また，ファジー円筒と臨界空孔との相似比 λ^* は，CTC と PHIC については 0.04 とし（CTC については，前節の拡散係数の計算に用いたのと同じ値），SPG では少し大きい 0.15 とした．理論線は実験データ点をうまく再現しており，剛直性高分子および半屈曲性高分子の溶液粘度は，ファジー円筒モデルによって記述できることを実証している．屈曲性高分子である PS の溶液粘度とファジー円筒モデルの理論との比較については後述する．CTC 溶液の η が高濃度で PHIC 溶液のそれより高くなっているのは，理論においては CTC の $k'_{\rm HI}$ が PHIC よりも大きいためである．ただし，$k'_{\rm HI}$ は現象論的パラメータであり，なぜ CTC の方が大きいかは不明である．

　図 2.38(a) には，分子量の異なる CTC 試料の THF 溶液に対する η の濃度依存性を示す．横軸近くの矢印は，高分子鎖が溶液中で重なり合い始める濃度（重なり濃度）の目安となる各試料の $1/[\eta]$ の値である[注23]．いずれの試料溶液とも，この重なり濃度付近から粘度の急激な増加が始まっている．また図中の実線は，上で説明したファ

[注23] 2.2.3 項では，重なり濃度 c^* を回転半径あるいは第 2 ビリアル係数を用いて表した（式(2.2.21)と(2.2.22)参照）．

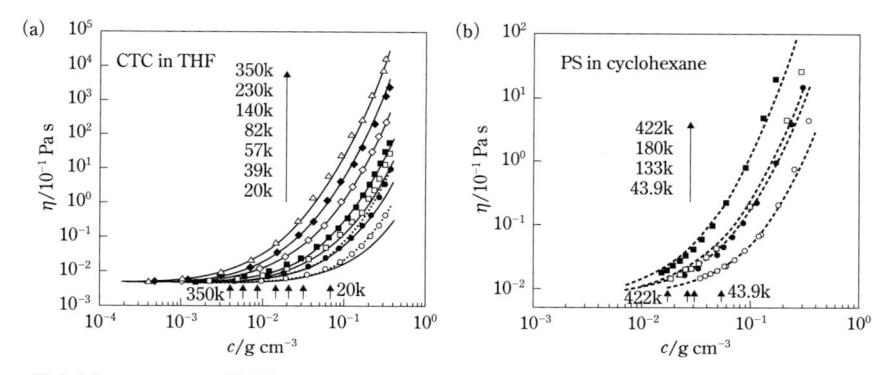

図 2.38 CTC の THF 溶液と PS のシクロヘキサン溶液に対するゼロずり粘度の高分子濃度依存性

ジー円筒モデルに基づく理論から計算した各試料溶液に対する η の理論値を表している．分子量が 57k 以上の試料に対する理論と実験の一致は良好であるが，低分子量の 2 試料については，高濃度域で理論は実測の η を過小評価している．これらの過小評価の主要な原因として，式(2.6.31)で無視された分子間流体力学的相互作用の濃度の 2 次以上の高次項が考えられる．実際，式(2.6.31)の代わりに

$$\frac{D_{r,0}^\circ}{D_{r,0}} = 1 + k'_{HI}[\eta]c + k''_{HI}([\eta]c)^2 \quad (2.6.36)$$

を利用し，k''_{HI}/k'^2_{HI} を 2.4（20k）および 1.1（39k）とすれば，図中の点線が得られ，実験との良好な一致が得られる[注24]．高分子量の CTC 試料の THF 溶液の粘度においては，円筒間の直接衝突による増粘効果が圧倒的で，分子間流体力学的相互作用の濃度の 2 次以上の高次項は重要ではない．

図 2.38(b) には PS の 4 試料のシクロヘキサン溶液に対する広い濃度範囲にわたるゼロずり粘度の濃度依存性を示す．溶液粘度は，やはり矢印で示した重なり濃度 $1/[\eta]$ を超えた付近から増加し始めている．また，図中の点線は，ファジー円筒モデルに基づく理論に，$\lambda^* = 0.04$，分子間流体力学的相互作用の濃度依存性には式(2.6.36)に $k''_{HI}/k'^2_{HI} = 1$ を代入して計算した理論線である（図 2.36 の PS 溶液に対する点線も，同じようにして計算した理論線である）．やはり，実験結果をほぼ再現している．

図 2.39 には，分子量が 200k から 2000k の範囲の PS のトルエン溶液の高分子質量

[注24] 球状粒子に対する粒子間の流体力学的相互作用の計算によれば $k''_{HI}/k'^2_{HI} \approx 1$ であり，低分子量 CTC の 2 試料について選んだ値はこれに近い．

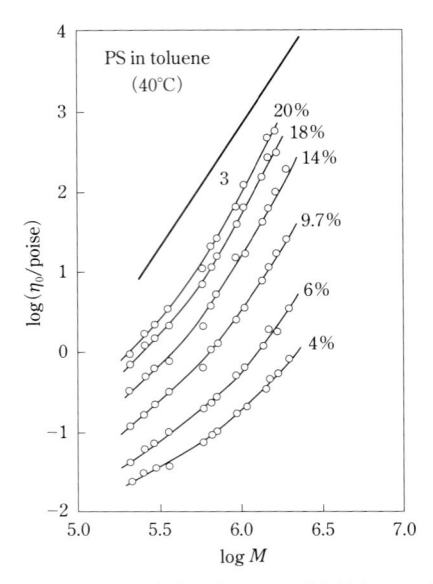

図 2.39 PS のトルエン溶液に対するゼロずり粘度の分子量依存性

濃度を一定にしたときの η の分子量依存性を示す．図中の傾きが3の直線は管モデルから予想された η の分子量依存性である．濃度が約10%以上で，分子量が 10^6 を超える領域での実測の分子量依存性は，この予想よりも強く，屈曲性高分子の濃厚溶液の粘度は $M^{3.4}$ に比例することが知られている．管モデルの予想とのずれについては6章で議論する．また，剛直性高分子の濃厚溶液に対する粘度は高濃度，高分子量域で，$M^{3.4}$ よりも強い依存性を呈する．

文献

1) J. A. Barker and D. Henderson, *Rev. Mod. Phys.*, **48**, 587-671 (1976)
2) M. Doi and S. F. Edwards, *The Theory of Polymer Dynamics*, Oxford University Press, Oxford (1986)
3) P.-G. de Gennes, *Scaling Concepts in Polymer Physics*, Cornell University Press, Ithaca & London (1979)
4) P. J. Flory, *Principles of Polymer Chemistry*, Cornell University Press, Ithaca, New York (1953)
5) J. N. Israelachvili, *Intermolecular and Surface Forces, 2nd Ed.*, Academic Press, London (1992)
6) T. Sato and A. Teramoto, *Adv. Polym. Sci.*, **126**, 85-161 (1996)
7) H. Yamakawa, *Modern Theory of Polymer Solutions*, Harper & Row, New York (1971);本書は http://molsci.polym.kyoto-u.ac.jp/archive.html からダウンロード可能
8) H. Yamakawa, *Helical Wormlike Chains in Polymer Solutions*, Springer-Verlag, Berlin & Heidelberg (1997)

第3章　高分子凝集系の構造特性

　前章までで，長い高分子鎖は程度の差こそあれ，溶液中では糸まり状態で存在し，高分子自身がもつ基本骨格の特徴と溶媒ーセグメント間の相互作用との兼ね合いにより，多様な「かたち」をとっていることを学んだ．そのうち，特にシータ溶媒中では，排除体積効果（長距離相互作用）が見かけ上働かない非摂動鎖であることは，高分子の基礎物性における最重要項目の1つである．方や良溶媒中では，排除体積効果により糸まりは大きく広がっていることも，高分子溶液論を理解する上で不可欠な情報であることは言うまでもない．

　本章では非希釈状態における高分子鎖の構造，物性を扱う．非希釈状態とは，完全な同義語ではないが，バルク状態あるいは融体のことである．さて，高分子鎖が上述したような希釈状態から濃厚状態を経て非希釈状態になると，1本1本の分子鎖はどのような形態をとるのであろうか．当然のことながら，高分子鎖には太さがあり，鎖に沿った長い距離を経て2つのセグメントが出会ったとき互いに相手を排除する「self-avoid（自己回避）」の効果が働くため，バルク中では非摂動状態より広がっているという考え方が自然であると思われるかもしれない．しかし，ここで重要なのは，溶液中，特にシータ溶媒中にある1本の高分子鎖の形態（鎖上において遠く離れた位置にあるセグメント間の相互作用の総和を反映した形態）とバルク中での形態との比較である．すなわち，希薄溶液中で非摂動状態にある孤立分子鎖の回転半径とバルク中の1本鎖の回転半径との比較がなされるべきである．実際にこうした比較が行われた結果，得られた結論は，<u>バルク中の高分子鎖の広がりは非摂動状態のものと同じで</u>あった．これはかつて理論的に予測され，後に実験的にも証明されたため，現代では「常識」となっている事実である．この学術成果は，高分子凝集系の分子論を構築する際のたいへん重要な基盤である．

　本章では，凝集系理解のための出発点としてこの事象の解説から始める．そして，異種高分子間のブレンド，ブロック共重合体をはじめとする共重合体について，個々の分子に注目して集合体の構造特性を解説していく．

3.1 ■ バルク状態の高分子鎖の広がり

　今から 60 年以上も前，コンピュータが存在せず，凝集状態の分子鎖の広がりを直接測定する技術的な手段がまったくなかった時代に，Flory は非常に大胆な予言をした[1]．その骨子は，<u>バルク状態にある高分子鎖の回転半径の分子量依存性は，非摂動状態のものに等しい</u>というものである．その予言から約4半世紀過ぎた1970年代中盤，フランス，ドイツなど欧州各国で中性子散乱が実用化されて小角中性子散乱（small angle neutron scattering, SANS）実験が進められるに至って，予言がほぼ的中していたことがわかり，研究者たちを驚かせた．また，この中性子実験とほぼ同じ時期に de Gennes は，Flory とまったく異なる手法によりこの問題を取り扱い，本質的には同じ結論を導いた．本節では中性子散乱実験を想定していたと思われる de Gennes の非常にスマートな考え方を紹介し，続いて実験的な実証についてふれる．

3.1.1 ■ バルク状態の高分子鎖のセグメント間に働く力

　バルク状態の高分子，いわゆる高分子融体には溶媒は含まれていないが，de Gennes はごく微量の溶媒分子が含まれているという仮想的な高分子－溶媒系（超濃厚溶液）を考え，そこに存在する2つの溶媒分子間の相互作用の大きさを考察した．この系を3次元の格子に模式的に表現したのが図3.1である．この図中にある2つの溶媒分子間に働く相互作用の大きさを見積もることは，遠く離れたセグメント間に働く力を求めるのと同じことになる．熱力学的にこの超濃厚高分子溶液の浸透圧を考えることにしよう．図3.1のような1辺の長さが1の格子で構築される高分子溶液の体積を V とする．この溶液の浸透圧 Π は，1本あたり N 個のセグメントからなる n 本の高分子鎖の数を変えずに，体積を微小変化させるときの系の全自由エネルギー F_t の変化量と考えてよいため，次式が得られる．

$$\Pi = -\left(\frac{\mathrm{d}F_\mathrm{t}}{\mathrm{d}V}\right)_n \tag{3.1.1}$$

さて，分子数 n は，この溶液中の高分子の体積分率 ϕ を用いれば，V および N と

$$n = \frac{\phi V}{N} \tag{3.1.2}$$

という関係にあり，F_t と格子点1つあたりの自由エネルギー F_c との間には，

$$F_\mathrm{t} = F_\mathrm{c} V = F_\mathrm{c} \frac{nN}{\phi} \tag{3.1.3}$$

3.1 バルク状態の高分子鎖の広がり

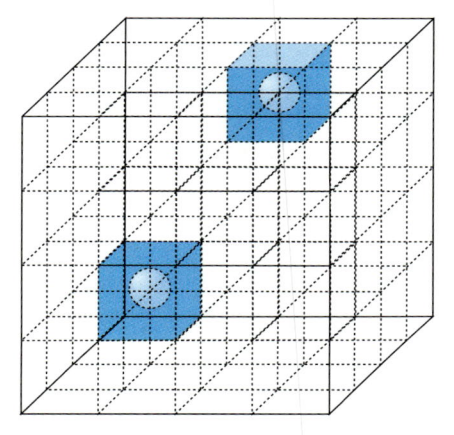

図 3.1 3次元格子の中の遠く離れた2点間の相互作用

という関係が成り立つ．式(3.1.2)から得られる $dV = nN d(1/\phi)$ とこの式(3.1.3)を式(3.1.1)に導入すると，

$$\Pi = -\frac{d(F_c/\phi)}{d(1/\phi)} = \phi^2 \frac{d(F_c/\phi)}{d\phi} \tag{3.1.4}$$

が得られる．ところで，これまでは高分子鎖のセグメントが主役であったが，ごく微量含まれる溶媒分子にもこの考えは当てはまることから，溶媒分子の浸透圧 Π_s は，溶媒分子の体積分率 ϕ_s を用いて次式のように書けることがわかる．

$$\Pi_s = \phi_s^2 \frac{d(F_c/\phi_s)}{d\phi_s} \tag{3.1.5}$$

また，2章で述べた Flory–Huggins 理論の式を，この de Gennes の記述法で書き換えると，

$$\frac{\Delta F_c}{k_B T} = \frac{\phi}{N} \ln \phi + (1-\phi)\ln(1-\phi) + \chi\phi(1-\phi) \tag{3.1.6}$$

となる．式(3.1.6)において $\phi_s = 1-\phi$ の関係を用いて溶質から溶媒への主客の変換を行い，式(3.1.5)に導入すると，

$$\frac{\Pi_s}{k_B T} = \phi_s - \frac{1}{N}[\phi_s + \ln(1-\phi_s)] - \chi\phi_s^2 \tag{3.1.7}$$

が得られる．いま考えている系は ϕ_s がきわめて小さいので，$\phi_s \ll 1$ とみなして，式(3.1.7)の $\ln(1-\phi_s)$ を $1-\phi_s = 1$ の近傍で展開すると，

$$\frac{\Pi_s}{k_B T} = \phi_s - \left(\frac{1}{2N} - \chi\right)\phi_s^2 + \cdots \tag{3.1.8}$$

● コラム　Pierre-Gilles de Gennes（1932〜2007）

　Pierre & Marie Curie の業績をその基礎に持ち，フランス学術界の代表格として知られる Ecole de Physique et Chimie の所長を永年務めた Pierre-Gilles de Gennes 教授は，超伝導体，液晶，そして Soft Material――これらを代表とする物性物理の理論畑を飄々と駆け抜けた貴公子――とでも言おうか，20 世紀後半のこの世界を代表する巨人であった．扱った物・分野は広く，しかもそれぞれの分野にかけがえのない超一流の業績・著書を残した天才である．その中で筆者が唯一読み，本書でも随所に引用される Soft Material のバイブル的な教科書 "Scaling Concepts in Polymer Physics" には，Flory による高分子化学・物理の復習を含め，ソフトマター物理の本質をついた記述が随所に登場する．簡単な記述と描像故に，凡人には難解な部分がしばしば現れ，自分の頭の出来の悪さをよく嘆いたものである．

　de Gennes 先生は，長身の典型的なフランス紳士だったように思う．彼のかっこよさ，別の表現で言い表せば「気障ぶり」だろうが，それを見せつけられたシーンがある．de Gennes 先生は日本に知り合いも多く，時々我が国を訪れては講演をされた．筆者が属する大学でも何度となくそういう機会があった．そのうちの 1 回の出来事である．通常，招かれた講演者はホストとともに開始時刻より少し前に講演会場には出向くものだが，あるときなかなか会場に現れなかった．確かごく普通の平らな講義室だったと思うが，満員の聴衆が心配し始めたころ，講義室の前のドアから火のついた葉巻を銜え，両手をポケットに突っ込んで颯爽と現れた．凡人がやると「なんだこれは」という風景であるが，de Gennes 先生の場合，これがそのまま一幅の絵のように板についていたため，聴衆もあっけにとられた．ごくごく短い紹介の後，葉巻はどうしたのか覚えがないが，いきなり講演が始まった．いつもこんな風ではなかったが，内外で経験した何度かの講演会の中でこのシーンを一番印象深く鮮明に覚えている．ちなみに，そのときの題目や講演内容は覚えていない．

　もうひとつ，de Gennes 先生に纏わり忘れられないものがある．筆者は 1980 年代から 1990 年代前半にかけ，中性子散乱実験のためにしばしば米国商務省 National Institute of Standards and Technology（NIST，旧 NBS）を訪問していた．確かノーベル賞受賞の前年には，de Gennes 先生の講演を NIST で聞いたし，1991 年 10 月の彼へのノーベル物理学賞授与のニュースも NIST で聞いた．そして発表の次の日，10 月 17 日に帰国直前のワシントンダレス国際空港でその受賞を報道する Washington Post を買った．今でも新聞のそのページは，若い日の大事な記憶の一コマとして手元に持っているし，毎年後期の学部 3 年生の講義のときには，中性子散乱の効用を説明しながらこの記事を見せている．

という関係式が得られる．式(3.1.8)の右辺第 2 項の係数は，溶媒分子間の相互作用を示す第 2 ビリアル係数 A_2 である．ここで考えている高分子―溶媒系は実質的に無熱溶液と考えてよいから $\chi=0$ とすることができ，また高分子の重合度は大きいことが前提であるので，この係数は実質ゼロである．すなわち，この超濃厚溶液の離れた要素間の相互作用は無視してよいことが導かれる．この結論は単純に見えるが，高分子濃厚系およびバルク系を扱うときの非常に重要な基礎となる．

3.1.2 ■ 分子散乱理論――中性子散乱実験

前章では，主に光散乱を用いると希薄溶液中における高分子鎖のセグメントの分布状態が観察でき，溶液中の分子の平均的な大きさ，すなわち回転半径が求められることを学んだ．この手法は高分子の濃度が高くなり，異なる分子間でのセグメント間相互作用が無視できなくなると適用できない．しかし，前項のように溶媒が存在しない非希釈系ではお互いの相互作用が打ち消されるため，かえって好都合なことが起こる．この物理現象を利用するには，非希釈系中で個々の分子に属するセグメントが区別できる必要がある．中性子散乱法を応用すると，この問題は容易に解決する．

中性子が物質に照射されると，物質中の原子核に当たって核散乱[注1]を起こすため，同位体元素は通常元素と区別することができる．実際，高分子はほとんどの場合水素原子を含むので，水素を重水素で置換した分子は，周囲の分子と区別できる．この原理を応用すると，重水素ラベルした分子を用いた小角中性子散乱実験から，非希釈系中の 1 分子の回転半径を測定することが可能になる．

中性子散乱もその現象自体は，2 章 2.4 節で述べた光散乱と同じ Rayleigh 散乱であり，基本的には式(2.4.9)と同様に Rayleigh 比 R_θ を求めて，そこから分子情報を抽出するのが定法であるが，本章では**散乱強度**（scattering intensity）を強調する意味で，最もよく用いられる干渉性散乱強度 $I(\mathbf{q})$ により観測量を表現することにする．

融体状態（高分子 100％の系）の高分子鎖の姿を観察する際の重水素ラベル法について少しふれよう．炭化水素からなるある高分子の通常の分子鎖（H 鎖，重合度 N_H）と，分子を構成する水素の一部あるいはすべてを重水素で置換したラベル鎖（D 鎖，重合度 N_D）の混合系を考えるとき，重合度が極端に高くなければこれらの物理的性質は同じであるとしてよいので，混合は自然に起こるであろう．ここでは，この自発

[注1] 中性子散乱を物質の構造解析に用いる場合，利用できる物理現象としては，核散乱と磁気散乱がある．両者はともに重要であるが，高分子などのソフトマテリアルの構造解析には，核散乱現象に基づく原子核の散乱能の違いを利用することが多いため，以下本章で中性子散乱という場合は，核散乱を意味するものとする．

図 3.2 バルク状態の高分子鎖の様子
（水素を重水素で置換したラベル鎖との混合系）

的な均一混合が前提である．その様子を模式的に図 3.2 に示した．

さて，散乱法は言うまでもなく 2 点間の干渉をとらえるものである．読者諸氏は実空間上の 2 点，たとえば $\mathbf{r}, \mathbf{r}'$ にある散乱要素 i, j を想起するかもしれないが，本書では実は 2 章ですでに逆空間のデータ解析が常法となっている散乱現象を扱っているので，ここでも 2 章の式 (2.4.4) を記述するときに定義された散乱ベクトル $\mathbf{q}$ を用いて表現する[注2]．

前述のように，D 鎖と H 鎖のバルク混合物に対して中性子散乱実験から得られる干渉性散乱強度 $I(\mathbf{q})$ は，散乱要素（基本的には原子）間の**散乱関数**（scattering function）$S_{ij}(\mathbf{q})$ を，すべての要素 i, j の対に対して足し合わせた次式で表現されるものである[2,3]．

$$I(\mathbf{q}) = \sum_i \sum_j b_i b_j S_{ij}(\mathbf{q}) \tag{3.1.9}$$

ここで，b_i と b_j は構成原子の実効的な干渉性中性子散乱能を表している．この散乱能を表すパラメータは，光散乱とは見かけ上大きく異なるが，物質の密度ゆらぎを見ているという根本では同等である．物質を構成する原子の原子核による核散乱の場合，

[注2] 散乱現象を取り扱う際の基本指標は散乱ベクトル $\mathbf{q}$ である．溶液中の高分子の形態観察などでは，空間等方的に積分がなされるので，たとえば後述する式 (3.1.19)，(3.1.20) などは実際には散乱ベクトルの大きさ q（スカラー）を用いた $P(q), I(q)$ などの表現の方が適切であるが，本章では統一的にベクトル表示で通すこととする．

3.1 バルク状態の高分子鎖の広がり

表 3.1 高分子物質を構成する主な元素の散乱長 b と散乱断面積 σ

元素	散乱長 b [*1] /10^{-15} m	干渉性散乱断面積 σ_{coh} [*2] /10^{-28} m^2	非干渉性散乱断面積 σ_{inc} /10^{-28} m^2
H	−3.74	1.76	79.7
D	6.67	5.60	2.0
C	6.65	5.60	0.0
N	9.36	11.0	0.46
O	5.83	4.23	0.0
F	5.66	4.02	0.0
Na	3.63	1.65	1.75
Si	4.15	2.16	0.0
P	5.13	3.31	0.0
S	2.83	1.02	0.01

[*1] 10^{-15} m = 1 fermi（フェルミ）という長さの単位も用いられる.
[*2] 10^{-28} m^2 = 1 barn（バーン）という面積の単位を用いると便利である.

核散乱断面積（nuclear scattering cross section）[注3]がパラメータとなるが，実際にはこれを1次元にした長さの次元をもつ散乱長 b（scattering length）[注4]がよく使われる.

表3.1には各原子の散乱長と散乱断面積をまとめた．この表から2つの大きな特徴が読み取れる．第一の特徴は，重水素Dは，原子が小さいにもかかわらず散乱長が非常に大きいことである．高分子鎖には水素原子が必ず多く含まれるため，重水素ラベルを用いた中性子散乱によりこの特徴を生かした実験を行うことができる．また第二の特徴は，Hは非常に大きな非干渉性散乱断面積をもつ特殊な原子であることである．この特徴も学問的，技術的には非常に重要であるが，専門性がきわめて高く本書の目的を超えるため，詳細は他書[2]に譲る.

さて，ここで重要な仮定をしよう．それは，ここで考えるD鎖，H鎖の混合はランダムに起こること，および，混合による体積変化は生じないこと（非圧縮性の仮定）である．これらの仮定の下では，

$$\sum_{i,j} S_{ij}(\mathbf{q}) = 0 \tag{3.1.10}$$

[注3] 物質中の個々の原子核がもつ中性子核散乱能 σ は，単位時間・単位面積あたりに照射される中性子粒子数 Φ_0（入射中性子束）に対して，単位時間あたりに3次元球殻上に散乱される粒子数 Φ（散乱束）をいい，
σ[面積] = Φ[散乱粒子数/時間]/Φ_0[入射粒子数/（時間×面積）]
という式で表されるため，面積（断面積）の次元をもつ.

[注4] 注3における散乱断面積を球殻に散らばったものとし $\sigma = 4\pi b^2$ とすると，b は長さの次元をもつ．この b を便宜上原子核の散乱長と呼ぶ（たとえば，日本結晶学会 編，結晶解析ハンドブック，共立出版 (1999) を参照）.

> ## ● コラム　　中性子散乱今昔
>
> 　中性子の発見は，1932 年 Chadwick（1935 年ノーベル物理学賞受賞）による．爾来 80 年あまり，中性子の平和利用による貢献，つまり中性子散乱の科学技術への貢献はたいへん大きなものがある．1994 年には，この分野の代表的研究者である Shall にノーベル物理学賞が授与されている．中性子を発生させる方法には大きく分けて 2 種類がある．1 つは一般にもよく知られる研究用原子炉によるもので，燃料の核反応で発生した中性子を取り出し，目的に応じて波長などで選別して使っている．世界最大の研究用原子炉はフランス Laue–Langevin 研究所（ILL）の HFR（high-flux reactor）である．また我が国では，日本原子力研究機構（建設時は日本原子力研究所）の改造 3 号炉（JRR-3）が国内最高レベルの研究用原子炉である．
>
> 　もう 1 つの手法は，超高速に加速した陽子を金属にぶつけてその破砕の際に発生する中性子線を利用する方法であり，核破砕型線源（spallation source）と呼ばれる．こちらは我が国の高エネルギー加速器研究機構（旧高エネルギー物理学研究所）の加速器型中性子発生源が世界の先陣を切って 1980 年に稼働した．この技術は欧州や米国に輸出され，1985 年，イギリスの Rutherford Appleton 研究所に当時としては最大出力の施設ができて大幅に追い越される形となった．ただし，今世紀に入り，加速器も新しい世代になっており，米国 Oak Ridge 国立研究所（SNS）とスウェーデンの欧州加速器線源（ESS），そして茨城県の東海村にある J–PARC 施設に相次いで超大型加速器が備えられており，我が国の spallation source も再び世界の先陣争いをしている．

が成り立つ．式(3.1.10)は，一見単純に思えるが，いま行っている散乱関数の導出において基盤となるきわめて重要な条件である．

ところで，いま最終的に求めたいものは，1 本鎖の分子内**粒子散乱関数**（particle scattering function）$P(\mathbf{q})$ である．D 鎖，H 鎖の 2 種類があるのでそれぞれ $P_D(\mathbf{q}), P_H(\mathbf{q})$ とする．また，この混合物からの散乱では，分子間散乱関数（interparticle scattering function）$Q(\mathbf{q})$ も観測されるが，分子間散乱関数には $Q_{DD}(\mathbf{q}), Q_{HH}(\mathbf{q}), Q_{DH}(\mathbf{q})$ の 3 種類がある．これらを用いて，D–D 間，H–H 間，D–H 間の散乱関数 $S_{DD}(\mathbf{q}), S_{HH}(\mathbf{q}), S_{DH}(\mathbf{q})$ は

$$S_{DD}(\mathbf{q}) = \nu_D N_D{}^2 P_D(\mathbf{q}) + \nu_D{}^2 N_D{}^2 Q_{DD}(\mathbf{q}) \tag{3.1.11}$$

$$S_{HH}(\mathbf{q}) = \nu_H N_H{}^2 P_H(\mathbf{q}) + \nu_H{}^2 N_H{}^2 Q_{HH}(\mathbf{q}) \tag{3.1.12}$$

$$S_{DH}(\mathbf{q}) = S_{HD}(\mathbf{q}) = \nu_D N_D \nu_H N_H Q_{DH}(\mathbf{q}) \tag{3.1.13}$$

と記述できる．ここで，ν_D, ν_H および N_D, N_H は D 鎖あるいは H 鎖のそれぞれ数密度および重合度である．

散乱関数 $S_{DD}(\mathbf{q})$ と散乱強度 $I(\mathbf{q})$ の関係は発展 3.1 のように得られ，式(E3.1.4)に式(3.1.11)を導入して次式を得る．

$$I(\mathbf{q}) = (b_D - b_H)^2 [\nu_D N_D^2 P_D(\mathbf{q}) + \nu_D^2 N_D^2 Q_{DD}(\mathbf{q})] \tag{3.1.14}$$

ここで，D 鎖と H 鎖の重合度は等しく，両者の間に同位体効果がないと仮定すれば，

$$P_D(\mathbf{q}) = P_H(\mathbf{q}) = P(\mathbf{q}) \tag{3.1.15}$$

$$Q_{DD}(\mathbf{q}) = Q_{HH}(\mathbf{q}) = Q_{DH}(\mathbf{q}) = Q(\mathbf{q}) \tag{3.1.16}$$

のような簡略化が可能である．

そこで，式(3.1.15)，(3.1.16) および式(E3.1.6)を用いて式(3.1.14)を書き換えると

$$I(\mathbf{q}) = (b_D - b_H)^2 \left(\frac{\nu_D}{\nu}\right)\left(\frac{\nu_H}{\nu}\right) \nu N^2 P(\mathbf{q}) \tag{3.1.17}$$

を得る．ここで，ν_D/ν および ν_H/ν は，系の中にある D 鎖および H 鎖の体積分率 ϕ_D, ϕ_H としてよいから，式(3.1.17)からは散乱強度に関する次の重要な式が導かれる．

$$I(\mathbf{q}) = (b_D - b_H)^2 \phi_D \phi_H \nu N^2 P(\mathbf{q}) \tag{3.1.18}$$

式(3.1.18)の関係により，D 鎖 (ϕ_D) と H 鎖 (ϕ_H) の任意の割合の混合物に対する中性子散乱実験から，分子のかたちの情報を含んだ粒子散乱関数 $P(\mathbf{q})$ が求められることがわかる．

式(3.1.18)において重要な因子は，ϕ_D が決まることで定まる定数 $\phi_D \phi_H (= \phi_D (1 - \phi_D))$ である．これまでの導出で明らかなように，ラベル鎖の分率 ϕ_D の選び方は任意であり，光散乱実験などとは異なり，無限希釈への外挿という面倒な手続きは必要ない．任意の有限濃度の混合物を用意すれば，ただ一度の実験だけで分子内粒子散乱関数 $P(\mathbf{q})$ が測定できることはきわめて重要な意味をもつ．つまり，ラベル鎖同士，非ラベル鎖同士の相互作用，あるいはラベル鎖と非ラベル鎖間の相互作用は互いに遮蔽されるために実質上考えなくてもよいことになり，図 3.2 に青い線で示したラベル鎖は，もっとたくさん存在しても何ら問題はない．また，散乱関数 $S(\mathbf{q})$，すなわち散乱強度 $I(\mathbf{q})$ が最大となるのは，$\phi_H = \phi_D = 0.5$ のとき，つまり D 鎖と H 鎖を等モル混合する場合であるが，都合のよいことにラベル鎖のモル数がわずか 4 分の 1，すなわち $\phi_D = 0.25$ であっても，$\phi_D (1 - \phi_D) = 0.20$ より，$\phi_D = \phi_H = 0.5$ のときの $\phi_D (1 - \phi_D) = 0.25$

に対して 80％の強度が得られる．

ところで，鎖を構成するセグメントが Gauss 分布をしている場合，これまで扱ってきた分子内粒子散乱関数 $P(\mathbf{q})$ には，Debye によって提案された次の式が適用できるとしてよい[注5]．

● 発展 3.1　非圧縮性に基づく $P(\mathbf{q})$ と $Q(\mathbf{q})$ の関係

散乱関数相互の関係をまず求める．式 (3.1.10) から，

$$S_{DD}(\mathbf{q}) + S_{HD}(\mathbf{q}) = 0 \tag{E3.1.1}$$

$$S_{HH}(\mathbf{q}) + S_{DH}(\mathbf{q}) = 0 \tag{E3.1.2}$$

の 2 式が成り立つので，これらから

$$S_{DH}(\mathbf{q}) = S_{HD}(\mathbf{q}) = -S_{DD}(\mathbf{q}) = -S_{HH}(\mathbf{q}) \tag{E3.1.3}$$

という関係が得られる．ここで，式 (3.1.9) に基づいて，散乱強度の中身を要素ごとに記述し，式 (E3.1.3) の関係を用いて整理すると

$$\begin{aligned}I(\mathbf{q}) &= b_D^2 S_{DD}(\mathbf{q}) + 2 b_D b_H S_{DH}(\mathbf{q}) + b_H^2 S_{HH}(\mathbf{q}) \\ &= (b_D - b_H)^2 S_{DD}(\mathbf{q})\end{aligned} \tag{E3.1.4}$$

が得られる．

また，式 (3.1.11)〜(3.1.13) の和で表されるすべての散乱要素に関する散乱関数 $S(\mathbf{q})$ については，式 (3.1.15)，(3.1.16) の関係を用いて項を整理し，再度非圧縮性の仮定（式 (3.1.10)）を用いてまとめると，

$$\begin{aligned}S(\mathbf{q}) &= \nu_D N_D^2 P_D(\mathbf{q}) + \nu_D^2 N_D^2 Q_{DD}(\mathbf{q}) + \nu_H N_H^2 P_H(\mathbf{q}) + \nu_H^2 N_H^2 Q_{HH}(\mathbf{q}) \\ &\quad + \nu_D N_D \nu_H N_H Q_{DH}(\mathbf{q}) + \nu_H N_H \nu_D N_D Q_{HD}(\mathbf{q}) \\ &= (\nu_D + \nu_H) N^2 P(\mathbf{q}) + (\nu_D^2 + 2\nu_D \nu_H + \nu_H^2) N^2 Q(\mathbf{q}) \\ &= \nu N^2 P(\mathbf{q}) + \nu^2 N^2 Q(\mathbf{q}) \\ &= 0\end{aligned} \tag{E3.1.5}$$

の関係を得る．式 (E3.1.5) から $P(\mathbf{q})$ と $Q(\mathbf{q})$ の関係を求めると

$$P(\mathbf{q}) = -\nu Q(\mathbf{q}) \tag{E3.1.6}$$

という非常に簡単な関係が得られる．

[注5] Debye によって提案されたこの関数（Debye 関数）は，もともとセグメントが Gauss 分布をもつ高分子鎖についてのものであった．したがって，厳密には適用範囲はごく限られていることになるが，現実には排除体積効果を受けて広がった鎖，たとえば良溶媒中の鎖にも比較的よく合うことが知られているので，現在でも実験データの解析にこの方法はよく利用されている．

$$P(\mathbf{q}) = \frac{(e^{-x}+x-1)}{x^2} \qquad (3.1.19)$$

ここで，$x = \mathbf{q}^2 R_g^2$ であり，$\mathbf{q}$ は散乱ベクトル，R_g は分子の回転半径である．実験データから回転半径を求めるには，回転半径を変数として，散乱強度を式(3.1.19)を代入した式(3.1.18)にフィットさせる方法がしばしばとられる．

また，希薄溶液中の高分子鎖の広がりを見積もるために $\mathbf{q}$ が小さな領域の散乱強度に対して提案された **Guinier 近似**[4]

$$I(\mathbf{q}) = I(0)\exp\left(-\frac{\mathbf{q}^2 R_g^2}{3}\right) \qquad (3.1.20)$$

を用い，$\mathbf{q}^2$ に対して $\ln I(\mathbf{q})$ をプロットしたグラフの初期勾配からバルク状態の高分子鎖の R_g を求める方法もある．現在でも実験データから回転半径を求めるときには，Guinier 法の方がよく用いられている．

ところが，厳密には実験に用いられているラベル鎖と非ラベル鎖（たとえばポリスチレン-$d_8(-(C_8D_8)_n-)$ とポリスチレン-$h_8(-(C_8H_8)_n-)$ の間には，n が 1000 以上になると無視できない相互作用が働くことが知られている．この場合，$P_D(\mathbf{q})$ と $P_H(\mathbf{q})$ は区別できることになるので，モノマー単位あたりのその相互作用の大きさを χ_{DH} とすると，$S(\mathbf{q})$ と $P_D(\mathbf{q})$，$P_H(\mathbf{q})$ および χ_{DH} の間の関係は次式のように記述される．これについては 3.2.2 項で詳述する．

$$\frac{1}{S(\mathbf{q})} = \frac{1}{\phi_D P_D(\mathbf{q})} + \frac{1}{\phi_H P_H(\mathbf{q})} - 2\chi_{DH} \qquad (3.1.21)$$

3.1.3 ■ ホモポリマーの広がり

A. 線状ホモポリマー

このように，高分子科学発展の歴史で重要な役割を果たしてきた「バルク中のアモルファス高分子の形態」に関する実験例を紹介する．図3.3は，汎用ポリマーの代表例であるポリスチレンの高分子鎖の広がりを分子量に対して両対数プロットしたグラフである．ラベル鎖，非ラベル鎖の混合物のバルク中での回転半径は，シータ溶媒であるシクロヘキサン中でのシータ温度におけるポリスチレンの回転半径と実験誤差範囲内で一致する．図中のデータ点から得られる実線の傾きは 0.5 であり，非摂動鎖の特徴をもっている．すなわち，

第 3 章　高分子凝集系の構造特性

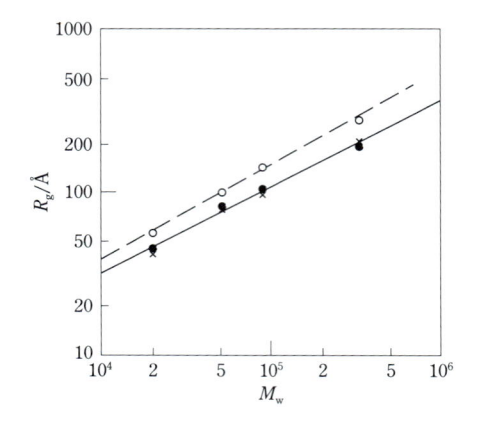

図 3.3 バルク中と溶液中のポリスチレン鎖の広がりの比較
黒丸はシクロヘキサン中（シータ温度），×印はバルク中，白丸は二硫化炭素中でのデータ．
［H. Benoit *et al.*, *Nature*, **245**, 13（1973）］

$$R_g \propto M^{1/2} \tag{3.1.22}$$

が成り立つことが実験的にも証明されている．同じポリスチレン分子の二硫化炭素（良溶媒）中での回転半径は，シクロヘキサン中でのものよりも明らかに大きく，両対数プロットの傾きは約 0.6 である．

ところで，非摂動鎖的なふるまいは，周囲の高分子鎖が短い場合でも見られるのだろうか．de Gennes はこの問題についても考察している．観察対象としている長い分子の重合度を N_L，希釈している短い分子の重合度を N_S としたとき，$N_S > N_L^{1/2}$ の範囲では，排除体積効果は働かない，つまり長い分子鎖 N_L は，短い分子鎖の中に埋まっていても，非摂動鎖的にふるまうと予想した．この予想については小角中性子散乱により検証が行われたが，予想よりもさらに広範囲の $N_S > N_L^{1/2}$ の関係にある重合度 N_S の比較的長い分子鎖で希釈された重合度 N_L の長い分子にも排除体積効果は働くという結果が報告されている．この実験事実に対する理論的な考察はなされていないが，たいへん興味深い現象である．

B.　星型高分子，櫛型高分子

一般に高分子鎖を考えるときには，線状の高分子がその対象となるが，現実には図 3.4 のように星型高分子や櫛型高分子も存在する．前章でも述べたように，星型高分子は同じ分子量をもった線状高分子に比べて，溶液中では明確に小さな広がりをも

3.1 バルク状態の高分子鎖の広がり

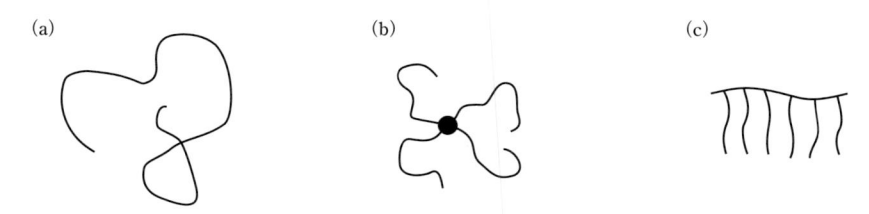

図3.4 線状高分子(a), 星型高分子(b), 櫛型高分子(c)の広がりの比較

ち, 溶液粘度もはるかに低い. 星型高分子は分子の中心部では自分自身のセグメント密度が高く, 分岐の本数が増加するほどその傾向は強い. この性質はバルクになっても基本的には変わらないと予想されるが, 残念ながら現在のところ, これに関する研究はほとんどない. これは, 現在の高分子合成技術を持ってしても分子構造の明確なラベル鎖, 非ラベル鎖を揃えるのが容易でないことが最大の原因である.

櫛型高分子についても, 同じ分子量の線状高分子と比べて溶液中では小さな広がりをもつことが知られているが, セグメント密度の局在化の度合いは星型高分子よりも弱いため, 広がりも線状高分子と星型高分子の中間にある. 櫛型高分子については, 構造の規定された試料の調製が星型高分子よりもなおいっそう難しいため, 実験例はないといってよい. なお, 星型高分子, 櫛型高分子は, その分子トポロジーに応じた特徴的な運動様式をもつ. その粘弾性的性質については6章で詳しく述べる.

C. 環状高分子

1章では環状高分子の溶液中での分子形態についても詳しく述べたが, バルク状態では環状高分子の分子鎖はどのような形態をとっているのであろうか. ここでは, 自分自身の中に結び目をもたず, 他の分子とも絡み合っていないトリビアルリング (コラム「結び目の確率」参照) について主に紹介しよう. このような分子は末端をもたず, 広がりの自由度が低いため, シータ溶媒中では回転半径の分子量依存性の指数は0.5で式(3.1.22)と同じ関数形のまま, 絶対値が定量的に小さい値となる (2章参照). バルク中では, 自分自身からの拘束に加えて, 浸透圧による収縮効果も働くので, さらに広がりが小さくなっていると予想される. 回転半径の分子量依存性の指数は, Catesらの理論によると $2/5 (= 0.4)$ という値が提案されており, シミュレーションによるさらに小さな値 $1/3 (\approx 0.33)$ も報告されている. 一方, 最近のポリスチレンを用いた実験によると, 指数はシータ溶媒の希薄溶液中の値である0.5よりもずっと小さく, 理論やシミュレーションが予想する0.33〜0.4の間に入ることが実証されており, たいへん興味深い. 自分自身の中に永久的な結び目を有するノット型リングでは, 同じ分子量であればさらに小さな広がりをもつことがシミュレーションからは予想されている.

● コラム　　結び目の確率——トリビアルリングとノット型リング

　結び目のない環状の分子はトリビアルリングと呼ばれている．これに対して環を開かない限り解けない結び目をもつものはノット型リングと呼ばれる．結び目の種類には簡単なものから複雑なものまで多くの種類があるが，図に示すように結び目をつくるためには，2次元平面に投影したとき，最低3箇所の交差点が必要なことがわかる．これを 3_1 ノットあるいは単に3ノットと呼ぶが，これには鏡像体もある．次にわかりやすいのは，1つとばして 5_1 ノットであろう．3_1 ノット，5_1 ノット以外のいくつかのノットも比較のために示した．環状高分子の合成では，鎖長が長くなれば結び目が比較的容易にできるように思われるかもしれない．ところが，簡単な予測によると，良溶媒中で閉環反応を行うとき，長い高分子鎖が 3_1 ノットとなって閉環する確率は意外なほど低く，重合度5000（ポリスチレンであれば分子量は50万）になってようやく 3_1 ノットができる程度であるという．このことから結び目を意図的につくることは非常に難しく，さらに溶液中で高分子鎖が広がった状態であればいっそう難しいことがわかる．環化反応をシータ溶媒などの貧溶媒条件で行ったごく最近の実験では，ノットの生成が裏付けられている．一方，良溶媒中ではほとんど見られないことも確かめられている．

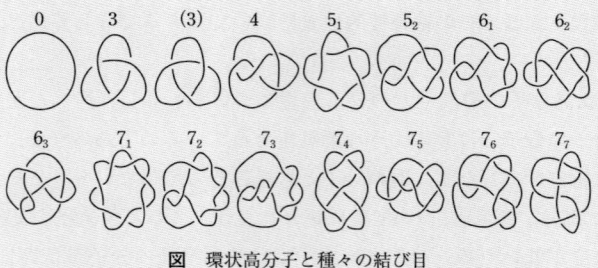

図　環状高分子と種々の結び目

3.2 ■ ポリマーブレンドの相溶性

　前述のD鎖とH鎖の混合物は，相溶系ポリマーブレンドのやや極端な一例とみなすことができ，同様の考え方は一般の相溶系ポリマーブレンドに拡張して適用することが可能である．そして，この考え方を適用すると，相溶性を示すポリマーブレンドに対する中性子散乱実験から，異種高分子間の溶けやすさを定量的に見積もることが

できる．この手法はソフトマターの中性子散乱実験のうち最も利用価値が高いものの1つである．

　高分子の最も本質的かつ重要な特徴は重合度が高いことであり，これは利点にも欠点にもなる．欠点の代表例として，異種高分子同士が混合しにくいという性質がある．この性質を熱力学的に説明しよう．低分子同士の混合では，混合自由エネルギー（混合しているときと完全に分離しているときのGibbsエネルギーの差）

$$\Delta G_{mix} = \Delta H_{mix} - T\Delta S_{mix} \tag{3.2.1}$$

のうち，混合エンタルピー ΔH_{mix} がある程度大きくても，混合エントロピー ΔS_{mix} は十分に大きく，第1項の寄与は相対的に小さくなるため混合が起こりやすい．ところが，高分子同士の場合には，エンタルピー項は低分子の場合とあまり変わらないにもかかわらず分子の自由度が低く，混合エントロピー，すなわち自由エネルギーの利得が小さい．つまり，式(3.2.1)の第2項の $T\Delta S_{mix}$ は比較的小さく，その結果 ΔG_{mix} が小さくならないため，混合は起こりにくい．たとえば高分子AとBを混合しようと試みても，A同士，B同士が別々に集まっている方が全自由エネルギー G が小さいので，巨視的にA相とB相に相分離しやすい．

　しかし，温度の上げ下げに応じて混合状態を自発的に選んで安定化する高分子の組み合わせも少なからずある．本節では，相溶状態あるいは相分離臨界点近傍の高分子の挙動について，その測定法もあわせて紹介する．

3.2.1 ■ 各種散乱法と物質の密度ゆらぎ

　溶液中の高分子鎖に対する光散乱・小角X線散乱，本章で述べたバルク中の高分子鎖に対する小角中性子散乱などの手法を用いて高分子1本1本の姿やその混合状態を観察するためには，共通の普遍的な条件がある．それは注目する高分子鎖が周囲から「浮かんで見えている」ことである．これを物理現象として表現すれば，物質密度が一様でなく，局所的な密度ゆらぎをもっているということができる．たとえば，100% D化ポリスチレンで構成される試料に中性子線を照射しても，分子1本の姿は見えない．これは，そのような試料中ではどこもD化ポリスチレンを構成するセグメントが均一に詰まっていて，密度ゆらぎをもっていないためである．上にあげたそれぞれの散乱法におけるこのゆらぎを反映する物理量は異なり，光散乱の場合は屈折率の濃度増分 $\partial n/\partial c$，X線散乱の場合は物質の電子密度 ρ，中性子散乱の場合は散乱長 b の密度である．

3.2.2 ■ A–B 混合系の相溶性指標

2種類の高分子の混合に関しては，すでに同じ分子量をもつラベル鎖と非ラベル鎖の混合についてふれたが，改めて一般的な高分子 A, B の混合について考えたい．大前提として，高分子 A と B は混ざりやすい高分子同士であり，混合に際して体積変化がないものとする．混合状態の評価は，最終的には散乱法で行うことになるが，まずは3次元の実空間からスタートし，A, B の密度ゆらぎと対相関関数を表していく．

発展 3.2 の式(E3.2.6)～(E3.2.8)に示す D–D, D–H, H–H の3つの対相関関数を A–A, A–B, B–B で読み替えて考える．A と B がランダムに混合していれば $\langle \delta\phi_A(\mathbf{R})\delta\phi_B(\mathbf{R}') \rangle$ はゼロと考えてよいので，任意の点から位置 $\mathbf{R}$ にある点および $\mathbf{R}$ から少し離れた位置 $\mathbf{R}'$ にある点の2点間における A–A, B–B 2種類の相関だけを考えればよい[5]．

$$S_{AA}(\mathbf{R}-\mathbf{R}') = \langle \delta\phi_A(\mathbf{R})\delta\phi_A(\mathbf{R}') \rangle \tag{3.2.2}$$

$$S_{BB}(\mathbf{R}-\mathbf{R}') = \langle \delta\phi_B(\mathbf{R})\delta\phi_B(\mathbf{R}') \rangle \tag{3.2.3}$$

いま，この混合系に微小な外場（ポテンシャル場）$u_A(\mathbf{R})$, $u_B(\mathbf{R})$ が加わると，位置 $\mathbf{R}$ での物質の密度ゆらぎは

$$\delta\phi_A(\mathbf{R}) = -\frac{1}{k_B T} S_{AA}(\mathbf{R}-\mathbf{R}') u_A(\mathbf{R}') d\mathbf{R}' \tag{3.2.4}$$

$$\delta\phi_B(\mathbf{R}) = -\frac{1}{k_B T} S_{BB}(\mathbf{R}-\mathbf{R}') u_B(\mathbf{R}') d\mathbf{R}' \tag{3.2.5}$$

のように表現される．

2種類の高分子 A, B の混合系の位置 $\mathbf{R}$ にある各々のセグメントには，これらの間の接触エネルギー ε_{AA}, ε_{BB}, および ε_{AB} を用いて，A, B の濃度に対して線形性をもつ次のような分子場 v_A, v_B がかかると仮定（近似）すると，v_A, v_B は $\mathbf{R}$ における A, B の体積分率 $\phi_A(\mathbf{R})$, $\phi_B(\mathbf{R})$ を用いて次式で表現できる．

$$v_A(\mathbf{R}) = (z-2)[\varepsilon_{AA}\phi_A(\mathbf{R}) + \varepsilon_{AB}\phi_B(\mathbf{R})] \tag{3.2.6}$$

$$v_B(\mathbf{R}) = (z-2)[\varepsilon_{AB}\phi_A(\mathbf{R}) + \varepsilon_{BB}\phi_B(\mathbf{R})] \tag{3.2.7}$$

これらの式は，簡単な言葉で言えば，系全体にわたり A, B それぞれのセグメントの周辺には体積分率に応じて両セグメントが平均的に分布しているとする，ということを表しており，平均場近似の1つである．高分子混合系に対するこのような近似を

乱雑位相近似（random phase approximation）という．この線形平均場近似の下での濃度ゆらぎは，式(3.2.4)〜(3.2.7)から

$$\delta\phi_A(\mathbf{R}) = -\frac{1}{k_BT}S_{AA}(\mathbf{R}-\mathbf{R}')[u_A(\mathbf{R}')+v_A(\mathbf{R}')]\mathrm{d}\mathbf{R}' \tag{3.2.8}$$

$$\delta\phi_B(\mathbf{R}) = -\frac{1}{k_BT}S_{BB}(\mathbf{R}-\mathbf{R}')[u_B(\mathbf{R}')+v_B(\mathbf{R}')]\mathrm{d}\mathbf{R}' \tag{3.2.9}$$

と記述される．またここで再度，混合に際して体積変化がないという条件（非圧縮性の仮定）を用いると，濃度ゆらぎについても

$$\delta\phi_A(\mathbf{R}) + \delta\phi_B(\mathbf{R}) = 0 \tag{3.2.10}$$

が成り立つ．

ここで，いま求めたいものは逆空間で得られる密度ゆらぎなので，これを便宜的に $\delta\phi_A(\mathbf{q}), \delta\phi_B(\mathbf{q})$ と書けば，これらは

$$\delta\phi_A(\mathbf{q}) = \int \delta\phi_A(\mathbf{R}) \exp(-i\mathbf{q}\mathbf{R}) \mathrm{d}\mathbf{R} \tag{3.2.11}$$

$$\delta\phi_B(\mathbf{q}) = \int \delta\phi_B(\mathbf{R}) \exp(-i\mathbf{q}\mathbf{R}) \mathrm{d}\mathbf{R} \tag{3.2.12}$$

のように，$\delta\phi_A(\mathbf{R}), \delta\phi_B(\mathbf{R})$ の Fourier 変換として定義される（付録 B 参照）．これらを用いて，式(3.2.8)〜(3.2.10)を書き換えると

$$\delta\phi_A(\mathbf{q}) = -\frac{S_{AA}(\mathbf{q})}{k_BT}\{u_A + (z-2)[\varepsilon_{AA}\delta\phi_A(\mathbf{q}) + \varepsilon_{AB}\delta\phi_B(\mathbf{q})]\} \tag{3.2.13}$$

$$\delta\phi_B(\mathbf{q}) = -\frac{S_{BB}(\mathbf{q})}{k_BT}\{u_B + (z-2)[\varepsilon_{AB}\delta\phi_A(\mathbf{q}) + \varepsilon_{BB}\delta\phi_B(\mathbf{q})]\} \tag{3.2.14}$$

● **発展 3.2　密度ゆらぎの対相関関数**

相溶系の A, B 2 成分混合系において A 鎖と B 鎖それぞれの体積分率を ϕ_A, ϕ_B としたとき，

$$\phi_A + \phi_B = 1 \tag{E3.2.1}$$

が成り立つのは自明である．いま，この混合系中の任意の点，たとえば原点から $\mathbf{R}$ の位置にある点での局所的な濃度をそれぞれ $\phi_A(\mathbf{R}), \phi_B(\mathbf{R})$ とするとき，

$$\phi_A(\mathbf{R}) + \phi_B(\mathbf{R}) = 1 \tag{E3.2.2}$$

が成り立っている場合を，混合による体積変化がない，つまり非圧縮性が保たれているという．

さてここで，$\phi_A(\mathbf{R}), \phi_B(\mathbf{R})$ は当然 $\mathbf{R}$ に依存し，平均の体積分率 ϕ_A, ϕ_B との微小な差 $\delta\phi_A(\mathbf{R}), \delta\phi_B(\mathbf{R})$ を

$$\delta\phi_A(\mathbf{R}) = \phi_A(\mathbf{R}) - \phi_A \tag{E3.2.3}$$

$$\delta\phi_B(\mathbf{R}) = \phi_B(\mathbf{R}) - \phi_B \tag{E3.2.4}$$

と書けば，この $\delta\phi_A(\mathbf{R}), \delta\phi_B(\mathbf{R})$ は，ラベル鎖と非ラベル鎖の濃度ゆらぎを表す物理量である．逆に言うとこの濃度ゆらぎが生じないと散乱法で高分子の姿を観察することはできない．ここで式(E3.2.3)，(E3.2.4)の両辺を足し合わせ，式(E3.2.1)，(E3.2.2)の関係を用いると，

$$\delta\phi_A(\mathbf{R}) = -\delta\phi_B(\mathbf{R}) \tag{E3.2.5}$$

が得られる．

$\mathbf{R}'$ をもう1つの注目点として選ぶと，$\mathbf{R}, \mathbf{R}'$ 2点間のA–A，A–B，B–B 3種類の対相関関数 $S(\mathbf{R})$ が次のように定義される．

$$S_{AA}(\mathbf{R} - \mathbf{R}') = \langle \delta\phi_A(\mathbf{R}) \cdot \delta\phi_A(\mathbf{R}') \rangle \tag{E3.2.6}$$

$$S_{AB}(\mathbf{R} - \mathbf{R}') = \langle \delta\phi_A(\mathbf{R}) \cdot \delta\phi_B(\mathbf{R}') \rangle \tag{E3.2.7}$$

$$S_{BB}(\mathbf{R} - \mathbf{R}') = \langle \delta\phi_B(\mathbf{R}) \cdot \delta\phi_B(\mathbf{R}') \rangle \tag{E3.2.8}$$

ここで，$\langle \ \rangle$ は統計平均を意味している．そこで改めて $\mathbf{R}'$ を原点にとり直し，式(E3.2.5)を用いると，式(E3.2.6)～(E3.2.8)で定義された3種類の相関関数には

$$S_{AA}(\mathbf{R}) = -S_{AB}(\mathbf{R}) = S_{BB}(\mathbf{R}) \tag{E3.2.9}$$

の関係があることがわかる．式(E3.2.9)は，ただ1種類の相関関数，たとえば $S_{AA}(\mathbf{R})$ を求めれば，A鎖，B鎖各々の分子情報が得られることを意味する．そのため，A, Bの添え字は必要なくなり，これを簡単に $S(\mathbf{R})$ と記述してよいことになる．そしてさらにこの $S(\mathbf{R})$ は，散乱ベクトル $\mathbf{q}$ をものさしとした逆空間の散乱関数 $S(\mathbf{q})$ と次の関係にある（付録B参照）．

$$S(\mathbf{q}) = \int S(\mathbf{R}) \exp(-i\mathbf{q}\mathbf{R}) d\mathbf{R} \tag{E3.2.10}$$

$$\delta\phi_{\mathrm{A}}(\mathbf{q}) + \delta\phi_{\mathrm{B}}(\mathbf{q}) = 0 \tag{3.2.15}$$

が得られる．これらから $\delta\phi_{\mathrm{A}}(\mathbf{q})$ を求めると

$$\delta\phi_{\mathrm{A}}(\mathbf{q}) = -\frac{(u_{\mathrm{A}} - u_{\mathrm{B}})}{k_{\mathrm{B}}T}\left(\frac{1}{S_{\mathrm{AA}}(\mathbf{q})} + \frac{1}{S_{\mathrm{BB}}(\mathbf{q})} - 2\chi_{\mathrm{AB}}\right)^{-1} \tag{3.2.16}$$

となる．式(3.2.16)の χ_{AB} は高分子溶液の熱力学を説明するときに導入された無次元の相互作用パラメータ χ を A–B 高分子混合系に拡張したもので，次式で与えられる．

$$\chi_{\mathrm{AB}} = \frac{z-2}{k_{\mathrm{B}}T}\left[\varepsilon_{\mathrm{AB}} - \frac{1}{2}(\varepsilon_{\mathrm{AA}} + \varepsilon_{\mathrm{BB}})\right] \tag{3.2.17}$$

$\delta\phi_{\mathrm{A}}(\mathbf{q})$ は A–B 混合系の密度ゆらぎを表しているので，式(3.2.16)における $-\delta\phi_{\mathrm{A}}(\mathbf{q}) k_{\mathrm{B}}T/(u_{\mathrm{A}}-u_{\mathrm{B}})$ は，散乱で得られる観測量 $S(\mathbf{q})$ そのものである．このことから式(3.2.16)は

$$\frac{1}{S(\mathbf{q})} = \frac{1}{S_{\mathrm{AA}}(\mathbf{q})} + \frac{1}{S_{\mathrm{BB}}(\mathbf{q})} - 2\chi_{\mathrm{AB}} \tag{3.2.18}$$

と記述できることがわかる．

ここで改めて $S_{\mathrm{AA}}(\mathbf{q})$，$S_{\mathrm{BB}}(\mathbf{q})$ の意味について考えてみる．現実には，これらの対散乱関数を正しく求めることは難しいが，混合状態であるので各々のセグメントがGauss 分布をしていると仮定してもよいであろう．A, B の重合度がそれぞれ N_{A}, N_{B} であることに注意すると，これらは

$$S_{\mathrm{AA}}(\mathbf{q}) = \phi_{\mathrm{A}} P_{\mathrm{A}}(\mathbf{q}, N_{\mathrm{A}}) \tag{3.2.19}$$

$$S_{\mathrm{BB}}(\mathbf{q}) = \phi_{\mathrm{B}} P_{\mathrm{B}}(\mathbf{q}, N_{\mathrm{B}}) \tag{3.2.20}$$

と表現できる．式(3.2.19)，(3.2.20)の P_{A}, P_{B} は，式(3.1.19)の形で表される Debye 型の関数としてよい．式(3.2.19)，(3.2.20)を式(3.2.18)に代入すると

$$\frac{1}{S(\mathbf{q})} = \frac{1}{\phi_{\mathrm{A}} P_{\mathrm{A}}(\mathbf{q}, N_{\mathrm{A}})} + \frac{1}{\phi_{\mathrm{B}} P_{\mathrm{B}}(\mathbf{q}, N_{\mathrm{B}})} - 2\chi_{\mathrm{AB}} \tag{3.2.21}$$

が得られる．式(3.2.21)は，A–B 混合系における相関量（散乱強度）を与える式であるが，逆に散乱強度の $\mathbf{q}$ 依存性を観測することで，この混合系の相互作用の大きさ χ_{AB} が求められることも示唆している．これが高分子濃厚系あるいはバルク系において中性子散乱実験が有用であるゆえんである．式(3.2.21)を導くためには，混合系に乱雑位相近似が成り立つことが重要であったが，言い換えるとこの近似が成り立たないほど相溶性が悪い混合系では，この手法により χ_{AB} を求めることはできない．

ここでさらに，Debye 関数 $P(\mathbf{q})$ は $\mathbf{q} \to 0$ の極限では，$P(\mathbf{q}, N_{\mathrm{A}}) = N_{\mathrm{A}}$, $P(\mathbf{q}, N_{\mathrm{B}}) =$

N_B で表されるので，$\mathbf{q} \to 0$ の極限において $S(\mathbf{q})$ は

$$\frac{1}{S(\mathbf{q})} = \frac{1}{\phi_A N_A} + \frac{1}{\phi_B N_B} - 2\chi_{AB} \tag{3.2.22}$$

と非常に簡潔に記述できる．

ところで，混合系がどのような相の状態をもつかは，系の混合自由エネルギー ΔG_{mix} に直接依存する．後述するように，系が相分離する臨界点では散乱強度が発散し，$\mathbf{q}$ がゼロの極限では次の関係式が成り立つ．

$$\frac{d^2(\Delta G_{mix}/k_B T)}{d\phi_A^2} = \frac{1}{S(\mathbf{q})_{\mathbf{q} \to 0}} \tag{3.2.23}$$

式(3.2.22)と式(3.2.23)から，この極限で

$$\frac{d^2(\Delta G_{mix}/k_B T)}{d\phi_A^2} = \frac{1}{\phi_A N_A} + \frac{1}{\phi_B N_B} - 2\chi_{AB} \tag{3.2.24}$$

が得られる．式(3.2.24)に対して積分を行い ΔG_{mix} を求めると，

$$\frac{\Delta G_{mix}}{k_B T} = \frac{1}{N_A} \phi_A \ln \phi_A + \frac{1}{N_B} \phi_B \ln \phi_B + \chi_{AB} \phi_A \phi_B \tag{3.2.25}$$

となる．式(3.2.25)は，高分子同士の混合における非常に重要な条件を提示している．つまり，式(3.2.25)の右辺第1項，第2項は，重合度がある程度高い高分子同士の混合であれば，非常に小さな負の値になるため，ΔG_{mix} が正とならないためには，χ_{AB} は相当小さな値でなければならない．言い換えると，χ_{AB} がある値より大きくなると，ΔG_{mix} は正となり混合は起こらないことになる．

以下では χ_{AB} についてさらに定量的な議論を行うため，単純化した系を考える．成分 A, B の重合度が等しく，$N_A = N_B = N$ であるとする．また $\phi_B = 1 - \phi_A$ であるので，これらを用いて式(3.2.25)のパラメータを減らすと，

$$\frac{\Delta G_{mix}}{k_B T} = \frac{1}{N} \phi_A \ln \phi_A + \frac{1}{N} (1-\phi_A) \ln(1-\phi_A) + \chi_{AB} \phi_A (1-\phi_A) \tag{3.2.26}$$

となる．ところで，A と B が混合するための臨界条件は

$$\frac{d^3(\Delta G_{mix}/k_B T)}{d\phi_A^3} = \frac{d^2(\Delta G_{mix}/k_B T)}{d\phi_A^2} = 0 \tag{3.2.27}$$

である．式(3.2.27)に式(3.2.26)を代入し，微分を行うと，$\phi_A = \phi_B = 1/2$ のときに

$$\chi_{AB} N = 2 \tag{3.2.28}$$

が得られる．通常，高分子鎖の重合度 N は 100 以上であるため，式(3.2.28)の条件を満たし，A と B が混合するためには $N = 100$ でも $\chi_{AB} = 0.02$ というたいへん厳しい条件が必要であることがわかる．これが，高分子同士のブレンドにおいては混合するものが少ない直接の要因である．

3.2.3 ■ 2 種類の相図

高分子 A，B の混合状態が，温度によって変化することはよく知られている．この現象は相図を用いてよく説明される．図 3.5 には，2 成分系の相図とそれに相当する混合のエネルギー曲線を模式的に示した．図 3.5(a)では，縦軸は絶対温度 T，横軸は A と B の体積分率である．図には下に凸となった実線が描かれているが，この実線はある組成，ある温度における相の数が 1 つであるか 2 つであるか，つまり 2 つの物質が溶け合うか溶け合わないかの境界を表している．これを**二相曲線**（binodal line）という．図 3.5(a)では，実線上の点 c より温度が上がると相分離した二相の状態が有利であり，逆に温度が下がると A と B が混合して均一な一相になることを示している．つまり，温度が下がると混合状態が生まれることを示しており，直感的にはわかりにくいかもしれない．図 3.5(b)には，ある温度 T_r におけるこの A–B 混合系の自由エネ

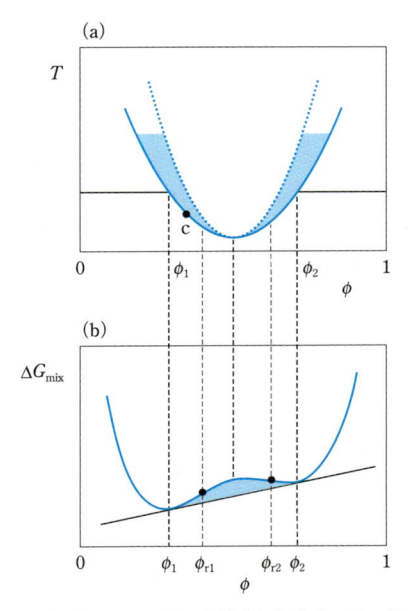

図 3.5 高分子混合系の LCST 型の相図 (a) と自由エネルギー曲線の模式図 (b)

ルギー曲線を示している．この図には極小点が2つあり，その間には極大点がある．極小点を与える体積分率を ϕ_1, ϕ_2 とすると，この図から次の関係が成り立つことがわかる．

$$\left[\frac{\mathrm{d}(\Delta G_{\mathrm{mix}}/k_\mathrm{B}T)}{\mathrm{d}\phi}\right]_{\phi=\phi_1} = \left[\frac{\mathrm{d}(\Delta G_{\mathrm{mix}}/k_\mathrm{B}T)}{\mathrm{d}\phi}\right]_{\phi=\phi_2} = \frac{\Delta G_{\mathrm{mix}}(\phi_2) - \Delta G_{\mathrm{mix}}(\phi_1)}{\phi_2 - \phi_1} \quad (3.2.29)$$

これらの関係は，2つの極小点に共通する接線を引くと理解しやすい．つまり，図3.5(b)から明らかなように，$\phi_1 < \phi < \phi_2$ では接線の方がエネルギー曲線より下にあるので，この間の組成をもつ混合系では，体積分率 ϕ_1, ϕ_2 をもつ2つの相に分離することになる．異なる温度における ϕ_1 と ϕ_2 の点を結んだものが，図3.5(a)の実線で表した二相曲線である．温度が下がると ΔG_{mix} の極大値が消え，これ以下の温度ではすべての組成で相溶状態を与えるため，この型の相図は**下限臨界相溶温度**（lower critical solution temperature, **LCST**）**型**という．

もう少し詳しく図3.5(b)を見ると，ϕ_1 と ϕ_2 にはさまれた領域には，変曲点が2つ存在する．その2つの変曲点での体積分率を $\phi_{\mathrm{r}1}, \phi_{\mathrm{r}2}$ とすると，

$$\left[\frac{\mathrm{d}^2(\Delta G_{\mathrm{mix}})}{\mathrm{d}\phi^2}\right]_{\phi=\phi_{\mathrm{r}1}} = \left[\frac{\mathrm{d}^2(\Delta G_{\mathrm{mix}})}{\mathrm{d}\phi^2}\right]_{\phi=\phi_{\mathrm{r}2}} = 0 \quad (3.2.30)$$

が成り立ち，$\phi_{\mathrm{r}1} < \phi < \phi_{\mathrm{r}2}$ の狭い領域では，ただちに相分離へ向かう．一方，$\phi_1 < \phi < \phi_{\mathrm{r}1}, \phi_{\mathrm{r}2} < \phi < \phi_2$ の2つの領域は中間の不安定領域である．$\phi_{\mathrm{r}1}, \phi_{\mathrm{r}2}$ は温度 T_r におけるスピノーダル点と呼ばれる．それぞれの温度におけるスピノーダル点を結んだ線が，**スピノーダル線**（spinodal line）であり（図3.5(a)の破線），系の安定性/不安定性を表す目安として重要である．

一方，LCST型とは温度に関する応答が逆であり，温度が下がると相分離へ，温度が上がると相溶へ向かう系がある．この型の相図は**上限臨界相溶温度**（upper critical solution temperature, **UCST**）**型**という．直感的にはこちらの応答のほうがわかりやすいが，相溶系ポリマーブレンドに関する相図としては，必ずしも例は多くない．温度に対する応答がLCST型と逆であるが，同様なエネルギー曲線とスピノーダル線をもつ．

3.2.4 ■ 相互作用パラメータの温度依存性

LCST型の相図は直感的には理解しにくい現象と思われるが，実際の相溶性高分子にはこの型の相図をもつものがしばしば見られる．ここではその理由を考えてみたい．これまでに紹介したように，2つの高分子が混合する目安は，$\chi_{\mathrm{AB}}N = 2$（式(3.2.28)）である．この式を満たすためには，重合度 N が著しく低い（分子量が低い）か，あ

● コラム　　環状相図, 砂時計型相図

　本文では, UCST型とLCST型の2つの相図をまったく別のものとして扱っていたが, これらを両方もち合わせるたいへん面白い相溶系ポリマーブレンドも知られている. 1つはポリスチレン／ポリ(n-アルキルメタクリレート)間に見られる相図である. このポリマーの組み合わせでは, メタクリレート成分の側鎖にあるエステル炭素の長さがカギになっている. つまり, 側鎖アルキルの炭素数が4のときにはLCST型, 6のときにはUCST型の相図をもつが, その中間の5のときには転移点としてLCST型とUCST型の両方の要素をもち, 結果として環状の相図を示す. もう1つはLCST型, UCST型が上下に開いた横砂時計型の相図である. これは本文中で述べる芳香環パラ位置換ポリスチレン誘導体／ポリイソプレンの組み合わせの応用で, 芳香環パラ位にLCST型の相図を与えるユニットとUCST型の相図を与えるユニットをもつスチレン誘導体を共重合させて両方の要素をもたせたために起きた興味深い現象である. しかし, 本文中でも記したようにvan der Waals力以外には特定の力が働かず, むしろ反発力の方が強いと考えられる組み合わせである. 炭化水素（一部ケイ素も含む）だけからなる高分子同士がなぜ溶け合うのか？」という疑問の答えはまだ見つかっていない. 現在も研究は進行中であるが, この現象だけを取り上げてみてもまだまだ高分子科学, 物質科学の謎は深い.

るいはχ_{AB}が小さいか, 少なくともこのうちの1つを満たさなければならない. ここで相互作用パラメータの中身を原点に戻って考えてみる. 2章で述べたように, 相互作用パラメータχは, 高分子溶液形成過程で, 溶媒中に高分子が溶け込む際の自由エネルギー変化の過剰項を表現するために提案されたものであり, これが後に高分子-高分子混合系に拡張された. こうした背景からχの中身は, 2つの高分子のセグメント-セグメント間相互作用（エンタルピー項）が支配的である. しかし, Floryの考察に立ち返ってみると, 高分子鎖の配置エントロピー以外のエントロピー要素も自由エネルギー変化の過剰項には含まれているため, 高分子混合系に拡張して適用された場合のχ_{AB}にもエントロピー項を考える必要がある.

　さまざまな議論を経て, 一般にχ_{AB}はエントロピー項とエンタルピー項に分け, 絶対温度の関数として次式のように表現されるようになった.

$$\chi_{AB} = A + \frac{B}{T} \tag{3.2.31}$$

ここで, AおよびBは2つの高分子の相互関係に依存したそれぞれエントロピー的寄与およびエンタルピー的寄与を表す定数である. 当然であるが, 相図の形にはB

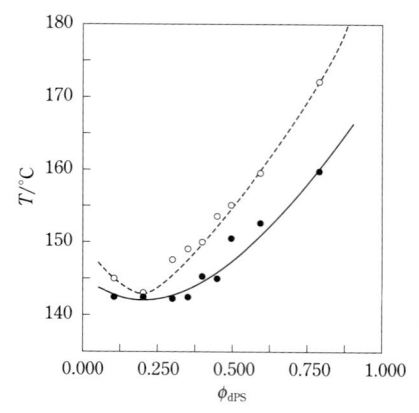

図 3.6 ポリスチレン／ポリ(ビニルメチルエーテル)の相図
ポリスチレン(重水素化，dPS)とポリ(ビニルメチルエーテル)の重量平均分子量は，それぞれ 435000, 188000．実線は二相曲線，破線はスピノーダル線．
[C. C. Han *et al.*, *Polymer*, **19**, 810 (1986)]

の符号が直接影響する．すなわち，B が正ならば温度の低下（$1/T$ の増大）とともに χ_{AB} は大きくなるので，系は相分離に向かって UCST 型の相図を与え，B が負の場合には逆に LCST 型となる．では B の符号は何が決定するのであろうか．この問いへの統一的な答えは見出されていないが，例として，図 3.6 には LCST 型の相図を与える組み合わせとして最もよく知られているものの 1 つであるポリスチレン／ポリ(ビニルメチルエーテル)の実験結果を示す．この系では，ポリスチレン側鎖の芳香環の π 電子と，ポリ(ビニルメチルエーテル)のエーテル酸素の間に引力的な相互作用が働くことが知られており，温度の低下とともにその相互作用が強くなるために LCST 型の相図を示すとされている．

この他によく知られる相溶系ポリマーブレンドには，類似のモノマー構造をもつ系として，ポリスチレン／ポリ(α-メチルスチレン)，ポリブタジエン／ポリイソプレンなどがあり，基本骨格が異なるものには，ポリメチルメタクリレート／ポリフッ化ビニリデン，ポリ硝酸ビニル／ポリメチルアクリレートなどがある．最近見つかったものでは，芳香環パラ位置換ポリスチレン誘導体とビニル側鎖をもつポリジエンという意外な組み合わせもある．これらは概していえば，プラスチックとゴムとしての性質が知られた高分子同士であり，モノマーの構造が著しく異なるだけに，構造的にも応用の面でもたいへん興味を持たれているが，その原因は十分には究明されておらず，今後の研究成果が待たれる．

3.3 ■ ブロック共重合体とグラフト共重合体の構造

　前節までで異種高分子は重合度が高い場合には，容易に混合しないことがわかった．これは性質が異なる高分子同士から両者の長所を引き出す材料設計をする立場からは都合のよくないことである．しかし，異なるモノマー単位を同一分子鎖に取り込む共重合という手法を用いればこの短所を克服することもできる．本書の姉妹編，『高分子の合成（上）（下）』（講談社）にも詳しく述べられているように，近年の合成手法の進歩により多くの新たな重合法が共重合体の合成にも用いられるようになっている．本節では，数ある共重合体のうち，異種モノマー単位が連続体として取り込まれているブロック共重合体，グラフト共重合体に焦点を当てることにする．

3.3.1 ■ 自己組織化とミクロ相分離構造

　図3.7にブロック共重合体，グラフト共重合体の分子構造を模式的に比べた．ブロック共重合体とは，基本モノマー単位がシークエンス（ブロック）をなし，2種類のブロック鎖が1:1の関係で共有結合によって線状につながれた共重合体をいう．図3.7(a)はブロック共重合体のうち，最も単純なかたちをもつAB型2元ブロック共重合体である．複雑性の要素を少し含むものには，Bの両側にAが結合したABA型の3元ブロック共重合体（図3.7(b)），あるいは第3成分Cも加えたABC型の3元ブロック共重合体（図3.7(c)）などがある．一方，異種高分子が枝分かれして他の鎖に結合した図3.7(d)のようなかたちのものをグラフト共重合体という．

　ブロック共重合体の構造や性質を理解する第一歩として，石鹸などで身近な界面活

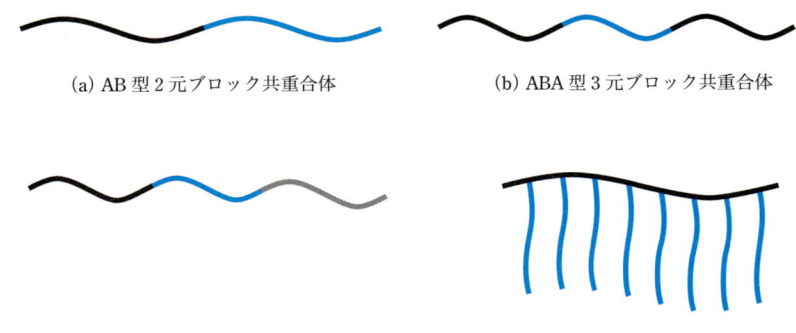

(a) AB型2元ブロック共重合体

(b) ABA型3元ブロック共重合体

(c) ABC型3元ブロック共重合体

(d) グラフト共重合体

図 3.7　いろいろな1次結合をもつ共重合体

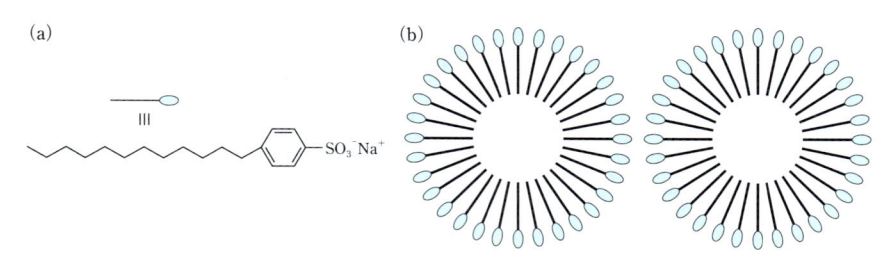

図 3.8 界面活性剤分子の自己集合
(a) 分子の例, (b) 水中での自己集合の模式図.

性剤の水中での構造から出発するのがよいかもしれない．図 3.8 は，界面活性剤が水中で自発的に集まった様子を示している．界面活性剤の一例として，ドデシルベンゼンスルホン酸ナトリウムの構造を示した．この分子の電離部は水中でイオン状態になり，水に溶け込む性質をもつために，この部分を親水基という．一方，長いアルキル鎖の部分は油を好むが水は嫌うので疎水基（親油基）である．いま，親水基を◯で，疎水基を棒で模式的に表すと，水中ではこれらの分子が多数自発的に集まって図に示すような集合構造をとる．この構造形成は自発的に起こる過程であり，このような挙動を**自己組織化**（self-assembly）と呼ぶ．この集合体はミセル（micelle）と呼ばれるが，ミセルは水中では親水基が外側を，親油基が内側を向いている．図 3.8(b) に示す集合体は球状をしているため，球状ミセルと呼ばれる．水中の分子の濃度が上がると，集合構造は変化して柱状ミセルになり，さらに濃度が高くなると二重層状態に集まったラメラ状ミセルとなる．

さて，話をブロック共重合体に戻そう．一番単純な分子である AB 型 2 元ブロック共重合体は，A 成分と B 成分がともによく溶ける溶媒（共通良溶媒）中に溶けている状態でも，溶液の濃度が高ければ，高分子のセグメント同士が出会う確率が高いために同じ分子内でも反発し合い，A は A 同士，B は B 同士で集まることが知られている．この様子を図 3.9 に示した．分子中の A と B の比率が著しく異なる場合には，界面活性剤の球状ミセルのような集合構造を形成する．このとき，A と B の結合点は球殻上に並び，分子の長さが決まれば球の大きさも自動的に決まる．A と B の長さの比が異なると，界面活性剤と同じように柱状構造や**ラメラ構造**（**交互平板状構造**）へと変化する（次項参照）．さらに重要なことは，溶液の濃度がさらに高まると，ミセルが結晶格子を組むようになる点であり，溶媒がない系，つまりバルク状態になると規則構造の秩序は最も高くなる．

ここで改めて空間スケールに注目して眺めると，この自己組織化構造は微視的には

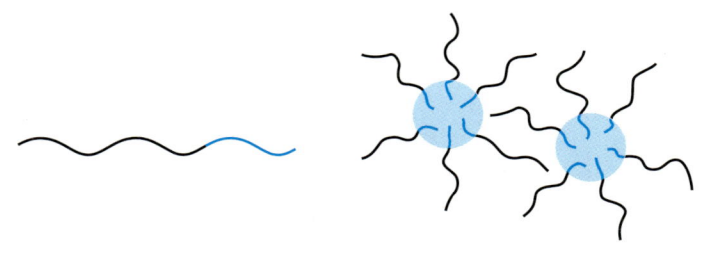

図 3.9 AB 型 2 元ブロック共重合体の自己集合

相分離した相が規則的な周期をもった不均一構造であるが，巨視的に見れば異種高分子の混合が実現しているともいえる．このようにブロック化は異種の高分子を強制的に混ぜ合わせる手法でもあり，金属合金になぞらえてブロック共重合体のことをポリマーアロイ（の一種）と呼ぶこともある．

また，ここで得られる相分離の周期の大きさは，分子の長さそのものが反映される．現実に合成できる鎖長の高分子では通常，相分離の周期は数十 nm から数百 nm の範囲であるため，伝統的にはこの周期構造は**ミクロ相分離構造**（microphase-separated structure）と呼ばれている．最近では空間スケールを表現するという意味合いも込めて，ナノ相分離構造と呼ばれることもあるが，本書ではミクロ相分離構造と表記することにする（コラム「ミクロ相分離構造の実態」参照）．

3.3.2 ■ ミクロ相分離構造のモルフォロジー転移の定性的表現

前項でふれたように，AB 型 2 元ブロック共重合体では，A と B の長さの比に応じて規則構造の形態（モルフォロジー）が変わる[6]．ここでは，なぜモルフォロジー転移が起こるのかについて概説する．幾何学的に最も単純な相分離形態はラメラ状の構造であるので，ここから出発する．A と B の長さがほぼ等しいときに現れるこの構造は，ラメラ状のミセル集合体が積層されたものと考えることができる．図 3.10(b) に示すように，層同士の関係を見ると分子は交互に背中合わせになっていて，結合点は 2 次元平面上に並んでいるが，結晶格子の性質としては 1 次元格子である．この構造はごく自然に理解できるであろう．

次に，A と B の長さが偏っている場合を考えよう（A＜B）．図 3.10(c) のように分子鎖を配置することができれば，A と B の厚みが異なるラメラ状の構造が得られることになるが，そのような構造は得られない．なぜなら，高分子鎖の特徴を思い起こしてみると，分子はできる限り丸まった糸まり状態で存在し，エントロピーを大きくしようとするからである．この要請を満たすため，図 3.10(d) のように，B 鎖はラメ

コラム　ミクロ相分離構造の実態

　ブロック共重合体がつくるミクロ相分離構造は，メソスケールの大きさをもつ結晶格子であることには違いなく，X線散乱・中性子散乱などでも「結晶格子からの回折図形」をよりどころにしばしば構造解析が行われる．特に後述の3次元周期構造の場合などは，その解析は詳細に及ぶ．結晶科学の常識からすれば，こうした規則構造をつくっている分子そのものも整然と配列していると連想されやすいが，この周期構造中の個々の高分子鎖は決して結晶状態であるわけではない．すなわち，前節で述べたバルク状態の高分子鎖のセグメント分布や広がりと本質的には同じで，分子スケールの相分離状態にあっても1本1本の高分子鎖は，結晶化しやすい分子を除けば多くの場合，歪んではいるものの，セグメント分布自体はアモルファス鎖の特徴をもっている（後述）．つまり，アモルファスな物質がその集合体としてメソスケールの大きさをもつ結晶格子をつくるのがミクロ相分離構造の特徴であり，本質でもある．自然科学分野の知識が豊富な方は，かえって誤った理解をしがちだが，読者諸氏にはぜひ注意していただきたい点である．

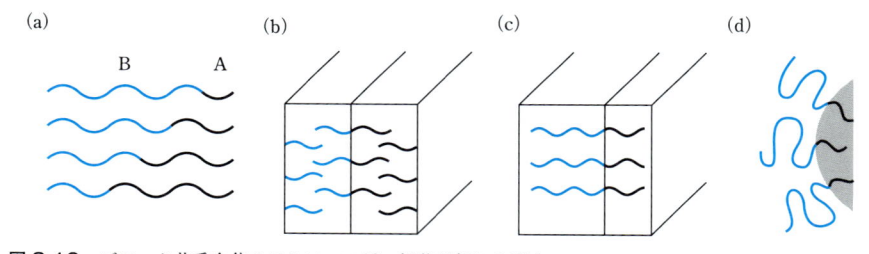

図 3.10　ブロック共重合体のモルフォロジー転移が起こる理由
(a) さまざまな組成の分子，(b) A：B＝1：1の分子がつくるラメラ構造（可），
(c) 組成に偏りがある分子（A：B≠1：1，A＜B）がつくるラメラ構造（不可），(d) 組成に偏りがある分子がつくる曲がった界面（可）

ラ状の構造のときより界面に沿った方向の広がりがずっと大きくなり，結果として界面を曲げることで折り合いをつけることになる．これがモルフォロジー転移が起こる原因である．このように，AとBの長さの偏りが大きくなるにつれて，柱状構造（2次元格子），球状構造（3次元格子）が出現することになる．なお詳細は後に譲るが，物質によってはラメラ構造と柱状構造の間にA，B 2つの相がともに3次元の規則性かつドメインの連続性をもつ構造が存在することも知られている．

3.3.3 ■ 偏析の強さと構造転移

次にAとBの偏析の強さと規則構造のできやすさについて述べよう．3.2.1項で述べたポリマーブレンドの相溶性の評価についての説明を参照しながら議論を進めると理解の助けになるだろう．ポリマーブレンド系における相溶性/非相溶性の目安は $\chi_{AB}N = 2$（式(3.2.28)）であったが，ブロック共重合体のようにAとBが強制的に結合していれば，その分混合しやすいことは直感的に理解でき，条件はずいぶん緩和されると予想される．では，この結合点による効果はどれほどだろうか．

Leibler はブロック共重合体を構成する成分A, Bの偏析の強さとつくられる安定構造を，散乱現象で利用される相関関数を用いて予測した．そこでは，重合度が $N(= N_A + N_B)$，Aの体積分率が ϕ であるブロック共重合体の散乱関数 $S(\mathbf{q})$ を計算し，χ_{AB} の関数として次式を得た．

$$S(\mathbf{q}) = \frac{N}{F(x) - 2\chi_{AB}N} \tag{3.3.1}$$

ここで，$F(x)$ はA鎖，B鎖のセグメント空間分布を反映する分布関数 $P_A(\phi, x_A)$, $P_B(1-\phi, x_B)$，およびブロック鎖全体の分布関数を表す $P(1, x)$ を用いて次式で表される．

$$F(x) = \frac{P(1, x)}{\frac{1}{4}\{P_A(\phi, x_A) \cdot P_B(1-\phi, x_B) - [P(1, x) - P_A(\phi, x_A) - P_B(1-\phi, x_B)]\}} \tag{3.3.2}$$

式(3.3.2)において $P(1, x)$ は $x = \mathbf{q}^2 R_g^2$ を，$P_A(\phi, x_A)$，$P_B(1-\phi, x_B)$ は，それぞれ $x_A = \mathbf{q}^2 R_{g,A}^2$, $x_B = \mathbf{q}^2 R_{g,B}^2$ を用いて

$$P(1, x) = \frac{2(e^{-x} + x - 1)}{x^2} \tag{3.3.3}$$

$$P_A(\phi, x_A) = \frac{2(e^{-\phi x_A} + \phi x_A - 1)}{x_A^2} \tag{3.3.4}$$

$$P_B(1-\phi, x_B) = \frac{2[e^{-(1-\phi)x_B} + (1-\phi)x_B - 1]}{x_B^2} \tag{3.3.5}$$

で表される Debye 関数である．

図3.11には，共重合体中の2つの成分A, Bの相互作用パラメーター χ_{AB} と鎖の長さ N の積 $\chi_{AB}N$ のいくつかの値について散乱関数 $S(\mathbf{q})$ を比べた．$S(\mathbf{q})$ の大きさは密度ゆらぎの大きさを直接反映している．$\chi_{AB}N$ が大きくなる，つまり相互作用が大きくなると $S(\mathbf{q})$ も増大し，やがて χ_{AB} が臨界値に達すると $S(\mathbf{q})$ は発散する．この点はスピノーダル点に相当し，このときの $\chi_{AB}N$ は $(\chi_{AB}N)_c$ と表される．図3.11の例では，$\phi_A = 0.25$ であり，$(\chi_{AB}N)_c = 18.2$ である．この値以上に $\chi_{AB}N$ が大きくなると，ブロッ

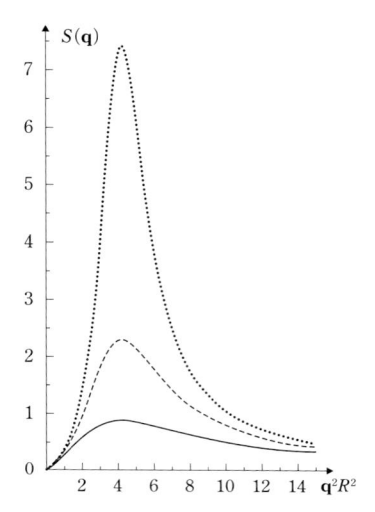

図 3.11 ブロック共重合体が逆空間で示す相関空孔ピーク
$\phi_A = 0.25$，χN の値は下から 12.5, 16.0, 17.5.
[L. Leibler, *Macromolecules*, **13**, 1602 (1980)]

ク共重合体は分子の長さが直接反映された周期をもつ相分離構造，つまりミクロ相分離構造の形成に向かう．$\phi_A = \phi_B = 0.5$ のときに，この臨界値 $(\chi_{AB}N)_c$ は約 10.5 という最小値をとることが Leibler により示されている．$\phi_A = \phi_B = 0.5$ という対称形の組成であるから，この値は周期構造を形成するための最小臨界値と考えてよく，ブロック共重合体の相分離を与える条件とされている．Leibler の理論の特徴は，異種成分 A-B 間の相互作用の大きさ χ_{AB} そのものではなく，高分子成分の重合度 N との積 $\chi_{AB}N$ を高分子間の相溶性を表す最も重要なパラメータとしていることである．

さて，秩序-無秩序転移を生む $\chi_{AB}N$ の臨界値について考えてみよう．定量的には，$\phi = 0.5$ のとき，$\chi_{AB}N$ の下限値は 10.5 であった．この値をホモポリマー間のブレンドの臨界値である $\chi_{AB}N = 2$ と比べると，5 倍程度の N をもつものまで混合可能であることがわかり，この違いは結合点の効果ということができる．$\chi_{AB}N$ が臨界値である 10.5 よりずっと小さい領域では，2 つの異なる成分間の偏析力（相分離力といってもよい）が非常に弱いとみなすことができるため，この領域を弱偏析領域（weak segregation regime）と呼ぶ．これに対して，成分間の相互作用パラメータ χ と高分子鎖の重合度 N のどちらか，あるいは両方が大きいときには，$\chi_{AB}N$ が必ず大きくなり系中の異種高分子成分間には強い相関が生じ，組成に応じて常に明確な相分離構造を呈する．この領域を**強偏析領域**（strong segregation regime）と呼ぶが，一般のブロッ

ク共重合体ではこの領域内でミクロ相分離構造を形成するものが多く，最もよく研究されている領域である．これらの中間を中偏析領域（intermediate segregation regime）と呼ぶこともあるが，その実態については十分に解明されていない．

ところで，散乱法により $\mathbf{q}$ の大きな相関，つまり系の局所的な状態を観察するときには，$qR_g \gg 1$ の条件が当てはまり，式(3.3.1)は χ_{AB} とは無関係に

$$S(\mathbf{q}) = \frac{2N\phi(1-\phi)}{\mathbf{q}^2 R_g^2} \tag{3.3.6}$$

となる．式(3.3.6)は，$\mathbf{q}$ が大きくなる（実空間では $\mathbf{r}$ が小さくなる）と限りなく $S(\mathbf{q})$（同様に $S(\mathbf{r})$ も）が小さくなることを示している．また逆に，系の遠く離れた 2 点の相関を見るとき，つまり $\mathbf{q}R_g \ll 1$ の条件のとき，式(3.3.1)は，再び χ_{AB} とは関係なく

$$S(\mathbf{q}) = \frac{2}{3} N \phi^2 (1-\phi)^2 \mathbf{q}^2 R_g^2 \tag{3.3.7}$$

で表されるため，式(3.3.7)は $\mathbf{q}$ がゼロに近づいたときにゼロとなる．これはブロック共重合体自身の大きさよりも長い距離だけ離れていればAとBの密度は一定と見なせることを意味し，密度の相関を見ている対象がブロック共重合体であることを顕著に表す現象として知られる．このように $\mathbf{q}$ がゼロに近づくときに相関が落ち込む現象は，**相関空孔**（correlation hole）をもつと表現されている．

1980年に提案された上記のLeiblerの理論は，ブロック共重合体における構造形成の本質をついたものであったが，実験で明確になった構造が球状，柱状，ラメラ状の3種類に限られていたこともあり，この3種類の構造間転移を定量的に予測するにとどまった．その後，実験事実が積み重ねられることで新しい構造が発表され，いくつかの研究グループによって理論面でも改良が加えられた．そのうち，Matsenらによる**自己無撞着場理論**（self-consistent field theory）に基づく代表的な結果を図3.12に示す．この図は成分AとBが同じセグメント長をもつとしたモデル系の結果であるため，$\phi_A = 0.5$ に対して左右対称である．$\chi_{AB}N$ がある程度大きな値となる位置で横軸に対して平行線を引くと，その $\chi_{AB}N$ に対するモルフォロジー転移の様子がわかる．たとえば $\chi_{AB}N = 20$ では，球状構造（spherical structure, S）から始まり柱状構造（cylindrical structure, C），共連続 gyroid 構造（G），ラメラ状構造（lamellar structure, L）と構造転移することが予測できる．χN が小さい領域，あるいは ϕ が極端に小さい領域と極端に大きい領域は特定のモルフォロジーに合致しない．これらの領域では均一な一相状態であることを示している．この状態を無秩序状態（disordered state）と呼ぶ．これは一方の成分がもう一方の成分と比べて極端に短い場合，または偏析力が弱い場合には，規則構造を呈さないことを意味する．図3.12で一番外側の実線を上か

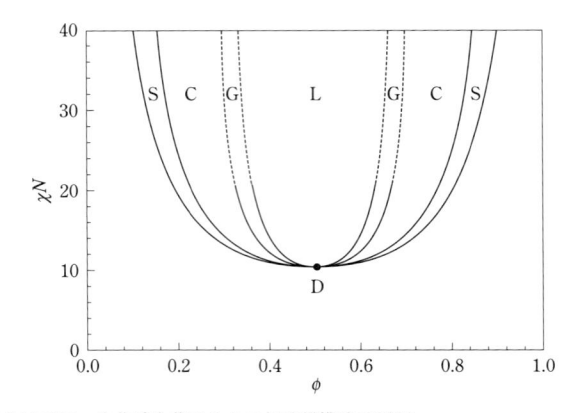

図 3.12 AB 型 2 元ブロック共重合体のミクロ相分離構造予測図
S は球状構造，C は柱状構造，G は共連続 gyroid 構造，L はラメラ構造を示し，D は無秩序状態を表している．オリジナルの図の横軸には f が使われていたが，本書との整合のため ϕ に書き換えた．
［M. W. Matsen and M. Schick, *Phys. Rev. Lett.*, **72**, 2660（1994）］

ら下に辿る転移現象は**秩序－無秩序転移**（order-disorder transition, **ODT**）としばしば呼ばれる．また，2 つの構造を示す境界線近傍で $\chi_{AB}N$ を変えると（実際には温度を変えると）モルフォロジー転移も起こる．図 3.12 では縦軸方向のシフトに相当するが，これを秩序－秩序転移という．

3.3.4 ■ 周期構造の大きさと分子の形態

　ミクロ相分離の周期構造の大きさが，分子の長さによって決まることはすでに述べたが，定量的には周期と分子量はどのように関係づけられるのであろうか．前述のように，無秩序状態の極限では，摂動状態のホモポリマーの広がり R_g と分子量 M の間には $R_g \propto M^{1/2}$ という関係式（式(3.1.9)）が成り立つとしてよい．一方，ここでは，強偏析下での関係を扱う．

　これまでに多くの理論や実験結果が報告されてきた．理論による予測は，完全な無秩序状態から規則構造を形成する際の自由エネルギーを計算し，最も低いエネルギーをとる条件を探して熱力学平衡の立場からこれを安定構造とする手法である．自由エネルギーに寄与する項は大小さまざまあるが，発展 3.2 で扱っている平均場理論を拡張した太田－川崎の理論（O-K 理論）では，寄与の小さい項は無視しているものの，問題点を大掴みに把握するためには最も優れていると考えられるため，ここでは理論の代表的結論として紹介する．ここでの理論構築では，無秩序状態では存在しえなかっ

た相分離界面の扱いが非常に重要である．強偏析状態でつくられる界面は，A, B両方の高分子セグメントにとって反発壁のような役割を果たす．このとき，3次元空間中では，各々のセグメント密度が一定に保たれる必要があり，特に結合点から遠い位置にある分子鎖上のセグメントは界面から遠ざかろうとするため，分子鎖は全体として界面に対して垂直な方向に伸びようとする．いったん伸びた分子鎖には，今度は自然な要請として，ゴム弾性力，つまり収縮力が働くことになる．太田－川崎の理論は界面エネルギーとゴム弾性による収縮力を主に扱い，発展3.3の式(E3.3.7)を得ている．この式を式(3.3.8)として再度掲げる．

$$D \propto N^{2/3} \tag{3.3.8}$$

式(3.3.8)は，強偏析下のブロック共重合体が示すドメインの繰り返し周期の大きさ D を普遍的に表す関係であるととらえてよい．実際に，ポリスチレン－*block*－ポリイソプレンやポリスチレン－*block*－ポリ(2-ビニルピリジン)などいくつかの種類の高分子から構成されるブロック共重合体の D がこの指数法則をほぼ満たすことが実験で確かめられている．

● 発展 3.3　周期構造の定量的見積もり

　本文に記したように，数多くの理論的取り扱いがある中，最も単純な構造である交互ラメラ構造に対し大胆な簡略化を行った太田－川崎の理論を紹介する[7]．
　ブロック鎖を分子バネとみなしたとき，伸びを復元しようとする弾性力 f は，界面からの距離 r に比例し，分子の2次元的な大きさ（$R^2 = Nb^2$，b は結合長）に反比例するから，

$$f \propto \frac{r}{Nb^2} \tag{E3.3.1}$$

と記述される．この分子バネ1本あたりの力から発生する弾性自由エネルギー G_{els} (elastic energy) は，$G_{els} = f \cdot r$ である．ここでの距離 r は，ブロックの結合点と鎖の他端との距離とみなしてよいが，これを最終的に求めたい繰り返し周期の大きさ D （これは2分子分の長さであることに注意）で置き換えても議論の本質は変わらない．そこでこの置き換えをすると，G_{els} は式(E3.3.1)から

$$G_{els} \propto \frac{D^2}{Nb^2} \tag{E3.3.2}$$

となる.一方,界面形成エネルギー G_s は,分子1本あたりが占める界面積 S とその界面張力 γ を用いて,

$$G_s = \gamma \cdot S \tag{E3.3.3}$$

で表される.ここで簡単な幾何学的関係から,ブロック鎖1本が空間中で占める体積は S と $D/2$ の積 $SD/2$ であり,この体積が重合度 N に比例することを利用して S から D への置き換えをすると,式(E3.3.3)は

$$G_s \propto \frac{\gamma N}{D} \tag{E3.3.4}$$

となる.ブロック共重合体が相分離してドメイン構造を形成するときには,自由エネルギーに対する他の効果の寄与もあるため,厳密にはそれらも考慮に入れるべきであるが,支配的な項は弾性エネルギー(式(E3.3.2))と界面エネルギー(式(E3.3.4))の2つであるので,ドメイン形成の自由エネルギー G がこれら2つの項だけで構成されると仮定すると次式が得られる.

$$G = G_{els} + G_s = C_1 \frac{D^2}{Nb^2} + C_2 \frac{\gamma N}{D} \quad (C_1, C_2 \text{ は定数}) \tag{E3.3.5}$$

ところで,系の安定点すなわち平衡状態は,G を最小にする条件 $dG/dD = 0$ から求められるので,この微分を行うと次式のようになる.

$$\frac{dG}{dD} \propto \frac{2D}{Nb^2} - \frac{\gamma N}{D^2} = 0 \tag{E3.3.6}$$

この式(E3.3.6)を解くと

$$D \propto N^{2/3} \tag{E3.3.7}$$

が得られる.

式(3.3.8)の指数 2/3 は,非摂動状態のアモルファス鎖の広がり $R_g \propto M^{1/2}$ の指数に比べて大きい.これはブロック鎖では,その長さが増せば増すほど,界面に対して垂直な方向への伸びが大きくなることを示しており,式(3.3.8)はブロック共重合体のミクロ相分離の実態を表す重要な指数関係として知られる.このことは,強偏析状態では自発的に発生した界面が実質上の反発壁の効果をもち,分子は伸びざるをえないと考えると理解しやすいだろう.では,界面に沿う方向ではどうだろうか.図3.13にはラメラ構造中に存在する分子の形態をその断面図として模式的に示した.中性子散乱を応用して行われた実験では,分子は界面と平行な方向には伸びを補うように縮み,

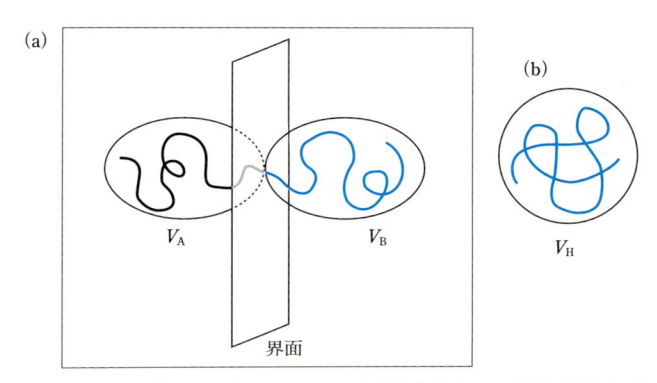

図 3.13 (a) ミクロ相分離状態の AB 型 2 元ブロック共重合体 1 分子の形態と体積（V_B）
(b) ブロック共重合体中の B 鎖と同じ長さのホモポリマーの形態と体積（V_H）
$V_B = V_H$ の関係が知られる．

結果として図 3.13(a)のように，統計平均としてはラグビーボールのような形に変形しているものの，参照として示したホモポリマーの非摂動鎖の体積（図 3.13(b)）と同じ体積をもつという実態が明らかにされている．

3.3.5 ■ ミクロ相分離界面の構造

前項では，強偏析系のブロック共重合体がつくるミクロ相分離界面は，互いに相容れないという仮定をしてきたが，実際にはどのような描像であろうか．透過型電子顕微鏡（TEM）や原子間力顕微鏡（AFM）などによる実空間観察から界面の厚みを定量的に求めるのは容易ではない．そこで，中性子反射率法（neutron reflectivity, NR 法）や動的 2 次イオン質量分析（dynamic second ion mass-spectrometry, D-SIMS）などを用いた解析がしばしば行われ，実験と理論の比較がなされる[注5]．

[注5] 界面の厚み t_I に関しては，理論的には相互作用パラメータ χ に依存した次式が知られている．

$$t_I = \frac{2b}{(6\chi)^{1/2}}$$

たとえば，強偏析系であるポリスチレン－$block$－ポリ(2-ビニルピリジン)の場合，中性子反射率測定から求めた室温下での界面の厚みは約 3 nm である．上式の χ は 3.2.4 項で述べたような温度の関数であり，この高分子の場合には小角中性子散乱測定から

$$\chi = 0.00729 + \frac{29.5}{T}$$

という関係が得られている．この式から常温（25℃ = 298 K）での値を見積もると 1.7 nm になり，測定値より明らかに小さい．この違いの原因は，理論では，ブロック鎖がつながっていることによる効果はほとんど含まれていないこと，また測定値には熱的なゆらぎによる界面のうねりも含まれていること，などであると考えられている．

それによると，強偏析系のブロック共重合体がもつ相分離界面が薄いことは確かであるが，実験と理論の間に大きな開きもあり，真の界面の姿はまだ十分にとらえられていない．今後の研究成果が待たれる．

3.3.6 ■ モルフォロジー転移のエポック——共連続構造

これまでに紹介してきたミクロ相分離構造は，比較的単純な界面構造をもつものばかりで，直感的にも理解しやすかった．しかし，ブロック共重合体がつくる平衡安定構造には，これらよりはるかに複雑な規則構造も存在することが近年よく知られている．それは，A, B がともに 3 次元の周期性をもつ構造である．この構造を理解するためには，数学の一分野である微分幾何学で知られる周期的極小曲面の概念を理解することが必要である[8]．

図 3.14(a) は，極小曲面の 1 つである gyroid surface（G-surface）と呼ばれる曲面である．この曲面は，概念的には 1 枚の面で 3 次元空間を等しい体積の副空間（界面の表と裏と考えてもよい）に 2 等分することが知られる．さて，高分子のモルフォロジーが示す共連続構造と極小曲面を関連づけよう．高分子が示す構造としては，上記のような真の極小曲面は知られていない．少し想像力が必要だが，たとえば 3 分岐の gyroid surface に厚みをもたせていくと，やがてその"界面"は空間中の一定の体積分率を占めるようになり，表裏 2 つの"面"をもつようになる（図 3.14(b) の黒と青の実線で表した面）．これを仮に α 面，β 面とすると α 面，β 面の外側の黒，青の実線で囲まれた相は 3 次元ネットワークになっていることに気づく．このように新しくできた「厚い界面相」で隔てられているため，2 つのネットワーク同士は互いに接触しない．このような構造は周期的ダブルネットワーク構造と呼ばれているが，共重合体はこのような特徴的なモルフォロジーを示すことが知られる．AB 型の 2 元ブロック共重合体あるいは二成分星型ブロック共重合体では，メジャー成分がマトリックスになり，マイナー成分が 2 つの gyroid 型ネットワークを形成することが知られる．ただし，このダブルネットワーク構造がつくられる組成領域は一般にきわめて狭いか，あるいは物質系によっては存在しない場合もあるので注意が必要である．この構造の空間群（space group）[注6] は $Ia3d$ である．

[注6] 空間群とは周期的な結晶構造の対称性を区別して表現するときに用いられる構造群のことである．群を決めるときに必要な対称操作は，回転，反転，鏡映，回映，回反などがあり，これらを組み合わせて 230 種類の空間群がこれまでに知られている．格子の種類により単純格子には P, 体心格子には I, 面心格子には F などが割り振られているので，空間群の表記は常にこのアルファベットが最初に付される約束になっている．

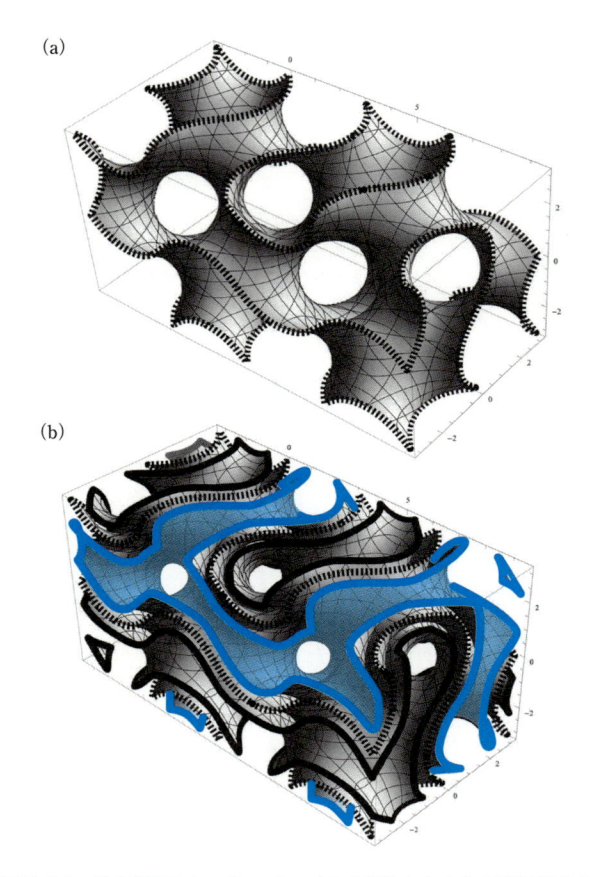

3.3 ブロック共重合体とグラフト共重合体の構造

(a)

(b)

図 3.14 極小曲面の 1 つ G-surface (a) と派生した 2 枚の平行曲面 (b)

● コラム　　ドメイン界面の曲率と極小曲面

　これまでに知られているモルフォロジーを曲面の解析という視点で整理してみよう．基本的には球状粒子の表面，円柱状物体の表面など，一定の曲率をもつものを扱う．平面は曲率をもたないが，曲率ゼロの特殊な曲面と考えることもできる．さて，道路の曲がり具合がしばしば R を用いて表されるように，2 次元平面の曲がり具合は 1 種類の曲率で定義できる．これが 3 次元図形になると，その定義のためには 2 種類の曲率を使う必要がある．そこで，図(a)に示すように球面上のある点 P 上において直交

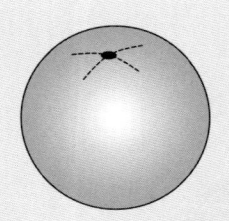

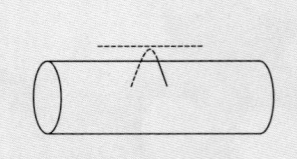

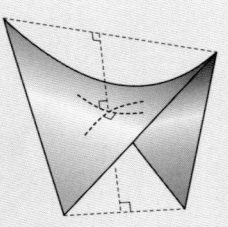

図 一定の曲率をもつ図形表面の主曲率 k_1, k_2
(a) 球：$k_1=k_2>0$，(b) 柱：$k_1=0, k_2>0$，(c) 極小曲面：$k_1>0, k_2<0, |k_1|=|k_2|$)

方向の2つの曲率を考える．これらは主曲率 k_1, k_2 と呼ばれる．球面では，$k_1=k_2>0$ となることは自明である．次に円柱を考え，図(b)のように便宜上 k_1 と k_2 をとると，円柱の軸と平行な方向には曲率をもたないので，$k_1=0, k_2>0$ である．平面の場合は $k_1=k_2=0$ である．ここで2つの曲率を用いて次のように定義される H, K をそれぞれ平均曲率（mean curvature），Gauss 曲率（Gaussian curvature）とよぶ．

$$H = \frac{k_1+k_2}{2}, \quad K = k_1 k_2$$

柱状構造とラメラ構造の間に出現する3次元周期構造は，$H=0, K<0$ となる曲面と定義される極小曲面の考えを導入することで理解されるようになった．ここで極小曲面について少し詳しくふれよう．図(c)は，曲面上のどの点も，直交方向で正負が異なる曲率をもち，しかもそれらの絶対値は等しい（正負の符号が違うのみ）．うまく工夫するとシャボン玉の膜ではこういう面ができることが知られる．表は各構造に関する H と K をまとめたものである．極小曲面を空間分割の観点から眺めると，1枚の曲面は3次元空間を2等分し，原理的には無限に続くと考えてもよい．極小曲面の数学的表現は厳密には難しいので，近似式がよく使われる．たとえば，しばしば物質界に現れる gyroid surface（G-surface）の XYZ 直交座標系を用いた近似曲面は $\sin X \cos Y + \sin Y \cos Z + \sin Z \cos X = 0$ を満たす曲面であるとされる．極小曲面にはこの G-surface（3分岐構造）の他に D-surface（4分岐構造），P-surface（6分岐構造）など30数種類が知られている．

表 ブロック共重合体が示す代表的なミクロ相分離構造がもつ界面の性質比較

モルフォロジー	平均曲率	Gauss 曲率
球状	正	正
柱状	正	0
共連続	0	負
ラメラ	0	0

3.3 ブロック共重合体とグラフト共重合体の構造

これに対して，AとCの体積分率が等しい対称型のABC型3元ブロック共重合体は，ダブルgyroid構造を容易につくることが知られる．この場合には，AとCが交差しないネットワークになり，Bがマトリックスであるので，実際には三相共連続gyroid構造ということができる．この構造の空間群は，AとCは区別ができる要素なので，AB型共重合体の場合よりもさらに対称性が複雑で $I4_132$ であることが知られる．

コラム　アルキメデスタイリングと準結晶タイリング

　本文で記したABC型線状ブロック共重合体に対して，A, B, Cを1点で結合させた星型のブロック共重合体では，非常にユニークな自己組織化が見られる．図(a)に示すように，この分子では3つの高分子が互いに反発し合うと，その結合点は線上にしか並べないことがわかる（図(b)）．したがって，3つの長さがほぼ同じである場合，棒状の形態をとりやすい．しかも，3つある相の境界面には結合点がなく，通常のブロック共重合体と異なり界面を曲げる要因がないため，相の境界は平面になり，その断面は直線になりやすい．したがって，断面の図形は角柱の集まりを切った「タイリング」の特徴をもつ（図(c)）．図(d)にはポリイソプレン(I)－ポリスチレン(S)－ポリ(2-ビニルピリジン)(2P)(ISP)で観察される構造を示している．5つの規則正しいタイリング構造が見られる．さて，ここで2次元平面の分割法は無数にあるが，1つ1つのタイルが集合した頂点のまわりが正多角形だけであり，その集合様式がどの頂点でも同じものはアルキメデスタイリングと呼ばれ，意外にも12種類（そのうち2つは鏡像体）しかないことが知られる．これまでABC型星型ブロック共重合体からは4種類のアルキメデスタイリングが発見されている．そして，その中で最も複雑な

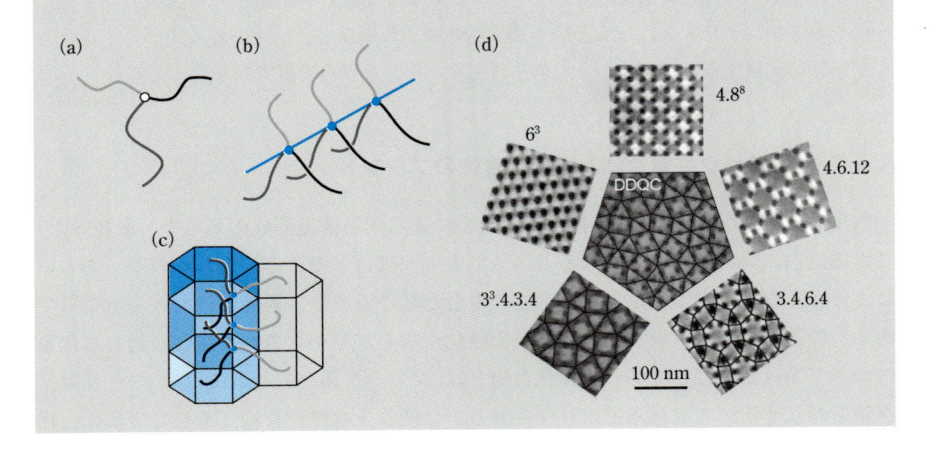

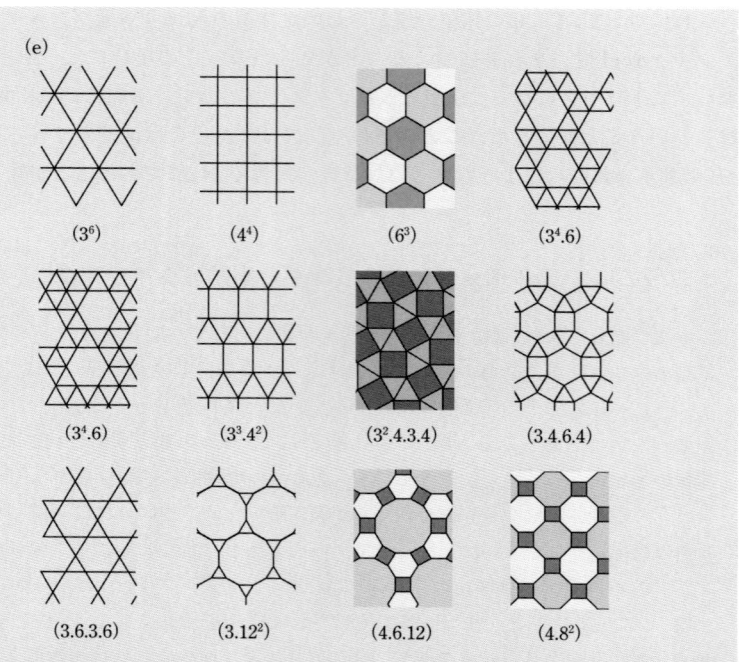

図 ABC 型星型ブロック共重合体分子(a)とその集合様式(b)(c)．(d)は観察されたさまざまなタイリングパターン(中央は準結晶タイリング)，(e)はアルキメデスタイリング（B. Grunbaum and G. C. Shephard, *Tilings and Patterns*, W. H. Freeman & Company (1986)を参照）

(3^2.4.3.4)からさらに複雑性を増した「12回対称準結晶タイリング」(図(d)の中央)では，秩序性はあるが結晶周期がない[9]．このような新しい構造は光の屈折方向を逆にするメタマテリアルになるという理論も発表されるなど，話題を呼んでいる．これが実際に実現すると，ドラえもんの「透明マント」も夢の世界でなくなってくる．

3.3.7 ■ ブロック共重合体と異種化合物のブレンド

前項までで，ブロック共重合体の自己集合による周期構造形成のあらましを述べた．この構造内に異物が取り込まれると構造形成の原理はどのように変わるのか，あるいはどのような条件が整えば異種化合物の混合が起こるのか，興味が持たれるところである．ここでは，ブロック共重合体に異種化合物をブレンドさせた場合に起こる現象についてふれる．ここでいう異種化合物とは，ブロック鎖と同じホモポリマー，ブロック鎖と相互作用する異種ホモポリマーあるいは低分子有機化合物，そして金属化合物

や金属ナノ粒子などを指している．

A. ブロック共重合体とホモポリマーのブレンド

まず最初は，ブロック共重合体を構成する高分子成分と同種のホモポリマーを共重合体に混合する場合について考えてみよう．ここでは，前提として自己会合などの相互作用がない高分子成分を考えることにする．この条件下では，同じポリマー同士には van der Waals 力以外の特定の相互作用は働かないとしてよいから，ブロック共重合体とホモポリマーは容易に混合すると考えられがちである．しかし，ミクロ相分離構造は，自己集合分子がつくる拘束空間であり，強い偏析の場を与えているので，ホモポリマー分子の混合はそれほど容易には起こらないことが明らかにされている．混合の状況を模式的に図 3.15 に示す．混合状態を決める大きな因子は，ブロック鎖とホモポリマーの鎖長の相対比，および，混合比である．

図 3.15(a) は，ブロック鎖（分子量 M_B）とホモポリマー鎖（分子量 M_H）の鎖長，すなわち分子量が大きく異なる場合である（$M_B \gg M_H$）．このときホモポリマーは，ミクロ相分離したブロック鎖がつくるミクロドメイン内に均一性を保ちながら比較的容易に混ざり込んでいく．つまりホモポリマーが溶媒のような効果をもつため，ブロック共重合体の結合点間の距離が変わり，添加量が増えると界面のかたちが変わってモルフォロジー転移が起こるようになる．しかし，この場合でも混合可能な量はブロッ

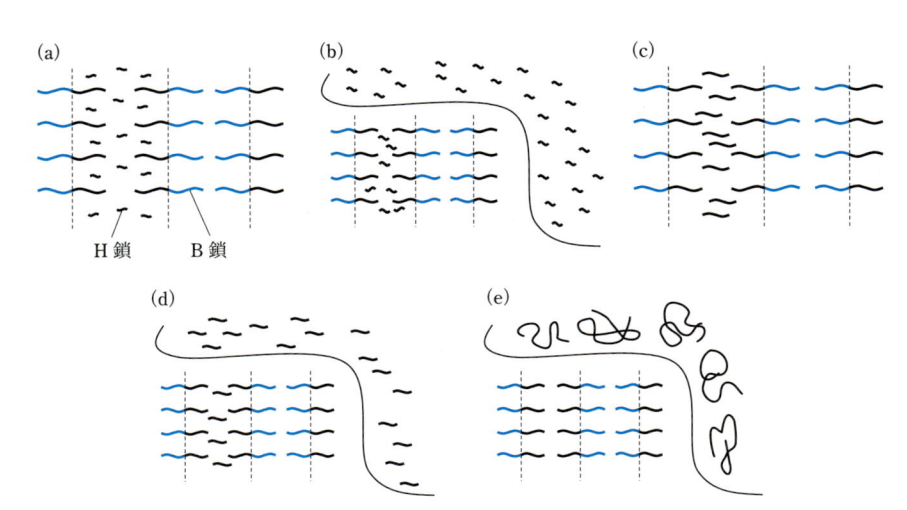

図 3.15 ブロック共重合体（B 鎖）とホモポリマー（H 鎖）の混合系の混合状態
(a) $M_H \ll M_B$，[H 鎖]＝[B 鎖]（均一混合），(b) $M_H \ll M_B$，[H 鎖]＞[B 鎖]（マクロ相分離），
(c) $M_H \gtrsim M_B$，[H 鎖]＜[B 鎖]（局在化混合），(d) $M_H \gtrsim M_B$，[H 鎖]＞[B 鎖]（マクロ相分離），
(e) $M_B < M_H$，[H 鎖]＜[B 鎖]（マクロ相分離）

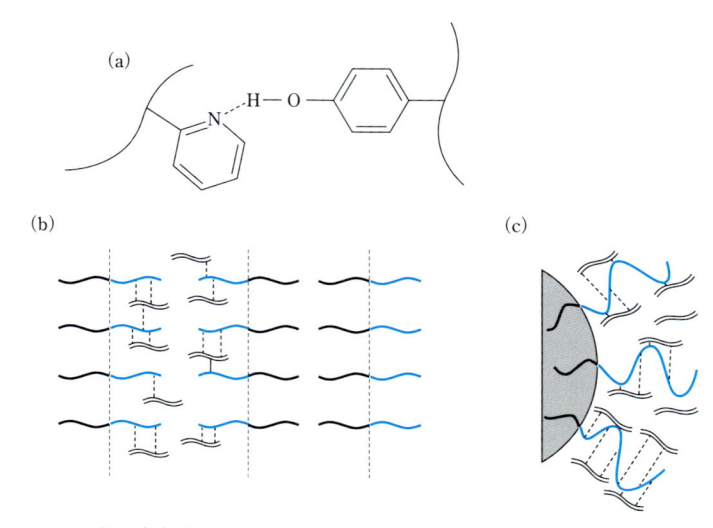

図 3.16 ブロック鎖と水素結合で相互作用するホモポリマーのブレンドの混合状態
(a) ポリ(2-ビニルピリジン)(2P)とポリ(4-ヒドロキシスチレン)(H)間の水素結合,
(b) 2P 相への H の均一混合, (c) 過剰量の H の混合によるモルフォロジー転移.

ク鎖に対して数倍程度であり,やがてホモポリマーはブロック鎖に対して溶けきれなくなるために規則構造の外側に析出し,規則構造とは独立に図 3.15(b)のような大きな空間スケールのドメインを形成する(マクロ相分離).次にブロック鎖とホモポリマーの分子量が同程度の場合には,添加量が少なくてもホモポリマーはミクロドメイン内に均一な混合をせず,図 3.15(c)のようにドメイン中央に局在する.この場合は,ホモポリマーの添加量が増えると図 3.15(d)のように容易にマクロスケールで相分離する.最後にブロック鎖よりホモポリマー鎖の分子量が高い場合 ($M_B<M_H$) を考えると,ほとんどミクロドメイン内に取り込まれることはなく,添加量が少なくてもマクロ相分離を引き起こすことが知られる(図 3.15(e)).これらの現象は熱力学的な考察で容易に理解される.実際に実験が行われている系は,ポリスチレン-*block*-ポリ(2-ビニルピリジン)(S2P)に対してポリ(2-ビニルピリジン)(2P)を混合したもの,ポリスチレン-*block*-ポリイソプレン(SI)に対してポリスチレン鎖を加えていったものなどがあるが,物質を問わず,上述のような混合/相分離の構造的特徴を示すことが知られている.

一方,同じホモポリマーでも,ブロック鎖と相互作用する成分の場合には,混合状態が一変する.たとえば図 3.16 に示すように,上記 S2P ブロック共重合体に 2P と水素結合を形成しやすいポリ(4-ヒドロキシスチレン)(H)を混合したものでは,同種の

2P を加えた場合に比べ，多量の H が混合可能であり，容易にモルフォロジー転移を起こす．より具体的には，2P ホモポリマーの場合，その分子量がブロック鎖の分子量よりも十分に低くても，ブロック鎖に比べて数倍程度の量までしか均一に混合しないのに対して，H ホモポリマーでは，30 倍近くが溶け込んで安定構造をつくることも報告されている．このように，ホモポリマーによるモルフォロジー操作は，水素結合などの超分子的な結合を用いることで，飛躍的に自由度を増すことは注目すべきである．

さらにこのような水素結合による混合とモルフォロジー変化は，ホモポリマーに限らない．たとえば，2P 鎖を含むブロック共重合体に対して，タンニン酸などの低分子量のポリフェノールを加えても混合が起こり，新しくつくられる相構造の体積分率が増すため，モルフォロジー転移も観測されている．

B. ブロック共重合体と金属塩・半導体粒子のブレンド

超分子的な結合は前項で述べたような水素結合にかぎらない．イオン結合や配位結合によってもブロック共重合体のモルフォロジーの制御が可能である．ポリスチレン—$block$—ポリ(4-ビニルピリジン)(S4P)を例にとると，金属塩化物，たとえば塩化鉄，塩化サマリウムなどの塩化物は，ピリジンなど配位能の高い溶媒中では，溶液状態で 4P 鎖と結合し，相構造形成に関与していく．混合する体積もブロック鎖自体の倍ほどになり，モルフォロジー転移も観測される．そして，大量に金属塩を加えた後に溶媒処理をして塩を洗い流すと，ナノポーラス構造となることも調べられている．

さらに，同じブロック共重合体と CdSe などの半導体ナノ粒子の混合も試みられ，リガンドを適切に選択すればブロック鎖と同程度の体積の半導体粒子を周期構造中に取り込むことができることも確かめられている．つまり，半導体ナノ粒子のメソサイズの周期的分散が可能である．このように，ブロック共重合体を基盤にしたハイブリッド物質は，ブロック共重合体の自己組織化能を活かすことで種々の先端材料になると期待されており，ブロック共重合体は高性能実用材料の宝庫ということができよう．

文献

1) P. J. Flory, *J. Chem. Phys.*, **17**, 303 (1949)
2) たとえば,日本化学会 編,第5版 実験化学講座26：高分子化学,丸善 (2005),3.4 節 構造解析など
3) J. T. Koberstein, *J. Polym. Sci., Polym. Phys. Ed.*, **20**, 593 (1982)
4) A. Guinier and G. Fournet, *Small Angle Scattering of X-rays*, John Wiley & Sons, New York (1955)
5) 土井正男,小貫 明,高分子物理・相転移ダイナミクス（現代物理学選書）,岩波書店 (2000)
6) M. Matsuo, S. Sagae, and H. Asai, *Polymer*, **10**, 79 (1969)
7) T. Ohta and K. Kawasaki, *Macromolecules*, **19**, 2621 (1986)
8) たとえば,S. Hildebrandt and A. Tromba, *Mathematics and Optimal Form*, W. H. Freeman & Company, New York (1984)；小川 泰,神志那良雄,平田隆幸 訳,形の法則―自然界の形とパターン,東京化学同人 (1994) など
9) K. Hayashida, A. Takano, T. Dotera, and Y. Matsushita, *Phys. Rev. Lett.*, **98**, 195502 (2007)

第4章 高分子の結晶構造と非晶構造

　本章では高分子固体の構造とその生成機構について記述する．高分子物質の主な固化過程は結晶化とガラス化であり，固体構造および固体構造の形成過程を理解することは，学問的に重要なだけでなく，高分子材料の物性制御という観点からも非常に意義は大きい．よく知られているように，高分子には結晶することのできる結晶性の高分子とどのような条件でも結晶化しない非晶性の高分子がある．前者も融点以上の温度から非常に速い速度でガラス転移温度以下に冷却するとガラス状態になるものも多い．また，結晶性の高分子であっても低分子のように100%の結晶化度を達成することはほとんどなく，結晶領域と非晶領域が入り組んだ高次構造を形成する．この高次構造が高分子固体の物性に大きく影響を与えるため，物性を理解するためには単に結晶構造だけでなく，結晶と非晶の両方の構造，さらにはそれらがつくり出す種々の長さスケールでの階層構造を理解することが必須となる．

　本章では，まず4.1節で結晶性高分子の構造について述べるが，基本的には長さスケールの短い局所的な構造から始め，徐々に長さスケールの大きな構造へと話を進めていく．4.2節では，どのようにして高分子の結晶化が進んでいくのかを理解するために，代表的な結晶化機構や基礎的な理論について述べる．また，それらを調べる実験手法にも簡単にふれることとする．4.3節では，非晶性高分子について，まず構造的見地から話を始める．しかし，降温による固化過程（ガラス転移）では結晶化のような大きな構造変化はないにもかかわらず力学物性や熱物性が大きく変わるため，多くの教科書では構造的見地からの記述よりも力学物性や熱物性などの物性の見地から議論が進められている．よって，本章でもまず4.3節で非晶状態の構造について特徴を述べた後，4.4節でガラス転移現象に伴う物性変化やその動的過程の特徴について述べ，ガラス転移がどのような機構で起こると考えられているかについていくつかの理論を交えながら記述する．

第4章　高分子の結晶構造と非晶構造

4.1 ■ 高分子の結晶構造

融体状態にある結晶性高分子を融点以下の温度に降温し，静置場で結晶化させると種々の長さスケールにおいて図4.1に示すような階層構造をとることが知られている．nmのスケールで見ると高分子結晶の単位格子が見えるが，少し大きなスケールで見ると板状の結晶（ラメラ晶）が見えてくる．さらに大きな数十nmのスケールで見ると，その板状結晶が何枚も積み重なった積層ラメラ晶構造が観察される．さらに，数百nmから数µmのスケールで見ると球状の大きな結晶（球晶）が観察され，それらが衝突して球晶で空間が埋め尽くされたような構造が出現する．このように結晶性高分子の固体構造はいくつかの特徴的な構造により形成されており，それらがつくり出す階層的高次構造が物性を大きく支配する．

以下では結晶性高分子の固体構造を長さスケールの小さい構造から順に，その観察方法についてもふれながら眺めていくことにする．また，延伸や流動結晶化により配向した結晶ができることも高分子結晶の特徴であり，これについても述べる．

4.1.1 ■ 結晶中の高分子鎖の形態

結晶中の高分子鎖の形態を議論する前に，$-(CH_2-CHX)_n-$（Xは置換基）という化学構造をもつビニルポリマーのコンフィグレーションとコンホメーションについて述べる必要がある．ビニルポリマーの主鎖をオールトランスの状態に引き伸ばしたとすると，図4.2に示すように置換基Xが常に主鎖に対して同じ側に出ているもの，交互に出ているもの，ランダムに出ているものの3つを考えることができる．これをコンフィグレーションと呼び，置換基Xが主鎖に対して同じ側に出ているものをイソタクチック，交互に出ているものをシンジオタクチック，ランダムに出ているものをアタクチックとそれぞれ呼ぶ．通常，アタクチックのビニルポリマーは，ポリビニルア

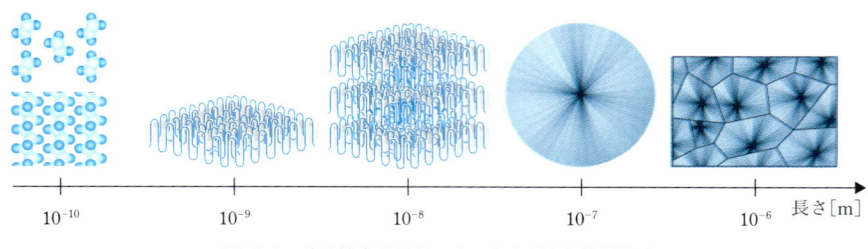

図4.1　結晶性高分子がつくるさまざまな階層構造

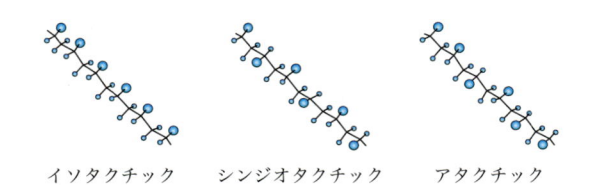

図 4.2　ビニルポリマーの側鎖のつき方（タクチシチー）
● は置換基 X を表す.

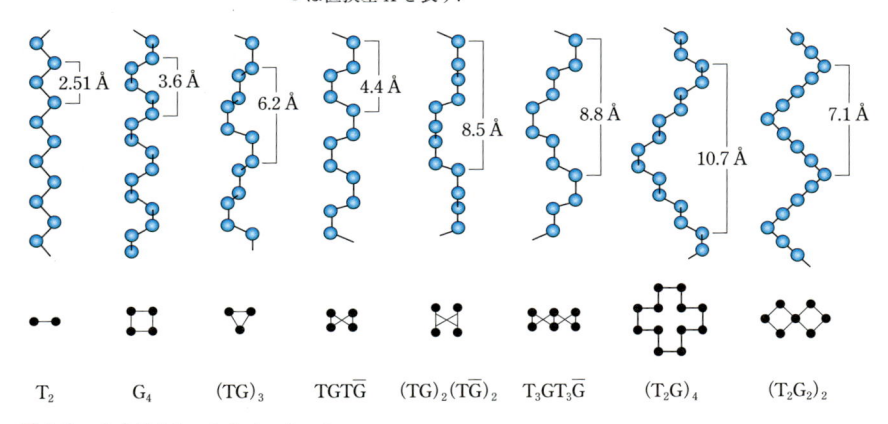

| T$_2$ | G$_4$ | (TG)$_3$ | TGT$\bar{\text{G}}$ | (TG)$_2$(T$\bar{\text{G}}$)$_2$ | T$_3$GT$_3\bar{\text{G}}$ | (T$_2$G)$_4$ | (T$_2$G$_2$)$_2$ |

図 4.3　さまざまなコンホメーション
　主鎖骨格の C–C 結合回りの内部回転角を適当に組み合わせるとさまざまなコンホメーションがつくれる．

ルコールのような一部の例外を除いて結晶化しない．このような高分子鎖内の各結合は，いくつかの安定な状態をとる．ビニルポリマーでは，内部回転角 0°（トランス：T），120°（ゴーシュプラス：G$^+$），−120°（ゴーシュマイナス：G$^−$）の 3 つにおいて安定状態をとることができるため，重合度 n の高分子の場合，$3^{(n-1)}$ 個の形態が考えられ，高分子鎖はさまざまな形態（コンホメーション）をとることがわかる．融体状態やガラス状態においては，1 本の高分子鎖は糸まり状のコンホメーションをとっている（3 章 3.1 節参照）．一方，結晶格子中にある鎖は，エネルギー的に最も安定な特定のコンホメーションをとることが知られている．いくつかの例を図 4.3 に示す．たとえば，ポリエチレンではオールトランスコンホメーション，イソタクチックポリプロピレン（i-PP）では 3/1 らせん構造をとる．このような結晶格子中の高分子鎖のコンホメーションは，X 線回折，赤外分光・ラマン分光などの振動分光法，またはエネルギー計算などから求めることができる．

4.1.2 ■ 結晶格子

高分子の結晶格子は低分子のそれと変わることはない．結晶中には単位格子と呼ばれる単位が存在し，その並進的な変位により，結晶全体が形成される．一般には単位格子は平行六面体であり，3つの軸の長さ(a, b, c)および軸のなす角度(α, β, γ)により規定され，三斜晶，単斜晶，斜方晶，稜面晶，正方晶，六方晶，立方晶の7つの結晶系に分類できる（図4.4）．この分類は，単位格子の回転対称要素による分類に対応する．たとえば，立方単位格子は正四面体配列で3回軸を4本もっている．単斜単位格子は2回軸を1本もち，その軸は申し合わせによりb軸である．三斜単位格子は回転対称性をもたず，一般に3つの辺と3つの角度がすべて異なっている．それぞれの結晶系の基本対称（単位格子がある特定の結晶系に属するために欠かせない対称要素）を表4.1に示した．さらに並進対称性も考えて分類すると，単位格子は14種類となる．

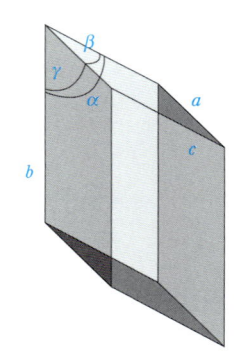

図4.4 単位格子の軸と軸角の定義

表4.1 7つの結晶系

結晶系（crystal system）	軸長	軸角	空間格子の記号	基本対称
三斜（triclinic）	$a \neq b \neq c$	$\alpha \neq \beta \neq \gamma$	P	なし
単斜（monoclinic）	$a \neq b \neq c$	$\alpha = \gamma = 90° \neq \beta$	P，A（C）	C_2軸 1本
斜方（orthorhombic）	$a \neq b \neq c$	$\alpha = \beta = \gamma = 90°$	P，A（B, C），F，I	互いに垂直なC_2軸 3本
稜面（三方）(rhombohedral（trigonal）)	$a = b = c$	$\alpha = \beta = \gamma < 120°$（$\neq 90°$）	R	C_3軸 1本
正方（tetragonal）	$a = b \neq c$	$\alpha = \beta = \gamma = 90°$	P，I	C_4軸 1本
六方（hexagonal）	$a = b \neq c$	$\alpha = \beta = 90°$，$\gamma = 120°$	P	C_6軸 1本
立方（等軸）（cubic）	$a = b = c$	$\alpha = \beta = \gamma = 90°$	P，F，I	正四面体配置のC_3軸 4本

4.1 高分子の結晶構造

(a)	(b)	(c)	(d)
(110)	(230)	($\bar{1}$10)	(010)

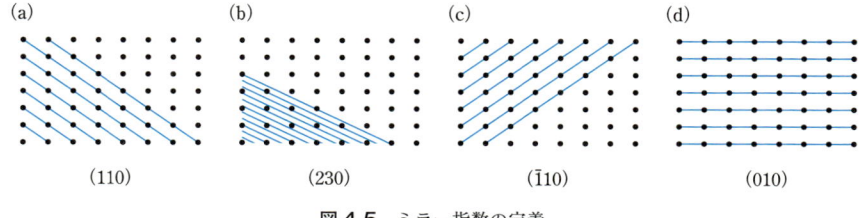

図 4.5 ミラー指数の定義

これがブラベー格子である．単位格子は1辺分の並進対称性を必ず有しているが，面心や体心にも原子が存在する場合があるために種類が増える．たとえば立方晶の面心に原子があれば，単位格子1辺分も動かさずに，$(a/2, a/2, 0)$ 動かすだけで，もとの単位格子と重なる．動かす距離が1辺分より小さいため（1辺の整数倍で表現できないため），面心に原子がない単位格子とは区別する必要がある．頂点にだけ格子点を有する単純単位格子を P，中心に格子点をもつ体心単位格子を I，頂点と6つの面の中心に格子点をもつ面心単位格子を F，頂点と2つの相対する面の中心に格子点をもつ底面心単位格子を A, B, または C と表す．

次に，結晶中の格子面について簡単に述べる．簡単のために図 4.5 に示すような2つの辺の長さが a, b の単位格子からなる2次元の長方形格子を考える．この図のそれぞれの面は（原点を通る面を除いて），a 軸と b 軸を切る点までの距離によって区別できる．したがって，切片の位置までの距離のうち最短のものを用いることにより，平行な面を指定できる．たとえば，図 4.5(a)～(d)ではそれぞれ，(a)は$(1a, 1b)$，(b)は$(1/2a, 1/3b)$，(c)は$(-1a, 1b)$，(d)は$(\infty a, 1b)$のように表すことができる．しかし，軸に沿った切片の位置までの距離を単位格子の軸の長さの倍数で表すと，これらの面は簡単に$(1, 1)$，$(1/2, 1/3)$，$(-1, 1)$，$(\infty, 1)$で指定できる．もし，図 4.5 において c 軸が ab 面に対して垂直な3次元斜方格子であるとすると，4つの面のすべては c が無限大のところで c 軸を切るため，3次元的には$(1, 1, \infty)$，$(1/2, 1/3, \infty)$，$(-1, 1, \infty)$，$(\infty, 1, \infty)$という指数で表される．指数に ∞ があると不便なため，指数の逆数をとることにする．このようにして定義した**ミラー指数**（hkl）によって結晶中の格子面を指定できる．図 4.5(a)～(d)の面のミラー指数は(110)，(230)，$(\bar{1}10)$，(010)となる．負の指数については，数字の上に横線を引いて表す．図 4.6 に斜方晶型をとるポリエチレンの結晶構造を示す．トランスジグザグコンホメーションをとる分子鎖は c 軸に対して垂直であり，a 軸，b 軸は図のように定義されている．面間隔は $d_{100}=a$ のように表現され，(200)面の面間隔は $d_{200}=a/2$ となる．

結晶格子の決定は通常，X線回折実験で行われるが，その手法はほぼ完成されてい

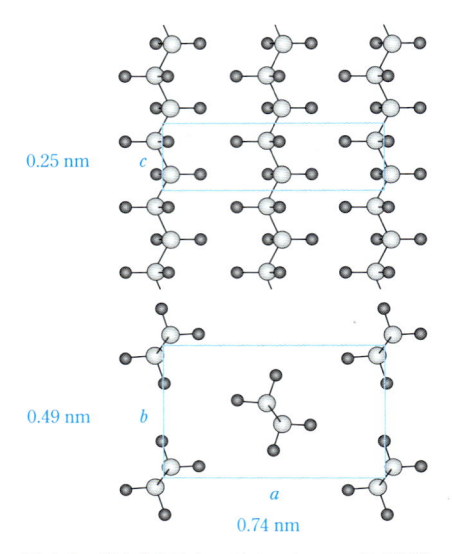

図 4.6 斜方晶型をとるポリエチレンの結晶構造

て，すばらしい成書がいくつもある．ただし，高分子の結晶構造解析では，結晶のサイズが小さいこと，欠陥が多いこと，結晶化度が低いこと，単結晶が容易には得られないことなどの理由から困難な場合が多い．そのため，結晶化度を高めた高配向試料を用いるなど多くの努力がなされている．

> ● コラム　　結晶化した高分子鎖 1 本の広がり
>
> 　結晶化により高分子鎖（の一部）は格子を組み，非晶状態に比べて密度は増大し，比容は減少する．では，高分子鎖 1 本の広がり（通常は回転半径 R_g として評価する）はどうだろうか．バルク状態にある高分子鎖 1 本の大きさの測定は困難であったため，1970 年代になってようやく小角中性子散乱を用いて初めてなされ，非晶中では高分子鎖は非摂動鎖（Gauss 鎖）であることが明らかとなった．さらに，静置場で結晶化させて 1 本の鎖の広がりを測定すると，非晶状態と変わらないことがわかった．すなわち，高分子鎖が部分的に結晶しても高分子鎖全体としての広がりは変わらないのである．

4.1.3 ■ 単結晶

1957年に3つのグループが線状ポリエチレンをその希薄溶液から結晶化させると図4.7に示すような厚さが10 nm程度，1辺の長さが数 μm程度の菱形をした美しい板状結晶（ラメラ晶）が得られることを独立に報告した．図4.8に示す電子線回折により得られた図形から，この板状結晶が単結晶であり，成長面は(110)面であることが確認されている．分子鎖がラメラ面に対してほぼ垂直に配向していることが電子線回折より明らかにされたが，ラメラ層の厚さが10 nm程度であるのに対して高分子鎖の長さはそれよりはるかに長いため，高分子鎖はラメラ面の表面で折りたたまれていなければならない．このラメラ晶は**折りたたみ鎖結晶**（folded chain crystal, **FCC**）と呼ばれる．このような分子鎖の折りたたみの概念は大きな反響を呼び，後述する球晶中のラメラ構造の解釈にも大きな影響を及ぼした．また，単結晶が中空ピラミッド構造をもつことが，折りたたみ構造のループの非対称性から説明されている．中空ピラミッドのラメラ面が傾いているとすると，厳密には高分子鎖はラメラ面に対して垂直ではなく，ピラミッドの傾斜に従って傾いているはずである．事実，平板上につぶれたマット状の単結晶のX線回折をとると，鎖はラメラの長軸（a軸）方向に対して約20°傾いていることがわかった．また，電子顕微鏡写真に見られる中心部分のしわは，中空ピラミッド構造が乾燥によりつぶれ，隆起したものと考えられている．

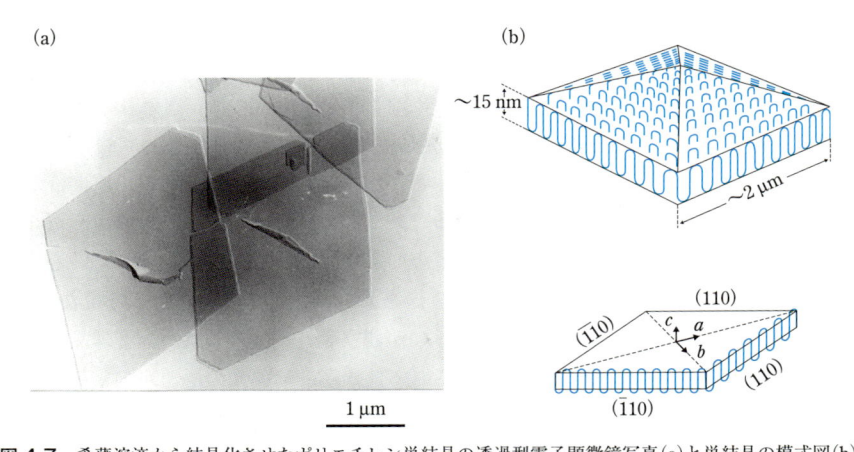

図4.7 希薄溶液から結晶化させたポリエチレン単結晶の透過型電子顕微鏡写真(a)と単結晶の模式図(b)．(b)では，折りたたみ鎖結晶（folded chain crystal, FCC）となっている．
[L. Mandelkern, *Crystallization of Polymers, Vol. 2; Kinetics and Mechanisms, 2nd Ed.*, Cambridge University Press（2004），p. 21, Fig. 1.12]

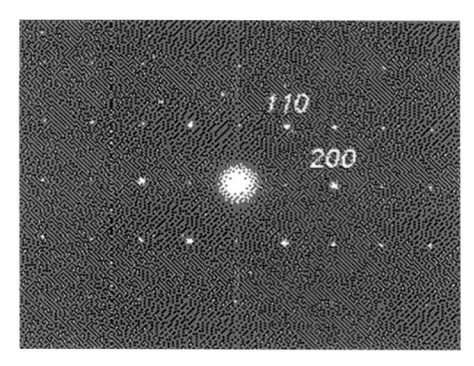

図 4.8　ポリエチレン単結晶の電子線回折図形
[P. H. Till, *J. Polym. Sci.*, **24**, 301 (1957)]

4.1.4 ■ ラメラ晶と球晶構造

　バルクの高分子を融点以上の温度で融解させて，その後ゆっくりと冷却するとバルク結晶化させることができる．ここではまず，数 μm から mm のスケールの結晶構造について述べる．直交ニコル下での光学顕微鏡による観察では，図 4.9 に示すポリエチレンやポリ(L-乳酸)(PLLA) の例のように中心から放射状に，球状に成長している結晶が観察される．これが球晶である．球晶は成長していくにつれて互いにぶつかり成長を止めるため，最終的には図 4.9(a)のポリエチレン球晶のようにその外形は必ずしも円形にはなっていないが，成長中のポリ(L-乳酸)などを観察すると図 4.9(b)のように球状で成長している様子がよくわかる．球晶構造は光学的な異方性をもち，ポリ(L-乳酸)に見られるようにマルタ十字（Maltese cross）が観察されるが，これは複屈折楕円体（7 章 7.3.2 項参照）が特定の並びをもつこと，すなわち複屈折楕円体の 1 つの軸が球晶の半径方向に向いていることを示している．複屈折の原因は結晶内の伸張した高分子鎖であると考えられるため，この結果は，結晶内の伸張した高分子鎖が球晶の半径方向に対して平行か垂直のいずれかであることを意味している．また，ポリエチレンの場合を見ると，ポリ(L-乳酸)のようにマルタ十字に重なって，一定周期の縞模様が同心円状に並んでいるのが観察される．これはバンド球晶と呼ばれる．他にもこのような例は数多く観察される．周期的に偏光の解消が起こっていることは，高分子鎖が規則的に並んでできた結晶（この場合は，後述するようにラメラ晶）が球晶の半径方向のまわりに，数 μm の周期で規則的に回転していることを示している（図 4.12 参照）．

　次に，数 nm から数百 nm のスケールの構造を電子顕微鏡や小角 X 線散乱で調べて

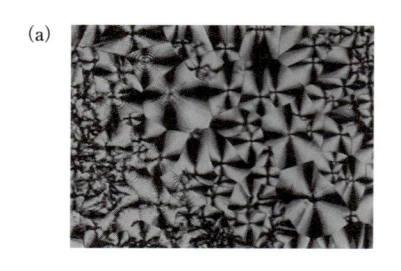

図4.9 (a) ポリエチレン球晶の偏光顕微鏡写真，(b) ポリ（L-乳酸）の結晶化過程の偏光顕微鏡写真の時間発展
［(b)は G. Strobl, *The Physics of Polymers, Concepts for Understanding Their Structures and Behavior, 3rd Ed.*, Springer（2007），p. 167, Fig. 5.2］

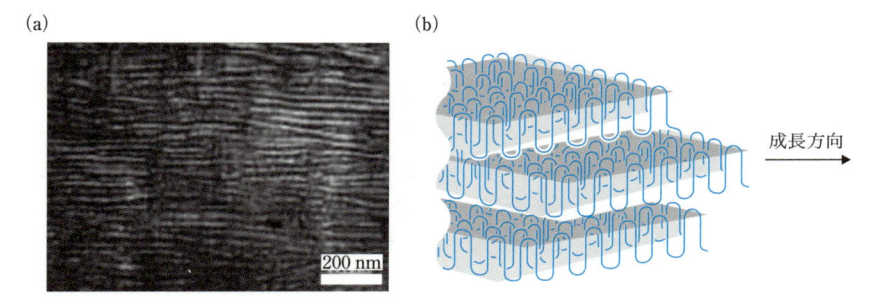

図4.10 ポリエチレン球晶内部の透過型電子顕微鏡写真(a)とラメラ晶のスタッキングの模式図(b)
［(a)はサンアロマー株式会社提供］

みる．図 4.10 の電子顕微鏡（TEM）像が示すように，球晶の内部には板状結晶（ラメラ晶）が何重にも重なった構造が観察され，球晶の中にもラメラ晶が存在することがわかる．すなわち，ラメラ晶からなる結晶領域と非晶領域が交互に積み重なったような積層ラメラ構造ができている．このような構造を小角X線散乱で調べると，図4.11 に示すようなかなりブロードな単一のピークが観察される．これは，上述の積層ラメラ構造がつくる周期に対応しており，**長周期**ピークと呼ばれる．長周期 L は，小角X線散乱のピークの位置に対応する散乱ベクトルの長さを q_m として，$L=2\pi/q_\mathrm{m}$ から計

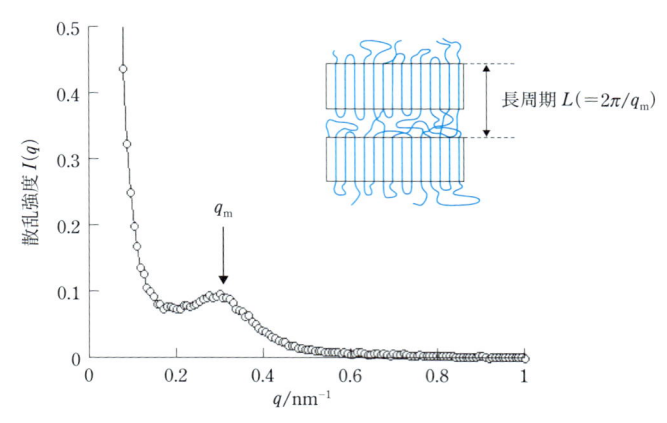

図 4.11 イソタクチックポリプロピレン（i-PP）結晶の小角 X 線散乱強度
ラメラ晶のスタッキングの周期（長周期）に対応するピークが観察される．

算できる．注意すべきことは，長周期 L はラメラ晶の厚さ L_{cry} と非晶層の厚さ L_{a} の和であり（$L = L_{\mathrm{cry}} + L_{\mathrm{a}}$），ラメラ晶だけの厚さではない点である．ラメラ晶や非晶層の厚さ，さらにその界面の厚さなどは，ラメラ晶が等方的に分布していることを仮定すると，1 次元散乱パターンの Fourier 変換から評価することができる．

このような積層ラメラ晶が球晶の中でどのような配置をとり，またどのように成長して球晶を形成するのかはたいへん興味のあるところである．ポリエチレン結晶中の球晶をマクロビーム X 線回折により調べると，結晶は b 軸に沿って中心から伸びていることがわかった．しかも，b 軸のまわりに一定周期でねじれている．すなわち，a 軸と c 軸（分子鎖の方向）がある周期でらせん状に回転している．このように，ラメラ晶中の高分子鎖は常に球晶の半径に対して垂直に並ぶことがわかっている．これは，複屈折の符号からも確かめることができる．このラメラ晶のねじれ周期はバンド球晶のバンドの間隔に対応している．この様子を図 4.12 に示した．厳密に言うと，ラメラ晶の面と分子鎖軸の方向が常に垂直であるとはかぎらないが，垂直ではなかったとしても垂直からのずれは通常小さい．

ラメラ晶においては，中心の束状領域を除いてラメラ晶表面が球晶の半径に平行（分子鎖が半径に垂直）であることがわかっている．そのため，球晶をつくるためには球晶の成長につれて，図 4.13 のような分岐（branching）と広がり（splaying）が形成される必要があると予想される．球晶成長におけるラメラの分岐については，十分には解決されていない．

伸張鎖結晶についてもここで述べておく．分子量が 1.7×10^7（鎖長は約 100 μm）

4.1 高分子の結晶構造

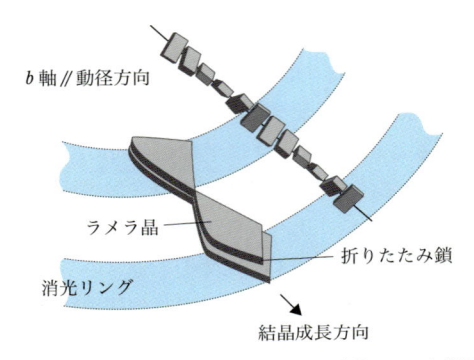

b 軸 // 動径方向

ラメラ晶

消光リング

折りたたみ鎖

結晶成長方向

図 4.12 ラメラ晶のねじれ周期によるバンド球晶のバンド間隔の説明

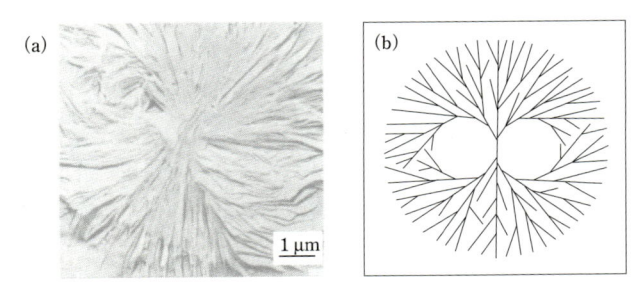

(a) 1 μm

(b)

図 4.13 形成初期段階のイソタクチックポリスチレン (i-PS) 球晶の中心部にある束状の部分の電子顕微鏡写真(a)および完全に発達した球晶内部の分岐と広がりを示す模式図(b)
〔G. Strobl, *The Physics of Polymers, Concepts for Understanding Their Structures and Behavior, 3rd Ed.*, Springer (2007), p. 170, Fig. 5.6〕

2 μm

図 4.14 ポリエチレンの高圧結晶化により得られた伸張鎖ラメラ晶
4.8 kbarr の圧力下,220℃ で等温結晶化.
〔R. B. Prime and B. Wunderlich, *J. Polym. Sci., Part A-2 : Polym. Phys.*, **7**, 2061 (1969)〕

229

のポリエチレン融体を高圧下で結晶化させると,図4.14に示すような長いブロック長(ラメラ長に対応)をもつ結晶が得られる.ブロック長は1μm程度であり,通常のラメラ晶の厚さ(10〜20 nm)に比べて著しく長く,またその長さの分布は非常に広い.図4.14からわかるようにブロックに平行な方向に線が観察されるが,分子鎖はこの線に平行に並んでいる.つまり,きわめて分子鎖が伸張した結晶である.それでも,ブロック長(1μm程度)に比べて分子鎖の長さ(約100μm)は十分に長く,完全に鎖が伸びきっているわけではない.しかし,通常のラメラ結晶とはモルフォロジーも物性も大きく異なるため,このような結晶は**伸張鎖結晶**(extended chain crystal, **ECC**)と呼ばれている.それに対して,分子鎖が完全に伸びきっている場合には,**完全伸張鎖結晶**(fully extended chain crystal, **FECC**)と呼ばれる.

4.1.5 ■ ふさ状結晶と配向結晶

結晶性高分子ではその一部が結晶化していることはX線回折などの結果から明らかであるが,常に非晶部分を含む.高分子鎖の長さは結晶のサイズ(10〜20 nm)に比べて非常に長いために,何本かの高分子が結晶を貫いており,結晶以外のところは非晶状態になっている.つまり1本の高分子鎖は結晶領域と非晶領域を何度も通り抜けていると考えられていた.ラメラ晶の単結晶の発見まではこうした「ふさ状結晶」という考え方が一般的であったが,単結晶の発見により高分子結晶のイメージが大きく変わった.しかし,ふさ状結晶がすべて否定されているわけではない.

等方的なポリエチレンのフィルムをゆっくりと延伸するとネッキング現象(くびれが生じる現象)が起こり,分子鎖が延伸方向に配向したふさ状ミセル構造(フィブリル構造)が得られる(図4.15(a)).融点以下の比較的融点に近い温度で延伸した場合には,分子鎖の伸張がさらに促進される.125℃におけるポリエチレンの延伸過程の小角X線散乱像の変化を図4.16に示す.延伸前は積層ラメラ構造は等方的に分布しており,円環状のいわゆる長周期ピークを与える.延伸に従い,長周期ピークは延伸

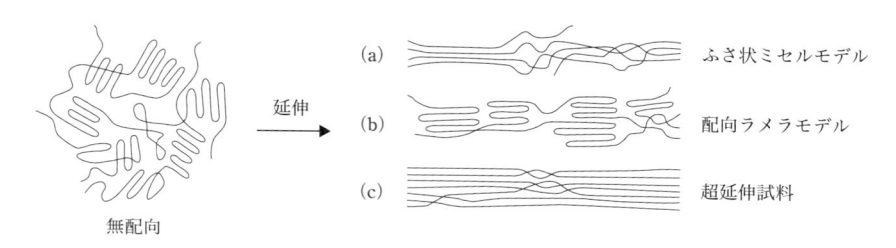

図 4.15 高分子固体を延伸により配向させたときに出現する構造

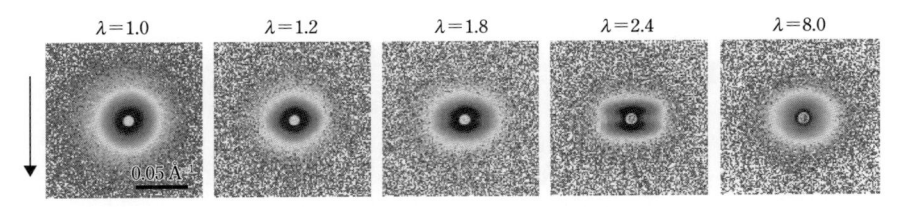

$\lambda=1.0$　　$\lambda=1.2$　　$\lambda=1.8$　　$\lambda=2.4$　　$\lambda=8.0$

0.05 Å

図 4.16 ポリエチレンを 125°C で延伸したときの小角 X 線散乱パターンの変化
矢印は延伸方向，λ は延伸倍率を示す．
[G. Matsuba *et al*., *Polymer J*., **45**, 293 (2013)]

方向に対して平行な方向にのみに観察されるようになり，積層ラメラ構造が配向していくことがわかる（図 4.15(b) の配向ラメラ構造）．ポリエチレンにおいては，いわゆる結晶転移温度（$T_{\alpha c}$）が約 70°C 付近に存在し，この温度以上では分子鎖が結晶中を滑ることができるようになる．そのため，$T_{\alpha c}$ 以上の高温で延伸すると，ラメラ中の分子鎖が引き出されると考えられる．実際，小角 X 線散乱像を見ると，ラメラ周期に対応する長周期ピークが少なくとも測定範囲内では消失し，超延伸試料が得られていることがわかる．このような超延伸試料では，多少の絡み合いが残ってはいるものの，高分子鎖はほとんど伸びきっていると考えられている（図 4.15(c)）．一方，剛直な高分子鎖の場合には，折りたたみラメラ構造をつくりにくく，ふさ状結晶構造をとっていると考えられている．高分子の種類と結晶化の条件により，きわめて多彩な構造をとる．

4.1.6 ■ 流動結晶化とシシケバブ構造

　高分子材料の紡糸，射出成形，インフレーションフィルム成形などの成形過程では，高分子は伸張流動やずり流動，あるいはそれらの混合流動を経験しながら結晶化する．つまり，流動場は高分子の結晶化に大きな影響を与える．このような成形過程における複雑な結晶化現象を理解するために，流動場で誘起される結晶化について多くの研究がなされてきた．ポリエチレンのキシレン溶液 (5%) をかき混ぜて結晶化させると，図 4.17(a) に示すような引き伸ばされた分子束のまわりに折りたたみ鎖ラメラ晶がエピタキシー的に多数成長した構造体が得られた．エピタキシー的に成長したラメラ晶は超音波処理により除去することができ，伸張鎖結晶と思われる芯の部分だけを取り出すことができる（図 4.17(b)）．一方，高強度・高弾性率繊維の開発に際して，バルクポリエチレンの溶融押出においても同じような構造が観察された．その透過型電子顕微鏡写真から，芯になっている細い構造体はポリエチレンの伸張鎖からなる結晶であり，まわりに成長しているものが伸張鎖結晶の上にエピタキシー的に成長したラ

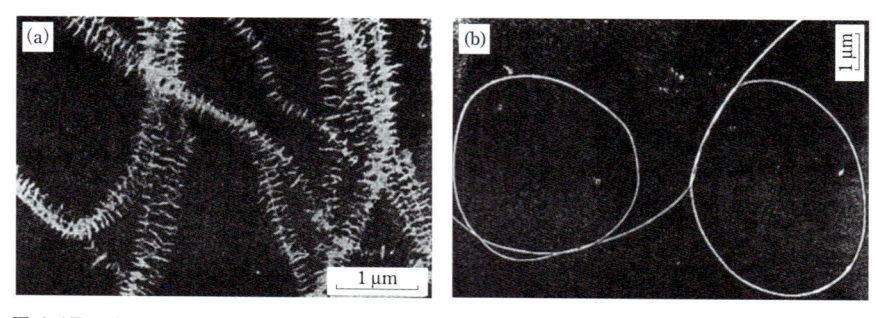

図 4.17 ポリエチレンの 5% キシレン溶液（102℃）をかき混ぜて得たシシケバブ構造(a)および超音波処理によりケバブ部分が取り除かれた後のシシ部分の透過型電子顕微鏡写真(b)
〔(a)は A. J. Pennings and A. M. Kiel, *Kolloid-Z. Z. Polymere*, **205**, 160（1965）．(b)は A. J. Pennings *et al.*, *Kolloid-Z. Z. Polymere*, **237**, 336（1970）〕

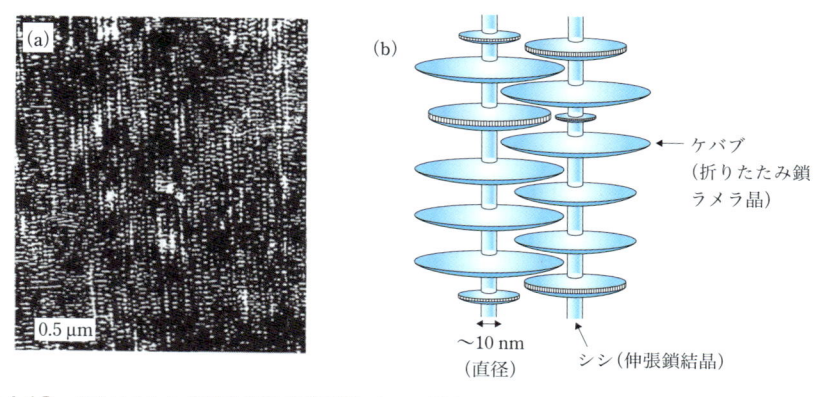

図 4.18 ポリエチレンの溶融押出成形過程において観察されたシシケバブ構造の透過型電子顕微鏡写真(a)と画像解析の結果提出されたシシケバブ構造のモデル(b)
〔(a)は Z. Bashir *et al.*, *J. Mater. Sci.*, **19**, 3713（1984）〕

メラ晶であると結論されている（図4.18）．この構造はトルコ料理の串刺しの焼き肉（シシケバブ）に似ていることから，シシケバブ構造と呼ばれるようになった．シシが伸張鎖結晶，ケバブがラメラ晶である．シシケバブ構造を多く含む材料は高強度・高弾性率を示すため，この構造が高強度・高弾性率繊維の構造的起源であると考えられており，多くの研究がなされてきている．この構造の生成機構については後述する．

4.2 ■ 高分子の結晶化機構

前節では，高分子結晶にはどのようなものがあるか，また高分子結晶が幅広い長さスケールにおいてどのような階層構造を形成しているのかについて述べた．本節では，長いひも状をしている高分子が，どのようにして結晶化していくのかについて述べる．まず，高分子に限らず，一般的な結晶化機構について述べ，その後高分子における結晶化について言及する．

4.2.1 ■ 結晶化の駆動力

言うまでもなく，結晶化は1次相転移である．つまり，結晶化過程では不連続な熱力学量の変化が観察される．図4.19に結晶状態と液体状態の自由エネルギー G（$= H - TS$）を温度 T の関数として描いた．ここで，H はエンタルピー，S はエントロピーである．融点 T_m では，結晶の自由エネルギー G_{cry} と液体の自由エネルギー G_{liq} は等しいため，

$$H_{cry} - T_m S_{cry} = H_{liq} - T_m S_{liq}, \quad \Delta H_f = T_m \Delta S_f \tag{4.2.1}$$

となる．ここで，H_{cry}, S_{cry} は結晶のエンタルピーとエントロピー，H_{liq}, S_{liq} は液体のエンタルピーとエントロピー，ΔH_f, ΔS_f は融解によるエンタルピー変化とエントロピー変化である．融点以下のある温度 T_{cry} において結晶化させるとすると，結晶化の駆動力は液体と結晶の間の自由エネルギーの差であり，融点近傍では以下の式で与えられる．

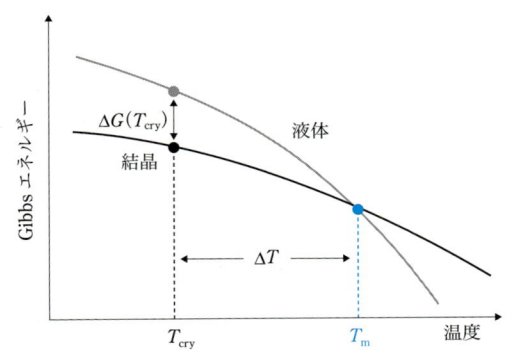

図4.19 結晶状態と液体状態のGibbsエネルギーの温度依存性
融点において両者は等しくなる．

● コラム　　高分子結晶の融点

　高分子結晶は広い融解温度領域をもつことが知られている．これは融点が，分子量の不均一性による平衡融点の分布，分岐などによる結晶内の欠陥，ラメラ晶のサイズや折りたたみ面の界面自由エネルギーなどに左右されるためである．高分子の融点という場合，多くは静置場で結晶化させたラメラ晶の融点である．これはラメラ晶の厚さや折りたたみ面の界面自由エネルギーに依存し，表面の影響を完全に無視できる結晶融点（無限大結晶の融点），すなわち平衡融点よりは低い．平衡融点 T_m° は通常実測できず，Hoffmann–Weeks プロットや Gibbs–Thomson プロットを用いた外挿により決定される．前者では結晶化させた温度に対して実測の融点 T_m をプロットし，融点＝結晶化温度である直線上まで外挿したときの交点を平衡融点とする．しかし，結晶化温度とラメラ晶の厚さの関係は一義的ではないため，この方法から正確な平衡融点を求めるのは困難である．一方，Gibbs–Thomson プロットでは融点と結晶の厚さ L_{cry} を次の式により関係づける．

$$T_m(L_{cry}) \cong T_m^\circ \left(1 - \frac{2\sigma_e}{\Delta h_f L_{cry}}\right)$$

ここで，σ_e は折りたたみ面の界面自由エネルギー，Δh_f は単位体積あたりの結晶の融解エンタルピーである．実測の融点を結晶の厚さの逆数（$1/L_{cry}$）に対してプロットし，$1/L_{cry} = 0$（L_{cry} は無限大）へ外挿することで平衡融点 T_m° を求める．

$$\begin{aligned}\Delta G(T_{cry}) &= \Delta H(T_{cry}) - T_{cry} \Delta S(T_{cry}) \\ &\cong \Delta H_f - T_{cry} \Delta S_f \cong \Delta H_f \frac{\Delta T}{T_m}\end{aligned} \tag{4.2.2}$$

ここで，$\Delta T = T_m - T_{cry}$ は融点と結晶化温度の差，いわゆる過冷却度である．すなわち，結晶化の駆動力は融点から温度が低くなればなるほど大きくなり，結晶化速度も速くなると考えられる．しかしながら，高分子の結晶化には分子鎖の運動が大きな役割を果たしており，ガラス転移温度近傍の低温側では温度が下がるほど結晶化の速度は遅くなる．これについては後述する．

4.2.2 ■ 結晶化過程の測定法および得られる情報

　高分子が非晶状態からどのように結晶化していくのかを解明するためには，その過程を観察しなければならない．まずここでは，現在主に使われている結晶化過程を直接追跡できる測定手段と，それにより得られる情報についてまとめる．

A. 熱測定

示差走査型熱量計（DSC）により，結晶化過程および融解過程における発熱量，吸熱量を測定することが広く行われている．結晶化過程の測定には大きく分けて，降温・昇温過程の測定と等温結晶化過程の測定がある．一例として，シンジオタクチックポリスチレン（s-PS）の昇温・降温過程における DSC 曲線を図 4.20(a)に示した．室温からの昇温過程では約 100°C にガラス転移が観測され，150°C 付近に結晶化による発熱が見られる．さらに昇温すると，272°C で結晶は融解し吸熱が観測される．また，いったん結晶を融解させてから降温すると，230°C 付近に結晶化による発熱が観測される．非等温での実験では，昇温速度などの影響も受け，定量的な議論が難しいという側面がある．

一方，等温結晶化過程の測定では，結晶化温度までの昇温・降温技術に困難はあるが，得られる情報は明確である．図 4.20(b)にはイソタクチックポリプロピレン（i-PP）の種々の温度での結晶化過程における発熱量の積分値の時間依存性を示した．この方法では結晶化が始まるまでの誘導期の時間 τ や結晶化度がちょうど半分になる時間 $t_{1/2}$ が結晶化を特徴づける観測量としてよく用いられる．

B. 密度測定

通常結晶の密度の方が非晶の密度に比べて高い（いくつかの例外はあるが）．よって，ディラトメーターで物質の密度変化を測定することにより結晶化過程を追跡することができる．ただし，上述の熱測定も含め，結晶全体の時間変化を測定する方法である

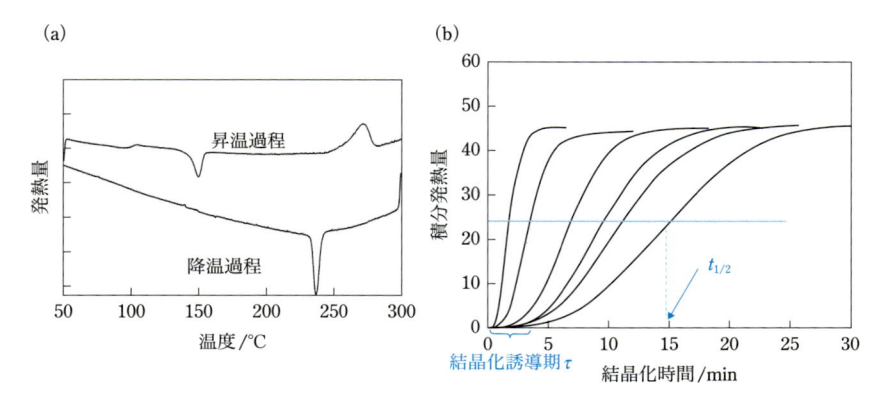

図 4.20 示差走査型熱量計による測定例
(a) シンジオタクチックポリスチレン（s-PS）の室温からの昇温過程，およびそれに続く降温過程での発熱と吸熱の観察．(b) イソタクチックポリプロピレン（i-PP）を融体状態から結晶化温度へジャンプさせた後の等温結晶化過程．

ため，結晶化過程におけるモルフォロジーや内部構造の変化に関する情報は得られない．

C. 光学顕微鏡観察

　光学顕微鏡，特に偏光顕微鏡は μm よりも大きな構造成長（モルフォロジー成長）の過程を観察するには非常に有用な方法である．電子顕微鏡などとは異なり試料を染色する必要がなく，また測定も非常に短時間で行えるため，図 4.9 に示したように球晶の時間発展を調べたり，結晶核生成頻度を調べたりするのに用いられる．偏光顕微鏡で測定された球晶のサイズ（半径）を結晶化時間の関数として評価することにより，容易に結晶成長速度を決めることができる．

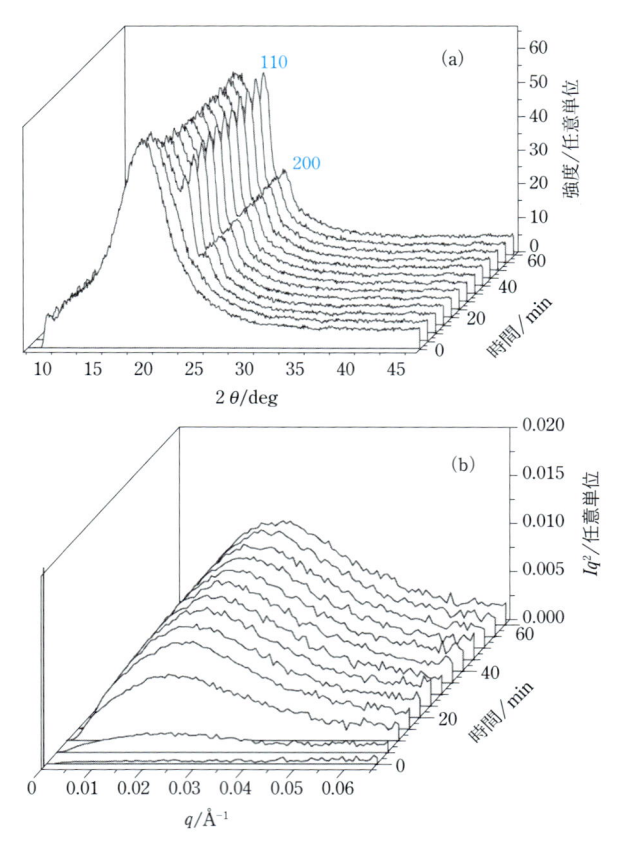

図 4.21 ポリエチレン（PE）の等温結晶化過程における広角X線散乱(a)と小角X線散乱(b)の同時測定の結果
広角X線散乱では 0.1～1 nm 程度の長さスケール，小角X線散乱では 1～100 nm 程度の長さスケールの構造を観察できる．

D. 時間分割小角・広角X線散乱測定

実験室レベルのX線管を線源として用いた場合，小角・広角X線散乱測定には数時間以上の測定時間が必要であり，結晶化過程における 0.1 nm 程度から数百 nm までの長さスケールの構造変化を追跡することは不可能であった．しかし，放射光X線源が開発されてからは非常に短い時間（ミリ秒は十分可能）での時間分割測定が小角・広角散乱について同時にできるようになっており，結晶化過程における結晶格子の生成機構やラメラ晶の生成機構の解明に大いに役立っている．一例として，図 4.21 にポリエチレン（PE）の等温結晶化における小角・広角X線散乱の同時測定の結果を示す．広角X線散乱では，初期は非晶状態が示すアモルファスハローのみが見られるが，結晶化の進展に従い Bragg ピークが生成している様子がわかる．また小角X線散乱では積層ラメラ結晶の成長による長周期ピークが観測されるようになる．

4.2.3 ■ 結晶化過程のモデルと理論

ここでは，高分子の結晶化過程のモデルについていくつか解説する．高分子の結晶化については，以下に述べる核生成・成長モデルが最も一般的であり，長く議論されてきた．この機構に従う結晶化も当然あるが，高分子のような複雑でいくつもの準安定状態をもつ物質では，非平衡中間相を経由する結晶化機構が存在することが明らかになってきた．まだ研究途中のものもあるが，それらについても述べる．

A. 核生成・成長モデル

核生成・成長モデルは最も古典的なモデルであるが，現在でもよく利用されるモデルである．このモデルは一般的に言えば，高分子に限ったモデルではない．まずは，このモデルの概略について説明する．

(1) 1次核生成

融点以上の温度にある物質の融体を考える．融体は熱運動により常にその形と配置を変化させているため，ある確率で結晶に近い規則的な分子配置をとることも考えられる．しかしながら，4.2.1 項で述べたように，融点以上では液体状態の自由エネルギーは結晶状態の自由エネルギーより小さいため，規則的な配置は熱運動によりすぐに崩れる．一方，融点以下では，バルクの自由エネルギーは液体状態より結晶状態の方が小さいため，結晶に近い規則的な分子配置（結晶核）が生成すると結晶化が進行する．しかし，偶然生成する結晶に近い規則的な分子配置をもつ領域はそれほど大きくないと考えられる．すなわち，バルクの凝集エネルギーに比べて表面自由エネルギーが無視できないと考えるのが妥当であろう．

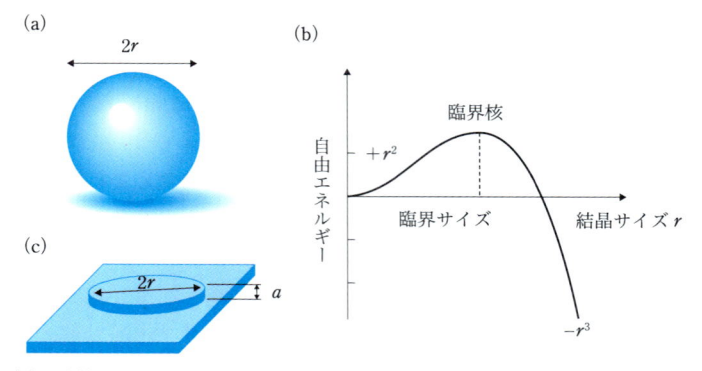

図 4.22 (a) 1次核生成の球形核を仮定した模式図，(b) 自由エネルギーのサイズ（半径）依存性，(c) 2次核（表面核）生成の円柱核を仮定した模式図

　いま，簡単のために半径 r の球状の 1 次核が生成したとする（図 4.22(a)）．そのときの自由エネルギー変化 Δg_p は

$$\Delta g_\mathrm{p} = -\frac{4}{3}\pi r^3 \Delta\mu + 4\pi r^2 \sigma \tag{4.2.3}$$

で与えられる．ここで，$\Delta\mu$ は単位体積あたりのバルクの凝集自由エネルギー変化（結晶化の自由エネルギー），σ は単位面積あたりの表面自由エネルギーである．右辺第 1 項は核生成に対して自由エネルギーを減少させるが，第 2 項はエネルギーの増大をもたらす．第 1 項は体積に比例するので r^3 に比例して変化するが，第 2 項は表面積に比例するので r^2 に比例して変化する．よって，図 4.22(b) に示すように結晶核が非常に小さい間はサイズ（半径）が増大するに従い自由エネルギーは増大するが，ある値を超えるとサイズの増大に従い自由エネルギーが減少することになる．このサイズを臨界サイズと呼び，臨界サイズをもつ結晶核を臨界核と呼ぶ．すなわち，臨界サイズより小さいときには結晶核は消滅するが，臨界サイズを超えた結晶核は自発的に大きくなる．臨界核のサイズ（半径）r^* および臨界核が生成したときの自由エネルギー変化 Δg_p^* は，$\partial \Delta g_\mathrm{p}/\partial r = 0$ より以下のように与えられる．

$$r^* = \frac{2\sigma}{\Delta\mu} \tag{4.2.4}$$

$$\Delta g_\mathrm{p}^* = \frac{16\pi\sigma^3}{3(\Delta\mu)^2} \tag{4.2.5}$$

また，本機構での核生成頻度は

$$I = I_0 \exp\left(-\frac{\Delta g_\mathrm{P}^*}{k_\mathrm{B}T}\right) = I_0 \exp\left[-\frac{16\pi\sigma^3}{3(\Delta\mu)^2 k_\mathrm{B}T}\right] \tag{4.2.6}$$

で与えられる．結晶化の駆動力である結晶と液体の自由エネルギー差は式(4.2.2)で示したように過冷却度 ΔT に比例する．1次核生成に対しても，同様に $\Delta\mu = \Delta h_\mathrm{f} \Delta T/T_\mathrm{m}$ で与えられるため，核生成頻度は

$$I = I_0 \exp\left[-\frac{16\pi\sigma^3 T_\mathrm{m}^2}{3(\Delta h_\mathrm{f})^2(\Delta T)^2 k_\mathrm{B}T}\right] \tag{4.2.7}$$

と書くことができ，温度依存性は $\exp[-1/(\Delta T)^2 T]$ となる．

(2) 2次核生成（表面核生成）

1次核生成では，3次元的な結晶核が生成する場合を考えた．続いて，すでに存在する何らかの表面（すでにある結晶表面やゴミなどが考えられる）に結晶核が生成する場合を考える．これを2次核生成（表面核生成）と呼ぶ．簡単のために半径 r，高さ a の円盤状の2次元的な核が生成したとする（図4.22(c)）．その核の生成における自由エネルギー変化 Δg_s は

$$\Delta g_\mathrm{s} = -a\pi r^2 \Delta\mu + 2ar\sigma \tag{4.2.8}$$

となるため，臨界核のサイズ（半径）r^* およびその自由エネルギー変化 Δg_s^* は

$$r^* = \frac{\sigma}{\Delta\mu} \tag{4.2.9}$$

$$\Delta g_\mathrm{s}^* = \frac{\pi a \sigma^2}{\Delta\mu} \tag{4.2.10}$$

となる．成長速度に対応する2次核生成頻度は

$$G_\mathrm{R} = G_\mathrm{R0} \exp\left(-\frac{\Delta g_\mathrm{s}^*}{k_\mathrm{B}T}\right) = G_\mathrm{R0} \exp\left(-\frac{\pi a \sigma^2}{\Delta\mu k_\mathrm{B}T}\right) \tag{4.2.11}$$

で与えられ，過冷却度 ΔT を用いて書くと

$$G_\mathrm{R} = G_\mathrm{R0} \exp\left[-\frac{\pi a \sigma^2 T_\mathrm{m}}{\Delta H (\Delta T) k_\mathrm{B}T}\right] \tag{4.2.12}$$

となり，その温度依存性は $\exp[-1/(\Delta T)T]$ となる．

B. 高分子の核生成・成長

前項で述べた核生成・成長モデルは高分子の結晶化に対して容易に適用できる．高分子の場合，ある長さのセグメント（ステム，stem）が単位となって結晶核が生成すると考える．

(1) 1次核生成

図4.23(a)に示すように,縦,横,長さがそれぞれa, b, lであるステムが縦方向にn本,横方向にm本並び結晶核をつくったとする.簡単のために,核の断面は1辺の長さがxの正方形であると仮定する($x = na = nb$).このときの自由エネルギー変化$\Delta g_\mathrm{p}(n, l)$は

$$\Delta g_\mathrm{p}(n,l) = -\Delta\mu x^2 l + 2\sigma_\mathrm{e} x^2 + 4\sigma x l \tag{4.2.13}$$

で与えられる.ここで,$\sigma_\mathrm{e}, \sigma$はそれぞれ高分子鎖の折りたたみ面および側面の単位面積あたりの表面自由エネルギーである.臨界核のサイズは以下の式で表されるステムの縦方向への数n^*とステムの長さl^*により与えられる.

$$x^* = n^* a = m^* b = \frac{4\sigma}{\Delta\mu} \tag{4.2.14}$$

$$l^* = \frac{4\sigma_\mathrm{e}}{\Delta\mu} \tag{4.2.15}$$

この結果からわかるように,臨界核のサイズはバルクの凝集エネルギーと結晶核の表面自由エネルギーの兼ね合いで決まり,表面自由エネルギーが大きいほど大きな臨界核が生成する必要がある.一般に高分子鎖の折りたたみ面の表面自由エネルギーは大きい.

臨界の自由エネルギー変化Δg_p^*は

$$\Delta g_\mathrm{p}^* = \frac{32\sigma^2 \sigma_\mathrm{e}}{(\Delta\mu)^2} \tag{4.2.16}$$

となり,その核生成頻度は

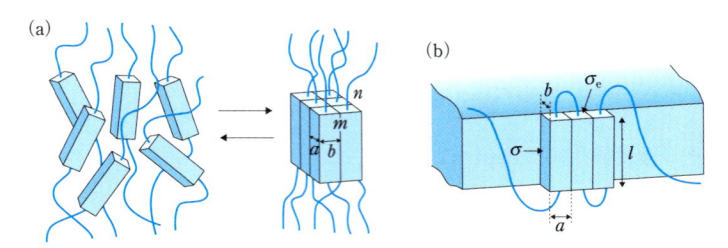

図4.23 (a) 高分子結晶化における1次核生成の模式図
ステムの断面は長さa, bの長方形,長さはlである.
(b) 2次核生成(表面核生成)の模式図
図では3本のステムによる表面核が生成している.

$$I = I_0 \exp\left(-\frac{\Delta g_p^*}{k_B T}\right) = I_0 \exp\left[-\frac{32\sigma^2 \sigma_e}{(\Delta\mu)^2 k_B T}\right] = I_0 \exp\left[-\frac{32\sigma^2 \sigma_e T_m^2}{(\Delta h_f)^2 (\Delta T)^2 k_B T}\right] \quad (4.2.17)$$

となる.

(2) 2次核生成（Lauritzen-Hoffman モデル）

 高分子の結晶成長は主に表面核（2次核）の生成により律速されていると考えられている．これを扱う標準的なモデルが以下に述べる Lauritzen-Hoffman モデルである．

 このモデルでは，すでに存在している結晶やその他不純物の表面に高分子鎖が2次結晶核をつくり結晶成長が進んでいくと考える．図 4.23(b) に n 本のステムが2次核を生成した場合の模式図を示す．前項(1)と同様の取り扱いにより，2次核生成の自由エネルギー変化は次のように与えられる．

$$\Delta g_s(n,l) = -\Delta\mu(nabl) + 2\sigma_e(nab) + 2\sigma(bl) \quad (4.2.18)$$

これより，臨界核を与えるステムの数 n^* と長さ l^* は容易に計算でき，それぞれ

$$n^* = \frac{1}{a}\frac{2\sigma}{\Delta\mu} \quad (4.2.19)$$

$$l^* = \frac{2\sigma_e}{\Delta\mu} \quad (4.2.20)$$

となる.

 このモデルによると，自由エネルギーはステムの数と長さによって決まる（a, b は高分子鎖の形態によって決まるため一定と考える）．結晶核が既存の核の横に生成するには必ず $\Delta g_s < 0$，すなわち，$\Delta g_s(1,l) = -\Delta\mu(nabl) + 2\sigma_e(ab) < 0$ である必要があり，これにより1本のステムが結晶核となるときのステム長さの下限が決まる．また，結晶化の駆動力である $\Delta\mu$ は $\Delta h_f \Delta T/T_m$（式(4.2.2)参照）で与えられ，過冷却度に比例する．つまり，ステムの長さの下限は以下のようになる．

$$l > l^* = \frac{2\sigma_e}{\Delta\mu} = \frac{A}{\Delta T} \quad (4.2.21)$$

ただし,

$$A = \frac{2\sigma_e T_m}{\Delta h_f}$$

である．この式から限界長さ l^* は過冷却度に反比例することがわかる．

 自由エネルギーをステムの長さとステムの数の関数として計算した結果を図 4.24 に示す．図を見ると $n = n^*$, $l = l^*$ で鞍点をもつことがわかる．この理論ではステムの長さは常に一定であると考えており，長さ一定のステムが次々に2次結晶化して成長

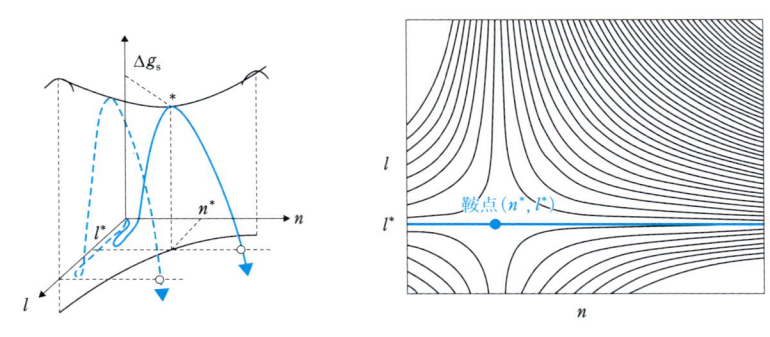

図 4.24 2次核のステムの長さ l^* およびステムの数 n^* に対する自由エネルギー（等高線）臨界長さ l^*，臨界数 n^* で鞍点をもつ．
［文部科学省大学共同利用機関メディア教育開発センター制作，工学系基礎教材 CD-ROM「ポリマーサイエンス—高分子構造・高分子物性」(2002) 内，戸田昭彦，高分子の結晶化の図を改変］

を続けていくことで，自由エネルギーは減少する．臨界の自由エネルギー変化 Δg_s^* は

$$\Delta g_s^* = \frac{4b\sigma\sigma_e}{\Delta \mu} \tag{4.2.22}$$

となり，2次核生成頻度（成長速度）は以下で与えられる．

$$G_R = G_{R0} \exp\left(-\frac{\Delta g_s^*}{k_B T}\right) = G_{R0} \exp\left(-\frac{4b\sigma\sigma_e}{\Delta \mu k_B T}\right) = G_{R0} \exp\left(-\frac{K}{T\Delta T}\right) \tag{4.2.23}$$

ただし，

$$K = \frac{4b\sigma\sigma_e T_m}{k_B \Delta h_f}$$

である．偏光顕微鏡観察により容易に求まる球晶の1次元成長速度は G_R に対応し，温度依存性は $\exp(-1/T\Delta T)$ となっている．

　このモデルは核生成・成長機構に基づく高分子の結晶成長をかなりうまく記述している．しかし，ステムの長さが一定のまま結晶成長が進むとしているため，必ずしも自由エネルギーが最小となるルートを経由して核生成が起こってはいない．この点については，いくつかの修正モデルが提唱されている．

　これまでは結晶化温度が融点 T_m に近く，系の粘度が比較的低い場合を想定してきた．このような条件下では分子の運動は速いため，結晶化過程を律速することにはならず，主に熱力学的な駆動力 $\Delta\mu(=\Delta h_f \Delta T/T_m)$ が律速していると考えられる．しかし，温度が下がると，熱力学的な駆動力が十分大きくても，粘性により分子の運動が制限され，結晶化過程を律速することになる．このことを考慮して，結晶核生成頻度に対

して分子易動度に関するパラメータ β を導入する.

$$I = \beta \exp\left(-\frac{\Delta g_s^*}{k_B T}\right) \qquad (4.2.24)$$

β は結晶化過程に関与する高分子の運動モードにより決まるが，粘性支配の場合には Vogel–Fulcher–Tammann 式（VFT 式）もしくは数学的にはまったく同等な Williams–Landel–Ferry 式（WLF 式）の温度依存性が最も妥当であると考えられる．VFT 式で β を書くと次のようになる．

$$\beta = \beta_0 \exp\left(-\frac{U^*}{T - T_0}\right) \qquad (4.2.25)$$

ここで，β_0 と U^* は定数である．最終的に 2 次核生成における結晶成長速度 G_R は

$$G_R = G_{R0} \exp\left(-\frac{U^*}{T - T_0}\right) \exp\left(-\frac{K}{T \Delta T}\right) \qquad (4.2.26)$$

で与えられることになる．

2 次核生成における自由エネルギー変化

ここでは，2 次核（表面核）が生成するときの自由エネルギー変化について考える．図 4.25 に自由エネルギーの変化を模式的に示す．1 つ目のステムが生成するときに自由エネルギーは最大となる．ステムが完全に付着したときの自由エネルギー変化については上述したとおりであるが，活性化状態（ステムが付着・脱離する際の障壁）についてはいくつかの考え方がある．図中の A_0, B_1, A, B はそれぞれの状態間での遷移速度を示している．ステムが付着する際には，ステムが運動して付着できる状態になる必要があり，その頻度を β とする．β は高分子の運動モードにより決まり，式(4.2.25)のような形で与えられる．自由エネルギーが減少する過程（B_1, A）の活性化状態は，

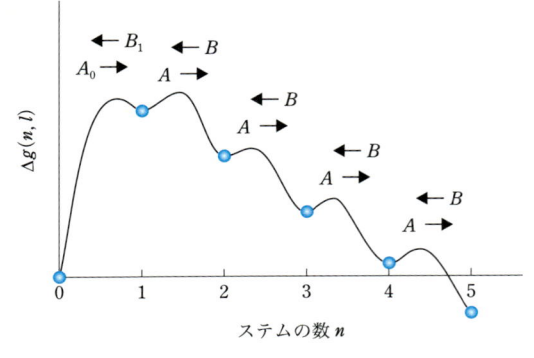

図 4.25 ステムの付着・脱離に伴う自由エネルギーの変化の模式図

分子運動の活性化状態だけで決まると考える．また，自由エネルギーが増大する過程 (A_0, B) については，分子運動の活性化状態に加えて，きわめて単純には自由エネルギーの増大分だけの活性化エネルギーが必要であると考える．このように考えると A_0/B_1 や A/B などの速度の比については，詳細つり合いの原理の成立が保証できる．結果として，各過程の速度は

$$A_0 = \beta \exp\left(-\frac{2bl\sigma - abl\Delta\mu}{k_B T}\right) \tag{4.2.27}$$

$$B_1 = A = \beta \tag{4.2.28}$$

$$B = \beta \exp\left(-\frac{2ab\sigma_e - abl\Delta\mu}{k_B T}\right) \tag{4.2.29}$$

で与えられる．

結晶の成長様式

2次核生成が高分子の結晶成長の基本モデルと考えられているが，結晶化温度が高い（過冷却度が小さい）場合には非常に少ない数の2次核しか生成しないのに対して，結晶化温度が低い（過冷却度が大きい）場合には多数の2次核が表面に生成する．このように，結晶の成長様式は図4.26のように単一核生成様式（レジームI）と多核成長様式（レジームII）に分類することができ，結晶化温度は結晶の成長型にも影響を及ぼしていることがわかる．さらに過冷却度が大きくなると，たくさんの小さな核が表面に生成し，結果として結晶が表面に広がって成長する速度はほぼゼロとなり，結晶核成長は表面に対して垂直な方向のみとなる．このような場合はレジームIIIと呼ばれるが，まだ十分な説明はなされていない．

結晶化速度の分子量依存性

結晶化速度に対する分子量依存性は高分子科学における重要な問題であると思われる．しかし，現時点ではほとんど研究は進んでいない．分子拡散が特に重要となる低温領域では，分子量の違いがレプテーション運動などを通じて高分子の拡散に影響を及ぼすことが考えられるが，十分には明らかになっていない．また，拡散が重要となる領域では，結晶化速度の温度依存性は式(4.2.25)のようにVogel–Fulcher–Tammann型になると考えられるが，必ずしもそうはならない場合がある．むしろ，伸張鎖結晶（ECC）が生成する場合の結晶中での鎖拡散において重要なのかもしれない．まだ未解決な問題が多い．

レジーム I
(単一核生成様式)

レジーム II
(多核成長様式)

レジーム III

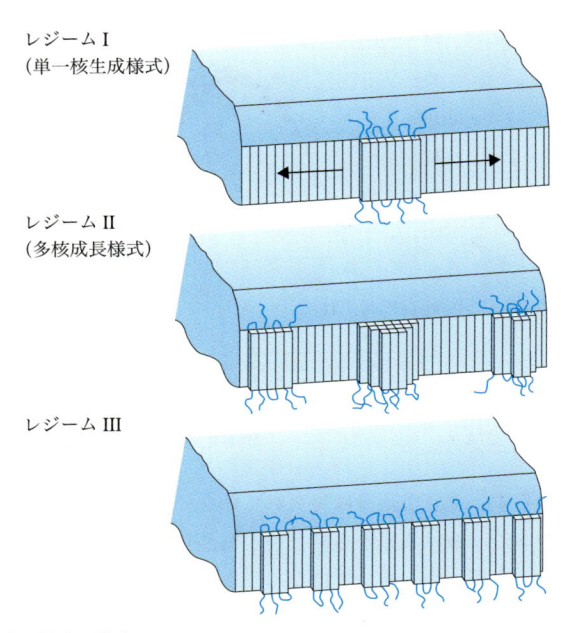

図 4.26 結晶の成長様式の模式図
[L. Mandelkern, *Crystallization of Polymers, Vol. 2 ; Kinetics and Mechanisms*, 2nd Ed., Cambridge University Press, (2004), p. 109, Fig. 9.42]

(3) 実験との比較

結晶成長速度の温度依存性

式(4.2.26)に従いイソタクチックポリスチレン(i–PS)の球晶成長速度の実測値を温度に対してフィットしたものが図 4.27 の実線である．融点近傍の融点より低温側では，結晶化温度が下がると（過冷却度 ΔT が大きくなると）結晶成長速度は急激に大きくなり，この領域では結晶化の熱力学的な駆動力 $\Delta \mu (\propto \Delta T)$ により支配されていることがわかる．さらに温度が下がると 450 K 付近で極大を示した後，球晶成長速度が急激に遅くなる．これは低温になり分子運動が遅延されるために結晶成長速度が遅くなったものであり，結晶成長が分子運動により支配されていることを示している．

1 次核生成と 2 次核生成

Lauritzen–Hoffman 理論は 2 次核生成に関する理論である．実際に高分子が結晶化するときに 1 次核生成がどの程度寄与しているかについては，あまり明確にはわかっていない．たとえば，温度依存性については，式(4.2.17)と式(4.2.23)からわかるように 1 次核生成機構と 2 次核生成機構の間には差があり，原理的には区別できるはずで

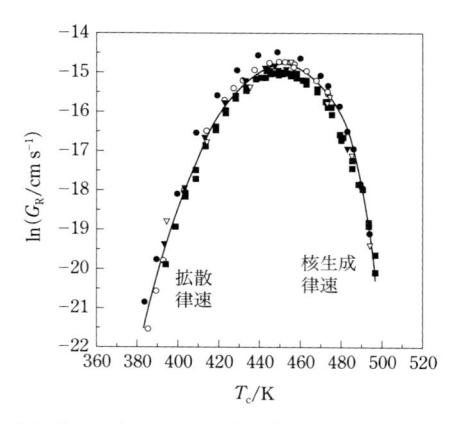

第4章 高分子の結晶構造と非晶構造

図 4.27 イソタクチックポリスチレン（i-PS）の結晶成長速度 G_R の温度依存性

ある．にもかかわらず，十分な結論は得られていない．その理由にはたとえば，試料中のゴミの問題がある．融体状態から高分子が結晶化するときには結晶核の生成が起こるが，この際に1次核（均一核）ではなく，系中に存在するゴミを核として成長するものもある．たとえば，ポリエチレンオキサイドをシリコン基板上で脱濡れ（dewetting）させて μm 程度の小さな液滴にしてから結晶化させると，速い結晶化を示す液滴と遅い結晶化を示す液滴の2種類が存在することがわかる．さらに，融体状態で濾過をすると，遅い結晶化を示す液滴は増大する．これは，脱濡れによりゴミの入った液滴とゴミのない液滴に分離し，ゴミのないものでは1次核生成過程を経るため結晶化速度が遅くなったのに対し，ゴミの入った液滴ではゴミ上で2次核生成が起こり，結晶化速度が速くなったものと思われる．

C. 結晶化度の時間発展（Avrami 式）

結晶化度の時間発展に関する取り扱いも，基本的には核生成・成長機構に基づいている．しかし，自由エネルギーを考えることなく，純粋に速度論として結晶化度（もしくは非結晶度）の時間発展を扱う．

まず，結晶化の停止を考慮しない Goeler と Sachs の取り扱いから入ろう．いま融体中での単位質量あたりの核生成頻度を $N'(\tau)$ とし，核の生成は融体中で起こるものとする．融体の質量分率（非晶分率）を $\lambda(\tau)$ と書くと，ある短い時間 $d\tau$ に生成する核の数 dn は

$$dn = N'(\tau)\lambda(\tau)d\tau \qquad (4.2.30)$$

となる．時刻 τ に発生した核が時間 t において $w(t,\tau)$ の質量分率をもつとすると，結

晶化度 $1-\lambda(t)$ は

$$1-\lambda(t) = \int_0^t w(t,\tau)\mathrm{d}n = \int_0^t w(t,\tau)N'(\tau)\lambda(\tau)\mathrm{d}\tau \quad (4.2.31)$$

となり，$w(t,\tau)$ を体積分率 $v(t,\tau)$ に変換すると，

$$1-\lambda(t) = \frac{\rho_{\mathrm{cry}}}{\rho_{\mathrm{liq}}}\int_0^t v(t,\tau)N(\tau)\lambda(\tau)\mathrm{d}\tau \quad (4.2.32)$$

となる．ただし，$\rho_{\mathrm{cry}}, \rho_{\mathrm{liq}}$ はそれぞれ結晶および融体の密度であり，$N(\tau)$ は単位体積あたりの核生成頻度である．この式に，核生成頻度 $N(\tau)$ および結晶成長の様式，すなわち $v(t,\tau)$ (もしくは $w(t,\tau)$) を具体的に与えれば，結晶化度の時間発展が計算できる．たとえば，核生成頻度 $N(\tau)$ については，定常状態における均一核生成や時間に依存しない不均一核生成などの $N(\tau)$ が結晶化度に依存しない単純な場合として考えられる．また，結晶成長の様式 $v(t,\tau)$ については，線形成長，すなわち成長速度が一定で拡散が問題とならない単純な場合を考えると，$v(t,\tau)$ は $(t-\tau)$ に比例する．もし拡散により結晶成長が支配されるとすると，単純拡散の場合には $v(t,\tau)$ は $(t-\tau)^{1/2}$ に比例するが，高分子の拡散の場合には種々の運動モードの寄与が考えられる．結晶化にそのような運動モードが関係するような場合（たとえば低温での結晶化）には，$v(t,\tau)$ の具体的な記述は重要になる．とりあえず，3次元成長について書くと，

$$v(t,\tau) = f_3 G_x G_y G_z (t-\tau)^3 \quad (4.2.33)$$

となる．ここで，G_x, G_y, G_z はそれぞれ，x, y, z 方向への成長速度であり，f_3 は成長中心の幾何学的な因子である．2次元，1次元については当然，$v(t,\tau) = f_2 G_x G_y \gamma_z (t-\tau)^2$，$v(t,\tau) = f_1 G_x \gamma_y \gamma_z (t-\tau)^1$ となる．ここで，γ_y, γ_z は次元を合わせるための定数である．

結晶核生成頻度 $N(\tau)$ が一定である場合，結晶化度の時間発展は $N(\tau)$ を N として，

$$1-\lambda(t) = \frac{\rho_{\mathrm{cry}}}{\rho_{\mathrm{liq}}}Nf_3 G_x G_y G_z \int_0^t (t-\tau)^3 \lambda(\tau)\mathrm{d}\tau \quad (4.2.34)$$

となり，等方的な成長である場合には，

$$1-\lambda(t) = \frac{\rho_{\mathrm{cry}}}{\rho_{\mathrm{liq}}}Nf_3 G^3 \int_0^t (t-\tau)^3 \lambda(\tau)\mathrm{d}\tau \quad (4.2.35)$$

と書くことができる．

この取り扱いでは，結晶成長の停止については考慮されておらず，結晶化度 $1-\lambda(t)$ は $1-\lambda(t)>1$ では1以上の1近傍の値のまわりで振動する．結晶化の初期段階における結晶化度の時間発展は，3次元，2次元，1次元成長について，それぞれ以下のように与えられる．

$$3\text{ 次元成長}：1-\lambda(t) \cong \frac{1}{4}(k_3 t)^4$$
$$2\text{ 次元成長}：1-\lambda(t) \cong \frac{1}{6}(k_2 t)^3 \qquad (4.2.36)$$
$$1\text{ 次元成長}：1-\lambda(t) \cong \frac{1}{2}(k_1 t)^2$$

ここで，k_3, k_2, k_1 はそれぞれ 3 次元，2 次元，1 次元成長における速度定数である．

結晶成長の停止を考慮に入れた取り扱いについてはいくつかの方法があるが，Avrami の取り扱いが最も有名である[6]．この取り扱いでは幻の核（phantom nuclei）を考える．すなわち，すでに結晶化している領域にも核が発生できると考える．すると，時間 $d\tau$ に生成する核の数 dn' は

$$dn' = N'(\tau)\lambda'(\tau)d\tau + N'(\tau)(1-\lambda'(\tau))d\tau = N'(\tau)d\tau \qquad (4.2.37)$$

となる．$\lambda'(\tau)$ は幻の核を考えたときの融体の質量分率である．結晶化度の時間発展は $v(t,\tau)$ を用いて書くと次のようになる．

$$1-\lambda'(t) = \frac{\rho_{\text{cry}}}{\rho_{\text{liq}}} \int_0^t v(t,\tau)N(\tau)d\tau \qquad (4.2.38)$$

式 (4.2.32) と似ているが，非晶分率 $\lambda(t)$ が含まれていない．結晶化がランダムに起こる場合には，真の結晶化度の増分 $d[1-\lambda(t)]$ と幻の核の仮定の下における増分 $d[1-\lambda'(t)]$ の比が $\lambda(t)$ となる．

$$\frac{d[1-\lambda(t)]}{d[1-\lambda'(t)]} = \lambda(t) \qquad (4.2.39)$$

結晶化度が大きくなると，結晶化が抑えられることになるので，

$$1-\lambda(t) = 1-\exp\{-[1-\lambda'(t)]\} \qquad (4.2.40)$$

となり，結晶化度の時間変化は

$$1-\lambda(t) = 1-\exp\left[-\frac{\rho_{\text{cry}}}{\rho_{\text{liq}}}\int_0^t v(t,\tau)N(\tau)d\tau\right] \qquad (4.2.41)$$

で与えられる．これが Avrami の取り扱いにおいて基本となる式である．この式に，核生成頻度 $N(\tau)$ と結晶成長の様式 $v(t,\tau)$ を具体的に与えると，結晶化度の時間発展が計算できる．上述のような核生成頻度 $N(\tau)$ が結晶化度に依存せず一定で，結晶成長が線形成長（成長速度が一定）である場合を考えると，3 次元成長については，

$$\ln\left[\frac{1}{\lambda(t)}\right] = \frac{\pi}{3}\frac{\rho_{\text{cry}}}{\rho_{\text{liq}}}NG^3 t^4 \equiv k_s t^4 \qquad (4.2.42)$$

厚さ一定（l_{cry}）の2次元成長については，

$$\ln\left[\frac{1}{\lambda(t)}\right] = \frac{\pi}{3}\frac{\rho_{cry}}{\rho_{liq}}Nl_{cry}G^2t^3 \equiv k_d t^3 \tag{4.2.43}$$

同様に，1次元成長については，

$$\ln\left[\frac{1}{\lambda(t)}\right] = k_r t^2 \tag{4.2.44}$$

が成り立つ．一般に

$$1-\lambda(t) = 1-\exp(-kt^n) \tag{4.2.45}$$

を Avrami 式，この式における n を Avrami 指数と呼ぶ．図 4.28 に線状ポリエチレンの結晶化過程を Avrami 式で解析した例を示す．また，表 4.2 に種々の核生成，成長律速，成長次元を仮定した場合の Avrami 指数を示す．

Avrami 式は実験結果をよく再現し，また非常に簡便に結晶成長の次元に対する情報を与えてくれる．しかし，上で見たように Avrami 指数は必ずしも結晶成長の次元だけで決まるのではなく，核生成機構や成長様式（拡散律速，熱力学律速）にも依存するため，Avrami の式で解析した結果の解釈は他の測定で得られる情報なども含めて慎重に行う必要がある．

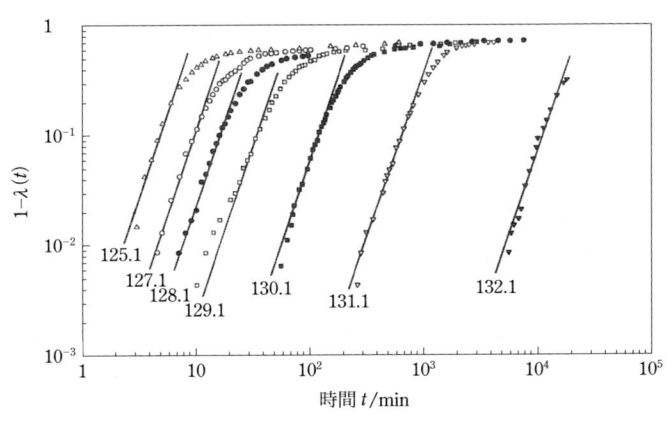

図 4.28 線状ポリエチレン（$M_w = 12.2$ 万）の結晶化に対する Avrami プロット
図中の数値は結晶化温度に対応する．
[E. Ergos *et al.*, *Macromolecules*, **5**, 147（1972）]

表 4.2 種々の結晶化機構における Avrami 指数

核生成様式	成長律速	成長次元	Avrami 指数 n
不均一	単純拡散律速	1 2 3	1/2 1 3/2
均一	単純拡散律速	1 2 3	3/2 2 5/2
不均一	熱力学律速	1 2 3	1 2 3
均一	熱力学律速	1 2 3	2 3 4

4.2.4 ■ 中間相を経由する結晶化

高分子の結晶化は,これまで述べてきたような核生成・成長機構に基づいていると長い間考えられ,また実験事実もこの考え方により整理されてきた.しかし,最近の流れとして,必ずしも核生成・成長機構がすべてではないことが明らかになってきた.すなわち,結晶核が生成する以前に何らかの構造（中間相）が生成し,それが結晶化過程や最終構造に大きな影響を与えるというものである.高分子のような複雑な構造をもつ物質では,多数の準安定構造を考えることができ,結晶化過程でそのような準安定相（中間相）を経由しても何ら不思議はない.このような方向での研究は発展途上で必ずしも確立されたものではないが,高分子結晶化研究の今後の重要な方向である.

A. スピノーダル分解型相分離を経由する結晶化機構

梶らは,結晶性の高分子であるポリエチレンテレフタレート（PET）を融体状態からガラス転移温度 T_g 以下の氷水へ急冷することによりガラス状のフィルムを作製し,それをガラス転移温度以上に昇温した後の結晶化過程を広角 X 線散乱と小角 X 線散乱により観察した[8]. 結晶の生成を示す Bragg ピークが出現するより前に,すなわち結晶化の誘導期において,小角散乱領域に肩をもつ散乱曲線が観察された.図 4.29 に小角 X 線散乱曲線の時間発展を,急冷直後の散乱曲線を差し引いた差散乱曲線として示す.これにより,結晶が生成するよりも前に数十 nm スケールの構造形成（前駆体形成）が起こっていることが示唆された.小角散乱ピークの位置 q_m と強度 I_m の時間発展を詳しく解析した結果を図 4.30 に示す.ピーク出現の初期では,ピーク位

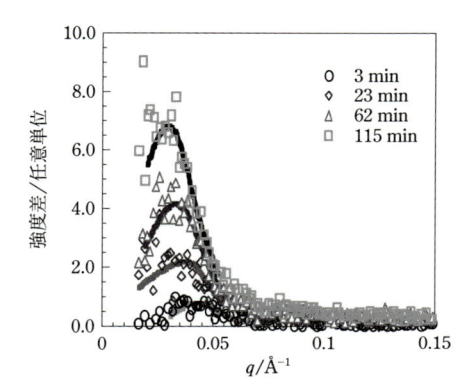

図 4.29 ポリエチレンテレフタレート (PET) の 80°C でのガラス結晶化過程の誘導期における小角 X 線散乱曲線の時間発展
急冷直後のガラス状態からの散乱曲線を差し引いた差散乱曲線として描いた.
[K. Kaji *et al.*, *Adv. Polym. Sci.*, **191**, 187 (2005)]

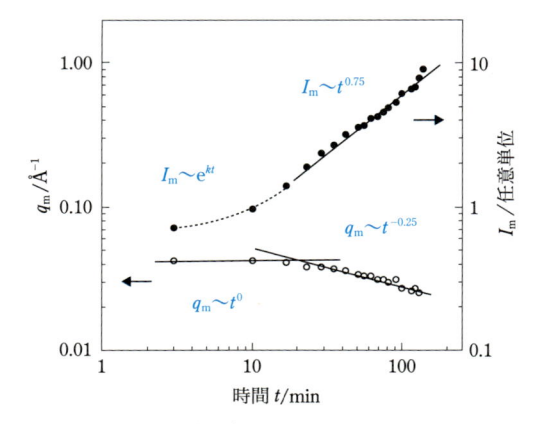

図 4.30 ポリエチレンテレフタレート (PET) の 80°C でのガラス結晶化過程の誘導期における小角 X 線散乱曲線 (差散乱曲線) のピーク位置 q_m とピーク強度 I_m の時間発展

置 q_m は時間に依存せずその強度 I_m だけが指数関数的に増大した. 一方, 後期では a, b を定数としてピーク位置 q_m は t^{-a} に従って減少し, ピーク強度 I_m は t^b に従って増大し, また $b/a \sim 3$ であった. このピークの時間発展は, 2 成分系でよく調べられてきたスピノーダル分解型相分離のキネティクスに非常によく一致している. PET は 1 成分系であり, 成分間の相分離は考えられない. では, どのようなことが結晶化以前の誘導期に起こったのだろうか. PET は比較的剛直な高分子鎖である. そのため,

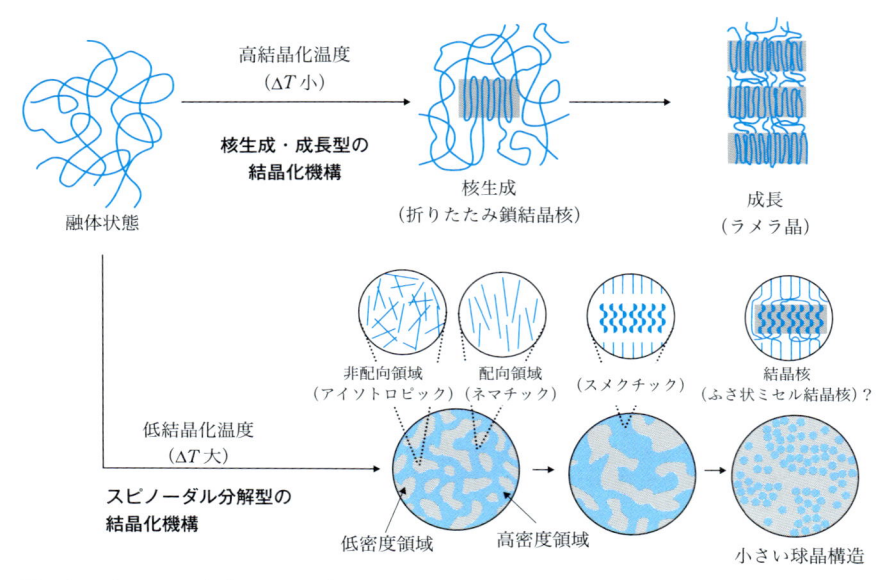

図 4.31 梶らにより提出されたスピノーダル分解型の結晶化機構の模式図
スピノーダル分解型の結晶化機構はかなり低温で起こり，融点に近い高温では従来の核生成・成長型の結晶化機構が支配的であるとしている．
[K. Kaji *et al.*, *Adv. Polym. Sci.*, **191**, 187（2005）]

剛直鎖が平行に配向した部分と無配向の部分の相分離が起こり，その後，配向した相から結晶核の生成が起こると考えられた．このような状況は液晶化過程に類似している．実際，液晶化の理論に従えば，スピノーダル分解型の相分離と同様なキネティクスが液晶化についても予想される．より一般的な言い方をすれば，結晶化する前の融体状態にある高分子に準安定な 2 つの状態（もしくはそれ以上）が存在すれば，その状態間での相分離が起こる可能性がある．高分子のような複雑な分子では，コンホメーションの相違や，会合性の相違による 2 つ以上の状態の存在が容易に予想できる．ただ，このようなスピノーダル分解型相分離を経由する結晶化は，融点よりもかなり低い温度（すなわち大きい過冷却度）で起こり，融点近傍での結晶化は従来どおりの核生成・成長型での機構で起こると考えられている．梶らにより提案されたスピノーダル分解型の結晶化機構の模式図を図 4.31 に示す．

B. 中間相を経由する高分子のラメラ晶生成機構

Strobl により提案された中間相（原著ではメゾモルフィック相と呼ぶ）を経由する高分子のラメラ晶生成機構も中間相を経由する結晶化機構の代表例である[7]．この結

4.2 高分子の結晶化機構

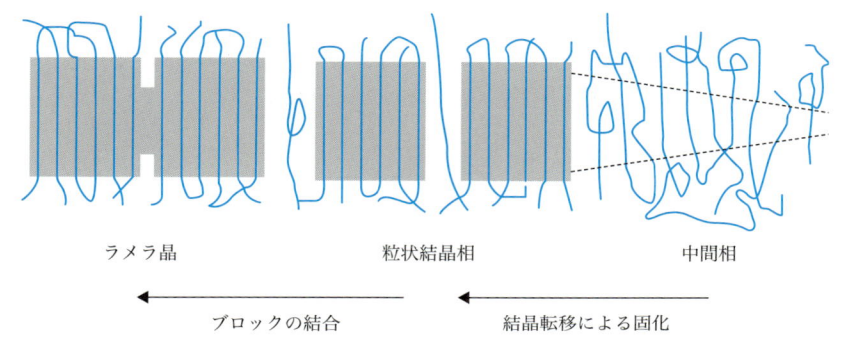

ラメラ晶 ← ブロックの結合 ── 粒状結晶相 ← 結晶転移による固化 ── 中間相

図 4.32 Strobl により提唱された中間相を経由する高分子のラメラ晶生成機構の模式図

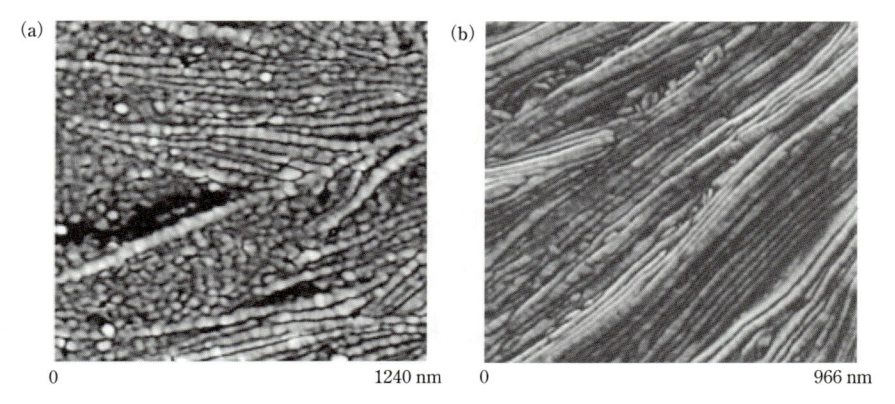

(a) 0 ──── 1240 nm
(b) 0 ──── 966 nm

図 4.33 シンジオタクチックポリプロピレン（s-PP）の 135℃ での等温結晶化後(a)および 150℃ でアニールした後(b)の原子間力顕微鏡像
(a)では粒状物が連なった様子が観察され，(b)では連続した均一なラメラ晶が観察される．
[T. Hugel *et al.*, *Acta Polym.*, **50**, 214（1999）]

晶化機構の模式図を図 4.32 に示す．まず，ある長さ以上の伸張部分をもつ鎖が集まり，液晶のような中間相をつくる．自由エネルギーは中間相の厚さが厚くなるほど減少するので，中間相は次第に厚くなるが，ある臨界の厚さに達すると結晶転移を起こし，粒状の結晶が連なった相へと転移する．この粒状の結晶が完全化し（連結し），最終的には均一なラメラ相へ転移する．この考え方を実験的に支えているのは，原子間力顕微鏡（AFM）による観察結果である．図 4.33(a)は，135℃ で等温結晶化したシンジオタクチックポリプロピレン（s-PP）の AFM 像であるが，粒状のものが連なっている様子が観察される．さらに引き続き 150℃ でアニールすると図 4.33(b)のような連続した均一なラメラ晶が観察された．このように比較的ルーズな結晶がまず生成し，

それが完全化して均一なラメラ晶へ移行するという考え方，つまり中間相を経由するという考え方は，自由エネルギー的な考察や，ラメラ晶の厚さの結晶化温度依存性と融点依存性からも支持されるが，まだ研究中の段階である．

4.2.5 ■ 外場下での結晶化

これまでは，暗黙のうちに重力場での実験であると仮定し，流動場，電場，磁場などの外場の影響は考えてこなかった．磁場中での配向結晶化の実験などはあるが，高分子の結晶化においては，磁場や電場の影響はそれほど大きくなく，最もよく研究されているのは伸張流動場やずり流動場などの流動の結晶化への影響である．その最大の理由は，高分子は材料として使用される際には必ず成形加工を経て流動場の下で結晶化するため，材料物性の制御には結晶化の制御が必要であり，ひいては流動場での結晶化機構の理解が不可欠であるためである．

ここでは，まず流動場での高分子の結晶化の歴史を短く概観し，最近の放射光を用いたX線散乱や中性子散乱などの測定技術の著しい進歩によりもたらされた流動結晶化を理解する上で本質的と思われる新たな発見と現状での理解について述べる．流動結晶化については，まだまだ研究は発展途上にあり，今後も新たな知見が数多くもたらされると思われる．

A. シシケバブ構造

伸張流動場やずり流動場などの流動場において高分子を結晶化させるとしばしばシシケバブ構造（4.1.6項参照）と呼ばれる特異なモルフォロジーが出現することについては，前述したとおりである．シシケバブ構造は高強度・高弾性率繊維の構造的起源であると考えられているため，多くの研究がなされてきた[9]．しかしながら，シシケバブ構造の生成機構は，いまだに完全には解明されていない．シシケバブ構造の生成機構に関する最近の研究は，パルス的にずり流動を高分子に印加し，その後の構造発展を観察するという方法によるアプローチが主流である．この方法では，シシケバブ構造の生成に影響を与えるずり速度，高分子の緩和速度や結晶化速度などのいくつかの因子を分離して調べることができ，シシケバブ構造の生成の本質を抽出できるためである．また，放射光を用いたX線散乱や中性子散乱などの測定技術の著しい進歩により，これまでは困難であったその場観察，非常に短い時間スケールでの観察，特殊なコントラスト観察などが可能になり大きな進歩がもたらされた．

B. ずり速度依存性

シシケバブ構造の生成には，流動場によって高分子鎖が伸張・配向することで，まずシシ構造が生成することが重要であると考えられている．高分子がずり流動場で伸

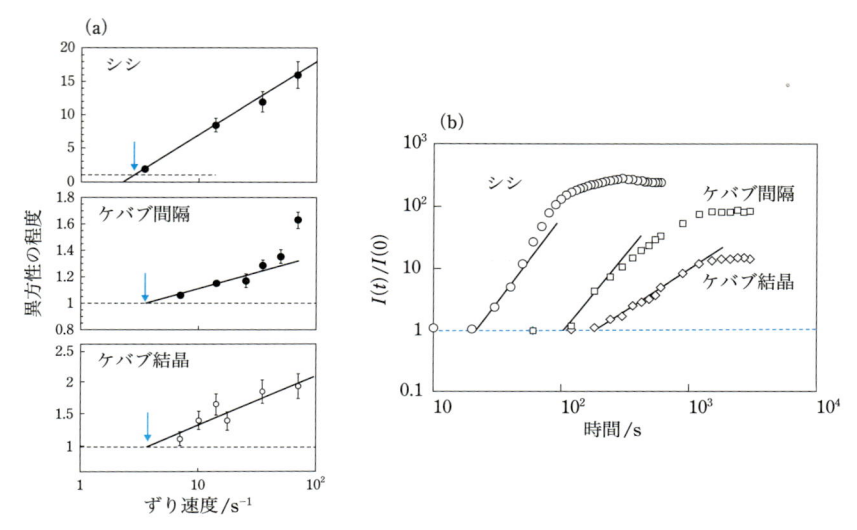

図 4.34 偏光解消光散乱，小角 X 線散乱，広角 X 線回折により測定したイソタクチックポリプロピレン（i-PP）のシシ構造，ケバブ間隔，ケバブ結晶の異方性のずり速度依存性(a)およびシシ構造，ケバブ間隔，ケバブ結晶の散乱強度の時間発展(b)
(a)では臨界のずり速度（青い矢印）が存在し，ほぼ同じであることがわかる．(b)ではシシ構造，ケバブ間隔，ケバブ結晶の順番で生成していることがわかる．
[Y. Ogino *et al.*, *Macromolecules*, **39**, 7617 (2006)]

張・配向するためには高分子鎖の緩和速度よりも速いずり流動を印加する必要があり，そのため高分子鎖の緩和速度とずり速度との兼ね合いにより，ある臨界のずり速度が存在することが予想される．ここでは，イソタクチックポリプロピレン（i-PP）について行われた偏光解消光散乱によるシシ構造生成の観察，小角 X 線散乱によるケバブ構造生成（ケバブ構造の間隔）の観察，広角 X 線回折によるケバブ結晶のその場観察の結果を示す．図 4.34(a)は 2 次元散乱パターンより評価した構造異方性のずり速度に対する依存性である．構造異方性をもつシシケバブ構造を生成する際に，臨界のずり速度が存在するのは明白である．驚くことに，臨界のずり速度は，シシ構造生成についてもケバブ構造生成についてもほぼ同じである．これを解釈するために，シシ構造，ケバブ構造の間隔，ケバブ結晶からの散乱強度の時間発展からその生成の順番を調べた結果が図 4.34(b)である．その結果，まずシシ構造が生成し，その上にエピタキシー的にケバブ構造が生成することが明らかになった．すなわち，構造異方性の出現はシシ構造の生成により支配されていることが示された．さらに，融点近傍で結晶化速度を変化させた実験により，シシケバブ構造の生成には，配向した高分子

鎖の緩和速度と結晶化速度の関係が非常に重要な役割を果たしていることが明らかになった．

C. 高分子量成分の役割

シシケバブ構造に関する研究が始まった当初より，高分子量成分がシシケバブ構造の生成を促進すると考えられていた．そこで，低分子量 PE に少量の超高分子量 PE を加えたブレンド試料を用いた実験が行われた．その結果，超高分子量成分の濃度が，その回転半径が接触するようになる重なり濃度（2 章参照）の 3 倍程度になると急激にシシ構造生成による異方性が促進された（図 4.35）．すなわち，超高分子量成分の絡み合いによりずり流動場での鎖伸張が促進され，シシ構造生成につながったと結論された．シシ構造生成において高分子鎖の伸張が重要であることは以前から認識されているが，伸張の原因としてはコイル－グロビュール転移の可能性も考えられている．この可能性は否定できないが，強く絡み合ったバルク試料は，ずり流動下では絡み合いによる鎖伸張が起こっていることがより確からしいと考えられる．

さらに，本当にシシ構造が高分子量成分から生成しているかを確認するための実験が行われた．通常分子量（M_w = 20 万）の重水素化ポリエチレン（PE）に軽水素化超高分子量 PE（M_w = 200 万）を 2.8 wt％ブレンドし，融点の直下の温度で 6 倍に延伸した試料に対する，小角 X 線散乱測定と小角中性子散乱測定の結果を図 4.36 に示す．小角 X 線散乱ではケバブ構造の周期に対応する 2 つのスポットのみが観察されたのに対して，小角中性子散乱では同じ 2 つのスポットに加え，延伸方向に対して垂直な

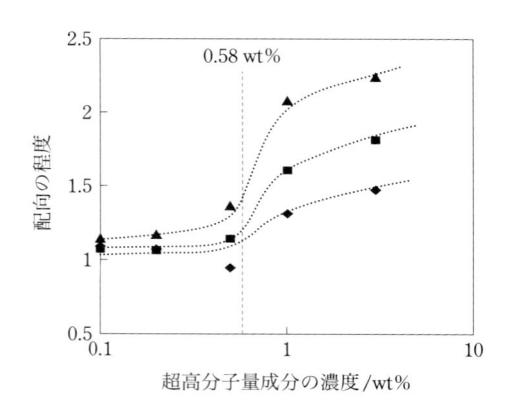

図 4.35 低分子量 PE に少量の超高分子量 PE を加えたブレンド試料におけるシシ構造生成による配向度の超高分子量 PE 濃度依存性
超高分子量成分がその重なり濃度の 3 倍程度になると急激に異方性が促進される．
［Y. Ogino *et al.*, *Polymer*, **47**, 5669（2006）］

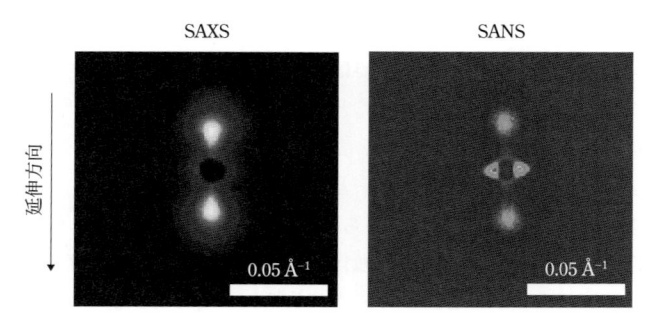

図 4.36 通常分子量（$M_w = 20$ 万）の重水素化 PE に軽水素化超高分子量 PE（$M_w = 200$ 万）を 2.8 wt%
ブレンドし，融点直下の温度で 6 倍に延伸した試料に対する小角 X 線散乱（SAXS）および
小角中性子散乱（SANS）パターン
[T. Kanaya *et al.*, *Macromolecules*, **40**, 3650（2007）]

方向にストリーク状の散乱が観測され，超高分子量成分がシシ構造を生成していることが明らかになった．しかし，異なる条件で作製した i-PP についての同様な小角中性子散乱では，シシ構造には低分子量成分が多く含まれるという結果も報告されており，まだ結論に達していない今後の課題となっている．

4.3 ■ 高分子の非晶構造

本節では高分子の非晶状態における構造と物性について述べる．非晶状態とは結晶でない状態，すなわち融体状態，過冷却状態，そしてガラス状態を指す．一般に非晶構造は，短距離秩序はあるが長距離秩序はないと言われる．ここでいう短距離秩序とは，隣接する原子や分子の間の相関であり，液体状態にも存在する隣接原子・分子の間の規則的な構造である．しかし，数分子を隔てると，無秩序さゆえに平均的には構造は均一に見える．そのため，光の波長スケール（数百 nm）では非晶構造をもつ物質は透明となり，この点は材料として見たときの非晶材料の大きな特徴である．実際に，非晶材料はレンズやプリズムなどの光学材料や透明な容器として用いられる．しかし，こうした材料として利用されるものは固体として十分な力学強度をもつガラス状態にある物質であり，融体状態や過冷却状態にある物質ではない．では，融体状態や過冷却状態はガラス状態と構造が異なるのであろうか．一般に融体状態，過冷却状態，ガラス状態の構造は非常に近い．しかし，固体状態であるガラス状態と液体状態である融体状態・過冷却状態とでは，弾性率は 10 桁以上も異なる．よくよく考えてみると，構造はほとんど変わらないにもかかわらず物性，たとえば弾性率がガラス状

態と過冷却状態の間でガラス転移温度をはさんで10桁以上も異なるのは簡単には理解できない．そのため，多くの教科書では，非晶状態を議論するときには構造よりもその物性について議論することがほとんどである．なぜ，不連続な構造変化がないのに物性だけが大きく変化するのかについてはまだ理解されておらず，ガラス転移現象は高分子科学や物性物理学のミステリーと呼ばれる．

　ガラス転移という現象は，高分子に限らずほとんどの物質で観測される現象である．低分子，高分子を問わず，融点以上の融体状態から温度を下げていくと，融点より低い温度になっても結晶化が起こらず，過冷却状態になることがある．一般に過冷却状態にある物質は不安定で，わずかな刺激により結晶化してしまう．たとえば，$-6°C$の水を凍らせずにそのまま保つことは非常に困難であり，少しの衝撃などで凍ってしまう．ところが，世の中にはガラス形成物質と呼ばれる非常に結晶化が起こりにくい，もしくは絶対に起こらない物質群がある．低分子ではグリセリンやサロール（サリチル酸フェニル）が有名であり，高分子ではアタクチックポリスチレンやアタクチックポリメチルメタクリレートなどまったく結晶化しないものが多い．過冷却状態にある物質をさらに降温していくと，ある温度で急激に粘度が増大して流動性を失い，固体となる．これがガラス転移である．ガラス転移は，以前は熱力学的2次相転移と考えられることが多かったが，現在では緩和現象もしくは動力学転移としてとらえられることが一般的である．高分子の分野においては，ガラス転移温度とは高分子鎖のセグメント運動が始まる温度とよく言われる．よって，力学緩和測定や誘電緩和測定による分子運動の研究から議論されることが多い．高分子はガラス形成物質の宝庫であり，ガラス転移現象の研究が盛んである．

　本節では，まず非晶状態の構造について述べた後にガラス転移温度近傍における実験的な物性の変化や運動の異常性について述べる．その後，ガラス転移を記述するモデルや理論にふれながら，ガラス転移がどのように理解されているかを説明する．

4.3.1 ■ 非晶構造（短距離構造）

　まず，高分子ではなく非常に単純な構造をもつ液体アルゴンから話を始めよう[10]．図4.37(a)に85Kのアルゴン液体の構造因子$S(q)$を示す．比較のために剛体球モデルの構造因子$S(q)$も示した．粒子―粒子間の1次の相関が$q=2\text{Å}^{-1}$付近に観測される．次いで，2次，3次の相関が観測されるが，結晶に比べるとずっと速く減衰し，$S(q) \to 1$へと収束する．すなわち，構造規則性が非常に低いことを示している．$S(q)$のFourier変換である動径分布関数$g(r)$の方が直感的にはわかりやすいと思われるので，図4.37(b)には同じく85Kのアルゴンの動径分布関数$g(r)$を，図4.37(c)にはそ

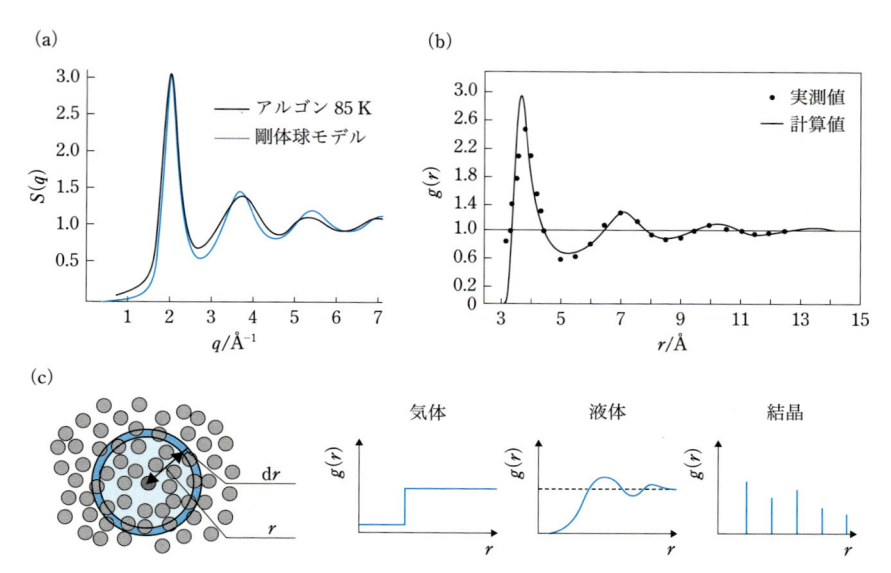

図4.37 (a) 85 K のアルゴン液体と剛体球モデルの構造因子 $S(q)$, (b) 85 K のアルゴン液体の動径分布関数 $g(r)$, (c) 動径分布関数 $g(r)$ の概念図
〔(a)は D. I. Page *et al*., *Phys. Lett.*, **29A**, 296 (1969), (b)は A. A. Khan, *Phys. Rev.*, **134**, A367 (1964) を改変〕

の概念図を示した. $r=4$ Å 付近のピークが最近接アルゴン粒子間の相関であり, 7 Å, 10 Å 付近のピークが第 2, 第 3 近接アルゴンの粒子間の相関である. 構造の不規則性のためにそれ以上長距離の相関はほぼ見えない. すなわち, 長距離規則性がないことがわかる. ここで $g(r)$ に見られる相関ピークは粒子自身の体積のためにそれ以上は接近できず, 最近接粒子間の距離が規定されるために生じる相関であり, あらゆる非晶物質で見られる短距離秩序である. これは高分子においても同じである.

典型的な非晶性高分子であるアタクチックポリスチレンの $qS(q)$ を図 4.38(a) に, その Fourier 変換である動径分布関数 $g(r)$ を図 4.38(b) に示す. 分子内および分子間の最近接相関に由来する相関ピークは観察されるが, 高次の相関が観察されることはない. ちなみにアタクチックポリスチレンの $q=0.9$ Å^{-1} のピークは分子鎖間の相関, $q=1.5$ Å^{-1} のピークは分子内の芳香環同士の相関と帰属されている. このように近距離に存在する構造の 1 次相関は見えるが, 構造の不規則性ゆえ高次の相関が観察されることはほとんどない. 動径分布関数 $g(r)$ を見ると, $r=1\sim 15$ Å の領域には, 分子内相関や分子間相関によるピークが観察されるが, $r=15$ Å より長距離での相関は見えず, 低分子とそれほど大きく変わることはない.

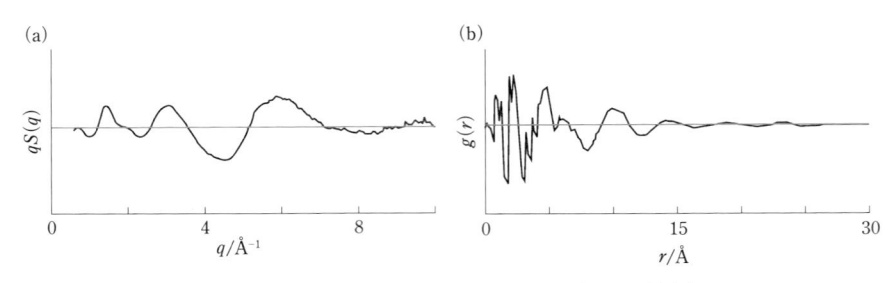

図 4.38 アタクチックポリスチレンの構造因子 $S(q)$ (a) と動径分布関数 $g(r)$ (b)
[G. R. Michell *et al.*, *Trans. R. Soc. London A*, **348**, 97 (1994)]

4.3.2 ■ 非晶構造における長距離密度ゆらぎ

通常,非晶物質は 15 Å 程度より大きな距離スケールにおいては構造的には均一であると考えられており,光の波長(数百 nm)程度のスケールでは均一であり透明である.しかし,1949 年に Debye により報告された,通常は透明であると考えられているアタクチックポリメチルメタクリレートの光散乱測定では,図 4.39 に示すように明らかに小角側で散乱強度が大きくなり,数百 nm のゆらぎ(もしくは構造)が存在することが示唆された.その後,この現象は高分子ガラスに限らず,低分子も含めたガラス形成物質に普遍的な現象であることが示された.この現象は長距離密度ゆら

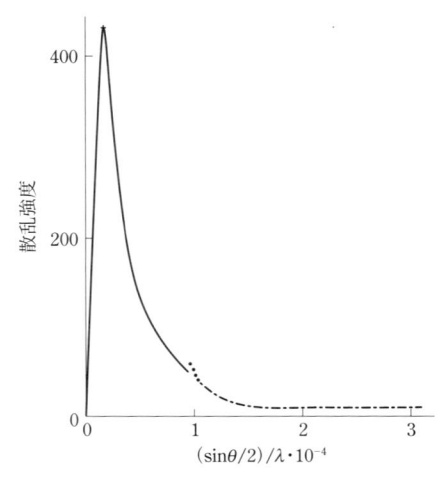

図 4.39 Debye により行われたアタクチックポリメチルメタクリレートの光散乱の結果
[P. Debye and A. M. Bueche, *J. Appl. Phys.*, **20**, 518 (1949)]

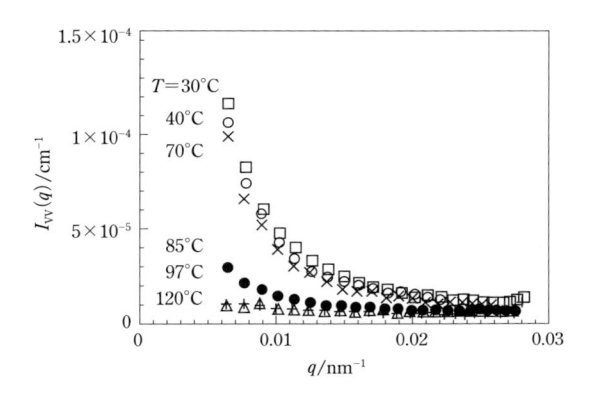

図 4.40 ポリ(メチル–p–トリルシロキサン)(PMpTS) の光散乱強度（VV 散乱）の温度依存性
スペックルを平均化するために試料を回転させながら測定した結果．約 90°C 以上で過剰散乱強度が消失することがわかる．
[T. Kanaya *et al*., *Acta Polym*., **45**, 137（1994）]

ぎと呼ばれる．その理由の 1 つは，このゆらぎによる光散乱は VH 配置（2 章 2.4 節参照）では観測できず，VV 配置のみで観測されることから，配向ゆらぎではなく等方的な密度ゆらぎによると考えられるためである．

　一例として，典型的な非晶性高分子であるポリ(メチル–p–トリルシロキサン)(PMpTS) で観察された長距離密度ゆらぎを紹介する．図 4.40 に各温度で定常状態にある PMpTS の光散乱強度の温度依存性を示す．緩和時間が遅いために生じる散乱強度のゆらぎ（スペックル）を平均化するために，測定は試料を回転させながら行っている．温度を上げるに従い，散乱強度は減少して長距離密度ゆらぎも減少し，90°C ぐらいで散乱強度は等温圧縮率から予想できる値に近くなり，散乱強度の散乱ベクトル q 依存性もなくなる．すなわち，長距離密度ゆらぎが消滅する温度（〜90°C）が存在する．次に，消滅温度より高い 120°C から 40°C へ温度ジャンプした後の強度変化（散乱角 = 40°）を時間の関数として，図 4.41 に示した．非常にゆっくりではあるが，散乱強度が増大し，長距離密度ゆらぎが再び生成していることがわかる．図中の点線は，試料を回転させずに測定したときの強度であり，系の不均一性がスペックルとして観察されている．その生成時間は非常に遅く，過冷却液体であるにもかかわらず，30°C で約 35 時間である．以前は，過冷却状態やガラス状状態における長距離密度ゆらぎの原因をゴミや触媒切片などの不純物とする説もあったが，いったん生成したゆらぎが温度の降下により再度生成することから不純物説は否定された．その生成機構については，液体的な相と固体的な相の共存説が有力である．

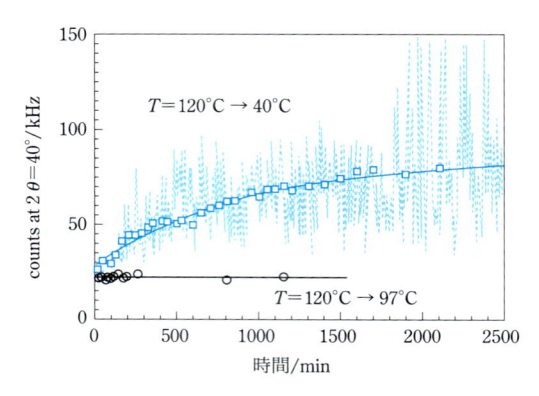

図 4.41 ポリ（メチル－p－トリルシロキサン）（PMpTS）を 120℃ から 40℃ へ温度ジャンプさせた後の光散乱強度の時間発展
比較のために 120℃ から 97℃ へ温度ジャンプさせた結果も示した．点線は，試料を回転させずに測定した結果．
［T. Kanaya *et al.*, *Acta Polym.*, **45**, 137（1994）］

4.3.3 ■ 結晶性高分子中での非晶構造（高次構造）

　結晶性高分子でも 100％の結晶化度をもつことはなく，必ず非晶部分を含み，物性に影響を及ぼす．図 4.42 は積層ラメラ結晶にはさまれた非晶相の模式図である．高分子が融体状態から結晶化するとき，高分子鎖は結晶のコンホメーションとなり結晶格子の中にパッキングされるが，そのとき融体中に存在している高分子鎖の絡み合いは結晶中から排除される．そのため，積層ラメラ結晶にはさまれた非晶相には，バルク非晶状態に比べて絡み合いが多いと考えられている．一方，高分子鎖 1 本の長さはラメラ晶の厚さに比べかなり長いため，高分子鎖はラメラ晶から非晶相へ飛び出す．飛び出した直後は，当然結晶中における配向を記憶しているためラメラ層に対して垂直な方向に配向しており，バルク中の非晶相とは異なる構造をしていると考えられている．結晶ではなく完全な非晶でもないこのような配向非晶相を結晶と非晶の中間相と呼ぶこともある．

　このように結晶性高分子であっても常に非晶状態を含むため，結晶状態と非晶状態の特徴が混ざった挙動をする．ガラス転移温度上下における物性の変化については以下の節で詳述するが，ここでは結晶と非晶状態が混ざり合った階層構造に由来する物性の例をあげてみよう．たとえば，ポリプロピレンの融点は室温以上であり，かつガラス転移温度は室温以下である．そのため，室温のポリプロピレンでは結晶が存在し形状は保たれるが，何となく手触りが柔らかく柔軟なのは過冷却状態にある非晶部分

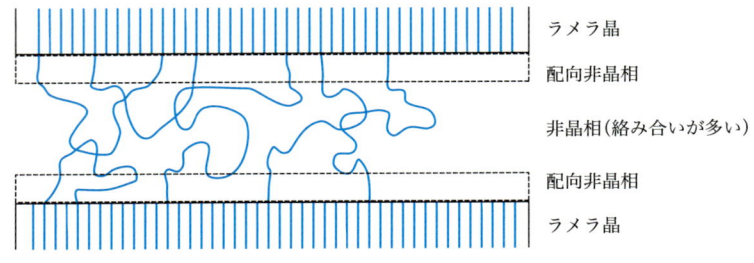

図 4.42 積層ラメラ結晶にはさまれた非晶相の模式図

の物性による．耐熱性は主に結晶の融点で決まる．また，結晶相と非晶相は屈折率が異なり，非晶中に存在する結晶のサイズが光の波長と同程度であると光が散乱されるため，不透明となる．このように高分子では，結晶と非晶がつくり出す高次構造，およびガラス転移温度と結晶の融点の兼ね合いがその物性を大きく支配することを認識しておくことは重要である．

4.4 ■ ガラス転移

融体からガラス状態への転移（ガラス転移）は，降温に際してのみ起こるわけではなく，加圧によっても起こるが，ここでは降温に伴うガラス転移を扱う．4.3 節の冒頭にも書いたように，ガラス転移温度の上下で融体状態とガラス状態の構造はほとんど変化しないが，その力学物性や熱物性は大きく変化する．結晶化のように構造変化に伴い物性が大きく変化することはまだ理解できるが，構造の変化なしに大きく変わる物性を説明するのは非常に困難なことであり，まだ十分な理解には到達していない．ここでは，まず簡単なガラス転移の歴史について述べる．ガラス転移前後における物性の変化については 7 章 7.1 節に詳しいが，ガラス転移現象を理解するのに必要な物性変化に簡単にふれ，その後ガラス転移現象がどのように理解されているかをいくつかの理論にふれながら示すことにする．

4.4.1 ■ ガラス転移の発見

ガラス転移現象は種々の測定法により簡単にとらえることができるが，歴史的に見ると研究初期では，比熱などの熱力学的測定が主体であった．まず，簡単にガラス転移発見の歴史を見てみる[11]．ガラス転移現象が初めて定性的に見出されたのは，1856 年の Regnault による結晶および非晶セレンの熱容量の測定であるとされており，こ

の研究に基づき 1868 年に Bettendorf と Mueller がガラス転移温度 T_g についての考え方を提出している．その後，熱力学の立場から Lewis と Gibson はグリセリンのガラス状態が熱力学の第 3 法則に従わないことを見出した．それ以降，いくつかの研究が行われ，Simon はそれらを総括するとともに，グリセリンのガラス状態が熱力学第 3 法則に反することを明確に示しただけでなく，ガラス状態が非平衡状態であることを熱力学的に実証し，緩和現象としての性格を示唆している．

4.4.2 ■ ガラス転移と高分子物性

ガラス転移により生じる種々の物性変化を通して，ガラス転移現象の特徴を見てみよう．まず比熱と比容という熱力学量の温度変化について考える．図 4.43 に DSC により測定した非晶性高分子であるポリ酢酸ビニル（PVAc）の熱流束の温度変化を示した．昇温過程においても降温過程においても，ある温度でなだらかな熱流束の飛びを示す．この温度がガラス転移温度 T_g である．この図は，比熱がガラス転移温度で不連続に変化することを示している．注意すべきことは，ガラス転移温度が 10°C 程度の温度の広がりをもっていることと，昇温速度が大きくなるとガラス転移温度が高温側へ移動することである．図 4.44 には，PVAc の比容の温度変化を示した．比熱と同じように，ガラス転移温度 T_g で比容の温度変化率（熱膨張係数）が変化する．ガラス転移温度 T_g 以下の温度（−20°C）における保持時間が長くなるとガラス転移温度は低温側へ移動する．

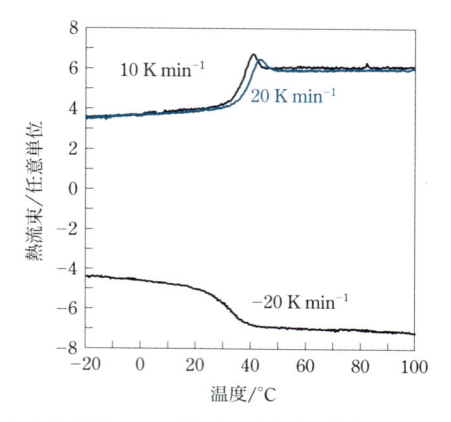

図 4.43 DSC で測定したポリ酢酸ビニル（PVAc）の熱流束の温度変化
[G. Strobl, *The Physics of Polymers, Concepts for Understanding Their Structures and Behavior, 3rd Ed.*, Springer (2007), p. 272, Fig. 6.26]

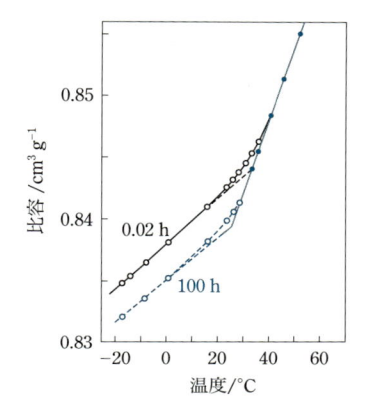

図 4.44 ポリ酢酸ビニル（PVAc）の比容の温度変化
－20°C へ急冷し，その温度で 0.02 時間または 100 時間保持した試料の結果．
［A. J. Kovacs, *Fortschr. Hochpolym.-Forsch.*, **3**, 394（1963）］

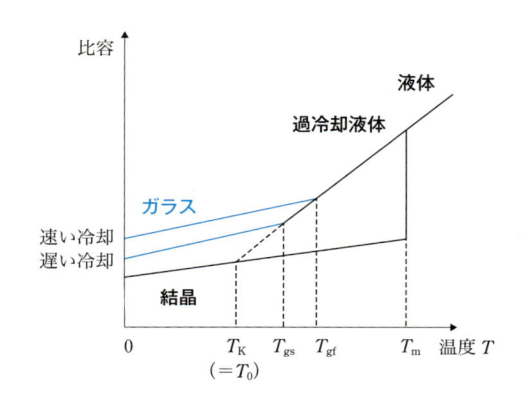

図 4.45 ガラス形成物質の比容の温度変化の模式図

　これらの特徴を比容の温度変化として，結晶とも比較して図 4.45 にまとめた．融点以上にあるガラス形成物質の温度を下げていくと，融点以下の温度になるとすぐに結晶化するものと結晶化せずに液体状態（過冷却状態）にとどまるものがある．結晶化すると比容は不連続に変化する．過冷却状態にある液体をさらに温度を下げていくと，ガラス転移温度 T_g で比容の温度変化率（熱膨張係数）が小さくなる．ガラス転移温度は降温速度に依存し，速い降温速度で冷却するとガラス転移温度は高温側に移動する．このように，ガラス転移は熱力学的な 2 次相転移のように見えるが，その転移温度は明確には定義できない．

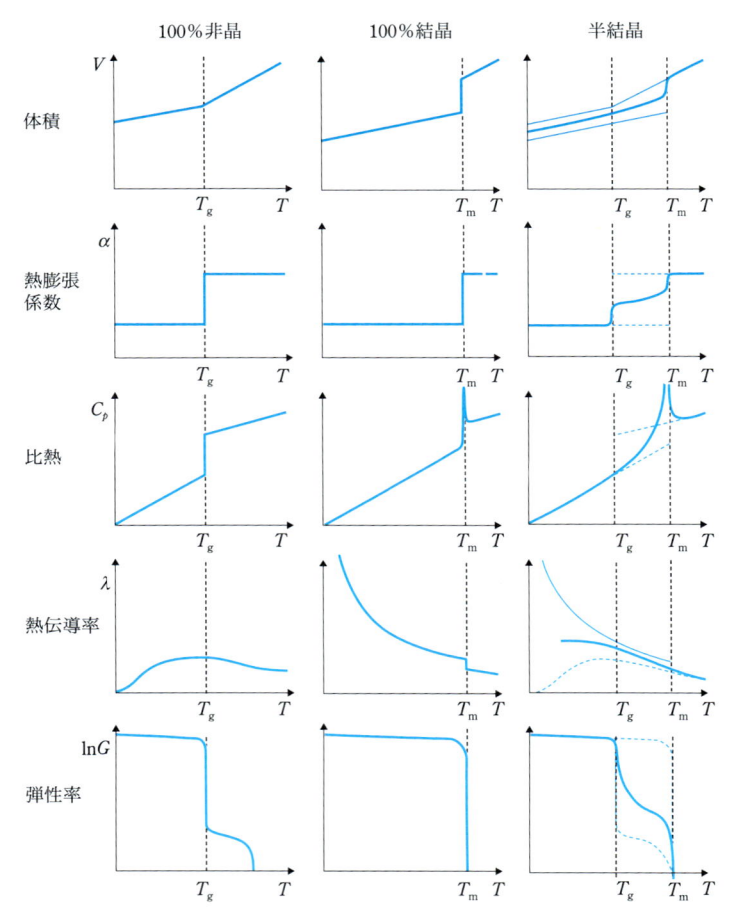

図 4.46 100％非晶，100％結晶，半結晶の高分子について，体積，熱膨張係数，比熱，熱伝導率，弾性率がガラス転移温度と結晶融点においてどのように変化するかを示す模式図
[D. W. van Krevelen, *Properties of Polymers*, 1st Ed., Elsevier (1976), p. 24, Fig. 2.7]

　ガラス転移は弾性率測定や粘度測定，誘電分散の動的測定によっても簡単に観測できる．たとえば，高温では粘度は低いが温度が下がるに従い粘度は増大し，ガラス転移温度 T_g 近傍で急激に増加し，およそ 10^{13} poise の固体状態となる．粘度の増加に伴い弾性率も増加する（詳細は 7 章 7.1 節参照）．ガラス転移温度においては，上述した比熱，比容や弾性率のみならず，多くの物性が変化する．結晶相と非晶相が混在し，階層構造を形成する結晶性高分子では，両者の物性の兼ね合いで全体の物性が決

> ● **コラム　　Kauzmann パラドックス**
>
> 　液体状態（過冷却状態）の比容の温度変化のグラフをガラス転移温度以下に外挿すると，結晶の熱膨張係数の方が液体のそれに比べて小さいため，ある温度でガラス状態の比容と液体状態の比容が一致する．この温度を **Kauzmann 温度** T_K と呼ぶ．T_K よりもさらに低温側では，液体の比容が結晶の比容よりも小さい（別の表現をすれば，負のエントロピーが出現する）ことになり，これはありえない．これを Kauzmann パラドックスと呼んでいる．もし，無限に遅い速度で冷却することができれば，ガラス転移温度 T_g は Kauzmann 温度 T_K まで下がると考えられるため，T_K は理想的ガラス転移温度と呼ばれることがある．T_K は Vogel–Fulcher–Tammann 式の基準温度 T_0 とほぼ等しく，$T_K \sim T_g - 50\,\mathrm{K}$ であると考えられている．

まることになる．図 4.46 には，100 % 非晶，100 % 結晶，半結晶の高分子について，体積，熱膨張係数，比熱，熱伝導率，弾性率がガラス転移温度と結晶融点においてどのように変化するかを定性的に示した．

　比容や熱膨張係数が不連続に変化することから，ガラス転移は熱力学的 2 次転移と考えられることも多かったが，ガラス転移温度 T_g が降温速度に依存することから，現在では動力学的転移もしくは緩和現象として考えられている．そのため，最近ではガラス転移を理解するために多くの動的測定が行われている．

4.4.3 ■ ガラス形成物質で観測される緩和過程

　上述のようにガラス転移は動力学的転移もしくは緩和現象と考えられるため，緩和過程を調べることはガラス転移を理解する上で不可欠と思われる．ガラス転移の理論を解説する前に，まずガラス形成物質の緩和過程について述べ，その動的な側面を明らかにする[13,14]．

　ガラス形成物質の緩和過程を測定しようとすると，ガラス転移温度近傍では緩和過程の特性時間（緩和時間）が急激に何桁も遅くなるため，非常に広い時間スケールでの緩和過程の測定が必要となる．そのため，非弾性中性子散乱，核磁気共鳴，誘電緩和，動的光散乱，力学緩和など種々の測定方法が用いられている．図 4.47 に種々の方法で観察された低分子ガラス形成物質であるオルターフェニル（OTP）と高分子ガラス形成物質であるポリブタジエン（PB）の緩和過程における緩和時間の温度依存性を Arrhenius 型のプロットとして示した．これを緩和時間地図（分散地図）と呼ぶ．両者が非常によく似ていることに驚かされる．12 桁に及ぶ緩和時間の範囲に，

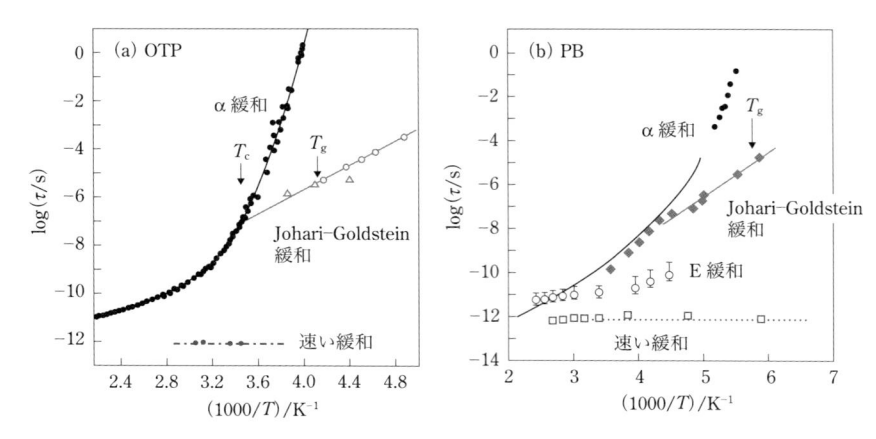

図 4.47 種々の方法で観察された低分子ガラス形成物質オルトターフェニル (OTP)(a) とガラス形成高分子のポリブタジエン (PB)(b) の各緩和過程の緩和時間の温度依存性（緩和時間地図）
[B. Gabrys and T. Kanaya（V. G. Sakai *et al.* eds.）, *Dynamics of Soft Matter*, Springer（2012）, p. 96, Fig. 3.20]

OTP では緩和時間の短い（緩和速度の速い）側から，ガラス状態に観測される非晶質特有の励起過程であるボソンピーク，ピコ秒領域の速い緩和，それに続く α 緩和，低温で α 緩和から分岐する Johari–Goldstein 緩和（遅い β 緩和）などが観察される．それに対して PB では OTP で観察される緩和過程に加えて E 緩和がサブナノ秒領域に観察される．以下ではこれらの緩和過程とガラス転移の関係を述べる．

・ボソンピーク

高分子に限らず低分子ガラス形成物質，無機ガラス形成物質，金属ガラスなどあらゆる非晶物質で観測される非晶質特有の励起過程である．非晶質物質が 10〜20 K 付近の低温領域で結晶物質に比べて過剰な比熱を示すことはよく知られているが，ボソンピークはその起源であり，低温熱物性と非常に密接に関係するため，盛んに研究が行われている．その微視的な起源については多くの議論がなされ，種々のモデルも提出されているが，最終的な結論には至っていない．

・速い緩和

速い β 緩和とも呼ばれるピコ秒の時間領域に観察される速い緩和は，ほとんどのガラス形成物質に観測されるため，高分子のみならずガラス形成物質特有の緩和過程と考えられる．ガラス転移温度よりも 50 K 程度低い温度から観察される緩和過程で，緩和時間の活性化エネルギーがほとんどないため，障壁を越えない運動であると考えられる．すなわち，まわりの分子により形成されるカゴの中での運動であり，この分

子カゴからの脱出過程がガラス転移につながると考えられている．

・E 緩和

サブナノ秒領域に観察される E 緩和は低分子ガラス形成物質には観察されず高分子にのみ観察される緩和過程であり，高分子鎖のコンホメーション変化の素過程であると考えられている．緩和時間の活性化エネルギーが C–C 結合回転の障壁の高さ（8～12 kJ/mol）に対応しており，分子動力学シミュレーションの結果ともよく一致することから，単一結合の回転による高分子鎖のコンホメーション変化であると帰属される．

・α 緩和

ガラス転移を直接支配している緩和過程である．ガラス転移温度より十分高い温度では E 緩和と重なっているが，温度が下がると高分子鎖のコンホメーション変化である E 緩和と分岐する．さらに温度が下がると Johari–Goldstein 緩和（遅い β 緩和とも呼ばれる）も分岐する．高分子においては，ある程度以上の分子量になると α 緩和は分子量に依存しないため，α 緩和はセグメント運動であると言われている．しかし，低分子ガラス形成物質においても定性的には同様な α 緩和が観察されることから，高分子鎖の 1 次元結合性がガラス転移温度近傍での α 緩和の特性を支配しているのではないと考えられている．高分子，低分子に共通する α 緩和の特異な挙動はガラス転移を理解する鍵である．

・Johari–Goldstein 緩和

高分子のように側鎖や主鎖内部に多くの内部自由度をもつ物質では，それぞれの自由度に基づく緩和過程が観察されることはしばしば報告されている．こうした副緩和は高温側から順に β 緩和，γ 緩和，δ 緩和，…と名付けられている．しかし，Johari–Goldstein 緩和と呼ばれる（遅い β 緩和とも呼ばれる）α 緩和から分岐するこの緩和は，必ずしも内部自由度がないような系でも観察され，その温度依存性が Arrhenius 型であることから，並進運動から分岐した回転運動と解釈される．

A.　α 緩和における異常性

緩和時間の温度依存性

低分子ガラス形成物質の場合には，α 緩和の緩和時間は直接粘度と対応づけられるため，粘度の温度依存性として議論される場合が多い．一方，高分子の場合には，ガラス転移温度近傍での粘度の挙動は低分子のそれとほぼ同様であるが，高温での粘性は分子鎖の絡み合いなど低分子とはまったく異なる機構で決まるため，同様には議論できない．低分子と高分子のガラス転移を比較するなら，高分子についてはセグメント運動（α 緩和）の緩和時間を用いた方が理解しやすい．

高温の単純液体における運動の緩和時間の温度依存性および高分子セグメントにおける運動の緩和時間の温度依存性は，一般に以下の Arrhenius 型の式で記述される．

$$\tau^{-1} = \tau_0^{-1} \exp\left(-\frac{E_\mathrm{a}}{k_\mathrm{B} T}\right) \tag{4.4.1}$$

ここで E_a は，低分子の場合は分子が流動をする際に越えなくてはならないエネルギー障壁であり，高分子の場合には高分子鎖がセグメント運動をする際に越えなければならないエネルギー障壁である．つまり，活性化エネルギーであり，この値は常に変化しないはずである．ところが，高温側からガラス転移温度に近づいてくるときの緩和時間の温度依存性は，すでに述べたように以下の Vogel-Fulcher-Tammann 式（VFT 式）により記述されるようになる（Vogel-Fulcher-Tammann 式は高分子科学の分野でよく用いられる Williams-Landel-Ferry 式（WLF 式）と数学的には等価である．6 章 374 頁のコラムも参照）．

$$\tau^{-1} = \tau_0^{-1} \exp\left[-\frac{D}{k_\mathrm{B}(T-T_0)}\right] \tag{4.4.2}$$

これは α 緩和の大きな特徴の 1 つである．

図 4.47 中の実線は，実験で得られた α 緩和の緩和時間を VFT 式でフィットした結果である．図中の曲線の傾き $\partial(\log\tau)/\partial(1000/T)$，すなわち見かけの活性化エネルギーは，温度が低くなるに従い大きくなる．後でこの現象の解釈についていくつか述べるが，定性的には次のように解釈される．まず高温では分子（高分子ではセグメント）がそれぞれ自由に独立に運動できるため，その活性化エネルギーは単一分子が乗り越えるべき障壁の高さとなる．しかし，温度が低下して系の密度が上がると，いくつかの分子が協同的に運動するようになるため，同時に乗り越えるべき障壁が大きくなり，活性化エネルギーが増大すると考えられている．

フラジリティー

図 4.48 は高分子だけでなく，有機・無機低分子ガラス形成物質など種々のガラス形成物質の α 緩和の緩和時間（もしくは粘度）をガラス転移温度 T_g で規格化した温度の逆数（T_g/T）に対してプロットしたグラフである．このグラフは最初に考案した人にちなんで Angell プロットと呼ばれる．α 緩和の緩和時間の温度依存性は物質により大きく異なる．すなわち，ほぼ直線的な温度依存性を示す（Arrhenius 型の温度変化を示す）物質から，ガラス転移温度近傍で急激に緩和時間が増大する物質まである．これらすべての温度依存性は VFT 式により記述することができるが，その温度に対する定量的な挙動は大きく異なる（図 4.48）．T_g における見かけの活性化エネルギー m によりこの挙動は分類されており，m はフラジリティーといわれている．

4.4 ガラス転移

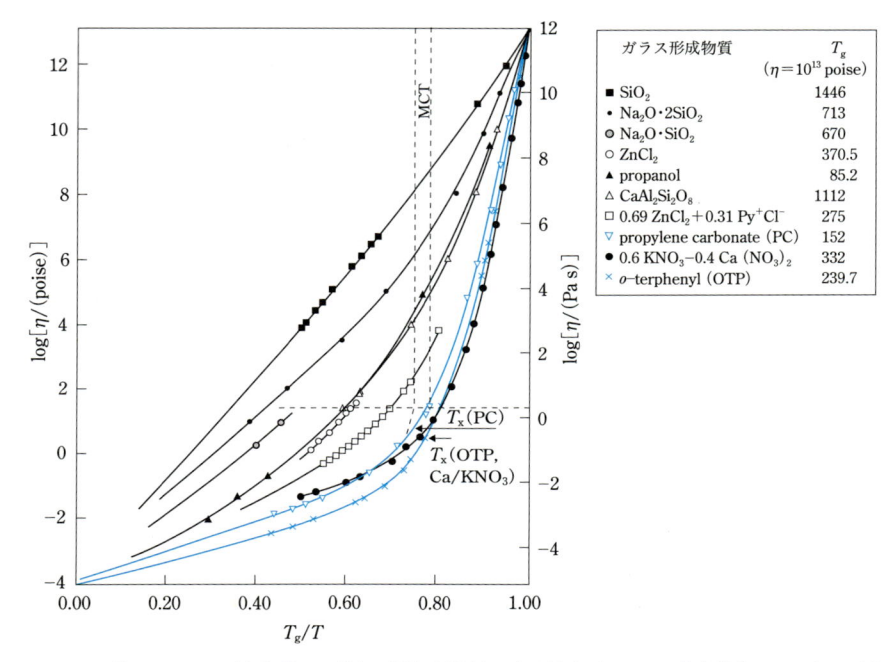

ガラス形成物質	T_g ($\eta=10^{13}$ poise)
■ SiO_2	1446
● $Na_2O \cdot 2SiO_2$	713
◎ $Na_2O \cdot SiO_2$	670
○ $ZnCl_2$	370.5
▲ propanol	85.2
△ $CaAl_2Si_2O_8$	1112
□ 0.69 $ZnCl_2$ + 0.31 Py^+Cl^-	275
▽ propylene carbonate (PC)	152
● 0.6 KNO_3–0.4 Ca$(NO_3)_2$	332
× o-terphenyl (OTP)	239.7

図 4.48 種々のガラス形成物質の α 緩和の緩和時間 (もしくは粘度 η) の T_g/T 依存性 (Angell プロット). T_x は結晶化開始温度. MCT と表されている領域はモード結合理論が予想するエルゴード–非エルゴード転移の範囲.
[T. Kanaya and K. Kaji, *Adv. Polym. Sci.*, **154**, 88 (2001)]

$$m = \left. \frac{\partial (\log \tau_\alpha)}{\partial (T_g/T)} \right|_{T=T_g} \quad (4.4.3)$$

Arrhenius 型に近い物質, すなわち T_g 近傍で m が小さい物質をストロング, T_g 近傍で m が大きい物質をフラジャイルと呼ぶ. ガラス転移温度近傍においても高温液体状態と協同運動性が変わらない物質がストロングであり, 高温では協同運動性が小さいがガラス転移温度近傍で急激に増大するものがフラジャイルである. この分類の物理的な意味づけはまだ十分明確にはなっていないが, ガラス形成物質の分類の指標としては重要であると考えられている. 測定が行われた高分子のうち最もストロングなのはポリイソブチレンである.

緩和時間分布

分子の運動を測定する手段は, 非弾性中性子散乱, 核磁気共鳴, 誘電緩和, 動的光散乱や力学測定など多くある. いま, ガラス転移温度近傍での密度ゆらぎの時間相関

関数を動的光散乱により測定したとする．その一例として，図 4.49(a) に絡み合い点間分子量（6 章参照）以下のポリ(メチル-p-トリルシロキサン)(PMpTS) のガラス転移温度（$T_{\mathrm{g}} = -17°\mathrm{C}$）近傍での散乱光強度の相関関数を示す．温度が低くなるに従い，相関関数の減衰は急激に遅くなり，分子運動の遅化が容易に観察される．単純な Debye 型の緩和に従うとすれば，自己相関関数 $\phi(t)$ は

$$\phi(t) = \frac{\langle \Delta\rho(0)\Delta\rho(t) \rangle}{\langle [\Delta\rho(0)]^2 \rangle} = \exp\left(-\frac{t}{\tau_{\mathrm{c}}}\right) \tag{4.4.4}$$

で表され，単一の緩和時間 τ_{c} により分子の運動は記述される．しかし，ガラス形成物質においては，一般に自己相関関数 $\phi(t)$ は

$$\phi(t) = \exp\left[-\left(\frac{t}{\tau_{\mathrm{c}}}\right)^{\beta}\right] \qquad (0 < \beta < 1) \tag{4.4.5}$$

で記述される．これは Kohlrausch–Williams–Watt 式（KWW 式）もしくは伸張指数関数(stretched exponential function)と呼ばれる．この式には τ_{c} と β の 2 つのパラメータが存在する．τ_{c} は分子の運動の時間スケールを決める緩和時間，β は自己相関関数が引き延ばされる程度を表す指数であり，β が小さいほど自己相関関数は引き延ばされている．β の現象論的な解釈の 1 つは，緩和時間の分布である．つまり，観測された自己相関関数 $\phi(t)$ が単一緩和時間をもつ Debye 型緩和の重ね合わせであると考え，緩和時間の分布関数 $g(\ln\tau_{\mathrm{c}})$ を仮定すると，観測される自己相関関数 $\phi(t)$ は緩和時間

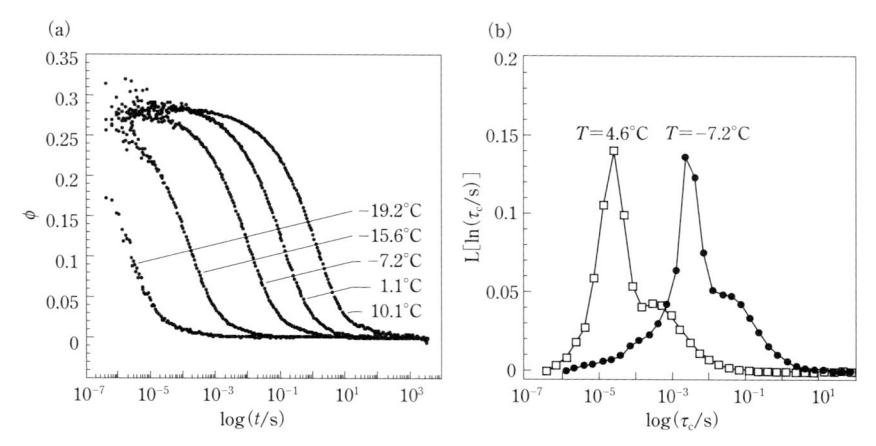

図 4.49 ポリ(メチル-p-トリルシロキサン)(PMpTS) のガラス転移温度（$-17°\mathrm{C}$）近傍での散乱光強度の相関関数(a) および自己相関関数の逆 Laplace 変換より求めた緩和時間分布(b)．L は Laplace 変換を表す．
〔T. Kanaya *et al*., *Macromolecules*, **28**, 7831（1995）〕

の分布の Laplace 変換となる．

$$\phi(t) = \int_{-\infty}^{\infty} g(\ln \tau_c) \exp\left(-\frac{t}{\tau_c}\right) d(\ln \tau_c) \tag{4.4.6}$$

緩和時間の分布は，実測された自己相関関数 $\phi(t)$ の逆 Laplace 変換を行うことにより計算でき，β が小さいほど分布は広いことになる．図 4.49(a) の自己相関関数から求めた緩和時間の分布を図 4.49(b) に示す．このような広い緩和時間の分布は α 緩和の特徴である．

B. 高分子ガラス形成物質の特徴

ボソンピーク，速い緩和，α 緩和，Johari-Goldstein 緩和（遅い β 緩和）という 4 つの緩和過程については，高分子と低分子で本質的な相違はない．言い換えれば，高分子ガラス形成物質におけるガラス転移近傍での運動の遅化は，高分子鎖の 1 次元連結性よりもむしろ分子間の協同運動性が支配していると考えるべきである．しかし，高分子の 1 次元連結性によりセグメント間の協同的運動が生じることは確かであり，これが E 緩和（高温でのコンホメーション変化）として観察される．また，高温の高分子液体の粘性や運動は，絡み合い効果など高分子特有の機構が働き，低分子と大きく異なることはよく知られている．通常，高分子のセグメント運動，レプテーション運動などの緩和時間の温度依存性が Arrhenius 型でなく，VFT 式や WLF 式で記述されることも高分子特有の協同運動性の表れと考えることができる．また，高分子は側鎖や主鎖内部が多くの自由度をもつ場合がある．そのため，ガラス転移温度以下においてそれぞれの自由度に対応して副緩和が観察される．これらは，固体状態の耐衝撃性などの物性に大きく影響を与えるため，実用面でも重要な現象である．

4.4.4 ■ ガラス転移の機構

ガラス転移現象は，いまだに高分子科学や物性物理学のミステリーと言われるが，その理解は近年急激に進んでいる．ここでは，ガラス転移の機構を理解する上で重要な概念や理論についてまとめる．一般にガラス転移温度近傍における分子運動を妨げているのは，高分子鎖の 1 次元連結性よりも，セグメント間に働く分子間力であろう[注1]．その分子間力がどのように作用してガラス状態を引き起こしているかを理解

[注1] 高分子の 1 次元連結性がガラス転移に影響を及ぼしていないわけではない．事実，アタクチックポリスチレンやアタクチックポリメチルメタクリレートのガラス転移温度は分子量に対して $T_g = T_g^{M=\infty} - K/M$ の関係を示し（K は定数），1 次元連結性がガラス転移に影響を及ぼしていることがわかる．さらに，分子内の剛直性が上がり分子鎖の回転障壁が高くなると T_g は上昇することから，分子内での運動の協同性もガラス転移を決める要因になっていることは明らかであるが，低分子ガラス形成物質との類似性を考えると，ガラス転移の普遍性は分子間相互作用と考えるのが妥当であろう．

A. 自由体積理論

　粘性が下がると分子運動が活発になるため，等粘性状態をガラス転移点とする考え方もあるが，むしろガラス転移点は等粘性状態ではなく等自由体積状態であるとする考え方が主流である．このような考えを推し進めたのが，自由体積理論である．

　この理論では物質の単位質量あたりの体積（比容）は占有体積と自由体積の和であると考える（図 4.50）．

$$v = v_0 + v_f \tag{4.4.7}$$

液体の中で分子の移動が起こるためには，ある体積 v^* 以上の空隙ができ，そこへ分子が入り込む必要があると考えるが，v^* の空隙をつくるための自由体積の再配分にはエネルギーは必要ないとする．したがって，自由体積を v_f としたとき，v^* より大きな空隙ができる確率は $\exp(-\gamma v^*/v_f)$ である．ここで，γ は数値因子で，1 程度の値である．拡散係数 D は

$$D = ga^* u \exp\left(-\frac{\gamma v^*}{v_f}\right) \tag{4.4.8}$$

となる．ここで，a^* は自由体積 v^* の空隙の直径，u は分子の平均速度，g は数値係数である．Einstein の関係式より，D は粘度を η として以下の式でも与えられる．

$$D = \frac{k_B T}{3\pi a^* \eta} \tag{4.4.9}$$

両者を等価であるとおくと，

$$\eta = \frac{k_B T}{3\pi (a^*)^2 gu} \exp\left(\frac{\gamma v^*}{v_f}\right) \tag{4.4.10}$$

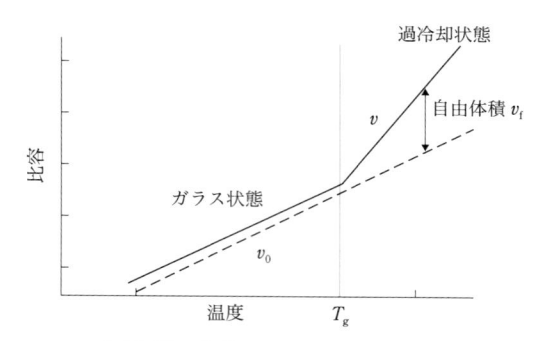

図 4.50 物質の比容と自由体積の定義

となる．これを変形すると，A と B を定数として

$$\log \eta = \log A + B \frac{v^*}{v_\mathrm{f}} \tag{4.4.11}$$

となり，Doolittle の粘度式が導かれる．ここで，自由体積の温度膨張を定数 α と β を用いて

$$v_\mathrm{f} = v_0 [\beta + \alpha(T - T_\mathrm{s})] \tag{4.4.12}$$

の形で仮定すると（T_s は基準温度），最終的に

$$\log \eta = \log A + B \frac{v^*}{v_0 [\beta + \alpha(T - T_\mathrm{s})]} \tag{4.4.13}$$

を導くことができる．これは Vogel–Fulcher–Tammann 式もしくは WLF 式と等価であり，高分子の粘性に対する移動因子（shift factor，6章参照）a_T の温度依存性にも等しい．この式により，自由体積理論の枠内でガラス転移を支配する α 緩和の巨視的な粘性の温度依存性は再現される．最近では，中性子非弾性散乱測定から求まる分子の平均二乗変位 $\langle r^2 \rangle$ により，自由体積理論に微視的な根拠が与えられている．

B. 協同運動性に関する理論

多くの実験データが示しているようにガラス転移温度より高温側からガラス転移温度近傍に近づくと，見かけの活性化エネルギーが大きくなる．これは，高温ではそれぞれの分子（高分子ではセグメント）が自由に独立に動けていたのに対して，温度が下がると系の密度が増大するために各分子は独立に動けなくなり，ある分子が動こうとするとまわりに存在する分子も協同的に運動しなければならなくなることが原因である．そのため，分子の運動に必要な活性化ネネルギーは1つの分子が独立に動ける場合に比べ，まわりの分子が同時に動かなければならない分増大する．このような状況においても，分子は熱運動をしており，また局所的な運動も起こっている．そのためガラス転移温度近傍においてはその運動は非常に不均一になると考えられている．このような考えのもと，いくつかの理論がガラス転移を記述するために提出されている．

（1）Adam–Gibbs 理論（cooperatively rearranging region の概念）

高温では分子（高分子ではセグメント）はそれぞれ自由に独立に運動していると考えられる．しかし，温度が下がりガラス転移温度に近づくと系の密度は増大し，分子がその平衡位置を変化させるような運動（あるポテンシャル極小から別の極小への運動を連想すればよい．上述した運動モードでは α 緩和に対応する）が起こるとき，いくつかの分子（高分子ではセグメント，もっと一般的には運動単位）が同時に動かなくてはならないと考えられる．この運動が起こる領域を**協同運動領域**もしくは**協同的**

再配置領域(cooperatively rearranging region, **CRR**)と呼ぶ．模式図を図4.51に示した．z^*個の運動単位が参加しているとすると，協同運動に伴う系全体のエントロピー S_{con}（配置エントロピー）は協同運動のための1粒子の配置エントロピーを s_{con}^* としたとき

$$S_{\mathrm{con}} = \frac{s_{\mathrm{con}}^* N_{\mathrm{A}}}{z^*} \tag{4.4.14}$$

と書くことができる．1粒子の運動の活性化エネルギーを $\Delta\mu$ とすると，協同運動の緩和時間（緩和速度の逆数）は次の式で与えられる．

$$\tau = \tau_0 \exp\left(\frac{s_{\mathrm{con}}^* \Delta\mu}{k_{\mathrm{B}} T S_{\mathrm{con}}}\right) \tag{4.4.15}$$

この式は式(4.4.14)を用いると，

$$\tau = \tau_0 \exp\left(\frac{z^* \Delta\mu}{N_{\mathrm{A}} k_{\mathrm{B}} T}\right) \tag{4.4.16}$$

となる．すなわち，ガラス転移温度近傍で z^* 個の運動単位が協同運動をすることによりその見かけの活性化エネルギーは z^* 倍となり，S_{con} の減少により緩和時間が急激に増大することになる．別の言い方をすれば，分子が自由に動ける液体状態に比べ，ガラス転移近傍ではその自由度が $1/z^*$ になっている．Adam–Gibbs 理論では，実測の比熱を用いることにより，協同運動をしている粒子の個数 z^* を評価することができる．ガラス化による熱容量の減少が配置エントロピー S_{con} の温度依存性によると考えると，以下の関係が成立する．

$$C_p - C_0 = T\left(\frac{\partial S_{\mathrm{con}}}{\partial T}\right) \tag{4.4.17}$$

ここで，C_p は実測の熱容量，C_0 は配置エントロピー以外の原因による熱容量である．

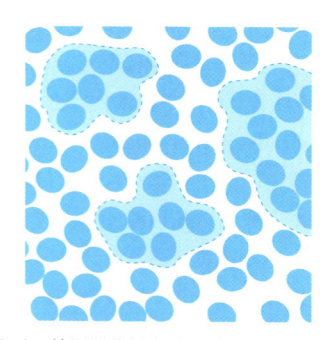

図4.51 Adam–Gibbs 理論における協同運動領域（CRR）の模式図
　　　　［G. Adam and H. H. Gibbs, *J. Chem. Phys.*, **43**, 139（1965）を基に作図］

温度 T における配置エントロピー S_{con} は液体状態のエントロピー $S_{\text{liq}}(T)$ から結晶状態のエントロピー $S_{\text{cry}}(T)$ を差し引いたもので与えられるとすると，実測の比熱を用いて，次のように書ける（図 4.52）．

$$S_{\text{con}} = S_{\text{cry}} - S_{\text{liq}}(T) = \int_{T_2}^{T} \Delta C_p(T) \mathrm{d}\ln T \tag{4.4.18}$$

ここで，T_2 は仮想的に液体と結晶のエントロピーが等しくなる温度であり，理想的には先述した Kauzmann 温度 T_{K} である．また，1 粒子あたりの配置エントロピー s_{con}^{*} は系全体の配置エントロピー S_{con} を $T \to \infty$ に外挿した $S_{\text{con}}/N_{\text{A}}$ から求められる．このような計算から評価した配置エントロピーを用いると，式(4.4.14)から協同運動をしている粒子の個数 z^{*} を求めることができる．その他，ガラス転移温度近傍での CRR のサイズもしくは相関距離を評価しようとする試みは，実験的にも分子動力学シミュレーションでも数多く行われており，だいたい 1～3 nm 程度と求められている．

(2) コンフォーマーモデル

Adam–Gibbs 理論を高分子へ拡張したのがコンフォーマーモデルである．コンフォーマー（配座異性体）は必ずしも 1 つのモノマーに対応しているのではなく，モノマーに内部自由度が高いような場合には 1/2 モノマーということもありうる．このモデルで高分子を解析するとガラス転移温度近傍で数個のコンフォーマーが協同的に運動していることがわかる．

C. エネルギーランドスケープ

水の構造の理解にエネルギーランドスケープの考えが用いられることがあるが，ガ

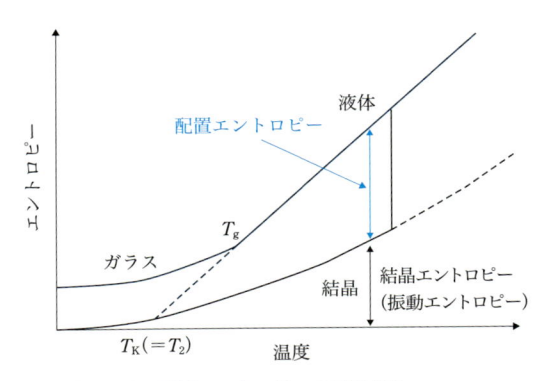

図 4.52 Adam–Gibbs 理論における配置エントロピーの計算方法
温度 T における配置エントロピー S_{con} を液体状態のエントロピー $S_{\text{liq}}(T)$ から結晶状態のエントロピー $S_{\text{cry}}(T)$ を差し引いたものとすると，実測の比熱より，$S_{\text{con}} = S_{\text{cry}}(T) - S_{\text{liq}}(T) = \int_{T_2}^{T} \Delta C_p(T) \mathrm{d}\ln T$ を用いて，配置エントロピー S_{con} が計算できる．

ラス転移現象を説明するためにもエネルギーランドスケープの概念がよく用いられる．これまで述べてきたように，ガラス転移では液体状態とほぼ同じ構造が凍結され，比熱や比容などが大きな変化を起こし，ガラス転移温度近傍での過冷却状態では，運動が非常に遅くなるなどの特徴が観測された．また，動的に見た場合には，不均一性，広い緩和時間分布や非Arrhenius性などの特異性が観察された．これらの特徴は図4.53に示すような多谷（多極小）のエネルギー曲面（エネルギーランドスケープ）を考えると理解できる．ここでの横軸は N 個の粒子からなる系では，$3N$ 個の粒子の座標で決まる一般化した配置（座標）であり，通常は1次元では表現できない．このような多谷構造を固有構造（inherent structure）と呼ぶことがある．

さて，高温の液体状態にある粒子のエネルギーの値は配置（座標）が変化してもほとんど変わらないが，温度が下がり低温になると極小が増え，安定な配置と不安定な配置が出現する．このように多くあるエネルギー極小のうち，不規則な配置をもつ1つの極小に系が閉じ込められることがガラス転移だと考える．熱力学的には，最も自由エネルギーが低い結晶状態に移ろうとするが，そのためにはいくつものエネルギーの山（極大）を越えなければならない．温度が下がると谷は深くなり，そこから抜け出すには時間がかかることになる．このモデルでは，これがガラス状態である．

極小から抜け出す運動が α 緩和に対応していると考えると，極小から抜け出す遷移確率が α 緩和の緩和時間を決め，極小を隔てる山により活性化エネルギーが決まることになる．そのため，エネルギーランドスケープの曲面がこれらの量を支配し，広い緩和時間分布やガラス転移温度近傍での急激な活性化エネルギーの増加を再現できる可能性がある．また，ガラス転移温度以下の温度で観測される速い緩和は，局所

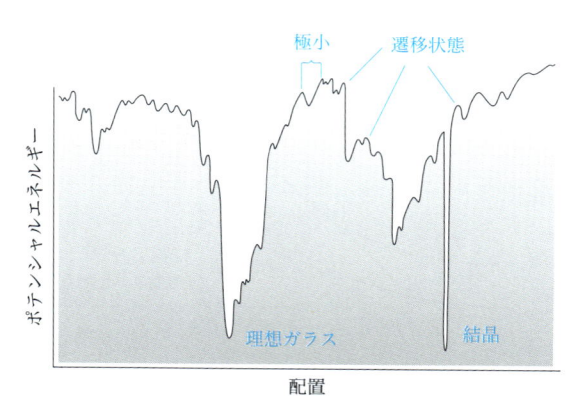

図 4.53 ガラス状態に対するエネルギーランドスケープ
[P. G. Debenedetti and F. H. Stillinger, *Nature*, **410**, 259 (2001)]

内に閉じ込められたケージ運動ととらえることができる．各温度で一定観測時間内に極小に閉じ込められた割合を計算することにより，ガラス転移温度以下における比熱の減少も計算することができる．このように，多谷エネルギーランドスケープは，ガラス転移現象を理解するのに非常に都合のよい概念である．

D. モード結合理論

臨界現象の記述に成功を収めたモード結合理論（MCT）がガラス転移に拡張された[15]．これまでの理論のように恣意的なモデルを持ち込むことなく，一般化 Langevin 方程式のような基本的運動方程式から出発するこの理論は非常に多くの注目を集めた．

この理論は一般化流体力学を基にしており，系の密度ゆらぎ $\delta\rho$ の相関関数 $\phi(q,t)$ を問題にする．図 4.54 に種々のカップリング定数 λ（温度に対応し，λ が大きいほど温度が低い）に対する波数依存性を無視した場合の $\phi(t)$ を示した．λ が小さい（温度が高い）ときには $\phi(t)$ は指数関数的に減少し，$t > \infty$ においてゼロに減衰する．しかし，$\lambda = \lambda_c$（$= 1$, 臨界温度 T_c に対応）において $\phi(t)$ は特異点をもち，$t > \infty$ においても $\phi(t)$ はゼロに減衰せず有限の値（定数）をもつ．この転移を MCT では**エルゴード‒非エルゴード転移**[注2] という．この臨界温度 T_c は熱力学的ガラス転移温度 T_g より高く，およそ $T_c = 1.2 \times T_g$ であると予想されている．その他にも，動的散乱関数 $S(q,\omega)$ に対するスケーリング則など多くの予言がなされている．

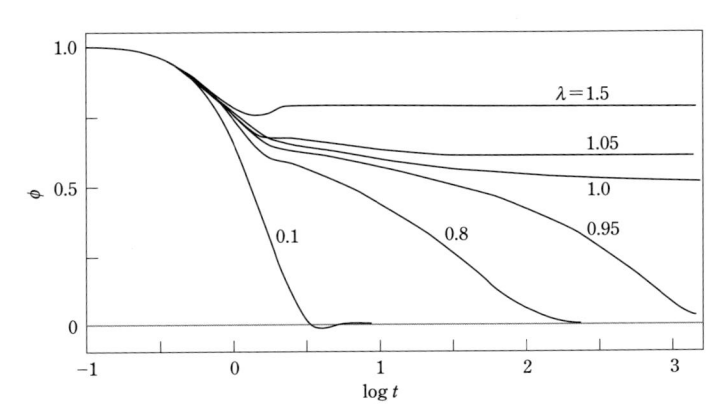

図 4.54 モード結合理論により計算された種々のカップリング定数 λ に対する密度ゆらぎの相関関数 ϕ
〔E. Leutheusser, *Phys. Rev. A*, **29**, 2765 (1984)〕

[注2] 非エルゴード性とはある物理量に対して，統計平均と長時間平均が一致しないという性質．ガラスなどのように不均一性が凍結あるいは長期間緩和しない場合に観測される．

基本的運動方程式から出発してガラス転移の問題を一応記述したMCTの意味は十分に大きい．実際に多くの実験により検証された結果，系が比較的均一な連続媒体（流体力学的描像）として扱える臨界温度 T_c（$\sim 1.2 \times T_g$）以上ではほぼ成立するが，それ以下の温度では個々の粒子のジャンプ運動が主体となりモード結合理論は成立しなくなると考えられている．

● 発展 4.1　　モード結合理論

この理論は一般化流体力学を基にしており，系の密度ゆらぎ $\delta\rho$ の相関関数 $\phi(q,t)$

$$\phi(q,t) = \frac{\langle \delta\rho^*(q,t)\delta\rho(q,0) \rangle}{\langle \delta\rho^*(q,0)\delta\rho(q,0) \rangle} \tag{E4.1.1}$$

を問題にする．単純化のため波数依存性を無視した場合，出発点となる一般化Langevin方程式は以下で与えられる．

$$\ddot{\phi} + \Gamma_0 \dot{\phi} + \Omega_0^2 \phi + 4\lambda^2 \Omega_0^2 \int_0^t H[\phi(t-s)]\dot{\phi}(s)\mathrm{d}s = 0 \tag{E4.1.2}$$

ここで，Γ_0 は減衰係数，Ω_0 はフォノンの周波数，H が記憶関数，そして λ がカップリングの強さを表す定数である．H にはいくつかの形が提出されているが，たとえば，$H = C_1\phi + C_2\phi^2$ では von Schweidler 領域（$\phi(t) \sim -Bt^b$）や伸張指数関数を導くことができる．図 4.54 に示したように，$\lambda = \lambda_c (=1)$ において $\phi(t)$ は特異点をもち，$t > \infty$ における $\phi(t)$ がゼロに減衰せず有限の値へと転移する．非線形項の大きさ，すなわちカップリングの強さを決めるパラメータ λ は系の温度や密度に依存するため，$\lambda = \lambda_c$ を与える温度を臨界温度 T_c と考えることができる．すなわち，$T > T_c$ において系はエルゴード的であるのに対し，$T < T_c$ においては非エルゴード的となる．MCTにおいてはこのエルゴード-非エルゴード転移を起こす温度 T_c を広義の意味でガラス転移温度と考える．T_c は T_g のように試料の熱履歴に依存せず，物質固有の物理量であると考えることができる．このように実験条件によらない物質固有量の予言はMCTの重要な成果の1つである．

さて，この理論に従うと動的散乱関数 $S(q,\omega)$ は次のように書くことができる．

$$S(q,\omega) = f_e(q,T)\Delta(\omega) + h(q)F(\omega) \tag{E4.1.3}$$

右辺の第 1 項が α 緩和に，第 2 項が β 緩和に対応する．α 緩和の割合を示すパラメータ $f_e(q,T)$ は非エルゴードパラメータと呼ばれ，T_c 以下の温度において凍結している，すなわち固体的になっている割合を示す．この非エルゴードパラメータの温度依存性は，$\varepsilon = (T_c - T)/T_c$ を用いて

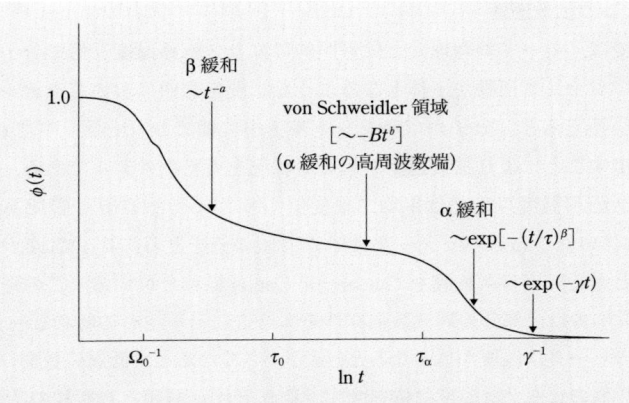

図 モード結合理論により予想される密度ゆらぎの相関関数の各領域
Ω_0 はフォノンの周波数.
[金谷利治, 梶慶輔, 固体物理, **29**, 303 (1994)]

$$f_e(q,T) = \begin{cases} f_0(q) + f(q)\sqrt{\varepsilon} + O(\varepsilon) & (T < T_c) \\ O(\varepsilon) & (T > T_c) \end{cases} \quad (E4.1.4)$$

という挙動を示すことが予想されている. β緩和は $T<T_c$ においても存在し, その特性時間は温度 T, 散乱ベクトル q に依存しないことが予想される. また速い周波数領域 (β緩和) から遅い周波数領域 (α緩和) の境界において系の感受率 χ'' は規格化された周波数 $\bar{\omega} = \omega/\omega_\varepsilon$ ($\omega_\varepsilon = \Omega_0 \varepsilon^{1/2a}$) を用いると, $\hat{\chi}'' = \chi''/C_\varepsilon$ ($C_\varepsilon = C_0 \varepsilon^{1/2}$) とスケールされ, 温度に依存しなくなる. $\hat{\chi}''$ の漸近形は

$$\hat{\chi}'' \approx A\hat{\omega}^a + B\hat{\omega}^{-b} \quad (E4.1.5)$$

となる. 指数 a, b はカップリング定数 λ と

$$\frac{\Gamma^2(1-a)}{\Gamma(1-2a)} = \frac{\Gamma^2(1+b)}{\Gamma(1+2b)} = \lambda \quad (E4.1.6)$$

という関係にある. ここで, Γ はガンマ関数である.

図のように時間の対数尺度で相関関数 $\phi(t)$ を見ると, 非常に短時間側に t^{-a} に従うβ緩和が存在し, 続いて $-Bt^b$ で減衰するいわゆる von Schweidler 領域 (これはα緩和の高周波数端と呼ばれることがある) が現れ, その後α緩和に対してよく知られた伸張指数関数 (stretched exponential function) 的衰減 ($\exp[-(t/\tau)^\beta]$) が観測されることになる. 注意すべきことは MCT で扱う時間領域は Ω_0^{-1} の 1/10〜10000 倍程度であり, よってこれよりも十分長い時間領域では T_c 以下の温度でも系がエルゴード的に見える場合が存在する.

E. トラッピング拡散理論

この理論では，モード結合理論とは対照的にガラス転移温度近傍で分子運動が非常に遅くなり，ジャンプ運動が主体となるような状況を念頭においてモデルは構築されている．言い換えると，分子がポテンシャル極小に捕まり（トラップされ），時々そこから抜け出すことにより拡散運動が起こる状況を考えたモデルである．本理論に従うと，ガラス転移温度以下では平均二乗変位 $\langle r^2 \rangle$ が $\langle r^2 \rangle \sim t^\theta (\theta < 1)$ である異常拡散となり，それ伴い非 Gauss パラメータ $A(t)$ が有限の値をとる．よって，$A(t)$ をオーダーパラメータと考え，ガラス転移を Gauss－非 Gauss 転移と称する．この理論により計算された感受率の自己部分の周波数依存性を図 4.55 に示す．2 つの緩和ピークが見られ，低周波数側のピークは温度が低くなると（v が小さくなると）低周波数側にシフトするが，高周波数側のピークは温度に依存せず，それぞれ α 緩和と β 緩和の特徴を示す．

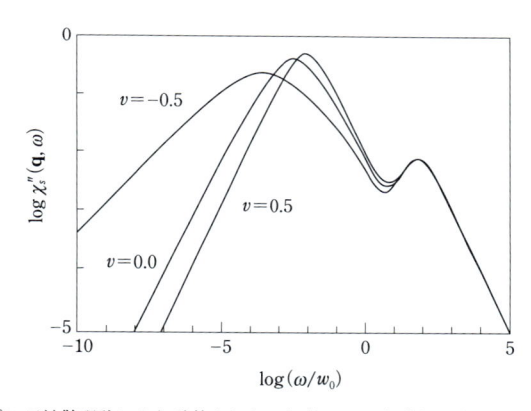

図 4.55 トラッピング拡散理論により計算された一般化された感受率の自己部分の振動数依存性 [T. Odagaki *et al.*, *Phys. Rev. E*, **49**, 3150 (1994)]

● 発展 4.2 　トラッピング拡散理論

本理論においては，速い運動を粗視化し，以下のマスター方程式から出発する．

$$\frac{\partial P(s,t|s_0,0)}{\partial t} = \sum_{s'} [w_{s'} P(s',t|s_0,0) - w_s P(s,t|s_0,0)] \quad \text{(E4.2.1)}$$

ここで，$P(s,t|s_0,0)$ は粒子が時刻 $t=0$ において s_0 に存在した粒子が時刻 t において s に見出される確率であり，和は s からジャンプできるすべての点についてとる．ジャンプ率の分布については，シミュレーション結果の解析より以下のように提案されている．

$$P(w_s) = \begin{cases} \dfrac{v+1}{w_0^{v+1}} w_s^{v} & (0 \leq w_s \leq w_0) \\ 0 & (\text{それ以外}) \end{cases} \quad \text{(E4.2.2)}$$

ここで，v は熱力学的状態に依存するパラメータである．マスター方程式をコヒーレント媒質近似を用いて解くことで，いろいろな物理量が求められている．拡散係数 D は，$v>0$ で $D \propto v/(v+1)$，$v<0$ で $D=0$ となり，$v=0$ がこのモデルのガラス転移と考えられている．また，$v<0$ で平均二乗変位 $\langle r^2 \rangle$ が $\langle r^2 \rangle \sim t^{\theta}\,(\theta<1)$ となり，異常拡散となる．非 Gauss パラメータ $A(t)$ は平均二乗変位と平均四乗変位を用いて

$$A(t) = \frac{3\langle r^4 \rangle}{5(\langle r^2 \rangle)^2} - 1 \quad \text{(E4.2.3)}$$

で定義されるが，$t=\infty$ のときの値 $A(\infty)$ は有限値をとり，この値をガラス転移のオーダーパラメータと考えることができる．そのため，本理論ではガラス転移を Gauss−非 Gauss 転移と考える．一般化された感受率の自己部分は次で与えられる．

$$\chi''_s(\mathbf{q},\omega) = \omega \operatorname{Re} \sum_s \langle \exp[i\mathbf{q}(\mathbf{s}-\mathbf{s}_0)] \tilde{P}(\mathbf{s}, i\omega | \mathbf{s}_0) \rangle_{\mathbf{s}_0} \quad \text{(E4.2.4)}$$

その振動数依存性を計算した結果が図 4.55 である．このモデルは，その後，自由エネルギーランドスケープのモデルへと発展している．

4.4.5 ■ 拘束系でのガラス転移

ガラス転移を理解するキーワードの1つは協同運動性であると考えられていることは先に述べた．高温では分子（高分子の場合にはセグメント）は独立に運動できるが，温度が下がり系の密度が増大すると各分子は独立に動けず，まわりの分子と協同して運動する．この協同して動く領域が前述のように協同運動領域（CRR）と呼ばれる．ガラス転移温度に近づくと CRR は急激に大きくなりついには系全体へと広がるため，系の流動性は失われガラス転移を迎えることになる．これが協同運動領域 CRR によるガラス転移のシナリオである．では，系のサイズが CRR よりも小さいとどのようなことが起こるであろうか．CRR は系のサイズを超えて大きくなることができないため，分子が協同して運動する領域は CRR よりも，系のサイズにより決まることになり，ガラス転移温度は拘束系ではより低温側にシフトすることが予想される（表4.3）．もし，この予想が正しければ，理論の助けをまったく借りることなく CRR のサイズを評価できることになる．このような動機から多くの拘束系でガラス転移を評価する実験が行われた．

表 4.3 協同運動領域（CRR）における温度変化と系のサイズの関係
系のサイズが小さいと CRR はそれ以上大きくなれない．

温度	$T \gg T_g$	$T > T_g$	$T = T_g$
バルク	分子は独立に運動する	分子は CRR 内で協同的に運動する	CRR が成長し，系全体に広がりガラス転移を迎える
拘束系	分子は独立に運動する	分子は CRR 内で協同的に運動する	CRR は系のサイズの制限のため大きくなることができず，ガラス転移温度は低下する

A. 高分子薄膜のガラス転移

　高分子薄膜は代表的な 2 次元拘束系であり，スピンコート法により比較的簡単に試料を作製でき，また表面摩擦，表面改質，塗装や電子部品のコーティング材料としてなど実用的な重要性が高いこともあり多くの実験がなされた．エリプソメトリーによる膜厚測定，AFM による表面粘弾性の測定，X 線や中性子反射率による膜厚測定，非弾性中性子散乱や誘電分散によるダイナミクス測定，Brillouin 散乱による音速測定，ミクロ DSC による熱量測定など実にさまざまな手法が利用された．シリコン基板上のポリスチレン（PS）薄膜についてのガラス転移温度 T_g の膜厚依存性について種々のデータをまとめた結果を図 4.56 に示す．膜厚が 20〜30 nm より薄くなると，膜厚の減少に従い T_g が低下することがわかる．初期には，この結果は系のサイズが CRR よりも小さいためにより起こる T_g の減少として議論されたこともあったが，シリコン基板上のポリメチルメタクリレート（PMMA）では，膜厚の減少により T_g が増大したことから，系のサイズ効果よりも，基板との相互作用の方が，T_g に対してより大きな影響を与えていることが明らかとなった．ポリスチレンにおいては基板との相互作用が弱く，また表面に運動性の高い層が存在し，膜厚が減少すると表面層の相対的な割合が増大するため，T_g の低下が起こると解釈された．実際，基板との界面をもたず両面が表面である自己支持性フィルム（free standing film）では，非常に大き

4.4 ガラス転移

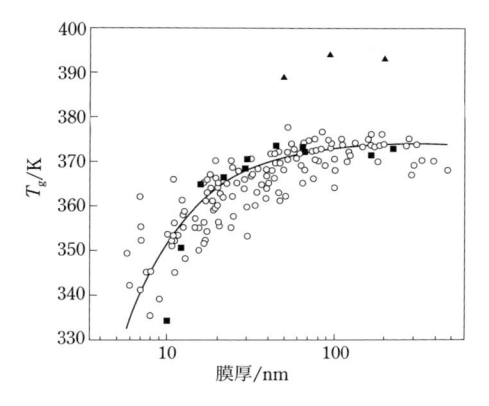

図 4.56 シリコン基板上のポリスチレン（PS）薄膜のガラス転移温度 T_g の膜厚依存性
[S. Kawana and R. A. L. Joes, *Phys. Rev. E*, **63**, 021501 (2001)]

な T_g の低下が観察された．また T_g の低下に加え，熱膨張係数の異常も報告された．初期には T_g 以下のガラス状態で温度を上げると膜厚が減少するという負の熱膨張係数が報告されたが，十分に構造を緩和させると負の熱膨張係数は観察されなくなり，一方で膜厚低下による熱膨張係数の減少が明らかに観察された．この現象は基板との界面に非常に硬い（動きにくい）層が存在するためと解釈されている．

T_g や熱膨張係数の膜厚依存性の結果は，明らかに高分子薄膜が膜厚方向に不均一な構造をもつことを示唆するものである．少なくとも，表面の動きやすい柔らかい層，中間のバルク的な層，基板との界面の動きにくい硬い層は容易に予想できる．また，この薄膜の不均一性は非弾性中性子散乱における平均二乗変位 $\langle r^2 \rangle$ の減少や非 Gauss パラメータの膜厚依存性からも示唆された．この不均一性，言い換えるとガラス転移温度の膜厚内での分布は中性子反射率測定より直接示されている．

中性子散乱では化学的にはほぼ同じ性質をもつ重水素（D）と軽水素（H）を区別することができる．この特徴を利用して，図 4.57(a)に示すような重水素化ポリスチレン薄膜と軽水素化ポリスチレン薄膜の交互積層薄膜を準備して中性子反射率測定を行い，各層の厚みを温度の関数として評価した．各層の厚さの温度依存性を図 4.57(b)に示したが，各層いずれも膜厚の温度依存性（熱膨張係数）がある温度で変化しているのがわかる．これが各層のガラス転移温度である．表面層でガラス転移温度が低い．基板界面の層では，熱膨張係数がほぼゼロであり非常に硬く，さらに測定温度範囲ではガラス転移温度が観測されず，それ以上の温度に T_g は存在すると考えられる．このように評価されたガラス転移温度 T_g を図 4.57(c)に示すが，ガラス転移温度の膜内

285

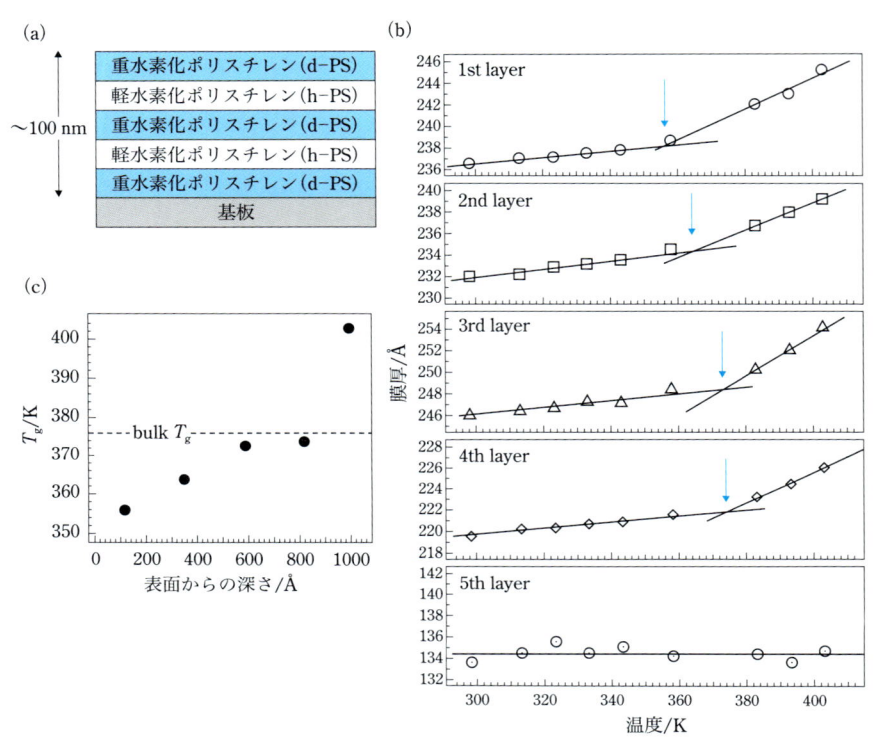

図 4.57 重水素化ポリスチレン薄膜と軽水素化ポリスチレン薄膜の 5 層交互積層薄膜の模式図(a), 中性子反射率測定より評価した 5 層積層薄膜の各層の厚さの温度依存性(1 層が表面層, 5 層が基板界面層)(b), およびガラス転移温度 T_g の薄膜内での分布(c)
[R. Inoue *et al.*, *Phys. Rev. E*, **83**, 21801 (2011)]

での分布が一目でわかり,その不均一構造が明らかとなった.

B. 細孔内でのガラス転移

　細孔内でのガラス形成物質のダイナミクスの測定も誘電分散,熱測定や非弾性中性子散乱を用いてなされている.2.5 nm から 7.5 nm までの細孔をもつガラス(MCM-41)に導入したポリ(メチルフェニルシロキサン)の α 緩和の緩和時間の温度依存性を図 4.58 に示す.バルク試料ではその温度依存性は見かけの活性化エネルギーが温度の低下により増大する VFT 型でよく記述できるが,細孔試料になると活性化エネルギーが温度に依存しない Arrhenius 型に変化した.また各セグメントが独立に運動できると考えられる高温側での緩和時間(緩和周波数の逆数)は細孔サイズが小さくなるほど遅くなった.この結果は,次のように解釈できる.すなわち,この系で

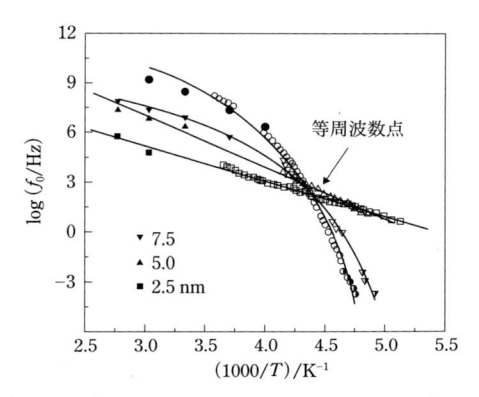

図 4.58 細孔ガラス（MCM-41）中のポリ(メチルフェニルシロキサン)の α 緩和の特性周波数（緩和時間の逆数）の温度依存性
[A. Schönhals *et al.*, *Eur. Phys. J. ST*, **141**, 255 (2007)]

は基本的に細孔によるサイズ効果と界面効果の両方が現れていて，細孔系では協同運動領域（CRR）が細孔サイズの制限のために増大できず運動の協同性が大きくならないため，活性化エネルギーの増大が起こらない．しかし，高温側では常にまわりに硬い壁が存在し，運動の自由度が制限されるためその緩和時間は遅くなる（運動が制限される）．結果として，ある周波数（もしくはある温度）で緩和時間がほぼ同じとなる．これを等周波数点と呼ぶ．

前節で述べたようにポリスチレン薄膜のガラス転移温度は膜厚が減少すると低下する．しかし，高周波数での測定によりガラス転移温度の膜厚依存性を評価すると，膜厚減少に伴いガラス転移温度は上昇するという驚く結果が得られている．これは，細孔系で観察された等周波数点の上下の周波数でガラス転移温度を評価したためと考えられている．すなわち，等周波数点より高周波数側では膜厚（細孔サイズ）が減少するとガラス転移温度は上昇するが，反対に等周波数点より低周波数側ではガラス転移温度は減少することになる．

文献

高分子の結晶構造と結晶化に関して
1) 高分子学会 編,分子機能材料シリーズ 3：高分子物性の基礎,共立出版（1993）
2) 田所宏行,高分子の構造,化学同人（1976）
3) B. Wunderlich, *Macromolecular Physics,* Academic Press, New York（1976）
4) D. C. Bassett, *Principle of Polymer Morphology,* Cambridge University Press, Cambridge（1980）
5) 文部科学省大学共同利用機関メディア教育開発センター制作,工学系基礎教材 CD-ROM「ポリマーサイエンス―高分子構造・高分子物性」（2002）内,戸田昭彦,高分子の結晶化
6) L. Mandelkern, *Crystallization of Polymers, Vol.1&2, 2nd Ed.*, Cambridge University Press, Cambridge（2002, 2004）
7) G. Strobl, *The Physics of Polymers, Concepts for Understanding Their Structures and Behavior, 3rd Ed.*, Berlin, Springer（2007）；深尾浩次,宮本嘉久,田口 健,中村健二 訳,高分子の物理 改訂新版―構造と物性を理解するために,シュプリンガー・ジャパン（2010）
8) K. Kaji, K. Nishida, T. Kanaya, G. Matsuba, T. Konishi, and M. Imai, *Adv. Polym. Sci.,* **191**, 187-240（2005）
9) A. Keller and J. W. H. Kolnaar（H. E. H. Meijer ed.）,"Flow-Induced Orientation and Structure Formation, Processing of Polymers", *Processing of Polymers*, Materials Science and Technology, Vol. 18, VCH, New York（1997）, pp. 189-268

高分子ガラスの構造とガラス転移に関して
10) P. A. Egelstaff, *An Introduction to the Liquid State*, Academic Press, London and New York（1967）；廣池和夫,守田 徹 訳,液体論入門（物理学選書）,吉岡書店（1971）
11) 関 集三,菅 宏（日本化学会 編）,化学総説 5：非平衡状態と緩和過程,東京大学出版会（1974）, pp. 225-256
12) 斎藤信彦,高分子物理学（物理学選書）,裳華房（1976）
13) 金谷利治,梶 慶輔,固体物理,**29**, 303-313（1994）
14) T. Kanaya and K. Kaji, *Adv. Polym. Sci.*, **154**, 88-141（2001）
15) 川崎恭治,日本物理学会誌,**38**, 869-877（1993）
16) 樋渡保秋,宮川博夫,小田垣 孝,日本物理学会誌,**46**, 90-97（1991）

拘束系のガラス転移に関して
17) T. Kanaya ed., *Glass Transition, Dynamics and Heterogeneity of Polymer Thin Films*, Advances in Polymer Science, Springer, Berlin（2012）
18) M. Alcoutlabi and G. B. McKenna, *J. Phys.: Condens. Matter*, **17**, R461-R524（2005）

第5章　ネットワークの構造と性質

「ひも」という特殊な形をもつ物質である高分子は，他の低分子や金属，セラミックスとは異なるその形状に由来する物性を示す．その典型的な例が，高分子の形態による**エントロピー弾性**である．すなわち，高分子の両端を引っ張ると高分子の形態の自由度が減るためにエントロピーが減少する．熱力学第2法則によれば，孤立系ではエントロピーが増大する方向に状態は移行するため，高分子の両端を引き戻そうとする力が働く．このような高分子の微小なスケールでのエントロピー弾性が最も顕著に巨視的に現れるのが，高分子がネットワーク構造をとった場合である．高分子ネットワークにより形成される低 Young 率・高伸長性弾性体はゴムやゲルと呼ばれており，産業や社会に大きく貢献していることは言うまでもない．ゴムやゲルは，他の材料にはない柔らかさをもち，大きく変形してももとの形状に戻る可逆性を示すことから，タイヤやコンタクトレンズをはじめとして，身の回りのさまざまな用途で盛んに利用されている．

本章ではまず，高分子ネットワークを理解する上で必要となる基本的な概念と理論について説明する．具体的には，高分子ネットワークの弾性，ゲルの膨潤と収縮，そしてゾル－ゲル転移などを扱う．その後，高分子ネットワークの具体例とその特徴的な機能を紹介する．

5.1 ■ 架橋構造

高分子ネットワークは，ゴムとゲルに大きく分類できる．ゲルは，ネットワークの中に50%以上の低分子を含んだ材料であり，ゴムの弾性的な性質に加えて膨潤や収縮を示すという点が特徴である．高分子がネットワークをつくる場合には，「ひも」である高分子同士が何らかの形で結合している必要がある．これを**架橋**と呼ぶ．架橋には，共有結合のように比較的強固な結合と，水素結合や疎水性相互作用のような非共有結合性の比較的弱い結合が存在し，前者を化学架橋，後者を物理架橋と呼んでいる（図5.1）．高分子の絡み合いのように，「ひも」という幾何学的な構造に由来する一時的な結合も，物理架橋の一種とみなすことがある．

第 5 章　ネットワークの構造と性質

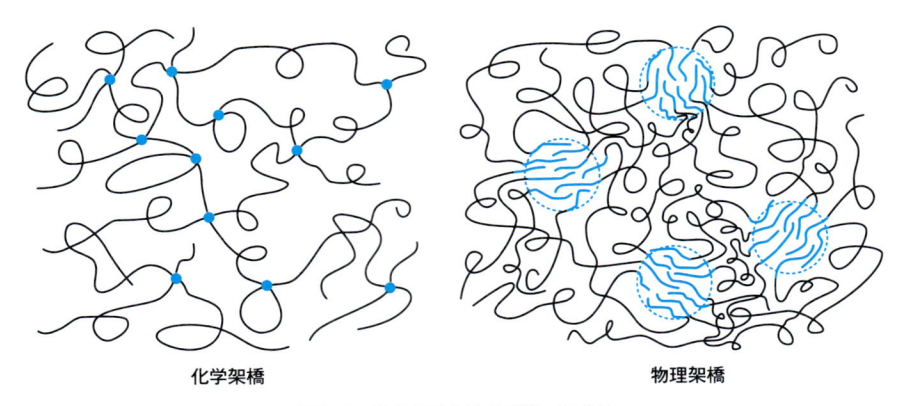

図 5.1　化学架橋と物理架橋の模式図

　化学架橋は，1839 年の Goodyear の研究に端を発すると言われている．Goodyear は，パラゴムノキの樹液と硫黄を混ぜて熱を加えると，温度によって弾性力があまり変化しない，いわゆる加硫ゴムができることを見出した．ずっと後になって，この現象は，硫黄がパラゴムノキの樹液の主成分であるポリ(cis−1,4−イソプレン）の二重結合と反応し，高分子を架橋した結果であることが明らかになった．また 1907 年には，Baekeland がフェノールとホルムアルデヒドを反応させてフェノール樹脂，いわゆるベークライトを発明した．ベークライトは完全に人工的な合成樹脂であり，プラスチック時代の幕開けをもたらした架橋高分子である．ちなみに，高分子の概念が Staudinger によって確立されたのは 1930 年代であり，架橋がそれより古いことは注目に値する．化学架橋は，安定したネットワーク構造を形成する代わりに，一般に不可逆であり，一度形成されると変化せず，破壊されるともとに戻らない．したがって，架橋が全体に及んだ材料は完全な固体となり，固体−液体転移，すなわち融点を示さない．

　これに対して物理架橋は自然にも存在する架橋構造であり，温度変化だけを駆動力として形成される場合もある．比較的壊れやすいが，破壊されても再生するという特徴がある．ゼリーを作る際のゾル−ゲル転移は，物理架橋のこのような性質を利用している．化学架橋とは異なり，結合エネルギーが比較的弱い物理架橋において特に重要なのが，架橋の構造形成と破壊のタイムスケールである．材料の変形の速度が十分に遅い場合には，架橋構造がその間に常に破壊と再生を繰り返しているため，材料は物理架橋されているにもかかわらず液体のようにふるまう．逆に速い刺激に対しては，架橋構造が壊れないために，化学架橋と同様に固体となる．すなわち，6 章で詳しく

● コラム　　天然ゴム

　高分子ネットワークの代表は言うまでもなくゴムである．本文中で述べたように，ゴムはパラゴムノキから採取されたゴムの樹液（天然ゴム）を硫黄で架橋した材料である．パラゴムノキと言えば，東南アジアのプランテーションをイメージする読者が多いのではないだろうか．確かに現在では，マレーシア，インドネシア，タイなどが天然ゴムの主要な産出国になっている．しかし実は，ゴムの原産は東南アジアではなく，ブラジルのアマゾン川流域であったことはあまり知られていない．詳しくは他書に譲るが，パラゴムノキを「発見」したのは，コロンブスとも言われている．酸素の発見者であるイギリスの科学者 Joseph Priestley は，天然ゴムが鉛筆の文字を消す材料（いわゆる消しゴム）として最適であることを見出した．このため天然ゴムは，こする（rub）ものという意味でラバー（rubber）と呼ばれることになった．

　この天然ゴムの価値がきわめて重要なものとなったのは，本文中で述べた 1839 年の Goodyear の大発見による．これによってタイヤが誕生し，自動車，自転車，オートバイなど地面を自由に移動する乗り物がすべてタイヤを利用することになったために，パラゴムノキはきわめて重要な天然資源に突然変化した．パラゴムノキの新たな価値に気づいたブラジルは，当然のこととしてパラゴムノキの海外流出を禁じた．これに対してイギリスは，1800 年代後半に，自国の植民地でパラゴムノキを大量に栽培するために，密かに種子を持ち出し，インドや東南アジアでの栽培を試みた．これが現在のプランテーションに発展したのである．

　タイヤが乗り物にとって必須な材料であることから，天然ゴムは民生用だけでなく軍事物資としても重要であり，アメリカやドイツなどプランテーションを持たない国では，天然ゴムに代わる合成ゴムの開発に国策として大いに力を注いだ．その結果，1930 年代にドイツでスチレン・ブタジエンゴムが開発され，現在もタイヤなどに盛んに使用されている．ただし合成ゴムが開発されたことで天然ゴムが必要なくなったかというと，そんなことはない．現在も飛行機のタイヤなどでは天然ゴムが盛んに利用されており，ゴムのうちの約半分は天然ゴムが使われている．これは天然ゴムでないと出せない特性，たとえば合成ゴムを凌駕する引裂強度などのためであり，その理由についてはいまだ十分に解明されていない．その結果，天然ゴムは穀物に次いで世界中で最も大きな取引が現在でも盛んに行われている農作物となっている．

解説する**粘弾性**という特徴を顕著に示す．また材料を大きく変形した際には，ネットワーク構造が一度壊れて別のネットワークとして再生することから，複雑な非線形力学挙動あるいは流動性が見られる．このことから，特に結合エネルギーが弱い物理架

橋体を「弱い物理ゲル」と呼び，架橋点の結合エネルギーが比較的強く化学架橋に近い物理ゲル（強い物理ゲル）と区別することもある．チクソトロピーやダイラタンシーなど，弱い物理ゲルが示すさまざまな非線形力学挙動や粘弾性・レオロジー特性は，架橋構造の形成・破壊・再生と密接な関連がある．以上のことから推察できるように，一般に物理架橋は化学架橋に比べて，複雑で多彩な力学挙動やレオロジー特性を示す．

● コラム　非ニュートン流体としての物理ゲル

架橋が弱くもろい物理ゲルは，外からの力が加わることで容易に架橋の破壊あるいは再生が起こるために複雑な力学挙動を示す．この際，架橋点の形成エネルギー（非共有結合的相互作用）の強さと，架橋点の破壊・再生のタイムスケールが，材料の物性に支配的な役割を果たすことが知られている．通常の単純な液体では，ずり速度とずり応力は比例し，その比例係数である粘度は一定となる．これをニュートン流体と呼んでいる．これに対して多くの物理ゲルは，外力（ずり応力）と架橋の強さ・速さの違いによって粘度が大きく変化することから，非ニュートン流体となる．ずり応力によって構造が壊れ粘度が下がる現象はチクソトロピー，逆に構造が形成されて粘度が増加する現象はダイラタンシーと呼ばれている．

チクソトロピーは，たとえば塗料などに利用されている．塗料を壁に塗る場合には，粘度が低いサラサラな溶液の方が塗りやすいが，そのままでは垂れてしまう．しかしこの溶液にチクソトロピーの性質があれば，塗った直後の静置された状態では粘度が高いので，乾燥するまで垂れることがなく，きれいに塗ることができる．もちろん，粘度が高いままでは塗りにくいので，かき回して粘度を低下させることが重要であり，まさにチクソトロピーが身近で役に立っている好例となっている．

もう1つの典型的な非ニュートン粘性であるダイラタンシーも，身近でよく見られる現象である．例として，クリームやとろろ汁などは，激しくかき回すことで粘度が増していく．これは，ずり応力によって空気や水分などが混入し，微粒子が構造を形成して大きさを増すことで粘度が増加したためである．

非ニュートン粘性は高分子材料だけの性質ではないが，もともと構成要素のサイズが大きく複雑な相互作用を有する高分子材料で顕著に現れ，しかもその制御が自由自在にできるので，現在も盛んに研究されている．

5.2 ■ 高分子ネットワークの弾性
5.2.1 ■ アフィンネットワークモデル

　一般に弾性には，エンタルピー弾性（エネルギー弾性）とエントロピー弾性の2種類が存在する．結晶や金属などの場合にはエンタルピー弾性が支配的なのに対して，高分子材料の場合にはエントロピー弾性の寄与がきわめて大きい．たとえば高分子を化学架橋したゴムの場合には，全弾性の実に80%以上がエントロピー弾性によるものであると言われている．高分子材料のエントロピー弾性は，そのほとんどが1章で述べた高分子の形態エントロピーによるものである．特に高分子が架橋された場合には，架橋点間の高分子鎖，すなわちネットワーク鎖（network strand）の形態エントロピーが，材料全体の弾性を支配する．架橋された高分子ネットワークのエントロピー弾性を記述する最も簡単なモデルが，以下で述べるKuhnとMarkによるアフィンネットワークモデルである．このモデルでは，ネットワーク鎖の変形が，材料全体の変形と相似になること（アフィン変形）を仮定している．

　図5.2のように，外力のないときに各辺の長さが L_{x0}, L_{y0}, L_{z0} である直方体を考える．いま，この直方体に外から応力が働いた結果，それぞれの辺の長さが x, y, z 方向に $\lambda_x, \lambda_y, \lambda_z$ だけ変形したとする．それを式で表すと，

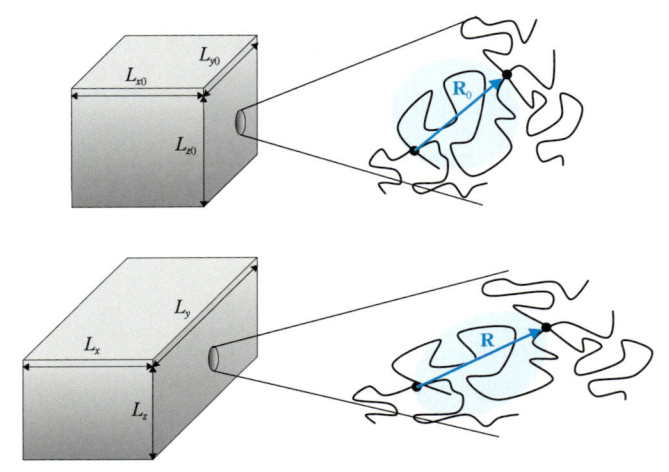

図5.2 アフィンネットワークモデル
材料全体の変形に比例してネットワーク鎖も変形する．

$$L_x = \lambda_x L_{x0}, \ L_y = \lambda_y L_{y0}, \ L_z = \lambda_z L_{z0} \tag{5.2.1}$$

となる．体積変化が無視できる場合には，

$$\lambda_x \lambda_y \lambda_z = 1 \tag{5.2.2}$$

となる．ここでアフィン変形を仮定すると，ネットワーク鎖も x, y, z 方向に $\lambda_x, \lambda_y, \lambda_z$ だけ変形することになる．したがって，変形前の架橋点間の高分子鎖の末端間ベクトルを $\mathbf{R}_0 = (R_{x0}, R_{y0}, R_{z0})$ とすると，変形後は

$$\mathbf{R} = (R_x, R_y, R_z) = (\lambda_x R_{x0}, \lambda_y R_{y0}, \lambda_z R_{z0}) \tag{5.2.3}$$

となる．詳細な計算は発展 5.1 で述べるが，変形前後の材料全体のエントロピー変化は

$$\Delta S = S(\mathbf{R}) - S(\mathbf{R}_0) = -\frac{n_{\mathrm{cp}} k_{\mathrm{B}}}{2}(\lambda_x^2 + \lambda_y^2 + \lambda_z^2 - 3) \tag{5.2.4}$$

で与えられる．ここで，n_{cp} は材料中の架橋点間の高分子鎖（ネットワーク鎖）の総数，k_{B} は Boltzmann 定数を表す．ゴムの場合にはエンタルピーの寄与は小さいのでこれを無視すれば，材料全体の変形前後での自由エネルギー変化は次のように与えられる．

$$\Delta F = \frac{n_{\mathrm{cp}} k_{\mathrm{B}} T}{2}(\lambda_x^2 + \lambda_y^2 + \lambda_z^2 - 3) \tag{5.2.5}$$

いま体積一定で，x 方向へ λ だけ一軸伸長をした場合を考えよう．このとき，

$$\lambda_x = \lambda, \ \lambda_y = \lambda_z = \frac{1}{\sqrt{\lambda}} \tag{5.2.6}$$

となるので，自由エネルギー変化は次のように与えられる．

$$\Delta F = \frac{n_{\mathrm{cp}} k_{\mathrm{B}} T}{2}\left(\lambda^2 + \frac{2}{\lambda} - 3\right) \tag{5.2.7}$$

したがって，x 方向に働く力 f_x は

$$f_x = \frac{\partial(\Delta F)}{\partial L_x} = \frac{1}{L_{x0}}\frac{\partial(\Delta F)}{\partial \lambda} = \frac{n_{\mathrm{cp}} k_{\mathrm{B}} T}{L_{x0}}\left(\lambda - \frac{1}{\lambda^2}\right) \tag{5.2.8}$$

となる．この力を断面積で割ると x 方向の垂直応力

$$\sigma_{\mathrm{true}} = \frac{f_x}{L_y L_z} = \frac{n_{\mathrm{cp}} k_{\mathrm{B}} T}{L_{x0} L_{y0} L_{z0}}\left(\lambda^2 - \frac{1}{\lambda}\right) = \frac{n_{\mathrm{cp}} k_{\mathrm{B}} T}{V}\left(\lambda^2 - \frac{1}{\lambda}\right) \tag{5.2.9}$$

● 発展 5.1　式(5.2.4)の導出

長さ b_S のセグメントが N 個つながった高分子鎖の末端間ベクトルが $\mathbf{R} = (R_x, R_y, R_z)$ で表されるときのエントロピーは，次のように与えられる（1章発展 1.5 参照）．

$$S(\mathbf{R}) = -\frac{3}{2}k_B \frac{\mathbf{R}^2}{Nb_S^2} + S(0) = -\frac{3}{2}k_B \frac{R_x^2 + R_y^2 + R_z^2}{Nb_S^2} \tag{E5.1.1}$$

したがって，1本の高分子鎖が $\mathbf{R}_0 = (R_{x0}, R_{y0}, R_{z0})$ から $\mathbf{R} = (R_x, R_y, R_z) = (\lambda_x R_{x0}, \lambda_y R_{y0}, \lambda_z R_{z0})$ に変形した際のエントロピー変化は

$$\Delta S_i = S_i(\mathbf{R}) - S_i(\mathbf{R}_0) = -\frac{3k_B}{2Nb_S^2}\left[(\lambda_x^2 - 1)R_{x0}^2 + (\lambda_y^2 - 1)R_{y0}^2 + (\lambda_z^2 - 1)R_{z0}^2\right] \tag{E5.1.2}$$

となる．これを材料内で両末端が架橋されているあらゆる高分子鎖（ネットワーク鎖）について足し合わせると，材料全体のエントロピー変化 ΔS が得られる．変形前は等方的な Gauss 分布になっていると考えると，

$$\langle \mathbf{R}^2 \rangle = \langle R_{x0}^2 \rangle + \langle R_{y0}^2 \rangle + \langle R_{z0}^2 \rangle = Nb_S^2 \tag{E5.1.3}$$

より

$$\langle R_{x0}^2 \rangle = \langle R_{y0}^2 \rangle = \langle R_{z0}^2 \rangle = \frac{Nb_S^2}{3} \tag{E5.1.4}$$

が得られる．したがって，材料全体のエントロピー変化は

$$\Delta S = S(\mathbf{R}) - S(\mathbf{R}_0) = -\frac{n_{cp}k_B}{2}(\lambda_x^2 + \lambda_y^2 + \lambda_z^2 - 3) \tag{E5.1.5}$$

となり，式(5.2.4)が導ける．ただし，n_{cp} は材料中のネットワーク鎖の本数を表す．

が得られる．ここで，V は材料の体積である．この σ_{true} を真応力（true stress）という．しかし，変形する材料について変化する断面積を正確に測定するのは難しいので，実際には，変形前の断面積で割った公称応力（nominal stress あるいは engineering stress）

$$\sigma_{nom} = \frac{f_x}{L_{y0}L_{z0}} = \frac{n_{cp}k_B T}{V}\left(\lambda - \frac{1}{\lambda^2}\right) \tag{5.2.10}$$

が使われることが多いので注意を要する．式(5.2.9)，式(5.2.10)の係数部分はずり弾性率（剛性率）G であり，次の式が成り立つ．

$$G = \frac{n_{\text{cp}} k_{\text{B}} T}{V} = \nu k_{\text{B}} T = \frac{\rho RT}{M_{\text{net}}} \tag{5.2.11}$$

ここで，$\nu = n_{\text{cp}}/V$ は単位体積あたりのネットワーク鎖の数，ρ は材料の密度[注1]，M_{net} はネットワーク鎖の数平均分子量，R は気体定数である．材料を一軸伸長した際の，歪みに対する応力の初期勾配を Young 率と呼び，E で表す．式(5.2.9)から明らかなように，

$$E = \left.\frac{\partial \sigma_{\text{true}}}{\partial \lambda}\right|_{\lambda=1} = 3\nu k_{\text{B}} T = 3G \tag{5.2.12}$$

となる（公称応力の場合も同じである）．また，式(5.2.9)〜(5.2.11)より次の関係が導かれる．

$$G = \frac{\sigma_{\text{true}}}{\lambda^2 - 1/\lambda} = \frac{\sigma_{\text{nom}}}{\lambda - 1/\lambda^2} \tag{5.2.13}$$

式(5.2.11)はきわめて重要である．一般にネットワーク鎖の本数は架橋点の数に比例して増加するので，高分子ネットワークの弾性率は架橋密度に比例する．実際にこの式を用いて，弾性率から架橋密度を見積もることも多い．また，弾性率がネットワーク鎖の数に比例し，その長さによらず1本あたり $k_{\text{B}} T$ の寄与を及ぼしていることも注目に値する．高分子や液晶などはソフトマターあるいはソフトマテリアルと呼ばれているが，その共通の特徴として，構成単位のサイズ a が大きいにもかかわらず，弾性率への寄与が $k_{\text{B}} T$ 程度しかないため，体積弾性率 $K \sim k_{\text{B}} T/a^3$ が著しく小さくなり，材料が柔らかいことがあげられる．高分子ネットワークもその特徴をよく表している．アフィンネットワークモデルは高分子ネットワークを記述する分子論的モデルとしては最も基本的なモデルであり，5.2.3項で述べるファントムネットワークモデルなど，もっと複雑なさまざまなモデルが提案されている．その場合でも，式(5.2.13)の関係はそのまま成立している場合が多い．

ゴムなどの一軸応力伸長特性を測定すると，図5.3のように1.5倍以下の低伸長領域では式(5.2.9)あるいは式(5.2.10)から与えられる曲線とよく一致するが，それ以上の中間的な領域では実験結果は下にずれ，さらに6倍以上の高伸長領域では上に大きく外れることがよく知られている．中間領域のずれは，6章で詳しく解説する絡み合い効果などが原因と考えられており，高伸長領域のずれは，5.2.4項で説明する高分

[注1] ゲルのように低分子を含む材料の場合には，高分子部分のみの密度となることに注意．

5.2 高分子ネットワークの弾性

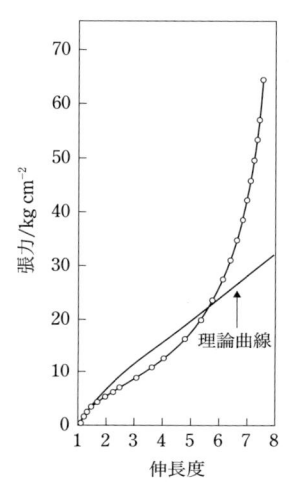

図 5.3 アフィンネットワークモデルと実験結果（加硫ゴムの一軸伸長）の比較
［L. R. G. Treloar, *Trans. Faraday Soc.*, **40**, 59（1944）を改変］

子の伸びきり効果によるものであることがわかっている．その結果，化学架橋された高分子ネットワークの一軸応力伸長曲線は，低分子の有無にあまり関係なく，ゴムとゲルで共通に S 字型のカーブを描く．逆に言えば，S 字型の一軸応力伸長特性は，架橋構造が強固で壊れにくい化学架橋性高分子ネットワークの特徴にもなっている．

次項でも述べるように，高分子ネットワークの力学応答を考えるとき，このような分子論的解釈以外に，マクロな立場での現象論的な解析というアプローチもよく用いられるので，簡単に紹介しておこう．各方向の歪み $\lambda_x, \lambda_y, \lambda_z$ から，次のような座標系によらない不変量を定義する．

$$I_1 = \lambda_x^2 + \lambda_y^2 + \lambda_z^2 \tag{5.2.14}$$

$$I_2 = \lambda_x^2\lambda_y^2 + \lambda_y^2\lambda_z^2 + \lambda_z^2\lambda_x^2 \tag{5.2.15}$$

$$I_3 = \lambda_x^2\lambda_y^2\lambda_z^2 \tag{5.2.16}$$

I_1, I_2, I_3 はそれぞれ，歪みの総量，異なる軸方向の歪み間の相関，体積の変化を表す．特に体積を一定（$I_3 = 1$）とすると，材料の体積あたりの歪み自由エネルギー F/V は，次のような歪み不変量の展開形式で書ける．

$$\frac{F}{V} = \sum_{i,j=0}^{\infty} C_{ij}(I_1-3)^i(I_2-3)^j \tag{5.2.17}$$

したがって，

$$\frac{F}{V} = C_0 + C_1(I_1-3) + C_2(I_2-3) + \sum_{i,j=1}^{\infty} C_{ij}(I_1-3)^i(I_2-3)^j \qquad (5.2.18)$$

が得られる．この式で，C_1 以外の係数がすべてゼロとなる材料は**ネオフッキアン固体**（neo-Hookean solid）と呼ばれ，分子間相互作用を無視した理想気体と同様に，理想弾性体とみなすことができる．形式的には式(5.2.5)と一致しており，$C_1 = G/2$ であることがわかる．しかし通常の弾性体では，異なる軸方向の歪み間の相関が無視できないため，少なくとも C_2 の影響を考慮する必要がある．C_1 と C_2 以外の係数がすべてゼロの場合には，式(5.2.18)は **Mooney–Rivlin の式**と呼ばれ，高分子弾性体の力学特性の解析にしばしば用いられている．ただし実際のゴムの場合には，式(5.2.18)の第4項も無視できず，これよりもさらに複雑な挙動を示す場合が多い．

ここで先ほどと同様に，一軸伸長の場合を考える．式(5.2.6)を式(5.2.14)，(5.2.15)に代入すると，

$$I_1 = \lambda^2 + \frac{2}{\lambda}, \ I_2 = 2\lambda + \frac{1}{\lambda^2} \qquad (5.2.19)$$

となるので，Mooney–Rivlin の式の右辺は，次のように与えられる．

$$\frac{F}{V} = C_1\left(\lambda^2 + \frac{2}{\lambda} - 3\right) + C_2\left(2\lambda + \frac{1}{\lambda^2} - 3\right) \qquad (5.2.20)$$

この式より，Mooney–Rivlin の式に従う弾性体の真応力，公称応力は

$$\frac{\sigma_{\text{true}}}{\lambda^2 - 1/\lambda} = \frac{\sigma_{\text{nom}}}{\lambda - 1/\lambda^2} = 2C_1 + \frac{2C_2}{\lambda} \qquad (5.2.21)$$

となる．$\sigma_{\text{nom}}/(\lambda - 1/\lambda^2)$ を $1/\lambda$ に対してプロットしたグラフを Mooney–Rivlin プロットと呼ぶ．$C_2 = 0$ であればネオフッキアン固体となり，$\sigma_{\text{nom}}/(\lambda - 1/\lambda^2)$ は一定の値となるが，多くのゴムでは，$C_2 > 0$ となり右肩上がりの直線となる．これは，伸長とともにゴムが柔らかくなることを意味しており，絡み合いの部分がほどける効果によるものであると考えられている．

絡み合い効果については6章で詳しく述べるのでここではふれないが，高分子ネットワークにおいても絡み合い効果は上記のように重要な影響を及ぼす．特に，式(5.2.11)のところで弾性率が架橋密度に比例すると述べたが，この架橋密度には，化学架橋だけではなく，高分子の絡み合いなどの物理架橋の寄与も含まれることが実験的にわかっている．

5.2.2 ■ 高分子ネットワークの弾性に関する熱力学的考察

高分子ネットワークの弾性について熱力学的な観点から考えてみよう．材料に張力 f を印加して，長さが L から $L+dL$ に微小変化した場合，内部エネルギーの変化は熱力学第1法則（エネルギー保存則）より，次のように書ける．

$$dU = TdS - PdV + fdL \tag{5.2.22}$$

ここで，左辺は内部エネルギー，右辺第1項は熱エネルギー，第2項以降は仕事を表す．いま，温度と圧力が一定の下では体積変化がない（$dV=0$）とすると，式(5.2.22)から

$$f = \left(\frac{\partial U}{\partial L}\right)_{P,T} - T\left(\frac{\partial S}{\partial L}\right)_{P,T} \tag{5.2.23}$$

が得られる．一方，Gibbsエネルギーは，微分形式で

$$dG = -SdT + VdP + fdL \tag{5.2.24}$$

と書ける．一定圧力の下では

$$dG = \left(\frac{\partial G}{\partial T}\right)_{P,L} dT + \left(\frac{\partial G}{\partial L}\right)_{P,T} dL \tag{5.2.25}$$

であるので，

$$S = -\left(\frac{\partial G}{\partial T}\right)_{P,L},\quad f = \left(\frac{\partial G}{\partial L}\right)_{P,T} \tag{5.2.26}$$

となることがわかる．これより，エントロピー S と張力 f の間のMaxwellの関係

$$\left(\frac{\partial^2 G}{\partial T \partial L}\right)_P = -\left(\frac{\partial S}{\partial L}\right)_{P,T} = \left(\frac{\partial f}{\partial T}\right)_{P,L} \tag{5.2.27}$$

が得られる．これを式(5.2.23)に代入すれば，

$$f = \left(\frac{\partial U}{\partial L}\right)_{P,T} + T\left(\frac{\partial f}{\partial T}\right)_{P,L} \tag{5.2.28}$$

と書ける．式(5.2.23)およびこの式は，材料の弾性には2つの要因があることを示している．右辺第1項は内部エネルギーによる寄与を表すのでエンタルピー弾性（エネルギー弾性），第2項はエントロピーによる寄与を表すのでエントロピー弾性である．エントロピー弾性は温度に比例するという点が，エンタルピー弾性との大きな違いになっている．

この2つの寄与の大きさは材料によって大きく異なる．5.2節の冒頭で述べたように，金属やセラミックスなどでは，ほとんどがエンタルピー弾性であるのに対して，

天然ゴム，ポリブタジエン，ポリジメチルシロキサンなどでは全弾性の 80％ 以上がエントロピー弾性になっている．また，エラスチンなどの弾性を示す生体線維の場合にも 75％ はエントロピー弾性であることがわかっている．ちなみに，ポリエチレンの場合には，第 1 項の寄与は室温で負になる．これは，温度上昇に伴って伸びきったトランス状態からゴーシュ状態への転移が起こり，その際に高分子鎖の末端間距離が短くなるためである．

高分子におけるエントロピー弾性の発見の歴史は 19 世紀はじめにまで遡る．1805 年に，Gough は一定の力がかかったゴムを熱すると温度上昇とともにゴムが縮むこと，すなわち弾性力が強くなることを見出した．この熱弾性効果はその後 Joule によって詳しく調べられ，今日では **Gough–Joule 効果** として知られている．Gough–Joule 効果は，ゴムの張力の温度依存性が正であることを示している．一定の圧力の下でのゴムのエントロピー変化は，次の式で与えられる．

$$dS = \left(\frac{\partial S}{\partial T}\right)_{P,L} dT + \left(\frac{\partial S}{\partial L}\right)_{P,T} dL \tag{5.2.29}$$

第 1 項は定圧比熱

$$C_P = T\left(\frac{\partial S}{\partial T}\right)_{P,L} \tag{5.2.30}$$

と関連づけられるので，式 (5.2.29) の第 2 項に式 (5.2.27) を代入すれば，

$$dS = \frac{C_P}{T} dT - \left(\frac{\partial f}{\partial T}\right)_{P,L} dL \tag{5.2.31}$$

が得られる．ここで熱の出入りのない断熱過程（$Q = TdS = 0$）を考えると，

$$\left(\frac{\partial T}{\partial L}\right)_S = \frac{T}{C_P}\left(\frac{\partial f}{\partial T}\right)_{P,L} \tag{5.2.32}$$

が得られる．この式から，もしゴムの張力の温度依存性が正の場合には，断熱過程でゴムを引っ張ると温度が上昇することがわかる．

実際にゴムの張力の温度依存性を測定すると，伸長度が 10％ 程度以上の伸長領域では張力の温度依存性は正になるが，それ以下では逆に負になる．これは，**熱弾性的反転** と呼ばれる現象である．ゴムに一定の張力が働いて伸びている状態で温度を上げると，エントロピー弾性によってゴムは縮もうとするが，それと同時に熱膨張によって若干の伸びを示す．この 2 つの効果の大小によって，張力の温度依存性は正または負となる．低伸長領域では熱膨張の効果の方がより強いため，結果として張力の温度依存性が負になる．これを熱力学の観点から解釈してみよう．

前項で述べたように，材料を x 方向に伸長したとして，そのときの張力を f_x，長さを L，伸長度を $\lambda_x = L/L_0$ とする（L_0 は伸長前の長さ）．いま，長さ L を一定に保ちつつ，温度を変化させたときに f_x がどのように変化するかを考える．f_x の全微分は

$$df_x = \left(\frac{\partial f_x}{\partial T}\right)_{P,\lambda_x} dT + \left(\frac{\partial f_x}{\partial P}\right)_{T,\lambda_x} dP + \left(\frac{\partial f_x}{\partial \lambda_x}\right)_{T,P} d\lambda_x \tag{5.2.33}$$

で与えられる．圧力と長さは一定なので，両辺を温度で微分すると，

$$\left(\frac{\partial f_x}{\partial T}\right)_{P,L} = \left(\frac{\partial f_x}{\partial T}\right)_{P,\lambda_x} + \left(\frac{\partial f_x}{\partial \lambda_x}\right)_{T,P} \left(\frac{\partial \lambda_x}{\partial T}\right)_{P,L} \tag{5.2.34}$$

が得られる．左辺は，材料の長さ L を一定に保ったときの張力 f_x の温度依存性を示している．右辺の偏微分は，式 (5.2.8) よりそれぞれ

$$\left(\frac{\partial f_x}{\partial T}\right)_{P,\lambda_x} = \frac{n_{\text{cp}} k_B}{L_{x0}} \left(\lambda_x - \frac{1}{\lambda_x^2}\right) = \frac{f_x}{T} \tag{5.2.35}$$

$$\left(\frac{\partial f_x}{\partial \lambda_x}\right)_{T,P} = \frac{n_{\text{cp}} k_B T}{L_{x0}} \left(1 + \frac{2}{\lambda_x^3}\right) = \frac{1 + 2/\lambda_x^3}{\lambda_x - 1/\lambda_x^2} f_x \tag{5.2.36}$$

と書ける．また，体積（熱）膨張率 α_V は

$$\alpha_V = \frac{1}{V_0} \left(\frac{\partial V_0}{\partial T}\right)_P = \left(\frac{\partial \ln L_0^3}{\partial T}\right)_P = \frac{3}{L_0} \left(\frac{\partial L_0}{\partial T}\right)_P \tag{5.2.37}$$

で定義されるので，

$$\left(\frac{\partial \lambda_x}{\partial T}\right)_{P,L} = \left(\frac{\partial (L/L_0)}{\partial T}\right)_{P,L} = -\frac{L}{L_0^2} \left(\frac{\partial L_0}{\partial T}\right)_{P,L} = -\frac{1}{3} \frac{L}{L_0} \alpha_V = -\frac{1}{3} \lambda_x \alpha_V \tag{5.2.38}$$

が得られる．式 (5.2.35)，(5.2.36)，(5.2.38) を式 (5.2.34) に代入すれば，

$$\left(\frac{\partial f_x}{\partial T}\right)_{P,L} = \frac{f_x}{T} - \frac{1 + 2/\lambda_x^3}{3(\lambda_x - 1/\lambda_x^2)} f_x \lambda_x \alpha_V \tag{5.2.39}$$

という関係が導かれる．これがゼロになるところで熱弾性的反転が起こるので，実際にゼロとすると，

$$\lambda_x = \left(\frac{3 + 2T\alpha_V}{3 - T\alpha_V}\right)^{1/3} \approx 1 + \frac{T\alpha_V}{3} \tag{5.2.40}$$

が得られる．ゴム材料の体積膨張率 α_V は，$\alpha_V = 0.5 \sim 1 \times 10^{-3}\,\text{K}^{-1}$ 程度であるので，5〜10%程度伸びたところで熱弾性的反転が起こることがわかる．また，λ_x がそれより小さい場合には，張力の温度依存性が負，逆に大きい場合には正になることも式 (5.2.39) から理解できる．

5.2.3 ■ ファントムネットワークモデル

アフィンネットワークモデルでは，すべての高分子鎖が材料全体の変形と相似に変形することを仮定していた．もし架橋点がそれぞれある平均的な位置に固定されている場合にはこのような仮定は成り立つが，実際には架橋点の位置は材料の中でゆらいでいると考えられており，架橋点のゆらぎを考慮したモデルが必要になる．ここでは，このようなモデルとして代表的なファントムネットワークモデルを紹介する．ちなみに，実際の架橋点のゆらぎは，溶媒の有無や絡み合いの程度などによって大きく異なるため，一概にファントムネットワークモデルの方がアフィンネットワークモデルより実験結果によく当てはまるとは言えない．

ファントムネットワークモデルでは，材料表面の高分子鎖の結合点のみが，アフィンネットワークモデルと同様に材料全体と相似に変形し，材料内部の架橋点は自由に動けると仮定する．もちろんネットワーク全体はつながっているので，材料表面の変形の影響が材料内部にも及ぶことになる．材料表面の影響がどの程度内部まで浸透するかが，このモデルの重要なポイントになっており，平均場近似を用いて次のように計算する．なお平均場近似は，5.4 節で述べるゲル化点の見積もりにおいても用いられている．

まず，長さ b_S のセグメントが N 個つながった高分子鎖の片方が材料表面の $\mathbf{r}_0$ に固定されているとする．このとき，他端が $\mathbf{r}$ の位置に存在する確率 $p(\mathbf{r})$ は

$$p(\mathbf{r}) \propto \exp\left[-\frac{3(\mathbf{r}-\mathbf{r}_0)^2}{2Nb_\mathrm{S}^2}\right] \tag{5.2.41}$$

で与えられる．もし同じような高分子鎖が n 本存在し，i 番目の高分子鎖の片方の端がそれぞれ材料表面の $\mathbf{r}_i$ の位置に固定されており，他端がすべて 1 点で結合している場合には，結合点が $\mathbf{r}$ の位置に存在する確率 $p(\mathbf{r},n)$ は次のようになる．

$$p(\mathbf{r},n)=\prod_i^n p_i(\mathbf{r}) \propto \prod_i^n \exp\left[-\frac{3(\mathbf{r}-\mathbf{r}_i)^2}{2Nb_\mathrm{S}^2}\right] = \exp\left[-\frac{3}{2Nb_\mathrm{S}^2}\sum_{i=1}^n(\mathbf{r}-\mathbf{r}_i)^2\right] \tag{5.2.42}$$

材料表面の固定点の平均位置を $\langle\mathbf{r}_0\rangle = \frac{1}{n}\sum_{i=1}^n \mathbf{r}_i$ とし，結合点が材料表面から十分離れている（$|\mathbf{r}-\langle\mathbf{r}_0\rangle| \gg |\mathbf{r}_i-\langle\mathbf{r}_0\rangle|$）とすると，上式の和の部分は

$$\sum_{i=1}^n(\mathbf{r}-\mathbf{r}_i)^2 \approx n(\mathbf{r}-\langle\mathbf{r}_0\rangle)^2 \tag{5.2.43}$$

と近似できる．したがって，$p(\mathbf{r},n)$ は

$$p(\mathbf{r},n) \propto \exp\left[-\frac{3(\mathbf{r}-\langle\mathbf{r}_0\rangle)^2}{2(N/n)b_S^2}\right] \tag{5.2.44}$$

となる．これを式(5.2.41)と比較すると，片方の端が表面に固定された n 本の高分子鎖の末端が1点で結合した場合のその結合点の運動性は，セグメント数が N/n 個の1本の高分子鎖の運動性と一致することがわかる．すなわち図5.4のように，<u>多数の高分子鎖が結合することで運動性が低下する効果は，1本の高分子鎖の長さが短くなってその端点の運動性が低下することと等価である</u>．

次に，高分子鎖が以下のようなネットワークを形成している場合を考える．表面近傍のある架橋点につながっている高分子鎖の本数（分岐数）を f とし，高分子鎖のセグメント数をすべて N に固定する．表面近傍では，架橋点Aから伸びた $f-1$ 本の高分子鎖がすべて表面に固定されており，架橋点Aからは1本の高分子鎖が材料内部に向かって伸びているとする．次に，このような内部に伸びた高分子鎖が $f-1$ 本結合して，架橋点Aよりも材料内部に存在する架橋点Bを形成し，架橋点Bからは1本の高分子鎖が材料内部に向かってさらに伸びていると考える．これを繰り返すことで，分岐数 f の高分子ネットワークが形成される．

続いて架橋点のゆらぎについて考える．架橋点Aには表面に固定された $f-1$ 本の高分子鎖がつながっているので，架橋点Aのゆらぎの大きさは，$N/(f-1)$ 個のセグメントから構成される1本の高分子鎖が表面と架橋点Aを結んでいる場合と同じになっている（図5.4参照）．このとき，架橋点Bには，

$$N + \frac{N}{f-1} = N\left(1 + \frac{1}{f-1}\right) \tag{5.2.45}$$

個のセグメントからなる（表面に固定された仮想的な）高分子鎖が $f-1$ 本つながっていることになる．したがって，架橋点Bのゆらぎの大きさは

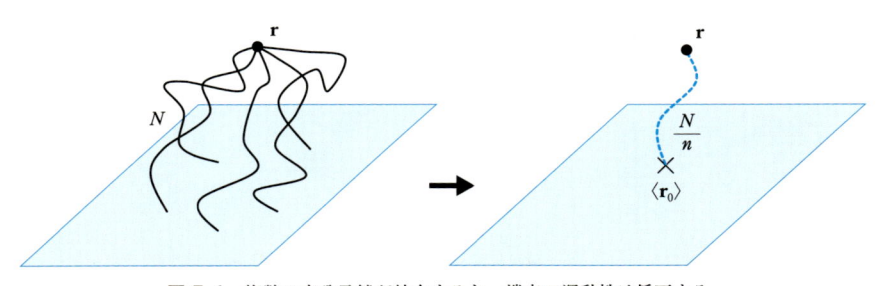

図 5.4 複数の高分子鎖が結合すると，端点の運動性は低下する．

$$\frac{N}{f-1}\left(1+\frac{1}{f-1}\right) = N\left[\frac{1}{f-1}+\frac{1}{(f-1)^2}\right] \tag{5.2.46}$$

個のセグメントから構成される 1 本の高分子鎖が表面と架橋点 B を結んでいる場合と等価になっている．これを繰り返すと，材料の十分内部にある架橋点のゆらぎは

$$N\left[\frac{1}{f-1}+\frac{1}{(f-1)^2}+\frac{1}{(f-1)^3}+\cdots\right] = \frac{N}{f-2} \tag{5.2.47}$$

個のセグメントから構成される 1 本の仮想的な高分子鎖が表面と架橋点を結んでいる場合と同じになる．

したがって，材料の十分内部にあるセグメント数 N のネットワーク鎖の両端は，$N/(f-2)$ 個のセグメント数を有する仮想的な高分子鎖を通じて表面とつながっていることになる（図 5.5）．すなわち，表面間をつなぐ高分子鎖のセグメント数は，合計で

$$N + 2\frac{N}{f-2} = \frac{Nf}{f-2} \tag{5.2.48}$$

となる．ファントムネットワークモデルでは，表面の結合点は材料の変形と相似に変形するとして，アフィンネットワークモデルと同様に考えることができる．その結果，この架橋点間高分子の変形前後でのエントロピー変化への寄与は，発展 5.1 の式 (E5.1.2) 中の N の代わりに $Nf/(f-2)$ を代入することにより，

$$\Delta S = -\frac{3k_{\mathrm{B}}}{2Nb_{\mathrm{S}}^2}\left(1-\frac{2}{f}\right)\left[(\lambda_x^2-1)R_{x0}^2+(\lambda_y^2-1)R_{y0}^2+(\lambda_z^2-1)R_{z0}^2\right] \tag{5.2.49}$$

で与えられる．すなわち，アフィンネットワークモデルで架橋点のゆらぎを無視した場合に比べて，ファントムネットワークモデルでは架橋点のゆらぎを考慮することで，

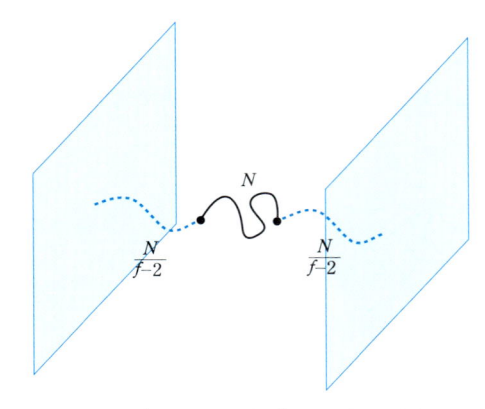

図 5.5 十分内部のネットワーク鎖（セグメント数 N）の両端は，仮想的な高分子鎖（セグメント数 $N/(f-2)$）で表面と接続している．

エントロピー変化が$(1-2/f)$倍に減少する．したがって弾性率や応力の伸長度依存性についても，すべて$(1-2/f)$倍に減少することになる．たとえば，ずり弾性率については

$$G = \nu\left(1 - \frac{2}{f}\right)k_\mathrm{B}T \tag{5.2.50}$$

となる．

分岐数fは，単に高分子を架橋した場合には$f=4$となるので，弾性率はアフィンネットワークモデルの半分程度になると考えてよい．前述したように，どちらのモデルがより実験結果と一致するかは，架橋点のゆらぎが実際にはどの程度あるかによって大きく変わってくる．たとえば絡み合いなどによって，架橋点のゆらぎが抑制されることも報告されている．ちなみに絡み合いがネットワーク内に存在すると，絡み合いは簡単にほどけないので，架橋点と同様に弾性率に寄与することが知られている．また実際のネットワークでは，ダングリング鎖と呼ばれる片方の端が自由な高分子鎖や，ループになっている高分子鎖も存在するので，これらの寄与も考えておく必要がある．

5.2.4 ■ 伸びきり効果

1章1.4.1項B.では自由連結鎖モデルを用いて，高分子の末端間距離がGauss分布に従うことを学んだ．ただしこれは，末端間距離が高分子の全長に比べて十分に短い（高分子が十分に丸まった形態をとる）場合にのみ成立し，もっと長くなり全長に近づく（伸びた形態をとる）とGauss分布から大きく外れることが知られている．これを高分子の伸びきり効果と呼ぶ．高分子ネットワークの場合には，伸びきり効果が応力伸長特性などの力学物性に顕著に現れることから，高分子ネットワークの力学物性を理解する上で伸びきり効果は特に重要である．

セグメント数Nの自由連結鎖の末端間ベクトルを**R**とする．自由連結鎖の場合には，各セグメントの方向は完全にランダムなので，末端間ベクトルとセグメントのなす角をθとすると，角度がθとなる確率は

$$p(\theta)\mathrm{d}\theta = \frac{1}{2}\sin\theta\,\mathrm{d}\theta \tag{5.2.51}$$

で与えられる．もしN個のセグメント中のN_i個のセグメントが同じ角度θ_iをとるとすると，自由連結鎖全体の場合の数Wは

$$W = \prod_i [p(\theta_i)\mathrm{d}\theta_i]^{N_i} \frac{N!}{\prod_i N_i!} \tag{5.2.52}$$

となる．この W について，拘束条件

$$N = \sum_i N_i \tag{5.2.53}$$

$$R = b_\mathrm{S} \sum_i N_i \cos\theta_i \tag{5.2.54}$$

の下で，エントロピー $S = k_\mathrm{B} \ln W$ が最大となる N_i の分布を求めればよい（b_S はセグメント長）．伸びきり効果の本質はこの拘束条件にある．Stirling の公式と拘束条件より，エントロピーは次のように書ける．

$$S = k_\mathrm{B} \ln W \approx k_\mathrm{B} \sum_i N_i \ln\left[\frac{N}{N_i} p(\theta_i)\mathrm{d}\theta_i\right] \tag{5.2.55}$$

ここで $N_i \to Nn(\theta)\mathrm{d}\theta$ と連続化することを考える．$n(\theta)$ は角度 θ を向いたセグメント数の分布関数を表す．このとき自由エネルギーはエンタルピーの項を無視すると，

$$\frac{1}{k_\mathrm{B} TN} F[n] = \int_0^\pi n(\theta) \ln\frac{n(\theta)}{p(\theta)} \mathrm{d}\theta \tag{5.2.56}$$

となり，拘束条件も以下のように書き換えられる．

$$I[n] = \int_0^\pi n(\theta)\mathrm{d}\theta = 1 \tag{5.2.57}$$

$$J[n] = \int_0^\pi n(\theta)\cos\theta\mathrm{d}\theta = \alpha \tag{5.2.58}$$

ここで，$J[n] = \alpha$ は末端間距離 R に対応しており，$\alpha = R/Nb_\mathrm{S}$ である．以上の式はすべて，$n(\theta)$ の汎関数になっていることに注意する．詳細な計算については発展 5.2 で述べるが，伸びきり効果を考慮した場合の張力 f_t は

$$f_\mathrm{t} = \frac{\partial F}{\partial R} = \frac{k_\mathrm{B} T}{b_\mathrm{S}} \mathcal{L}^{-1}\left(\frac{R}{Nb_\mathrm{S}}\right) \tag{5.2.59}$$

または

$$R = Nb_\mathrm{S} \mathcal{L}\left(\frac{b_\mathrm{S} f_\mathrm{t}}{k_\mathrm{B} T}\right) \tag{5.2.60}$$

で与えられる．ここで，

$$\mathcal{L}(x) = \coth x - \frac{1}{x} \tag{5.2.61}$$

は Langevin 関数と呼ばれる関数である．

● 発展 5.2　伸びきり効果を考慮した場合の張力

式(5.2.56)〜(5.2.58)のような拘束条件がある場合の極小値を求める問題は，変分問題としての解法が一般に知られている．未定乗数 β, γ を導入した汎関数

$$T[n] = \int_0^\pi t(\theta) \mathrm{d}\theta = \frac{1}{k_\mathrm{B} TN} F[n] - \beta I[n] - \gamma J[n] = \int_0^\pi n(\theta) \left[\ln \frac{n(\theta)}{p(\theta)} - \beta - \gamma \cos\theta \right] \mathrm{d}\theta \tag{E5.2.1}$$

を考えると，これは拘束がない場合の変分問題に対応する．したがって，極値を求めるには，対応する微分形式である次の Euler–Lagrange 方程式を解けばよい．

$$0 = \frac{\partial t}{\partial n} = \ln \frac{n(\theta)}{p(\theta)} - \beta - \gamma \cos\theta + 1 \tag{E5.2.2}$$

この式から

$$n(\theta) = p(\theta) \exp(\beta + \gamma \cos\theta - 1) \tag{E5.2.3}$$

が得られ，これを式(5.2.56)に代入すると，

$$\frac{1}{k_\mathrm{B} TN} F[n] = \int_0^\pi n(\theta) \ln \frac{n(\theta)}{p(\theta)} \mathrm{d}\theta = \beta - 1 + \alpha\gamma \tag{E5.2.4}$$

となる．自由エネルギーを求める段階では，自由連結鎖の条件 $p(\theta) = 1/2 \sin\theta$ を使っていないことに注意する．次に，この条件を使って具体的に未定乗数を決める．

式(5.2.51)と式(E5.2.3)を式(5.2.57)，(5.2.58)に代入すると，

$$I = \frac{\mathrm{e}^{\beta-1}}{2} \int_0^\pi \mathrm{e}^{\gamma\cos\theta} \sin\theta \, \mathrm{d}\theta = 1 \tag{E5.2.5}$$

$$J = \frac{\mathrm{e}^{\beta-1}}{2} \int_0^\pi \mathrm{e}^{\gamma\cos\theta} \sin\theta \cos\theta \, \mathrm{d}\theta = \frac{\mathrm{d}I}{\mathrm{d}\gamma} = \alpha \tag{E5.2.6}$$

となる．この積分は簡単に実行できて，

$$I = \frac{\mathrm{e}^{\beta-1}(\mathrm{e}^\gamma - \mathrm{e}^{-\gamma})}{2\gamma} = \frac{\mathrm{e}^{\beta-1}}{\gamma} \sinh\gamma = 1 \tag{E5.2.7}$$

$$J = \frac{\mathrm{e}^{\beta-1}}{\gamma^2} (\gamma \cosh\gamma - \sinh\gamma) = \alpha \tag{E5.2.8}$$

が得られる．上の I と J の比をとると，α が γ の Langevin 関数で表現できることがわかる．

$$\mathcal{L}(\gamma) = \coth\gamma - \frac{1}{\gamma} = \alpha \tag{E5.2.9}$$

したがって，

$$\gamma = \mathcal{L}^{-1}(\alpha) = \mathcal{L}^{-1}\left(\frac{R}{Nb_\mathrm{S}}\right) \tag{E5.2.10}$$

となる．また，

$$\beta - 1 = -\ln\frac{\sinh\gamma}{\gamma} \equiv -\mathcal{M}(\gamma) = -\mathcal{M}\left(\mathcal{L}^{-1}\left(\frac{R}{Nb_\mathrm{S}}\right)\right) \tag{E5.2.11}$$

という関係が得られる．式(E5.2.4)，(E5.2.11)より張力 f_t は

$$f_\mathrm{t} = \frac{\partial F}{\partial R} = \frac{k_\mathrm{B}T}{b_\mathrm{S}}\left[\frac{\partial \beta}{\partial \alpha} + \alpha\frac{\partial \gamma}{\partial \alpha} + \gamma\right] = \frac{k_\mathrm{B}T}{b_\mathrm{S}}\left[\left(\frac{\partial \beta}{\partial \gamma} + \alpha\right)\frac{\partial \gamma}{\partial \alpha} + \gamma\right] = \frac{k_\mathrm{B}T}{b_\mathrm{S}}\gamma \tag{E5.2.12}$$

で与えられ，式(5.2.59)と一致する．すなわち，γ は張力を表しており，伸びきり鎖の張力と末端間距離の関係は，よく知られているように式(E5.2.9)のようなLangevin関数で表されることがわかる．

以上より，角度 θ の分布関数と自由エネルギーはそれぞれ以下のように与えられる．

$$n(\theta) = \frac{1}{2}\sin\theta\exp\left[\mathcal{L}^{-1}\left(\frac{R}{Nb_\mathrm{S}}\right)\cos\theta - \mathcal{M}\left(\mathcal{L}^{-1}\left(\frac{R}{Nb_\mathrm{S}}\right)\right)\right] \tag{E5.2.13}$$

$$F = k_\mathrm{B}TN\left[\frac{R}{Nb_\mathrm{S}}\mathcal{L}^{-1}\left(\frac{R}{Nb_\mathrm{S}}\right) - \mathcal{M}\left(\mathcal{L}^{-1}\left(\frac{R}{Nb_\mathrm{S}}\right)\right)\right] \tag{E5.2.14}$$

したがって，伸びきり鎖の状態数および規格化係数も考慮した確率分布関数は，それぞれ以下のようになる．

$$W = \exp\left(-\frac{F}{k_\mathrm{B}T}\right) = \exp\left[-\frac{R}{b_\mathrm{S}}\mathcal{L}^{-1}\left(\frac{R}{Nb_\mathrm{S}}\right) + N\mathcal{M}\left(\mathcal{L}^{-1}\left(\frac{R}{Nb_\mathrm{S}}\right)\right)\right] \tag{E5.2.15}$$

$$P(R,N) = \frac{1}{4\pi b_\mathrm{S}^3 N^3 I_2(N)}\exp\left[-\frac{R}{b_\mathrm{S}}\mathcal{L}^{-1}\left(\frac{R}{Nb_\mathrm{S}}\right) + N\mathcal{M}\left(\mathcal{L}^{-1}\left(\frac{R}{Nb_\mathrm{S}}\right)\right)\right] \tag{E5.2.16}$$

ただし，

$$I_2(N) = \int_0^1\left(\frac{R}{Nb_\mathrm{S}}\right)^2\exp\left[-\frac{R}{b_\mathrm{S}}\mathcal{L}^{-1}\left(\frac{R}{Nb_\mathrm{S}}\right) + N\mathcal{M}\left(\mathcal{L}^{-1}\left(\frac{R}{Nb_\mathrm{S}}\right)\right)\right]\mathrm{d}\left(\frac{R}{Nb_\mathrm{S}}\right) \tag{E5.2.17}$$

である．また規格化係数まで考慮すると，自由エネルギーは次のように書ける．

$$F(R,N) = k_\mathrm{B}T\left[\frac{R}{b_\mathrm{S}}\mathcal{L}^{-1}\left(\frac{R}{Nb_\mathrm{S}}\right) - N\mathcal{M}\left(\mathcal{L}^{-1}\left(\frac{R}{Nb_\mathrm{S}}\right)\right) + 3\ln N + \ln I_2(N)\right] + \mathrm{const} \tag{E5.2.18}$$

5.3 ■ ゲル

　高分子ゲルは，高分子がネットワークを形成して低分子（以下では溶媒とする）を含んだ材料であり，図 5.6 のように温度・溶媒種・イオン環境の変化に応じた膨潤収縮挙動を示す．ゲルの膨潤を記述する理論は，まず Flory と Rhener によって与えられ，溶媒種や温度によってゲルが膨潤あるいは収縮する現象が理論的に説明された．その後田中らは，特に高分子にイオン性官能基を導入した場合に膨潤収縮挙動が不連続になること，すなわち体積を秩序変数としたとき 1 次相転移（**体積相転移**）が生じることを実験・理論両面から明らかにした．体積にして 1000 倍以上も変化する相転移は，他の材料では見られない特異な現象であることから，多くの研究者の注目を集め，体積相転移の発見を 1 つの契機として高分子科学の分野ではゲルの研究が盛んになり現在に至っている．本節では，まず初めに Flory-Rhener 理論を紹介し，次に，田中によるゲルの体積相転移理論を解説する．

5.3.1 ■ ゲルの膨潤と収縮

　Flory と Rhener は，2 章で解説した Flory-Huggins 理論にゲル特有のゴム弾性の項を加えることにより，ゲルの膨潤収縮を記述する理論を提唱した[10]．まずはじめに，**Flory-Huggins 理論**を簡単に復習する．Flory と Huggins は，高分子と溶媒の混合の自由エネルギー ΔF_{mix} を計算する際に，エンタルピーについては通常の 2 成分混合の問題として扱い，エントロピーの計算にのみ高分子の結合性を考慮して状態数を数え

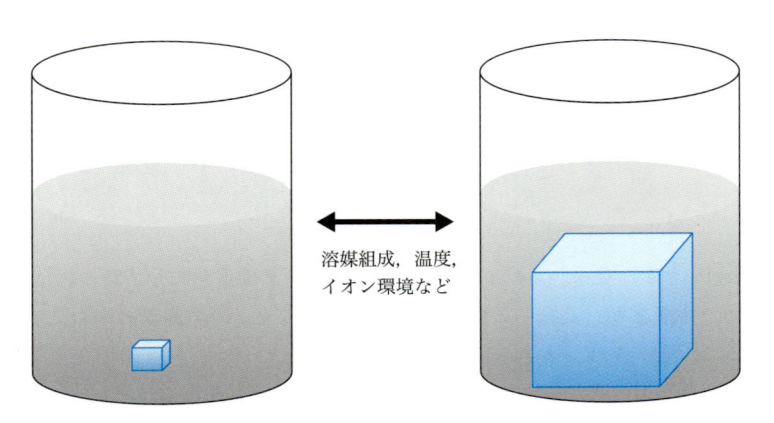

図 5.6 ゲルの体積変化．特にイオン性ゲルなどの場合には体積相転移を示す．

上げることにより，次のような式を導いた．

$$\Delta F_{\mathrm{mix}}(\Omega,\phi) = \Omega k_{\mathrm{B}} T \Delta f_{\mathrm{mix}}(\phi) \tag{5.3.1}$$

ここで，Ω は Flory–Huggins モデルにおける系全体の格子数，$\phi = n/\Omega$ は高分子の体積分率（n は溶液全体に含まれる高分子のセグメント総数）である．$f_{\mathrm{mix}}(\phi)$ は 1 格子あたりの混合自由エネルギーを表し，次のように与えられる．

$$f_{\mathrm{mix}}(\phi) = \frac{\phi}{N}\ln\phi + (1-\phi)\ln(1-\phi) + \chi\phi(1-\phi) \tag{5.3.2}$$

ここで，N は高分子のセグメント数（1本の高分子鎖が占める格子数），χ はカイパラメータと呼ばれる無次元量で 2 成分間の相互作用の差し引きを表す．式(5.3.2)の最初の 2 項は混合によって必ず得をするエントロピー項であり，第 3 項が混合エンタルピーを意味している．したがって，χ の大小によって 2 成分が混合するか相分離するかが決まる．このとき浸透圧 Π は

$$\Pi = -\left.\frac{\partial F_{\mathrm{mix}}(\Omega,\phi)}{\partial V}\right|_{n} = \frac{k_{\mathrm{B}} T}{v_{\mathrm{c}}}\left[\frac{\phi}{N} - \ln(1-\phi) - \phi - \chi\phi^2\right] \tag{5.3.3}$$

で与えられる．ここで，$V = \Omega v_{\mathrm{c}}$ は高分子溶液全体の体積（系のサイズ），v_{c} は 1 格子（1 溶媒 1 分子に対応）の体積を表す．高分子溶液が溶媒と溶媒のみを通す膜で接しているときの膜に働く圧力が浸透圧であるから，$\Pi < 0$ のときには高分子溶液の体積は減少することになり，$\Pi > 0$ のときには逆に増加することになる．

次に，高分子溶液中の高分子を架橋してゲルにすることを考えてみよう．高分子溶液とゲルの違いは，架橋されたために高分子が並進のエントロピーを失うこと（上式で $N \to \infty$ とすればよい）と，物性にエントロピー弾性の寄与が入ることである．ゴム弾性の理論から，等方膨潤収縮の場合（$\lambda_x = \lambda_y = \lambda_z = \lambda$）のエントロピー弾性の自由エネルギーへの寄与は

$$F_{\mathrm{els}}(\lambda) = \frac{3}{2} n_{\mathrm{cp}} k_{\mathrm{B}} T (\lambda^2 - 1 - \ln\lambda) \tag{5.3.4}$$

で与えられる．ここで，n_{cp} はネットワーク鎖すなわち架橋点間高分子鎖の総数を表す．基準状態の体積を V_0，高分子の体積分率を ϕ_0 とすると，等方膨潤の場合，膨潤度を α として，$\lambda^3 \equiv \alpha = V/V_0 = \phi_0/\phi$ の関係がある．式(5.3.4)は，式(5.2.5)で $\lambda_x = \lambda_y = \lambda_z = \lambda$ とおいた場合と比べると，カッコ内の対数項の部分だけが異なる．これは，モデルの若干の違いによるもので，発展 5.3 で詳しく説明する．ちなみに，両者のモデルは体

積変化がない場合（$\lambda_x\lambda_y\lambda_z = 1$）には一致する．以下の議論では，FloryとRhenerに倣い，式(5.3.4)を用いてゲルの膨潤収縮挙動を解説するが，式(5.2.5)を用いた場合でも定性的には同様の結果を与えるので，本質的な違いはない．

混合の自由エネルギー F_{mix} と弾性の自由エネルギー F_{els} を合わせると，高分子ゲルの自由エネルギーが得られる．これより，高分子ゲルの浸透圧 Π は

$$\frac{\Pi}{k_B T} = \nu\left[\frac{\phi}{2\phi_0} - \left(\frac{\phi}{\phi_0}\right)^{1/3}\right] - \frac{1}{v_c}\left[\ln(1-\phi) + \phi + \chi\phi^2\right] \tag{5.3.5}$$

● 発展5.3　式(5.3.4)中の対数項についての考察

アフィンネットワークモデルの式(5.2.5)には対数項は見られないが，材料の体積が一定の場合には式(5.3.4)中の対数項はゼロになるので，本節で紹介するネットワークモデルとアフィンネットワークモデルは正確に一致する．すなわち，対数項はゲルのように膨潤する場合にのみ影響を及ぼす．対数項の有無の理由は，エントロピーの計算に用いる分布関数の変数が架橋点間ベクトルか架橋点間距離かの違いである．アフィンネットワークモデルでは，材料の変形と相似に架橋点間ベクトルが変化することを仮定しているが，本節のモデルでは，膨潤・収縮によって架橋点間距離の分布が材料の変形と相似的に変化することを考慮している．したがって，距離が同じであれば方向は入れ替わってもよく，この自由度が対数項となって表れているのである．

さて，架橋点間の高分子鎖がGauss鎖であり，また各鎖のセグメント数 N が等しいという架橋の均一性を仮定すると，架橋点距離が R から $R+dR$ の間にある確率は

$$P(R)4\pi R^2 dR = 4\sqrt{\pi}\left(\frac{R}{\beta}\right)^2 \exp\left[-\left(\frac{R}{\beta}\right)^2\right]\frac{dR}{\beta} \tag{E5.3.1}$$

で与えられる．定数 β はセグメント長 b_S を用いて

$$\beta = \left(\frac{2Nb_S^2}{3}\right)^{1/2} \tag{E5.3.2}$$

で表される．ここで，ゲルが等方的に λ 倍に変形したとすると，変形後に架橋点距離が R_i から $R_i + \Delta R_i$ の間にあった高分子鎖は，変形前には R_i/λ から $(R_i + \Delta R_i)/\lambda$ の間にあったはずである．したがって，架橋点間距離が変形後に R_i から $R_i + \Delta R_i$ の間に入る確率 $P_i(R_i)$ は

$$P_i(R_i) = 4\sqrt{\pi}\left(\frac{R_i}{\beta}\right)^2 \exp\left[-\left(\frac{R_i}{\beta}\right)^2\right]\frac{\Delta R_i}{\beta} \tag{E5.3.3}$$

であり，そのような高分子鎖の本数 n_{cpi} は

第5章 ネットワークの構造と性質

$$n_{\text{cp}i} = 4\sqrt{\pi} n_{\text{cp}} \left(\frac{R_i}{\lambda\beta}\right)^2 \exp\left[-\left(\frac{R_i}{\lambda\beta}\right)^2\right] \frac{\Delta R_i}{\lambda\beta} \tag{E5.3.4}$$

で与えられる．ここで，n_{cp} はネットワーク鎖すなわち架橋点間高分子鎖の総数を表す．このとき状態数 W_1 は次のように与えられる．

$$W_1 = \prod_i p_i^{n_{\text{cp}i}} \frac{n_{\text{cp}}!}{\prod_i n_{\text{cp}i}} \tag{E5.3.5}$$

変形によるエントロピーの変化 ΔS_1 は，Stirling の公式を用いると

$$\Delta S_1 = k_B \ln W_1 \approx k_B \left(n_{\text{cp}} \ln n_{\text{cp}} + \sum_i n_{\text{cp}i} \ln \frac{P_i}{n_{\text{cp}i}} \right) \tag{E5.3.6}$$

となる．ここで第2項を次のような積分に置き換える．

$$\sum_i n_{\text{cp}i} \ln \frac{P_i}{n_{\text{cp}i}} = 4\sqrt{\pi} n_{\text{cp}} \int_0^{Nb_S} \left[-(\lambda^2-1)\left(\frac{R}{\lambda\beta}\right)^4 + \left(\frac{R}{\lambda\beta}\right)^2 \ln \frac{\lambda^3}{n_{\text{cp}}} \right] \exp\left[-\left(\frac{R}{\lambda\beta}\right)^2\right] \frac{dR}{\lambda\beta} \tag{E5.3.7}$$

この積分は，$Nb_S \to \infty$ とおくことで次のように計算できる．

$$\sum_i n_{\text{cp}i} \ln \frac{P_i}{n_{\text{cp}i}} = n_{\text{cp}} \left[-\frac{3}{2}(\lambda^2-1) + 3\ln\lambda - \ln n_{\text{cp}} \right] \tag{E5.3.8}$$

これより，

$$\Delta S_1 = -\frac{3}{2} k_B n_{\text{cp}} (\lambda^2 - 1 - 2\ln\lambda) \tag{E5.3.9}$$

が得られる．

最後に架橋点の配置によるエントロピー変化を考える．膨潤前の架橋点の配置は決まっているが，アフィン変形を仮定すると架橋点の配置は膨潤後でも完全に決まってしまう．そのため，ゲルが膨潤することで架橋点の配置の自由度は増大しているが，架橋点の配置が完全に決まっているために，系全体のエントロピーとしてはかえって減少することになる．架橋点の数は，1つの架橋点に4本の鎖が接続していると仮定すると $n_{\text{cp}}/2$ となるので，体積が λ^3 倍に増加することによるエントロピー変化 ΔS_2 は

$$\Delta S_2 = -k_B \frac{n_{\text{cp}}}{2} \ln\left(\frac{1}{\lambda^3}\right) = -\frac{3}{2} k_B n_{\text{cp}} \ln\lambda \tag{E5.3.10}$$

と得られる．したがって，膨潤による系全体のエントロピー変化は

$$\Delta S = \Delta S_1 + \Delta S_2 = -\frac{3}{2} k_B n_{\text{cp}} (\lambda^2 - 1 - \ln\lambda) \tag{E5.3.11}$$

となり式(5.3.4)と一致する．

で与えられる（発展5.4参照）．ただし，$\nu = n_{cp}/V_0$．平衡状態では浸透圧 $\Pi = 0$ であるので，

$$\nu v_c \left[\frac{\phi}{2\phi_0} - \left(\frac{\phi}{\phi_0}\right)^{1/3} \right] = \ln(1-\phi) + \phi + \chi\phi^2 \tag{5.3.6}$$

が得られる．これを Flory–Rhener の式という．ゲルが膨潤して ϕ が小さくなると左辺はカッコ内の第2項が主要項となる．ちなみに，式(5.3.4)の対数項は左辺のカッコ内の第1項に対応する．ϕ が小さい場合には，右辺は展開することができるため，上式は

$$\alpha^{5/3} = \phi_0 N_{net} \left(\frac{1}{2} - \chi \right) \tag{5.3.7}$$

に帰着する（発展5.4参照）．ここで，N_{net} は架橋点間高分子鎖のセグメント数（弾性に寄与する有効ネットワーク鎖のセグメント数）を表す．温度上昇あるいは溶媒が貧溶媒から良溶媒に変化するとともに χ (< 0) が減少するので右辺が大きくなり，α が増大する，すなわちゲルが膨潤することがわかる．

田中は，ゲルが電荷をもつ場合を考え，低分子イオンの並進エントロピーを上述したゲルの自由エネルギーにさらに加えることによって体積相転移現象を説明した（**体積相転移理論**）[11]．低分子イオンの並進エントロピーによる浸透圧は，ゲルの体積中に理想気体が閉じ込められている場合と同じであると仮定して次の式を導いた．

$$\frac{\Pi}{k_B T} = \nu \left[\frac{\phi}{2\phi_0} - \left(\frac{\phi}{\phi_0}\right)^{1/3} \right] - \frac{1}{v_c} \left[\ln(1-\phi) + \phi + \chi\phi^2 \right] + f_i \nu \frac{\phi}{\phi_0} \tag{5.3.8}$$

● 発展 5.4　　式(5.3.7)の導出

式(5.3.4)の弾性の自由エネルギーによる浸透圧の寄与は，$\lambda^3 \equiv \alpha = V/V_0 = \phi_0/\phi$ を考慮すると

$$\Pi_{els} = -\frac{\partial F_{els}}{\partial V} = -\frac{\partial F_{els}}{\partial \lambda}\frac{\partial \lambda}{\partial V} = -\nu k_B T \left(\frac{1}{\lambda} - \frac{1}{2\lambda^3} \right) = \nu k_B T \left[\frac{\phi}{2\phi_0} - \left(\frac{\phi}{\phi_0}\right)^{1/3} \right] \tag{E5.4.1}$$

となり，混合の自由エネルギーによる浸透圧の寄与と合わせると式(5.3.5)が得られる．ここで，ϕ は小さいとして式(5.3.6)の左辺カッコ内の第1項を無視し，右辺を展開すると次式が得られる．

$$\nu v_c \left(\frac{\phi}{\phi_0}\right)^{1/3} = \left(\frac{1}{2} - \chi \right) \phi^2 \tag{E5.4.2}$$

これに，$\alpha = \phi_0/\phi$, $\phi_0 = N_{net}\nu v_c$ を代入して整理すると，式(5.3.7)と一致する．

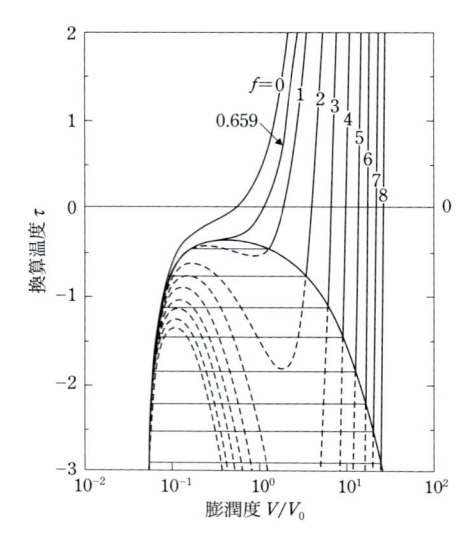

図 5.7 体積相転移現象
f の増加とともに，膨潤収縮特性が連続から不連続に変化する．
[Y. Li and T. Tanaka, *Annu. Rev. Mater. Sci.*, **22**, 243 (1992)]

ここで，f_i はイオン化度と呼ばれ，ネットワーク鎖 1 本から解離したイオンの数，すなわちネットワーク鎖 1 本がもつイオン性官能基の数を表す．平衡状態 ($\Pi = 0$) では，換算温度を $\tau \equiv 1 - 2\chi$ で定義すると，

$$\tau(\phi) = \frac{2\phi_0}{N_{\text{net}}\phi^2}\left[\left(\frac{\phi}{\phi_0}\right)^{1/3} - \left(f_i + \frac{1}{2}\right)\frac{\phi}{\phi_0}\right] + \frac{2}{\phi^2}[\ln(1-\phi) + \phi] + 1 \qquad (5.3.9)$$

が得られる（$\phi_0 = N_{\text{net}}\nu v_c$ を用いた）．ここで，$\phi \ll 1$ とすると

$$\frac{N_{\text{net}}\tau(\phi)}{2\phi_0}\phi^2 = \left(\frac{\phi}{\phi_0}\right)^{1/3} - \left(f_i + \frac{1}{2}\right)\frac{\phi}{\phi_0} - \frac{N_{\text{net}}}{3\phi_0}\phi^3 \qquad (5.3.10)$$

となる（イオンがない場合には，$\phi \ll 1$ のときに式(5.3.9)の右辺第 1 項のカッコ内第 2 項は無視できたが，ここでは無視できないことに注意）．式(5.3.10)の左辺は 2 体相互作用，右辺の最初の 2 項は弾性と低分子イオンのエントロピーの寄与，第 3 項は 3 体相互作用を表している．ここで，$\tau(\phi)$ が極小値と極大値をそれぞれ 1 つずつもつような van der Waals ループを描くと 1 次相転移が出現する（図 5.7）．その条件は，式(5.3.10)から

5.3 ゲル

> ● **発展 5.5　式(5.3.11)の導出**
>
> 式(5.3.10)を ϕ^2 で割ると,
>
> $$\bar{\tau}(\phi) \equiv \frac{N_{\text{net}}\tau(\phi)}{2\phi_0} = \phi_0^{-1/3}\phi^{-5/3} - \left(f_i + \frac{1}{2}\right)\frac{1}{\phi_0\phi} - \frac{N_{\text{net}}}{3\phi_0}\phi \tag{E5.5.1}$$
>
> となる．これが極大値と極小値をもつためには,
>
> $$\frac{d\bar{\tau}(\phi)}{d\phi} = -\frac{5}{3}\phi_0^{-1/3}\phi^{-8/3} + \left(f_i + \frac{1}{2}\right)\frac{1}{\phi_0\phi^2} - \frac{N_{\text{net}}}{3\phi_0} = 0 \tag{E5.5.2}$$
>
> が 2 つの解をもてばよい．このためには,
>
> $$f(\phi) \equiv -\frac{5}{3}\phi_0^{-1/3}\phi^{-8/3} + \left(f_i + \frac{1}{2}\right)\frac{1}{\phi_0\phi^2} \tag{E5.5.3}$$
>
> の最大値が $N_{\text{net}}/(3\phi_0)$ より大きければよいことになる．最大値を与える体積分率および最大値はそれぞれ
>
> $$\phi_{\max} \equiv 5^{3/2}\frac{8}{27}\phi_0\left(f_i + \frac{1}{2}\right)^{-3/2} \tag{E5.5.4}$$
>
> $$f(\phi_{\max}) \equiv \frac{3^6}{4^4 \cdot 5^3}\phi_0^{-3}\left(f_i + \frac{1}{2}\right)^4 \tag{E5.5.5}$$
>
> となるので, 式(5.3.11)が得られる．

$$f_i + \frac{1}{2} > \frac{4}{3}\left(\frac{5}{3}\right)^{3/4}(N_{\text{net}}\phi_0^2)^{1/4} \tag{5.3.11}$$

で与えられる（発展 5.5）．すなわち, f_i が十分に大きいか, あるいは N_{net}, ϕ_0 が十分に小さいとき, 不連続な体積相転移になることがわかる．N_{net}, ϕ_0 を極端に小さくするとゲルではなくなってしまうため, 実際には f_i すなわちネットワーク鎖上のイオン性官能基が多くなることによって体積相転移が起こっている．これは実験的にも確認されており, 通常の条件では f_i が約 5 より大きいとき式(5.3.11)を満たす．ちなみに式(5.3.4)の代わりに式(5.2.5)を用いた場合には, 式(5.3.9)〜(5.3.11)の $f_i + 1/2$ が単に f_i に置き換わるだけなので, 式(5.3.4)の弾性自由エネルギーの対数項は, ゲルの体積相転移にとってそれほど大きな影響を与えないことがわかる．

5.3.2 ■ 一軸伸長膨潤

図 5.8 に示すように平衡膨潤状態にあるゲルを溶媒中で引っ張ると, 伸長方向に対して垂直な方向にゲルが膨潤することが知られている．ゲルの**伸長誘起膨潤**と呼ばれ

第5章 ネットワークの構造と性質

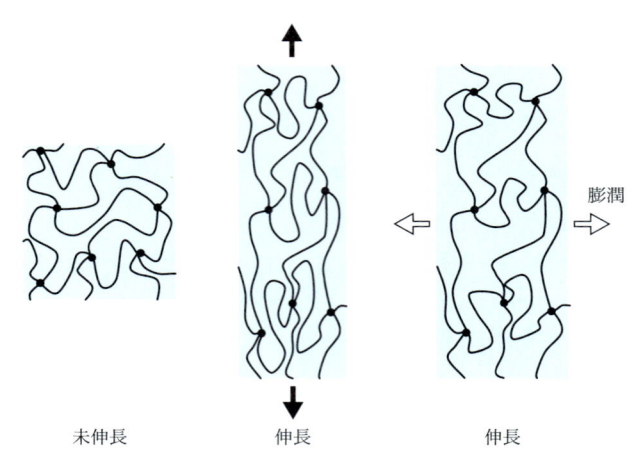

図 5.8 伸長誘起膨潤
ゲルを伸長すると，それと垂直な方向に膨潤が起こる．

ているこの現象は，高分子ネットワークの弾性と膨潤の特徴を組み合わせた Flory-Rehner モデルによってうまく説明できる．ゲルを伸長すると，高分子鎖は伸長方向に配向するのでエントロピーが減少する．周囲に溶媒がない場合にはその状態のままで平衡に達するが，溶媒があると伸長方向に対して垂直な方向に膨潤することで高分子鎖の異方性を緩和してエントロピーを増加することができる．これが，伸長誘起膨潤の主因であり，<u>高分子ネットワークの伸長と膨潤の両方に高分子鎖のエントロピーが支配的な役割を果たすことを明確に示す現象</u>と考えられている．

材料全体の自由エネルギー変化を表す式(5.2.5)と，Flory-Huggins 理論における混合自由エネルギーを表す式(5.3.1)および式(5.3.2)を組み合わせて，$N \to \infty$ とすると自由エネルギーは次のように与えられる．

$$\frac{F(\phi)}{k_B T} = \Omega(1-\phi)\left[\ln(1-\phi) + \chi\phi\right] + \frac{n_{cp}}{2}(\lambda_x^2 + \lambda_y^2 + \lambda_z^2 - 3) \tag{5.3.12}$$

ここで，

$$\frac{\phi}{\phi_0} = \frac{V_0}{V} = \frac{1}{\lambda_x \lambda_y \lambda_z} \tag{5.3.13}$$

となることに注意する．i 方向 ($i = x, y, z$) の真応力 σ_i は

$$\sigma_i = \frac{1}{V_0 \lambda_j \lambda_k} \frac{\partial F}{\partial \lambda_i} \tag{5.3.14}$$

となることから，これに式(5.3.12)を代入し，ゲル全体に含まれる高分子のセグメント総数 n に対して $\phi = n/\Omega$ であることに注意して，i 方向の真応力 σ_i を求めると，

$$\sigma_i = \frac{1}{V_0 \lambda_j \lambda_k} \frac{\partial F}{\partial \phi}\bigg|_n \frac{\partial \phi}{\partial \lambda_i} = \frac{n}{\phi_0^2 V_0}[\ln(1-\phi) + \phi + \chi\phi^2] + \frac{n_{\mathrm{cp}}}{V}\lambda_i^2 \quad (5.3.15)$$

が得られる．ここで伸長方向を x 方向とし（すなわち $\lambda_y = \lambda_z$），y または z 方向の応力をゼロとおくと，

$$\ln(1-\phi) + \phi + \chi\phi^2 + \frac{\phi_0^2}{N_{\mathrm{net}}\lambda_x} = 0 \quad (5.3.16)$$

となる．$N_{\mathrm{net}} = n/n_{\mathrm{cp}}$ は架橋点間高分子鎖の平均セグメント数を表す．伸長する前は，

$$\ln(1-\phi_0) + \phi_0 + \chi\phi_0^2 + \frac{\phi_0^2}{N_{\mathrm{net}}} = 0 \quad (5.3.17)$$

のようになるので，この式と式(5.3.16)から，次の関係が得られる．

$$\lambda_x = \frac{\ln(1-\phi_0) + \phi_0 + \chi\phi_0^2}{\ln(1-\phi) + \phi + \chi\phi^2} \quad (5.3.18)$$

ここで，体積分率 ϕ および ϕ_0 が十分小さいとして式(5.3.18)の分子と分母の第1項を展開し，式(5.3.13)を代入すると，

$$\lambda_y = \lambda_x^{-1/4} \quad (5.3.19)$$

となる．

一方，伸長誘起膨潤実験では，次の式で定義される浸透 Poisson 比を測定する．

$$\mu = -\frac{\ln \lambda_y}{\ln \lambda_x} \quad (5.3.20)$$

式(5.3.19)から明らかなように，体積分率が小さいゲルでは，浸透 Poisson 比が伸長度によらず一定値（$\mu = 0.25$）をとることがわかる．これはさまざまなゲルで実験的にも確かめられており，ゲルの膨潤における Flory–Rhener モデルの妥当性が明確に示されている．ただし最近，架橋点が自由に動く環動ゲル（5.7節参照）の低伸長領域で，浸透 Poisson 比が伸長度に強く依存するという測定結果が得られた[12]．環動ゲルでは，ゲルを伸長したときに，高分子鎖の配向の異方性が伸長方向に対して垂直な方向への膨潤だけでなく，高分子鎖が架橋点を越えてスライドする滑車効果によってゲ

ル内部で配向の異方性が緩和してしまう．このために，このような特異な現象が見られたと解釈されている．

5.3.3 ■ 膨潤収縮の速度論

実験的な観測から，ゲルの膨潤や収縮はゲル全体で同時に起こるのではなく，ゲルと周囲の溶媒との界面から少しずつ起こることが知られている．このためゲルの膨潤や収縮は，溶媒の拡散が重要な役割を果たしていると考えられていた．田中とFillmoreは，溶媒の影響を受けたネットワークの協同的な拡散が膨潤を支配すると考え，ゲルの膨潤や収縮の速度変化を記述する式を導いた[13]．それによれば球状ゲルの場合には，時刻tのときのゲルの半径を$r(t)$とするとゲルの膨潤や収縮の速度変化は次の式で与えられる．

$$\frac{r(\infty)-r(t)}{r(\infty)-r(0)} \approx \frac{6}{\pi^2}\exp\left(-\frac{t}{\tau}\right) \tag{5.3.21}$$

$r(0)$は初期状態，$r(\infty)$は最終状態（平衡状態）のゲルの半径を表し，近似では$t \gg \tau$を仮定した．ここで，τはゲルの膨潤や収縮の特性時間であり，ゲルのサイズをRとすると次のような関係にある．

$$\tau \propto \frac{R^2}{D} \tag{5.3.22}$$

すなわち，ゲルが膨潤する時間は半径の二乗に比例し，小さなゲルほど膨潤が速くなることがわかる．この場合，拡散定数Dは

$$D = \frac{K}{\zeta} \tag{5.3.23}$$

となり，ゲル網目の弾性率Kと網目と溶媒の摩擦係数ζの比で与えられることになる．本理論については，その後土井によって若干の修正が施されている[14]．

式(5.3.21)はゲルの膨潤の場合にはある程度当てはまるが，収縮の場合には定性的にもあまり一致しないことが実験的に知られている．収縮の場合にはゲル表面の網目の急激な収縮によってスキン層（ゲルの収縮時に表面に薄く形成される溶媒濃度のきわめて低い層，白濁することが多い）が形成され，溶媒の移動を妨げるためである．この際，ゲル表面で泡状のパターンなどのマクロな不均一構造が形成されるという現象も知られている．収縮過程ではその後，スキン層が次第に解消して溶媒の移動が可

能となり，ゲルの収縮が再び始まることになる．その結果収縮の場合には，サイズの時間変化が2段階となることがしばしば観測されている．

5.4 ■ ゾル―ゲル転移

これまでは，高分子ネットワークがきちんと形成された材料の力学特性と膨潤特性について述べてきた．本節では，高分子ネットワークの形成過程，その中でもゲル化の問題について考えてみたい．ネットワークの形成過程にはさまざまなパターンがあり，3つ以上の官能基をもつ低分子から形成する場合，高分子を2つ以上の官能基をもつ低分子で架橋する場合，2つの官能基をもつ低分子にわずかに3つ以上の官能基をもつ低分子を混ぜて重合する場合などが代表例としてあげられる．ゲル化は化学架橋と物理架橋に共通であり，特に溶液から高分子ネットワークが形成される場合には，ゾル―ゲル転移と呼ばれている．一般に，化学架橋の場合には不可逆な，物理架橋の場合には可逆なゾル―ゲル転移となる．ここでは特に，3つ以上の官能基をもつ低分子がランダムに反応してゲル化する**パーコレーションモデル**（図 5.9）を紹介する．

反応点の数が$f(\geq 3)$の分子が結合してクラスターを形成し，最終的にゲル化する場合を考える．このとき反応率をpとおくと，ゲル化するのは$p=1$のときだけであるとは限らない．pの増加とともにクラスターが成長し，材料全体の端から端まで到達した時点をゲル化点p_cとして定義すれば，その時点では，図 5.9 のように未反応

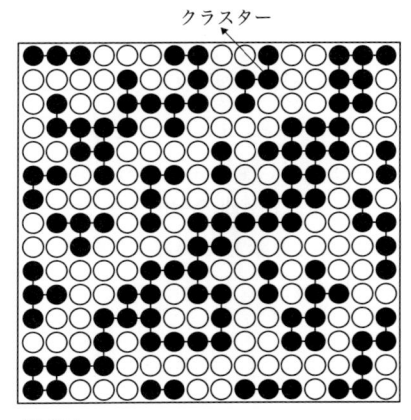

図 5.9 パーコレーションの模式図
モノマーがいくつか結合した集合体をクラスター（黒丸），端から端までつながった大きなクラスターをゲルと呼ぶことにする．白丸は結合しないモノマーを表す．

の結合やモノマー，サイズが小さいクラスターなどが混在しているはずである．ここでは，材料全体の端から端まで到達したクラスターをゲルと呼び，それよりもサイズが小さいクラスターやモノマーの混合物をゾルと呼ぶことにする．反応率 p の増加とともに，ある臨界値 p_c で溶液はゾル状態からゲル状態にゾル－ゲル転移する．

ゾル－ゲル転移を平均場近似で扱うために，**ベーテ格子**（Bethe lattice）あるいはベーテ木（Bethe tree）というものを考える．これは，クラスター（モノマーも含む）間の結合は1箇所のみでループをつくらず，しかもクラスターの最大サイズは無限であることを仮定している．このとき，クラスターと結合しているある分子が，他のモノマーと結合を形成する確率は $p(f-1)$ となるので，これが1以上であればクラスターは成長し続け，もし1より小さければ成長はそこで止まることになる．したがって，ゾル－ゲル転移のゲル化点 p_c は，次式のように与えられる．

$$p_c = \frac{1}{f-1} \tag{5.4.1}$$

ここで，ある分子Aの中のある反応点が，ゲル中の分子と結合を形成していない確率（すなわち分子Aがゲルの中に取り込まれていない確率）を Q とする．平均場近似を用いて考えると，このようなことが起こるのは，分子A中のその反応点が未反応の場合か，あるいは反応はしたものの分子Aに結合した分子Bがゲルとは結合していない場合である．分子Bには分子Aとの結合点以外に， $f-1$ 個の反応点が存在し，そのすべてがゲルと結合していない確率は Q^{f-1} となるので（平均場近似），次のような再帰方程式が考えられる．

$$Q = 1 - p + pQ^{f-1} \tag{5.4.2}$$

この方程式は $0 \leq Q \leq 1$ の範囲で， $p \leq p_c$ のときには $Q=1$ という解だけをもつのに対して， $p > p_c$ の場合には $Q=1$ 以外にもう1つの解が存在する．このことは， $p \leq p_c$ の場合にはゲル化しないこと， $p > p_c$ の場合にはゾルとゲルの共存した状態，すなわちゾル－ゲル転移が出現することを示している．特に $f=3$ の場合には2次方程式となり， $Q=1$ 以外の解析解として

$$Q = \frac{1}{p} - 1 \quad \left(p > p_c = \frac{1}{2}\right) \tag{5.4.3}$$

が得られる． p の増加とともに Q がゼロに近づき，ほとんどの分子がゲル状態に属するようになることが理解できる．

一方，ある分子がゲルと結合していない確率（すなわちゾル状態に属している確率）P_{sol} は，その分子のあらゆる反応点がゲルと結合していない確率なので，$P_{sol} = Q^f$ となる．したがって，$Q=1$ の場合には，すべての分子がゾル状態になる．$f=3$ の場合には，式(5.4.3)より，

$$P_{sol} = \left(\frac{1-p}{p}\right)^3 \quad \left(p > p_c = \frac{1}{2}\right) \tag{5.4.4}$$

となることから，逆にある分子がゲル状態に属している確率 P_{gel} は次のように与えられる．

$$P_{gel} = 1 - P_{sol} = 1 - \left(\frac{1-p}{p}\right)^3 \quad \left(p > p_c = \frac{1}{2}\right) \tag{5.4.5}$$

このような平均場近似を用いると，ゲル化点以前のゾル状態におけるクラスターの数平均分子量，重量平均分子量，分子量分散などを簡単に計算することができる．系全体の分子の数を n_{tot} とすると，反応点の総数は fn_{tot} となる．したがって，すべての分子の反応点が結合したとすると（$p=1$），結合の総数は $fn_{tot}/2$ であり，反応率が p（$< p_c$）のときの結合の総数は $pfn_{tot}/2$ となる．結合が1つできると，クラスターあるいはモノマーの総数は1つ減るので，反応率が p（$< p_c$）のときのクラスターとモノマーの総数は，平均として

$$n(p) = n_{tot}\left(1 - \frac{pf}{2}\right) \tag{5.4.6}$$

となる．したがって，ゾル状態の数平均分子量は，モノマーの分子量を m とすると，

$$M_n(p) = \frac{n_{tot} m}{n(p)} = \frac{m}{1 - pf/2} \quad (p < p_c) \tag{5.4.7}$$

で与えられる．

また，重量平均分子量については，式(5.4.2)と同様な再帰方程式を利用して計算する．ゾル状態において，ある分子Aのある反応点に結合しているクラスター（モノマー）の平均分子数（いわゆる期待値）を N_c とおく．もし反応が起こっていない場合には，もちろんゼロになる．一方，確率 p で反応が起こると，分子Aが結合した分子Bには，分子Aとの結合点以外に，$f-1$ 個の反応点が存在し，そのすべてに平均分子数 N_c のクラスターが結合していると考えられるので（平均場近似），Bの寄与も数えると $1+(f-1)N_c$ 個の分子が，分子Aのある反応点と結合していることになる．したがっ

て，次のような再帰方程式が得られる．

$$N_c = p[1+(f-1)N_c] \tag{5.4.8}$$

これを解くと，

$$N_c = \frac{p}{1-(f-1)p} \tag{5.4.9}$$

となる．分子Aのすべての反応点に平均N_c個の分子から構成されているクラスターが結合していると考えられるので，1つのクラスターを構成する平均分子数は，Aの寄与も数えると，$1+fN_c$で与えられる．以上の議論から，重量平均分子量は

$$M_w(p) = m(1+fN_c) = \frac{m(1+p)}{1-(f-1)p} \quad (p<p_c) \tag{5.4.10}$$

と書ける．$p_c=1/(f-1)$なので，重量平均分子量は，pがゲル化点p_cに近づくにつれて発散することがわかる．また分子量分布は

$$\frac{M_w(p)}{M_n(p)} = \frac{(1+p)(1-pf/2)}{1-(f-1)p} \quad (p<p_c) \tag{5.4.11}$$

となり，やはりゲル化点に近づくと発散する．

　これまで述べてきたベーテ格子を用いた平均場近似による取り扱いは，ゾル－ゲル転移の全体像を掴む上で有効ではあるが，異なるクラスター（モノマーも含む）間の結合を1つに限定し，ループを禁じるという仮定は，実際のゲル化過程では現実的でない．パーコレーションはゾル－ゲル転移だけでなく，ランダムな物質系における電気伝導や，情報伝達などに関係する社会科学分野にも共通する一般的な数学的問題であることから，平均場近似よりも精度の高いさまざまなモデルが提案されている．具体的には，繰り込み群やシミュレーションを用いた膨大な研究があげられる．実際に，ここで述べた平均場近似を用いた議論は，3つ以上の官能基をもつ低分子からネットワークが形成される場合には，実験結果とはあまり一致しないことが明らかになっている．しかし，ゴムの加硫などのように，高分子を2つ以上の官能基をもつ低分子で架橋する場合には，ループができにくいことから，平均場近似とよく一致する結果が得られている．この場合には，高分子を多数の反応点をもつ分子として考えればよい．するとゲル化点は，$p_c=1/(f-1)\approx 1/f \ll 1$となることから，低分子の場合に比べてわずかな架橋反応でゲル化することがよくわかる．

5.5 ■ 化学架橋性エラストマーの種類と性質

前述したように，他の材料に見られない高分子ネットワークに顕著な弾性は，1839年のGoodyearによる偶然の発見によって初めて明らかになった．具体的に言えば，硫黄がパラゴムノキの樹液であるポリ(cis-1,4-イソプレン)を共有結合により化学的に架橋してネットワークを形成した結果，高分子が大きく変形しても完全にもとの形に戻るようになり，顕著な弾性体，いわゆるエラストマーが得られることがわかったのである．エラストマーとはゴム状の弾性力を有する工業用材料の総称であり，一般的には架橋されたネットワーク構造をとっている．現在では，このような天然ゴムからなるエラストマー以外に，さまざまな化学架橋性の合成ゴムが生産され，我々の身の回りで盛んに利用されている．

天然ゴムはパラゴムノキの樹液からとれる天然のポリイソプレンである（図5.10）．特徴として分子量がきわめて高く（数十万程度と数百万程度の2つのピーク），すべてシス型となっており，引張強さ，引き裂き強度，耐摩耗性，耐寒性などのバランスに優れているとともに動的発熱が小さいなどの利点があることから，タイヤを代表とする多くの用途に現在も盛んに使われている．一方，耐熱性，耐油性，耐候性，耐オゾン性などが合成ゴムに比べて劣ることから，欠点を補うためにさまざまな合成ゴムとブレンドして利用されている．

このような合成ゴムとして代表的なものに，スチレンとブタジエンの共重合体であるスチレン・ブタジエンゴム（SBR）がある．SBRはタイヤ用途などをはじめとして最も多量に生産されている合成ゴムである．耐熱性，耐摩耗性，耐老化性，機械強度などのさまざまな特性に優れ，加工性も良好であるが，耐寒性や引裂強度などに関しては天然ゴムや他の汎用ゴムに比べて劣るとされている．他にポリイソプレンのメチ

図5.10 パラゴムノキに傷をつけると白い樹液が出てくる．これを精製すると天然ゴムが得られる．

ル基を塩素原子で置換したクロロプレンゴムなどがあり，有機溶媒で膨潤しにくいなどの特徴を示す．また，Ziegler-Natta 触媒を用いて立体規則性をもつポリブタジエンやポリイソプレンが合成され，高弾性ゴムとしてゴルフボールなどに使われている．この立体規則性ポリイソプレンは，天然ゴムと同じ構造をとっている．

　ポリエチレンは優れた高分子材料であるが，結晶化しやすいので一般にエラストマーにはならない．そこで，Ziegler-Natta 触媒を用いて，エチレンとプロピレンのランダム共重合体化が検討された．共重合体化することで結晶化が抑えられるだけでなく，過酸化物架橋剤などを用いて架橋することで，エチレン・プロピレンゴム（EPR）になることが報告された．さらに EPR を化学的に架橋しやすくするために，第3成分としてジエンを導入したエチレン・プロピレン・ジエンゴム（EPDM）も開発された．耐候性，耐寒性，耐極性溶剤性，耐無機薬品性，耐電気特性などに優れているため，現在広範囲に利用されている．

　この他の化学架橋性エラストマーとしては，シリコーンゴムやフッ素ゴムなどが有名である．シリコーンゴムは，ポリジメチルシロキサンなどシロキサン結合を主鎖骨格とするエラストマーであり，主鎖に二重結合がないので酸化されにくく，耐熱性や耐寒性などに優れている．一方フッ素ゴムは，フッ化ビニリデンとヘキサフルオロプロピレンのランダム共重合体などをヒドロキノンなどの芳香族系ジオールで架橋したエラストマーであり，耐熱性や耐油性などが特徴となっている．さらに，シロキサンの水素をフッ素で置換したフルオロシリコーンゴムなどもあり，高温での長期間使用も可能になっている．

　ネットワークを形成する際に，高分子を架橋するだけではなく，無機微粒子（フィラー）と高分子を共有結合などで結合することによって，無機物の強度・耐熱性と高分子の柔軟性・成形性をあわせもつさまざまな有機無機ハイブリッド材料が作製されている．無機微粒子としては，シリカやクレイ（粘土を構成する層状の無機物）などが代表例であり，シリカの場合にはシラノール基，クレイでは表面に修飾されたカルボキシル基などの官能基が高分子との結合点としてよく用いられている．ちなみに，無機微粒子と高分子を単に混ぜ合わせ，高分子を無機微粒子表面に物理的に吸着させるだけでもネットワークが形成できる．このような，物理吸着型の有機無機ハイブリッド材料も，カーボンを無機微粒子としたタイヤをはじめとして多数利用されている．

　以上のように，化学架橋は高分子材料に弾性という性質を初めてもたらし，今日のゴム・タイヤ産業および高分子産業の発展に大きく貢献してきた．また，高分子の加工技術という観点からもこれまでに数多くの研究が行われ，高分子の科学と技術の中心的な研究課題として今も多くの注目を集め続けている．

● コラム　　免震ゴム

　地震は，世界中で甚大な被害をもたらす最大級の天災であることは言うまでもない．この地震から建物を守るための免震技術が最近飛躍的に発展し，世界中で大きな注目を集めている．ゴムは，大きく変形してももとに戻るという他の材料にはない特性を示すことから，以前より，有力な免震材料として盛んに検討されてきた．特に，地面と建物の間にゴムを挟むことで，建物に伝わる地面からの激しい振動を減衰することができれば，震災による被害を大幅に軽減できる．しかし，たとえば高層ビルなど莫大な重量をもつ建造物の場合には，ゴム単独では建物を支えるのに剛性が十分ではないという問題点があった．そこで1970年代にフランスで，金属とゴムを積層化することにより，垂直方向には高い剛性を示し，水平方向には柔らかく大きく変形する積層型免震ゴムが考案され，実際に建物への採用が始まった．地震国である我が国でも，1983年に積層ゴムを使用した鉄筋コンクリート住宅が初めて設計された．しかしその後1995年までは，いわゆる免震ビルの建築は実際にはそれほど進まなかった．

　免震ゴムの威力が実証されたのは，1995年の阪神大震災のときである．たまたま震源地の近くに免震ビルが建築されており，建物内の震度が周囲に比べ格段に小さくなることが世界で初めて明らかになった．その結果，積層型免震ゴムの開発が飛躍的に発展するとともに，免震ビルの建設も一気に進んだ．さらにその後の地震（新潟県中越地震，東日本大震災，四川大地震など）で，免震ゴムの有効性が国内だけでなく海外でも検証されたために，現在では世界中の地震国で免震ビルの建築が進んでいる（ちなみに我が国は，免震ゴムの技術および実用化では世界をリードしている）．以前は大地震が起こると，建物の倒壊をもたらす大きな揺れは免れなかったが，免震ゴムの登場によってその常識が大きく変わりつつある．

5.6 ■ 熱可塑性エラストマー

　通常の物理架橋の場合には，化学架橋とは異なり加熱によって架橋点が簡単に破壊するので，高分子ネットワークは高温で溶融してしまう．これに対し，高分子の一部に強い物理架橋を形成する部位を導入することにより，力学的には安定で顕著な弾性を示し，かつ熱的には架橋の形成・破壊を可逆的に行うことのできる高分子材料が提案された．これが熱可塑性エラストマー（TPE）である．熱可塑性エラストマーの最大の利点は，時間とエネルギーを要する化学架橋という工程を必要とせず冷却などによって自発的に架橋点が形成されるので，材料の成形工程が化学架橋の場合に比べて

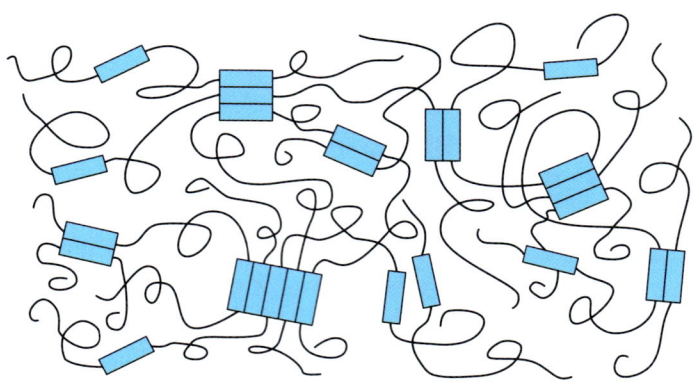

図 5.11 熱可塑性エラストマーの模式図．ハードセグメントが凝集して，擬似架橋点を形成している．

簡便かつ単純な点である．多くの場合，通常のプラストマー（いわゆるプラスチックのような可塑性をもつ樹脂の総称）とほぼ同じ工程で成形できる．また，高温で架橋点が崩壊することも，リサイクルや環境負荷という観点から望ましいと考えられている．一方で欠点としては，架橋点の結合力が化学架橋に比べて弱いため，一般に力学特性が劣り，履歴や残留歪み（永久歪み）などが残る場合が多い．また，温度特性や耐溶剤性，耐候性なども通常は劣るとされている．さらに必ずしも欠点ではないが，熱可塑性エラストマーの特徴として，化学架橋性のエラストマーに比べて弾性率が一般に高い．しかし近年，さまざまな新しい共重合体が合成されるとともに，ポリマーブレンドやミクロ相分離構造の制御などによって，力学特性やその他の特性にもきわめて優れた熱可塑性エラストマーが次々と報告されるようになってきた．

熱可塑性エラストマーは，多くの場合，高分子主鎖がブロック共重合体になっており，持続長が長く硬い成分（ハードセグメント）と持続長が短く柔らかい成分（ソフトセグメント）から構成されている（図 5.11）．しかも，両方の成分は非相溶であるためにミクロ相分離構造を形成し，ハードセグメントが結晶化などによって凝集して擬似架橋点を形成する（ミクロ相分離については 3 章に詳しい記述がある）．一方，ソフトセグメントは一般にガラス転移温度が低く，常温では激しくミクロブラウン運動をしているため，化学架橋性エラストマーと同様に大きく変形してももとの形態に戻ることができる．その点が，通常のプラストマーとは異なっている．ちなみに，高温では両者のセグメントの混合エントロピーの寄与がハードセグメントの凝集エネルギーよりも大きくなるため，ミクロ相分離状態から一様相に転移が起こる．その結果，熱可塑性エラストマーは加熱によって溶融することになる．ハードセグメントの凝集

力としては，水素結合，結晶化，イオン結合，ファンデルワールス力などさまざまな非共有結合性相互作用が利用されており，ハードセグメントの種類によっても大きく異なる．

熱可塑性エラストマーの種類は，スチレン系，オレフィン系，塩化ビニル系，ウレタン系，ポリエステル系，ポリアミド系など多岐にわたる．いくつか代表的な例について解説する．

スチレン系熱可塑性エラストマーとしては，ABA型3元ブロック共重合体であるポリスチレン−ポリブタジエン−ポリスチレンブロック共重合体（SBS）が有名である．SBSでは，ポリスチレンがハードセグメント，ポリブタジエンがソフトセグメントの役割を果たしており，ポリスチレン成分が凝集して擬似架橋点を形成している．ソフトセグメントには他にポリイソプレンも用いられており，その場合はSISと略称されている．SBSは改質アスファルトや靴底など，SISはテープや接着剤などに利用されている．

オレフィン系熱可塑性エラストマーの多くは，ポリプロピレンやポリエチレンなどのオレフィン樹脂（プラストマー）と化学架橋性のポリオレフィン系ゴム（EPR, EPDMなど）のブレンドによって形成されている．ブレンドにもさまざまな手法があるが，プラストマーの中にエラストマーの微粒子が分散した動的架橋型の材料は，熱可塑性エラストマーの欠点であった残留歪みや耐熱性，耐油性などの特性を大幅に向上できることが知られている．現在，オレフィン系熱可塑性エラストマーは，自動車，日用品，電気製品，レジャー用品などさまざまな分野で用いられている．

ウレタン系熱可塑性エラストマー（TPU）では，ハードセグメントがウレタン構造であり，ソフトセグメントとしてはポリエステルやポリエーテルが用いられている．TPUはマルチブロック共重合体になっており，剛直なウレタン構造が水素結合などを介してミクロ相分離した凝集構造を形成している．摩耗特性，耐油性や耐候性，弾性などに優れることから，工業用品，スポーツ・レジャー用品，医療用品など用途の範囲は多岐にわたる．

この他に，ハードセグメントとして低分子液晶，ソフトセグメントとして脂肪族ポリエステルを用いた液晶性熱可塑性エラストマーなども報告されている．通常の熱可塑性エラストマーと比べると，破断強度や伸長度，圧縮永久歪み，反発弾性などの特性に優れている．また，共重合体の一部にポリ(L-乳酸)などの生分解性高分子を用いた生分解性熱可塑性エラストマーも開発されている．

以上のようなハードセグメントとソフトセグメントから構成される熱可塑性エラストマー以外に，イオン性相互作用によって架橋点を形成するアイオノマー熱可塑性エ

ラストマーが報告されている．アイオノマー熱可塑性エラストマーは，高分子の一部にイオン性官能基を導入することにより，イオンが密に存在するハードドメインとほとんど存在しないソフトドメインにミクロ相分離し，通常の熱可塑性エラストマーと同様のネットワーク構造を形成している．さまざまなアイオノマーが研究されており，今後の展開が大いに期待されている．

一方，成形加工による特性の向上も熱可塑性エラストマーの重要な研究課題である．前述した動的架橋以外には，2種類以上の高分子を反応させながら相分離を同時に引き起こすことで，複雑なミクロ相分離構造の形成とその物理的制御を実現するリアクティブプロセッシングと呼ばれる加工法が最近注目されている．

5.7 ■ 機能性ゲル

ゲルの特徴として，溶媒を内部に含むことから液体と固体の性質をあわせもつという点がある．液体を固体状にするという目的で高分子が応用されている典型例としては，各種のゲル剤や高分子ゲルの保水性を利用した高吸水性ゲルなどがよく知られている．また我々の体も50%以上は水分であることから，ゲル材料はバイオマテリアルとしても大きな注目を集めており，例としてはソフトコンタクトレンズが有名である．ゲルは外部環境によってその体積が大きく変化することから，温度，pH，塩濃度，電場などの外部刺激に対する体積応答に関する研究が盛んである．このような刺激（環境）応答性ゲルは，インテリジェントゲルやスマートゲルなどと呼ばれており，ドラッグデリバリーシステムや人工筋肉などへの応用が期待されている．機能性ゲルと言えば，従来はこのような環境応答性ゲルを指す場合が多かった．近年，新しい概念や分子設計を導入することによって，従来のゲルの常識を覆すさまざまな新しい機能性ゲルも登場している．本節では，機能性ゲルの概要について簡潔に紹介する．

刺激応答性ゲルは，刺激に対して式(5.3.5)あるいは式(5.3.8)中の相互作用パラメータ χ や温度 T，イオン化度 f_i が変化することで，ゲルの膨潤あるいは収縮が変化するという性質を利用している．相互作用パラメータ χ は，温度と高分子－溶媒間相互作用に依存するので，温度や溶媒種あるいは溶媒の特性の変化に応じて，ゲルの体積は変化することになる．実際に良溶媒で膨潤したゲルでは，温度上昇とともにゲルがより膨潤し，体積が次第に増加することは従来よりよく知られていた．機能性ゲルの開発では，この刺激応答性をより高感度に，顕著に，そして劇的にすることが研究の1つの方向性となっている．そのために利用されているのが，相分離や体積相転移などの転移現象である．

● コラム　　コンタクトレンズ

　皆さんの身近で使われているコンタクトレンズには，ハードとソフトの2種類がある．ハードコンタクトレンズの素材としては，ずっと以前はガラスが，その後はポリメチルメタクリレート（PMMA）という光透過性の高いプラスチックが使われている．一般に，ハードコンタクトレンズは装着感が悪く，酸素透過性が低いため，長期間装着することはできないとされている．これに対して，ゲル状の柔らかいコンタクトレンズがソフトコンタクトレンズである．ソフトコンタクトレンズは，装着感や酸素透過性，保水性に優れていることから，ハードコンタクトレンズより後に登場したにもかかわらず，現在では，世界中のコンタクトレンズ市場のほとんどを占めるに至っている．

　ソフトコンタクトレンズは，1961年にチェコの科学者 Otto Wichterle らによって発明されたとされている．彼らは，ポリ（ヒドロキシエチルメタクリレート）（PHEMA）が水を溶媒とするゲル（ヒドロゲルまたはハイドロゲル）を形成し，しかも透明であることに注目し，これをソフトコンタクトレンズの素材として利用することを思いついた．最初にソフトコンタクトレンズが発売されたのは1971年のことであった．その後，高分子水溶液を型に入れ光で架橋してゲルを形成するという技術が開発され，安価な使い捨てのソフトコンタクトレンズが誕生した．その結果，ソフトコンタクトレンズの利用が飛躍的に拡大し，ハードコンタクトレンズを凌駕して現在に至っている．最近では，より酸素透過性を高めるためにシリコーンを加えたシリコーンハイドロゲルのソフトコンタクトレンズも開発されており，最長1ヶ月の連続装着が可能になっている．以上のようにソフトコンタクトレンズは，ゲルがバイオマテリアルとして利用された最も成功した事例としてよく知られている．

　ポリ（N-イソプロピルアクリルアミド）（PNIPAM）は，室温付近では水に溶解しているが，温度が体温付近まで上がると，疎水性相互作用により劇的に凝集するという**下限臨界相溶温度（LCST）**型の相分離現象を示す．したがって，PNIPAM を用いて高分子ネットワークを作製すると，温度上昇とともに体温付近の転移温度でゲルは劇的に収縮する．このような LCST 型を示す高分子には，他にもメチルセルロースやポリエチレンオキシドなどがあり，ゲル化するとそれぞれ異なる温度で体積が変化する．逆に，非極性高分子と極性溶媒の組み合わせでは**上限臨界相溶温度（UCST）**型の相分離現象を一般に示すので，これを利用すれば，高温で膨潤するゲルが作製できる．特に最近では，ブロック共重合体やグラフト鎖などを用いてミクロ相分離現象を巧みに制御することにより，外部刺激に対して高感度に応答する多種多様な温度応答性ゲ

ルが報告されており,再生医療用の細胞シートなどバイオ分野での応用も盛んに研究されている.

一方,イオン化度 f_i はゲルの体積相転移を引き起こす主な要因であることから,イオン化度を急激に変化させることで,ゲルの高感度で劇的な刺激応答性を実現しようという試みも盛んに行われている.この場合には外部環境の pH を直接変化させるだけでなく,たとえば化学反応によって pH が変化するような仕組みをゲルの中に仕掛けておくことが可能である.このような pH 応答ゲルは,化学エネルギーを力学エネルギーに変換することになるため,ケモメカニカルシステムとしても注目を集めている.また,電場を用いて局所的なイオン強度を強制的に変えることで実効的なイオン化度が部分的に変化し,ゲルが大きく変形するという現象が多数報告されている.この際,印加する電圧の極性や大きさをうまく調節すると,まるで生き物のようにゲルを動かすことができることから,電場応答性ゲルは人工筋肉としての応用が期待されている.さらに,ゲルの内部あるいは外部の溶媒中で **Belousov-Zhabotinsky 反応** などの自励振動を起こすことで,刺激のオンオフなしに,ゲルが自ら膨潤と収縮をある周期で繰り返すような**自励振動ゲル**が報告されている.以上のように,ゲルは溶液中で起こるさまざまな化学反応を力学応答に変換する(ケモメカニカル変換)プラットフォームとしてきわめて有効であることから,このような刺激応答性ゲルについての研究は現在もきわめて盛んである.

この他のゲルの機能化の例として,**分子インプリント法**による**分子認識**がある.これは,モノマーと相互作用するターゲット分子をモノマーと混ぜてゲル化し,その後でターゲット分子を取り除くことにより,ターゲット分子の情報をゲルの網目に記憶させようとするものである.ターゲット分子を再度捕まえることで体積変化などが起こるので,分子センサーとしての応用が期待されている.また,ゲルの形状を制御することにより,膨潤収縮がきわめて速い微小サイズのナノゲルや構造色を呈するポーラスゲルなどが報告されている.さらに,繊維状に分子が集合するという性質を用いたゲル化剤も多数開発されており,溶媒を吸収するのではなく固めることができることから,廃油の処理などに使われている.

これまでは,ゲルが溶媒を含むという性質を利用した機能性ゲルについて主に紹介してきた.一方,高分子の架橋構造は,高分子ネットワークの力学物性を支配することから,架橋構造を制御することでゲルの力学特性を機能化するという研究も盛んである.特に,溶媒を大量に含んでいるゲルは,少数の高分子鎖でネットワークを形成しているため,力学特性が架橋構造の影響を敏感に受ける.通常の化学ゲルでは,架橋構造が形成された際にできた不均一性が凍結されてそのまま残っているということ

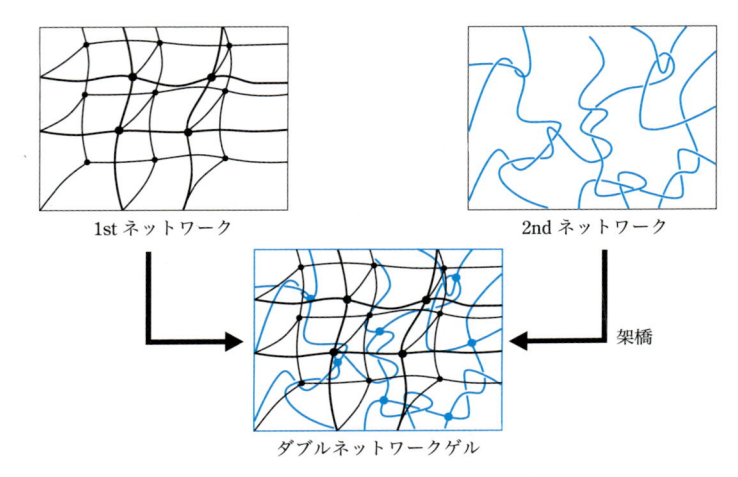

図 5.12 ダブルネットワークゲルの模式図
固いネットワークと柔らかいネットワークが相互貫入することできわめて高い強靭性を実現している.

がよく知られており，動的光散乱の**非エルゴード性**の原因にもなっている[15]．その場合，架橋点間距離も不均一であるため，ゲルに外力を加えると，長さが短い架橋点間高分子に応力集中が起こり，ゲルは容易に破断してしまう．それを解消するために，架橋構造にさまざまな工夫が検討されている．

2種類の高分子ネットワークが互いに入り組んで絡み合った二重の網目構造を**相互貫入高分子ネットワーク**（interpenetrating polymer network, IPN）と呼ぶ．この2つのネットワークの柔軟性を大きく変えることで，高含水率にもかかわらず MPa 程度の高い圧縮破壊強度を示す超高強度ゲル（**ダブルネットワークゲル**）が合成されている（図 5.12）[16]．このように柔軟な構造と剛直な構造が互いに入り組むことで破壊強度が著しく向上する例は，生物などでよく見られており，バイオミメティック材料としても興味を持たれている．また，ヘクトライトというクレイを水溶液中で剥離して均一に分散し，その溶液中で PNIPAM を重合することによって有機無機ハイブリッドゲル（**ナノコンポジットゲル**）が合成されている（図 5.13）[17]．この有機無機ハイブリッドゲルでは，クレイが高分子ネットワークの面架橋点として働き，超高分子量の PNIPAM 鎖が大量にクレイ表面に吸着することで，高含水率にもかかわらず優れた伸長性と透明性が実現できている．

これとは異なるアプローチとして，超分子化学を高分子ネットワークに応用した例を最後に紹介しよう．超分子とは，異なる種類の分子から非共有結合性の相互作用によって構成される分子集合体であり，単独の分子とは異なる物性や機能を発現する点

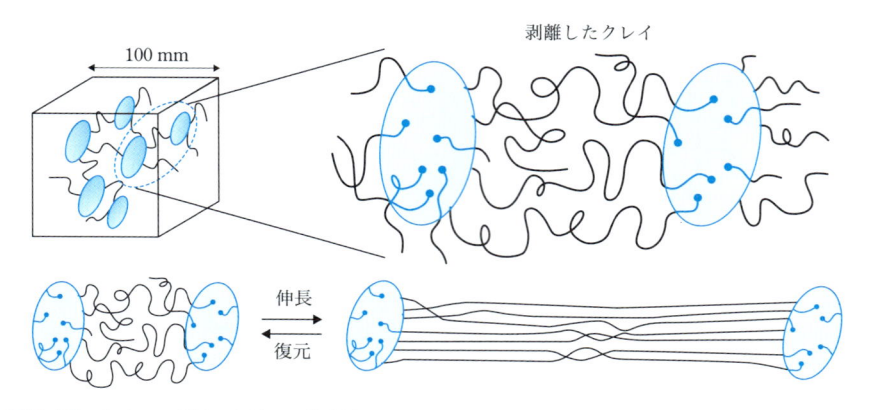

図 5.13 ナノコンポジットゲルの模式図
クレイが面架橋剤として働き,大量の高分子鎖がクレイに吸着することで,高い伸長性や強靱性を実現している.

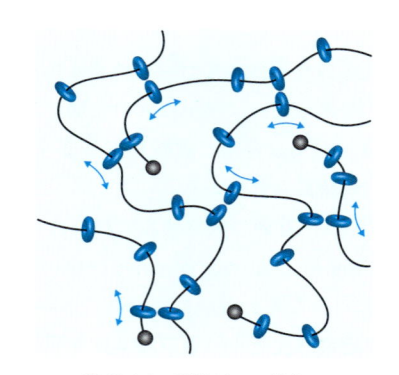

図 5.14 環動ゲルの模式図
架橋点が自由に動くことで応力や張力を分散する.

に特徴がある.その中でも,幾何学的拘束によって集合体を形成している超分子を**トポロジカル超分子**と呼んでいる.代表例としては,知恵の輪のような構造のカテナンや,線状分子が環状分子を貫き両端に大きな分子が付いたロタキサンなどがあげられる.環状分子の数が多くなっているロタキサンをポリロタキサンと呼んでおり,両端が開いたネックレス状の構造になっている.このポリロタキサンの環状分子を架橋することで,図5.14のように架橋点が自由に動く**環動ゲル**が合成されている[18].環動ゲルは,架橋点が動くために高い伸長性や膨潤性を示す.ちなみに架橋点が自由に動く高分子ネットワークの概念は,ゲルだけでなく溶媒を含まないエラストマーにも

応用されている.

　架橋点が動くと，5.2節で述べたアフィンネットワークに基づく力学モデルが成立しなくなる．また環動ゲルの中に架橋されていない環状分子が残っていると，材料の変形にともなって架橋点が動いたときに，環状分子の局所的な配置の自由度が影響を受けるために，高分子の形態エントロピーだけでなく環状分子の配置エントロピーも弾性に影響を及ぼすことになる．　ポリロタキサンの段階では，ほとんど独立であった「ひも」と「環」のエントロピーが，架橋によって強く結合することになり，その結果スライディング弾性やスライディング転移など，通常の高分子材料にはない新しい物性を環動ゲルは示す[19].

文献

1) 日本ゴム協会 編,ゴム工業便覧 第4版,日本ゴム協会（1994）
2) L. R. G. Treloar, *The Physics of Rubber Elasticity*（Oxford Classical Texts in the Physical Sciences）, Oxford University Press, Oxford（2005）
3) J. E. Mark and B. Erman, *Rubberlike Elasticity : A Molecular Primer*, Cambridge University Press, Cambridge（2007）
4) M. Rubinstein and R. H. Colby, *Polymer Physics*, Oxford University Press, Oxford（2003）
5) F. Tanaka, *Polymer Physics : Applications to Molecular Association and Thermoreversible Gelation*, Cambridge University Press, Cambridge（2011）
6) 久保亮五,ゴム弾性,裳華房（1996）
7) 吉田 亮,高分子ゲル（高分子先端材料 One Point）,共立出版（2004）
8) 長田義仁,梶原莞爾 編,ゲルハンドブック,エヌティーエス（2003）
9) 秋葉光雄,熱可塑性エラストマーのすべて,工業調査会（2003）
10) P. J. Flory and J. Rehner, Jr., *J. Chem. Phys.*, **11**, 521-526（1943）
11) T. Tanaka, *Phys. Rev. Lett.*, **40**, 820-823（1978）
12) N. Murata, A. Konda, K. Urayama, T. Takigawa, M. Kidowaki, and K. Ito, *Macromolecules*, **42**, 8485-8491（2009）
13) T. Tanaka and D. J. Fillmore, *J. Chem. Phys.*, **70**, 1214-1218（1979）
14) M. Doi, *J. Phys. Soc. Jpn.*, **78**, 052001-052020（2009）
15) M. Shibayama, *Macromol. Chem. Phys.*, **199**, 1-30（1998）
16) J. P. Gong, Y. Katsuyama, T. Kurokawa, and Y. Osada, *Adv. Mater.*, **15**, 1155-1158（2003）
17) K. Haraguchi and T. Takehisa, *Adv. Mater.*, **16**, 1120-1124（2002）
18) Y. Okumura and K. Ito, *Adv. Mater.*, **13**, 485-487（2001）
19) K. Kato and K. Ito, *Soft Matter*, **7**, 8737-8740（2011）

第6章　絡み合い現象と粘弾性

　物質の力学的性質は，変形や流動によって発生する力と，変形量または変形速度の間の関係として表現される．最も単純な場合には，ある時刻における力がその時刻での変形量のみで決まり，力と変形量の間に比例関係が成立する「フック弾性」，あるいは，ある時刻における力がその時刻での変形速度のみで決まり，力と変形速度の間に比例関係が成立する「ニュートン粘性」が観察される．しかし，大半の固体は，変形速度が十分に大きく変形量は十分に小さい場合にだけ「フック弾性」を示し，大半の液体は，変形速度，変形量の両方が十分に小さい場合にのみ「ニュートン粘性」を示す．換言すれば，フック弾性とニュートン粘性は，こうした極限条件下でのみ観察される力学的性質であり，一般の変形条件下では，これらの中間の性質が観察されることが多い．

　本章は，屈曲性高分子のメルト（融体）および溶液を対象とする．これらの「高分子液体」では，系中の高分子鎖の形態（コンホメーション）の分布が物質外部で観察される力を決定する．大規模な形態変化は高分子鎖の骨格全体にわたる熱運動によりもたらされるが，この形態変化が人間の感覚で検出されるほど遅いため，フック弾性とニュートン粘性の中間の力学的応答が顕著となる．すなわち，高分子液体に外部から変形が与えられた直後には，系内の高分子鎖の形態分布は平衡状態における分布から逸脱して物質外部で観察される巨視的な力が発生するが，その後に十分な時間が経過すれば，高分子鎖の熱運動により変形前の平衡形態分布が回復され，系は変形したままで力は緩和する．その結果，高分子液体は，短時間域では弾性体のようにふるまい，長時間域では粘性体のようにふるまう．このような力学的性質を**粘弾性**と呼ぶ．

　上記のように，高分子液体は，高分子鎖の熱運動と密接に関係した粘弾性緩和を示す．濃厚溶液およびメルト系中の高分子鎖同士は互いに深く貫入しているので，その大規模な熱運動には「絡み合い効果」と呼ばれる遅延効果が現れ，緩和挙動に大きな影響を与える．さらに，屈曲性高分子鎖は，破断することなく大きな形態変化を示しうるため，絡み合い高分子系における力と変形量・変形速度の関係は著しい非線形性を示す．本章では，このような屈曲性高分子液体の粘弾性的性質を，分子論と現象論の両方の立場から説明する．また，粘弾性緩和現象とは異なる形で高分子鎖の熱運動を反映する誘電緩和現象についても概説し，絡み合いについての理解の精密化を図る．

6.1 ■ 応力と歪みの現象論的定義[1]

ここではまず，対象を高分子に限定せず，応力と歪みに関する基本的な説明をしよう．図 6.1 に示すように，立方体の形状をもつ物体を考える．変形・流動を受けた物体は力を発生する．この力は物体内の面の裏表でつり合った状態にある．すなわち，面の表側の物質が面を力 f で引っ張っていれば，面の裏側の物質は面を力 $-f$ で引っ張っている．このことは，変形したゴムを考えれば容易に想像されるであろう．この力 f が物体表面までつり合った形で伝達され，外部から測定される．したがって，物体表面での測定から，物体内部の力の働き方を知ることができる．

未変形の物体内では，上記の力 f は等方的に働き，圧力と等価になっている．一方，変形された物体内では，f は想定する面の方向によって異なり，異方的となる．このような物体内の力の状態を記述する際には，図 6.1 のように，変形を受けた物体内に微小な立方体を想定すると便利である．この微小な立方体の面のうち，x, y, z 方向に法線をもつ面をそれぞれ x, y, z 面と呼ぶことにする．微小な立方体の外側の物質が j 面（$j=x, y, z$）に対して作用する力の i 方向（$i=x, y, z$）の成分 f_{ij} に着目し，この成分を微小面の面積 ΔA で規格化した量 $\sigma_{ij}=f_{ij}/\Delta A$ を**応力成分**と定義する．（j で力の成分を，i で面を指定する流儀もあるが，ここでは上記の定義に従う．）

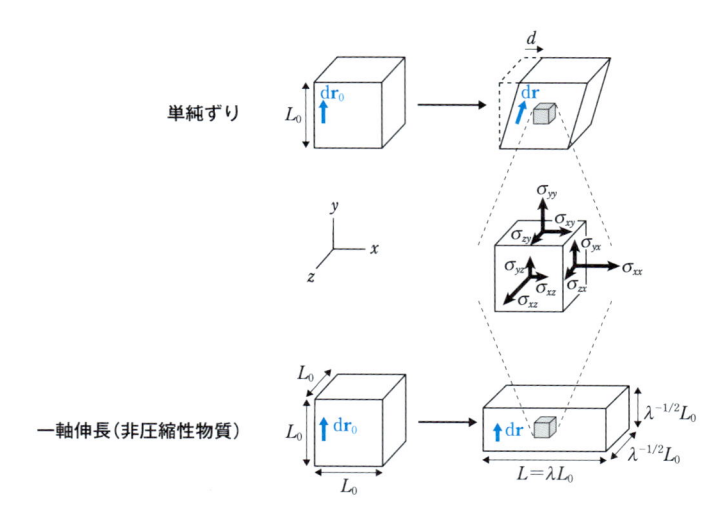

図 6.1 応力成分 σ_{ij}

立方体は6つの面を有し，各面に働く力は3個の成分をもつので，σ_{ij} は18個存在することになる．しかし，微小な立方体全体にわたる力のつり合い，トルクのつり合いの条件から6個の σ_{ij} のみが独立となる．（力のつり合いの条件が破れると微小な立方体は無限大の速度で並進し，また，トルクのつり合いの条件が破れると微小な立方体は無限大の速度で回転してしまう．）この6個の σ_{ij} を成分とする量 $\boldsymbol{\sigma}$ を**応力テンソル**と呼ぶ[注1]．（この量 $\boldsymbol{\sigma}$ を単に応力と呼ぶこともある．）$\boldsymbol{\sigma}$ の成分を表示する場合には，式(6.1.1)のように行列を用いるのが便利である．ただし，行列として表示された成分は基準となる座標軸の選び方に依存して変化するが，$\boldsymbol{\sigma}$ という量自体は座標軸の選び方に依存せず，物体内における力の作用の状態を記述する物理量であることに注意が必要である．

$$\boldsymbol{\sigma} = \begin{bmatrix} \sigma_{xx} & \sigma_{xy} & \sigma_{xz} \\ \sigma_{yx} & \sigma_{yy} & \sigma_{yz} \\ \sigma_{zx} & \sigma_{zy} & \sigma_{zz} \end{bmatrix} \tag{6.1.1}$$

式(6.1.1)の $\boldsymbol{\sigma}$ は9個の成分をもつが，トルクのつり合いの条件から $\sigma_{ij} = \sigma_{ji}$ なので，6個の成分のみが独立な成分となる．（この $\boldsymbol{\sigma}$ のように，ij 成分と ji 成分が一致するテンソルは，対称テンソルと呼ばれる．）

ここで，図6.2のように，物体内において任意の方向を向いた微小面に働く力 $\boldsymbol{f}$ を考えよう．この力は，微小面の面積 ΔA と単位法線ベクトル $\mathbf{n}(|\mathbf{n}|=1)$，および，応力テンソル $\boldsymbol{\sigma}$ を用いて

$$\boldsymbol{f} = \boldsymbol{\sigma} \cdot \mathbf{n}\,\Delta A \tag{6.1.2}$$

と表される（式(6.1.2)の導出については発展6.1を参照されたい）．式(6.1.2)は，物体内の力の状態が $\boldsymbol{\sigma}$ によって完全に記述されることを意味する．

物体の変形の程度を記述する際には，物体内に2つの点を想定し，これらの2点が相対的にどのくらい変位されたかに着目する．図6.1に示した単純ずり変形の場合は，y 方向の辺の長さが L_0 である物体の上面が，下面に対し

図6.2 任意の面に作用する力 $\boldsymbol{f} = \boldsymbol{\sigma} \cdot \mathbf{n}\,\Delta A$

[注1] 本章で扱う範囲では，テンソルとは，あるベクトルを別のベクトルに変換する量であると考えて差し支えない．たとえば，応力テンソル $\boldsymbol{\sigma}$ は，式(6.1.2)が示すように，法線ベクトル $\mathbf{n}$ をベクトル量である力 $\boldsymbol{f}$ に変換する量である．また，式(6.1.5)，(6.1.6)で導入される変位テンソル $\mathbf{E}(=\partial \mathbf{r}/\partial \mathbf{r}_0)$ は，変形前のベクトル $d\mathbf{r}_0$ を変形後のベクトル $d\mathbf{r}$ に変換する量である．より詳細については，巻末の付録Cを参照されたい．

● 発展 6.1　　式 (6.1.2) の導出

任意の面に作用する力 f と応力テンソル σ の間の関係を調べるため，右の図に示すように，物質内のある点 P の近傍に微小な面 ABC を考える．計算を簡単に行うために，点 A, B, C はそれぞれ x, y, z 軸上の点とする．この図から明らかなように，$-x$ 方向，$-y$ 方向，$-z$ 方向を向いた微小面 PBC, PCA, PAB に働く力 $\mathbf{F}_1, \mathbf{F}_2, \mathbf{F}_3$ は，それぞれの面の面積 $\delta_1, \delta_2, \delta_3$ と σ の成分を用いて

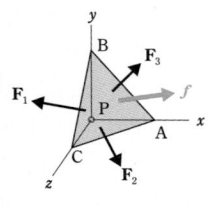

図 微小面に働く力

$$\mathbf{F}_1 = -\delta_1 \begin{pmatrix} \sigma_{xx} \\ \sigma_{yx} \\ \sigma_{zx} \end{pmatrix}, \quad \mathbf{F}_2 = -\delta_2 \begin{pmatrix} \sigma_{xy} \\ \sigma_{yy} \\ \sigma_{zy} \end{pmatrix}, \quad \mathbf{F}_3 = -\delta_3 \begin{pmatrix} \sigma_{xz} \\ \sigma_{yz} \\ \sigma_{zz} \end{pmatrix} \tag{E6.1.1}$$

と表される．面 PBC, PCA, PAB は図 6.1 に示した立方体の面（x, y, z 方向の面）と向かい合った面なので，式 (E6.1.1) には負号が含まれていることに注意されたい．

微小な三角錐 PABC の 4 つの面に働く力は，つり合いの条件を満たす．（もし，このつり合いが破れると，質量が無限小の微小三角錐は無限の速さで運動してしまう．）したがって，着目する面 ABC に働く力 f は，この面の面積 ΔA を用いて

$$f = -\{\mathbf{F}_1 + \mathbf{F}_2 + \mathbf{F}_3\} = \Delta A \begin{pmatrix} \sigma_{xx} r_1 + \sigma_{xy} r_2 + \sigma_{xz} r_3 \\ \sigma_{yx} r_1 + \sigma_{yy} r_2 + \sigma_{yz} r_3 \\ \sigma_{zx} r_1 + \sigma_{zy} r_2 + \sigma_{zz} r_3 \end{pmatrix} \tag{E6.1.2}$$

と表される．ここで，$r_i = \delta_i / \Delta A$ ($i = 1, 2, 3$) は面 PBC, PCA, PAB と面 ABC の面積比である．この面積比は面 ABC の単位法線ベクトル $\mathbf{n}$ の成分 n_x, n_y, n_z に等しく

$$r_1 = n_x, \quad r_2 = n_y, \quad r_3 = n_z \tag{E6.1.3}$$

となる．（たとえば，三角形 ABC を x 軸と y 軸がつくる面に投影して得られる面積が $n_z \Delta A$ となることを考えれば，式 (E6.1.3) は容易に理解されるであろう．）式 (E6.1.2)，(E6.1.3) から，$f = \sigma \cdot \mathbf{n} \Delta A$ となり，式 (6.1.2) が導出される．

て x 方向に d だけ変位されている．また，非圧縮性物質に対する一軸伸長変形の場合では，物体は x 方向に λ 倍に伸長され，y, z 方向には $\lambda^{-1/2}$ 倍に伸長される．これらの変形様式について，ずり歪み γ および伸長歪み ε を，1 辺の単位長さあたりの変位量として以下の式で定義する．

ずり歪み：$\gamma = d/L_0$ (6.1.3)

伸長歪み：$\varepsilon = \ln \lambda$ (6.1.4)

（式(6.1.4)で定義される歪みはHencky歪みとも呼ばれる．）単純ずり変形の場合，図6.1に太い矢印で示した変形前の微小ベクトル $d\mathbf{r}_0 = dr_0(0, 1, 0)^+$（添え字の $^+$ は転置を表す）は，変形後に微小ベクトル $d\mathbf{r} = dr_0(\gamma, 1, 0)^+$ に変換される．また，一軸伸長変形の場合，$d\mathbf{r}_0 = dr_0(0, 1, 0)^+$ は変形後に $d\mathbf{r} = dr_0(0, \lambda^{-1/2}, 0)^+$ に変換される．より一般的には，変形前に任意の方向を向いていた微小ベクトル $d\mathbf{r}_0$ と変形後の微小ベクトル $d\mathbf{r}$ の関係は，変位テンソル $\mathbf{E}$ を用いて

単純ずり変形の場合：$d\mathbf{r} = \mathbf{E} \cdot d\mathbf{r}_0, \quad \mathbf{E} = \begin{bmatrix} 1 & \gamma & 0 \\ 0 & 1 & 0 \\ 0 & 0 & 1 \end{bmatrix}$ (6.1.5)

一軸伸長変形の場合：$d\mathbf{r} = \mathbf{E} \cdot d\mathbf{r}_0, \quad \mathbf{E} = \begin{bmatrix} \lambda & 0 & 0 \\ 0 & \lambda^{-1/2} & 0 \\ 0 & 0 & \lambda^{-1/2} \end{bmatrix}$ (6.1.6)

のように記述される．（一般的には，変位テンソルは $\mathbf{E} = \partial \mathbf{r}/\partial \mathbf{r}_0$ と表される．）

式(6.1.5)，(6.1.6)の $\mathbf{E}$ には，物体の剛体回転に由来する $d\mathbf{r}_0$ の変化も寄与している．自明ではあるが，剛体回転では応力は発生しない．このため，応力と対応するように，剛体回転の寄与を除いた正味の3次元的な歪みを表す量を導入する必要がある．この量として，以下の歪みテンソル $\boldsymbol{\gamma}, \boldsymbol{\varepsilon}$ が広く用いられている．

単純ずり変形の場合：$\boldsymbol{\gamma} = \mathbf{E} \cdot \mathbf{E}^+ = \begin{bmatrix} 1+\gamma^2 & \gamma & 0 \\ \gamma & 1 & 0 \\ 0 & 0 & 1 \end{bmatrix}$ (6.1.7)

一軸伸長変形の場合：$\boldsymbol{\varepsilon} = \mathbf{E} \cdot \mathbf{E}^+ = \begin{bmatrix} \lambda^2 & 0 & 0 \\ 0 & \lambda^{-1} & 0 \\ 0 & 0 & \lambda^{-1} \end{bmatrix}$ (6.1.8)

（剛体回転の寄与を除く方法は何種類かある．式(6.1.7)，(6.1.8)のように，変位テンソル $\mathbf{E}$ とその転置 $\mathbf{E}^+$ の積をつくることで剛体回転の寄与を除いた歪みテンソルをFingerの歪みテンソルと呼ぶ．）

物質の力学的性質は，歪みテンソル（たとえば $\boldsymbol{\gamma}$ や $\boldsymbol{\varepsilon}$）と応力テンソル $\boldsymbol{\sigma}$ の間の関係として記述される．たとえば，理想的な等方的弾性体が単純ずり変形を受けた場合

には，$\sigma = G\gamma$（G はずり剛性率と呼ばれる弾性定数）という関係が成立する．本章で扱う高分子液体の場合，応力を発生させる構成要素は高分子鎖（より正確には鎖の各部分）である．巨視的に定義される歪み γ や ε が一定に保たれる場合でも，構成要素の微視的な歪みは時間とともに減衰することが可能であり，この減衰が巨視的な応力 σ の緩和（粘弾性緩和）をもたらす．その概要を次節で述べる．

6.2 ■ 均質高分子液体の応力

　屈曲性高分子鎖は，多数のモノマーが化学的に連結された糸状の構造をもつ．このため，図 6.3 が示すように，鎖の形態は空間スケールに応じた階層性をもつ．高分子液体中で鎖は激しく熱運動を行い，その形態は観測の時間スケールに応じて変化している（ゆらいでいる）．短い時間スケールでは局所的な運動が起こり，たとえば主鎖骨格上で隣接するモノマーの相対的ねじれの変化や隣接モノマーとのパッキング状態の変化が誘起される．一方，長い時間スケールでは鎖全体にわたる大規模な運動が起こり，たとえば鎖の末端間ベクトルの大きな変化が誘起される．

　平衡状態において，個々の高分子鎖は常に上記の熱運動と形態変化を示しているが，鎖の集団全体としては，時間によらない形態分布（たとえば末端間ベクトルの等方的な分布）を示す．このような鎖の集団に対して外部から瞬間的に歪みが印加されると，鎖の形態分布は平衡状態での分布とは異なるものとなる．物質外部で検出される応力は，この平衡分布からのずれを反映する．時間の経過とともに，鎖のランダムな熱運動によって鎖の形態分布は平衡分布へと戻り，この過程で応力が緩和する．これが，高分子液体が示す力学緩和，すなわち粘弾性緩和の本質である．

　前述のように，高分子鎖は空間スケールに応じた階層的形態を示すので，応力と鎖の形態の関係も階層的となる．この階層性を説明

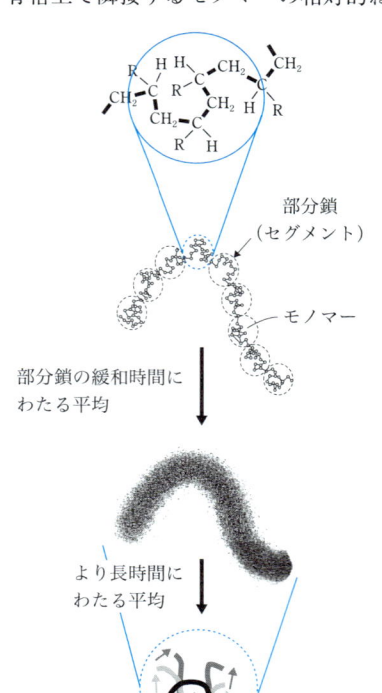

図 6.3　高分子鎖の階層的形態

6.2 均質高分子液体の応力

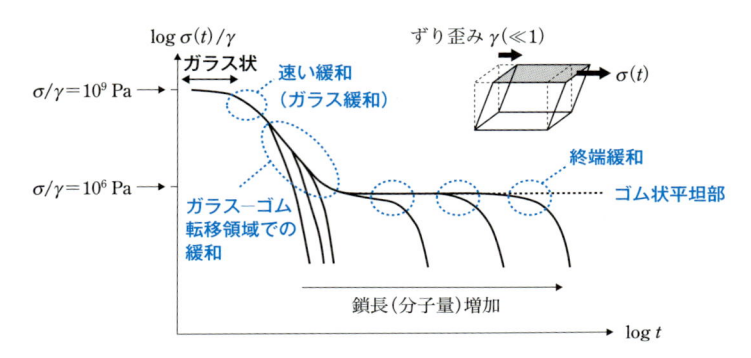

図 6.4 単分散直鎖高分子メルト系の応力緩和の模式図

するための例として，種々の分子量 M をもち，分子量分布が狭い（以下，単分散と称する）直鎖高分子のメルト系に対して瞬間的に微小なずり歪み $\gamma(\ll 1)$ を印加する場合を考える．この歪みによって発生するずり応力 $\sigma(t)$（図 6.1 の σ_{xy}）の時間依存性を図 6.4 に模式的に示す．縦軸は歪みで規格化したずり応力 $\sigma(t)/\gamma$，横軸は時間 t であり，$\sigma(t)$ の緩和の様子を両対数スケールで示している．$\gamma \ll 1$ では，$\sigma(t)/\gamma$ は γ に依存しない量となる．（この量の詳細については 6.3 節で述べる．）

図 6.4 が示すように，歪みを印加した直後（短時間域）の高分子メルト系の $\sigma(t)/\gamma$ は，高分子の種類や分子量[注2]にあまり依存せず，10^9 Pa 程度の値をとる．この時間域における高分子メルト系は，力学的には，ガラスとしてふるまう．

時間経過とともに $\sigma(t)/\gamma$ は緩和（減少）するが，分子量が低い場合には，速いガラス緩和の後に $\sigma(t)/\gamma \propto t^{-\alpha}(\alpha \cong 1/2)$ というべき乗則で特徴づけられる緩和が起こり，さらに，十分に時間が経過した後（長時間域）では，$\sigma(t)/\gamma \propto \exp(-t/\tau)$ という指数関数型の終端緩和が起こる．この τ は終端緩和時間と呼ばれる．べき乗型の緩和挙動は分子量に依存せず[注2]高分子鎖の局所的な運動を反映する．一方，終端緩和挙動は主鎖骨格全体にわたる大規模な運動を反映し，その特性時間である τ は分子量とともに大きくなる（分子量 M に対して $\tau \propto M^\beta, \beta \cong 2$ という依存性を示す）．

分子量が十分に高い鎖に対しては，べき乗型の緩和と指数関数型の終端緩和の間に緩和がほとんど進行しない中間領域が出現し，主鎖骨格全体にわたる運動を反映する終端緩和時間 τ は分子量の増加とともに著しく増加する（$\tau \propto M^{\beta'}, \beta' \cong 3.4$ という依存

[注2] 一般に分子量が 1 万程度以下となると，分子量の低下とともにガラス転移温度 T_g が減少する．この T_g の減少が起こると，同一温度におけるガラス緩和とべき乗型の緩和は，分子量の低下とともに加速される．しかし，説明を簡単にするため，図 6.4 ではこの加速は考慮していない．

性が観察される).この中間領域における$\sigma(t)/\gamma$の値は高分子の種類に依存するが,おおむね$10^5 \sim 10^6$ Paの範囲にある.この値が架橋ゴムの弾性率と同程度であることから,中間領域における$\sigma(t)/\gamma$の平坦部は「ゴム状平坦部」と呼ばれ,べき乗型の緩和が起こる時間域は「ガラス－ゴム転移領域」と呼ばれる.分子量が高く,深く貫入し合った鎖同士は,その大規模運動を互いに拘束し合っている.このような高分子量鎖の大規模運動は低分子量の鎖の挙動（$\tau \propto M^2$）から予測されるよりも遅延され,このため,前記のτの著しい増加が起こる.深く貫入し合った高分子鎖と絡み合った糸のアナロジーから,この遅延効果は「絡み合い効果」と呼ばれている.また,同じ理由で,ゴム状平坦部は「絡み合い平坦部」とも呼ばれている.

一般に,高分子鎖中のモノマーは主鎖骨格方向とそれに直交する方向で異なる分極率をもつため,歪み下におけるモノマーの配向状態を光学的手法によって検出できる.詳細な実験と解析の結果,主鎖骨格上の隣接モノマーのねじれ（モノマーの面配向）と主鎖骨格の軸配向（モノマーの結合軸の配向）は,応力に対して別々に寄与していることが明らかとなっている.また,歪みで誘起されたモノマーの面配向とモノマーの空間的充填の乱れがガラス領域における応力の主因となっていること,および,時間の経過とともに鎖の局所運動によってモノマーの面配向と充填の乱れが解消されてガラス緩和が起こることなどが見出されている[2].さらに,ガラス－ゴム転移領域より長時間側では主鎖骨格の軸配向が応力の原因となり,種々の空間スケールにおける主鎖骨格の熱運動が応力緩和をもたらすことも明らかになっている[2].以下では,この長時間域に限定して,応力と鎖の形態を対応づける表式を説明する.

6.2.1 ■ 長時間域における応力表式（応力－光学則とエントロピー弾性）

高分子鎖の長時間域における応力を考える際には,鎖を均等にN個の部分鎖に分割し,各部分鎖の末端間ベクトルに着目する.部分鎖の大きさは,着目する時間スケールにおいて部分鎖中のモノマーが互いに位置を交換し合って平衡化されているように選ぶ.このような部分鎖の末端間ベクトル$\mathbf{u}$（成分で表すと$\mathbf{u}=(u_x, u_y, u_z)^+$；添え字の$^+$は転置を表す）は熱平衡分布を示すが,1章の発展1.5でも説明したように,その分布関数は,次式のGauss分布関数$\psi(\mathbf{u})$で良く近似される[3].

$$\psi(\mathbf{u}) = K \exp\left(-\frac{3\mathbf{u}^2}{2a^2}\right), \quad K = \left(\frac{3}{2\pi a^2}\right)^{3/2} \tag{6.2.1}$$

ここで,a^2は平衡時における部分鎖の平均二乗長さ$\langle \mathbf{u}^2 \rangle_{eq}$と一致する（$\langle \ldots \rangle_{eq}$は平衡時の統計平均を表す).また,$K$は$\int_{-\infty}^{\infty} \psi(\mathbf{u}) du_x du_y du_z = 1$を保証する規格化定数である.式(6.2.1)は高分子鎖の酔歩モデルから導出されるが,後述のように,部分鎖の弾性エ

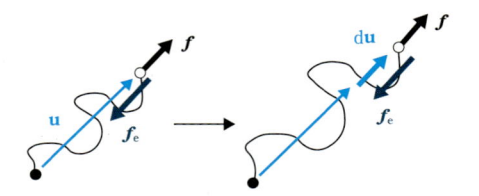

図6.5 部分鎖の仮想的伸長

ネルギーに対応する Boltzmann 分布関数とみなすこともできる．

統計力学によれば，上記の分布関数に対応するエントロピー S は

$$S = k_B \ln \psi(\mathbf{u}) = -\frac{3k_B}{2a^2}\mathbf{u}^2 + k_B \ln K \tag{6.2.2}$$

で与えられる．k_B は Boltzmann 定数である．（統計力学の枠組みのまとめについては，巻末の付録 A を参照頂きたい．）

式(6.2.2)に基づいて，部分鎖の張力 f_e を以下のように求めることができる．図6.5 に示すように，鎖の一端を固定し，系の絶対温度 T を一定として他端に張力とつり合う外力 $f = -f_e$ を加え，部分鎖の末端間ベクトルを $d\mathbf{u}$ だけ可逆的に増加させることを考える．このとき，鎖が得る仕事 dw は

$$dw = \boldsymbol{f} \cdot d\mathbf{u} \tag{6.2.3}$$

で与えられる．熱力学によれば，等温・可逆的に部分鎖が得た仕事は，鎖の Helmholtz エネルギー A（$= U - TS$；U は内部エネルギー）の増加分 dA_T（$= dU_T - TdS_T$；添え字の T は等温であることを示す）に等しい．あまり大きな伸長でなければ，部分鎖の U は変化しない（$dU_T = 0$）．したがって，式(6.2.2)から，等温伸長された部分鎖の Helmholtz エネルギーの増加分は $dA_T = -TdS_T = (3k_BT/2a^2)\{(\mathbf{u}+d\mathbf{u})^2 - \mathbf{u}^2\} = (3k_BT/a^2)\mathbf{u}\cdot d\mathbf{u}$ と表される．この dA_T が式(6.2.3)の dw と等しいので

$$\boldsymbol{f} = -\boldsymbol{f}_e = \frac{3k_BT}{a^2}\mathbf{u} \tag{6.2.4}$$

となる．すなわち，部分鎖は自然長が0であり，バネ定数が $\kappa = 3k_BT/a^2$ で与えられるフック・バネと等価となり，部分鎖の両末端間には張力 $f_e = -\kappa\mathbf{u}$ が働いている．この張力は，熱力学的には部分鎖のエントロピーに由来するので，エントロピー張力とも呼ばれる．なお，このバネの弾性エネルギーは $E(\mathbf{u}) = \kappa\mathbf{u}^2/2$ で与えられるので，対応する Boltzmann 分布関数は $\psi(\mathbf{u}) \propto \exp[-E(\mathbf{u})/k_BT] = \exp(-3\mathbf{u}^2/2a^2)$ となる．これが，式(6.2.1)の Gauss 分布関数に一致することに留意されたい．

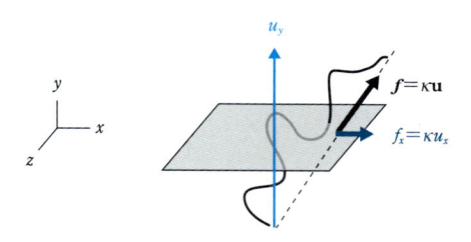

図 6.6　部分鎖の応力への寄与

　上記のように，内部のモノマーが平衡化した部分鎖の末端には，外部から与えた歪みの有無によらず，常に張力が働いている．したがって，図 6.6 のように部分鎖が物質内のある面を貫通すれば部分鎖の張力がこの面に伝達され，面の表側に位置する部分鎖の端が貫通点を力 $f = -f_e = (3k_B T/a^2)\mathbf{u}$ で引っ張る．この力 f が応力 σ に寄与する．たとえば，図 6.6 が示すように，ずり応力 σ_{xy} には y 面を貫通する部分鎖の f の x 成分 $f_x = (3k_B T/a^2)u_x$ が寄与する．この寄与は，部分鎖が面を貫通してはじめて発生するものなので，正味のずり応力への寄与は，y 面への貫通頻度に対応する部分鎖の末端間ベクトルの y 成分 u_y と f_x の積で与えられる．したがって，単分散高分子の液体に対して時刻 t において巨視的に検出されるずり応力 $\sigma_{xy}(t)$ は，単位体積中に含まれるすべての部分鎖についての u_y と f_x の積 $(3k_B T/a^2)u_x u_y$ の総和として

$$\sigma_{xy}(t) = 3\nu k_B T \sum_{n=1}^{N} S(n,t), \quad S(n,t) \equiv \left\langle \frac{1}{a^2} u_x(n,t) u_y(n,t) \right\rangle \quad (6.2.5)$$

と表される．ここで，ν は鎖の数密度，$u_x(n, t)$ と $u_y(n, t)$ は時刻 t における n 番目の部分鎖の末端間ベクトル $\mathbf{u}(n, t)$ の x 成分および y 成分であり，$\langle ... \rangle$ はすべての鎖についての統計平均を表す．$S(n, t)$ は n 番目の部分鎖の配向分布の異方性のずり成分（これは，後出の配向テンソル $\mathbf{S}$ のずり成分と一致する）を表し，**ずり配向関数**と呼ばれる．部分鎖が等方的に分布していれば，$S(n, t) = 0$ となることに留意されたい．なお，すべての部分鎖の $a^2 (= \langle \mathbf{u}^2 \rangle_{eq})$ が同一で時間に依存しなければ（すなわち，部分鎖に含まれるモノマー数が時間とともに変化しなければ），$S(n, t)$ の定義式に含まれる $1/a^2$ を平均操作 $\langle ... \rangle$ の外に出して $S(n, t) = a^{-2} \langle u_x(n, t) u_y(n, t) \rangle$ としてよい．また，多分散高分子系では，それぞれの分子量成分に対して式(6.2.5)で与えられる σ_{xy} を足し合わせれば，系全体の σ_{xy} が得られる．これらの点は，後述の応力テンソルの表式についても同様である．

　上記のように，内部平衡化した部分鎖は，常にそれが貫通している面に対して張力

を及ぼす．それでは，なぜ，未変形時の高分子液体は外部で検出される応力を示さないのであろうか．この疑問に答える鍵は，多数の部分鎖の間のつり合いである．未変形時には，部分鎖の方向は全方位に均等に分布（等方分布）しているので，たとえば図6.7に示すように，ある面を貫通する部分鎖の中には，末端間ベクトルのy成分は同じであるがx成分の絶対値が同じで符号が異なるものが同数存在する．この場合，これらの部分鎖の間でずり応力σ_{xy}に寄与する張力のx成分がつり合って，面に働く正味の巨視的ずり応力は0となる．この例から明らかなように，外部から加えた歪みによって部分鎖の配向分布が異方的になるときに，巨視的なずり応力が発生する．

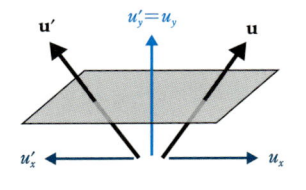

図 6.7 張力成分のつり合い

一方，部分鎖が面に及ぼす張力の法線成分には，上記のような張力成分のつり合いは働かない．しかし，部分鎖の配向分布が等方的であれば，部分鎖全体として，高分子液体内のすべての面の単位面積に対して，同じだけの張力を法線方向に（図6.1の微小立方体の面の外向きに）及ぼす．この法線方向の張力は高分子液体内の等方的な圧力とつり合い，その結果として，法線方向の巨視的な応力成分は0となる．（圧力は，図6.1の微小立方体の面に対して内向きに作用していることに留意されたい．）したがって，外部から加えた歪みによって部分鎖の配向分布が異方的になるときに，法線方向にも巨視的な応力成分が発生する．

上記の状況は，式(6.2.5)を含めた形で，高分子液体の応力テンソル$\boldsymbol{\sigma}(t)$の表式として次のようにまとめることができる．

$$\boldsymbol{\sigma}(t) = 3\nu k_\text{B} T \sum_{n=1}^{N} \mathbf{S}(n,t) - p\mathbf{I}, \quad \mathbf{S}(n,t) = \left\langle \frac{1}{a^2} \mathbf{u}(n,t)\mathbf{u}(n,t) \right\rangle \quad (6.2.6)$$

ここで，$p(>0)$は等方的圧力の大きさ，$\mathbf{I}$は単位テンソルを表す．式(6.2.6)においてpの前に負号がついているのは，上記のように，圧力が系内の微小立方体の面を内側に押し込む方向に働いていることを表す．$\mathbf{S}(n,t)$はn番目の部分鎖の配向異方性（図6.4で説明した主鎖骨格の軸配向の異方性）と伸長を表す量であり，配向テンソルと呼ばれる．$\mathbf{S}(n,t)$は$\mathbf{u}(n,t)$のダイアディック（dyadic）[注3]の平均と等価であり，そのi,j成分（$i,j=x,y,z$）は$\langle a^{-2} u_i(n,t) u_j(n,t) \rangle$で与えられる．

[注3] 2つのベクトル量$\mathbf{A},\mathbf{B}$の成分の積$A_i B_j$をi,j成分とする量（テンソル量）を$\mathbf{A}$と$\mathbf{B}$のダイアディックと呼び，$\mathbf{AB}$と表記する．

ガラス緩和が終了した長時間域(図6.4のガラス－ゴム転移領域より長時間域)では，高分子液体の巨視的な屈折率の異方性は $\sum_{n=1}^{N} \mathbf{S}(n,t)$ に比例する．したがって，部分鎖が式(6.2.1)を満たす Gauss 鎖とみなせる限り，そのような長時間域では，屈折率の異方性を表す光学異方性テンソル $\Delta\mathbf{n}$ と応力テンソル $\boldsymbol{\sigma}$ が比例するという応力－光学則が成立する[2,3]．逆に，ガラス緩和が終了していない短時間域では，図6.4で説明したように，モノマーの面配向と充填の乱れを反映するガラス緩和に由来する応力成分も $\boldsymbol{\sigma}$ に寄与する．このため，そのような短時間域では，応力－光学則は成立せず，応力がモノマーの軸配向と面配向およびモノマーの充填乱れという複数種の起源をもつことを考慮した修正応力－光学則[2]が成立するが，ここではその詳細についてはふれない．

式(6.2.5)，(6.2.6)は，部分鎖の Gauss 性を表す式(6.2.1)から導出されたものである．したがって，部分鎖が大きく伸長されて Gauss 性からの大きな逸脱が観察される場合には，式(6.2.5)，(6.2.6)は成立しないことに留意が必要である．また，式(6.2.5)，(6.2.6)は Gauss 性が保持され，かつ，上記の長時間域に限定した場合の均一高分子液体の応力を表す式であるが，発展6.2で説明する一般的な応力表式に包含されるものである．(この応力表式は高分子液体のみならず固体粒子分散系などにも適用可能である)．また，式(6.2.5)，(6.2.6)から，高分子液体の応力が部分鎖の選び方(鎖1本あたりの部分鎖数 N の選び方)に依存するように思えるかもしれない．しかし，発展6.3で説明するように，内部で平衡化されている部分鎖を選ぶ限り，式(6.2.5)，(6.2.6)が与える応力は部分鎖の選び方に依存しない．すなわち，式(6.2.5)，(6.2.6)の応力表式は一意性をもつ．ただし，式(6.2.5)，(6.2.6)は部分鎖が Gauss 性を表すことに立脚しているので内部平衡化が起こっていない部分鎖を選択することはできない．このため，発展6.3で説明するように，着目する時間スケールに応じて，選択可能な部分鎖の大きさの上限が存在することに留意が必要である．

● 発展 6.2　　一般的な応力表式

一般に，物質中の構成要素(たとえば高分子液体中の部分鎖や分散系中の粒子)の間に働く力が，物質の応力テンソル $\boldsymbol{\sigma}$ に寄与する．以下では，この力が保存力である場合(力がポテンシャルエネルギーまたは自由エネルギーを用いて記述される場合)について，$\boldsymbol{\sigma}$ の一般的表記を説明する．

図1の(a)に示すように，物質中のある構成要素 α のまわりに，それを中心とする

6.2 均質高分子液体の応力

単位立方体（各辺の長さ＝1）を考える．要素 α に作用する保存力 $\boldsymbol{f}$ はポテンシャルエネルギー（または自由エネルギー）U の勾配として

$$\boldsymbol{f} = -\frac{\partial U}{\partial \boldsymbol{r}} \tag{E6.2.1}$$

と表されるとする．$\boldsymbol{r}$ は任意の原点 O に対する要素 α の位置ベクトルである．また，単位面積をもつ立方体の各面には，法線ベクトル $\boldsymbol{n}$ および $\boldsymbol{\sigma}$ で決まる力 $\boldsymbol{F} = \boldsymbol{\sigma} \cdot \boldsymbol{n}$（式(6.1.2)参照）が作用している．図には，$y$ 面に作用する力 $\boldsymbol{F}_2 = (\sigma_{xy}, \sigma_{yy}, \sigma_{zy})^+$ を示している．

ここで，図1(a)の単位立方体に対して，仮想的な微小変形を加える．この微小変形に対応する仮想的な変位テンソルを $\boldsymbol{E}$ とすれば，要素 α の位置ベクトルは，図1(b)に示すように，$\boldsymbol{r}$ から $\boldsymbol{E} \cdot \boldsymbol{r}$ へと変化する．この変化に伴う立方体のエネルギーの増分 dU は，要素 α の正味の変位 $d\boldsymbol{r} = \boldsymbol{E} \cdot \boldsymbol{r} - \boldsymbol{r} = \{\boldsymbol{E} - \boldsymbol{I}\} \cdot \boldsymbol{r}$（$\boldsymbol{I}$ は単位テンソル）と力 $\boldsymbol{f}$（式(E6.2.1)）を用いて

$$dU = \frac{\partial U}{\partial \boldsymbol{r}} \cdot d\boldsymbol{r} = -\boldsymbol{f} \cdot \{\boldsymbol{E} - \boldsymbol{I}\} \cdot \boldsymbol{r} = -\sum_{i=x,y,z}\sum_{j=x,y,z} f_i \{E_{ij} - \delta_{ij}\} r_j \tag{E6.2.2}$$

と表現される．f_i は $\boldsymbol{f}$ の i 成分，E_{ij} は $\boldsymbol{E}$ の ij 成分，δ_{ij}（クロネッカーのデルタ）は $\boldsymbol{I}$ の ij 成分である．

上記の微小変形により，力 $\boldsymbol{F}$ が作用している面は変位され，単位立方体は力学的仕事 dw を受け取る．この面の変位は，変形前の立方体の向かい合った面の中心同士をつなぎ，要素 α を貫く単位ベクトル $\boldsymbol{h}$ に着目すれば容易に算出される．すなわち，$\boldsymbol{h}$ が変形によって $\boldsymbol{E} \cdot \boldsymbol{h}$ となるので，面の変位は $d\boldsymbol{h} = \boldsymbol{E} \cdot \boldsymbol{h} - \boldsymbol{h} = \{\boldsymbol{E} - \boldsymbol{I}\} \cdot \boldsymbol{h}$ で与えられる．たとえば，y 面については $\boldsymbol{h} = (0, 1, 0)^+$ であるので，$d\boldsymbol{h} = (E_{xy}, E_{yy} - 1, E_{zy})^+$ となる（図1(c)参照）．y 面には，力 $\boldsymbol{F}_2 = (\sigma_{xy}, \sigma_{yy}, \sigma_{zy})^+$ が働いているので，この変位 $d\boldsymbol{h}$ によって単位立方体が受け取る仕事は $dw_y = \boldsymbol{F}_2 \cdot d\boldsymbol{h} = \sum_{i=x,y,z} \sigma_{iy} \{E_{iy} - \delta_{iy}\} = \sum_{i=x,y,z} \sigma_{yi} \{E_{iy} - \delta_{iy}\}$ と表される（$\sigma_{ij} = \sigma_{ji}$ であることに留意されたい）．さらに，x 面の変位，z 面の変位によって立方体が得る仕事を同様に算出して dw_y に加えれば，全仕事 dw が

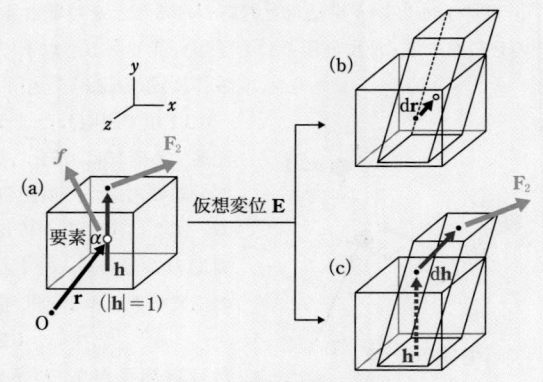

図1 構成要素に働く保存力の応力への寄与

$$dw = \sum_{i=x,y,z}\sum_{j=x,y,z} \sigma_{ji}\{E_{ij} - \delta_{ij}\} \tag{E6.2.3}$$

となることがわかる.

この仕事 dw は立方体のエネルギーの増分 dU に等しい.したがって,式(E6.2.2),(E6.2.3)から,図で着目する要素 α からの $\boldsymbol{\sigma}$ への寄与が

$$\boldsymbol{\sigma}^{[\alpha]} = -\mathbf{r}^{[\alpha]} \boldsymbol{f}^{[\alpha]} \quad (\mathbf{r}^{[\alpha]}と\boldsymbol{f}^{[\alpha]}のダイアディック) \tag{E6.2.4}$$

応力成分: $\sigma_{ij}^{[\alpha]} = -r_i^{[\alpha]} f_j^{[\alpha]} \quad (i,j=x,y,z)$ \tag{E6.2.5}

と表されることがわかる.これらの $\boldsymbol{\sigma}, \sigma_{ij}$ が要素 α からの寄与であることを明示するために,式(E6.2.4),(E6.2.5)では上付き添え字 $[\alpha]$ を追加した.

実際の系内には多数の構成要素が存在し,それらに働く保存力が,すべて応力に寄与する.したがって,式(E6.2.4),(E6.2.5)の $\boldsymbol{\sigma}^{[\alpha]}, \sigma_{ij}^{[\alpha]}$ を<u>単位体積中のすべての要素について足し合わせ,要素の位置ベクトルの分布関数 ψ を用いた平均($\langle\ldots\rangle_\psi$ と表記する)をとる</u>ことで,系の応力は

$$\boldsymbol{\sigma} = -\sum_{\alpha=1}^{K} \langle \mathbf{r}^{[\alpha]} \boldsymbol{f}^{[\alpha]} \rangle_\psi \tag{E6.2.6}$$

応力成分: $\sigma_{ij} = -\sum_{\alpha=1}^{K} \langle r_i^{[\alpha]} f_i^{[\alpha]} \rangle_\psi \quad (i,j=x,y,z)$ \tag{E6.2.7}

と表される.ここで,K は単位体積内の構成要素の数である.

式(E6.2.6)は,系内で働く保存力 $\boldsymbol{f}^{[\alpha]}$ の詳細(たとえば,クーロン力であるとかファンデルワールス力であるとか)が既知であれば,力学量である $\boldsymbol{\sigma}$ を構成要素の位置 $\{\mathbf{r}^{[\alpha]}\}$ の分布という構造量と対応づけることを可能とする応力表式であり,固体粒子の分散系や液/液型乳濁系にも適用可能である.以下では,本章が対象とする高分子液体に式(E6.2.6)を適用してみよう.

6.2.1項で説明したように,屈曲性高分子鎖の応力を記述する際には,鎖を均等に N 個の部分鎖に分割する.部分鎖の両端が,前記の保存力を受ける要素に対応する.図2に示すように α 番目($\alpha=1\sim N$)の部分鎖の両端の番号を $\alpha, \alpha-1$ として,部分鎖端 α(要素 α)の位置ベクトルを $\mathbf{r}^{[\alpha]}$,部分鎖の末端間ベクトルを $\mathbf{u}^{[\alpha]} = \mathbf{r}^{[\alpha]} - \mathbf{r}^{[\alpha-1]}$ とする.6.2.1項で説明したように,部分鎖は自然長が0,バネ定数が $3k_\mathrm{B}T/a^2$($a^2 = \langle \mathbf{u}^2 \rangle_\mathrm{eq}$)のフック・バネとしてふるまうので,要素 α が鎖の末端

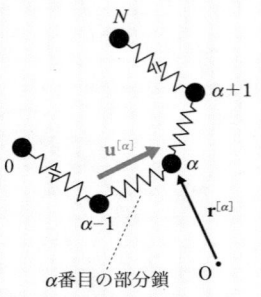

図2 屈曲性高分子鎖のバネ弾性力と応力

でなければ，この要素にはバネの弾性的な保存力 $-(3k_BT/a^2)\mathbf{u}^{[\alpha]} + (3k_BT/a^2)\mathbf{u}^{[\alpha+1]}$ が働く．なお，本章で取り扱う長時間域では，主鎖骨格上のモノマーの面配向やモノマーの空間的充填の乱れは緩和しているので，保存力としては，個々の高分子鎖内の弾性力のみを考える．

また，要素 α が鎖の末端（$\alpha=0, N$）であれば，この要素には保存力 $(3k_BT/a^2)\mathbf{u}^{[1]}$（$\alpha=0$ の場合）あるいは $-(3k_BT/a^2)\mathbf{u}^{[N]}$（$\alpha=N$ の場合）が働く．これらの保存力の表式を式(E6.2.6)に代入し，$\mathbf{u}^{[\alpha]} = \mathbf{r}^{[\alpha]} - \mathbf{r}^{[\alpha-1]}$ であることを考慮すれば，バネの弾性力由来の応力が

$$\begin{aligned}\boldsymbol{\sigma} &= -3\nu k_B T \left[\left\langle \frac{\mathbf{r}^{[0]}\mathbf{u}^{[1]}}{a^2} \right\rangle - \left\langle \frac{\mathbf{r}^{[N]}\mathbf{u}^{[N]}}{a^2} \right\rangle + \sum_{\alpha=1}^{N-1} \left\langle \frac{\mathbf{r}^{[\alpha]}(-\mathbf{u}^{[\alpha]} + \mathbf{u}^{[\alpha+1]})}{a^2} \right\rangle \right] \\ &= 3\nu k_B T \sum_{\alpha=1}^{N} \left\langle \frac{\mathbf{u}^{[\alpha]}\mathbf{u}^{[\alpha]}}{a^2} \right\rangle \end{aligned} \quad (E6.2.8)$$

と表現されることがわかる．ここで，ν は単位体積中の鎖の数（鎖の数密度）である．式(E6.2.8)は，式(6.2.6)と（圧力を補償するために付け加えた等方的な $-p\mathbf{I}$ 項を除いて）一致する．すなわち，部分鎖の Gauss 性を反映する熱的張力（エントロピー張力）と面への貫入頻度を考慮して導出された式(6.2.6)は，より一般的な応力表式である式(E6.2.6)に包含される．

● 発展 6.3 応力表式の一意性

式(6.2.6)から，高分子液体の応力表式は部分鎖の選び方に依存するように見えるかもしれない．しかし，内部で平衡化が起こっている部分鎖を選ぶ限り，式(6.2.6)が与える応力は部分鎖の選び方に依存しない．このことを確認するため，右の図に示すように q 個の部分鎖からなる連鎖を考える．j 番目の部分鎖の末端間ベクトルを $\mathbf{u}_j$ とすれば，連鎖の応力は，式(6.2.6)から

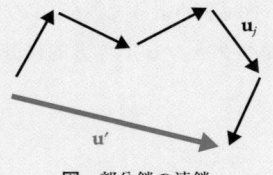

図　部分鎖の連鎖

$$\boldsymbol{\sigma} = 3k_B T \sum_{j=1}^{q} \left\langle \frac{\mathbf{u}_j \mathbf{u}_j}{a^2} \right\rangle + 等方的圧力項 \quad (E6.3.1)$$

と表される．連鎖の末端間ベクトル $\mathbf{u}'$ を固定したままで q 個の部分鎖が自由に運動し，これらの部分鎖がとりうるすべてのコンホメーションが実現されれば，連鎖はその内部で平衡化されている．この場合，部分鎖の末端間ベクトルを $\mathbf{u}_j = \mathbf{u}'/q + \mathbf{v}_j$ と表現することができる．ここで，$\mathbf{v}_j$ は $\sum_{j=1}^{q} \mathbf{v}_j = 0$ を満たし，$\mathbf{u}_i (i = 1 - q)$ とは相関をもたない（す

なわち $\langle \mathbf{v}_j \mathbf{u}_i \rangle = \mathbf{0}$ となる) 等方的なベクトルである（内部平衡化が起こっていれば，$\langle \mathbf{v}_j \mathbf{u}_i \rangle = \mathbf{0}$ が保証される）．この $\mathbf{u}_j$ に関する式を式(E6.3.1)に代入すれば

$$\boldsymbol{\sigma} = 3k_\mathrm{B} T \left\langle \frac{\mathbf{u}'\mathbf{u}'}{a^2 q} \right\rangle + 等方的圧力項 \tag{E6.3.2}$$

となる．$a^2 q$ は平衡状態の連鎖の平均二乗末端間距離 $\langle (\mathbf{u}')^2 \rangle_\mathrm{eq}$ に等しいので，式(E6.3.2)が与える応力は，連鎖を部分鎖として選んだ場合に式(6.2.6)が与える応力と一致する．すなわち，q 個の部分鎖よりなる連鎖を大きな部分鎖として選び直しても，連鎖内部で平衡化が起こっていれば，q 個の部分鎖について計算された応力と同じ応力が得られる．この結果は，1.4.1 項 B. で述べた Gauss 鎖のフラクタル性に帰因し，式(6.2.6)の一意性を示す．なお，式(E6.3.1)と式(E6.3.2)の等方的圧力項は異なる値をもつが，この差は物質外部で検出される異方的応力には影響を与えない．

6.2.2 ■ 応力と緩和の分子描像

式(6.2.5)，(6.2.6)が示すように，高分子液体が長時間域で示す応力の本質は，熱的に運動している部分鎖の配向異方性（と伸長）にある．この点の正確な理解を助けるため，時刻 $t = 0$ で x 方向に階段型の単純ずり歪み（図 6.1 参照）が印加された高分子液体において，ずり応力 $\sigma_{xy}(t)$ が緩和していく様子を，物体（系）の形および部分鎖の配向分布の変化とともに図 6.8 に模式的に示す．なお，図 6.8 は σ_{xy} 軸，t 軸ともに線形スケールである．これを両対数スケールにすれば，図 6.4 のようになる．

図 6.8 のように，$t < 0$ の平衡状態では，部分鎖は配向異方性をもたず，その末端間ベクトル $\mathbf{u}$ は等方的に分布している．6.2.1 項で述べたように，この状態では，$\mathbf{u}$

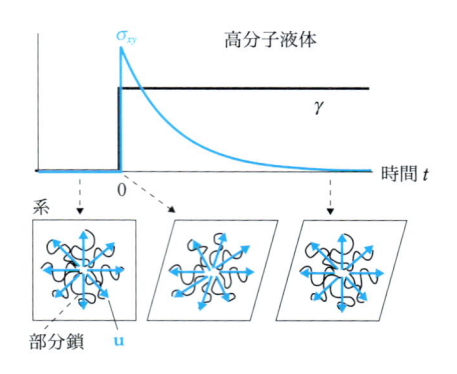

図 6.8 部分鎖の配向分布の変化と応力緩和

の y 成分 u_y が同じ値でありながら x 成分の符号が逆となる部分鎖が同数存在し，積 $u_x u_y$ の平均値と等価な量であるずり応力 σ_{xy} は 0 となる．すなわち，各部分鎖は常に熱的張力を発生しているが，部分鎖の向きの分布が等方的であれば，部分鎖の集団としては張力のつり合いが生じ，$\sigma_{xy} = 0$ となる．

一方，時刻 $t = 0$ において階段型の歪みを受けて系が変形した瞬間には，部分鎖の分布は異方的となる．この場合，正の u_y 値をもつ部分鎖は正の u_x 値を，負の u_y 値をもつ部分鎖は負の u_x 値をもつ傾向を示し，積 $u_x u_y$ の平均値は正となり，ずり応力 $\sigma_{xy} > 0$ が発生する．歪みによって部分鎖の張力のつり合いが破られることで，巨視的な応力が発生していることに留意が必要である．特に，微小歪み下では，部分鎖の伸長は無視できる程度に小さく，その張力の大きさ（$\propto |\mathbf{u}|$；式(6.2.4)参照）の変化は無視できる．この場合，歪みによって張力の方向（$\mathbf{u}$ の方向）の分布が異方化されることのみによって張力のつり合いは破られ，応力が発生する．

高分子液体が階段型の歪みを受けた後，時間が経過しても，系の変形は保持されたままであるが，部分鎖の配向異方性（と伸長）は部分鎖の熱運動，および，それが集積した高分子鎖全体の熱運動によって緩和し，高分子鎖は平衡状態の形態を回復する．この異方性（と伸長）の緩和過程が，応力緩和過程（粘弾性緩和過程）として観察される．ここで述べた高分子液体の長時間域での応力の起源，および，鎖の熱運動と応力緩和の関連性が，高分子液体の粘弾性を理解する上で本質的に重要となる．

上記の事項から容易に理解されるように，高分子液体における応力緩和の時定数は，配向異方性の緩和をもたらす部分鎖および高分子鎖全体の運動の時定数と一致する．この点に関連して，図 6.3 に示したような階層的構造をもつ屈曲性高分子鎖は，さまざまな空間スケールにおける配向異方性を示すことに注意が必要である．一般に，小さなスケールの運動および配向異方性の緩和は短時間域で，大きなスケールの運動および配向異方性の緩和は長時間域で起こる．このため，高分子液体の応力緩和は単一の時定数 τ をもつ指数関数（$\sigma_{xy}(t) = \sigma_{xy}(0) \exp(-t/\tau)$）では記述しきれず，複数の異なる時定数をもつ指数関数型の緩和モードの和として記述される（次節の式(6.3.2)参照）．たとえば，p 番目の応力緩和モードの時定数と強度は，p 番目の配向異方性の緩和モードの時定数と強度に対応する．特に，最も遅い応力緩和モードの時定数は，鎖全体にわたる大規模な配向異方性が緩和するのに必要な時間と一致する．次節ではこうした応力緩和挙動の現象論的枠組みについて概説する．

6.3 ■ 線形粘弾性の現象論的枠組み

6.2 節で説明したように，高分子液体の応力緩和（粘弾性緩和）は，鎖の配向異方性（と伸長）の緩和をもたらす高分子鎖の熱運動を反映する．この運動は，あくまで，歪みが与えられた下での熱運動であり，平衡状態での熱運動とは必ずしも一致しない．このため，原理的には，図 6.1 に示した単純ずり変形，一軸伸長変形などの変形様式の差や，歪みの時間依存性の差などに応じて，高分子鎖の運動様式は異なるものとなる．鎖の運動様式の変化は，異なる変形条件下の力学的応答に質的な差をもたらす．この場合，鎖の運動に関する情報がない限り，ある条件下での力学的応答（たとえば単純ずり変形に対する応力）から別の条件下での応答（たとえば一軸伸長変形に対する応力）を予測することは難しい．また，変形条件に応じて鎖の運動に差が生じる場合には，応力と歪みの比例関係に代表される線形応答性が消失し，著しい非線形性が観察される場合が多い．

しかし，歪みが小さい極限では，鎖の運動は歪みに影響されず，平衡時の熱運動に一致する．この場合，線形応答性が保証され，ある条件下での応答を任意の条件下での応答に一意に換算することが可能となる．本節では，この歪みが小さい極限で成立する線形粘弾性に着目する．なお，線形粘弾性の緩和時間は鎖の平衡時の熱運動の特性時間と等価であるので，線形粘弾性測定は，熱運動に対するスペクトロスコピーとしての性格も有する．

物質が非圧縮性かつ等方的である限り，物質の線形粘弾性は，単純ずり歪み γ に対して発生するずり応力 σ_{xy} のみで完全に記述される．したがって，この記述の際には，応力がテンソル量であること（6.1 節参照）を考慮する必要がない．簡単のため，以下では特に指定しない限り，ずり歪みおよびずり応力を単に歪みおよび応力と呼び，応力 σ_{xy} を σ と略記して線形粘弾性の枠組みを説明する．なお，この枠組みは，もともとレオロジーの現象論を基盤として構築されたものであり，高分子液体のみならず，任意の物質について成立する．

6.3.1 ■ 緩和剛性率

図 6.8 に示したように，時刻 0 において印加された階段型の歪み γ に対して発生する応力 $\sigma(t)$ は時間 $t(>0)$ とともに緩和する．この $\sigma(t)$ に対して，**線形緩和剛性率**（線形緩和ずり弾性率）を

$$G(t) \equiv \frac{\sigma(t)}{\gamma} \tag{6.3.1}$$

で定義する．$G(t)$ の単位は $\mathrm{Pa}\,(1\,\mathrm{Pa}=1\,\mathrm{N\,m^{-2}})$ である．微小歪み下の線形応答性が保証される領域（線形領域）では $G(t)$ は t のみに依存し，γ に依存しない物質関数となる．（すなわち，線形領域では $\sigma(t) \propto \gamma$ となる．）

6.2 節で説明したように，高分子液体の応力 $\sigma(t)$ の緩和は高分子鎖の配向異方性の緩和（以下，配向緩和と称する）と等価であり，鎖の構造の階層性を反映する緩和モード分布を示す．したがって，$G(t)$ も緩和モード分布を示す．この緩和モード分布を表現するため，p 番目の緩和モードに対して粘弾性緩和強度 h_p と粘弾性緩和時間 $\tau_{p,G}$ を導入し，$G(t)$ を

$$G(t) = \sum_{p\ge 1} h_p \exp\left(-\frac{t}{\tau_{p,G}}\right) \tag{6.3.2}$$

のように表現する．ここで，$\tau_{1,G} > \tau_{2,G} > \tau_{3,G} \cdots$ とする．$\tau_{1,G}$ は**最長粘弾性緩和時間**と呼ばれる．（後で導入する誘電緩和時間 $\tau_{p,\varepsilon}$ と区別するため，粘弾性緩和時間には第二の添え字 G を付けた．）$\{h_p, \tau_{p,G}\}$ は離散的粘弾性緩和スペクトルと呼ばれ，系の線形粘弾性緩和に関するすべての情報を含む．

$\{h_p, \tau_{p,G}\}$ を連続化した緩和スペクトル $H(\tau)$ を用いて $G(t)$ を

$$G(t) = \int_{-\infty}^{\infty} H(\tau) \exp\left(-\frac{t}{\tau}\right) \mathrm{d}\ln\tau = \int_0^{\infty} \frac{H(\tau)}{\tau} \exp\left(-\frac{t}{\tau}\right) \mathrm{d}\tau \tag{6.3.3}$$

と表すことも多い．離散的スペクトル $\{h_p, \tau_{p,G}\}$ を用いれば，$H(\tau)/\tau = \sum_{p\ge 1} h_p \delta(\tau - \tau_{p,G})$（$\delta$ はデルタ関数）と表現される．

6.3.2 ■ 線形応答の表記

任意の時間依存性をもつ歪み $\gamma(t)$ が誘起する応力 $\sigma(t)$ を記述する準備として，図 6.9 に示すような，時刻 t_1, t_2 において階段型の微小歪み γ_1, γ_2 を受けた後の $\sigma(t)$ について考える．γ_1 のみを与えた場合の時刻 t における応力 $\sigma_1(t)$ および γ_2 のみを与えた場合の応力 $\sigma_2(t)$ は，緩和剛性率 $G(t)$ を用いて，式(6.3.1)に対応する形で

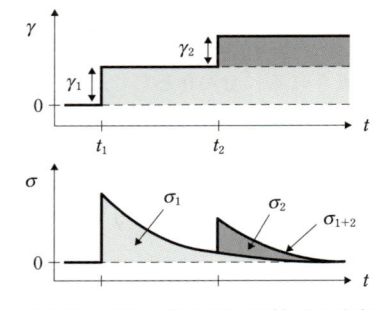

図 6.9 2段階の微小歪みが誘起する応力

$$\sigma_1(t) = \gamma_1 G(t-t_1) \quad (t>t_1) \tag{6.3.4a}$$

$$\sigma_2(t) = \gamma_2 G(t-t_2) \quad (t>t_2) \tag{6.3.4b}$$

と表される.$t-t_1$, $t-t_2$ は,それぞれの場合について,歪みを与えた時刻 t_1, t_2 から注目する時刻 t までの経過時間である.前記のように,微小歪みは平衡時の熱運動に影響を与えないので,微小歪みが誘起する応力には加成性が成立する.したがって,γ_1 と γ_2 の両方を与えた場合の応力 $\sigma_{1+2}(t)$ は

$$\sigma_{1+2}(t) = \sigma_1(t) + \sigma_2(t) = \gamma_1 G(t-t_1) + \gamma_2 G(t-t_2) \quad (t>t_2) \tag{6.3.5}$$

と表される.

2段階の歪みに対する式(6.3.5)を拡張することで,線形領域における任意の $\gamma(t)$ に対する $\sigma(t)$ の表式が以下のように導出される.まず,図 6.10 に示すように,時間を微小区分 Δt に分割する.時刻 t_i を中心とする時間区分 Δt の間の歪みの増分は $\Delta\gamma_i = \dot{\gamma}(t_i)\Delta t$ で与えられる.ここで,$\dot{\gamma}(t) = d\gamma(t)/dt$ は時刻 t における歪み速度である.この $\Delta\gamma_i$ のみを物体に与えたときに生じる応力は,式(6.3.4)と同様に,$\Delta\sigma_i(t) = \Delta\gamma_i G(t-t_i)$ と表される($t>t_i$).2段階の歪みの場合と同様に,多段階の微小歪みに対する応力には加成性が成立するので,時刻 t における応力 $\sigma(t)$ はそれ以前の時刻における $\Delta\gamma_i$ が誘起した $\Delta\sigma_i$ の総和(線形重ね合わせ)となり,

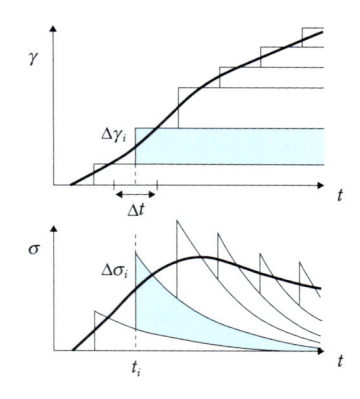

図 6.10 任意の微小歪みが誘起する応力

$$\sigma(t) = \sum_{t_i(<t)} G(t-t_i) \Delta\gamma_i = \sum_{t_i(<t)} G(t-t_i) \dot{\gamma}(t_i) \Delta t \tag{6.3.6a}$$

と表される.$\Delta t \to 0$ として式(6.3.6a)の連続極限をとると

$$\sigma(t) = \int_{-\infty}^{t} G(t-t') \dot{\gamma}(t') \, dt' \tag{6.3.6b}$$

となる.式(6.3.6b)は,Boltzmann の重畳原理に基づく線形領域での刺激—応答関係の一例である.

式(6.3.6b)が示すように,所定の時間依存性をもつ歪み $\gamma(t)$ を物質に加え,歪みに対する応答として発生する応力 $\sigma(t)$ を測定することで,物質の線形粘弾性挙動につ

いての情報，すなわち $G(t)$ についての情報を得ることができる．逆に，所定の時間依存性をもつ応力を物質に加えて歪み $\gamma(t)$ を時間の関数として測定しても，線形粘弾性挙動についての情報が得られる．最も単純な場合，図 6.11 に示すように，時刻 0 において一定の微小応力 σ を物質に与え，発生する歪み $\gamma(t)$ を測定する．この測定をクリープ測定という．クリープ測定により得られる物質関数は

$$J(t) \equiv \frac{\gamma(t)}{\sigma} \quad (t > 0) \tag{6.3.7}$$

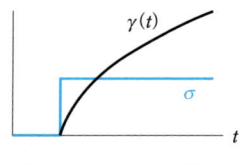

図 6.11 クリープ測定

で定義されるクリープコンプライアンス $J(t)$ である．微小応力下の線形領域では $\gamma(t) \propto \sigma$ となり，$J(t)$ は時間のみの関数となる．

線形領域では，階段型の応力で誘起される歪みに加成性が成立するので，式(6.3.6b)を導出したのと同様の手順で，任意の $\sigma(t)$ により誘起される $\gamma(t)$ を

$$\gamma(t) = \int_{-\infty}^{t} J(t-t')\,\dot{\sigma}(t')\,\mathrm{d}t' \tag{6.3.8}$$

と表すことができる．式(6.3.6b)と式(6.3.8)から，$J(t)$ と $G(t)$ は等価な情報を含むことがわかる．$J(t)$ と $G(t)$ の等価性は，これらの量が

$$\int_{0}^{t} J(t-t')\,G(t')\,\mathrm{d}t' = t \tag{6.3.9}$$

という関係を満たすことからも理解される．（式(6.3.9)の導出については発展 6.4 を参照されたい．）

線形性が保証されるほど歪みが小さく，かつ，物質が非圧縮性であれば，ずり歪み以外の歪みが誘起する応力も $G(t)$ を用いて完全に記述することができる．たとえば，図 6.1 に示した一軸伸長変形の場合，微小歪み $\varepsilon(=\ln\lambda)$ は，伸長比 λ がほぼ 1 であることを用いて $\varepsilon = \lambda - 1$ と定義される．この微小歪みに対する伸長応力 σ_E は $\sigma_\mathrm{E}(t) = 3\int_{-\infty}^{t} G(t-t')\dot{\varepsilon}(t')\mathrm{d}t'$ と表され，$G(t)$ によって完全に記述される．また，ずり応力に対する応答（ずり歪み）を記述する $J(t)$ は $G(t)$ と等価である（式(6.3.9)参照）．このように，$G(t)$ は非圧縮性物質の線形粘弾性の全容を記述する基本関数である．次項では，式(6.3.6b)に基づいて，種々の様式の測定で得られる粘弾性量と $G(t)$ の間の関係を説明し，さらに平均緩和時間などの特徴的な量の求め方を解説する．

● 発展 6.4　　式(6.3.9)の導出

式(6.3.9)の導出には，下記の Laplace 変換法が便利である．
時間 t の関数 $f(t)$ の Laplace 変換 $\tilde{f}(s)$ は

$$\tilde{f}(s) = \int_0^\infty f(t)\exp(-st)\mathrm{d}t \tag{E6.4.1}$$

で定義される．関数 $f(t)$ と別な関数 $g(t)$ の畳み込み積分 $\int_0^t f(t-t')g(t')\mathrm{d}t'$ の Laplace 変換は，次式に示すように，$f(t)$，$g(t)$ の Laplace 変換 $\tilde{f}(s)$，$\tilde{g}(s)$ の積となる．

$$\int_0^\infty \left\{ \int_0^t f(t-t')\,g(t')\mathrm{d}t' \right\}\exp(-st)\mathrm{d}t = \tilde{f}(s)\,\tilde{g}(s) \tag{E6.4.2}$$

また，$f(t)$ の微分 $\dot{f}(t) = \mathrm{d}f(t)/\mathrm{d}t$ の Laplace 変換は

$$\int_0^\infty \dot{f}(t)\exp(-st)\mathrm{d}t = s\tilde{f}(s) - f(0) \tag{E6.4.3}$$

で与えられる．（式(E6.4.3)は部分積分を行えば容易に導出される．）
以上の Laplace 変換の性質を利用すれば，式(6.3.6b)から

$$\tilde{\sigma}(s) = \tilde{G}(s)\{s\tilde{\gamma}(s) - \gamma(0)\} = s\tilde{G}(s)\tilde{\gamma}(s) \tag{E6.4.4}$$

が得られる．ここで，$\tilde{\sigma}(s)$，$\tilde{G}(s)$，$\tilde{\gamma}(s)$ はそれぞれ，応力 $\sigma(t)$，緩和剛性率 $G(t)$，歪み $\gamma(t)$ の Laplace 変換であり，また $t<0$ では歪みが印加されていないので $\gamma(0)=0$ とした．同様に，式(6.3.8)から

$$\tilde{\gamma}(s) = \tilde{J}(s)\{s\tilde{\sigma}(s) - \sigma(0)\} = s\tilde{J}(s)\tilde{\sigma}(s) \tag{E6.4.5}$$

が得られる．ここで，$\tilde{J}(s)$ は，クリープコンプライアンス $J(t)$ の Laplace 変換であり，また $t<0$ では応力が印加されていないので $\sigma(0)=0$ とした．式(E6.4.4)，(E6.4.5)から

$$\tilde{J}(s)\tilde{G}(s) = \frac{1}{s^2} \tag{E6.4.6}$$

となる．左辺の $\tilde{J}(s)\tilde{G}(s)$ は畳み込み積分 $\int_0^t J(t-t')G(t')\mathrm{d}t'$ の Laplace 変換である（式(E6.4.2)参照）．また，右辺の $1/s^2$ は t の Laplace 変換である（$\int_0^\infty t\exp(-st)\mathrm{d}t = 1/s^2$）．したがって，Laplace 変換前のこれらの原関数（$J(t)$ と $G(t)$ の畳み込み積分および t）は一致する．すなわち，

$$\int_0^t J(t-t')\,G(t')\mathrm{d}t' = t \tag{E6.4.7}$$

となり，式(6.3.9)が導出される．

6.3.3 ■ 種々の粘弾性量と $G(t)$ の間の関係

A. 過渡的流動挙動および定常流動挙動

式(6.3.6b)から，時間 $t \geq 0$ において高分子液体に一定歪み速度 $\dot{\gamma}$ の流動を与える場合の応力は $\sigma(t) = \dot{\gamma}\int_0^t G(t-t')\mathrm{d}t' = \dot{\gamma}\int_0^t G(t'')\mathrm{d}t''$ となり，十分長い時間では応力が時間に依存しない一定値 $\sigma(\infty)$ となる定常流動が実現されることがわかる．この流動挙動を特徴づける物質関数は，以下の式で定義される粘度成長関数 $\eta^+(t)$ とゼロずり粘度 η_0 である．

$$\text{粘度成長関数：}\quad \eta^+(t) \equiv \frac{\sigma(t)}{\dot{\gamma}} = \int_0^t G(t')\mathrm{d}t' \tag{6.3.10}$$

$$\text{ゼロずり粘度：}\quad \eta_0 \equiv \frac{\sigma(\infty)}{\dot{\gamma}} = \int_0^\infty G(t')\mathrm{d}t' \tag{6.3.11}$$

$\eta^+(t)$ と η_0 の単位は Pa s（パスカル秒）である．（なお，架橋ゴムのように長い時間が経過しても $G(t)$ が完全に緩和しない粘弾性固体については $\eta_0 = \infty$ となり，粘度が定義できない．）$G(t)$ が時間のみの関数なので，$\eta^+(t)$ と η_0 は $\dot{\gamma}$ に依存しない物質に固有の定数である．特に，$\mathrm{d}\eta^+(t)/\mathrm{d}t = G(t)$ となることからわかるように，$\eta^+(t)$ は $G(t)$ と等価な情報を与える．（式(6.3.11)が示すように，η_0 では $G(t)$ の時間 t 依存性が積分によって消去されているので，η_0 が与える情報量は少ない．）

また，一般に高分子液体は大きな $\dot{\gamma}$ に対して顕著な非線形粘弾性を示す．そのため，$\dot{\gamma}$ が十分に小さい場合のみ，高分子液体の $\sigma(\infty)/\dot{\gamma}$ 値は η_0 と一致する．

B. 定常振動挙動（動的挙動）

緩和剛性率 $G(t)$ を広い時間範囲で精度良く決定できれば，物質の線形粘弾性を完全に知ることができる．しかし，応力緩和測定の途中では応力検出器を交換することができないため，長時間域の微小な $G(t)$ を精度良く求めることは困難となることが多い．そこで，実際には，図6.12のように，時間とともに正弦的に振動する歪み $\gamma(t)$ を物質に与えて応力 $\sigma(t)$ を測定し，$G(t)$ と等価な情報を含む粘弾性量を決定することの方がはるかに多い．この測定は，γ と σ の両方が時間とともに変動するという意味で，**動的測定**（または振動測定）と呼ばれる．

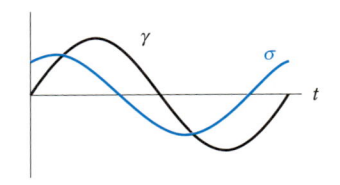

図 6.12 動的挙動

動的測定では，物質に対して振幅が γ_0，角周波数が $\omega(= 2\pi f; f$ は Hz 単位の周波数）の正弦振動歪み

$$\gamma(t) = \gamma_0 \sin \omega t \quad (t > -\infty) \tag{6.3.12}$$

を長時間にわたって印加する．$\dot{\gamma}(t') = \gamma_0 \omega \cos \omega t'$ なので，式(6.3.6b)が与える応力は

$$\begin{aligned}\sigma(t) &= \int_{-\infty}^{t} G(t-t')\, \gamma_0 \omega \cos \omega t' \, \mathrm{d}t' \\ &= \gamma_0 \left[\left\{ \omega \int_0^{\infty} G(t'') \sin \omega t'' \mathrm{d}t'' \right\} \sin \omega t + \left\{ \omega \int_0^{\infty} G(t'') \cos \omega t'' \mathrm{d}t'' \right\} \cos \omega t \right] \end{aligned} \tag{6.3.13}$$

と表される．（最後の式への変換では $t-t'=t''$ とした．）この $\sigma(t)$ を特徴づける量として貯蔵剛性率 G' と損失剛性率 G'' が以下のように定義される．

貯蔵剛性率：
$$G'(\omega) = \omega \int_0^{\infty} G(t'') \sin \omega t'' \mathrm{d}t'' \tag{6.3.14a}$$

損失剛性率：
$$G''(\omega) = \omega \int_0^{\infty} G(t'') \cos \omega t'' \mathrm{d}t'' \tag{6.3.14b}$$

G' と G'' の単位は Pa である．G' と G'' は歪みに依存しない物質固有の関数で，$G(t)$ と等価な情報を含む．G' と G'' を用いれば，式(6.3.13)を

$$\sigma(t) = \gamma_0 \left\{ G'(\omega) \sin \omega t + G''(\omega) \cos \omega t \right\} \tag{6.3.15}$$

と表すことができる．したがって，角周波数 ω の正弦振動歪みに対する定常振動応力を位相分割すれば，$G'(\omega)$ と $G''(\omega)$ が実験的に決定できる．

式(6.3.15)が示すように，$\sigma(t)$ は歪み $\gamma(t) = \gamma_0 \sin \omega t$ に比例して振動する弾性的応力と，歪み速度 $\dot{\gamma}(t) = \gamma_0 \omega \cos \omega t$ に比例して振動する粘性的応力の和となっている．このことからわかるように，$G'(\omega)$ と $G''(\omega)$ は，角周波数 ω における系の弾性的応答と粘性的応答を特徴づける剛性率である．

式(6.3.15)から，$\sigma(t)$ と $\gamma(t)$ は同一の角周波数 ω で振動するが，両者の間には位相差 δ が存在することもわかる（図6.12参照）．この位相差 δ と $G'(\omega)$，$G''(\omega)$ は $G''(\omega)/G'(\omega) = \tan \delta$ という関係を満たす．$\tan \delta$ は損失正接と呼ばれる．δ を用いれば，式(6.3.15)を

$$\sigma(t) = \sigma_0 \sin(\omega t + \delta), \ \sigma_0 = \gamma_0 \left[\{G'(\omega)\}^2 + \{G''(\omega)\}^2 \right]^{1/2} \tag{6.3.16}$$

と書き表すこともできる．

ここで，$G'(\omega)$ と $G''(\omega)$ がそれぞれ貯蔵剛性率，損失剛性率と呼ばれる理由を考えよう．これは動的挙動を理解する上で有用である．1周期の正弦振動歪みの間に単位体積の物質が受け取る力学的仕事 w は歪み速度 $\dot{\gamma}$ を用いて

$$w = \int_0^{2\pi/\omega} \sigma(t)\,\dot{\gamma}(t)\,dt = \pi\,\gamma_0^2 G''(\omega) \tag{6.3.17}$$

と計算される．1周期の後に物質はもとの状態に戻っているので，w はすべて熱として散逸される．G'' はこの散逸エネルギーに比例する量であるので損失剛性率と呼ばれる．また，G' は1周期の間に貯蔵・解放される弾性エネルギーを表すので貯蔵剛性率と呼ばれる．

式(6.3.14)から理解されるように，ω が小さい領域の $G'(\omega)$ と $G''(\omega)$ は長時間域の $G(t)$ に対応し，ω が大きい領域の $G'(\omega)$ と $G''(\omega)$ は短時間域の $G(t)$ に対応する．また，$G'(\omega)$ と $G''(\omega)$ は同一の関数 $G(t)$ の正弦および余弦 Fourier 変換なので，互いに独立な ω の関数ではない．特に，$G'(\omega)$ が ω のべき乗関数であれば $G''(\omega)$ も同一指数のべき乗関数となり，$G'(\omega) \propto G''(\omega) \propto \omega^\alpha$（$\alpha$ はべき指数），$G''/G' = \tan(\pi\alpha/2)$ となる[4]．このべき乗型の挙動は，たとえば，自己相似性を有する臨界ゲルにおいて観察されている[4]．

以上のように，$G'(\omega)$ と $G''(\omega)$ により（等方的な）物質の粘弾性的性質は完全に記述できる．なお，文献では，G'，G'' と等価な動的粘弾性量（動的測定で得られる量）が使用される場合もある[5]．これらの量については，発展 6.5 にまとめた．また，G' と G'' は複素量ではないが，計算の便宜上，G' と G'' は複素数表記されることもある[5]．これについては，発展 6.6 にまとめた．必要に応じて参照されたい．

発展 6.5　　$G'(\omega), G''(\omega)$ と等価な動的粘弾性量

動的測定では歪みと応力が同じ ω で定常的に振動するので，応力が歪みを誘起していると考えることもできる．この場合，式(6.3.12)，(6.3.16)の時間の原点を δ/ω だけずらして，σ と γ を

$$\sigma(t) = \sigma_0 \sin\omega t, \quad \gamma(t) = \gamma_0 \sin(\omega t - \delta) \tag{E6.5.1}$$

のように表記することもできる．さらに，式(E6.5.1)の $\gamma(t)$ を $\sigma(t)$ と同位相の成分と $\pi/2$ だけ位相が遅れた成分に分割すれば

$$\gamma(t) = \sigma_0 \{ J'(\omega)\sin\omega t - J''(\omega)\cos\omega t \} \tag{E6.5.2}$$

となる．ここで，$J'(\omega)$，$J''(\omega)$ は貯蔵コンプライアンス，損失コンプライアンスと呼ばれる量で，$G'(\omega)$，$G''(\omega)$ と以下の関係で結びつけられる．

$$J'(\omega) = \frac{G'(\omega)}{\{G'(\omega)\}^2 + \{G''(\omega)\}^2}, \quad J''(\omega) = \frac{G''(\omega)}{\{G'(\omega)\}^2 + \{G''(\omega)\}^2} \tag{E6.5.3}$$

また，動的測定では，歪み速度 $\dot{\gamma}$ の流動が応力を誘起していると考えることもできる．この場合，式 (6.3.12)，(6.3.16) の時間の原点を $\pi/2\omega$ だけずらして，

$$\sigma(t) = -\sigma_0 \cos(\omega t + \delta), \quad \dot{\gamma}(t) = \gamma_0 \omega \sin \omega t \tag{E6.5.4}$$

のように表記することもできる．さらに，$\sigma(t)$ を $\dot{\gamma}(t)$ と同位相の成分と $\pi/2$ だけ位相が遅れた成分に分割すれば

$$\sigma(t) = \gamma_0 \omega \{\eta'(\omega) \sin \omega t - \eta''(\omega) \cos \omega t\} \tag{E6.5.5}$$

となる．$\eta'(\omega)$ は動的粘度と呼ばれる．$\eta''(\omega)$ に定まった邦名はない．$\eta'(\omega)$, $\eta''(\omega)$ は，$G'(\omega)$, $G''(\omega)$ と以下の関係で結びつけられる．

$$\eta'(\omega) = \frac{G''(\omega)}{\omega}, \quad \eta''(\omega) = \frac{G'(\omega)}{\omega} \tag{E6.5.6}$$

式 (E6.5.3)，(E6.5.6) から明らかなように，$J'(\omega), J''(\omega), \eta'(\omega), \eta''(\omega)$ は $G'(\omega)$, $G''(\omega)$ と等価な量である．

● 発展 6.6　　$G'(\omega), G''(\omega)$ の複素数表記

$\gamma(t) = \gamma_0 \sin \omega t$（式 (6.3.12)）を虚部とする複素数 $\gamma^*(t) = \gamma_0 e^{i\omega t}$（$i = \sqrt{-1}$）と $\sigma(t) = \sigma_0 \sin(\omega t + \delta)$（式 (6.3.16)）を虚部とする複素数 $\sigma^*(t) = \sigma_0 e^{i(\omega t + \delta)}$ は

$$\sigma^* = G^* \gamma^* = \frac{\gamma^*}{J^*} = \eta^* \dot{\gamma}^* \tag{E6.6.1}$$

という関係を満たす．ここで現れる 3 種類の複素量 G^*, J^*, η^* は，以下のように定義される．

$$G^* = G' + iG'' \quad (\text{複素剛性率}) \tag{E6.6.2a}$$

$$J^* = J' - iJ'' \quad (\text{複素コンプライアンス}) \tag{E6.6.2b}$$

$$\eta^* = \eta' - i\eta'' \quad (\text{複素粘度}) \tag{E6.6.2c}$$

（J' と J''，η' と η'' は，発展 6.5 で定義されたものと同じ量である．）G^*, η^*, J^* は

$$G^* = i\omega \eta^* = \frac{1}{J^*} \tag{E6.6.3}$$

という単純な関係を満たす．この関係は，発展 6.5 の式 (E6.5.3)，(E6.5.6) と等価であるが，G', G'' を J', J'' あるいは η', η'' に換算する際に便利である．

ただし，歪みと応力は複素量ではないことに注意しなくてはならない．複素数の使

用は動的粘弾性量の間の関係をコンパクトに表現するための方便である．（たとえば，式(6.3.17)で与えられる振動1周期あたりの散逸エネルギー w は $\int_0^{2\pi/\omega} \sigma^*(t)\dot{\gamma}^*(t)\,dt$ とは一致しないことに注意されたい．）

6.3.4 ■ 緩和モード分布を考慮した G' と G'' の表式

6.3.1項で説明したように，高分子鎖の緩和剛性率 $G(t)$ は，配向緩和の階層性を反映する緩和モード分布を示す．この分布を表現するために，離散的粘弾性緩和スペクトル $\{h_p, \tau_{p,G}\}$ を式(6.3.2)で導入した．式(6.3.2)と(6.3.14)から，$\{h_p, \tau_{p,G}\}$ を用いて $G'(\omega)$ と $G''(\omega)$ を以下のように表すことができる．

$$G'(\omega) = \sum_{p \geq 1} h_p \frac{\omega^2 \tau_{p,G}^2}{1+\omega^2 \tau_{p,G}^2}, \quad G''(\omega) = \sum_{p \geq 1} h_p \frac{\omega \tau_{p,G}}{1+\omega^2 \tau_{p,G}^2} \qquad (6.3.18)$$

式(6.3.18)から，最長粘弾性緩和時間の逆数 $1/\tau_{1,G}$ に比べて ω が十分小さい場合（$\omega\tau_{1,G} \ll 1$）には

$$G'(\omega) = \omega^2 \sum_{p \geq 1} h_p \tau_{p,G}^2 \propto \omega^2, \quad G''(\omega) = \omega \sum_{p \geq 1} h_p \tau_{p,G} \propto \omega \quad (\omega \ll 1/\tau_{1,G}) \qquad (6.3.19)$$

となることがわかる．$\omega\tau_{1,G} \ll 1$ では，1周期の振動の間に，物質内の最も遅い分子運動（高分子液体の場合は鎖全体にわたる配向緩和）でさえも完了し，系は完全に緩和した流動挙動を示す．式(6.3.19)の $G'(\omega) \propto \omega^2$, $G''(\omega) \propto \omega$ というべき乗型の依存性が，この流動挙動を特徴づける．また，この依存性が観察されない領域の ω においては系の緩和が完了していない，つまり $1/\omega$ 以上の緩和時間をもつ分子運動が存在すると結論される．

この点に関連して，式(6.3.18)の G' と G'' が ω そのものではなく $\omega\tau_{p,G}$ で決定されていること，また式(6.3.2)の緩和剛性率 $G(t)$ は $t/\tau_{p,G}$ で決定されていることに注意が必要である．すなわち，粘弾性応答は，動的測定の角周波数 ω あるいは応力緩和測定の時間 t と，物質内の分子運動の時間 $\tau_{p,G}$ とのバランスで決まる．特に，$\omega\tau_{1,G} \ll 1$ の周波数域，$t/\tau_{1,G} \gg 1$ の時間域では，最も遅い分子運動も完了し，上記の流動挙動が観察される．

ここで，緩和が未完了である $\omega\tau_{1,G} > 1$ の周波数域に着目しよう．式(6.3.18)から，この周波数域における $G'(\omega)$ と $G''(\omega)$ の ω 依存性は，緩和モード分布を直接反映す

ることがわかる．式(6.3.18)に基づいて G' と G'' のデータを $\omega^2 \tau_{p,G}^2/(1+\omega^2 \tau_{p,G}^2)$ の項と $\omega \tau_{p,G}/(1+\omega^2 \tau_{p,G}^2)$ の項の和に分割すれば，緩和スペクトル $\{h_p, \tau_{p,G}\}$ が得られる（この分割はパソコンで比較的簡単に行える）．しかし，一般には，G' と G'' の ω 依存性と緩和モード分布の関係について定性的な特徴を知るだけで十分役に立つ．たとえば，後で述べる絡み合い単分散直鎖高分子系の挙動のように，G'' が極大を示し，この極大周波数より高周波数側で G' が平坦部を示す場合には，系の緩和モードは速いモード群と遅いモード群に分かれ，両者の間には中間的な緩和モードがほとんど存在しないと判断してよい．一方，同じく後で述べる非絡み合い系のデータのように，G'' と G' の値が近く，両者とも ω の増加に伴ってゆるやかに（しばしば ω のべき乗型で）増加していれば，緩和モードが連続的に分布していると考えてよい．

上記の点と関連して，G' と G'' は遅いモードを異なる感度で反映していることにも留意が必要である．例として，図6.13には分子量 $M=33$ 万のポリイソプレン（PI）を1wt%，$M=1.4$ 万のPIマトリックスにブレンドしたポリマーブレンド系の G' と G'' のデータを示す．マトリックスのみ（実線）では $\omega<10^4\,\mathrm{s}^{-1}$ で流動挙動を示している（$G' \propto \omega^2$，$G'' \propto \omega$；式(6.3.19)参照）．一方，ブレンド系では ω が $10^1\,\mathrm{s}^{-1}$ に低下するまで G' はゆるやかな減少を示すにとどまり，それより低い周波数域でのみ流動挙動が観察される．この G' の挙動は，$1/\omega=10^{-4}\sim10^{-1}\,\mathrm{s}$ の範囲にわたって，強度は弱いけれども緩和時間が長いモード（すなわち，希薄な高分子量PI成分に由来する緩和モード）が連続的に分布していることを意味する．この遅い緩和は G' には明確に観察されるが，G'' にはそれほど明確に観察されない（●と実線にあまり差がない）．この G' と G'' の差は，両者の遅いモードに対する感度の差を反映している．すなわち，式(6.3.18)が示すように，G' は緩和モードの強度 h_p と $\omega^2 \tau_{p,G}^2/(1+\omega^2 \tau_{p,G}^2)$ 項の積を全モードについて足し合わせたものである．したがって，遅いモード（$\tau_{p,G}$ が大きなモー

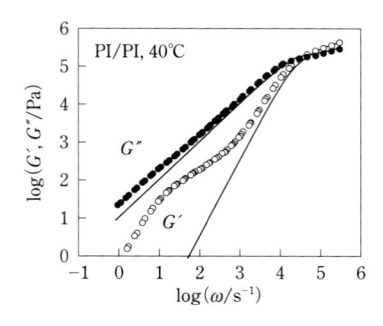

図6.13 PI/PIブレンド（$M=1.4$ 万／33万，40℃）の G' と G'' のデータ
[T. Sawada *et al*., 日本レオロジー学会誌, **35**, 11 (2007)]

6.3 線形粘弾性の現象論的枠組み

ド）については，h_p が小さくても $\omega^2 \tau_{p,G}^2/(1+\omega^2\tau_{p,G}^2)$ 項の分子に含まれる $\tau_{p,G}$ の二乗の因子が h_p を増幅する効果をもつため，G' への寄与が大きくなる．一方，h_p と $\omega\tau_{p,G}/(1+\omega^2\tau_{p,G}^2)$ 項の積を足し合わせて得られる G'' では，$\tau_{p,G}$ の一乗の因子でしか h_p は増幅されない．このため，G'' は遅くて強度の弱いモードに対してかなり鈍感となる．逆に，速い緩和モード（すなわち $\tau_{p,G}$ が小さなモード）は高周波数域の G'' に敏感に反映され，G' にはあまり反映されない．実際のデータを検討する場合には，こうした G' と G'' の差が有効に利用されている．

6.3.5 ■ 低周波数域を特徴づける粘弾性量

A. 粘度とコンプライアンス

前項で述べたように，$\omega\tau_1 \ll 1$ の流動領域において，G' と G'' は，特徴的なべき乗型の ω 依存性（式(6.3.19)）を示す．この領域の G' と G'' は，終端緩和および流動挙動を特徴づける他の量とも密接に関係している．

6.3.3 項 A. で述べたゼロずり粘度 η_0 は，流動状態を特徴づける量である．式(6.3.2)，(6.3.11)から，η_0 は粘弾性緩和スペクトル $\{h_p, \tau_{p,G}\}$ を用いて

$$\eta_0 = \sum_{p \geq 1} h_p \tau_{p,G} \tag{6.3.20}$$

と表される．さらに，式(6.3.20)を式(6.3.18)と比較することで，η_0 は損失剛性率 G'' を用いて

$$\eta_0 = \left[\frac{G''}{\omega}\right]_{\omega \to 0} \tag{6.3.21}$$

と表されることがわかる．式(6.3.21)は，6.3.3 項 A. において定常流動状態で定義された η_0 が，動的測定によっても決定されることを意味する．

6.3.2 項で説明したように，一定応力 σ の下でのクリープ測定を十分に長い時間行えば，粘弾性液体は定常流動状態に至る．図 6.14 に示すように，この状態から応力を除去すると，時間が経過するにつれて，液体の歪み γ が減少（部分的に回復）する．十分長い時間が経過した後の回復歪み γ_e と流動時の応力 σ から，定常回復コンプライアンス J_e が次のように定義される．

$$J_e \equiv \frac{\gamma_e}{\sigma} \tag{6.3.22}$$

J_e は定常流動状態にある粘弾性液体中に蓄えられた弾性エネルギーを反映し，η_0 とともに，流動状態を特徴づける量である．J_e は緩和剛性率 $G(t)$ を用いて

第6章 絡み合い現象と粘弾性

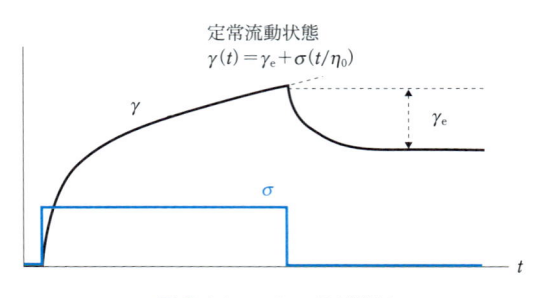

図6.14 クリープ回復測定

$$J_e = \frac{\int_0^\infty t\, G(t)\, dt}{\left[\int_0^\infty G(t)\, dt\right]^2} \tag{6.3.23}$$

と表される（式(6.3.23)の導出については発展6.7を参照）．粘弾性緩和スペクトル $\{h_p, \tau_{p,G}\}$ を用いた $G(t)$ の表記（式(6.3.2)）を用いれば，式(6.3.23)は

$$J_e = \frac{\sum_{p\geq 1} h_p \tau_{p,G}^2}{\left[\sum_{p\geq 1} h_p \tau_{p,G}\right]^2} \tag{6.3.24}$$

と書き直される．式(6.3.24)と式(6.3.18)を比較すれば，J_e が G' と G'' を用いて

$$J_e = \left[\frac{\{G'/\omega^2\}}{\{G''/\omega\}^2}\right]_{\omega \to 0} \tag{6.3.25}$$

と表されることがわかる．式(6.3.25)は，定常流動状態からのクリープ回復過程で定義された J_e が，動的測定によっても決定されることを意味する．

● 発展 6.7　　式(6.3.23)の導出

一般に，粘弾性液体のクリープコンプライアンス $J(t)$ は

$$J(t) = \frac{t}{\eta_0} + J_r(t) \tag{E6.7.1}$$

と表される．$J_r(t)$ は，応力除去時に回復可能な歪みに対応する弾性的な成分であり，t/η_0（η_0 はゼロずり粘度）は回復不可能な歪みに対応する粘性的な成分である．図6.14

のクリープ回復測定で求められる定常回復コンプライアンス J_e(式(6.3.22))は $J_r(\infty)$ に等しい。$J(t)$ と $G(t)$ の関係式(6.3.9)に基づいて，$J_r(\infty)$ を以下のように求めることができる．

式(6.3.9)の両辺を時間 t で微分し，式(E6.7.1)を考慮すれば

$$J_r(0)\,G(t) + \frac{1}{\eta_0}\int_0^t G(t')\mathrm{d}t' + \int_0^t \dot{J}_r(t-t')G(t')\mathrm{d}t' = 1 \tag{E6.7.2}$$

となる．式(E6.7.2)の両辺に $\exp(-st)$ をかけて $t=0\sim\infty$ で積分し，発展6.4で述べた Laplace 変換の性質を考慮すれば，$\dot{J}_r(t)$ の Laplace 変換 $\vartheta_r(s)=\int_0^\infty \dot{J}_r(t)\exp(-st)\mathrm{d}t$ と $G(t)$ の Laplace 変換 $\tilde{G}(s)=\int_0^\infty G(t)\exp(-st)\mathrm{d}t$ が次の関係式を満たすことが見出される．

$$J_r(0)\,\tilde{G}(s) + \frac{1}{\eta_0}\left\{\frac{1}{s}\tilde{G}(s)\right\} + \vartheta_r(s)\,\tilde{G}(s) = \frac{1}{s} \tag{E6.7.3}$$

(式(E6.7.3)の左辺第2項は部分積分から求められる．) 式(E6.7.3)から $\vartheta_r(s)$ が

$$\vartheta_r(s) = \frac{1}{s\tilde{G}(s)}\left[1 - \frac{\tilde{G}(s)}{\eta_0}\right] - J_r(0) \tag{E6.7.4}$$

と求められる．

ここで

$$J_r(\infty) = \int_0^\infty \dot{J}_r(t)\mathrm{d}t + J_r(0) \tag{E6.7.5}$$

であることに着目する．$\int_0^\infty \dot{J}_r(t)\mathrm{d}t = \left[\int_0^\infty \dot{J}_r(t)\exp(-st)\mathrm{d}t\right]_{s\to 0} = [\vartheta_r(s)]_{s\to 0}$ なので，式(E6.7.4)，(E6.7.5)から

$$J_r(\infty) = \left\{\frac{1}{s\tilde{G}(s)}\left[1 - \frac{\tilde{G}(s)}{\eta_0}\right]\right\}_{s\to 0} \tag{E6.7.6}$$

となる．式(E6.7.6)に現れる $s\to 0$ の極限をとるために，$\tilde{G}(s)=\int_0^\infty G(t)\exp(-st)\mathrm{d}t$ を s で展開し，式(6.3.11)を考慮すれば

$$\tilde{G}(s) = \int_0^\infty G(t)\{1 - st + s^2 t^2/2 + \cdots\}\mathrm{d}t = \eta_0 - s\int_0^\infty tG(t)\mathrm{d}t + O(s^2) \tag{E6.7.7}$$

となる．ここで，$O(s^2)$ は s の2次以上のすべての高次項を表す．$\eta_0 = \int_0^\infty G(t)\mathrm{d}t$ （式(6.3.11)）が $\tilde{G}(0)$ と一致することを考慮すれば，式(E6.7.6)，(E6.7.7)から

$$J_e = J_r(\infty) = \frac{\int_0^\infty tG(t)\mathrm{d}t}{\eta_0^2} = \frac{\int_0^\infty tG(t)\mathrm{d}t}{\left[\int_0^\infty G(t)\mathrm{d}t\right]^2} \tag{E6.7.8}$$

となり，式(6.3.23)が導出される．

式(6.3.18)からわかるように，G'は高周波数域でωに依存しない平坦部へと漸近する．この平坦部の高さは

$$G_\infty = [G']_{\omega \to \infty} = \sum_{p \geq 1} h_p \tag{6.3.26}$$

と表される．式(6.3.24)と式(6.3.26)から，G_∞とJ_eの積が

$$J_e G_\infty = \frac{\left[\sum_{p \geq 1} h_p\right]\left[\sum_{p \geq 1} h_p \tau_{p,G}^{\ 2}\right]}{\left[\sum_{p \geq 1} h_p \tau_{p,G}\right]^2} \tag{6.3.27}$$

となることがわかる．すなわち，積$J_e G_\infty$は緩和モード分布の指標であり，分布が広いほど$J_e G_\infty$は大きい．（モード分布のない単一緩和では$J_e G_\infty = 1$である．）

B. 緩和時間

緩和モードに分布がある物質について，それぞれのモードの緩和時間τ_pを独立に決定することは困難であり，またその必要もない．一般に，以下の平均緩和時間がよく用いられている．

2次平均粘弾性緩和時間：

$$\langle \tau \rangle_{\mathrm{w},G} \equiv \frac{\sum_{p \geq 1} h_p \tau_{p,G}^{\ 2}}{\sum_{p \geq 1} h_p \tau_{p,G}} = J_e \eta_0 = \left[\frac{G'}{\omega G''}\right]_{\omega \to 0} \tag{6.3.28}$$

この$\langle \tau \rangle_{\mathrm{w},G}$は，緩和スペクトル$\{h_p, \tau_{p,G}\}$に基づき，各モードの緩和時間$\tau_{p,G}$を重み$h_p \tau_{p,G}$で平均化した量として定義されるが，実験的には，ゼロずり粘度η_0と定常コンプライアンスJ_eの積として，流動領域のG'とG''のデータから直接決定することができる．式(6.3.28)に含まれる$\tau_{p,G}$の最高次数が2次であるので，$\langle \tau \rangle_{\mathrm{w},G}$を2次平均粘弾性緩和時間と呼ぶ．重み$h_p \tau_{p,G}$は遅い緩和モード（$\tau_{p,G}$が大きなモード）の$\langle \tau \rangle_{\mathrm{w},G}$への寄与を増幅するので，$\langle \tau \rangle_{\mathrm{w},G}$は遅いモードに重みを置いた平均緩和時間となり，最長緩和時間$\tau_{1,G}$に近い値をとる．このため，$\langle \tau \rangle_{\mathrm{w},G}$を終端粘弾性緩和時間として用いることが多い．

1次平均粘弾性緩和時間：

$$\langle \tau \rangle_{\mathrm{n},G} \equiv \frac{\sum_{p \geq 1} h_p \tau_{p,G}}{\sum_{p \geq 1} h_p} = \frac{\eta_0}{G_\infty} = \frac{[G''/\omega]_{\omega \to 0}}{[G']_{\omega \to \infty}} \tag{6.3.29}$$

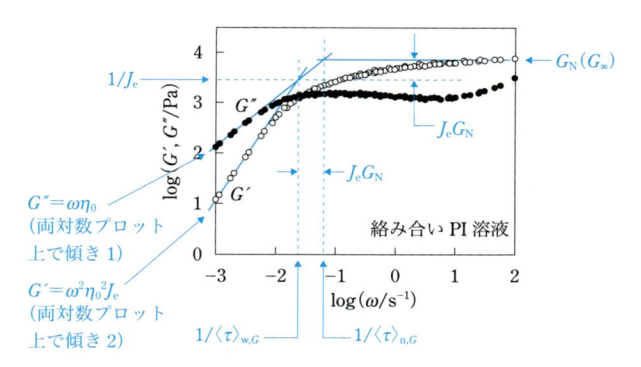

図6.15 種々の粘弾性量を両対数プロット上で簡単に決定する方法

この $\langle\tau\rangle_{n,G}$ は，各モードの緩和時間 $\tau_{p,G}$ を重み h_p で平均化した量として定義されているが，η_0 と高周波数弾性 G_∞ の比として，G' と G'' のデータから直接決定することができる．$\langle\tau\rangle_{n,G}$ の表式に含まれる $\tau_{p,G}$ の最高次数が1次であるので，$\langle\tau\rangle_{n,G}$ を1次平均粘弾性緩和時間と呼ぶ．重み h_p は遅い緩和モードと速い緩和モードの $\langle\tau\rangle_{n,G}$ への寄与を均等に増幅するので，$\langle\tau\rangle_{n,G}$ は $\langle\tau\rangle_{w,G}$ に比べて速い緩和モードに重みを置いた平均緩和時間である．なお，$\langle\tau\rangle_{w,G}$ と $\langle\tau\rangle_{n,G}$ の比は，緩和モード分布の指標 J_eG_∞ (式(6.3.27)) に一致する．

式(6.3.28)と(6.3.29)に基づけば，平均緩和時間 $\langle\tau\rangle_{w,G}$，$\langle\tau\rangle_{n,G}$ は，G'，G'' のデータと ω の両対数プロット上の補助線の交点として，簡単に決定することができる．絡み合いポリイソプレン (PI) 溶液のデータについて，これらの量を決定した例を図6.15に示す．なお，ここでは，系がガラス状となる真の高周波数域での G_∞ は使用せず，絡み合い緩和に付随する G' の平坦部の剛性率 G_N を G_∞ の代わりに使用している．(G_N は絡み合い緩和に対する $G(t)$ の初期値 $G(0)$ に等しい．) したがって，図6.15の $\langle\tau\rangle_{n,G}$ は絡み合い緩和に関する緩和モード群についての1次平均粘弾性緩和時間である．また，式(6.3.21)，(6.3.25)，(6.3.26)に基づいて，ゼロずり粘度 η_0，定常回復コンプライアンス J_e，高周波剛性率 G_∞ も，図6.15に示すように，G'，G'' のデータと ω の両対数プロット上の補助線の交点として簡単に決定することができる．このように，G'，G'' と ω の両対数プロットは，線形粘弾性に関するすべての情報を含む．

6.4 ■ 力学モデル

6.3 節で述べた粘弾性挙動を視覚的に表現することを目的として，しばしばフック・バネと粘性ポット（ダッシュポット）を直列につないだ Maxwell 要素を多数並列に連結した一般化 Maxwell モデル（図 6.16）が用いられる．この力学モデルの応力 σ は各 Maxwell 要素の応力の和となり，歪み γ はすべての Maxwell 要素について共通である．

p 番目の Maxwell 要素のバネとダッシュポットは共通の応力 σ_p をもち，要素の歪み γ はバネの歪み $\gamma_p^{[s]}$ とダッシュポットの歪み $\gamma_p^{[d]}$ の和となる．また，バネの歪み速度は σ_p とバネの強さ h_p を用いて $\dot{\gamma}_p^{[s]} = \dot{\sigma}_p/h_p$ と表され，ダッシュポットの歪み速度は σ_p とダッシュポットの粘度 $\eta_p (= h_p \tau_p ; \tau_p$ は p 番目の Maxwell 要素の緩和時間）を用いて $\dot{\gamma}_p^{[d]} = \sigma_p/\eta_p = \sigma_p/h_p\tau_p$ と表される．したがって，p 番目の要素の応力 σ_p と一般化 Maxwell モデルの歪み $\gamma = \gamma_p^{[s]} + \gamma_p^{[d]}$ は

$$\frac{d\gamma(t)}{dt} = \frac{1}{h_p}\left[\frac{1}{\tau_p}\sigma_p(t) + \frac{d\sigma_p(t)}{dt}\right] \tag{6.4.1}$$

という関係を満たす．式(6.4.1)を階段型の歪みの条件（$t<0$ で $\gamma=0$，$t>0$ で $\gamma=$ 一定 >0）の下で解き，一般化 Maxwell モデル全体の応力が $\sigma(t) = \sum_p \sigma_p$ で与えられることを考慮すれば，このモデルの緩和剛性率が式(6.3.2)の $G(t)$ に一致することが見出される．すなわち，一般化 Maxwell モデルは，モード分布をもつ粘弾性緩和挙動を再現できる．

ただし，このモデルのバネやダッシュポットに対応する弾性要素や粘性要素が一般の物質中に存在するわけではない．換言すれば，このモデルは粘弾性緩和の分子論的機構についての知見をもたらすものではない．一般化 Maxwell モデル（および，その他の力学モデル）は，あくまで粘弾性挙動を視覚的に表現するための道具である．

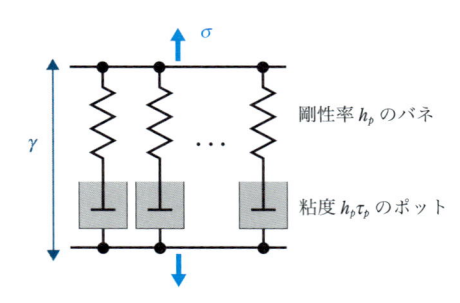

図 6.16　一般化 Maxwell モデル

6.5 ■ 粘弾性緩和に対する温度の効果

6.5.1 ■ 温度－時間換算則

　ガラス転移温度より十分高い温度の均質な高分子液体においては，昇温により屈曲性高分子鎖の熱運動とそれによって誘起される配向緩和が加速される．平衡状態における鎖の形態は温度に（ほとんど）依存しないので，配向緩和と粘弾性緩和のモード分布を決定する鎖の運動様式は温度に対してきわめて鈍感である．このため，粘弾性測定における時間あるいは周波数の変化と温度の変化が互換となり，**温度－時間換算則**が成立することが知られている．その一例として，図 6.17 に分子量 $M=31$ 万のポリイソプレン（PI）の G' と G'' のデータを示す．小さなシンボルおよび+印は，0℃～85℃ の温度において，角周波数 $\omega = 10^{-0.6} \sim 10^2 \mathrm{~s}^{-1}$ の範囲で測定したデータである．基準温度 T_r を 0℃（+印）に選び，これに一番近い温度（$T = 25$℃）での G' と G'' のデータを強度因子 $b_\mathrm{T} = T/T_\mathrm{r} = 298/273$（絶対温度の比）で割り算し，さらに T_r でのデータに重なるように ω 軸に沿って平行移動する．この平行移動量を**移動因子**（shift factor）a_T と呼ぶ．この操作を，他の温度でのデータについても同様に行う．このような操作で移動したデータを結んだ曲線を合成曲線（master curve）と呼ぶ．G' と G'' のデータについて共通の $b_\mathrm{T}, a_\mathrm{T}$ を用いて，良好な重ね合わせが得られている．また，図には示さないが，$\tan \delta\,(=G''/G')$ のデータも同じ因子 a_T を用いた ω 軸に沿う移動で良好に重ね合わせることができる．なお，$\tan \delta$ は b_T に依存しないため，$\tan \delta$ の重ね合わせから a_T が最も精度良く求められる場合が多い．

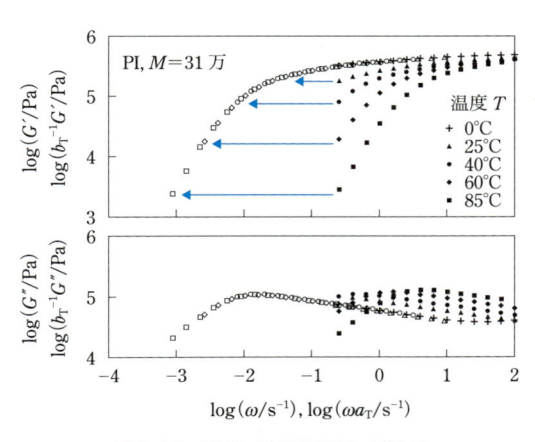

図 6.17　温度－時間換算則の適用例

合成曲線は，いろいろな温度 T におけるデータの周波数（あるいは時間）を換算して基準温度 T_r でのデータに読み換えたものである．移動因子 a_T は温度 T におけるデータの周波数軸の正方向（時間軸の負方向）への移動量であり，$T > T_r$ においては $a_T < 1$，$T < T_r$ においては $a_T > 1$ である．多くの均質高分子液体について，ガラス－ゴム転移領域より低周波数側（長時間側）では，合成曲線が T_r でのデータに一致する（すなわち温度－時間換算則が成立する）ことが知られている．なお，非相溶ポリマーブレンドのような<u>不均質液体</u>では，温度変化による内部構造変化に伴って粘弾性緩和を誘起する分子運動の様式が変化するため，温度－時間換算則が成立しない場合が多い．

温度－時間換算則が成立する場合，温度 T，角周波数 ω における正弦振動歪みに対する粘弾性応答は，基準温度 T_r，角周波数 ωa_T での粘弾性応答に対して因子 b_T だけ緩和強度の補正を行ったものと一致する．すなわち，貯蔵剛性率および損失剛性率に対して，以下の換算則が成立する．

$$G'(\omega;T) = b_T G'(\omega a_T;T_r),\ G''(\omega;T) = b_T G''(\omega a_T;T_r) \tag{6.5.1}$$

これに対応して，温度 T における平均粘弾性緩和時間 $\langle\tau\rangle_{w,G}(T)$，$\langle\tau\rangle_{n,G}(T)$，ゼロずり粘度 $\eta_0(T)$ と温度 T_r における $\langle\tau\rangle_{w,G}(T_r)$，$\langle\tau\rangle_{n,G}(T_r)$，$\eta_0(T_r)$ の間には以下の換算則が成立する．

$$\langle\tau\rangle_{w,G}(T) = a_T \times \langle\tau\rangle_{w,G}(T_r),\ \langle\tau\rangle_{n,G}(T) = a_T \times \langle\tau\rangle_{n,G}(T_r) \tag{6.5.2a}$$

$$\eta_0(T) = b_T a_T \times \eta_0(T_r) \tag{6.5.2b}$$

また，緩和剛性率と貯蔵剛性率および損失剛性率の関係（式(6.3.14)）からわかるように，緩和剛性率に対しては，次の換算則が成立する．

$$G(t;T) = b_T G(t/a_T;T_r) \tag{6.5.3}$$

温度－時間換算則は，各温度において限られた周波数域，時間域で得られる粘弾性データから広範な周波数域，時間域での粘弾性緩和挙動を知ることを可能とする．また，以下に述べるように，この換算則には明確な分子論的意味がある．

一般に，高分子液体は粘弾性緩和モードの分布を示す．この分布を考慮すれば，貯蔵剛性率は

6.5 粘弾性緩和に対する温度の効果

$$G'(\omega;T) = \sum_{p\geq 1} h_p(T) \frac{\omega^2 \{\tau_{p,G}(T)\}^2}{1+\omega^2 \{\tau_{p,G}(T)\}^2} \tag{6.5.4}$$

と表される（式(6.3.18)参照）．ここで，$\tau_{p,G}(T)$ と $h_p(T)$ は，それぞれ温度 T における p 番目の粘弾性緩和モードの緩和時間と緩和強度である．

6.2.2項で述べたように，高分子液体の粘弾性緩和モードの分布は，鎖の配向緩和が広範な空間スケールで起こることを反映している．均質高分子液体中の鎖の運動様式は温度によって変化しないので，温度が T から基準温度 T_r まで変化した場合，すべてのスケールにおける配向緩和の速さは，一律に同じ割合だけ変化する[注4]．このことに対応して，粘弾性緩和モードについても緩和速度と緩和強度が一律に変化し，温度 T と T_r における $\tau_{p,G}$ と h_p は，モード番号 p によらず，

$$\tau_{p,G}(T)/\tau_{p,G}(T_r) = a_T, \quad h_p(T)/h_p(T_r) = b_T \tag{6.5.5}$$

と表される．ここで，a_T, b_T は T（および T_r）のみの関数であり，温度 T と T_r における粘弾性緩和モードの緩和時間，緩和強度を換算する因子である．式(6.5.4)，(6.5.5)から

$$\begin{aligned}G'(\omega;T) &= \sum_{p\geq 1} b_T h_p(T_r) \frac{\omega^2 \{a_T \tau_{p,G}(T_r)\}^2}{1+\omega^2 \{a_T \tau_{p,G}(T_r)\}^2} \\ &= b_T \times \sum_{p\geq 1} h_p(T_r) \frac{\{\omega a_T\}^2 \{\tau_{p,G}(T_r)\}^2}{1+\{\omega a_T\}^2 \{\tau_{p,G}(T_r)\}^2} = b_T G'(\omega a_T; T_r)\end{aligned} \tag{6.5.6}$$

となり，式(6.5.1)が成立することがわかる．$G''(\omega;T)$ と $G(t;T)$ についても同様に式(6.5.1)，(6.5.3)が成立することが確認される．逆に，すべての緩和モードが昇温により一律には加速されない場合（たとえば異種高分子の均一ブレンド系の場合）や，緩和強度が一律には変化しない場合には，この換算則は成立しない．

6.5.2 ■ 強度因子 b_T の温度依存性

6.2.1項で述べたように，高分子液体のずり応力 $\sigma(t)$ は鎖の熱的張力を反映し，$\sigma(t) = 3\nu k_B T \sum_{n=1}^{N} S(n,t) \propto \nu T$（$S$ は配向関数，ν は鎖の数密度；式(6.2.5)）と表される．この $\sigma(t)$ の表式に基づけば，温度 T と T_r における緩和強度の比である因子 b_T は

[注4] ただし，6.2節で説明したモノマーの面配向の緩和（主鎖骨格回りのねじれ運動）と軸配向の緩和は昇温による加速のされ方が少し異なるため，これら2つの緩和機構の応力への寄与が同程度となる短時間側（高周波数側）のガラス－ゴム転移領域では，均質高分子液体といえども温度－時間換算則が完全には成立しない[2]．

第6章 絡み合い現象と粘弾性

$$b_T = \frac{\sigma(0,T)}{\sigma(0,T_r)} = \frac{T\rho(T)}{T_r\rho(T_r)} \tag{6.5.7}$$

と表される[5,6]．（階段型の歪みを受けた直後の応力 $\sigma(0)$ が緩和強度を表すことに留意されたい．）式(6.5.7)において，T, T_r は絶対温度（K 単位）であり，$\rho(T), \rho(T_r)$ は T, T_r における試料の密度（$\rho \propto v$）である．

たとえば 1,4-ポリブタジエンについては，b_T のデータは式(6.5.7)でよく記述される．しかし，1,2-ポリブタジエンの水素添加物のように，式(6.5.7)が厳密には成立しない高分子もある．式(6.5.7)からのずれは後述の高分子鎖の絡み合いに由来すると考えて，b_T が

$$b_T = \frac{T}{T_r}\left(\frac{\rho(T)}{\rho(T_r)}\right)^{1+d}\left(\frac{C_\infty(T)}{C_\infty(T_r)}\right)^{2d-1} \quad (d = 1 \sim 1.3) \tag{6.5.8}$$

と表されるとする説もある[6]．ここで，C_∞ は鎖の屈曲性を表す特性比（1章参照），d はゴム状平坦部の剛性率 G_N の濃度依存性（$G_N \propto |濃度|^{d+1}$）を表す希釈指数である．

実際のデータが式(6.5.7)，(6.5.8)のいずれかで必ず記述されるわけではない．一般には，高分子液体の b_T は式(6.5.7)と(6.5.8)の中間の値をとる．実際の重ね合わせの操作では，b_T を，式(6.5.7)と(6.5.8)が与える値の間で，最も良い重ね合わせが得られるように選べばよい．ただし，ρ と C_∞ の温度依存性は弱いので，通常の温度域では，式(6.5.7)と(6.5.8)が与える b_T の差は数％以下となり，また図 6.17 で行ったように $b_T = T/T_r$ としても，誤差は無視できる．さらに，ポリスチレンのようにガラス転移温度が高い試料のメルトについては，必然的に高温域で測定が行われるが，このような場合，$b_T = 1$ としてもほとんど誤差を生じない．

6.5.3 ■ 移動因子 a_T の温度依存性

温度－時間換算則が成立する高分子液体の a_T は，高分子濃度や圧力には依存するが，分子量があまり低くない限り，分子量には依存しない．（通常，分子量が数万以上であれば，a_T の分子量依存性を無視することができる．）多くの高分子について，ガラス転移温度 T_g より 20 K～100 K 程度上の温度範囲で，a_T の温度依存性は次の Williams–Landel–Ferry 式（WLF 式）でよく整理される[5]．

$$\log a_T = -\frac{C_1(T-T_r)}{C_2+(T-T_r)} \quad (\text{WLF 式}) \tag{6.5.9}$$

定数 C_1, C_2 は基準温度 T_r の選び方に応じて変化する．特に，$T_r = T_g + 50$ K とすれば，高分子の種類によらず $C_1 = 8.86$, $C_2 = 101.6$ K となり，式(6.5.9)が普遍性をもつとい

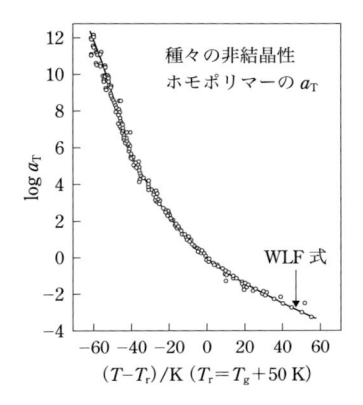

図 6.18 種々の非結晶性高分子メルトの a_T の温度依存性

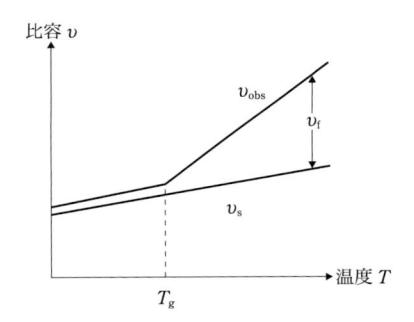

図 6.19 非結晶性高分子の比容の温度依存性

う報告がある（図 6.18）．ただし，この普遍性はあまり厳密なものではなく，あくまで目安程度のものである．（特に，分子量が数千以下では，T_r を $T_g+50\,\mathrm{K}$ に選んでも C_1, C_2 が分子量とともに変化し，式(6.5.9)の普遍性が崩れることが多い．）実際の解析では，この普遍性にこだわらず，$1/\log a_T$ の $1/(T-T_r)$ に対するプロットが直線上に乗ることを確認し，この直線の勾配 $-C_2/C_1$ と切片 $-1/C_1$ から実験的に C_1, C_2 を決定すればよい．

　WLF 式（式(6.5.9)）の温度依存性は，しばしば液体の粘度に対する自由体積理論を援用して説明される．非結晶性高分子について測定された比容 v_{obs} は温度とともに増加し，その増加率は T_g を境に急に変化する．自由体積理論では比容 v_{obs} を，分子が隙間なく充填されたときの占有体積 v_s と分子が運動することができる空隙の自由体積 $v_f (= v_{\mathrm{obs}} - v_s)$ の和であると考える（図 6.19）．さらに，温度の上昇とともに v_s は一定の割合で増加するが，v_f は T_g を境として増加率が変化すると考える．

コラム　WLF式について

高分子の粘弾性緩和の終端速度の温度依存性を表すWLF式（式(6.5.9)）は，もともとは純粋な実験式として導入されたものであるが，この式は，セグメント緩和とガラス転移の議論によく用いられるVogel–Fulcher–Tammann式（VFT式）と同形である．このため，セグメント緩和とガラス転移にかかわる分子運動の協同性についての理論的進展に伴って，WLF式がもつ分子論的意味合い（自由体積分率という古典的な概念を越える意味合い）が，現在でも盛んに議論・研究されている．

自由体積理論によれば，液体のゼロずり粘度 η_0 と自由体積分率 $f = v_\mathrm{f}/(v_\mathrm{f}+v_\mathrm{s})$ は

$$\eta_0 = A\exp(B/f) \tag{6.5.10}$$

という関係を満たす[5,6]．A, B はいずれも1に近い定数である．高温域で $b_\mathrm{T}=1$ とすれば，温度 T, T_r での粘度比 $\eta_0(T)/\eta_0(T_\mathrm{r})$ は a_T に等しい（式(6.5.2b)参照）．さらに，式(6.5.10)で $B=1$ とすれば，$\log a_\mathrm{T}$ は温度 T, T_r における自由体積分率 f, f_r を用いて次のように表される．

$$\log a_\mathrm{T} = \log\left\{\frac{\eta_0(T)}{\eta_0(T_\mathrm{r})}\right\} = 0.4343\left\{\frac{1}{f} - \frac{1}{f_\mathrm{r}}\right\} \tag{6.5.11}$$

ここで，f についての熱膨張係数 α_f を導入すれば $f = f_\mathrm{r} + \alpha_f(T-T_\mathrm{r})$ となり，式(6.5.11)は

$$\log a_\mathrm{T} = -\frac{\{0.4343/f_\mathrm{r}\}(T-T_\mathrm{r})}{\{f_\mathrm{r}/\alpha_f\}+T-T_\mathrm{r}} \tag{6.5.12}$$

と書き直される．この式はWLF式と同じ形であり，WLF式におけるパラメータが $C_1 = 0.4343/f_\mathrm{r}$，$C_2 = f_\mathrm{r}/\alpha_f$ と表されることがわかる．多くの高分子について，T_g において $f_\mathrm{r} \cong 0.025$（$= 2.5\%$），$\alpha_f \cong 4.8\times 10^{-4}\,\mathrm{K}^{-1}$ とされているが，前述のようにWLF式は厳密な普遍性をもたないので，これらの f_r, α_f の値も厳密に普遍的な値ではない．

上記の自由体積理論の考え方は，分子量や濃度が異なる高分子液体の粘弾性を比較するときに重要となる．6.2.2項で説明したように，屈曲性高分子鎖は部分鎖の運動の集積で緩和する．したがって，鎖の分子量や分岐の有無，また鎖同士の重なりの程度と粘弾性の関係を調べるためには，所定の大きさをもつ部分鎖の摩擦係数が同一となる条件下で粘弾性データを比較する必要がある．屈曲性高分子のメルトおよび濃厚溶液では，この摩擦係数は自由体積分率 f で決まると考えられている．したがって，このような系の粘弾性データは自由体積分率 f が同一となる等摩擦状態で比較される[5]．

6.6 ■ 高分子液体の平衡ダイナミクスⅠ：線形粘弾性
6.6.1 ■ 希薄溶液

　高分子物質は気体にならないので，高分子鎖1本の性質を調べるためには，希薄溶液についての実験が必要となる．1章，2章で述べたように，希薄溶液中の鎖の形態や熱力学的性質について精力的に研究が行われている．本節では，希薄溶液中の孤立高分子鎖の粘弾性に焦点を当てる．

　希薄溶液中の高分子鎖の粘弾性は，6.3.3項B.で定義した溶液の貯蔵剛性率および損失剛性率 G', G'' から溶媒の寄与 G_s'' ($=\omega\eta_s$; η_s は溶媒の粘度) を取り去って次のように規格化した量で特徴づけられる．

$$[G']_r = \left\{\frac{MG'}{cRT}\right\}_{c\to 0}, \quad [G'']_r = \left\{\frac{M(G''-\omega\eta_s)}{cRT}\right\}_{c\to 0} \tag{6.6.1}$$

ここで，R は気体定数，T は絶対温度，M は高分子鎖の分子量，c は高分子の重量濃度を表す．また，極限粘度（固有粘度）$[\eta]$ と $[G'']_r$ は

$$[\eta] \equiv \left\{\frac{\eta-\eta_s}{c\eta_s}\right\}_{c\to 0} = \frac{RT}{M\eta_s}\left\{\frac{[G'']_r}{\omega}\right\}_{\omega\to 0} \tag{6.6.2}$$

の関係にある．

　2章で述べたように，シータ溶媒中ではセグメント間の斥力に由来する排除体積効果が遮蔽され，平衡状態にある高分子鎖は Gauss 鎖としてふるまうと考えてよい．図 6.20 には希薄な単分散直鎖ポリスチレン（PS）が2種類のシータ溶媒（デカリン 16°C, フタル酸ジオクチル（DOP）22°C）中で示す $[G']_r$ と $[G'']_r$ のデータをプロッ

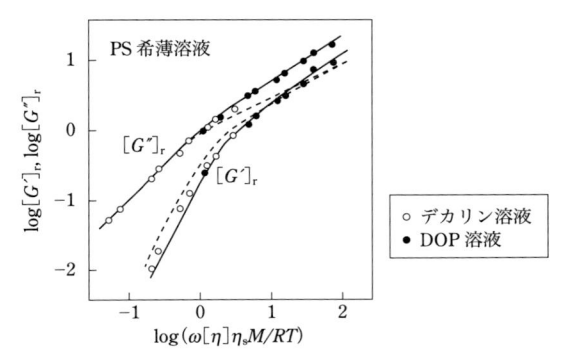

図 6.20　シータ溶媒中の希薄な単分散直鎖 PS ($M=86$ 万) の粘弾性
[R. M. Johnson *et al.*, *Polymer J.*, **1**, 742 (1970)]

トした．角周波数 ω は分子量 M，溶媒粘度 η_s，極限粘度 $[\eta]$ および RT で規格化してある．ω の減少とともに $[G']_r$ と $[G'']_r$ はべき乗型のゆるやかな減少を示し（$[G']_r \propto [G'']_r \propto \omega^\alpha$；$\alpha \cong 2/3$），その後，低周波数域において流動挙動（$[G']_r \propto \omega^2$，$[G'']_r \propto \omega$，式(6.3.19)参照）を示す．このべき乗型の挙動から，最長緩和モードより短時間側では緩和モードが連続的に分布していることがわかる（6.3.4項参照）．同様の挙動は PS 以外の単分散直鎖高分子の希薄シータ溶液でも観察される．シータ溶媒中の希薄な鎖の粘弾性量の分子量(M)依存性をまとめると以下のようになる．

極限粘度：$[\eta] \propto M^{1/2}$ (6.6.3a)

2次平均粘弾性緩和時間：$\langle \tau \rangle_{w,G} \cong \tau_{1,G} \propto M^{3/2}$ (6.6.3b)

A. バネービーズモデル[7]

一般に，上記のような希薄鎖のダイナミクスは，形態分布関数に基づいて記述される．しかし，鎖の遅い運動と長時間域の粘弾性緩和（配向緩和）を記述するためには，より簡単な**バネービーズモデル**（図 6.21）を用いることが多い．このモデルでは，鎖を N 個の部分鎖に分割し，$g(=M/N)$ 個のモノマーからなる各々の部分鎖を摩擦係数 ζ の小球（ビーズ）で置き換え，これを強さ κ のバネで連結する．ζ はビーズあたりのモノマー数 g に比例し，部分鎖のエントロピー張力の強さを表すバネ定数 $\kappa(=3k_BT/a^2=3k_BT/gb_{\text{eff}}^2$；式(6.2.4)参照) は g に反比例する．ここで，b_{eff} はモノマーの有効ステップ長であり，1章で導入された特性比 C_∞ とモノマーの結合長 b を用いて，$b_{\text{eff}}=bC_\infty^{1/2}$ と表される．

各ビーズには溶媒からの摩擦力 $\boldsymbol{f}_{\text{fric}}$，バネの弾性力 $\boldsymbol{f}_{\text{el}}$，熱揺動力（Brownian force）$\boldsymbol{f}_B$ が作用し，これらの力のバランスを表す運動方程式 $\boldsymbol{f}_{\text{fric}}+\boldsymbol{f}_{\text{el}}+\boldsymbol{f}_B=\boldsymbol{0}$ に従って，時刻 t における n 番目のビーズの位置 $\mathbf{r}(n,t)$，n 番目と $n+1$ 番目のビーズをつなぐボンドベクトル $\mathbf{u}(n,t)(=\mathbf{r}(n+1,t)-\mathbf{r}(n,t))$ の時間変化が決定される．（通常，慣性力は非常に小さく無視される．）摩擦力 $\boldsymbol{f}_{\text{fric}}$ に対してビーズ間の流体力学的相互作用を考慮しないバネービーズモデルを **Rouse モデル**，この効果を考慮したモデルを **Zimm モデル**という．いずれのモデルも排除体積効果（1章参照）による力を考慮していないので，この効果が発現する良溶媒中の希薄な鎖の挙動は，これらのモデルでは厳密には記述されない．

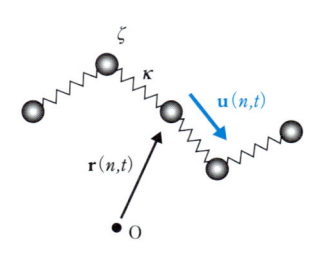

線形粘弾性は平衡状態でのダイナミクスを反映するので，階段型の微小な歪みの下でモデルを解析すれば，

図 6.21　バネービーズモデル

そのモデルが与える緩和剛性率 $G(t)$ が得られ，G' と G'' が計算される．Rouse モデル，Zimm モデルのいずれにおいても，時刻 t において n 番目のビーズに対して作用する弾性力 $\boldsymbol{f}_{\text{el}}(n,t)$ は，その時刻でのビーズの空間的配置のみで決まる．鎖の末端以外のビーズについては，その両隣のビーズからバネで引っ張られるので，$\boldsymbol{f}_{\text{el}}(n,t) = \kappa\{\mathbf{r}(n+1,t) - 2\mathbf{r}(n,t) + \mathbf{r}(n-1,t)\}$ となる．一方，鎖の末端のビーズ（$n=1, N$）については，それと連結した 1 個のビーズ（$n=2, N-1$）のみから引っ張られるので，$\boldsymbol{f}_{\text{el}}(1,t) = \kappa\{\mathbf{r}(2,t) - \mathbf{r}(1,t)\}$，$\boldsymbol{f}_{\text{el}}(N,t) = \kappa\{\mathbf{r}(N-1,t) - \mathbf{r}(N,t)\}$ となる．しかし，摩擦がなく，常に $n=1, N$ のビーズの上に重なっている仮想的な 0 番目，$N+1$ 番目のビーズを導入すれば，鎖の末端のビーズについても鎖の末端以外のビーズと同じ取り扱いが可能となり，$n=1, 2, \cdots, N$ について $\boldsymbol{f}_{\text{el}}(n,t) = \kappa\{\mathbf{r}(n+1,t) - 2\mathbf{r}(n,t) + \mathbf{r}(n-1,t)\}$ と表すことができる（ただし $\mathbf{r}(0,t) = \mathbf{r}(1,t)$，$\mathbf{r}(N+1,t) = \mathbf{r}(N,t)$）．さらに，ビーズ数 N が大きければ，n を連続変数とみなして $\mathbf{r}(n+1,t) - \mathbf{r}(n,t) \to \partial \mathbf{r}(n,t)/\partial n$，$\mathbf{r}(n+1,t) - 2\mathbf{r}(n,t) + \mathbf{r}(n-1,t) \to \partial^2 \mathbf{r}(n,t)/\partial n^2$ という置き換えを行うことが可能となり，弾性力が

$$\boldsymbol{f}_{\text{el}}(n,t) = \kappa \frac{\partial^2 \mathbf{r}(n,t)}{\partial n^2} \quad (0 < n < N; \kappa = 3k_{\text{B}}T/a^2) \tag{6.6.4}$$

と表される．ただし，$n=0, N$ において

$$\frac{\partial \mathbf{r}(n,t)}{\partial n} = \mathbf{0} \tag{6.6.5}$$

である．なお，ここで採用した連続的取り扱いでは，$N \gg 1$ であることを想定しているので，N と $N+1$ の差は無視される．

熱揺動力 $\boldsymbol{f}_{\text{B}}(n,t)$ は，ランダムなブラウン運動を誘起する力であり，確率論的なノイズとして扱われる．このノイズは，強さ $\sqrt{2\zeta k_{\text{B}}T}$ の白色雑音としてモデル化され，その平均値は

$$\langle \boldsymbol{f}_{\text{B}}(n,t) \rangle = \mathbf{0} \tag{6.6.6}$$

となる．また，上記の $\boldsymbol{f}_{\text{el}}$ の取り扱いと同様な連続的取り扱いの下では，n 番目のビーズに対して時刻 t に作用する熱揺動力の α 成分 $f_{\text{B},\alpha}(n,t)$ と m 番目のビーズに対して時刻 t' に作用する熱揺動力の β 成分 $f_{\text{B},\beta}(m,t')$（$\alpha, \beta = x, y, z$）の積の平均は

$$\langle f_{\text{B},\alpha}(n,t) f_{\text{B},\beta}(m,t') \rangle = 2\zeta k_{\text{B}} T \delta_{\alpha\beta} \delta(n-m) \delta(t-t') \tag{6.6.7}$$

で与えられる．ここで，$\delta(x)$ はデルタ関数，$\delta_{\alpha\beta}$ はクロネッカーのデルタである（n, m を離散変数として取り扱う場合には，$\delta(n-m)$ を δ_{nm} で置き換える）．式(6.6.7)は，

第6章 絡み合い現象と粘弾性

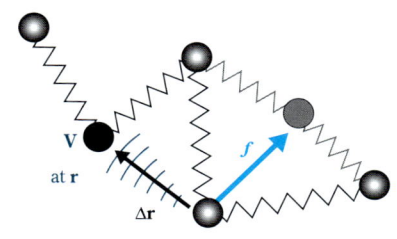

図6.22 Zimmモデルが考慮するビーズ間の流体力学的相互作用

熱揺動力の異なる方向の成分には相関がないこと，異なるビーズに作用する熱揺動力の間には相関がないことを意味する．

ビーズに作用する摩擦力 $f_{\mathrm{fric}}(n,t)$ については，RouseモデルとZimmモデルで取り扱いが異なる．図6.22に模式的に示すように，一般にあるビーズに対して力 f が作用すると，ビーズが運動してまわりの媒体（溶媒）に流動場 V を発生させ，この流動場が他のビーズに伝播して力を及ぼす．Zimmモデルでは，このビーズ間の流体力学的相互作用を考慮し，2章でも述べたOseenテンソル T を用いて，V を次のように（近似的に）表現する．

$$V = T \cdot f, \quad T(r) = \frac{1}{8\pi\eta_s |\Delta r|}\left(I + \frac{\Delta r \Delta r}{\langle \Delta r \rangle^2}\right), \quad I = \begin{bmatrix} 1 & 0 & 0 \\ 0 & 1 & 0 \\ 0 & 0 & 1 \end{bmatrix} \tag{6.6.8}$$

ここで，η_s は媒体粘度，Δr は力 f が作用しているビーズを基点として流体力学的相互作用を受けるビーズの位置を表すベクトルである（図6.22参照）．$\Delta r \Delta r$ は Δr のダイアディックであり，その $\alpha\beta$ 成分は $\Delta r_\alpha \Delta r_\beta (\alpha, \beta = x, y, z)$ で与えられる．式(6.6.8)から，媒体に対する n 番目のビーズの相対速度が $\partial r(n,t)/\partial t - V = \partial r(n,t)/\partial t - \sum_{m(\neq n)} T(n,m) \cdot \{f_{\mathrm{el}}(m,t) + f_{\mathrm{B}}(m,t)\}$ で与えられる．ここで，$f_{\mathrm{el}}(m,t), f_{\mathrm{B}}(m,t)$ は m 番目のビーズに働く弾性力および熱揺動力である．また，$T(n,m)$ は，m 番目のビーズが n 番目のビーズに及ぼす流体力学的相互作用を表すOseenテンソルであり，式(6.6.8)の Δr を $\Delta r_{nm}(t) = r(n,t) - r(m,t)$ で置き換えたものとなる．上記の相対速度を用いて，n 番目のビーズに働く摩擦力は $f_{\mathrm{fric}}(n,t) = -\zeta\{\partial r(n,t)/\partial t - V\}$ と表される．

したがって，式(6.6.4)〜(6.6.8)に示した連続的取り扱いの枠内でZimmモデルが与えるビーズの運動方程式 $f_{\mathrm{fric}}(n,t) + f_{\mathrm{el}}(n,t) + f_{\mathrm{B}}(n,t) = 0$ は，上記の $T(n,m)$ とビーズの位置ベクトル r を用いて

$$\frac{\partial r(n,t)}{\partial t} - \int^* T(n,m) \cdot \left\{\kappa \frac{\partial^2 r(m,t)}{\partial m^2} + f_{\mathrm{B}}(m,t)\right\} dm = \frac{1}{\zeta}\left\{\kappa \frac{\partial^2 r(n,t)}{\partial n^2} + f_{\mathrm{B}}(n,t)\right\} \tag{6.6.9}$$

と表される（$\kappa = 3k_{\mathrm{B}}T/a^2$）．左辺第2項の積分 $\int^* \cdots dm$ は，$m = n$ の近傍（$|m-n|<1$）を除く主鎖骨格全体（$0 < m < N$）にわたって行われる．（n, m を離散変数として取

り扱うならば，この積分は，m についての和 $\sum_{m(\neq n)}$ で置き換えられる.）

一方，Rouseモデルでは，ビーズ間の流体力学的相互作用を考えない．したがって，このモデルが与える運動方程式は，流体力学的相互作用を表す $\mathbf{T}$ を含む項を式(6.6.9)から除いたものとなり，

$$\frac{\partial \mathbf{r}(n,t)}{\partial t} = \frac{1}{\zeta}\left\{\kappa \frac{\partial^2 \mathbf{r}(n,t)}{\partial n^2} + \mathbf{f}_B(n,t)\right\} \tag{6.6.10}$$

と表される.

式(6.6.5)を境界条件として，上記の運動方程式（式(6.6.9)または(6.6.10)）を階段型の微小なずり歪み γ の下で解き，$\mathbf{r}(n,t)$ を部分鎖の番号 n および時間 t の関数として表せば，6.2.1項で説明したずり配向関数 $S(n,t) = \langle a^{-2} u_x(n,t) u_y(n,t)\rangle$（連続的取り扱いでは $u_\alpha(n,t) = \partial r_\alpha(n,t)/\partial n$；$\alpha = x, y$）が計算され，緩和剛性率 $G(t) = \sigma(t)/\gamma = \{3\nu k_B T/\gamma\}\int_0^N S(n,t)\,dn$ が求められる．この計算は，境界条件（式(6.6.5)）に従う固有関数 $f_p(n) = \cos(p\pi n/N)$ $(p = 0, 1, \cdots)$ を用いて $\mathbf{r}(n,t)$ を展開すれば比較的簡単に行うことができる．計算の詳細は章末の追補Aに譲り，結果だけをまとめれば以下のようになる．

$$S(n,t) = \frac{2\gamma}{3N} \sum_{p=1}^{N(\infty)} \sin^2\left(\frac{p\pi n}{N}\right) \exp\left(-\frac{t}{\tau_{p,G}}\right) \tag{6.6.11}$$

$$G(t) = \frac{cRT}{M} \sum_{p=1}^{N(\infty)} \exp\left(-\frac{t}{\tau_{p,G}}\right) \tag{6.6.12}$$

$$G'(\omega) = \frac{cRT}{M} \sum_{p=1}^{N(\infty)} \frac{\omega^2 \tau_{p,G}^2}{1 + \omega^2 \tau_{p,G}^2}, \quad G''(\omega) = \frac{cRT}{M} \sum_{p=1}^{N(\infty)} \frac{\omega \tau_{p,G}}{1 + \omega^2 \tau_{p,G}^2} \tag{6.6.13}$$

Rouseモデル：

$$\tau_{p,G} = \frac{\tau_R^{[G]}}{p^2}, \quad \tau_R^{[G]} = \frac{\zeta N^2 a^2}{6\pi^2 k_B T} = \frac{\zeta_{\text{chain}} \langle R^2 \rangle}{6\pi^2 k_B T} \quad (\propto M^2) \tag{6.6.14}$$

Zimmモデル[注5]**：**

$$\tau_{p,G} = \frac{\tau_Z^{[G]}}{p^{3/2}}, \quad \tau_Z^{[G]} = \frac{\eta_s N^{3/2} a^3}{\sqrt{12\pi} k_B T} = \frac{\eta_s \langle R^2\rangle^{3/2}}{\sqrt{12\pi} k_B T} \quad (\propto M^{3/2}) \tag{6.6.15}$$

式(6.6.14), (6.6.15)に含まれる $\langle R^2 \rangle (=Na^2)$ は平衡状態における鎖の平均二乗末端間距離であり, $\zeta_{\text{chain}}(=N\zeta)$ は鎖全体の摩擦係数である. $\tau_{\text{R}}^{[\text{G}]}, \tau_{\text{Z}}^{[\text{G}]}$ はそれぞれ最長Rouse緩和時間, 最長Zimm緩和時間である. また, 式(6.6.12), (6.6.13)では, 因子 $\nu k_{\text{B}} T$ を鎖の分子量 M, 濃度 c, および気体定数 R を用いて表した ($\nu k_{\text{B}} T = cRT/M$). なお, 式(6.6.11)〜(6.6.13)に含まれる緩和モード番号 p についての和は $p = 1 \sim N$ (N はバネの数) の範囲の和を意味するが, これらの式を導出する際の n に対する連続的取り扱いは $N \gg 1$ の場合に成立するので, 和の範囲を $p = 1 \sim \infty$ としても大過ない. 式(6.6.13)において $p = 1 \sim \infty$ の範囲で和をとれば, モデルが与える高分子鎖のゼロずり粘度 η_0 (式(6.3.21)参照) と定常回復コンプライアンス J_{e} (式(6.3.25)参照) が, 以下のように与えられる.

Rouse モデル:

$$\eta_0 = \frac{cRT}{M} \frac{\zeta N^2 a^2}{36 k_{\text{B}} T} = \frac{cRT}{M} \frac{\zeta_{\text{chain}} \langle R^2 \rangle}{36 k_{\text{B}} T} \propto \zeta c M \tag{6.6.16a}$$

$$J_{\text{e}} = \frac{2M}{5cRT} \ (\propto c^{-1} M) \tag{6.6.16b}$$

Zimm モデル[注5]**:**

$$\eta_0 = \frac{0.425 c}{M/N_{\text{A}}} \eta_{\text{s}} N^{3/2} a^3 = \frac{0.425 c}{M/N_{\text{A}}} \eta_{\text{s}} \langle R^2 \rangle^{3/2} \propto \eta_{\text{s}} c M^{1/2} \quad (N_{\text{A}} = \text{Avogadro 定数}) \tag{6.6.17a}$$

$$J_{\text{e}} = \frac{0.2 M}{cRT} \ (\propto c^{-1} M) \tag{6.6.17b}$$

式(6.6.11)〜(6.6.13)の関数形がRouseモデル, Zimmモデルで共通であることからわかるように, 配向緩和の特徴も両モデルで定性的に一致する. この特徴を明示する例として, 階段型の歪みの下でのRouseモデルの配向関数 $S(n, t)$ を図6.23に示す. 式(6.6.11)が与える初期値は $S(n, 0) = \gamma/3 (0 < n < N)$ であるが, 短時間域では, $S(n, t)$ は $n = 0 \sim N$ にわたってほぼ一定値をとりながら時間が経過するにつれて初期値から減少していく. すなわち, 短時間域では, 主鎖骨格に沿った均一な配向緩和が起こっている. 一方, $t \sim \tau_{1,G} (= \tau_{\text{R}}^{[\text{G}]})$ の長時間域では $S(n, t) \propto \sin^2(\pi n/N) \exp(-t/\tau_{1,G})$ となり (式(6.6.11)参照), 主鎖中央付近の配向異方性が大きくなる. これらの挙動は, Zimmモデルでも同様に観察される.

[注5] 用いる近似の程度によってZimmモデルの $\tau_{\text{Z}}^{[\text{G}]}$ の数係数は少し変わるが, モデルの挙動の特徴は近似の程度に依存しない.

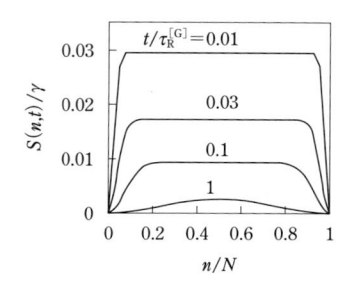

図 6.23 Rouse モデルの配向緩和挙動

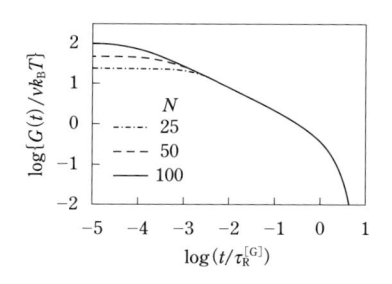

図 6.24 Rouse モデルの応力緩和挙動

図 6.24 には Rouse モデルの緩和剛性率 $G(t)$ を示す．$\tau_R^{[G]}/N^2$（最高次数（最速）の緩和モードの緩和時間）より短い時間域において，$G(t)$ は瞬間剛性率 $G(0) = (cRT/M)N = \nu Nk_B T$ に漸近し（式(6.6.12)参照），モデルが想定する部分鎖の数 N に比例する．同様に，Zimm モデルが与える $G(t)$ も，$t < \tau_Z^{[G]}/N^{3/2}$ である短時間域において $G(0) = (cRT/M)N$ に漸近し，N に比例する．このような短時間域では，隣接した部分鎖（隣接したビーズとその間のバネ）の運動がカップリングせず，各部分鎖が独立なエントロピー・バネとして働くために，この比例性が生じるのである．したがって，実際の高分子鎖の短時間域における挙動にこれらのモデル（あるいは，より一般化されたバネ－ビーズモデル）を適用する際には，実際の鎖の最小のエントロピー弾性単位（Rouse セグメント[2]）を，モデルの部分鎖として選ぶ必要がある．

一方，$t \gg \tau_R^{[G]}/N^2$ の中間時間域で Rouse モデルの $G(t)$ は $1/\sqrt{t}$ に比例して減少し，さらに長時間（$t \sim \tau_R^{[G]}$）の終端緩和領域では $G(t) \sim (cRT/M)\exp(-t/\tau_R^{[G]})$ となるが（図6.24），これらの時間域では $G(t)$ は N に依存しない．このことと対応して，長時間域での緩和を特徴づける $\tau_R^{[G]}$（式(6.6.14)）および η_0, J_e（式(6.6.16)）は，c, M, T に加えて鎖全体の摩擦係数 ζ_{chain} と平均二乗末端間距離 $\langle R^2 \rangle$ という純実験的に決定される量（モデルにおける部分鎖の選び方とは無関係に決定される量）のみを使って表されている．同様に，Zimm モデルも，$t \gg \tau_Z^{[G]}/N^{3/2}$ の時間域では N に依存しない $G(t)$ を与え（中間時間域で $G(t) \propto 1/t^{2/3}$，終端緩和領域で $G(t) \sim (cRT/M)\exp(-t/\tau_Z^{[G]})$），また，$c, M, T, \langle R^2 \rangle$，および溶媒粘度 η_s のみで決まる $\tau_R^{[G]}, \eta_0, J_e$ を予言する．これらの事実は，長時間域での緩和に対するバネ－ビーズモデルの物理的健全さ（部分鎖の選び方というモデルの恣意性に依存しないこと）を意味し，このモデルが，本質的に，末端間距離程度の空間スケールにわたる遅いダイナミクスを記述するモデルであることを示す．

中間時間域～終端緩和領域におけるバネ－ビーズモデルの予言が N に依存しない

という事実は，発展 6.3 で説明した応力表式の一意性と密接に関連していることにも留意が必要である．すなわち，N 個の小さな部分鎖からなるモデル鎖の応力は，β 個の部分鎖が位置を交換し合って相互平衡化する時間域においては，β 個の部分鎖が一体化した大きな部分鎖が N/β 個連なったモデル鎖の応力と同一となり，$G(t)$ が N 依存性を示さなくなるのである．（なお，この相互平衡化は，6.6.4 項以降の絡み合い鎖のダイナミクスの記述においても中心的役割を果たす．）

B. 実験とモデルの比較

前項で述べたように，Rouse モデルと Zimm モデルは，多くの点で定性的に同一の特徴を有する．しかし，緩和モードの特性時間 τ_p のモード番号 p に対する依存性は両モデルで異なり，また最長粘弾性緩和時間 $\tau_R^{[G]}$，$\tau_Z^{[G]}$ やゼロずり粘度 η_0 に対する分子量 (M) 依存性にも差が見られる（式 (6.6.14)〜(6.6.17) 参照）．この差は，Zimm モデルで考慮された流体力学的相互作用に由来する．この点に関連して，Rouse モデルの $\tau_R^{[G]}$（最長 Rouse 緩和時間）がビーズ摩擦係数 ζ に比例するのに対して，Zimm モデルの $\tau_Z^{[G]}$（最長 Zimm 緩和時間）は ζ に依存せず溶媒粘度 η_s に比例することに留意が必要である．Zimm モデルでは各ビーズの運動に対する抵抗がその他のビーズからの流体力学的相互作用に支配されており，この相互作用は媒体（溶媒）の粘度 η_s で決定されるので（式 (6.6.9)），$\tau_Z^{[G]}$ が η_s に比例するのである．

式 (6.6.13)，(6.6.15) から，Zimm モデルの予言する $[G']_r (= \{MG'/cRT\}_{c\to 0})$，$[G'']_r (= \{MG''/cRT\}_{c\to 0})$ が計算される．（式 (6.6.13) の G'' は高分子鎖の損失剛性率を表し，溶媒の寄与は含まないので，$[G'']_r$ は，ここに示したように，G'' から $\omega\eta_s$ を差し引くことなく求められる．）図 6.20 の実線は，このようにして計算された Zimm モデルの $[G']_r$ と $[G'']_r$ を規格化角周波数 $\omega[\eta]\eta_s M/RT$ に対してプロットした結果である．Rouse モデルについても同様に式 (6.6.13)，(6.6.14) から $[G']_r$，$[G'']_r$ が計算される．得られた $[G']_r$ と $[G'']_r$ を周波数軸方向に移動し，$[G'']_r$ が Zimm モデルの $[G'']_r$ と低周波数域で重なるようにした結果を点線で示す．

図 6.20 が示すように，Zimm モデルは，高周波数域におけるべき乗型の ω 依存性（$[G']_r \propto [G'']_r \propto \omega^\alpha$；$\alpha \cong 2/3$）まで含めて，シータ溶媒中の直鎖 PS の $[G']_r$ と $[G'']_r$ のデータをかなりよく再現し，また $[\eta]$ データが $M^{1/2}$ に比例すること（式 (6.6.3)）も説明する．一方，Rouse モデルの予言は，データから大きく逸脱している．これらの結果は，溶媒中の希薄鎖の大規模なダイナミクスが鎖内の流体力学的相互作用に支配されていること，この相互作用が Zimm モデルで（近似的ながら）正当に考慮されていることを示唆する．

式 (6.6.17a) の η_0 は高分子鎖による粘度増分を表すので，Zimm モデルが予言する

極限粘度は

$$[\eta] = 0.425 N_A \frac{\langle R^2 \rangle^{3/2}}{M} = 2.56 \times 10^{23} \frac{\langle R^2 \rangle^{3/2}}{M} \quad (6.6.18)$$

と表される．この計算値は，$[\eta] = (2.6 \pm 0.3) \times 10^{23} \langle R^2 \rangle^{3/2}/M$ という実験結果と定量的にかなりよく一致する．この結果は，流体力学的相互作用の下では，高分子鎖はあたかも直径 $\langle R^2 \rangle^{1/2}$ の剛体球のようにふるまい，外から加えた溶媒の流れがランダムコイル状の孤立鎖の中にはほとんど到達しないことを示唆する．この観点から，Zimm モデルが想定する鎖を非すぬけ鎖（non-draining chain）と呼ぶ．一方，これに対応して，Rouse モデルが想定する鎖をすぬけ鎖（free-draining chain）と呼ぶ．

上記のように，流体力学的相互作用を考慮していない Rouse モデルは希薄溶液中の鎖には適用できない．しかし，Rouse モデルがまったく役に立たないわけではない．後述するように，このモデルは濃厚溶液およびメルト中の鎖の運動を記述するための基本となる重要なモデルであると考えられている．

C． 分岐の効果

長さが揃った枝を束ねた形の星型鎖と直鎖の希薄溶液の粘弾性緩和挙動を比較すると，$[\eta], J_e$ などの分子量依存性は同じであるが，$[G']_r, [G'']_r$ の緩和モード分布には差が存在し，終端緩和強度は星型鎖の方が大きいことが知られている．その例として，図 6.25 にシータ溶媒中の希薄な 9 分岐星型 PS（$M = 500$ 万）の $[G']_r$ と $[G'']_r$ のデータを示す．$\omega = 1/\tau_{1,G}$（最長緩和時間の逆数）付近に，直鎖では観察されない $[G'']_r$ の肩（変曲点）が現れることがわかる（図 6.25 を図 6.20 と比較されたい）．以下に述べるように，この $[G'']_r$ の肩は，星型鎖の最遅粘弾性緩和モードの強度が 2 番目に遅いモードの強度よりかなり大きくなるために発現する．

星型鎖にバネービーズモデルを適用する場合，枝中のビーズに対する運動方程式は直鎖についての運動方程式（式(6.6.9)，(6.6.10)）と一致し，枝の自由端に対する境界条件も直鎖に対する条件（式(6.6.5)）と一致する．しかし，枝同士が結合されている分岐点については，各枝からの張力のつり合いと分岐点における枝の変位の連続性という条件が課せられる．この条件によって，枝の間に運動相関が生じる．枝の長さに分布がない場合には，図 6.25 に模式的に示したように，枝の運動は，分岐点の運動を伴わない奇数次のモード群と分岐点が運動する偶数次のモード群に分かれる．奇数次のモードでは，分岐点が移動しないように枝 2 本が対になり，相関をもって運動するので，枝数を q とすれば，モードは $q-1$ 重に縮退している（ある枝について，対になる枝が $q-1$ 本存在する）．一方，偶数次のモードでは，すべての枝が相関をもって同時に運動するので，縮退がない．したがって，奇数次のモード群に属する最遅粘

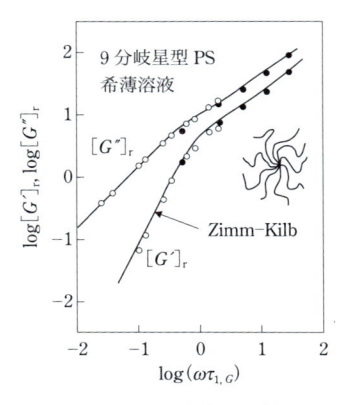

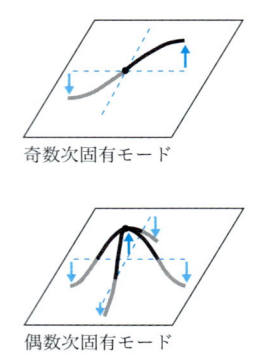

図 6.25 シータ溶媒中の希薄な 9 分岐星型 PS ($M=500$ 万) の粘弾性
[Y. Mitsuda *et al.*, *Polymer J.*, **4**, 24 (1973)]

弾性緩和モードは，偶数次のモード群に属する 2 番目に遅いモードに比べて，$q-1$ 倍の緩和強度を有する．この緩和強度の差が，図 6.25 で観察された $[G'']_r$ の肩の原因である．

上記のように，枝の長さに分布がない星型鎖のバネ－ビーズモデルにおける運動は，奇数次のモード群と偶数次のモード群を別々に取り扱うことで容易に解くことができる．奇数次のモード群は，枝 2 本に対応する直鎖の運動モードのうち中点に関して反対称に運動するモードに対応し，偶数次のモード群は，直鎖の中点に関する対称運動モードに対応する．前述の直鎖に対するバネ－ビーズモデルでは，ビーズ位置 $\mathbf{r}(n,t)$ は固有関数を用いて展開される．（直鎖の $\mathbf{r}(n,t)$ に対する固有関数は，反対称運動モードについては $f_{2k-1}(n)=\cos\{(2k-1)\pi n/N\}$ (N は鎖あたりの部分鎖数)，対称運動モードについては $f_{2k}(n)=\cos(2k\pi n/N)$ で与えられる．章末の追補 B 参照．）このことを考慮して，分子量が M で枝数が q の星型鎖についてバネ－ビーズモデルの運動を解けば，緩和剛性率が次のように得られる．

$$G(t)=\frac{cRT}{qM_{\mathrm{arm}}}\left\{(q-1)\sum_{k=1}^{N(\infty)}\exp\left(-\frac{t}{\tau_{2k-1,G}}\right)+\sum_{k=1}^{N(\infty)}\exp\left(-\frac{t}{\tau_{2k,G}}\right)\right\} \quad (6.6.19)$$

ここで，c は星型鎖の濃度，$M_{\mathrm{arm}}(=M/q)$ は枝の分子量，T は絶対温度である．カッコ内第 1 項目の和は $q-1$ 重に縮退した奇数次モードについての和であり，第 2 項目の和は縮退のない偶数次のモードについての和である．これらの和の中に現れる $\tau_{p,G}$ ($p=1,2,\cdots$) は分子量が $2M_{\mathrm{arm}}$ の直鎖のモード緩和時間に一致するとしてよい．特に，鎖内の流体力学的相互作用を考慮した Zimm–Kilb モデル（ZK モデル），この相互作

● コラム　　Prince Earl Rouse, Jr. について

　Rouse モデルは，高分子ダイナミクスの分野では最も重要なモデルの1つである．Thomson Reuters Web of Knowledge（TR-WK）で調べると，このモデルが発表された論文（P. E. Rouse, *J. Chem. Phys.*, **21**, 1272（1953））は，現在までに，2700編以上の論文で引用されているが，TR-WK には反映されない書籍や proceedings での引用や，総説などの2次情報からの引用も含めれば総引用回数は優に数万回を超えるものと推定される．

　このように大きなインパクトをもたらしたモデルの提唱者である Prince Earl Rouse, Jr. は，物理化学を専門として1941年に Illinois 大学 Champaign-Urbana 校で学位を授与され，Franklin Institute（米国 Philadelphia）や Los Alamos Science Lab（米国 Los Alamos）などで研究を行った応用物理学者であり，高分子科学のプロパーではなかった．実際，TR-WK で検索しても，高分子科学分野における彼の論文は，上記の論文以外には，3報しか引っ掛からない．この3報にうち2報は上記の非常に有名な論文と前後して1953年と1954年に発表され，最後の1報は，この有名論文の続編としてなんと1998年に（retirement の後に）発表されている．彼は2003年8月10日に米国 New Mexico 州で85年の生涯を終えたが，専門ではなかった高分子ダイナミクスの分野で彼自身が与えたインパクトの巨大さをどのように感じていたのであろうか？

用を一切考慮しない Rouse-Ham モデル（RH モデル）では，$\tau_{p,G}$ は以下のようになる．

$$\text{Zimm-Kilb モデル：} \tau_{p,G} = \frac{\tau_Z^{[G]}(2M_{\mathrm{arm}})}{p^{3/2}} \tag{6.6.20a}$$

$$\text{Rouse-Ham モデル：} \tau_{p,G} = \frac{\tau_R^{[G]}(2M_{\mathrm{arm}})}{p^{3/2}} \tag{6.6.20b}$$

（これらの τ_p は部分鎖の番号 n を連続変数として取り扱うことで得られたものである．）$\tau_Z^{[G]}(2M_{\mathrm{arm}})$，$\tau_R^{[G]}(2M_{\mathrm{arm}})$ は，分子量 $2M_{\mathrm{arm}}$ の直鎖について定義される最長 Zimm 緩和時間（式(6.6.15)），最長 Rouse 緩和時間（式(6.6.14)）に等しい．

　図6.25には，式(6.6.19)および(6.6.20a)で与えられる $G(t)$ から計算される $[G']_\mathrm{r}$ と $[G'']_\mathrm{r}$ を実線で示してある．この計算値は，$[G'']_\mathrm{r}$ の肩も含めて，実験データをよく再現している．この結果は，直鎖の場合と同様に，星型鎖でも鎖内の流体力学的相互作用が希薄鎖の大規模運動を支配していることを示す．

6.6.2 ■ 濃厚溶液およびメルト

図 6.26 に模式的に示すように,溶液中の屈曲性高分子鎖はランダムコイル状の形態をとり,濃度 c の上昇とともに鎖同士の重なりの程度が変化する.特に,シータ溶媒中では,個々の鎖の広がりは濃度に依存しないので,希薄溶液における鎖の平均回転半径 $\langle S^2 \rangle^{1/2}$ を用いて定義される重なり濃度 $c^* = (M/N_A)/(4\pi \langle S^2 \rangle^{3/2}/3)$ に基づいて,有限の濃度における鎖の重なりの程度を定量的に表現できる.(c^* は極限粘度 $[\eta]$ の逆数に近い.)すなわち,$c \ll c^*$ では鎖同士の重なりは存在せず,$c \gg c^*$ では鎖は深く貫入し合って重なっている.なお,溶媒が良溶媒の場合には,濃度上昇とともに排除体積効果が遮蔽され,鎖の広がりは減少する.この場合,各濃度における $\langle S^2 \rangle^{1/2}$ を用いて定義された c^* が鎖の重なりの目安を与える.

2 章で述べたように,濃度上昇とともに浸透圧などの熱力学的性質は変化するが,この変化の様子は重なり濃度 c^* の上下でかなり異なるものとなる.同様に,高分子鎖の大規模な配向緩和を反映する線形粘弾性挙動も,c^* を境に大きく変化する.一例として,図 6.27 に,単分散直鎖ポリイソプレン(PI;$M = 4.9$ 万)溶液の線形粘弾性データを示す.図中のプロットは,貯蔵剛性率 G' および損失剛性率 G'' を $G'_r = (M/cRT)G'$, $G''_r = (M/cRT)(G'' - \phi_s \eta_s \omega)$($\phi_s$, η_s は溶媒の体積分率と粘度)の形に規格化し,温度-時間換算則を適用して 40℃ に換算してある.溶媒は PI にとって良溶媒に近いオリゴブタジエン(oB;$M = 0.7 \times 10^3$)である.図中の数字は c/c^* 比であり,$c/c^* =$ 0.8, 1.3, 4.0, 8.0, 27.1(バルク系)に対応する PI 濃度は,それぞれ,$c = 0.027$ g/cm^3, 0.045 g/cm^3, 0.135 g/cm^3, 0.272 g/cm^3, 0.92 g/cm^3 である.$c/c^* = 0.8$ の系では,$G'_r \propto \omega^2$, $G''_r \propto \omega$ という関係(式(6.3.19))で特徴づけられる流動領域よりも高周波数側で,G'_r(○),G''_r(■)ともにべき乗型の ω 依存性への移行を示すが,この移行領域では G''_r が G'_r より大きい.この G''_r と G'_r の挙動は,前節で説明した Zimm モデルの予言(図中の太い線;式(6.6.13),(6.6.15))に近い.この結果から,希薄な PI 鎖の緩和挙動が鎖内の流体力学的相互作用に支配されていることが確認される(なお,オ

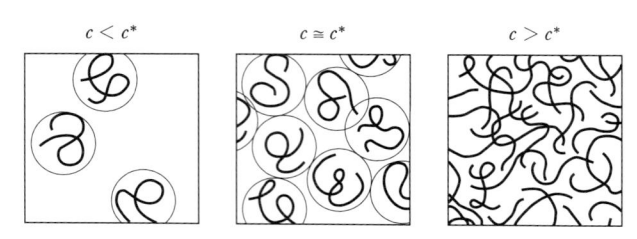

図 6.26 屈曲性鎖の重なり合い

リゴブタジエンは PI に対して完全な良溶媒では
ないので，データと Zimm モデルの完全な一致は
望めない）．

一方，c/c^* 比が 4.0 まで増加すると，流動領域
よりも高周波数側で，G_r'' と G_r' が互いに一致し
て $G_r' = G_r'' \propto \omega^{1/2}$ というべき乗型の ω 依存性を示
すようになる．(6.3.3 項 B. で説明したように，
$G'(\omega)$ が $\omega^{\alpha}(0 < \alpha < 1)$ に比例するべき乗関数で
あれば $G''(\omega)$ も指数 α が同一のべき乗関数とな
り，$G'(\omega) = G''(\omega) \tan(\pi\alpha/2) \propto \omega^{\alpha}$ となることに
留意されたい．）この挙動は，細い線で示した
Rouse モデルの予言（式(6.6.13)，(6.6.14)）に近
い．同様の結果は多くの系で観察されている．
c/c^* 比が 1 以上になる場合に観察されるこのよう
な粘弾性挙動の変化は，鎖の重なり合いに伴う鎖
内の流体力学的相互作用の遮蔽に由来すると考え
られている．さらに，モデルと実験のかなり良好
な一致から，この粘弾性挙動の変化は Zimm 型の挙動から Rouse 型の挙動への転移
であると解釈されている場合が多い[注6]．

図 6.27 では，c/c^* 比が 4.0 よりも十分に大きくなると，高周波数側のべき乗緩和領
域と低周波数側の流動領域の間に，G' の平坦部と G'' の極大で特徴づけられる領域
（図中の矢印参照）が出現することもわかる．6.3.4 項で説明したように，G' と G''
のこのような ω 依存性の変化は，高周波数の緩和モードとは時定数が大きく異なる
一群の遅い緩和モードが出現することを意味する．G' の平坦部の剛性率はこの遅い
モード群の初期剛性率を表し，また G'' の極大は遅いモード群による力学損失を反映
する．

上記のような G' の平坦部と G'' の極大の出現は，高濃度の鎖同士が互いに深く貫
入して大規模運動を拘束し合い，その結果として，大規模運動が低濃度域のデータか
ら予想されるよりも遅くなり，運動の様式も変化することを示唆している．糸やワイ

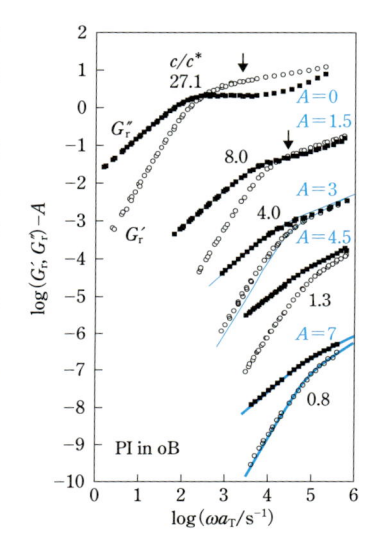

図 6.27 単分散直鎖 PI（$M = 4.9$ 万）の線形粘弾性の濃度依存性 [H. Watanabe, *Polymer J.*, **41**, 929 (2009)]

[注6] c/c^* 比が 1 を超えて増加する場合，鎖内の流体力学的相互作用が遮蔽されるだけでなく，鎖の運動についての拘束も発生し，鎖の運動の固有関数が Rouse モデルおよび Zimm モデルの正弦的関数から逸脱することが，双極子反転型のポリイソプレンの溶液に対する誘電緩和測定と解析から明らかにされている（H. Watanabe, *Polymer J.*, **41**, 929 (2009)）．この点において，図 6.27 の $c/c^* = 0.8 \sim 4$ の範囲の粘弾性緩和挙動の変化は，Zimm 型の挙動から Rouse 型の挙動への単純な転移ではない．

ヤーと高分子鎖の形態の類似性から，この大規模運動に対する拘束を「絡み合い」と呼ぶ．また，上記の G' の平坦部をゴム状平坦部（または絡み合い平坦部）と呼び，その高さをゴム状平坦部の剛性率 G_N と表す．絡み合い効果は純粋に動的な効果であり，鎖の平衡形態には影響を与えないことに留意が必要である．

6.6.3 ■ 絡み合い鎖の線形粘弾性緩和の特徴

図 6.28 には，絡み合った状態にある単分散直鎖ポリスチレン（PS）メルトの G' と G'' のデータを示す．図中の数字は鎖の分子量 M を表す．高周波数側にあるべき乗緩和領域（$G' \cong G'' \propto \omega^{1/2}$）と低周波数側にある流動領域（$G' \propto \omega^2$, $G'' \propto \omega$）の間に，上記のゴム状平坦部で特徴づけられる絡み合いの緩和が観察される．この絡み合い緩和は分子量 M の増加とともに著しく遅延されるが，その初期剛性率である G_N は M に依存しない．その濃度依存性もあわせてまとめると，

$$G_N \propto M^0 c^{1+d} \quad (d = 1 \sim 1.3) \tag{6.6.21}$$

となることが知られている[5,6]．G_N に対して古典的なゴム弾性の理論（5 章参照）を適用すれば，ゴムの架橋点間分子量に対応する絡み合い点間分子量 M_e が，気体定数 R，絶対温度 T，および G_N と濃度 c を用いて

$$M_e = \frac{cRT}{G_N} \propto M^0 c^{-d} \quad (d = 1 \sim 1.3) \tag{6.6.22}$$

と表される（後述の管モデルでは $M_e = (4/5)(cRT/G_N)$ となるが，この式の前係数

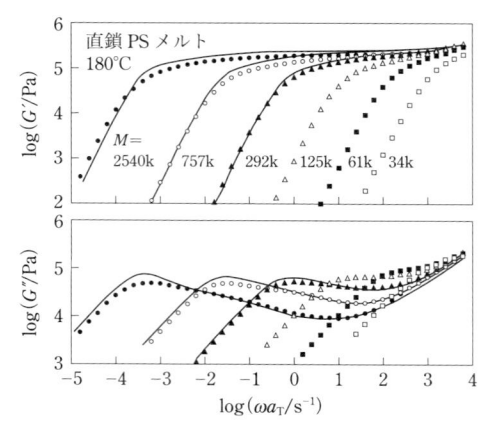

図 6.28 種々の分子量の単分散直鎖 PS メルト（180℃）の線形粘弾性
[A. Schausberger *et al.*, *Rheol. Acta*, **24**, 220 (1985)]

4/5 と式(6.6.22)の前係数 1 の差はそれほど重要ではない). また, 式(6.6.21)の G_N の挙動と対応して, 絡み合い単分散直鎖系の定常回復コンプライアンス J_e (式(6.3.25)) は

$$J_e \cong 3/G_N \propto M_e(c)/c \propto M^0 c^{-(1+d)} \quad (M > M_c') \qquad (6.6.23)$$

という M および c 依存性を示す. ここで M_c' は J_e に対する絡み合い効果が発現する特性分子量であり, $M_c' \cong 5M_e$ であることが知られている[5]. さらに, 絡み合い直鎖の2次平均粘弾性緩和時間 (式(6.3.28)) とゼロずり粘度 (式(6.3.21)) は

$$\langle \tau \rangle_{w,G} \propto \zeta M^{3.4}/\{M_e(c)\}^{1.4} \propto \zeta c^{1.4d} M^{3.4} \quad (M > M_c') \qquad (6.6.24)$$

$$\eta_0 \propto \zeta c M^{3.4}/\{M_e(c)\}^{2.4} \propto \zeta c^{1+2.4d} M^{3.4} \quad (M > M_c) \qquad (6.6.25)$$

という M および c 依存性を示すことも知られている[5]. ($\langle \tau \rangle_{w,G}$ データの M に対するプロットの例は後出の図 6.41 に示す.) $M_c (\cong 2M_e)$ は η_0 に対して絡み合いの効果が発現する特性分子量である. 式(6.6.24), (6.6.25)に含まれるモノマー摩擦係数 ζ は c および温度 T に依存し, その T 依存性は WLF 式 (式(6.5.9)) で記述されることが多い. (ζ は 6.5.3 項で説明した移動因子 a_T に比例する.) 以上で述べた絡み合い直鎖の挙動は, 鎖の化学構造にほとんど依存しない普遍的挙動である.

絡み合い緩和に対する分岐の効果を示す一例として, 図 6.29 に単分散 4 分岐星型ポリイソプレン (PI) メルトの G' と G'' のデータを示す. 図中の数字は枝の分子量 M_{arm} を表す. 図 6.29 が示すように, M_{arm} が大きく, よく絡み合った星型鎖の粘弾性

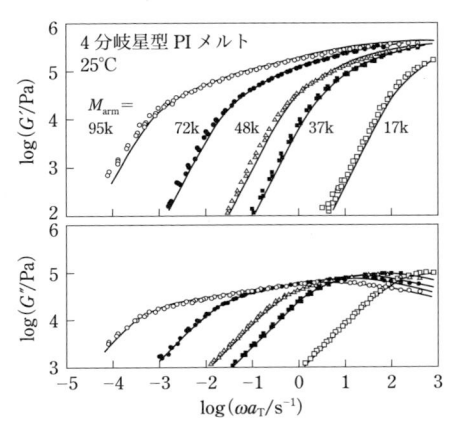

図 6.29 種々の枝分子量の単分散 4 分岐星型 PI メルト (25°C) の線形粘弾性
[L. J. Fetters et al., *Macromolecules*, **26**, 647 (1993)]

緩和の挙動は，直鎖とは大きく異なる．直鎖と同様に，絡み合い星型鎖も G' のゴム状平坦部を示し，その高さ G_N は直鎖の G_N に一致する．すなわち，星型鎖の G_N も式(6.6.21)で記述され，式(6.6.22)で定義される絡み合い点間分子量 M_e は星型鎖と直鎖で共通の値をもつ．しかし，直鎖とは異なり，星型鎖のゴム状平坦部は狭い角周波数域でのみ観察される．角周波数 ω の低下とともに星型鎖の G' はゆるやかに減少し，その後に流動挙動（$G' \propto \omega^2$）が観察される．これに対応して，星型鎖の G'' はブロードな極大とゆるやかな減少を示した後で流動挙動（$G'' \propto \omega$）を示し，終端緩和領域では直鎖のような鋭い極大を示さない．これらの G', G'' の挙動は，高周波数域から終端緩和領域にかけて粘弾性緩和（配向緩和）を誘起する運動モードが連続的に分布していることを意味する．

上記の G' と G'' の周波数依存性の差と対応して，絡み合い星型鎖の $J_e, \langle \tau \rangle_{w,G}, \eta_0$ も直鎖とは異なる特徴を示す．これらの量の M_{arm}, c 依存性は，以下のようにまとめられる[5,6]．

$$J_e \propto c^{-1} M_{arm}/M_e(c) \tag{6.6.26}$$

$$\langle \tau \rangle_{w,G} \propto \zeta \exp\left\{\nu' \frac{M_{arm}}{M_e(c)}\right\} \quad (\nu' = 0.5 \sim 0.6) \tag{6.6.27}^{注7}$$

$$\eta_0 \propto \zeta c \exp\left\{\nu' \frac{M_{arm}}{M_e(c)}\right\} \quad (\nu' = 0.5 \sim 0.6) \tag{6.6.28}^{注7}$$

ここで，$M_e(c)$（$\propto c^{-d}$; $d=1\sim1.3$）は絡み合い点間分子量である．（$\langle \tau \rangle_{w,G}$ データの M_{arm} に対するプロットの例は，後出の図6.42に示す．）また，絡み合い星型鎖の $J_e, \langle \tau \rangle_{w,G}$, η_0 は枝数が4〜20の範囲では枝数に依存しないことも知られている．式(6.6.27)と式(6.6.24)の比較から明らかなように，よく絡み合った星型鎖の緩和は，枝と同じ分子量を有する直鎖の緩和よりはるかに遅い．また，式(6.6.26)と式(6.6.23)を比較すると，星型鎖の方が直鎖よりはるかに粘弾性緩和モードの分布が広いことがわかる．（この緩和モード分布の差は，図6.28, 6.29の比較からも明らかであろう．）このような星型鎖の挙動は，鎖の化学的構造にほとんど依存しない普遍的挙動である．

ここで，上記の絡み合いの起源をより明確に理解するため，流体力学的相互作用が遮蔽された濃厚溶液中およびメルト中における<u>低分子量直鎖</u>（$M < M_c \cong 2M_e(c)$）と<u>低分子量星型鎖</u>（$M_{arm} < M_e(c)$）の粘弾性挙動に着目しよう．$J_e, \langle \tau \rangle_{w,G}, \eta_0$ の M, c 依

注7　$\langle \tau \rangle_{w,G}$, η_0 の M_{arm} 依存性には，式(6.6.27)，(6.6.28)に示す指数関数項に加えて，M_{arm} のべき乗型の前因子が含まれるが，この前因子は指数関数項よりはるかに弱い M_{arm} 依存性しか示さない[6]．また，これまでの研究では，前因子のべき指数が完全には確定していない．これらの理由で，ここでは前因子を省略する．

存性はこれらの直鎖と星型鎖で共通であり，以下のようにまとめられる[5,6]．

低分子量非絡み合い鎖

$$J_e \propto c^{-1}M, \ \langle\tau\rangle_{w,G} \propto \zeta M^2, \ \eta_0 \propto \zeta cM \qquad (6.6.29)$$

ここで陽には示していない比例係数は，分岐数に依存する．また，低分子量直鎖の G' と G'' のデータは高周波数側のべき乗緩和領域から低周波数側の流動領域に直接移行し，ゴム状平坦部を示さない．これらの挙動は，上記の比例係数まで含めて，6.6.1項で説明したRouseモデルおよびRouse-Hamモデルでかなりよく記述される（低分子量直鎖のメルト系の G', G'' のデータとRouseモデルの比較については，次節の発展6.8を参照されたい）．したがって，濃厚溶液中およびメルト中の低分子量鎖は絡み合い効果を示さず，その大規模運動はバネ-ビーズモデルが想定している運動に近いと考えてよい[注8]．このモデルの枠内では，分岐は運動の固有モードの縮退度を変化させるだけで，鎖の運動様式には影響を与えない（6.6.1項C.参照）．

濃厚溶液中およびメルト中の低分子量鎖は，1よりかなり大きな c/c^* 比を示し（$c/c^* \cong 10$ となる場合もある），互いに重なり合った状態にある．それにもかかわらず，これらの鎖は絡み合い効果を示さない．一方，非常に高い分子量の鎖は，$c/c^* \sim 3$ 程度の準希薄溶液中でも絡み合い効果を示す．したがって，c/c^* 比で定量化される鎖同士の重なりが十分に大きく，かつ，鎖が十分に長い場合にのみ，鎖の大規模運動が拘束されて，絡み合い効果が発現すると考えてよい．図6.28, 6.29の比較から容易に推定されるように，絡み合い鎖の粘弾性緩和を誘起する大規模運動は分岐によって著しく遅延され，また運動様式そのものも分岐に影響される．以下では，分岐が絡み合い緩和に与える効果も含めて，平衡状態における絡み合い鎖の大規模運動に対する現在の分子描像とモデルについて概説し，残された問題点を説明する．

6.6.4 ■ 絡み合い直鎖，星型鎖の平衡運動の分子描像

6.2節で述べたように，高分子液体の線形粘弾性緩和は鎖の平衡熱運動が誘起する配向緩和を反映する（微小歪み下の線形領域では，部分鎖の伸長は無視できる）．直鎖と星型鎖のトポロジー的な構造の差は分岐点の有無だけであるので，6.6.3項で述べた直鎖と星型鎖の絡み合い緩和挙動の差は，絡み合い鎖の大規模運動が鎖の端点の状態（運動性）に強く影響されていることを示す．

[注8] ただし，双極子反転型のポリイソプレンメルトに対する誘電測定と解析から，非絡み合い鎖のダイナミクスが完全にRouseモデルに従うというわけではないことも明らかにされている（H. Watanabe, *Polymer J.*, **41**, 929 (2009))．これについては，次節の発展6.8も参照されたい．

第6章　絡み合い現象と粘弾性

6.2.1項で述べたように，屈曲性高分子鎖には熱的張力（エントロピー張力）が働いているので，摩擦をもつビーズをエントロピー・バネで連結したバネ－ビーズモデル（Rouseモデル：6.6.1項A.）が，鎖の大規模運動を記述する基本的モデルとなる．しかし，このモデルが予言する$\langle \tau \rangle_{w,G}$は，高分子量の絡み合い直鎖系のデータ（式(6.6.24)，(6.6.27)）をまったく説明できない．そこで，絡み合いに対するきわめて初期の研究では，バネ－ビーズモデルにおける非隣接ビーズ間に絡み合いを反映する弾性的カップリングや余剰摩擦を経験的パラメータとして導入した修正バネ－ビーズモデルにより，データの説明が試みられた．しかし，弾性的カップリングや余剰摩擦を分子論的に意味づけすることは困難であり，またこの修正モデルでは，分岐点の有無だけで生じる直鎖と星型鎖の粘弾性挙動の差を十分に記述できないことが明らかとなった．

このような状況下で，絡み合いの本質は鎖同士が互いに横切れないために生じるトポロジー的な拘束にあり，この拘束下では周囲の鎖を引きずらない運動のみが許されるとする考えがde Gennes, 土井，Edwardsによって提唱された[7]．彼らの考えに基づけば，高分子鎖の主鎖骨格に対して垂直な方向への運動は周囲の鎖を引きずらない程度の小さな空間スケールa以下にとどまり，鎖の大規模運動は主鎖骨格に沿った方向に限定される．この運動とそれが誘起する緩和は，着目する高分子鎖の周囲に直径aの管状領域を想定し，鎖の運動をこの領域内に拘束する「管モデル」として定式化された．

図6.30に示すように，管モデルは，絡み合い点間分子量M_eをもつ絡み合いセグメントを運動単位（部分鎖）とし，このセグメントの大きさに等しい直径aをもつ管を想定して，鎖の大規模運動を記述する（部分鎖内部の運動はバネ－ビーズモデルで記述される）．6.2.1項で説明したように，ずり配向関数$S(n, t)$，配向テンソル$\mathbf{S}(n, t)$で表される部分鎖の配向異方性が応力を与え，粘弾性緩和は鎖の運動によってこの異方性が消失する過程を反映する．したがって，管モデルによる粘弾性の記述は，モデルの想定する運動によって$S(n, t)$, $\mathbf{S}(n, t)$がどのように時間変化するかを計算することに帰着する．特に，線形粘弾性量の計算は，階段型の微小なずり歪みγを受けた鎖の線形緩和剛性率$G(t)$の計算に帰着する．この計算においては，歪みによって配向した管から鎖が脱出し，鎖の脱出部分が配向異方性を失う（等方化する）ことで$G(t)$の緩和が進行する（式(6.2.5)参照）．

直鎖に対する初期の管モデル（土井－Edwardsモデル）では，管は空間内に固定されて管中の鎖は管壁から漏れ出さないこと，鎖は管に沿って一定長をもつことが仮定され

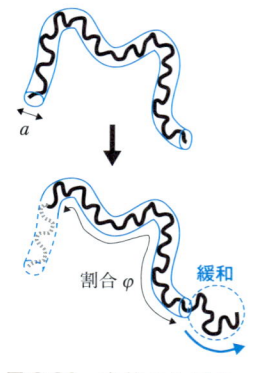

図6.30　直鎖のレプテーション運動

た．この場合，図 6.30 に示すように，直鎖は管の軸に沿った 1 次元熱拡散によってのみ管から脱出して緩和する．この拡散運動をレプテーションと呼ぶ．

また，星型鎖に対する初期の管モデル（Pearson–Helfand モデル）では，分岐点は鎖の緩和が完了するまで空間内に固定され，枝のレプテーション運動を阻害すると仮定された．図 6.31 に示すように，この仮定の下では，星型鎖の枝が空間内に固定された管に沿って一時的に収縮し，この状態から枝の自由端が任意の方向に移動することによってのみ，鎖は緩和する．特に，自由端が分岐点まで戻る深い収縮により，終端緩和が起こる．

管が空間内に固定されていると考えた初期のモデルでは，上記の運動様式に対応する緩和剛性率 $G(t)$ が以下のように計算される．時刻 0 において階段型の歪み γ が印加され，鎖の絡み合いセグメント（鎖 1 本あたり N 個）と，その周囲の時刻 0 における管（初期管）が一様に配向する場合を考える．各絡み合いセグメントの初期配向異方性を S_0 とすれば，式(6.2.5)から，ゴム状平坦部の剛性率（絡み合い緩和の初期剛性率）が $G_N = G(0) = \sigma(0)/\gamma = 3\nu N k_B T S_0/\gamma$（$\nu$ は鎖の数密度）となることが容易にわかる．時刻 t において絡み合いセグメントが初期管の中に残存している割合を $\varphi(t)$ とすれば（図 6.30 参照），割合 $\varphi(t)$ のセグメントのみが初期配向異方性 S_0 を維持し，残りのセグメントは等方化しているため，$G(t) = 3\nu N k_B T S_0 \varphi(t)/\gamma$ となる．したがって，固定された管を想定するモデルでは，鎖の運動の詳細によらず，

$$G(t) = G_N \varphi(t) \quad \text{（固定管モデル）} \tag{6.6.30}$$

となり，$G(t)$ の計算は，初期管中の残存セグメント割合 $\varphi(t)$（= 初期管の有効残存割合）の計算と等価となる．土井–Edwards モデル，Pearson–Helfand モデルの双方について，この計算を解析的に行うことが可能である．詳細については章末の追補 B を参照されたい．

追補 B の計算結果から，たとえばレプテーション過程におけるずり配向関数 $S(n,t)$ は，図 6.32 のようになる．レプテーション時間 τ_{rep}（$\propto \zeta M^3/M_e$；ζ はモノマー摩擦係数）よりある程度短い時間スケールでは，配向異方性の減衰が鎖の末端（セグメント番号 $n \cong 0, N$）から鎖の中央（$n = N/2$）に向けて進行している．また，図は示さないが，星型鎖の枝収縮による配向緩和は，枝の自由端から分岐点に向かって進行する．これ

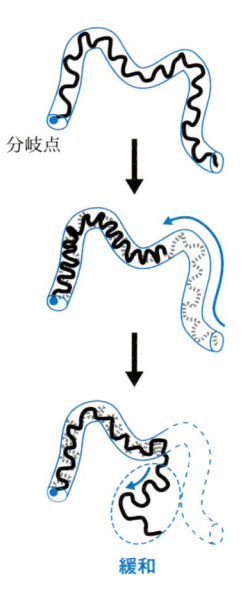

図 6.31　星型鎖の枝収縮運動

第6章　絡み合い現象と粘弾性

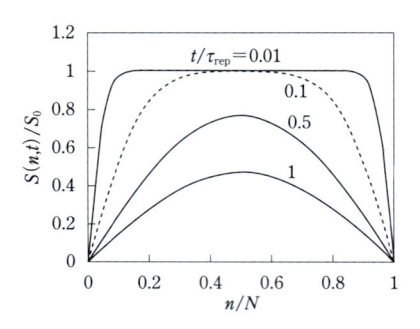

図 6.32 管モデルが与えるずり配向関数

らの挙動は，鎖の自由端でしか配向緩和（等方化）が起こらないとする管モデルにおいては必然の帰結であり，短時間域では鎖骨格に沿って一様に配向緩和が起こるRouse 型の挙動（図 6.23）とはきわめて異なるものである．

また，追補 B の計算結果から，固定管モデルが与える 2 次平均粘弾性緩和時間が

$$\langle \tau \rangle_{\mathrm{w},G} \propto \zeta M^3 / M_\mathrm{e} \quad \text{(固定管中の直鎖のレプテーション)} \tag{6.6.31}$$

$$\langle \tau \rangle_{\mathrm{w},G} \propto \zeta \exp\left\{ \nu_\mathrm{G} \frac{M_\mathrm{arm}}{M_\mathrm{e}} \right\}, \quad \nu_\mathrm{G} = 15/8 \quad \text{(固定管中の星型鎖の枝収縮)} \tag{6.6.32}$$

となることがわかる．式(6.6.31)の $\langle \tau \rangle_{\mathrm{w},G}$ の M 依存性は，M に逆比例する 1 次元拡散係数 D_c をもつ鎖が M に比例する管長 L にわたって熱拡散するために必要な時間 L^2/D_c の M 依存性として容易に理解される．また，式(6.6.32)の $\langle \tau \rangle_{\mathrm{w},G}$ は，固定管に沿った深い枝収縮に伴う形態エントロピーの損失 $\Delta S\,(=k_\mathrm{B}\nu_\mathrm{G}M_\mathrm{arm}/M_\mathrm{e})$ が緩和の活性化エントロピーとして働くことを考えれば容易に理解される．

式(6.6.31)と(6.6.32)の差は，分岐点がレプテーション運動を阻害することのみから派生する．換言すれば，管モデルでは，分岐点の有無のみによって直鎖と星型鎖の粘弾性緩和に差が生じることが自然に説明される．また，式(6.6.31)と(6.6.32)は，直鎖と星型鎖の $\langle \tau \rangle_{\mathrm{w},G}$ のデータ（式(6.6.24)，(6.6.27)）と定性的に一致する．さらに，$J_\mathrm{e}, \eta_0, G', G''$ についても，固定管モデルの予言（追補 B）は 6.6.3 項で述べたデータと定性的に一致する．

しかし，固定管モデルの予言とデータとの間には無視できない定量的な差が存在する．直鎖について予言される $\langle \tau \rangle_{\mathrm{w},G}, \eta_0$ はデータより弱い M 依存性を示し，絶対値は大きい．また，J_e 値と G', G'' の ω 依存性に反映される緩和モードの分布については，モデルの予

6.6 高分子液体の平衡ダイナミクス I：線形粘弾性

言の方が実験結果よりかなり狭い．さらに，星型鎖については，初期の管モデルが予言する $\langle\tau\rangle_{\mathrm{w},G}$ はデータよりはるかに強い M_{arm} 依存性を示し，絶対値も数桁以上大きい．（式 (6.6.27)，(6.6.32)の指数項の中の数係数 ν', ν_G の差が因子 $M_{\mathrm{arm}}/M_{\mathrm{e}}$ により増幅され，このように大きな差を生じる．）

上記の定量的な差は，初期の管モデルにおける仮定が実際の高分子系では満たされていないことを反映する．すなわち，実際の直鎖の長さは必ず時間とともにゆらぎ，また，ある鎖に対する周囲の鎖からのトポロジー的拘束は周囲の鎖の運動によってゆるむ．これらの点を考慮して，現在の管モデルには，管に沿った鎖長ゆらぎによる緩和（図 6.33）と，束縛解放と呼ばれる管の変形機構による緩和（周囲の鎖の運動により誘起される緩和；図 6.34）が考慮されている．特に，束縛解放過程は，マトリックス鎖と絡み合った希薄な高分子量鎖について実際に観察され，ほぼ Rouse 型の緩和モード分布をもつことが確認されている．（たとえば，図 6.13 で観察されたポリマーブレンド系の終端緩和は，束縛解放機構で誘起された希薄な高分子量鎖の緩和に帰属される．）

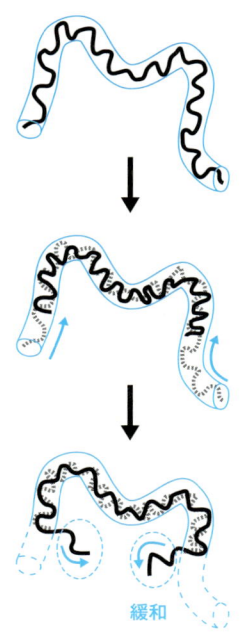

図 6.33 直鎖の鎖長ゆらぎ

束縛解放により，主鎖骨格上で隣接した絡み合いセグメント（部分鎖）は互いに位置を交換して平衡化するが，この平衡化は応力を支える部分鎖の有効サイズの増大と等価である（6.2.1 項および発展 6.3 参照）．この等価性を考慮して，束縛解放過程を，鎖に対する拘束を与える管の直径（有効管径）$a'(t)$ が時間スケール t とともに増加する過程（管の動的膨張過程；図 6.34 参照）として表現することも多い．多くのモデルでは，管から脱出して緩和した鎖部分は溶媒と完全に等価であると仮定され，時刻 t において膨張管の中に残存している絡み合いセグメントの割合 $\varphi'(t)$ が対応する溶液の濃度とみなされている[8,9]．この「完全管膨張」の考え方に基づけば，時刻 t における有効絡み合い点分子量と有効管径は $M_{\mathrm{e}}^{\mathrm{eff}} = M_{\mathrm{e}}\{\varphi'(t)\}^{-d}$, $a'(t) = a\{\varphi'(t)\}^{-d/2}$ ($d = 1 \sim 1.3$；式 (6.6.22) 参照）で与えられ，有効ゴム状平坦部剛性率は $G_{\mathrm{N}}^{\mathrm{eff}}(t) = G_{\mathrm{N}}\{M_{\mathrm{e}}/M_{\mathrm{e}}^{\mathrm{eff}}(t)\}$ で与えられるので，緩和剛性率 $G(t)$ は次のように表される．

$$G(t) = G_{\mathrm{N}}^{\mathrm{eff}}(t)\varphi'(t) = G_{\mathrm{N}}\{\varphi'(t)\}^{1+d} \quad （完全管膨張モデル） \quad (6.6.33)$$

レプテーション運動，枝収縮に加えて，上記の鎖長ゆらぎ，完全管膨張を考慮した

精密化管モデルは，実際の絡み合い単分散高分子系のデータをかなりよく説明する．たとえば，図 6.28, 6.29 の実線は，このような精密化モデルである Milner–McLeish モデルが予言する G', G'' であるが，データとかなりよく一致する．(Milner–McLeish モデルの詳細については，章末の追補 C を参照されたい．)

しかしながら，粘弾性データは鎖の運動で決まる多くの緩和過程の中の配向緩和という一側面のみを反映しているので，粘弾性データとモデルの予言の一致のみから，実際の鎖の運動がモデルで想定された運動様式に一致すると結論するのは早計である．(特に，バネ–ビーズモデルとは異なり，管モデルは力のバランスを考えて運動を解くという方法論に立脚していないため，管モデルで想定された運動様式が実際の運動と一致しなくとも，モデルの予言と粘弾性データが一致する可能性がある．) この観点から，粘弾性緩和以外の緩和過程についても管モデルを検証し，実際の鎖の運動を精密に理解しようとする研究が盛んに行われてきた．次節では，このような緩和過程として誘電緩和過程を取り上げ，絡み合い高分子鎖のダイナミクスについてさらに解説する．

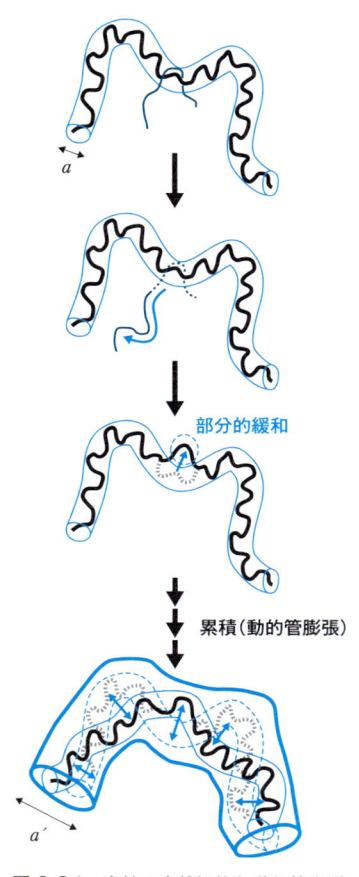

図 6.34 直鎖の束縛解放と動的管膨張

6.7 ■ 高分子液体の平衡ダイナミクス II：A 型鎖の誘電緩和

6.7.1 ■ 誘電緩和現象の概要

真空中で，面積が A，間隙が d の 2 枚の平行極板 (コンデンサー) に電位差 V を与えると，瞬間的に充電電流 i が流れ，正負の極板に電荷 $+AQ_0$ ($=|\int i\,dt|$), $-AQ_0$ (Q_0 は電荷密度) が蓄えられる．コンデンサーの容量 C_0 および極板上の電荷密度 Q_0 は

$$C_0 = \varepsilon_{\text{vac}} A/d, \quad Q_0 = \varepsilon_{\text{vac}} E, \quad E = V/d \tag{6.7.1}$$

6.7 高分子液体の平衡ダイナミクス II：A 型鎖の誘電緩和

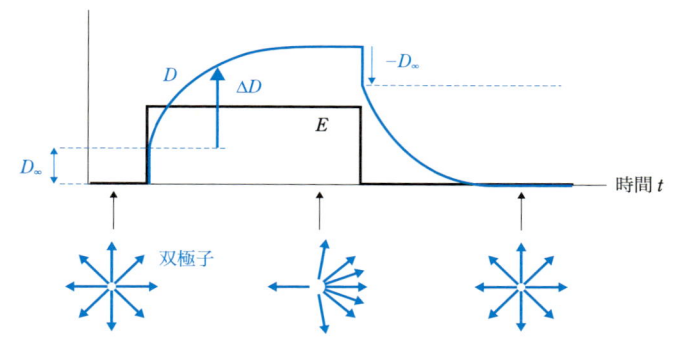

図 6.35 階段型の電場に対する電気変位の模式図

と表される．ここで，$\varepsilon_{\text{vac}}(=8.85\times10^{-12}\,\text{C}^2/\text{J}\,\text{m})$ は真空の絶対誘電率，E は電場強度である．（電荷の単位の選び方に応じて ε_{vac} の値，C_0，Q_0 の表式の数係数は変化する．上記の表式は MKSA 単位系での表式である．）

上記のコンデンサーに絶縁物質（誘電体）を挿入して電位差 V を与えると，コンデンサーの瞬間的応答電流に加えて物質内の電気的分極に対応する電流が流れ，図 6.35 に模式的に示すように，電気変位 D（極板上の正味の電荷密度）は Q_0 より大きくなる．電場に応答して物質内の電子雲は偏極し，化学結合をしている原子は変位するが，これらの過程による電子分極と原子分極はほぼ瞬間的に完了する．一方，物質内の電気双極子も電場に応答して配向するが，この配向は双極子を担持している分子の運動に由来するため，時間的な遅れを伴う．したがって，図 6.35 に示すように，階段型の電場に対する電気変位 $D(t)$ は，コンデンサー自体の応答と物質の電子分極，原子分極に由来する（ほぼ）瞬間的な応答成分 D_∞ と双極子配向に由来する成分 $\Delta D(t)$ の和となる．十分に長い時間では，双極子配向が飽和して ΔD は一定値となる[注9]．その後，電場を取り除けば，$D(t)$ は瞬間的に D_∞ だけ減少し，さらに分子運動よって双極子の配向分布が等方化して $D(t)$ は 0 まで緩和する．

電場強度 E が十分に小さければ，電気変位 $D(t)$ の時間変化を支配する分子運動は平衡状態での熱運動に一致する．この場合，$D(t)$ は E に比例し，時間 t のみに依存する項と E の積として

[注9] 極板で充放電可能なイオン性の不純物が物質内に含まれていれば長時間域においても直流電流が流れ続け，また充放電しないイオン性不純物が含まれていれば，長時間域において電極付近へのイオン濃縮を反映する電極分極が生じる．しかし，本章では，このようなイオン性不純物の応答は考慮しない．

第6章 絡み合い現象と粘弾性

$$D(t) = [\tilde{D}_\infty + \Delta\tilde{D}(\infty)\{1-\Phi^\circ(t)\}]E \quad (t>0 ; 時刻 0 に電場印加) \tag{6.7.2}$$

$$D(t) = \Delta\tilde{D}(\infty)\Phi^\circ(t)E \quad (t>0 ; 双極子配向飽和後の時刻 0 に電場除去) \tag{6.7.3}$$

のように表される（$\tilde{D}_\infty = D_\infty/E$, $\Delta\tilde{D}(\infty) = \Delta D(\infty)/E$）．$\Phi^\circ(t)$ は，規格化誘電緩和関数と呼ばれ，時間の経過とともに $\Phi^\circ(0) = 1$ から $\Phi^\circ(\infty) = 0$ まで減衰する．この減衰は，平衡状態での熱運動に伴う双極子の運動を反映する．（$|1-\Phi^\circ(t)|$ は規格化誘電遅延関数と呼ばれる．）また，式(6.7.2)に対応して，真空に対する物質の静的比誘電率 ε_0 が，式(6.7.4)のように定義される．

$$\varepsilon_0 = \frac{D(\infty)}{\varepsilon_{\text{vac}} E} \quad (= D(\infty)/Q_0) \tag{6.7.4}$$

ε_0 は，単に**静的誘電率**と呼ばれることも多い．

物質に対する外的刺激である電場強度が小さい場合には，6.3.2項で説明した粘弾性緩和と同様に，刺激（電場）と応答（電気変位）の間に Boltzmann の重畳原理が成立する．この場合，任意の時間依存性をもつ電場 $E(t')$ ($t' \leq t$) と時刻 t における電気変位 $D(t)$ の間には，式(6.7.2)に基づいた以下の線形関係式が成立する[10,11]．

$$\begin{aligned} D(t) &= \tilde{D}_\infty E(t) + \Delta\tilde{D}(\infty)\int_{-\infty}^{t} \{1-\Phi^\circ(t-t')\}\dot{E}(t')\mathrm{d}t' \\ &= \{\tilde{D}_\infty + \Delta\tilde{D}(\infty)\}E(t) - \Delta\tilde{D}(\infty)\int_{-\infty}^{t} \Phi^\circ(t-t')\dot{E}(t')\mathrm{d}t' \end{aligned} \tag{6.7.5}$$

粘弾性緩和測定と同様に，実際の誘電緩和測定では $D(t)$ の検出の精度を向上させるために，正弦振動電場 $E(t') = E_0 \sin\omega t'$（$\omega$ は角周波数）を用いることが多い．式(6.7.5)から，この電場に対する電気変位が

$$D(t) = \varepsilon_{\text{vac}} E_0 \{\varepsilon'(\omega)\sin\omega t - \varepsilon''(\omega)\cos\omega t\} \tag{6.7.6}$$

動的誘電率：
$$\varepsilon'(\omega) = \varepsilon_0 - \omega\Delta\varepsilon \int_0^\infty \Phi^\circ(t'')\sin\omega t''\,\mathrm{d}t'' \tag{6.7.7a}$$

誘電損失：
$$\varepsilon''(\omega) = \omega\Delta\varepsilon \int_0^\infty \Phi^\circ(t'')\cos\omega t''\,\mathrm{d}t'' \tag{6.7.7b}$$

6.7 高分子液体の平衡ダイナミクス II：A 型鎖の誘電緩和

静的誘電率：
$$\varepsilon_0 = \varepsilon'(0) = \frac{\tilde{D}_\infty + \Delta D(\infty)}{\varepsilon_{\text{vac}}} \tag{6.7.8}$$

誘電緩和強度：
$$\Delta\varepsilon = \frac{\Delta D(\infty)}{\varepsilon_{\text{vac}}} \left(= \varepsilon'(0) - \varepsilon'(\infty) = \frac{2}{\pi}\int_{-\infty}^{\infty} \varepsilon''(\omega)\,d\ln\omega \right) \tag{6.7.9}$$

と表されることがわかる．式(6.7.7)から明らかなように，$\varepsilon'(\omega)$ と $\varepsilon''(\omega)$ は，規格化誘電緩和関数 $\Phi^\circ(t)$ と等価な情報を含む．

平衡状態における分子の熱運動は，分子間の相関を反映するモード分布を示す．このことに対応して，$\Phi^\circ(t)$ も緩和モード分布を示し，一般に次式のように指数減衰項の和で表される．

$$\Phi^\circ(t) = \sum_{p\geq 1} g_p \exp\left(-\frac{t}{\tau_{p,\varepsilon}}\right), \quad \sum_{p\geq 1} g_p = 1 \tag{6.7.10}$$

ここで，g_p と $\tau_{p,\varepsilon}$ はそれぞれ p 番目の誘電緩和モードの規格化緩和強度および緩和時間である．式(6.7.7)，(6.7.10)から，動的誘電率と誘電損失が，誘電緩和スペクトル $\{g_p, \tau_{p,\varepsilon}\}$ を用いて

$$\varepsilon'(\omega) = \varepsilon_0 - \Delta\varepsilon'(\omega), \quad \Delta\varepsilon'(\omega) = \Delta\varepsilon \sum_{p\geq 1} g_p \frac{\omega^2 \tau_{p,\varepsilon}^2}{1+\omega^2 \tau_{p,\varepsilon}^2} \tag{6.7.11a}$$

$$\varepsilon''(\omega) = \Delta\varepsilon \sum_{p\geq 1} g_p \frac{\omega \tau_{p,\varepsilon}}{1+\omega^2 \tau_{p,\varepsilon}^2} \tag{6.7.11b}$$

と表される．（$\Delta\varepsilon'(\omega) = \varepsilon_0 - \varepsilon'(\omega)$ は静的誘電率からの誘電率の減少分である．）式(6.7.11)が与える $\Delta\varepsilon'(\omega)$ および $\varepsilon''(\omega)$ と誘電スペクトル $\{g_p, \tau_{p,\varepsilon}\}$ の関係は，貯蔵剛性率 $G'(\omega)$ および損失剛性率 $G''(\omega)$ と粘弾性緩和スペクトル $\{h_p, \tau_{p,G}\}$ の関係（式(6.3.18)）と形式的に同一となる．したがって，$G'(\omega)$ と $G''(\omega)$ の緩和モード分布や緩和時間などについての現象論的な解析手法を，そのまま $\Delta\varepsilon'(\omega)$ と $\varepsilon''(\omega)$ に適用することができる．特に，誘電緩和が完了する低周波数域においては

$$\Delta\varepsilon'(\omega) = \omega^2 \Delta\varepsilon \sum_{p\geq 1} g_p \tau_{p,\varepsilon}^2 \propto \omega^2, \quad \varepsilon''(\omega) = \omega\Delta\varepsilon \sum_{p\geq 1} g_p \tau_{p,\varepsilon} \propto \omega \quad (\omega \ll 1/\tau_{1,\varepsilon}) \tag{6.7.12}$$

という特徴的なべき乗型の ω 依存性が観察される．低周波数域の $\Delta\varepsilon'(\omega)$ と $\varepsilon''(\omega)$ の

データおよび $\Delta\varepsilon$ のデータから，2次平均誘電緩和時間 $\langle\tau\rangle_{\text{w},\varepsilon}$ および1次平均誘電緩和時間 $\langle\tau\rangle_{\text{n},\varepsilon}$ が以下のように求められる[11]．

$$\langle\tau\rangle_{\text{w},\varepsilon} \equiv \frac{\sum_{p\geq 1} g_p \tau_{p,\varepsilon}^2}{\sum_{p\geq 1} g_p \tau_{p,\varepsilon}} = \left[\frac{\Delta\varepsilon'}{\omega\varepsilon''}\right]_{\omega\to 0}, \quad \langle\tau\rangle_{\text{n},\varepsilon} \equiv \frac{\sum_{p\geq 1} g_p \tau_{p,\varepsilon}}{\sum_{p\geq 1} g_p} = \frac{1}{\Delta\varepsilon}\left[\frac{\varepsilon''}{\omega}\right]_{\omega\to 0} \tag{6.7.13}$$

$\langle\tau\rangle_{\text{w},\varepsilon}$ は最長誘電緩和時間 $\tau_{1,\varepsilon}$ に近く，終端緩和時間として用いられることが多い．また，$\langle\tau\rangle_{\text{w},\varepsilon}/\langle\tau\rangle_{\text{n},\varepsilon}$ 比は，誘電緩和モード分布の指標となる（式(6.3.27)参照）．なお文献では，誘電損失 $\varepsilon''(\omega)$ のピークに対応する角周波数 $\omega_{\varepsilon\text{-peak}}$ から求められる平均緩和時間 $\tau_{\varepsilon\text{-peak}} = 1/\omega_{\varepsilon\text{-peak}}$ が使用されることも多いが[10]，$\tau_{\varepsilon\text{-peak}}$ は最も強度が強い誘電緩和モード群に対する平均としての意味合いをもち，$\tau_{1,\varepsilon}$ や $\langle\tau\rangle_{\text{w},\varepsilon}$ とは必ずしも一致しない．

6.7.2 ■ A型高分子の誘電緩和関数の分子論的表式

平衡状態の分子は激しく熱運動し，分子に担持されている双極子もゆらいでいる．このような系が微小な電場下で示す誘電緩和過程はこの双極子ゆらぎを反映する．ゆらぎについての統計力学的解析から，式(6.7.14)に示すように，等方的な系の規格化誘電緩和関数 $\Phi^\circ(t)$ は系の平衡状態での分極 $\mathbf{P} = \sum_\alpha \boldsymbol{\mu}^{[\alpha]}$（$\boldsymbol{\mu}^{[\alpha]}$ は α 番目の分子が担持する双極子ベクトル）の自己相関関数に一致し，また，誘電緩和強度 $\Delta\varepsilon$ は双極子モーメント μ の二乗に比例することが知られている[10,11]．

$$\Phi^\circ(t) = \frac{\langle\mathbf{P}(t)\cdot\mathbf{P}(0)\rangle_{\text{eq}}}{\langle\{\mathbf{P}(0)\}^2\rangle_{\text{eq}}}, \quad \Delta\varepsilon = \frac{4\pi\mu^2}{3k_\text{B}T}\nu_\mu F g \tag{6.7.14}$$

ここで，ν_μ は双極子の数密度，F は内部電場に対する補正因子（極性が小さな低分子については $F = (\varepsilon_0 + 2)^2/9$；Onsager因子）であり，$g$ は双極子間の運動相関を表す Kirkwood–Fröhlich 因子である．また，$\langle\ldots\rangle_{\text{eq}}$ は平衡状態における統計平均を表し，$t = 0$ は平衡状態において任意に設定した時間の原点である．高分子液体を含む通常の物質は，電場がない状態では自発的に分極しないので $\langle\mathbf{P}(t)\rangle_{\text{eq}} = \mathbf{0}$ であるが，個々の分子が担持する双極子 $\boldsymbol{\mu}^{[\alpha]}(t)$ は，時間 t が十分に経過しない限り時刻 $t = 0$ における配向の記憶を保持し，$\langle\boldsymbol{\mu}^{[\alpha]}(t)\cdot\boldsymbol{\mu}^{[\alpha]}(0)\rangle_{\text{eq}}$ は正の値をもつ．また，双極子間に配向相関があれば，$\langle\boldsymbol{\mu}^{[\alpha]}(t)\cdot\boldsymbol{\mu}^{[\beta]}(0)\rangle_{\text{eq}}$（$\alpha \neq \beta$）は十分に時間が経過しない限り0とならない．$\Phi^\circ(t)$ は，このような双極子の配向記憶と配向相関を反映する．

この配向記憶と配向相関は，双極子を担持している分子の熱運動によって消失する

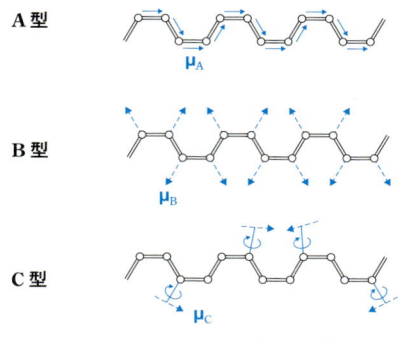

6.7 高分子液体の平衡ダイナミクス II：A 型鎖の誘電緩和

A 型

μ_A

B 型

μ_B

C 型

μ_C

図 6.36　高分子の双極子の型

直鎖 PI
30℃

$\log(G', G''/\text{Pa}), 4+\log \varepsilon''$

G'

G''

局所運動による緩和

大規模運動による緩和

$10^4 \varepsilon''$

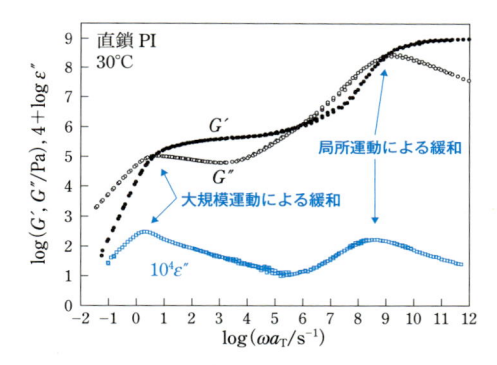

$\log(\omega a_T/\text{s}^{-1})$

図 6.37　高シス含量単分散直鎖 PI メルト（$M=12.8$ 万，30℃）の誘電緩和挙動と粘弾性緩和挙動の対比
[H. Watanabe et al., *Macromolecules*, **44**, 1570 (2011)]

が，その消失の仕方は分子骨格に対する双極子の配置のされ方によって大きく異なる．高分子の場合，双極子は図 6.36 に示す 3 種類に分類されている．A 型双極子は高分子の主鎖骨格に対して平行に，B 型双極子は主鎖骨格に対して垂直に固定された双極子である．A 型，B 型のいずれの双極子も，主鎖骨格が運動しない限りゆらぎを示さない．一方，C 型双極子は高分子の側鎖に固定された双極子成分であり，主鎖骨格が運動しなくとも側鎖運動によってゆらぎを示す．大半の高分子は B 型双極子を有するが，化学構造によっては A 型や C 型の双極子をあわせもつものもある．以下では，A 型双極子をもつ高分子鎖を A 型鎖と呼ぶ．

実際の高分子の誘電データの例として，A 型鎖でありながら B 型双極子もあわせもつ高シス含量単分散直鎖ポリイソプレン（PI；$M=12.8$ 万）のメルト系の誘電損失 $\varepsilon''(\omega)$ を図 6.37 に示す．比較のため，この系の貯蔵剛性率および損失剛性率 $G'(\omega)$，

$G''(\omega)$ のデータも示してある．6.2 節で説明したように，高周波数域では，主に主鎖骨格上の隣接モノマーのねじれに由来する粘弾性緩和が起こっているが，この局所運動は PI モノマーがもつ B 型双極子の運動も誘起するため，誘電緩和ももたらす．多くの高分子について，主鎖骨格上の隣接モノマー 10 個程度が協同的に運動して，粘弾性的にも誘電的にも観察される局所緩和（セグメント緩和）を引き起こすと考えられているが，実際の協同運動単位の大きさや運動相関に由来する緩和モード分布ついては不明な点も多く，現在も研究が継続されている．

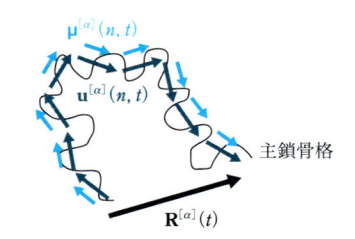

図 6.38 A 型双極子をもつ直鎖の部分鎖の双極子と末端間ベクトル

　図 6.37 の低周波数域では，主鎖骨格の配向異方性の緩和に対応する粘弾性緩和が観察されるが，この配向緩和をもたらす大規模運動は，A 型鎖である PI の遅い誘電緩和も誘起していることがわかる（ポリスチレンのような非 A 型鎖では，この遅い誘電緩和は観察されない）．この終端誘電緩和過程に対する規格化緩和関数 $\Phi(t)$ は，鎖の末端間ベクトル $\mathbf{R}$ を用いて，下記のようにコンパクトに表現される．（以下では，A 型鎖の終端緩和に対する $\Phi(t)$ には上付き添え字 ° を付けない．）

　6.6 節で説明したように，高分子直鎖の大規模運動を記述する際には，鎖を部分鎖に分割する．主鎖骨格に沿って反転のない A 型双極子を有する鎖の場合，図 6.38 に模式的に示すように，α 番目の鎖の n 番目の部分鎖内に含まれるモノマー双極子のベクトル和 $\boldsymbol{\mu}^{[\alpha]}(n, t)$ は，この部分鎖の末端間ベクトル $\mathbf{u}^{[\alpha]}(n, t)$ に比例する．したがって，各鎖からの分極への寄与は，$\mathbf{P}^{[\alpha]}(t) = \sum_n \boldsymbol{\mu}^{[\alpha]}(n, t) \propto \sum_n \mathbf{u}^{[\alpha]}(n, t) = \mathbf{R}^{[\alpha]}(t)$ となる．PI は小さな双極子しかもたないので部分鎖間の静電相互作用は無視され，$\alpha \neq \beta$ ならば，部分鎖の番号 n, m および時刻 $t (\geq 0)$ によらず $\langle \mathbf{u}^{[\alpha]}(n, t) \cdot \mathbf{u}^{[\beta]}(m, 0) \rangle_{\mathrm{eq}} = 0$ となる（平衡状態では，ある鎖の部分鎖に対して，任意の時刻に末端間ベクトルが $\mathbf{u}^{[\beta]}$ と $-\mathbf{u}^{[\beta]}$ となる別の鎖の部分鎖が同数存在するので，$\langle \mathbf{u}^{[\alpha]}(n, t) \cdot \mathbf{u}^{[\beta]}(m, 0) \rangle_{\mathrm{eq}} = 0$ となる）．したがって，式(6.7.14)から，双極子反転がない単分散 A 型直鎖系の終端誘電緩和に対応する規格化緩和関数が

$$\Phi(t) = \frac{1}{\langle \mathbf{R}^2 \rangle_{\mathrm{eq}}} \langle \mathbf{R}(t) \cdot \mathbf{R}(0) \rangle_{\mathrm{eq}} \quad \text{（A 型直鎖系）} \tag{6.7.15}$$

と表され，誘電緩和強度は

$$\Delta\varepsilon = \frac{4\pi\tilde{\mu}^2}{3k_B T}\nu\langle \mathbf{R}^2\rangle_{\mathrm{eq}} \quad \text{(A型直鎖系)} \tag{6.7.16}$$

と表される．ここで，$\tilde{\mu}$ は鎖骨格の単位長さあたりの A 型双極子の強度であり，ν は鎖の数密度である．（鎖の末端間ベクトル $\mathbf{R}$ の空間スケールでは式(6.7.14)で考慮された内部電場の補正は必要なく，また運動相関を表す Kirkwood–Fröhlich 因子は 1 としてよい．）なお，無極性溶媒中のアニオン重合で合成される通常の PI 直鎖では，双極子が反転していないので，式(6.7.15)，(6.7.16)が成立する．

上記と同様に，長さが揃った q 本の枝からなる対称星型鎖では，各枝の A 型双極子が反転なく分岐点に向かって配置されている場合，規格化緩和関数と緩和強度が

$$\Phi(t) = \frac{1}{q\langle \mathbf{R}_{\mathrm{arm}}^2\rangle_{\mathrm{eq}}}\left\langle \left\{\sum_{i=1}^{q}\mathbf{R}_{\mathrm{arm}}^{[i]}(t)\right\}\cdot\left\{\sum_{j=1}^{q}\mathbf{R}_{\mathrm{arm}}^{[j]}(0)\right\}\right\rangle_{\mathrm{eq}} \quad \text{(A型星型鎖系)} \tag{6.7.17}$$

$$\Delta\varepsilon = \frac{4\pi\tilde{\mu}^2}{3k_B T}\nu q\langle \mathbf{R}_{\mathrm{arm}}^2\rangle_{\mathrm{eq}} \quad \text{(A型星型鎖系)} \tag{6.7.18}$$

と表される．ここで，積 νq は枝の数密度であり，$\mathbf{R}_{\mathrm{arm}}^{[i]}(t)$ は，時刻 t における i 番目の枝の末端間ベクトルである（枝の Gauss 性から $\langle \mathbf{R}_{\mathrm{arm}}^{[i]}(0)\cdot\mathbf{R}_{\mathrm{arm}}^{[j]}(0)\rangle_{\mathrm{eq}} = \delta_{ij}\langle\mathbf{R}_{\mathrm{arm}}^2\rangle_{\mathrm{eq}}$ となる）．無極性溶媒中のアニオン重合により合成した直鎖 PI の末端をカップリングして得られる星型 PI では，A 型双極子が各枝に沿って分岐点に向かって配列され，式(6.7.17)，(6.7.18)が成立する．

式(6.7.15)と(6.7.17)が，鎖全体または枝の末端間ベクトルのみを用いて $\Phi(t)$ を表現していることは特筆に値する．すなわち，鎖全体もしくは枝がもつ最大の特性長であり実験的にも直接決定可能な $\langle\mathbf{R}^2\rangle_{\mathrm{eq}}^{1/2}$，$\langle\mathbf{R}_{\mathrm{arm}}^2\rangle_{\mathrm{eq}}^{1/2}$ を基準長として，A 型鎖の終端誘電緩和は完全に記述される．換言すれば，この緩和の記述のために鎖の運動単位を指定する必要はない．この点において，A 型鎖の終端誘電緩和は，協同運動単位を指定しなければ記述しきれない B 型双極子由来の誘電緩和に比べて，はるかに精密な解析の対象となりうる．

6.7.3 ■ A 型高分子の終端誘電緩和の特徴

図 6.39，6.40 は，単分散直鎖 PI および単分散 6 分岐星型 PI のメルト系（40°C）の誘電率減少 $\Delta\varepsilon'(\omega) = \varepsilon_0 - \varepsilon'(\omega)$ と誘電損失 $\varepsilon''(\omega)$ のデータを示す．図中の数字は分子量 M または枝分子量 M_{arm} を表す．これらの誘電データには，6.5 節で述べた温度－

第 6 章　絡み合い現象と粘弾性

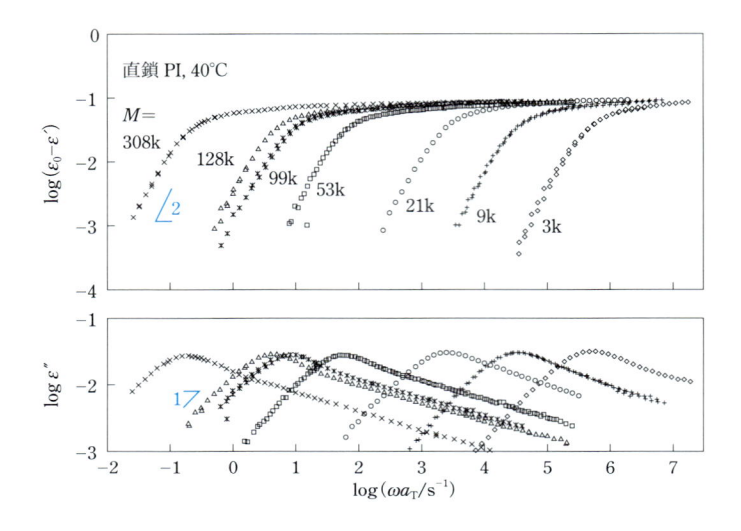

図 6.39　単分散直鎖 PI メルト（40°C）の誘電緩和挙動
〔H. Watanabe *et al.*, *Macromolecules*, **37**, 6619 (2004)；**44**, 1570 (2011), Q. Chen *et al.*, *Macromolecules*, **44**, 1585 (2011)〕

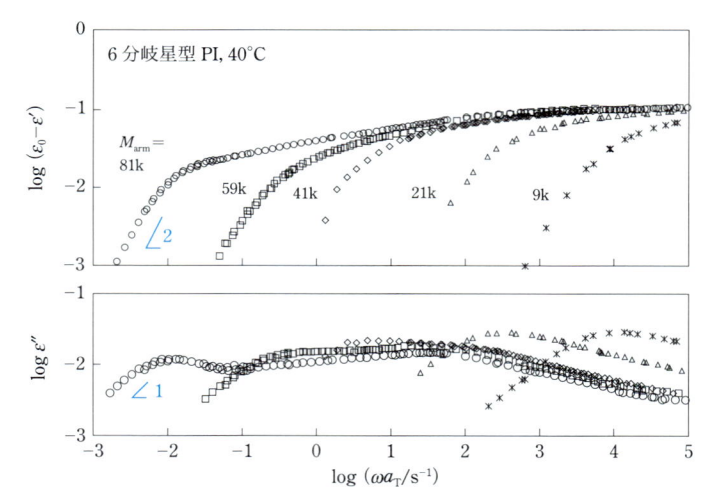

図 6.40　単分散 6 分岐星型 PI メルト（40°C）の誘電緩和挙動
〔H. Yoshida *et al.*, *Polymer J.*, **21**, 863 (1989), H. Watanabe *et al.*, *Macromolecules*, **35**, 2339 (2002)〕

時間換算則が成立する[注10]．その移動因子 a_T は，$M=3$ 千の低分子量直鎖 PI を除いて全試料で一致し，また粘弾性データ（G', G''）の a_T と共通である．（$M=3$ 千の低分子量 PI については，6.5.3 項で説明した WLF 解析を行い，他の試料と摩擦係数が同一となる条件下でデータを比較している．）直鎖 PI，星型 PI の双方について，$\Delta\varepsilon'(\omega)\propto\omega^2$, $\varepsilon''(\omega)\propto\omega$（式(6.7.12)）という関係で特徴づけられる終端誘電緩和が明瞭に観察される．分子量の増加とともに終端緩和領域が低周波数側に移動していることから，誘電緩和が鎖の大規模運動を反映することが確認される．また，粘弾性緩和と同様に，誘電緩和でも，直鎖に比べて星型鎖の方が，緩和モード分布が広いことも確認される．

上記の終端緩和領域の $\Delta\varepsilon'$ と ε'' のデータから，式(6.7.13)に基づいて直鎖および星型 PI の終端誘電緩和時間 $\langle\tau\rangle_{\mathrm{w},\varepsilon}$ が求められる．直鎖については，終端緩和領域の誘電緩和モード分布が狭いので，$\langle\tau\rangle_{\mathrm{w},\varepsilon}$ は ε'' のピーク周波数から求めた $\tau_{\varepsilon\text{-peak}}=1/\omega_{\varepsilon\text{-peak}}$ に近い値をとる．一方，緩和モード分布が広い星型 PI については，$\langle\tau\rangle_{\mathrm{w},\varepsilon}$ は $\tau_{\varepsilon\text{-peak}}$ よりかなり大きい．図 6.41，6.42 には，これらの $\langle\tau\rangle_{\mathrm{w},\varepsilon}$ データ（○）の分子量（M または $2M_\mathrm{arm}$）に対する依存性を示す．比較のため，PI 系の終端粘弾性緩和時間 $\langle\tau\rangle_{\mathrm{w},G}$（式(6.3.28)参照）も図中に示す．また，図 6.42 の点線は，直鎖 PI の $\langle\tau\rangle_{\mathrm{w},\varepsilon}$ の鎖分子量 M に対するプロットである．

図 6.41 の直鎖 PI について，ゼロずり粘度に対して絡み合い効果が発現する特性分

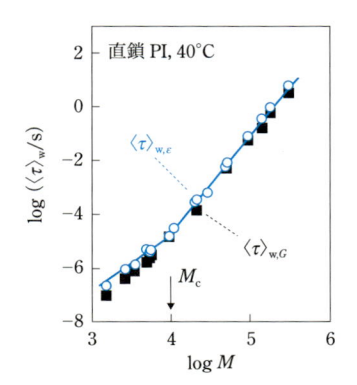

図 6.41 単分散直鎖 PI メルト（40°C）の終端粘弾性緩和時間
[H. Watanabe *et al.*, *Macromolecules*, **37**, 6619 (2004)；**44**, 1570 (2011), Q. Chen *et al.*, *Macromolecules*, **44**, 1585 (2011)]

[注10] 式(6.7.16)と(6.7.18)が示すように，A 型鎖の誘電緩和強度は ν/T に比例する．したがって，A 型鎖の誘電データに対して温度—時間換算を行う際の強度換算因子は $b_{\mathrm{T},\varepsilon}=T_\mathrm{r}\rho(T)/T\rho(T_\mathrm{r})\cong T_\mathrm{r}/T$ となる．この $b_{\mathrm{T},\varepsilon}$ の T 依存性は，粘弾性データに対する b_T（$\cong T/T_\mathrm{r}$；式(6.5.7)）の T 依存性とは異なることに留意が必要である．

第6章 絡み合い現象と粘弾性

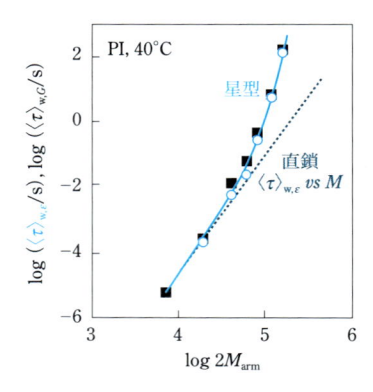

図 6.42 単分散星型 PI メルト（40℃）の終端粘弾性緩和時間
［H. Watanabe *et al.*, *Macromolecules*, **35**, 2339（2002）］

子量 M_c（＝1万）より低分子量側では $\langle\tau\rangle_{w,\varepsilon} \propto M^2$ となり，$M > M_c$ では $\langle\tau\rangle_{w,\varepsilon} \propto M^{3.4}$ となっている．すなわち，M_c を境として 6.6.2, 6.6.3 項で説明した絡み合い効果が誘電緩和過程に対しても発現している．また，絡み合い効果が発現している分子量域の星型 PI の $\langle\tau\rangle_{w,\varepsilon}$ は M_{arm} の増加とともに指数関数的に増加し，枝2本分の分子量 $M = 2M_{arm}$ をもつ直鎖の $\langle\tau\rangle_{w,\varepsilon}$（図 6.42 の点線）よりはるかに大きくなる．これらの特徴は，6.6.3 項で述べた粘弾性緩和時間 $\langle\tau\rangle_{w,G}$ についての特徴と同一である．実際，直鎖，星型鎖の双方について，$\langle\tau\rangle_{w,\varepsilon}$（○）は $\langle\tau\rangle_{w,G}$（■）に近い値をとり，誘電緩和と粘弾性緩和がともに鎖の大規模運動を反映し，高分子量域では絡み合いに支配されていることが再確認される．

　以上の結果から，A 型鎖の誘電緩和と粘弾性緩和はまったく同一の情報を与えると考える読者もいるかもしれない．しかし，実際には，両者の間には本質的な差も存在する．その一例として，高分子量でよく絡み合った単分散直鎖 PI メルト（$M = 30.8$ 万）の誘電率減少 $\Delta\varepsilon'(\omega) = \varepsilon_0 - \varepsilon'(\omega)$ と誘電損失 $\varepsilon''(\omega)$ を誘電緩和強度 $\Delta\varepsilon$ で規格化したものを，絡み合い緩和の粘弾性緩和強度 G_N（＝ゴム状平坦部の剛性率）で規格化した貯蔵剛性率および損失剛性率 $G'(\omega)$, $G''(\omega)$ と比較した結果を図 6.43 に示す．この最も直接的な比較から，絡み合い直鎖の粘弾性緩和モード分布は，誘電緩和モード分布よりかなり広いことがわかる．（式(6.3.27)で示したように，$J_e G_N = \langle\tau\rangle_{w,G}/\langle\tau\rangle_{n,G}$ は粘弾性緩和モード分布の指標であり，絡み合い直鎖については $\langle\tau\rangle_{w,G}/\langle\tau\rangle_{n,G} \cong 3$（式(6.6.23)）である．一方，図 6.39 で検討した絡み合い単分散直鎖 PI の誘電緩和モード分布の指標は $\langle\tau\rangle_{w,\varepsilon}/\langle\tau\rangle_{n,\varepsilon} \cong 1.7$ であり，3 よりかなり小さい．）

　上記の誘電緩和モード分布と粘弾性緩和モード分布の違いは，各高分子鎖の中の部

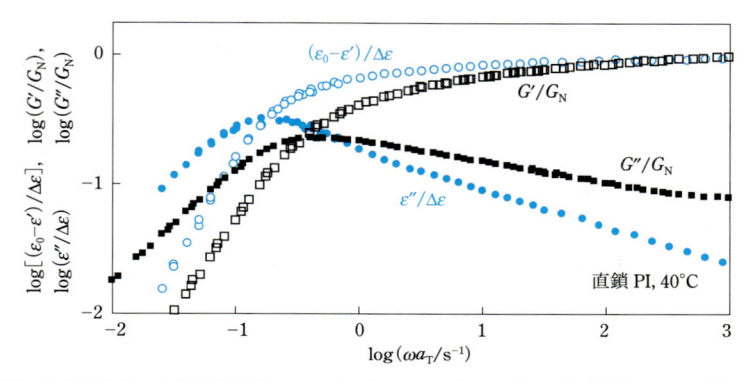

6.7 高分子液体の平衡ダイナミクス II：A 型鎖の誘電緩和

図 6.43 よく絡み合った単分散直鎖 PI メルト（$M=30.8$ 万，40°C）の誘電緩和モード分布と粘弾性緩和モード分布の直接比較
〔H. Watanabe *et al.*, *Macromolecules*, **37**, 6619 (2004)〕

分鎖の配向・運動相関に対する誘電緩和関数 $\Phi(t)$ と粘弾性緩和関数（緩和剛性率）$G(t)$ の感度の差を反映する本質的な違いである．たとえば，N 個の部分鎖からなり，反転のない双極子を有する A 型鎖の $\Phi(t)$（式(6.7.15)）は，以下のように表現することができる．

$$\Phi(t) = \frac{1}{N}\int_0^N \int_0^N C(n,t;m)\,\mathrm{d}n\,\mathrm{d}m \tag{6.7.19}$$

$$\text{局所相関関数}\quad C(n,t;m) \equiv \frac{1}{a^2}\langle \mathbf{u}(n,t)\cdot\mathbf{u}(m,0)\rangle_{\mathrm{eq}},\ a^2 = \langle \mathbf{u}^2\rangle_{\mathrm{eq}} \tag{6.7.20}$$

式(6.7.20)で定義された局所相関関数 $C(n,t;m)$ は，同一鎖内の異なる（n 番目と m 番目の）部分鎖が 2 つの時刻 $0, t$ でどのような配向相関をもっているかを表し，部分鎖の運動が鎖骨格に沿って伝播する様子を直接的に表す量である．したがって，A 型鎖の誘電緩和は，各鎖の中の異なる部分鎖の間の配向と運動の相関を直接反映する．一方，階段型のずり歪み γ に対する $G(t)$ は

$$G(t) = \frac{3\nu k_{\mathrm{B}} T}{\gamma}\int_0^N S(n,t)\,\mathrm{d}n,\ S(n,t) = \frac{1}{a^2}\langle u_x(n,t)u_y(n,t)\rangle \tag{6.7.21}$$

と表される（式(6.2.5)参照）．ずり配向関数 $S(n,t)$ は，各時刻における各部分鎖の末端間ベクトル $\mathbf{u}$ の 2 次モーメントの平均を表すので，$S(n,t)$ を基礎関数とする $G(t)$ は，

● 発展 6.8　　非絡み合い A 型鎖の誘電緩和挙動と粘弾性緩和挙動の比較

図は，分子量 $M=9$ 千（$<M_c$）の非絡み合い単分散直鎖 PI のメルト系の $\Delta\varepsilon'(\omega) = \varepsilon_0 - \varepsilon'(\omega)$，$\varepsilon''(\omega)$ のデータ（○）と G'，G'' のデータ（□）を比較した結果を示す．緩和モード分布の直接的な比較のため，誘電データには数因子 B を乗じ，低周波数の $B\varepsilon''$（$\propto\omega$）が G''（$\propto\omega$）と一致するようにしてある．図中の点線は，G'，G'' に対する Rouse モデルの計算結果（式(6.6.13)，(6.6.14)）を表し，実線は $\Delta\varepsilon'$，ε'' に対するこのモデルの計算結果（式(E6.8.1)）を示す．

$$\Delta\varepsilon'(\omega) = \Delta\varepsilon \sum_{p=1}^{\infty} \frac{8}{(2p-1)^2 \pi^2} \frac{\omega^2 \tau_{2p-1,\varepsilon}^2}{1+\omega^2 \tau_{2p-1,\varepsilon}^2} \qquad (E6.8.1a)$$

$$\varepsilon''(\omega) = \Delta\varepsilon \sum_{p=1}^{\infty} \frac{8}{(2p-1)^2 \pi^2} \frac{\omega \tau_{2p-1,\varepsilon}}{1+\omega^2 \tau_{2p-1,\varepsilon}^2} \qquad (E6.8.1b)$$

$$\tau_{p,\varepsilon} = \frac{\tau_R^{[\varepsilon]}}{p^2}, \quad \tau_R^{[\varepsilon]} = \frac{\zeta N^2 a^2}{3\pi^2 k_B T} = 2\tau_R^{[G]} \qquad (E6.8.1c)$$

（式(E6.8.1a)～(E6.8.1c)は，章末の追補 A の式(6A.6)に示す Rouse モデルの固有関数の振幅 $\mathbf{X}_p$ から容易に得られる．）

図の高周波数域の G'，G'' のデータは，互いに値が近く，ω に対してべき乗型の依存性を示す．一方，$\Delta\varepsilon'$ のデータは一定値 $\Delta\varepsilon$ に漸近し，ε'' のデータは明瞭なピークを示す．この結果は，非絡み合い直鎖 PI の粘弾性緩和モード分布が誘電緩和モード分布よりはるかにブロードであることを示す．以下で説明するように，誘電緩和過程は各高分子鎖の中の部分鎖の配向・運動相関を敏感に反映するのに対して，粘弾性緩和過程はこの相関に鈍感であるために，この緩和モード分布の差が生じる．

6.6.1 項 A. で説明したように，非絡み合い鎖では（厳密ではないが）Rouse 型の大規模運動が起こっている．実際，図に示した粘弾性データおよび誘電データは，Rouse モデルの計算結果に近い．Rouse 型の運動では，配向異方性が主鎖骨格に沿ってほぼ均一に保たれたまま減衰するので（図 6.23 参照），所定の時間スケール t において内部平衡化されている部分鎖のうちで最大のものは，<u>初期の配向異方性を維持し</u>たまま，その大きさ $a'(t)$ を t とともに増

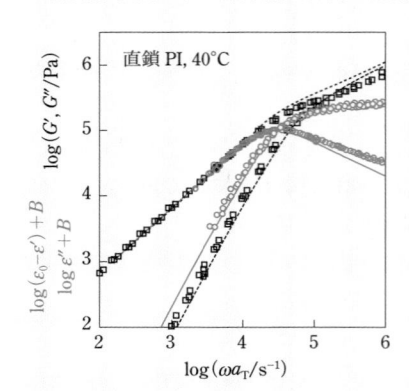

図　非絡み合い単分散直鎖 PI メルト（$M=9$ 千，40℃）の誘電緩和挙動と粘弾性緩和挙動の比較

加させる（$|a'(t)|^2 \propto t^{1/2}$）．その結果として，内部平衡化された最大部分鎖の間の配向相関を反映しない緩和剛性率は，この最大部分鎖の個数 $N'(t)$（$\propto |a'(t)|^{-2} \propto t^{-1/2}$）のみに比例するので，高周波数域では $G' \sim G'' \sim [N'(t)]_{t=1/\omega} \sim \omega^{1/2}$ となり，ブロードな粘弾性緩和モード分布が生じるのである．一方，Rouse 型の運動において，誘電緩和は最大部分鎖間の相関を強く反映する．このため，最大部分鎖の大きさ $a'(t)$ が t とともに増加しても，常に，相関が保持される最大長，すなわち鎖の末端間ベクトル $\mathbf{R}$ の空間スケールにおける配向記憶が誘電緩和を支配する．このことを反映して，誘電緩和モード分布は，Rouse 型の運動においても，狭いものとなる．(式(6.7.19)，(6.7.20) に立脚して説明するならば，時間経過とともに n 番目の部分鎖の配向記憶 $\langle \mathbf{u}(n,t) \cdot \mathbf{u}(n,0) \rangle_{eq}$ が減衰しても，$m (\neq n)$ 番目の部分鎖との配向相関 $\langle \mathbf{u}(n,t) \cdot \mathbf{u}(m,0) \rangle_{eq}$ が成長して $\langle \mathbf{u}(n,t) \cdot \mathbf{u}(n,0) \rangle_{eq}$ の減衰を補償するので，空間スケール $\mathbf{R}$ にわたる運動が起こる時間スケールまで誘電緩和はほとんど進行しない．このため，$\Delta \varepsilon'$，ε'' のデータは狭い緩和モード分布を示すのである．)

異なる部分鎖間の相関を直接的には反映しない（$G(t)$ はこの相関に鈍感である）．

このように，A 型鎖の誘電緩和過程と粘弾性緩和過程は，鎖の大規模運動を異なる形で平均化した緩和過程である（発展 6.8 に示すように，両過程の差は，絡み合い鎖のみならず，非絡み合い鎖についても顕著に観察される）．したがって，誘電データと粘弾性データを比較・解析することで，鎖の大規模運動についての詳細な情報を実験的に得ることができる．次項では，この方針に基づいて，絡み合い鎖のダイナミクスの詳細について説明する．

6.7.4 ■ A 型高分子の絡み合い緩和の詳細：誘電データと粘弾性データの比較

図 6.43 に示したように，絡み合い単分散直鎖系の誘電緩和モード分布は粘弾性緩和モード分布と一致しない．図は示さないが，絡み合い単分散星型鎖系でも，これらの緩和モード分布は一致しない．この実験事実は，絡み合いについて以下の知見を与える．

大きさ a の N 個の絡み合いセグメントからなる A 型直鎖の緩和過程（$t > 0$）を考えよう．まず，固定管モデル（図 6.30, 6.31）が想定しているように，絡み合い点（管壁）は空間内に固定され，初期管は時刻 t において割合 $\varphi(t)$ だけ残存しているとする．この場合，図 6.44(a) が示すように，時刻 t において鎖の中央付近の $N\varphi(t)$ 個の絡み合いセグメントは初期（$t = 0$）の管中に拘束され，これらのセグメントからなる部分鎖の末端間ベクトル $\mathbf{R}_{in}(t)$ は，$t = 0$ においてそこに存在していた部分鎖の $\mathbf{R}_{in}(0)$ と一

第 6 章　絡み合い現象と粘弾性

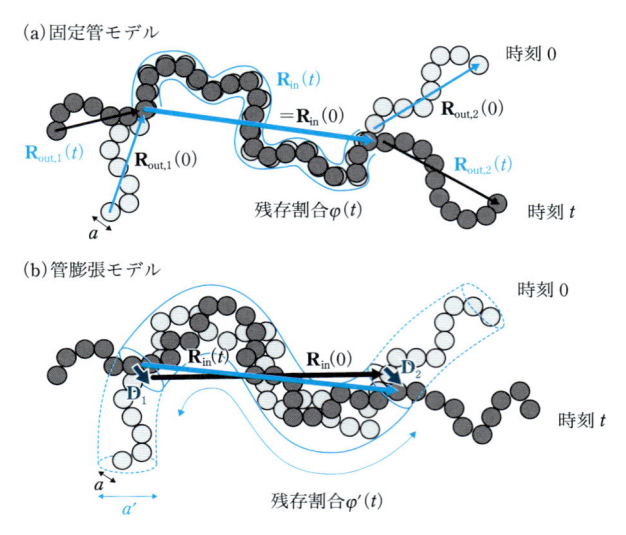

図 6.44　管膨張過程と誘電緩和

致する．一方，初期管から脱出した部分は等方的かつランダムな形態をもち，その末端間ベクトル $\mathbf{R}_{\text{out},1}(t)$, $\mathbf{R}_{\text{out},2}(t)$ は $t=0$ における $\mathbf{R}_{\text{out},1}(0)$, $\mathbf{R}_{\text{out},2}(0)$, $\mathbf{R}_{\text{in}}(0)$ のいずれとも相関をもたない．また，鎖の Gauss 性から，$\mathbf{R}_{\text{in}}(0)$ ($=\mathbf{R}_{\text{in}}(t)$) は，$\mathbf{R}_{\text{out},1}(0)$, $\mathbf{R}_{\text{out},2}(0)$ と相関をもたない．$\mathbf{R}(t) = \mathbf{R}_{\text{out},1}(t) + \mathbf{R}_{\text{in}}(t) + \mathbf{R}_{\text{out},2}(t)$, $\mathbf{R}(0) = \mathbf{R}_{\text{out},1}(0) + \mathbf{R}_{\text{in}}(0) + \mathbf{R}_{\text{out},2}(0)$ であるので，式(6.7.15)が与える規格化誘電緩和関数は

$$\Phi(t) = \frac{1}{\langle \mathbf{R}^2 \rangle_{\text{eq}}} \langle \{\mathbf{R}_{\text{in}}(t)\}^2 \rangle_{\text{eq}} = \varphi(t) \quad (\text{A 型直鎖の固定絡み合い系}) \quad (6.7.22)$$

と表される（$\langle \mathbf{R}^2 \rangle_{\text{eq}} = Na^2$, $\langle \mathbf{R}_{\text{in}}^2 \rangle_{\text{eq}} = N\varphi(t)a^2$ であることに注意されたい）．同様に，星型鎖についても $\Phi(t) = \varphi(t)$ という関係が成立する．

固定管モデルでは，規格化粘弾性緩和関数 $\mu(t) \equiv G(t)/G_{\text{N}}$ が管の残存割合 $\varphi(t)$ に一致する（式(6.6.30)）．したがって，絡み合い（管）が空間内に固定されている限り，鎖の運動様式によらず $\mu(t) = \Phi(t)$ となり，規格化された粘弾性データ（$G'(\omega)/G_{\text{N}}$, $G''(\omega)/G_{\text{N}}$）と規格化された誘電データ（$|\varepsilon_0 - \varepsilon'(\omega)|/\Delta\varepsilon$, $\varepsilon''(\omega)/\Delta\varepsilon$）は終端緩和領域で完全に一致する．したがって，絡み合い単分散直鎖，星型鎖について観察された規格化データの不一致から，これらの系では絡み合いが空間内に固定されていないことが恣意性なく結論される．この結論は，6.6.4 項で示した結果とよく対応する．

上記の結果から，絡み合い単分散高分子系では絡み合い点の運動（消滅と生成）が起こっていることは疑いようがない．6.6.4 項で説明した動的管膨張の描像では，絡

6.7 高分子液体の平衡ダイナミクス II：A 型鎖の誘電緩和

み合い点の消滅と生成に伴う有効管径（有効絡み合い長）$a'(t)$ の増加を考慮している．この描像では，図 6.44(b) に示すように，$\mathbf{R}_{\mathrm{in}}(0)$ と $\mathbf{R}_{\mathrm{in}}(t)$ の関係が，膨張管の残存部分の端面での鎖の変位 $\mathbf{D}_1, \mathbf{D}_2$ を用いて $\mathbf{R}_{\mathrm{in}}(t) = \mathbf{R}_{\mathrm{in}}(0) + \mathbf{D}_1 + \mathbf{D}_2$ と表される．鎖の Gauss 性から $\langle |\mathbf{R}_{\mathrm{in}}(t)|^2 \rangle = \langle |\mathbf{R}_{\mathrm{in}}(0)|^2 \rangle$ となるので，$\langle \mathbf{R}_{\mathrm{in}}(0) \cdot \mathbf{D}_j \rangle = -\langle \mathbf{D}_j^2 \rangle /2 \equiv -\langle \mathbf{D}^2 \rangle/2$ となることがわかる．（動的管膨張は Rouse 型の束縛解放（constraint release, CR）で誘起されているので，束縛解放緩和の特性時間 τ_{CR} より短時間域では $\langle \mathbf{D}_1 \cdot \mathbf{D}_2 \rangle \cong 0$ となる．絡み合い単分散直鎖系の実際の粘弾性緩和時間は τ_{CR} より短いので，その緩和過程においては $\langle \mathbf{D}_1 \cdot \mathbf{D}_2 \rangle \cong 0$ としてよい．）固定管モデルの場合と同様に，管が動的に膨張する場合でも，$\mathbf{R}_{\mathrm{out},1}(t), \mathbf{R}_{\mathrm{out},2}(t)$ は $\mathbf{R}_{\mathrm{out},1}(0), \mathbf{R}_{\mathrm{out},2}(0), \mathbf{R}_{\mathrm{in}}(0)$ のいずれとも相関をもたないので，A 型直鎖の誘電緩和関数 $\Phi(t)$ は，膨張管の時刻 t における残存割合 $\varphi'(t)$ を用いて次のように表される[12]．

$$\begin{aligned}
\Phi(t) &= \frac{1}{\langle \mathbf{R}^2 \rangle_{\mathrm{eq}}} \langle \mathbf{R}_{\mathrm{in}}(t) \cdot \mathbf{R}_{\mathrm{in}}(0) \rangle_{\mathrm{eq}} \\
&= \frac{1}{Na^2} \langle \{\mathbf{R}_{\mathrm{in}}(0) + \mathbf{D}_1 + \mathbf{D}_2\} \cdot \mathbf{R}_{\mathrm{in}}(0) \rangle_{\mathrm{eq}} \\
&= \varphi'(t) - \frac{1}{Na^2} \langle \mathbf{D}^2 \rangle_{\mathrm{eq}} \\
&= \varphi'(t) - \frac{1}{Na^2} \left(\frac{a'(t) - a}{2} \right)^2 \\
&= \varphi'(t) - \frac{(\sqrt{\beta(t)} - 1)^2}{4N} \quad \text{(A 型直鎖の非固定絡み合い系)} \quad (6.7.23)
\end{aligned}$$

同様に，N_{arm} 個の絡み合いセグメントからなる枝を束ねた星型鎖については

$$\Phi(t) = \varphi'(t) - \frac{(\sqrt{\beta(t)} - 1)^2}{8N_{\mathrm{arm}}} \quad \text{(A 型星型鎖の非固定絡み合い系)} \quad (6.7.24)$$

となる．式 (6.7.23), (6.7.24) において，直径 $a'(t)$ の膨張管端面における鎖の絡み合いセグメントの平均二乗変位 $\langle \mathbf{D}^2 \rangle_{\mathrm{eq}}$ は，この端面中に位置する任意のセグメント（直径 a）間の平均二乗距離 $\{a'(t) - a\}^2/4$ として評価している．$\beta(t)$ は動的管膨張過程において相互平衡化される絡み合いセグメントの数であり，次式のように，時刻 t における膨張管の直径 $a'(t)$ と等価な量である．

$$\beta(t) = \frac{\{a'(t)\}^2}{a^2} \quad (6.7.25)$$

式 (6.7.23), (6.7.24) の $\beta(t)$ を含む項は，A 型鎖の誘電緩和関数 $\Phi(t)$ に対する膨張管端面における絡み合いセグメントの変位の寄与を表すが，終端緩和領域においても，この寄与は $\varphi'(t)$ よりかなり小さい．すなわち，A 型鎖の誘電緩和は動的管膨張に対

して鈍感である．このことは，両末端を固定されたA型のゴム網目鎖を自由な直鎖で膨潤させた系を考えれば容易に理解できるであろう．すなわち，自由鎖の運動によって網目鎖に対する絡み合いは消滅・生成を繰り返し，その結果として網目鎖に対する有効絡み合い密度が減少し（管モデルの枠内では，管が動的に膨張し）応力は低下するが，網目鎖の末端間ベクトルはゆらがないので，誘電緩和は起こらない．

6.6.4項で説明した完全管膨張（full dynamic tube dilation；f-DTD）の分子描像では，緩和した鎖部分が溶媒と完全に等価であるとみなし，$a'(t) = a\{\varphi'(t)\}^{-d/2}$, $\beta_{\text{f-DTD}}(t) = \{\varphi'(t)\}^{-d}$ となることを想定している．この $\beta_{\text{f-DTD}}(t)$ の表式を式(6.7.23)，(6.7.24)に代入すれば，膨張管の残存割合 $\varphi'(t)$ と規格化誘電緩和関数 $\Phi(t)$ の関係が完全に規定される．したがって，完全管膨張の描像が成立しているのであれば，$\Phi(t)$ のデータに式(6.7.23)，(6.7.24)を適用して $\varphi'(t)$ を計算し，さらにこの $\varphi'(t)$ を用いて規格化粘弾性緩和関数を $\mu_{\text{f-DTD}}(t) = G(t)/G_\text{N} = \{\varphi'(t)\}^{1+d}$ と算出することができる．この $\mu_{\text{f-DTD}}(t)$ を粘弾性データと比較すれば，実際の絡み合い系における完全管膨張の描像の妥当性を検証することができる．

式(6.7.7)に基づいて図6.39, 6.40の $\varepsilon_0 - \varepsilon'(\omega)$ と $\varepsilon''(\omega)$ のデータを $\Phi(t)$ のデータに変換し，この $\Phi(t)$ データから $\mu_{\text{f-DTD}}(t)$ を算出して上記の検証が行われている．その一例を図6.45, 6.46に示す．図中のプロットは高分子量の絡み合い単分散直鎖PI（$M = 30.8$万），絡み合い単分散星型PI（$M_\text{arm} = 8.1$万）の G'/G_N, G''/G_N のデータを，実線は $\mu_{\text{f-DTD}}(t)$ に対応する G'/G_N, G''/G_N の計算値を示す．（式(6.3.14)に基づいて，$\mu_{\text{f-DTD}}$ から G'/G_N, G''/G_N が計算される．）

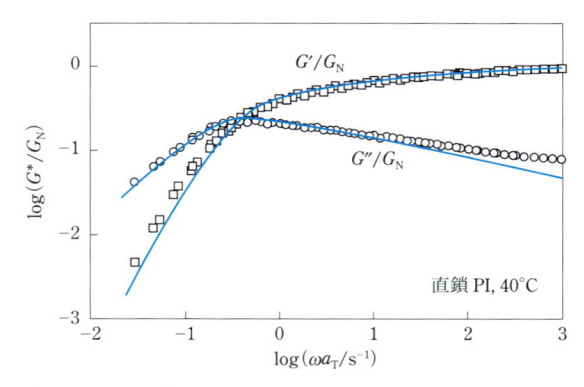

図 6.45 絡み合い直鎖 PI メルト（$M = 30.8$万，40℃）の粘弾性データと完全管膨張の描像に基づく計算値の比較
〔H. Watanabe *et al.*, *Macromolecules*, **37**, 6619 (2004)〕

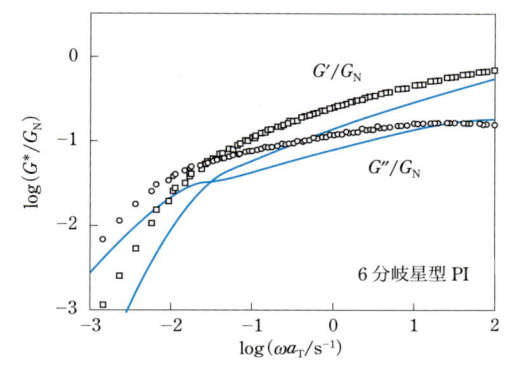

6.7 高分子液体の平衡ダイナミクス II：A 型鎖の誘電緩和

図 6.46 絡み合い 6 分岐星型 PI メルト（$M_{arm} = 8.1$ 万，40°C）の粘弾性データと完全管膨張の描像に基づく計算値の比較
[H. Watanabe *et al.*, *Macromolecules*, **35**, 2339 (2002)]

直鎖については，完全管膨張の描像に対応する計算値がデータとよく一致し，この描像が実際の絡み合い系で成立していることが示唆される．6.6.4 項では，完全管膨張モデル（Milner–McLeish モデル；追補 C 参照）の予言がデータとよく一致することを示した（図 6.28）．この一致は，図 6.45 の結果と整合するものである．

一方，図 6.46 の星型鎖については，完全管膨張の描像が星型鎖の速い粘弾性緩和を過大評価し，そのため，計算された終端緩和強度が実際の緩和強度よりかなり小さいことが確認される．すなわち，星型鎖では，緩和した鎖部分が溶媒と完全に等価であるとする完全管膨張の描像は破綻している．

この星型鎖についての結果は，6.6.4 項で説明した Milner–McLeish モデルと星型鎖の粘弾性データの一致（図 6.29）と矛盾すると考える読者もいるかもしれない．しかし，追補 C に示すように，このモデルは粘弾性量と誘電量を同時に予言するので，誘電量についてもモデルを検証しない限り，モデルと実験の一致は結論できないことは明らかであろう．図 6.46 の星型鎖について Milner–McLeish モデルを検証すると，図 6.47 に示すように，モデルは粘弾性データを良好に記述するが，誘電データは記述できないことがわかる．より注意深く図 6.47 を眺めれば，このモデルは終端誘電緩和を過大評価している（すなわち，速い誘電緩和モードを過小評価している）ことに気付くであろう．モデルのパラメータを調節して速い運動モードを増強し，モデルの予言を誘電データと合わせることも可能であるが，その場合，速い粘弾性緩和モードが増強されて終端粘弾性緩和強度は過小評価される．これは，誘電データに立脚した図 6.46 の検証において粘弾性の終端緩和強度が過小評価されたことに対応する．

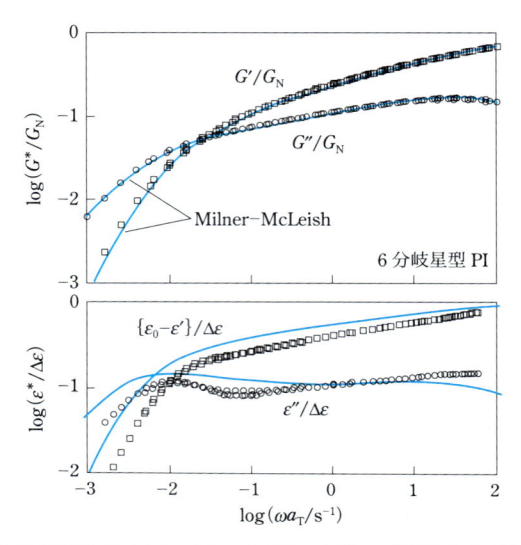

図 6.47 　絡み合い 6 分岐星型 PI メルト（$M_\mathrm{arm}=8.1$ 万，40℃）の粘弾性および誘電データと Milner–McLeish モデルの計算値の比較
［H. Watanabe *et al.*, *Macromolecules*, **35**, 2339（2002）］

　上記のように，完全管膨張の描像は，星型鎖の粘弾性緩和と誘電緩和を整合的に記述できない．なぜ，この描像は，星型鎖について破綻しながら，直鎖については成立する（すなわち $\Phi(t)$ データから算出した $\mu_\mathrm{f\text{-}DTD}(t)$ が粘弾性データと一致する）のであろうか．その鍵は，動的管膨張を誘起する束縛解放（CR）過程にある．図 6.34 について説明したように，局所的な束縛解放過程の累積によって主鎖骨格上の隣接絡み合いセグメントが相互に平衡化し，その結果として有効絡み合い長が増加する．したがって，着目する時間スケール t において，束縛解放によって平衡化される絡み合いセグメントの最大数 $\beta_\mathrm{CR}(t)$ が厳然と存在する．動的管膨張の描像は，この有効絡み合い長の増加を管径の膨張として表現したものなので，完全管膨張の描像で想定された相互平衡化絡み合いセグメント数 $\beta_\mathrm{f\text{-}DTD}(t)=\{\varphi'(t)\}^{-d}$ が $\beta_\mathrm{CR}(t)$ 以上であれば，この描像は破綻する．以下では，かなりマニアックではあるが，実験的に決定される $\beta_\mathrm{CR}(t)$ と $\beta_\mathrm{f\text{-}DTD}(t)$ を比較して完全管膨張の描像の妥当性を検証した結果をまとめる．

　絡み合いマトリックス鎖と希薄な高分子量鎖からなる星型 PI／星型 PI および直鎖 PI／直鎖 PI ブレンド系についての粘弾性測定から，マトリックス鎖と絡み合った希薄な鎖の束縛解放過程がほぼ Rouse 型のダイナミクスで進行することが確認され，さらに単分散 PI 系における束縛解放緩和時間 τ_CR の実験式が得られている．この束

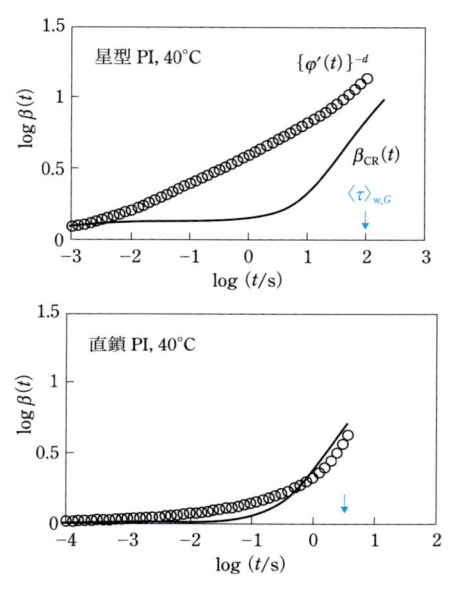

図 6.48 単分散星型 PI メルト（M_{arm} = 8.1 万，40℃）および直鎖 PI メルト（M = 30.8 万，40℃）の束縛解放平衡化絡み合いセグメント数 β_{CR} と完全管膨張の描像が想定する平衡化セグメント数 φ'^{-d} の比較
［H. Watanabe *et al.*, *Macromolecules*, **37**, 6619（2004）; **39**, 2553（2006）］

縛解放緩和時間から，束縛解放機構のみで緩和が進行する場合の Rouse 型の規格化応力減衰関数 $\psi_{\text{CR}}(t/\tau_{\text{CR}})$ が算出され（式(6.6.12)参照），さらに，束縛解放によって平衡化されるセグメントの最大数が $\beta_{\text{CR}}(t) = 1/\psi_{\text{CR}}(t/\tau_{\text{CR}})$ と推定される．図 6.48 では，単分散星型 PI（M_{arm} = 8.1 万），単分散直鎖 PI（M = 30.8 万）に対し，このようにして実験的に得られた $\beta_{\text{CR}}(t)$ と完全管膨張の描像が想定する $\beta_{\text{f-DTD}}(t) = \{\varphi'(t)\}^{-d}$（$\varphi'(t)$ は前記のように誘電緩和関数 $\Phi(t)$ のデータから得られる）を比較する．図中の矢印は，終端粘弾性緩和時間 $\langle\tau\rangle_{\text{w},G}$ のデータを示す．星型鎖は緩和モード分布がブロードで，速い緩和モードも大きな強度をもつため，$t \ll \langle\tau\rangle_{\text{w},G}$ の短時間域においても，$\varphi'(t)$（$\cong \Phi(t)$）が大きく減少し，$\beta_{\text{f-DTD}}(t)$ は著しく増加する．一方，Rouse 型の束縛解放過程に付随する $\beta_{\text{CR}}(t)$ は，$t > \langle\tau\rangle_{\text{w},G}/20$ という比較的長時間域でのみ顕著な増加を示す．その結果，$t > 10^{-4}\langle\tau\rangle_{\text{w},G}$ という広範な時間域で $\beta_{\text{f-DTD}}(t) > \beta_{\text{CR}}(t)$ となり，完全管膨張の描像が破綻していることが見出される．これが，図 6.46 の中〜低周波数域（$\omega < 10^4/\langle\tau\rangle_{\text{w},G}$）において完全管膨張の描像に基づいて計算された G'/G_{N}, G''/G_{N} がデータより小さくなった原因である．

一方,直鎖はかなり狭い緩和モード分布をもつので $\varphi'(t)(\cong \Phi(t))$ が短時間域ではあまり減少せず,そのため図 6.48 が示すように, $t > \langle\tau\rangle_{w,G}/20$ という長時間域でのみ $\beta_{\text{f-DTD}}(t)$ の増加が顕著になる.その結果, $\langle\tau\rangle_{w,G}$ に至る全時間域において, $\beta_{\text{f-DTD}}(t) \cong \beta_{\text{CR}}(t)$ となり完全管膨張の描像が成立することが確認される.この結果は,図 6.45 の結果とよく対応する.

上記のように,星型鎖では,速い緩和モードが大きな強度をもつために $\beta_{\text{f-DTD}}(t) > \beta_{\text{CR}}(t)$ となり,完全管膨張の描像が破綻している.しかし,この結果は,絡み合いの消滅・生成をモデル化した動的管膨張の描像そのものを否定するものではない.実際,図 6.43 が明示するように,単分散系中の絡み合いが消滅・生成を繰り返していることは疑いようがない.この点に立脚して,動的管膨張が束縛解放機構の許す範囲で最大限に起こると考え,平衡化絡み合いセグメント数 $\beta(t)$ と規格化粘弾性緩和関数 $\mu(t)$ が次式で与えられるとする部分的管膨張(partial dynamic tube dilation)の分子描像[12]が提唱されている.

$$\beta_{\text{p-DTD}}(t) = \min\left[\beta_{\text{CR}}(t), \{\varphi'(t)\}^{-d}\right], \quad \mu_{\text{p-DTD}}(t) = \frac{\varphi'(t)}{\beta_{\text{p-DTD}}(t)} \quad (6.7.26)$$

この描像は,束縛解放機構に立脚して,空間スケールを時間スケールと整合的に粗視化する(時間スケールに応じて粗視化可能な最大空間スケール $a\{\beta_{\text{p-DTD}}(t)\}^{1/2}$ を決定する)ものである.

式 (6.7.26) の $\beta_{\text{p-DTD}}(t)$ は,たとえば図 6.48 の $\beta_{\text{CR}}(t)$, $\{\varphi'(t)\}^{-d}$ の比較から求められる.この $\beta_{\text{p-DTD}}(t)$ を式 (6.7.23), (6.7.24) に用いることで, $\Phi(t)$ データから部分的管膨張過程に対する $\varphi'(t)$ が求められ,さらに $\mu_{\text{p-DTD}}(t)$ が決定される.単分散直鎖系では $\{\varphi'(t)\}^{-d} \cong \beta_{\text{CR}}$ であるので(図 6.48 参照), $\mu_{\text{p-DTD}}(t)$ は完全管膨張の描像に対する $\mu_{\text{f-DTD}}(t)$ に近く,粘弾性データをよく記述する(図 6.45 参照).一方,図 6.49 に示すように,種々の枝分子量をもつ単分散星型鎖系では, $\mu_{\text{p-DTD}}(t)$ は $\mu_{\text{f-DTD}}(t)$ より大きな終端緩和強度を示し, $\mu(t)$ のデータと良好な一致を示す.

管膨張の描像はポリマーブレンド系についても検証されている.その例として,図 6.50 では,分子量 2.1 万,30.8 万の 2 種類の単分散直鎖 PI を成分とするブレンド系(高分子量成分の体積分率 $v_2 = 0.1 \sim 0.5$)について, $\mu_{\text{p-DTD}}(t), \mu_{\text{f-DTD}}(t)$ を $\mu(t)$ のデータと比較する.短時間域,長時間域では $\mu_{\text{f-DTD}}(t)$ は $\mu_{\text{p-DTD}}(t)$ と一致し, $\mu(t)$ のデータをよく記述する.しかし,低分子量成分が緩和した直後の中間時間域では,完全管膨張の描像が想定する $\beta_{\text{f-DTD}}(t) = \{\varphi'(t)\}^{-d}$ が束縛解放過程の追随を許さないほど急激に増加し,その結果, $\mu_{\text{f-DTD}}(t)$ は $\mu(t)$ のデータより小さくなる.一方,束縛解放機構が許す範囲での部分的管膨張に対応する $\mu_{\text{p-DTD}}(t)$ は,このような中間時間域でも, $\mu(t)$

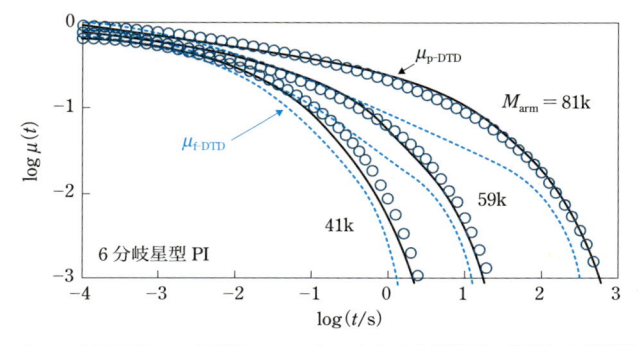

図 6.49 絡み合い 6 分岐星型 PI の粘弾性データ（40°C）と完全管膨張の描像および部分的管膨張の描像に基づく計算値の比較
［H. Watanabe *et al.*, *Macromolecules*, **35**, 2339（2002）］

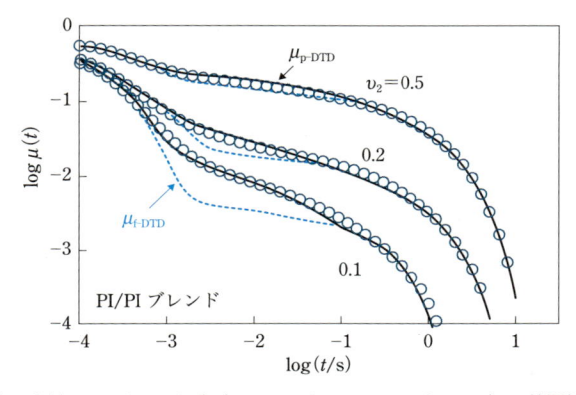

図 6.50 絡み合い直鎖 PI のブレンド系（$M_1 = 2.1$ 万，$M_2 = 30.8$ 万；40°C）の粘弾性データと完全膨張の描像および部分的管膨張の描像に基づく計算値の比較
［H. Watanabe *et al.*, *Macromolecules*, **37**, 6619（2004）］

のデータとよく一致する．

　上記のように，部分的管膨張の分子描像は，完全管膨張の描像を内包する形で，A 型鎖の単分散系，ポリマーブレンド系について成立する．しかしながら，上で述べた部分的管膨張の分子描像は，これらの系の誘電データと粘弾性データの関係を整合的に記述することは可能とするものの，誘電緩和関数と粘弾性緩和関数の時間依存性を与えるには至っていない．分子運動モデルに基づいて部分鎖の位置の時間変化を解析し，これらの緩和関数の時間依存性を整合的に記述することを目指して，実験・理論の両面から，研究が継続されている．

6.8 ■ 高分子液体の非平衡ダイナミクス：非線形粘弾性

　線形領域の粘弾性緩和は，微小歪みによってわずかに異方的に配向した高分子鎖が平衡状態の熱運動によって等方的な配向分布を回復する過程を反映する．一方，大変形下や高速流動下の絡み合い鎖は，配向のみではなく伸長も示して平衡状態から大きく逸脱した形態をとり，その緩和には平衡状態では観察されない鎖の運動が寄与する．このため，大変形下や高速流動下の絡み合い鎖の粘弾性には，特徴的な非線形性が生じる．以下では，この非線形性の特徴を概説する．

6.8.1 ■ 大変形応力緩和

A. 絡み合い直鎖および星型鎖の挙動の概略

　微小歪み下と同様に，大きな階段型のずり歪み γ の下での非線形緩和剛性率を

$$G(t,\gamma) \equiv \frac{\sigma(t,\gamma)}{\gamma} \tag{6.8.1}$$

で定義する．一般に，大きなずり歪み γ に対するずり応力 $\sigma(t,\gamma)$ は γ に比例しないので，$G(t,\gamma)$ は γ に依存する非線形量となる．特に，絡み合い高分子の $G(t,\gamma)$ は特徴的な γ 依存性，t 依存性を示す．その一例として，図 6.51(a) に絡み合い単分散直鎖ポリスチレン（PS）溶液の $G(t,\gamma)$ のデータを示す．小さな γ (≤ 0.6) では $G(t,\gamma)$ は γ に

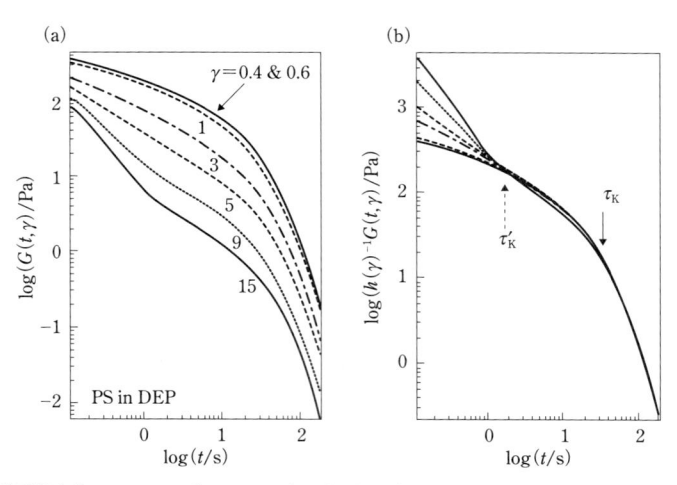

図 6.51　単分散直鎖 PS のフタル酸ジエチル（DEP）溶液（$M=840$ 万, $c=6$ wt%）の非線形応力緩和挙動 ［L. A. Archer *et al.*, *Macromolecules*, **35**, 10216 (2002)］

依存せず，線形緩和剛性率 $G(t)$ に一致する．しかし，γ が増加するにつれて $G(t, \gamma)$ は 2 段階の緩和を示すようになり，長時間域の $G(t, \gamma)$ は γ の増加とともに大きく減少する．

図 6.51(b) は，このような $G(t, \gamma)$ を減衰関数と呼ばれる因子 $h(\gamma)$ で規格化し，長時間域での $G(t, \gamma)/h(\gamma)$ 比ができるだけ $G(t)$ とよく一致するように $h(\gamma)$ を選んだ結果を示す．図中に実線の矢印で示した時間 τ_K より長時間側で良好な一致が観察され，$G(t, \gamma) = h(\gamma) G(t)$ という時間—歪み分離型の実験式が成立する．後述のように，大きな階段型のずり歪みによって，鎖は異方的に配向するのみならず，伸長される．時間—歪み分離性を特徴づける時間 τ_K は，鎖の伸長が緩和する特性時間 τ_eq であると考えられている．以前の研究では，$\tau_\mathrm{K} (= \tau_\mathrm{eq})$ は，鎖の Rouse 緩和時間 τ_R に近いとされていた．実際，10% 程度まで差を許して $G(t, \gamma)/h(\gamma)$ 比を $G(t)$ と重ね合わせると，図中に破線の矢印で示した τ'_K より長時間域で時間—歪み分離性が成立し，τ'_K は τ_R に近い．しかしながら，より厳密に重ね合わせを行うと，時間—歪み分離性は τ_K より長時間域のみで成立し，τ_K は線形領域における終端緩和時間 $\langle \tau \rangle_{\mathrm{w},G}$ に近いことが明らかになっている．

図 6.52 は，種々の分子量，濃度の絡み合い直鎖 PS，星型 PS に対する $h(\gamma)$ データの γ 依存性をまとめる．分子量，濃度，星型分岐の有無によらず，$h(\gamma)$ は普遍的な γ 依存性を示す[注11]．また，$h(\gamma)$ が鎖の化学構造に対してきわめて鈍感であることも知

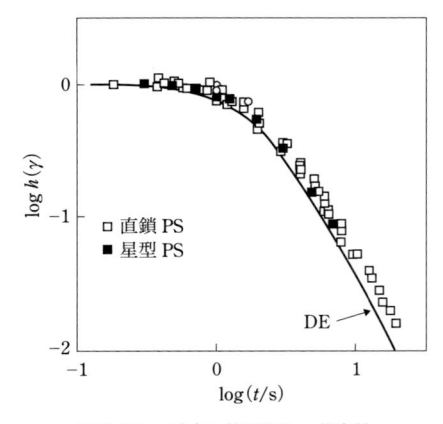

図 6.52 $h(\gamma)$ の普遍的な γ 依存性
[K. Osaki *et al.*, *Macromolecules*, **23**, 4392 (1990)]

[注11] $M/M_\mathrm{e} < 50$ 程度の絡み合い状態では $h(\gamma)$ データは普遍的な γ 依存性を示すが，$M/M_\mathrm{e} > 50$ の高絡み合い状態ではこの普遍性が破れ，$h(\gamma)$ の γ 依存性が強くなることが知られている．この普遍性の破れは弾性変形の不安定性と対応するものと解釈されている[1,2]．

られている．これらの結果は，$h(\gamma)$ が鎖の収縮という幾何学的変化のみで決まることを示唆する．実際，下記のように，初期の固定管モデルである土井–Edwards モデルは，幾何学的に $h(\gamma)$ の γ 依存性を説明することに成功している．（歴史的には，この成功が管モデルに対する実験的支持として最初に注目された．）

B. 土井–Edwards モデルによる $h(\gamma)$ の記述

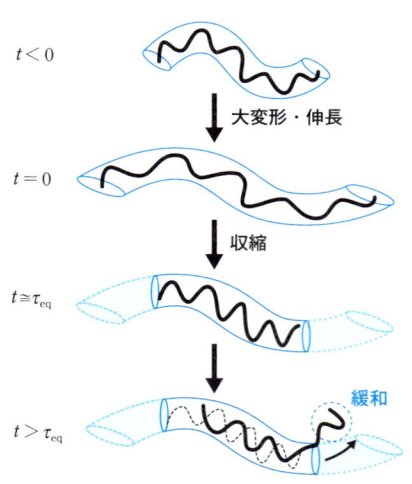

土井–Edwards モデル（DE モデル）が想定する非線形応力緩和機構を，図 6.53 に模式的に示す．このモデルでは，大きな変形を受けた瞬間に管および管中の鎖は一様変形（アフィン変形）し，鎖は管軸に沿って大きく伸長されるが，その後，時間 τ_{eq}（これは図 6.51 に示した τ_K と等価である）で空間内に固定された管に沿って鎖は収縮し，平衡長を回復すると考えられている．

平衡状態（$t<0$）で，鎖は N（$=M/M_e$）個の絡み合い点をもち，絡み合い点間には g_e 個のモノマーが含まれるとする．大変形を受けた瞬間（$t=0$）に鎖は配向すると同時に大きく伸長するが，$t=0$ から $t \cong \tau_{eq}$ までの時間域において鎖長は平衡長まで収縮する．この収縮は平衡状態では起こらない運動である．収縮によって，絡み合い点の一部は放棄されて鎖のもつ絡み合い点数は減少し，同時に，隣接絡み合い点間のモノマー数は増加する．土井–Edwards モデルは，この鎖収縮と絡み合い点の放棄を考慮して，減衰関数 $h(\gamma)$ を幾何学的に計算する．なお，土井–Edwards モデルでは，$t > \tau_{eq}$ の長時間域において直鎖はレプテーション運動で緩和すると仮定されている．6.6.4 項で説明したように，この時間域ではモデルの修正が必要である．また，土井–Edwards モデルが想定する鎖長の平衡化時間 $\tau_{eq} \cong \tau_R$（Rouse 緩和時間）は，実験データの厳密な重ね合わせに対応する τ_K（$\cong \langle \tau \rangle_{w,G}$）とは合致せず，この点にも疑問が投げかけられている．しかし，$t \leq \tau_{eq}$ の短時間域において鎖は収縮し，絡み合い点が放棄されて非線形減衰が起こるという考え方は，相当程度まで正しいとされている．

上記の土井–Edwards モデルに基づく減衰関数 $h(\gamma)$ の基本となるのは，式(6.2.5)で示した応力表式である．すなわち，n 番目の絡み合いセグメント（部分鎖）の末端間ベクトルを $\mathbf{u}(n, t)$ とすれば，単位体積内に ν 本の鎖を含む系のずり応力は

図 6.53 土井–Edwards モデルが想定する非線形応力緩和機構

$$\sigma(t) = 3\nu k_\mathrm{B} T \sum_{n=1}^{N} \left\langle \frac{1}{a^2} u_x(n,t) u_y(n,t) \right\rangle = 3\nu k_\mathrm{B} TN \overline{\left\langle \frac{u_x u_y}{g_\mathrm{e} b_\mathrm{eff}^2} \right\rangle} \quad (6.8.2)$$

と表現される.ここでは,平衡状態における絡み合いセグメントの平均二乗長 a^2 を,このセグメントに含まれるモノマー数 g_e とモノマーの有効ステップ長 b_eff を用いて,$a^2 = g_\mathrm{e} b_\mathrm{eff}^2$ と表した.また,$\langle \ldots \rangle$ は n 番目の絡み合いセグメントについて鎖の集団全体にわたる平均をとることを意味し,$\overline{\langle \ldots \rangle}$ はすべての絡み合いセグメントについての平均を表す.

$t<0$ で平衡状態にある部分鎖の末端間ベクトル $\mathbf{u}^\circ$ の平均的な大きさは $a = g_\mathrm{e}^{1/2} b_\mathrm{eff}$ で与えられる.$t=0$ で鎖が一様なずり変形(アフィン変形)を受けた際に $\mathbf{u}^\circ$ は $\mathbf{u} = \mathbf{E} \cdot \mathbf{u}^\circ$ に変化する($\mathbf{E}$ は変位テンソル;6.1節参照).$t=0$ から $t=\tau_\mathrm{eq}$ の鎖収縮過程で,$\mathbf{u}$ の長さ $|\mathbf{E} \cdot \mathbf{u}^\circ|$ は a に戻る.この際に,絡み合い点は収縮割合 $a/|\mathbf{E} \cdot \mathbf{u}^\circ|$ だけ放棄され,鎖あたりの絡み合い点数はこの割合だけ減少して $N' = Na/|\mathbf{E} \cdot \mathbf{u}^\circ|$ となる.これに伴い,絡み合い点間のモノマー数は $g_\mathrm{e}' = g_\mathrm{e} |\mathbf{E} \cdot \mathbf{u}^\circ|/a$ まで増加する.したがって,鎖の収縮が完了した直後($t = \tau_\mathrm{eq}$)のずり応力 σ_aft は,式(6.8.2)に含まれる N, g_e を N', g_e' で置き換えたものとなり,すべての部分鎖についての平均をとることで

$$\begin{aligned}
\sigma_\mathrm{aft} &= 3\nu k_\mathrm{B} T \frac{Na}{\langle |\mathbf{E} \cdot \mathbf{u}^\circ| \rangle_\mathrm{eq}} \overline{\left\langle \frac{(\mathbf{E} \cdot \mathbf{u}^\circ)_x (\mathbf{E} \cdot \mathbf{u}^\circ)_y}{\{g_\mathrm{e} |\mathbf{E} \cdot \mathbf{u}^\circ|/a\} b_\mathrm{eff}^2} \right\rangle_\mathrm{eq}} \\
&= \frac{3\nu N k_\mathrm{B} T}{\langle |\mathbf{E} \cdot \mathbf{u}^\circ| \rangle_\mathrm{eq}} \overline{\left\langle \frac{(\mathbf{E} \cdot \mathbf{u}^\circ)_x (\mathbf{E} \cdot \mathbf{u}^\circ)_y}{|\mathbf{E} \cdot \mathbf{u}^\circ|} \right\rangle}
\end{aligned} \quad (6.8.3)$$

と表現される.式(6.8.3)から鎖収縮後の有効ゴム状平坦部剛性率が $G_\mathrm{N}^\mathrm{eff}(\gamma) = \sigma_\mathrm{aft}(\gamma)/\gamma$ と計算され,直鎖の減衰関数に対する土井–Edwards モデルの予言は $h(\gamma) = G_\mathrm{N}^\mathrm{eff}(\gamma)/G_\mathrm{N}^\mathrm{eff}(\gamma \to 0)$ で与えられる.分岐点を有する星型鎖についても,枝収縮前の応力は式(6.8.2)で表現される(この場合,N は枝あたりの絡み合い点数,ν は枝の数密度となる).また,枝の自由端が管に沿って移動することによって枝は直鎖と同じ割合だけ収縮するので,枝収縮直後の応力 σ_aft は式(6.8.3)で与えられる.したがって,土井–Edwards モデルは,直鎖と星型鎖の $h(\gamma)$ が一致することを自然に説明する.

変位テンソルが式(6.1.5)で与えられる単純ずり歪みの場合,上記の $h_\mathrm{DE}(\gamma)$ は,$\mathbf{u}^\circ$ の x, y, z 成分 $u_x^\circ, u_y^\circ, u_z^\circ$ ($\langle u_x^{\circ 2} + u_y^{\circ 2} + u_z^{\circ 2} \rangle = a^2$)を用いて

$$h_\mathrm{DE}(\gamma) = \frac{(15/4\gamma)}{\langle [(u_x^\circ + \gamma u_y^\circ)^2 + u_y^{\circ 2} + u_z^{\circ 2}]^{1/2} \rangle_\mathrm{eq}} \left\langle \frac{\gamma u_y^{\circ 2}}{[(u_x^\circ + \gamma u_y^\circ)^2 + u_y^{\circ 2} + u_z^{\circ 2}]^{1/2}} \right\rangle_\mathrm{eq} \quad (6.8.4)$$

と表される.これらの成分を極座標表示すれば,式(6.8.4)中の$\langle...\rangle_{eq}$の項は容易に数値計算される.このようにして得た$h_{DE}(\gamma)$を図6.52に実線で示す.直鎖,星型鎖の$h(\gamma)$のデータは計算値に近く,鎖の収縮と絡み合い点の放棄に関する土井-Edwardsモデルの描像は,基本的には正しいと考えられている.ただし,前記のτ_{eq}とτ_Rの差はこのモデルでは想定されていない.この点について,さらなる研究が行われている.

C. 非線形応力緩和に対する幹-枝型分岐の効果

6.8.1項A.で述べたように,絡み合い単分散直鎖と星型鎖の$h(\gamma)$は互いによく一致する.しかし,幹の両端に各々2本以上の枝がついたpom-pom鎖や,幹に沿って3本以上の枝がグラフトされた櫛型鎖の$h(\gamma)$(<1)は直鎖,星型鎖の$h(\gamma)$より大きい(すなわち,pom-pom鎖や櫛型鎖の方が,非線形性が弱い).その一例として,図6.54に,幹の両端に3本ずつ枝がついたpom-pom型ポリブタジエン(PB;幹分子量$M_{trunk}=4.7$万,枝分子量$M_{arm}=2.0$万)の$h(\gamma)$のデータを示す.

pom-pom鎖や櫛型鎖では,枝が幹に先立って緩和し,終端緩和は幹部分に支配される.これらの鎖の$h(\gamma)$は,大変形を受けた幹部分の収縮を反映する.図6.55に模式的に示すように,変形直後は,枝は配向と同時に伸長されて,大きさ$(3k_BT/a)\lambda_{br}$の張力(λ_{br}は枝の伸長比;式(6.2.4)参照)を示す.枝が完全に緩和しても,枝1本あたりに大きさ$3k_BT/a$の平衡張力が残存し,幹の収縮を抑制する.pom-pom鎖や櫛型鎖の$h(\gamma)$が直鎖,星型鎖の$h(\gamma)$より大きいという実験事実は,この幹収縮の抑制を反映すると考えられている.特に,幹両端に各々q本の枝をもつpom-pom鎖(図

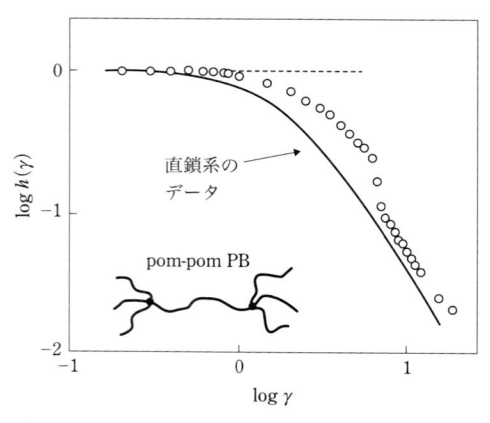

図6.54 絡み合いpom-pom型PB($M_{trunk}=4.7$万,$M_{arm}=2.0$万)の$h(\gamma)$のデータ
[L. A. Archer and S. K. Varshney, *Macromolecules*, **31**, 6348 (1998)]

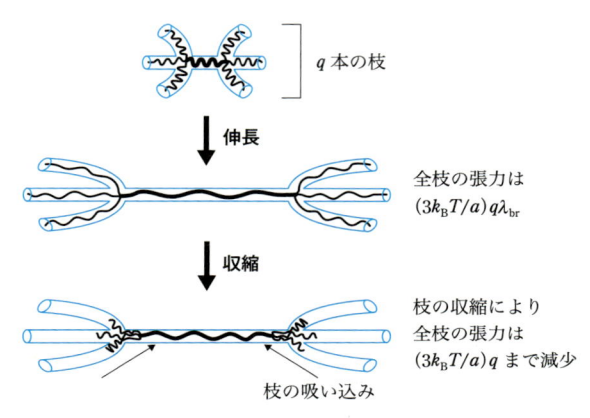

図 6.55 pom–pom 鎖の非線形応力緩和機構

6.55) については，幹はそのまわりの管に枝を吸い込んで収縮するが，幹の各端の q 本の枝の平衡張力（全枝の平衡張力；大きさは $(3k_{\mathrm{B}}T/a)q$）と幹の張力がつり合うところで幹の収縮は止まる（幹は平衡長まで収縮しない）と考えられている．同様の考え方に基づいて，一般の分岐鎖の $h(\gamma)$ を記述する試みが報告されている[8,9]．

6.8.2 ■ 定常ずり流動下での粘度と法線応力差

A. 実験データの概要

流動速度方向を x，速度勾配方向を y とする定常ずり流動状態（ずり速度 $\dot{\gamma}$）に着目する（図 6.1 参照）．この状態での粘弾性的性質は，応力テンソル $\boldsymbol{\sigma}$（式(6.1.1)）の成分を用いて定義されるずり応力 $\sigma = \sigma_{xy}$，第一法線応力差 $N_1 = \sigma_{xx} - \sigma_{yy}$，第二法線応力差 $N_2 = \sigma_{yy} - \sigma_{zz}$ で記述される．N_1 は，流動方向の面を流動に対して垂直な方向（図 6.1 では y 方向）に押し上げる弾性的な力に対応する．速いずり流動は，流動方向の応力のみならず，流動に対して垂直な方向の応力も発生させることに注意が必要である．

σ, N_1, N_2 に対応して定義される物質関数は

$$\text{定常粘度：} \eta(\dot{\gamma}) = \sigma/\dot{\gamma} \tag{6.8.5a}$$

$$\text{第一法線応力差係数：} \Psi_1 = \frac{N_1}{\dot{\gamma}^2} \tag{6.8.5b}$$

$$\text{第二法線応力差係数：} \Psi_2(\dot{\gamma}) = \frac{N_2}{\dot{\gamma}^2} \tag{6.8.5c}$$

である.6.3節で説明したずり応力とずり歪みに対する線形粘弾性の枠組みを応力テンソル $\boldsymbol{\sigma}$ と歪みテンソル $\boldsymbol{\gamma}$（式(6.1.7)）に拡張した準線形粘弾性の枠組み（2次流体についての現象論的枠組み）では

$$\eta = \eta_0 \quad \text{（ゼロずり粘度）} \tag{6.8.6a}$$

$$\Psi_1 = \Psi_{10} = 2J_e\eta_0^2 \quad \text{（J_e は線形領域の定常回復コンプライアンス）} \tag{6.8.6b}$$

$$\Psi_2 = 0 \tag{6.8.6c}$$

となり,いずれの量も $\dot{\gamma}$ 依存性を示さない.したがって,η,Ψ_1 が $\dot{\gamma}$ 依存性を示したり,$\Psi_2 \neq 0$ となる場合には,系は著しい非線形性を示していると結論される.

図6.56は,絡み合い直鎖PS溶液の η,Ψ_1 のデータの $\dot{\gamma}$ 依存性を示す.低ずり速度域（$\dot{\gamma} \ll 1/\langle\tau\rangle_{w,G}$；$\langle\tau\rangle_{w,G}$ は式(6.3.28)で定義される2次平均粘弾性緩和時間）では,式(6.8.6a),(6.8.6b)に示した準線形挙動が観察される.これは,遅い流動下では,鎖の熱運動が流動による鎖形態の変化を（ほとんど）緩和させるため,鎖の形態・運動様式が平衡状態での形態・運動様式から（ほとんど）逸脱しないことを反映する.一方,高ずり速度域（$\dot{\gamma} > 1/\langle\tau\rangle_{w,G}$）では,$\eta$,$\Psi_1$ が $\dot{\gamma}$ の増加とともに低下し,著しい非線形性が観察される.この非線形性は,速い流れによって生じる絡み合い鎖の配向（と伸長）が鎖の熱運動では緩和しきらないことを反映している.このような非線形領域での η,Ψ_1 のデータは,鎖の分子量にはほとんど依存せず,その $\dot{\gamma}$ 依存性は次の実験式でよく記述されることが知られている[5,6].

$$\eta(\dot{\gamma}) \propto \dot{\gamma}^{-0.82}, \quad \Psi_1(\dot{\gamma}) \propto \dot{\gamma}^{-1.5\pm0.05} \tag{6.8.7}$$

また,高速流動下で $\Psi_2(\dot{\gamma})$ は負の値をとるが,その絶対値は $\Psi_1(\dot{\gamma})$ の絶対値よりかなり小さい（10%程度）ことも知られている.

図6.57には絡み合い単分散直鎖ポリイソプレン（PI）溶液の σ,N_1 のデータの $\dot{\gamma}$ 依存性を示す.低ずり速度域では,式(6.8.6a),(6.8.6b)に対応する準線形挙動（$\sigma \propto \dot{\gamma}$,$N_1 \propto \dot{\gamma}^2$）が観察される.一方,高ずり速度域では,$\sigma$,$N_1$ の $\dot{\gamma}$ 依存性が低下し,非線形性が観察される（この

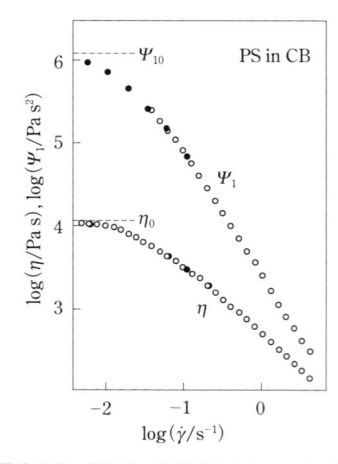

図6.56 絡み合い直鎖PSのクロロベンゼン（CB）溶液（$M = 300$ 万,$c = 0.1$ g cm^{-3}）の η と Ψ_1 のデータ [M. Takahashi, T. Masuda, N. Bessho, and K. Osaki, *J. Rheol.*, **24**, 517 (1980)]

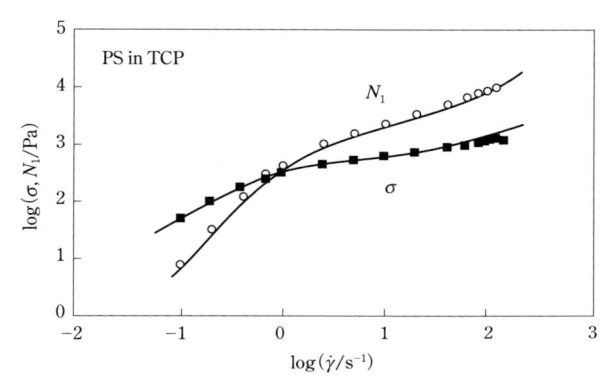

6.8 高分子液体の非平衡ダイナミクス：非線形粘弾性

図 6.57 絡み合い直鎖 PI のリン酸トリクレジル（TCP）溶液（$M=200$ 万，$c=10\,\mathrm{wt\%}$）の σ と N_1 のデータ
[D. W. Mead et al., *Macromolecules*, **31**, 7895 (1998)]

非線形性は，実験式(6.8.7)で特徴づけられる）．また，定常流動時の σ は粘性的な応力成分であり，N_1 は弾性的な応力成分であるが，高速流動下の高分子液体では $N_1 \gg \sigma$ となることが着目される．このことは，高速流動下では鎖が緩和しきらず，大きな弾性エネルギーを蓄えていることを示す．自由表面をもつ流動様式では，この弾性エネルギーによって，自由表面が N_1 の作用方向に変位する．法線応力効果として知られている Weissenberg 効果や Barus 効果は，この変位の例である[5,6]．

以上で説明した非線形流動挙動は，いずれも，高速流動下の高分子鎖が平衡状態とは異なる形態（大きく流動配向され，さらには伸長された形態）をとり，平衡状態の熱運動とは異なる運動状態にあることを反映する．したがって，平衡状態の熱運動を反映する線形粘弾性量と高速流動下の σ, N_1 の間に一意的な関係が存在することは期待できない．それにもかかわらず，絡み合い高分子液体については，線形領域の G', G'' と等価な量である複素粘度 $\eta^*(\omega)\,(=\{G''(\omega)-iG'(\omega)\}/\omega)$ の絶対値 $|\eta^*(\omega)|$ の ω 依存性が，非線形領域の定常粘度 $\eta(\dot{\gamma})$ の $\dot{\gamma}$ 依存性に近いこと（Cox-Merz の実験則）が知られている[5,6]．この実験則は自明なものではなく，次項で説明するように，その分子論的起源が研究されている[注12]．

[注12] たとえば，低分子量の非絡み合い鎖の定常粘度は流動速度に依存しないが，その複素粘度は角周波数に強く依存することからわかるように，Cox-Merz の実験則は決して一般的なものではない．また，文献では，G', G'' と等価な線形粘弾性量である複素粘度 $\eta^*(\omega)$ に角周波数依存性があることを「非ニュートン性」と称することがあるが，これはまったくの誤用である．「非ニュートン性」とは，定常粘度 $\eta(\dot{\gamma})$ が流動速度に依存することを示す学術用語である．

B. 管モデルによる非線形流動挙動の記述

Cox–Merzの実験則の成立理由の検討も含め，高速流動下の絡み合い高分子液体の非線形粘弾性挙動を分子論的に解明することは，高分子レオロジーの分野における大きな課題である．非線形粘弾性挙動の解明の第一歩として，しばしば，近似的ではあるが，応力テンソルの表式 (6.2.6) を，以下のように伸長項 $\bar{\lambda}$ と純粋な配向項 $\tilde{\mathbf{S}}$ にデカップルする（因子 $\bar{\lambda}$ と $\tilde{\mathbf{S}}$ の積の形で表す）．

$$\boldsymbol{\sigma}(t) = 3\nu N k_B T \overline{\left\langle \frac{\mathbf{uu}}{a^2} \right\rangle} - p\mathbf{I} \cong 3\nu N k_B T \bar{\lambda}^2 \tilde{\mathbf{S}} - p\mathbf{I} \tag{6.8.8}$$

$$\bar{\lambda} = \overline{\left\langle \frac{|\mathbf{u}|^2}{a^2} \right\rangle}^{1/2}, \quad \tilde{\mathbf{S}} = \overline{\left\langle \frac{\mathbf{uu}}{|\mathbf{u}|^2} \right\rangle} \tag{6.8.9}$$

ここで，ν は鎖の数密度，N は鎖1本あたりの絡み合いセグメント数である．$\bar{\lambda}$ に含まれる因子 $|\mathbf{u}|/a$ は平衡時に大きさ a をもつ絡み合いセグメントの伸長比を表し，$\tilde{\mathbf{u}} = \mathbf{u}/|\mathbf{u}|$ は絡み合いセグメントの末端間ベクトル $\mathbf{u}$ に平行な単位ベクトルである（$|\tilde{\mathbf{u}}| = 1$）．また，$\langle \ldots \rangle$ はすべての絡み合いセグメントについての平均を意味する．

ずり速度 $\dot{\gamma}$ が Rouse 緩和時間 τ_R の逆数より小さい場合，鎖および絡み合いセグメントの伸長は管に沿った Rouse 型の運動によって緩和され，$\bar{\lambda} \cong 1$ となると考えられている．このようなずり速度域において，$\boldsymbol{\sigma}(t)$ は純粋配向項 $\tilde{\mathbf{S}}$ で決定され，ずり応力 σ と第一法線応力差 N_1 は

$$\sigma = 3\nu N k_B T \langle \tilde{u}_x \tilde{u}_y \rangle, \quad N_1 = 3\nu N k_B T \langle \tilde{u}_x^2 - \tilde{u}_y^2 \rangle \quad (\tilde{\mathbf{u}} = \mathbf{u}/|\mathbf{u}|) \tag{6.8.10}$$

と表される．

束縛解放（管軸と直角方向への鎖の大規模運動；図6.34参照）が許されない固定管モデルでは，$\dot{\gamma}$ を増加させると絡み合いセグメントの配向がいくらでも進行し，$\tilde{u}_y \to 0$ となる．このため，このモデルから計算される σ は $\dot{\gamma}$ の増加に伴って極大を示した後に減少し，N_1 は一定値に漸近する．この計算結果は実験（図6.57）とはまったく合致しない．

この固定管モデルの欠陥を改善するため，図6.58に示す流動誘起束縛解放 (convective constraint release ; CCR) 機構が提唱されている[8,9]．この機構では，鎖の終端緩和速度 $1/\langle\tau\rangle_w$ よりは速いが，Rouse 緩和周波数 $1/\tau_R$ より遅い流れの下で，流れによって過渡的に伸長された鎖は平衡長まで収縮し，隣接鎖に対する束縛解放を誘起すると考える．この機構によって $\dot{\gamma}$ の増加による鎖の配向は抑制され，σ, N_1 が $\dot{\gamma}$ とともに増加し続けることが説明される．

6.8 高分子液体の非平衡ダイナミクス：非線形粘弾性

図 6.57 の実線は，レプテーション機構と鎖長ゆらぎ機構（6.6.4 項）を流動誘起束縛解放機構と組み合わせた管モデル[8,9]から計算された σ, N_1 を示す．計算値はデータとかなりよく一致する．また，この組み合わせによって，Cox–Merz の実験則もかなりよく再現される．ただし，高速流動下では均一な流れの場が形成されず $\dot{\gamma}$ が空間内で分布をもつという報告[13]や，流動誘起束縛解放機構に付随する流動下での緩和時間の減少が実験的には観察されない[14]という報告もあるので，非線形流動挙動がこの機構で完全に説明されたというわけではない．この点に関して，現在も盛んに研究が進められている．

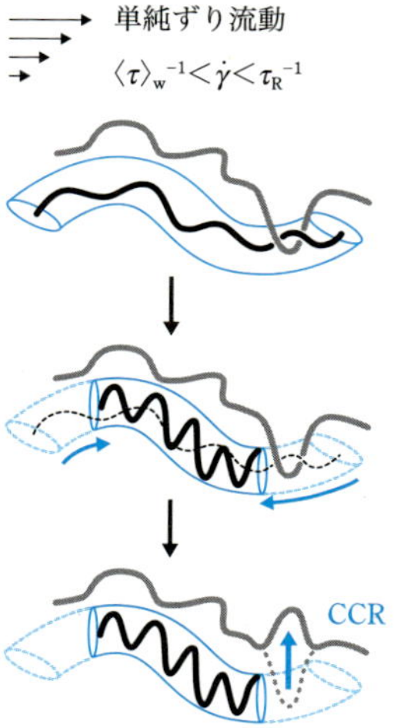

6.8.3 ■ 一軸伸長流動

図 6.1 に示すように，物質を x 軸方向に $\lambda = L/L_0$ 倍に引き伸ばす一軸伸長変形を考える．物質が非圧縮性ならば，y, z 軸方向には $\lambda^{-1/2}$ 倍に収縮する．この変形様式に対する伸長歪み（Hencky 歪み）は $\varepsilon = \ln \lambda$（式(6.1.4)）で与えられる．

図 6.58 管モデルが想定する流動誘起束縛解放機構

6.3.2 項で述べたように，微小歪み下（$\lambda \sim 1$）では $\varepsilon = \lambda - 1 = (L - L_0)/L_0$ となり，伸長面（図 6.1 では x 方向に法線をもつ面）に作用する伸長応力 σ_E は $\sigma_E(t) = 3\int_{-\infty}^{t} G(t-t')\dot{\varepsilon}(t')\mathrm{d}t'$ と表される．したがって，線形領域では，任意の時間依存性をもつ伸長歪み $\varepsilon(t)$ に対する $\sigma_E(t)$ は，伸長歪みと同じ時間依存性をもつずり歪み $\gamma(t)$ に対するずり応力 $\sigma(t)$ の 3 倍となる．特に，伸長歪み速度 $\dot{\varepsilon}$ 一定の条件下で一軸伸

○コラム　　レオロジーについて

「レオロジー（rheology）」は，古典的弾性論や粘性論の枠組みには収まりきらない物質の変形（歪み）と力（応力）の関係を，現象論と分子論・構造論の両視点から研究する学術分野である．応力の分子論・構造論的起源が物質群ごとに異なるため，必然的に，「○○（物質名）のレオロジー」という分類が発生する．本章で述べた事項は「高分子のレオロジー」の概略である．なお，「レオロジー（rheology）」という名称は，Ηρακλειτος の有名な言葉「παντα ρει（万物流転）」にちなんで Bingham（米国）が 1920 年に造語・提唱したものである．この名称は，「諸行無常」，「盛者必衰」に通じるものがあり，日本人の心の琴線に触れるように思える．

第6章 絡み合い現象と粘弾性

伸長流動を物質に印加した場合に定義される伸長粘度成長関数 $\eta_E^+(t) = \sigma_E(t)/\dot{\varepsilon}$ は，定速ずり流動に対して定義される粘度成長関数 $\eta^+(t)$（式(6.3.10)）と

$$\eta_E^+(t) = 3\int_0^t G(t')\mathrm{d}t' = 3\eta^+(t) \quad \text{（Trouton 則）} \tag{6.8.11}$$

という関係で結ばれている．

しかし，高速伸長歪み下で，Trouton 則が常に成立するわけではない．一例として，図 6.59 には，スターバースト型のような幹－枝型の多分岐骨格をもち，分子量分布も広い低密度ポリエチレン（LDPE：試料 I および II について $M_w = 26$ 万，82 万； $M_w/M_n = 3.7, 12$)，および，単分散直鎖 PS（$M = 39$ 万）のメルト状態で得られた非線形伸長粘度成長関数 $\eta_E^+(t;\dot{\varepsilon}) = \sigma_E(t)/\dot{\varepsilon}$ の時間依存性を示す．図中の太い線は，それぞれの試料について線形領域で得られた $3\eta^+(t)$ を示す．LDPE については，$\dot{\varepsilon}$ が大き

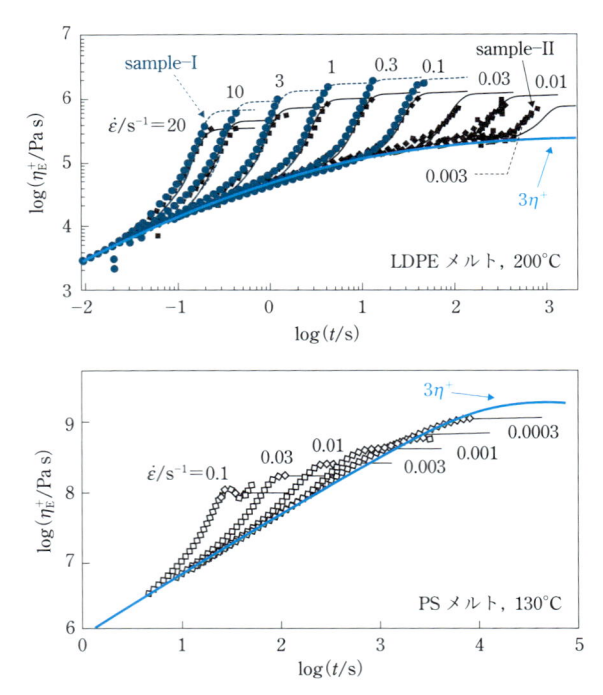

図 6.59 LDPE メルト（試料 I, II についてそれぞれ $M_w = 26$ 万，82 万；$M_w/M_n = 3.7, 12$; 200°C）および PS メルト（$M = 39$ 万，130°C）の一軸伸長粘度成長関数
[V. H. Rolón-Garrido et al., *Rheol. Acta*, **48**, 691 (2009), A. Bach et al., *Macromolecules*, **36**, 5174 (2003)]

くなると，長時間域において $\eta_E^+(t;\dot{\varepsilon})$ が $3\eta^+(t)$ より大きくなることがわかる．この挙動を**歪み硬化**（strain-hardening）と呼ぶ．一方，単分散 PS については，$\dot{\varepsilon}$ が大きい場合，短時間域では $\eta_E^+(t;\dot{\varepsilon}) > 3\eta^+(t)$ となるが，長時間域の定常状態では $\eta_E(\dot{\varepsilon})$ $(=\eta_E^+(\infty,\dot{\varepsilon})) < 3\eta_0(=3\eta^+(\infty))$ となり，歪み硬化は観察されない．（LDPE では定常伸長流動状態での $\eta_E(\dot{\varepsilon})$ のデータは得られていないが，この状態でも歪み硬化が発現することが予想される．）

上記のように，幹－枝型の多分岐が存在したり，分子量分布が広い場合には，著しい歪み硬化が観察される．このことは，多分岐骨格の中の幹部分の伸長や，分子量分布が広い系の中の希薄な超高分子量成分の伸長が歪み硬化を与えていることを示唆する．すなわち，6.8.1 項 C. で説明した pom–pom 鎖と同様に，多分岐骨格の中の幹部分は両端を他の枝（および幹）によって引っ張られているため，伸長緩和を起こしにくい．このため，定速伸長流動下では幹部分の張力が著しく増加して $\eta_E^+(t;\dot{\varepsilon})$ の増加をもたらすと考えられている．また，分子量分布が広い場合には，伸長緩和が遅い超高分子量成分が存在し，その張力が定速伸長流動下で著しく増加するため $\eta_E^+(t;\dot{\varepsilon})$ が増加すると考えられている．

ここで，上記の LDPE 系，PS 系ともに，高速ずり流動下の粘度成長関数 $\eta^+(t,\dot{\gamma})$ は $\dot{\gamma}$ の増加とともに減少することを強調しておきたい．一軸伸長流動下と同様に，ずり流動下でも $\dot{\gamma} > 1/\tau_R$（＝Rouse 緩和周波数）であれば鎖は伸長され，その張力は増加する．しかし，ずり流動下の鎖は流動方向に配向されるため，ずり面を鎖が貫通

> ● **コラム** 「管も方便」
>
> 本文中で説明したように，高分子絡み合い系のダイナミクスは，現在の精密化管モデルでかなり良好に記述される．このため，モデルで用いられている「管」が，あたかも実体であったり，絡み合いの本質であったりするように誤って解釈されることも多いように思える．しかし，「管」は鎖の運動の異方性を表現する道具としてモデル中に導入されたものであり，絡み合いの本質は，鎖の運動を拘束する鎖間の多体相互作用に求められるべきものである．実際，「管」という道具に頼らず，絡み合いという動的な拘束の起源を多体相互作用の観点から明らかにしようとする研究も行われている．
>
> とはいえ，「管」という道具は，実体かどうかは別として絡み合い現象の見通しを単純化することを可能とし，鎖の運動が実際に異方的であるのならば，この運動を記述する上で有用な基盤となる．この点から，「管も方便」ということができよう．

する頻度が低下する（6.2.1項参照）．このため，高速ずり流動下では，張力がずり応力として検出されにくくなり，鎖が伸長しても $\eta^+(t,\dot{\gamma})$ は $\dot{\gamma}$ の増加とともに減少する傾向を示す．この点において，一軸伸長流動はずり流動と本質的に異なる．一軸伸長流動下では，鎖は伸長方向，すなわち，伸長応力が検出される面を貫通する方向に配向される．このため，$\dot{\varepsilon}$ の増加とともに，鎖の伸長に伴う熱的張力の増加は伸長応力の増加として検出されやすくなり，多分岐系や分子量分布の広い系では $\eta_E^+(t;\dot{\varepsilon})$ の顕著な増加が観察される．

上記の理由により，高分子液体にとって，高速の一軸伸長と高速の単純ずりは互換・等価ではない．したがって，伸長流動挙動とずり流動挙動を現象論の枠内のみで一意的に対応づけることには限界がある．この観点から，分子論の枠内でこれらの流動挙動を統一的に記述することを目指して，現在も管モデルの精密化が行われている．（図6.59のLDPE試料に対して示されている細い実線および点線は，鎖の伸長とそれに伴う絡み合い長の変化（管径の変化）および管内圧の増加を考慮した管モデル[15,16]が与える $\eta_E^+(t;\dot{\varepsilon})$ である．）

管モデルの精密化の上で，現在最も着目されている点は，単分散直鎖のメルト系と溶液系の違いである．前節までで述べてきた絡み合い緩和の特徴は，メルト系と溶液系で共通である．しかし，図6.60, 6.61に示すように，一軸伸長定常粘度 $\eta_E(\dot{\varepsilon})$ の $\dot{\varepsilon}$ 依存性は，両系で大きく異なる特徴を示す．図6.61に示した溶液系では，$\dot{\varepsilon} > 1/\langle\tau\rangle_{w,G}$（線形領域における終端緩和周波数）の $\dot{\varepsilon}$ 域において，$\eta_E(\dot{\varepsilon})$ は $\dot{\varepsilon}$ の増加とともに一度減少し，その後増加する．この $\eta_E(\dot{\varepsilon})$ の増加は $\dot{\varepsilon}$ が Rouse 緩和周波数 $1/\tau_R$ を超えると単分散直鎖といえども流動方向に伸長することを反映するものと考えられ，管モデ

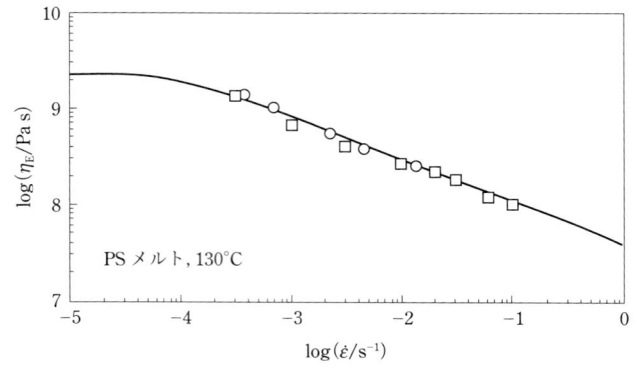

図 6.60　単分散直鎖 PS メルト（$M = 39$ 万，130°C）の一軸伸長定常粘度
　　　　［A. Bach *et al.*, *Macromolecules*, **36**, 5174 (2003)］

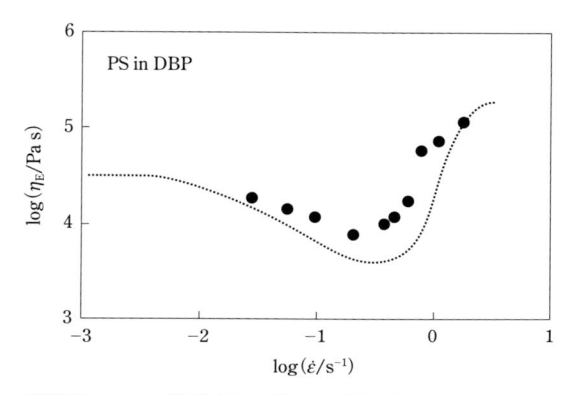

図 6.61 絡み合い直鎖 PS のフタル酸ジブチル (DBP) 溶液 ($M = 1020$ 万, $c = 6$ wt%) の一軸伸長定常粘度
[P. K. Bhattacharjee *et al.*, *Macromolecules*, **35**, 10131 (2002)]

ルによる記述が試みられてきた．(図 6.61 中の点線は，レプテーション機構，鎖長ゆらぎ機構を流動誘起束縛解放機構と組み合わせた管モデルによる計算値である．)

一方，図 6.60 に示したメルト系では，$\dot{\varepsilon} > 1/\tau_R$ の高伸長速度域においても，$\eta_E(\dot{\varepsilon})$ は $\dot{\varepsilon}$ の増加とともに減少し続け，$\eta_E(\dot{\varepsilon}) \propto \dot{\varepsilon}^{-1/2}$ という特徴的なべき乗型の挙動を示す．現在の管モデルの枠内では，この特徴的挙動は，管径の変化および管内圧の増加[15]などを反映するものと考えられている．(図 6.60 中の実線は，この考えに立脚した管モデルによる計算値である．)

しかし，メルト系の $\eta_E(\dot{\varepsilon})$ の減少をもたらすと考えられている管径の減少および管内圧の増加が，なぜ，絡み合い溶液系では重要とならないのか（なぜ溶液系の $\eta_E(\dot{\varepsilon})$ が増加を示すのか）という基本的問題は，十分には解決されていない．この点も含む多くの問題について，絡み合い系の伸長流動挙動の研究が継続されている．

文献

1) A. S. Lodge, *Elastic Liquids*, Academic Press, New York (1964)
2) T. Inoue, H. Okamoto, and K. Osaki, *Macromolecules*, **24**, 5670 (1991); T. Inoue, H. Matsui, and K. Osaki, *Rheol. Acta*, **36**, 239 (1997)
3) 斎藤信彦, 高分子物理学 [改訂版], 裳華房 (1982)
4) F. Chambon and H. H. Winter, *J. Rheol.*, **31**, 683 (1987)
5) J. D. Ferry, *Viscoelastic Properties of Polymers, 3rd Ed.*, Wiley, New York (1980)
6) W. W. Graessley, *Polymeric Liquids and Networks : Dynamics and Rheology*, Garland Science, New York (2008)
7) M. Doi and S. F. Edwards, *Theory of Polymer Dynamics*, Clarendon Press, Oxford (1986)
8) H. Watanabe, *Prog. Polym. Sci.*, **24**, 1253 (1999)
9) T. C. B. McLeish, *Adv. Phys.*, **51**, 1379 (2002)
10) F. Kremer and A. Schönhals, *Broadband Dielectric Spectroscopy*, Springer-Verlag, Berlin (2003)
11) H. Watanabe, *Macromol. Rapid Commun.*, **22**, 127 (2001)
12) H. Watanabe, S. Ishida, Y. Matsumiya, and T. Inoue, *Macromolecules*, **37**, 6619 (2004)
13) P. Tapadia and S. Q. Wang, *Phys. Rev. Lett.*, **91**, 198301 (2003)
14) H. Watanabe, S. Ishida, and Y. Matsumiya, *Macromolecules*, **35**, 8802 (2002)
15) G. Marrucci and G. Ianniruberto, *J. Non-Newtonian Fluid Mech.*, **128**, 42 (2005)
16) V. H. Rolón-Garrido, R. Pivokonsky, P. Filip, M. Zatloukal, and M. H. Wagner, *Rheol. Acta*, **48**, 691 (2009)

追補 A　屈曲性高分子の大規模運動に対するバネ―ビーズモデル[7)]

屈曲性高分子鎖には，主鎖骨格に沿った熱的張力（エントロピー張力）が働いているので，図 6.21 に示すように，摩擦 ζ をもつビーズを強さ $\kappa = 3k_BT/a^2$ のエントロピー・バネで連結したバネ―ビーズモデルが，鎖の大規模運動（遅い運動）を記述する基本的モデルとなる．以下では，まず流体力学的相互作用を考慮しない Rouse モデルについて運動方程式の解き方を説明し，その後，この相互作用を考慮した Zimm モデルについて説明する．

A.1　Rouse モデル

連続的取り扱いにおける Rouse モデルの運動方程式 $\partial \mathbf{r}(n,t)/\partial t = \zeta^{-1}\{\kappa \partial^2 \mathbf{r}(n,t)/\partial n^2 + \mathbf{f}_B(n,t)\}$（式(6.6.10)）を境界条件 $[\partial \mathbf{r}(n,t)/\partial n]_{n=0,N} = \mathbf{0}$（式(6.6.5)）の下で解く際には，境界条件を満たす固有関数 $\cos(p\pi n/N)$ を用いて，$\mathbf{r}(n,t)$ および熱揺動力 $\mathbf{f}_B(n,t)$ を以下のように展開するのが定法である．

$$\mathbf{r}(n,t) = \sum_{p \geq 0} \mathbf{X}_p(t) \cos\left(\frac{p\pi n}{N}\right) \tag{6A.1}$$

ただし，

$$\mathbf{X}_0(t) = \frac{1}{N}\int_0^N \mathbf{r}(n,t)\,dn, \quad \mathbf{X}_p(t) = \frac{2}{N}\int_0^N \mathbf{r}(n,t)\cos\left(\frac{p\pi n}{N}\right)dn \tag{6A.2}$$

$$\mathbf{f}_B(n,t) = \sum_{p \geq 0} \hat{\mathbf{f}}_p(t) \cos\left(\frac{p\pi n}{N}\right) \tag{6A.3}$$

ただし，

$$\hat{\mathbf{f}}_0(t) = \frac{1}{N}\int_0^N \mathbf{f}_B(n,t)\,dn, \quad \hat{\mathbf{f}}_p(t) = \frac{2}{N}\int_0^N \mathbf{f}_B(n,t)\cos\left(\frac{p\pi n}{N}\right)dn \tag{6A.4}$$

運動方程式から，$\mathbf{r}(n,t)$ および $\mathbf{f}_B(n,t)$ の展開係数が

$$\frac{d\mathbf{X}_p(t)}{dt} = -\lambda_p \mathbf{X}_p(t) + \frac{1}{\zeta}\hat{\mathbf{f}}_p(t), \quad \lambda_p = \frac{\kappa}{\zeta}\left(\frac{p\pi}{N}\right)^2 \tag{6A.5}$$

という関係を満たすことがわかる．式(6A.5)は容易に積分され，$\mathbf{X}_p(t)$ ($p \geq 1$) が

$$\mathbf{X}_p(t) = \mathbf{X}_p(0)\exp(-\lambda_p t) + \frac{1}{\zeta}\int_0^t \exp\{-\lambda_p(t-t')\}\hat{\mathbf{f}}_p(t')\,dt' \quad (p=1,2,\cdots) \tag{6A.6}$$

と表される．熱揺動力 $\mathbf{f}_B(n,t)$ の性質（式(6.6.7)）から，任意の t', t'', p, q に対して $\hat{\mathbf{f}}_p(t')$ と $\hat{\mathbf{f}}_q(t'')$ の x 成分，y 成分の積の平均値が $\langle \hat{f}_{p,x}(t')\hat{f}_{q,y}(t'')\rangle = 0$ となることがわかる．このことを考慮すれば，式(6A.6)から，ずり配向関数 $S(n,t)$ が

$$S(n,t) = \frac{1}{a^2}\left\langle \frac{\partial \mathbf{r}(n,t)}{\partial n}\frac{\partial \mathbf{r}(n,t)}{\partial n}\right\rangle_{xy}$$
$$= \frac{1}{a^2}\sum_{p,q\geq 1}\frac{pq\pi^2}{N^2}\langle X_p(0)Y_q(0)\rangle \exp\{-(\lambda_p+\lambda_q)t\}\sin\left(\frac{p\pi n}{N}\right)\sin\left(\frac{q\pi n}{N}\right) \quad (6\mathrm{A}.7)$$

と表される．式(6A.7)の $X_p(0)$, $Y_p(0)$ は，初期値 $\mathbf{X}_p(0)$ の x 成分，y 成分である（連続的取り扱いでは $\mathbf{u}=\partial \mathbf{r}/\partial n$ と表されることに留意されたい）．

式(6A.7)に含まれる $\langle X_p(0)Y_q(0)\rangle$ を求めるために，$t=0$ において鎖が大きさ γ のずり歪みを受ける場合を考える．式(6A.1)から，$\mathbf{X}_p(0)$ は部分鎖の末端間ベクトル $\mathbf{u}(n,0)=\partial \mathbf{r}(n,0)/\partial n$ を用いて

$$\mathbf{X}_p(0) = -\frac{2}{p\pi}\int_0^N \mathbf{u}(n,0)\sin\left(\frac{p\pi n}{N}\right)dn \quad (6\mathrm{A}.8)$$

と表される．歪みを受ける前（$t<0$）の部分鎖の末端間ベクトルは平衡状態における末端間ベクトル $\mathbf{u}_{\mathrm{eq}}(n)$ に一致する．歪みを受けた瞬間に末端間ベクトルが比例的に変形（アフィン変形）すると考えれば，$\mathbf{u}(n,0)=\mathbf{E}\cdot\mathbf{u}_{\mathrm{eq}}(n)$ と表現される（$\mathbf{E}$ は単純ずり変形に対する変位テンソルであり，式(6.1.5)で与えられる）．式(6A.8)において $\mathbf{u}(n,0)=\mathbf{E}\cdot\mathbf{u}_{\mathrm{eq}}(n)$ とし，さらに平衡状態において $\langle\mathbf{u}_{\mathrm{eq}}(n)\mathbf{u}_{\mathrm{eq}}(m)\rangle_{xy}=0$, $\langle\mathbf{u}_{\mathrm{eq}}(n)\mathbf{u}_{\mathrm{eq}}(m)\rangle_{yy}=\{a^2/3\}\delta(n-m)$（$a^2=\langle|\mathbf{u}_{\mathrm{eq}}(n)|^2\rangle$）となることを考慮すれば

$$\langle X_p(0)Y_q(0)\rangle = \left(\frac{2}{p\pi}\right)\left(\frac{2}{q\pi}\right)\int_0^N\int_0^N \langle\{\mathbf{E}\cdot\mathbf{u}_{\mathrm{eq}}(n)\}_x\{\mathbf{E}\cdot\mathbf{u}_{\mathrm{eq}}(m)\}_y\rangle\sin\left(\frac{p\pi n}{N}\right)\sin\left(\frac{q\pi m}{N}\right)dn\,dm$$
$$= \left(\frac{2}{p\pi}\right)\left(\frac{2}{q\pi}\right)\int_0^N\int_0^N \frac{a^2\gamma}{3}\delta(n-m)\sin\left(\frac{p\pi n}{N}\right)\sin\left(\frac{q\pi m}{N}\right)dn\,dm$$
$$= \frac{2a^2 N}{3p^2\pi^2}\gamma\delta_{pq} \quad (6\mathrm{A}.9)$$

となることがわかる．この結果を式(6A.7)に代入すれば，

$$S(n,t) = \frac{2\gamma}{3N}\sum_{p=1}^{N(\infty)}\sin^2\left(\frac{p\pi n}{N}\right)\exp\left(-\frac{t}{\tau_{p,G}}\right),\quad \tau_{p,G}=\frac{1}{2\lambda_p}=\frac{\zeta N^2 a^2}{6\pi^2 k_\mathrm{B}T}\frac{1}{p^2} \quad (6\mathrm{A}.10)$$

となり，Rouse モデルの $S(n,t)$ が式(6.6.11)，(6.6.14)で与えられることがわかる．

A.2　Zimm モデル

Zimm モデルの運動方程式（式(6.6.9)）

$$\frac{\partial \mathbf{r}(n,t)}{\partial t} - \int^* \mathbf{T}(n,m) \cdot \left\{ \kappa \frac{\partial^2 \mathbf{r}(m,t)}{\partial m^2} + \mathbf{f}_B(m,t) \right\} dm = \frac{1}{\zeta} \left\{ \kappa \frac{\partial^2 \mathbf{r}(n,t)}{\partial n^2} + \mathbf{f}_B(n,t) \right\}$$

に含まれる Oseen テンソル $\mathbf{T}(n,m)$ は $\Delta \mathbf{r}_{nm}(t) = \mathbf{r}(n,t) - \mathbf{r}(m,t)$ を含む．このため，式(6.6.9)は $\mathbf{r}(n,t)$ についての非線形方程式となり，通常の方法では解けない．この困難を取り除くため，一般に，下記の前平均による線形化近似が行われる．

$\Delta \mathbf{r}_{nm}$ の平衡分布関数は，Gauss 分布関数 $\psi \propto \exp(-3\Delta \mathbf{r}_{nm}^2/2a^2|n-m|)$ で与えられる（式(6.2.1)参照）．（$\langle \Delta \mathbf{r}_{nm}^2 \rangle_{eq} = a^2|n-m|$ であることに留意されたい．）この ψ を用いて $\mathbf{T}(n,m)$ に含まれる各項を別々に前平均近似すると

$$\langle \mathbf{T}(n,m) \rangle_{eq} \cong \frac{1}{8\pi\eta_s} \left\langle \frac{1}{|\Delta \mathbf{r}_{nm}|} \right\rangle_{eq} \left(\mathbf{I} + \left\langle \frac{\Delta \mathbf{r}_{nm} \Delta \mathbf{r}_{nm}}{|\Delta \mathbf{r}_{nm}|^2} \right\rangle_{eq} \right)$$
$$= \frac{1}{\eta_s a} \frac{1}{\sqrt{6\pi^3 |n-m|}} \mathbf{I} \quad (|n-m| \geq 1) \tag{6A.11}$$

となる（$\langle 1/|\Delta \mathbf{r}_{nm}| \rangle_{eq} = 1/a\sqrt{\pi|n-m|/6}$，$\langle \Delta \mathbf{r}_{nm} \Delta \mathbf{r}_{nm}/|\Delta \mathbf{r}_{nm}|^2 \rangle_{eq} = \mathbf{I}/3$）．さらに，$|n-m| < 1$ の領域も含めて $\langle \mathbf{T}(n,m) \rangle_{eq}$ を

$$\langle \mathbf{T}(n,m) \rangle_{eq} \cong h(n-m)\mathbf{I}, \quad h(n-m) = \begin{cases} \dfrac{1}{\eta_s a} \dfrac{1}{\sqrt{6\pi^3|n-m|}} & (|n-m| \geq 1) \\ 1/\zeta & (|n-m| < 1) \end{cases} \tag{6A.12}$$

と定義し直せば，Zimm モデルの運動方程式（式(6.6.9)）は

$$\frac{\partial \mathbf{r}(n,t)}{\partial t} = \int_0^N h(n-m) \left\{ \kappa \frac{\partial^2 \mathbf{r}(m,t)}{\partial m^2} + \mathbf{f}_B(m,t) \right\} dm \tag{6A.13}$$

となり，$\mathbf{r}(n,t)$ について線形化される．

Rouse モデルと同様に，境界条件は境界条件 $[\partial \mathbf{r}(n,t)/\partial n]_{n=0,N} = \mathbf{0}$（式(6.6.5)）であるので，Zimm モデルについても，$\mathbf{r}(n,t)$ を

$$\mathbf{r}(n,t) = \sum_{p \geq 0} \mathbf{X}_p(t) \cos\left(\frac{p\pi n}{N}\right) \tag{6A.14}$$

の形に展開する．式(6A.13)から，Zimm モデルについての展開係数 $\mathbf{X}_p(t)$ が満たすべき時間発展方程式が

$$\frac{d\mathbf{X}_p(t)}{dt} = \sum_{q \geq 0} \hat{h}_{pq} \left\{ -\kappa \left(\frac{q\pi}{N}\right)^2 \mathbf{X}_q(t) + \hat{\mathbf{f}}_q(t) \right\} \quad (p = 0, 1, 2, \cdots) \tag{6A.15}$$

であることがわかる．ここで，$\hat{\mathbf{f}}_q(t)$ は，式(6A.4)で定義される熱揺動力 $\mathbf{f}_B(n,t)$ の Fourier 成分であり，$\hat{h}_{pq}$ は下式で定義される $h(n-m)$ の Fourier 展開係数である．

$$\hat{h}_{0q} = \frac{1}{N} \int_0^N \int_0^N h(n-m) \cos\left(\frac{q\pi m}{N}\right) dn\, dm \quad (q = 0, 1, 2, \cdots) \tag{6A.16a}$$

$$\hat{h}_{pq} = \frac{2}{N}\int_0^N \int_0^N h(n-m)\cos\left(\frac{p\pi n}{N}\right)\cos\left(\frac{q\pi m}{N}\right)\mathrm{d}n\,\mathrm{d}m \quad (p,q=1,2,\cdots) \tag{6A.16b}$$

式(6A.12)で与えられる $h(n-m)$ を用いて $\hat{h}_{pq}$ を計算すると，

$$\hat{h}_{0q} \cong \frac{N^{1/2}}{\eta_s a}\frac{1}{\sqrt{54\pi^3}}\delta_{0q},\ \hat{h}_{pq} \cong \frac{N^{1/2}}{\eta_s a}\frac{1}{\sqrt{3\pi^3 p}}\delta_{pq} \quad (p=1,2,\cdots;q=0,1,2,\cdots) \tag{6A.17}$$

となり，$\hat{h}_{0q}, \hat{h}_{pq}$ を成分とする行列がほぼ対角化されていることがわかる[7]．この結果から，式(6A.15)が

$$\frac{\mathrm{d}\mathbf{X}_p(t)}{\mathrm{d}t} \cong \hat{h}_{pp}\left\{-\kappa\left(\frac{p\pi}{N}\right)^2 \mathbf{X}_p(t) + \hat{\mathbf{f}}_p(t)\right\} \quad (p=0,1,2,\cdots) \tag{6A.18}$$

のように単純化される．

式(6A.18)は，Rouse モデルについての式(6A.5)と同型となっているので，式(6A.5)に対する解析がそのまま適用できる．したがって，$\langle \hat{f}_{p,x}(t')\hat{f}_{q,y}(t'')\rangle = 0$ であることを再度考慮して，Zimm モデルのずり配向関数が

$$S(n,t) = \frac{2\gamma}{3N}\sum_{p=1}^{N(\infty)}\sin^2\left(\frac{p\pi n}{N}\right)\exp\left(-\frac{t}{\tau_{p,G}}\right),\ \tau_{p,G} = \frac{N^2 a^2}{6\pi^2 k_B T \hat{h}_{pp}}\frac{1}{p^2} = \frac{\eta_s}{\sqrt{12\pi k_B T}}\frac{N^{3/2}a^3}{p^{3/2}} \tag{6A.19}$$

と計算される．式(6A.19)は Oseen テンソル $\mathbf{T}(n,m)$ に含まれる各項を別々に前平均近似し，さらに，$\hat{h}_{pq}$ を対角化近似して得られたものであるが，これに対応する G', G'' はシータ溶媒中の希薄高分子鎖の G', G'' のデータとかなりよく一致する．

追補 B　絡み合い高分子鎖の大規模運動に対する固定管モデル

B.1　固定管中の直鎖に対するレプテーションモデル（土井-Edwards モデル[7]）

大きさ $a(\propto M_e^{1/2})$ の絡み合いセグメント N 個よりなる直鎖が直径 a の固定管の中に拘束され，レプテーション運動を行う場合を考える．鎖長のゆらぎがなければ，図 6B.1 に示すようにすべての絡み合いセグメントは管に沿って協同的に変位し，時刻 $t+\Delta t$ における n 番目のセグメントは，時刻 t における $n+\Delta n$ 番目のセグメントと同じ位置を占有する．ここで，Δn は，時間幅 Δt の間に管に沿って起こる確率論的変位の幅である．レプテーション運動が 1 次元熱拡散と等価であることを考えれば，Δn の 1 次および 2 次モーメントの平均値は，絡み合いセグメントの摩擦係数 ζ_e および $a, N, \Delta t$ を用いて

$$\langle \Delta n \rangle = 0, \langle \Delta n^2 \rangle = \frac{2}{a^2}\left(\frac{k_B T}{N\zeta_e}\right)\Delta t \tag{6B.1}$$

と表される．（$\langle \Delta n \rangle = 0$ となるのは管に沿った左右の運動が等確率で起こるためである．）

時刻 $t+\Delta t$ における n 番目の絡み合いセグメントと，時刻 t における $n+\Delta n$ 番目のセグメントが同じ位置を占有することから，微小歪み下でのセグメントの末端間ベクトル $\mathbf{u}(n,t)$ に対するレプテーション運動方程式は

$$\mathbf{u}(n, t+\Delta t) = \mathbf{u}(n+\Delta n, t) \tag{6B.2}$$

で与えられる（図 6B.1 参照）．鎖の末端のセグメントは非常に速く配向緩和をすると考えれば，

$$\mathbf{u}(0,t), \mathbf{u}(N,t) = \text{等方的に分布したベクトル} \tag{6B.3}$$

が式(6B.2)の境界条件を与える．

時刻 t における絡み合いセグメントが初期管中に残存している割合 $\varphi(t)$ は，ずり配向関数 $S(n,t) = \langle a^{-2}u_x(n,t)u_y(n,t)\rangle$ を用いて，

$$\varphi(t) = \frac{\int_0^N S(n,t)\,\mathrm{d}n}{\int_0^N S(n,0)\,\mathrm{d}n} \tag{6B.4}$$

と表される．式(6B.2)から，$S(n,t)$ の時間発展方程式は $S(n, t+\Delta t) = S(n+\Delta n, t)$ で与えられる．この方程式の左辺を Δt で，右辺を Δn で展開し，式(6B.1)を考慮しながら $\Delta t \to 0$, $\Delta n \to 0$ とすれば，連続極限での $S(n,t)$ の時間発展方程式が

$$\frac{\partial S(n,t)}{\partial t} = \left(\frac{k_B T}{a^2 N\zeta_e}\right)\frac{\partial^2 S(n,t)}{\partial n^2} \tag{6B.5}$$

第6章　絡み合い現象と粘弾性

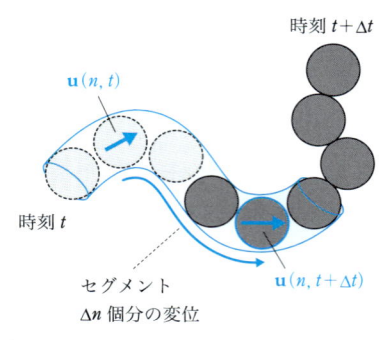

図 6B.1　レプテーション運動による $\mathbf{u}(n,t)$ の変化

と表されることがわかる．式(6B.3)から，この時間発展方程式の境界条件は

$$S(0,t) = S(N,t) = 0 \tag{6B.6}$$

となる．

時刻0において階段型の微小なずり歪み γ により一様に配向された直鎖に対し，式(6B.6)を境界条件として式(6B.5)を解いて $S(n,t) = \langle a^{-2} u_x(n,t) u_y(n,t) \rangle$ を計算し，さらに式(6B.4)に従って $\varphi(t)$ を計算すれば，

$$\varphi(t) = \sum_{p=1}^{\infty} \frac{8}{(2p-1)^2 \pi^2} \exp\left(-\frac{(2p-1)^2 t}{\tau_{\text{rep}}}\right), \quad \tau_{\text{rep}} = \frac{\zeta_e a^2 N^3}{\pi^2 k_B T} \tag{6B.7}$$

となる（固定管モデルでは $\varphi(t) = G(t)/G_N$；G_N はゴム状平坦部の剛性率である）．ここで，τ_{rep} はレプテーション運動の最長緩和時間である．

式(6B.7)に対応する2次平均粘弾性緩和時間 $\langle \tau \rangle_{w,G} = J_e \eta_0$（$\sim \tau_{\text{rep}}$）は $\zeta M^3/M_e$ に比例する．ここで，ζ はモノマー摩擦係数である．（ζ と絡み合いセグメントの摩擦係数 ζ_e（$\propto M_e$）は，$\zeta = \zeta_e/g_e$（g_e は絡み合いセグメント中のモノマー数）という関係を満たし，また $N = M/M_e$，$a^2 \propto M_e$ であることに留意されたい．）また，$G(t) = G_N \varphi(t)$ から算出される定常回復コンプライアンス J_e とゼロずり粘度 η_0 は

$$J_e = \frac{6}{5 G_N} \; (\propto M_e/c), \quad \eta_0 = \frac{G_N \zeta_e a^2 N^3}{12 k_B T} \; (\propto \zeta c M^3 / M_e^2) \tag{6B.8}$$

と表される．式(6B.8)の J_e 値は実験データより小さく，また，η_0 の M 依存性は実験データより弱く，絶対値は大きい．

B.2　固定管中の星型鎖に対する枝収縮モデル（Pearson–Helfand モデル；D. S. Pearson and E. Helfand, *Macromolecules*, **17**, 888 (1984)）

大きさ a の絡み合いセグメント N_{arm} 個からなる枝に着目し，初期管に沿った枝端の座標

を z とする（図 6B.2 参照）．$z=0$ は，初期管の自由端に対応する．この枝は平衡長 $L_{eq}=aN_{arm}$ をもつので，時刻 0 から t までの間の z の最大値が $z_m(t)$ となる場合，すなわち，枝が最大で z_m だけ収縮する場合には，時刻 t における絡み合いセグメントが初期管中に残存している割合は $\tilde{\varphi}(t) = \{L_{eq}-z_m(t)\}/L_{eq}$ で与えられる．この枝の収縮運動は，分岐点に向かった枝端の熱拡散とそれを妨げる熱力学的ポテンシャル（Helmholtz エネルギーの増分）ΔA で決まる．固定管に沿った枝を Gauss 鎖とみなして解析すれば，枝端が z に位置し，枝長が $L_{eq}-z$ となるときの ΔA は

$$\Delta A(z) = k_B T \nu_G N_{arm} \left(\frac{z}{L_{eq}}\right)^2, \quad \nu_G = 15/8 \quad (6B.9)$$

で与えられる．この ΔA は収縮した枝の形態エントロピーの損失に対応する．

時刻 t に枝端が位置 z に存在し，時刻 0～t の間の最大貫入深さが z_m となる確率密度 $p(z, t; z_m)$ は，下記の Fokker–Planck 型の時間発展方程式から計算される．

$$\zeta_{arm}\frac{\partial p}{\partial t} = k_B T \frac{\partial^2 p}{\partial z^2} + \frac{\partial}{\partial z}\left\{p\left(\frac{\partial \Delta A}{\partial z}\right)\right\} \quad (6B.10)$$

$\zeta_{arm}(\propto N_{arm})$ は枝の摩擦係数である．式(6B.10)の右辺第 1 項 $k_B T \partial^2 p/\partial z^2$ は p の勾配で誘起される枝端の熱拡散の寄与を，また第 2 項 $\partial\{p(\partial\Delta A/\partial z)\}/\partial z$ はポテンシャル ΔA による拡散の抑制を表す．式(6B.10)の解 $p(z, t; z_m)$ を時刻 t における枝端位置 z ($0 \leq z \leq z_m$) に対して積算すれば，時刻 t に至るまでの枝の最大収縮深さが z_m である確率が

$$\Psi(z_m, t) = \int_0^{z_m} p(z, t; z_m) dz \equiv \exp\left(-\frac{t}{\tau(z_m)}\right) \quad (6B.11)$$

と計算される．ここで，$\tau(z_m)$ は深さ z_m までの枝収縮に要する平均時間であり，L_{eq}, N_{arm} ($=M_{arm}/M_e$), z_m を用いて

$$\tau(z_m) = \frac{\zeta_{arm}\pi^{1/2}L_{eq}^2}{2(\nu_G N_{arm})^{3/2}k_B T} \frac{L_{eq}}{z_m} \exp\left\{\nu_G N_{arm}\left(\frac{z_m}{L_{eq}}\right)^2\right\} \quad (6B.12)$$

と表される．この $\tau(z_m)$ から，枝の最長緩和時間（枝端が分岐点に到達するために必要な時間）が

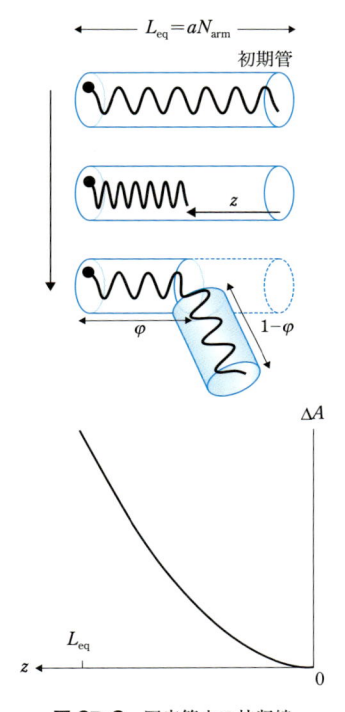

図 6B.2 固定管中の枝収縮

第6章 絡み合い現象と粘弾性

$$\tau_1 = \tau(L_{eq}) = \frac{\zeta_{arm}\pi^{1/2}L_{eq}^{\ 2}}{2(\nu_G N_{arm})^{3/2}k_B T}\exp(\nu_G N_{arm}) \tag{6B.13}$$

と求められる.この τ_1 の N_{arm} 依存性は,N_{arm} とともに著しく増加する $\exp(\nu_G N_{arm})$ 項に支配され,弱い N_{arm} 依存性しか示さない前係数($\sim \zeta_{arm}L_{eq}^{\ 2}/N_{arm}^{\ 3/2} \propto N_{arm}^{\ 3/2}$)は重要ではない.したがって,$\tau_1$ は $N_{arm}(=M_{arm}/M_e)$ に対して指数関数型の依存性を示す.

時刻 t における初期管の残存割合が $(L_{eq}-z_m)/L_{eq}$ と $\{L_{eq}-(z_m+dz_m)\}/L_{eq}$ の間にある確率は,前記の Ψ を用いて $d\Psi(z_m,t)=(\partial\Psi/\partial z_m)dz_m$ と表される.この $d\Psi$ から,時刻 t における初期管の平均残存割合 $\varphi(t)$($\tilde{\varphi}(t)=(L_{eq}-z_m(t))/L_{eq}$ の期待値)が

$$\varphi(t) = \int_{z_e}^{L_{eq}}\left(\frac{L_{eq}-z_m}{L_{eq}}\right)\frac{\partial\Psi(z_m,t)}{\partial z_m}dz_m \equiv \frac{L_{eq}-z^*(t)}{L_{eq}} \tag{6B.14}$$

と求められる.ここで,z_e は管長の平均ゆらぎである.$z^*(t)$ は時刻 t における鎖端の平均貫入深さであり,式(6B.12)の $\tau(z_m)$ から

$$t = \tau(z^*(t)) \tag{6B.15}$$

のように計算される.(式(6B.15)は,平均貫入深さが z^* となる時刻 t が深さ z^* までの貫入時間 $\tau(z^*)$ と一致することを要求している.)

式(6B.14)から,緩和剛性率 $G(t)=G_N\varphi(t)$ が得られ,さらに,定常回復コンプライアンス J_e とゼロずり粘度 η_0 が

$$J_e = \frac{\int_0^\infty tG(t)dt}{\left[\int_0^\infty G(t)dt\right]^2} = \frac{\nu_G}{G_N}\frac{M_{arm}}{M_e} \tag{6B.16}$$

$$\eta_0 = \int_0^\infty G(t)dt \propto \zeta\left(\frac{M_{arm}}{M_e}\right)^{3/2}\exp\left(\nu_G\frac{M_{arm}}{M_e}\right) \tag{6B.17}$$

と計算される.(ζ はモノマーの摩擦係数である.)ν_G を 0.5〜0.6 に調節すれば,式(6B.13)の τ_1($\cong$ 2次平均粘弾性緩和時間 $\langle\tau\rangle_{w,G}$),式(6B.16),(6B.17)の J_e, η_0 は実験結果とよく一致する.しかし,Gauss 鎖に対してはあくまで $\nu_G=15/8$ であり,ν_G を 0.5〜0.6 に調節することは τ_1, η_0 を数桁以上調節することに対応し,物理的に不適切である.このことから,絡み合い星型鎖の長時間緩和に対するトポロジー的拘束(=管)は空間内に固定されていないことが結論される.

追補 C　絡み合い高分子鎖の大規模運動に対する Milner–McLeish モデル（完全管膨張モデル）

C.1　星型鎖に対するモデル（S. T. Milner and T. C. B. McLeish, *Macromolecules*, **30**, 2159 (1997)；**31**, 7479 (1998)）

　星型鎖に対する Milner–McLeish モデルは，大きさ a の絡み合いセグメント N_{arm} 個からなる枝の収縮を想定し，Helfand–Pearson モデル（追補 6B.2）と同様に，この収縮を妨げる熱力学的ポテンシャル ΔA に着目する．絡み合いが束縛解放過程によって消滅・生成を繰り返し，有効絡み合いセグメントの大きさ（有効管径）$a'(t)$ が増加すると，枝あたりの有効絡み合い数 $N_{\mathrm{arm}}\{a/a'(t)\}^2$ は減少し，ΔA は低下する．この ΔA 低下に伴う枝収縮の加速が，星型鎖に対する Milner–McLeish モデルの骨子である．

　$t=0$ では管は膨張していないが，この初期管に沿った枝端の座標を z（図 6B.2 参照）とすれば，Milner–McLeish モデルが想定する $\Delta A(z)$ は

$$\Delta A(z) = \frac{15 N_{\mathrm{arm}} k_{\mathrm{B}} T}{4(d+1)(d+2)}\left\{1-\left(1-\frac{z}{L_{\mathrm{eq}}}\right)^{d+1}\left(1+\frac{(d+1)z}{L_{\mathrm{eq}}}\right)\right\} \quad (d=4/3) \tag{6C.1}$$

と表される．ここで $L_{\mathrm{eq}} = a N_{\mathrm{arm}}$ は枝の平衡長である．また，d は管膨張の指数であり，鎖の緩和部分が完全に溶媒と等価であるとみなす Milner–McLeish モデルでは $a'(t) = a\{\varphi'(t)\}^{-d/2}$ となる．追補 6B.2 と同様の解析から，この $\Delta A(z)$ に抗して枝が長さ z だけ収縮する（枝端が z だけ移動する）ために必要な時間が

$$\tau_{\mathrm{deep}}(z) \cong \frac{\tau_{\mathrm{R}}^{[a]} N_{\mathrm{arm}}^{3/2} \pi^{5/2}}{\sqrt{30}\left(\dfrac{z}{L_{\mathrm{eq}}}\right)\left\{\left(1-\dfrac{z}{L_{\mathrm{eq}}}\right)^{2d}+\Gamma(1/(d+1))^{-2}\left(\dfrac{4d+4}{15 N_{\mathrm{arm}}}\right)^{2d/(d+1)}\right\}^{1/2}} \exp\left(\frac{\Delta A(z)}{k_{\mathrm{B}} T}\right) \tag{6C.2}$$

と求められる．ここで，$\tau_{\mathrm{R}}^{[a]}$ は大きさ a の絡み合いセグメント内の Rouse 緩和時間であり，$\Gamma(x)$ はガンマ関数である．z が小さい場合には，$\Delta A(z)$ に影響されない Rouse 型の枝長ゆらぎが支配的となるが，これに対応する浅い枝収縮の特性時間は

$$\tau_{\mathrm{shallow}}(z) \cong \frac{225 \pi^3 \tau_{\mathrm{R}}^{[a]}}{256 a^4} z^4 \tag{6C.3}$$

となる．実際の緩和時間 $\tau(z)$ は z の増加につれて τ_{shallow}（式(6C.3)）から τ_{deep}（式(6C.2)）へ移行するが，この移行を表現するために，Milner–McLesih モデルでは $\tau(z)$ を

$$\tau(z) = \tau_{\mathrm{deep}}(z)\frac{\tau_{\mathrm{shallow}}(z)\exp\left(\dfrac{\Delta A(z)}{k_{\mathrm{B}} T}\right)}{\tau_{\mathrm{deep}}(z) + \tau_{\mathrm{shallow}}(z)\exp\left(\dfrac{\Delta A(z)}{k_{\mathrm{B}} T}\right)} \tag{6C.4}$$

という形で表す．この $\tau(z)$ を用いて，規格化粘弾性緩和関数が

$$\mu(t) = \frac{G(t)}{G_N} = \frac{d+1}{L_{\text{eq}}} \int_0^{L_{\text{eq}}} \left(1 - \frac{z}{L_{\text{eq}}}\right)^d \exp\left(-\frac{t}{\tau(z)}\right) dz \tag{6C.5}$$

と表される．（この式に含まれる因子 $(1-z/L_{\text{eq}})^d$ は動的管膨張に伴う有効ゴム状平坦部剛性率の減少を表す．）図 6.29 の実線は，この $\mu(t)$ から計算された G', G'' を示す．

また，式(6C.5)に対応する枝の末端間ベクトル $\mathbf{R}_{\text{arm}}$ の記憶関数（6.7 節で述べた誘電緩和関数）は

$$\begin{aligned}\Phi(t) &\equiv \frac{\langle \mathbf{R}_{\text{arm}}(t) \cdot \mathbf{R}_{\text{arm}}(0) \rangle_{\text{eq}}}{\langle \mathbf{R}_{\text{arm}}^2 \rangle_{\text{eq}}} \\ &= \frac{1}{K} \int_0^{L_{\text{eq}}-a} \left\{1 + \frac{d}{8N_{\text{arm}}}\left[\left(1-\frac{z}{L_{\text{eq}}}\right)^{-(d+1)} - \left(1-\frac{z}{L_{\text{eq}}}\right)^{-(d+1/2)}\right]\right\} \exp\left(-\frac{t}{\tau(z)}\right) dz\end{aligned} \tag{6C.6}$$

で与えられることも付記しておきたい(H. Watanabe *et al.*, *Macromolecules*, **39**, 2553 (2006); 式(6C.6)の K は $\Phi(0)=1$ を保証する規格化定数である)．

C.2 直鎖に対するモデル (S. T. Milner and T. C. B. McLeish, *Phys. Rev. Lett.*, **81**, 725 (1998))

Milner-McLeish モデルでは，平衡長 L_{eq}^* の直鎖の鎖長ゆらぎ（図 6.33 参照）を，平衡枝長 $L_{\text{eq}}^*/2$ の星型鎖の枝の浅い収縮と等価であるとみなして，直鎖の鎖長ゆらぎ（CLF）による緩和剛性率を

$$G_{\text{CLF}}(t) = G_N \frac{2}{(L_{\text{eq}}^*/2)} \int_0^{z_d} \left(1 - \frac{z}{(L_{\text{eq}}^*/2)}\right)^d \exp\left(-\frac{t}{\tau_{\text{shallow}}(z)}\right) dz \tag{6C.7}$$

と表す．ここで，τ_{shallow} は枝について定義された Rouse 型の枝長ゆらぎの特性時間(式(6C.3))であり，z_d は式(6C.7)の直鎖の鎖長ゆらぎがレプテーションより速いことを保証するカットオフ長である．

鎖長ゆらぎが完了した後に直鎖の有効長さは $L_{\text{eq}}^*-2z_d$ まで減少し，初期管の残存割合は $(L_{\text{eq}}^*-2z_d)/L_{\text{eq}}^* = (1-2z_d/L_{\text{eq}}^*)$ となっているので，その後のレプテーションによる緩和剛性率は

$$G_{\text{rep}}(t) = G_N \left(1 - \frac{2z_d}{L_{\text{eq}}^*}\right)^{1+d} \sum_{p \geq 1} \frac{8}{(2p-1)^2 \pi^2} \exp\left(-\frac{(2p-1)^2 t}{\tau'_{\text{rep}}}\right) \tag{6C.8}$$

と表される．ここで，因子 $G_N(1-2z_d/L_{\text{eq}}^*)^{1+d}$ は初期管の残存割合に対応する管膨張が起こったときの有効ゴム状平坦部剛性率であり，τ'_{rep} は管の有効長 $L_{\text{eq}}^*-2z_d$ に対応するレプテーション時間である．（直鎖の鎖長ゆらぎが起こらず管の有効長が L_{eq}^* のままである場合のレプテーション時間を τ_{rep}（式(6B.7)）とすれば，$\tau'_{\text{rep}} = (1-2z_d/L_{\text{eq}}^*)^2 \tau_{\text{rep}}$ である．）

Milner-McLeish モデルでは，上記の直鎖の鎖長ゆらぎ，レプテーションに由来する $G_{\text{CLF}}(t), G_{\text{rep}}(t)$ に加えて，鎖に含まれる m 個のモノマー単位の Rouse 緩和に由来する $G_R(t)$ も考慮し，鎖の緩和剛性率を

追補 C　絡み合い高分子鎖の大規模運動に対する Milner–McLeish モデル(完全管膨張モデル)

$$G(t) = G_{\mathrm{CLF}}(t) + G_{\mathrm{rep}}(t) + G_{\mathrm{R}}(t) \tag{6C.9}$$

$$G_{\mathrm{R}}(t) = \frac{\nu k_{\mathrm{B}} T}{3} \sum_{p=1}^{m/m_e} \exp\left(-\frac{p^2 t}{\tau_{\mathrm{R}}^{[G]}}\right) + \nu k_{\mathrm{B}} T \sum_{p=m/m_e+1}^{m} \exp\left(-\frac{p^2 t}{\tau_{\mathrm{R}}^{[G]}}\right) \tag{6C.10}$$

と表す．ここで，ν は鎖の数密度，m_e は絡み合いセグメントあたりのモノマー数であり，$\tau_{\mathrm{R}}^{[G]}$ は鎖の最長 Rouse 緩和時間（式(6.6.14)）である．

なお，Milner と McLeish の原論文（*Phys. Rev. Lett.*, **81**, 725 (1998)）では，式(6C.7)，(6C.8) に含まれる管膨張指数は $d=1$ とされている．図 6.28 の実線は，$d=1$ に対応する $G(t)$（式(6C.9)）から計算された G', G'' を示す．

第7章　高分子の固体物性

　本章では高分子固体の物性を扱うが，高分子の場合，固体の定義自身がそれほど簡単ではないため，最初に固体とは何かを定義している．ここで言う物性とは，基本的には巨視的な物性である．すなわち，Avogadro数程度の多数の分子集団が示す性質であり，基本的にその量によらない性質である．代表的な巨視的物性には力学物性，熱物性，電気物性，光学物性，表面・界面物性などがあり，実用材料として考えたときには非常に重要であるが，本章では応用的な側面ではなく，巨視的物性の発現原理やその分子論的な起源に注目した．巨視的物性は，原理的には分子構造や分子運動性という微視的物性あるいは分子物性の平均として観測されるものであり，逆の表現を用いれば巨視的物性の観測を通して，微視的物性は議論されている．したがって，観測可能な巨視的物性から微視的な分子物性にいかに結びつけるかの議論・考察が，さらに望む物性をもつ高分子材料を得るためには重要である．本章でも各物性について統計力学を基本として，その概念と手法を述べた．

　本章では，このような観点から，1成分系の固体物性として力学物性，電気物性，光学物性を対象として取り上げた．1成分系であっても結晶性高分子の固体は，4章で述べたように特殊な例外を除いて結晶相と非晶相が混在する不均一系である．実用材料としての物性を語るときには結晶性高分子の物性は非常に重要ではあるが，ここでは力学物性として一部を述べるにとどめ，基本的には非晶状態固体物性の基礎的理解を中心に述べている．

第 7 章　高分子の固体物性

7.1 ■ 高分子固体の緩和現象
7.1.1 ■ 高分子固体とは

図 7.1 は融体状態にある高分子を冷却した際のエンタルピー変化を模式的に示した図である．縦軸は体積と考えてもよい．温度 T_1 にある融液を冷却していくと，融点 T_m で結晶化が起こり，エンタルピー（あるいは体積）は不連続に減少する．しかしながら，対称性の悪い分子の場合は結晶化できずに過冷却状態になる．さらに温度が低くなると，分子は熱エネルギーを失い，ついには固化する．この温度はガラス転移温度 T_g と呼ばれる．したがって，ガラス転移温度 T_g は融点 T_m よりも必ず低温となる．結晶化しないまま T_g 以下の温度まで冷却された状態はアモルファス，あるいは，ガラスと呼ばれる．したがって，物理化学的には，ガラスは凍結した液体である．窓ガラスはその典型的な例である．

しかしながら，「窓ガラスが液体である」というのは感覚的には受け入れ難い．一般に，液体で連想するものは水などのような流動状態である．また，固体については動かない物質群を連想する．物質の変形と流動を扱うレオロジーという学問分野では，動くものは液体，動かないものは固体と考える．物体が動く，すなわち物質の位置が時間に対して変わると判断するには，基準が必要である．いま，簡単のため時計の秒針を考える．秒針は 1 秒ごとにしか動かないとする．0.1 秒という時間スケールで考えれば秒針は動いていない．当然，10 秒という時間スケールでは秒針は動いている．このように，動く/動かないという判断には何らかの時間の基準が必要である．レオロジーの分野ではある物体が動いていると判断するための基準時間を緩和時間と呼ぶ．すなわち，観測時間が緩和時間よりも短ければ動いてないように見えるので固体，

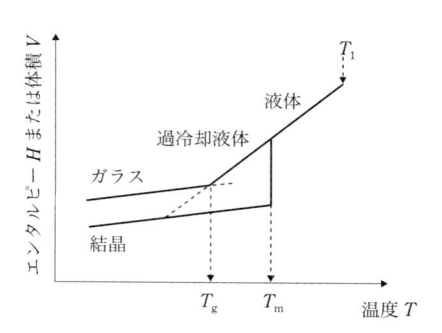

図 7.1　高分子のエンタルピー（あるいは体積）と温度の関係

長ければ液体となる．

　高分子はさまざまな階層構造をもっており，結晶性高分子であっても 100%結晶だけからなるということはない．ポリエチレンの単結晶でさえも，ラメラ表面で分子鎖が折りたたまれる必要があるため，結晶化度は 100%ではない．したがって，高分子は結晶と非晶の混合物，あるいは，100%非晶となる．このため，高分子固体はレオロジー的に定義されることが一般的である．

7.1.2 ■ 弾性，粘性と粘弾性

　金属やセラミックスなどの結晶は物理化学的にもレオロジー的にも固体であり，完全弾性体の性質を示す．完全弾性体の構成方程式は次に示す Hooke の法則である．

$$\sigma = E \cdot \varepsilon \tag{7.1.1}$$

ここで，σ は単位面積あたりに印加する力の応力，ε は伸長歪み，E は弾性率，すなわち，Young 率である．ε は延伸方向の初期長を l_0，延伸後の長さを l とすれば，$(l-l_0)/l_0$ で与えられる．一方，水などの純粘性体の構成方程式は Newton の法則であり，粘性係数を η とすれば

$$\sigma = \eta \cdot \frac{d\varepsilon}{dt} \tag{7.1.2}$$

と書ける．ここで，t は時間である．全部あるいは一部が凍結した液体の高分子は弾性的性質と粘性的性質をあわせもつ．このような性質は粘弾特性あるいは粘弾性といわれる．高分子は代表的な粘弾性体である．高分子の力学応答が弾性的か粘性的か，また，両方の性質がともに顕著になるかは，観測時間と緩和時間の大小関係で決まる．高分子の粘弾特性は弾性体をバネで，粘性体をダッシュポットで表し，これらを直列あるいは並列につなぐことで表現できる．

7.1.3 ■ 高分子固体の力学モデルと応力緩和

　高分子の力学物性の評価には歪みを印加して応力を測定するか，応力を印加して歪みを測定するかの 2 つの方法がある．一定歪みを印加したときの応力変化はバネとダッシュポットを直列につないだ図 7.2 のようなモデルでよく表現でき，このモデルは Maxwell モデルとして知られている．一方，バネとダッシュポットを並列につないだ Voigt モデルは一定応力を印加した際の歪み変化をよく表現できる．

　高分子固体の力学物性は歪みを印加して応力を測定することにより評価する場合が多い．この際の歪みとしては伸長歪み ε とずり歪み γ が考えられるが，ここでは ε を

第7章 高分子の固体物性

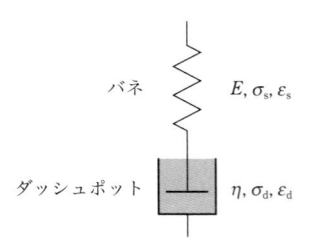

図 7.2 Maxwell モデル

考える．したがって，弾性率にはずり弾性率 G ではなく伸長弾性率 E, すなわち Young 率を用いる．G と E の間には Poisson 比 μ を介して

$$E = 2G(1+\mu) \tag{7.1.3}$$

の関係がある．$\mu = 0.5$ とすれば，$E = 3G$ となる．したがって，以下の議論は E を G に変えても係数が変わるだけで本質的には変わらない．

Maxwell モデルの場合，全体の伸長歪み ε はバネ成分およびダッシュポット成分の各成分の伸長歪み ε_s および ε_d の和に等しい．したがって，

$$\varepsilon = \varepsilon_s + \varepsilon_d \tag{7.1.4}$$

と書ける．一方，σ は単位面積あたりに加わる力なので，全体の σ も各成分の σ も等しい．したがって，

$$\sigma = \sigma_s = \sigma_d \tag{7.1.5}$$

となる．Maxwell モデルは，上述したように，歪み一定下での応力の時間変化をよく再現する．したがって，

$$\frac{d\varepsilon}{dt} = \frac{1}{E}\frac{d\sigma}{dt} + \frac{\sigma}{\eta} = 0 \tag{7.1.6}$$

となる．ここで，粘性係数と Young 率の比を τ とすれば，

$$\int \frac{d\sigma}{\sigma} = -\int \left(\frac{1}{\tau}\right) dt \tag{7.1.7}$$

となる．時刻 $t = 0$ のときの応力を σ_0, 時刻が t のときの応力を σ として，この範囲について式 (7.1.7) を積分すれば応力の時間変化は次のように表現できる．

$$\sigma(t) = \sigma_0 \exp\left(-\frac{t}{\tau}\right) \tag{7.1.8}$$

7.1 高分子固体の緩和現象

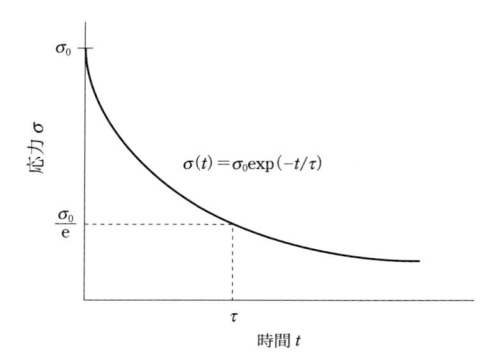

図 7.3 Maxwell モデルによる応力緩和

図 7.3 は応力緩和の模式図である．ここで，σ が初期値の $1/e$ になる時間が緩和時間 τ である．τ の分子論的考察については 6 章で詳述しているが，粘性係数と Young 率の比，すなわち弾性と粘性の比になっていることは興味深い．観測時間 t が緩和時間 τ よりはるかに短い場合，高分子は弾性的にふるまう固体として考えてよい．一方，t が τ よりはるかに長い場合は，高分子は粘性的にふるまう液体となる．t が τ と同程度の場合，粘弾性が顕著となる．

7.1.4 ■ 動的粘弾性

高分子固体における分子鎖の熱運動性を評価するために，動的粘弾性測定がよく用いられる．上述の応力緩和測定は，高分子に一定歪みを加える「静的」な実験であるが，動的粘弾性測定では，高分子に歪みを角周波数 ω で正弦的に印加する．したがって，歪みは

$$\varepsilon(t) = \varepsilon_0 \exp(i\omega t) \tag{7.1.9}$$

と書くことができ，その際の応答応力は，印加した歪みと応力応答の位相差を δ とすれば，

$$\sigma(t) = \sigma_0 \exp[i(\omega t + \delta)] \tag{7.1.10}$$

となる（6 章，図 6.12 参照）．この場合は，歪みの時間微分は 0 とならず，

$$\frac{d\varepsilon}{dt} = i\omega\varepsilon \tag{7.1.11}$$

であり，また応力の時間微分は

である．これらを式(7.1.6)に代入すると，

$$\frac{d\sigma}{dt} = i\omega\sigma \tag{7.1.12}$$

$$i\omega\varepsilon = \frac{1}{E} \cdot i\omega\sigma + \frac{\sigma}{\eta} \tag{7.1.13}$$

となる．ここで，複素弾性率 E^* を次のように導入する．

$$E^* = E' + iE'' = \frac{\sigma}{\varepsilon} \tag{7.1.14}$$

式(7.1.13)を整理し E^* を用いれば，

$$E^* = \left(\frac{\omega^2\tau^2}{1+\omega^2\tau^2} + i \cdot \frac{\omega\tau}{1+\omega^2\tau^2}\right) \cdot E \tag{7.1.15}$$

が得られる．E' および E'' は式(7.1.14)と式(7.1.15)から次のように書ける．

$$E' = \left(\frac{\omega^2\tau^2}{1+\omega^2\tau^2}\right)E \tag{7.1.16}$$

$$E'' = \left(\frac{\omega\tau}{1+\omega^2\tau^2}\right)E \tag{7.1.17}$$

E' および E'' はそれぞれ，貯蔵弾性率および損失弾性率と呼ばれる．また，E'' と E' の比は $\tan\delta$ に等しく，損失正接と呼ばれる．高分子固体の動的粘弾性測定において，正弦的に印加する歪みは角周波数 ω よりも周波数 f を用いて記述する場合が多い．この場合は，$\omega=2\pi f$ であることに注意する必要がある．

E' は歪みエネルギーの貯蔵能力に対応し，Young率とほぼ同義であると考えてよい．一方，E'' は歪みエネルギーの散逸に対応し，通常の弾性率の概念とは異なる．歪みエネルギーは分子が動くことで熱として散逸される．図7.4に E' および E'' と $\omega\tau$ の関係を示す．緩和時間 τ を定数と考えると，横軸は周波数の変化に対応する．$\omega\tau$ が大きい方は高周波数側，すなわち短時間側に対応する．$\omega\tau \gg 1$ の極限では，E'/E は1に漸近する．すなわち，観測時間が緩和時間よりも極度に短い場合には，貯蔵弾性率は Young率に等しく，固体としてふるまう．一方，$\omega\tau \ll 1$ の極限では，E'/E は0に漸近し，液体としてふるまう．7.1.1項で述べたレオロジー的固体・液体の定義はこれらの挙動に対応している．

一方，E'' は $\omega\tau=1$ で極大となる．すなわち，$\omega\tau=1$ のとき，分子のある運動モードが解放（凍結）され，歪みエネルギーの散逸が極大となる．したがって，E'' を周波数の関数として測定すれば，分子運動の解放（凍結）が議論できる．また，後述するように E'' を温度の関数として測定しても，同様の議論が可能となる．この場合も，

7.1 高分子固体の緩和現象

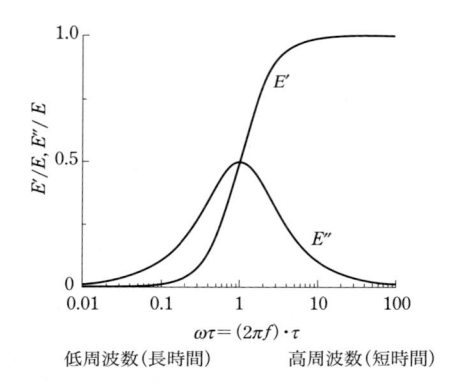

図 7.4 Maxwell モデルによる粘弾性関数の周波数依存性

$\omega\tau = 1$ の条件を満たすときに E' は減少し，E'' は極大となる．

7.1.5 ■ 粘弾性緩和機構[1)]

　高分子はモノマーが連結してできた巨大分子である．このため，高分子の粘弾性緩和過程はモノマーの分子構造や配列に依存した 1 次構造，およびそれらが凝集して構成する 2 次構造や高次構造に依存する．

　図 7.5 は印加する正弦歪みの周波数を一定にして E' および E'' を温度の関数として測定した場合の模式図を示している．低温側から温度の上昇につれて，分子鎖の局所的コンホメーション変化，側鎖（側基）の熱運動やセグメント運動の解放に伴う E' の減少および E'' の極大が観測される．E' の減少は分散，E'' の極大は吸収と呼ばれることもある．試料が結晶性である場合には，結晶部分に起因する緩和過程，すなわち結晶緩和が観測される．各々の緩和過程では $\omega\tau = 1$ の条件が満たされている．しかしながら，各緩和過程の時空間スケールは異なっているので，τ がどの過程の緩和時間なのかを明確にする必要がある．一般に，固体領域における各緩和過程は高温側から順に α，β，γ と名付けられる（4 章参照）．したがって，セグメント運動は α 過程や α 緩和などとよばれる．

　表 7.1 は高分子固体の動的力学緩和測定において観測される緩和機構をまとめている．ガラス転移温度 T_g 以下で観測される局所緩和の活性化エネルギーは 40 〜 85 kJ/mol 程度である（動的粘弾性測定に基づく活性化エネルギーの評価方法については後述する）．T_g 以下にある固体は構造ならびに物性が不均一であるため，局所緩和の緩和時間分布は広い．主鎖の局所緩和はナイロンやポリウレタンなど，主鎖に 4 つ以上のメチレン基が連続して存在する場合に顕著に観測されることがわかってい

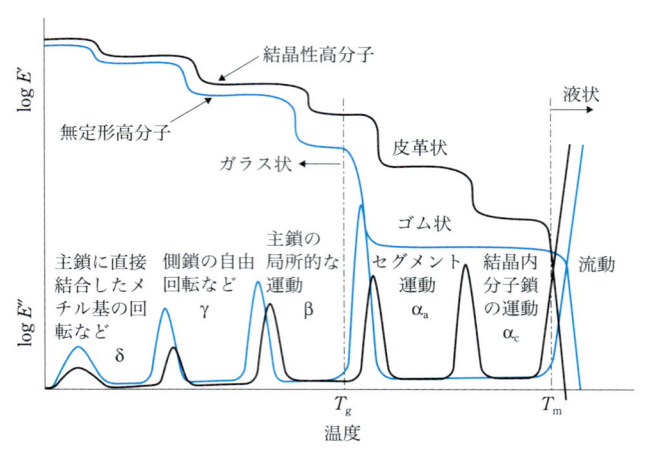

図 7.5　貯蔵弾性率および損失弾性率の温度依存性

表 7.1　粘弾性緩和機構の種類

緩和の名称	温度域	緩和機構	活性化エネルギー /kJ mol^{-1}
結晶緩和（α_c, α_2）	$(0.8 \sim 0.9)T_m$	結晶相内の分子鎖の熱振動によりポテンシャルの非調和項が増加し，結晶が粘弾的となる．	$170 \sim 340$
結晶粒界（$\alpha_{gb}, \alpha_c, \alpha_1$）	T_{α_c} 近傍	モザイク晶界面あるいはラメラ表面における結晶粒界のすべり	$85 \sim 170$
主分散（α, α_a）	T_g 近傍	非晶領域の分子鎖のセグメント運動（ミクロブラウン運動）	$170 \sim 840$
副分散（β, γ）（γ_α, γ_c）	T_g 以下	結晶および非晶域における主鎖の局所的ねじれ運動	$40 \sim 85$
副分散（β, γ）（γ_{sc}）	T_g 以下	側鎖全体の熱運動	$40 \sim 125$
立体異性緩和	T_g 以下	シクロヘキサンの異性体転移	$40 \sim 80$
メチル基緩和（ε, δ）	$T \ll T_g$	メチル基の回転緩和	~ 20

る．また，結晶内の欠陥などの格子不整領域では分子鎖の拡散運動は不可能であるが，分子鎖回りのねじれ運動や分子軸方向の局所的運動は可能であり，これらは局所緩和現象として観測される．主分散はガラス転移温度近傍で非晶領域に存在する分子鎖のミクロブラウン運動，すなわち，セグメント運動に起因するものである．主分散に関与するセグメント運動の大きさは現在も議論されているが，ナイロン 66 の電子線照射により形成される架橋密度と主鎖の緩和強度との関係からセグメント運動には約 15 個以上のアミド基が必要であるという報告や，屈曲性高分子のセグメント運動の

場合はモノマー単位にして3, 4個分必要であるという報告もある（4章参照）．

7.1.6 ■ 非晶性高分子の緩和過程と活性化エネルギー

ポリメチルメタクリレート（PMMA）は室温でガラス状態にある合成高分子である．PMMAの分子鎖の熱運動，特にガラス転移温度 T_g は側鎖間の相互作用に依存するため，立体規則性によって大きく異なる．通常のラジカル重合や開始剤としてアルキルリチウムを用いたアニオン重合ではシンジオタクチックリッチな配列となる．図7.6はリビングアニオン重合によって合成したPMMAの E' と E'' の温度依存性を示している．測定に用いた試料の示差走査熱量測定（DSC）によって評価したバルクの T_g は395 Kである．高温側および低温側で観測された E'' の吸収は，それぞれα緩和とβ緩和である．α緩和はセグメント運動に，またβ緩和は側鎖の束縛回転と主鎖の局所緩和がカップリングした複雑な運動に起因する．ここで，α緩和の極大温度が T_g とは必ずしも一致しないことに注意すべきである．α緩和はセグメント運動に起因するので，T_g 以下でも長時間待ちさえすれば達成できる．T_g は，α緩和の緩和時間が100 s程度である温度に対応する．したがって，E'' の極大温度が T_g と一致するためには，$\omega\tau = (2\pi f)\tau = 1$ の条件が満たされる必要があるので，$f = 1.6$ mHz（$= 1/(2\pi \times 100)$）で測定しなければならない．通常の動的粘弾性測定は数Hz以上の周波数で行うため，E'' の極大温度は T_g よりも高温となる．

また，E'' の極大温度の周波数依存性より各緩和過程の活性化エネルギーが評価できる．緩和時間が緩和の速度定数 k に反比例すると考えれば，k は次式のように求められる．

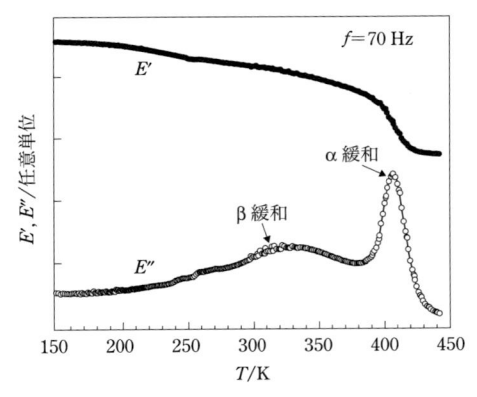

図7.6　ポリメタクリル酸メチルの貯蔵弾性率および損失弾性率と温度の関係
〔Y. Fujii *et al.*, *Polymer J.*, **39**, 928 (2007)〕

第 7 章 高分子の固体物性

$$k \sim \tau^{-1} \sim \exp\left(-\frac{\Delta G^*}{RT}\right) = \exp\left(-\frac{\Delta H^*}{RT}\right) \cdot \exp\left(\frac{\Delta S^*}{R}\right) \tag{7.1.18}$$

ここで，ΔG^* は活性化自由エネルギー，ΔH^* は活性化エンタルピー，ΔS^* は活性化エントロピーである．極大温度では $(2\pi f)\tau = 1$ なので，

$$\ln f = -\frac{\Delta H^*}{RT} + \frac{\Delta S^*}{R} \tag{7.1.19}$$

が得られる．ΔS^* が温度に依存しなければ，測定周波数の自然対数と極大温度の逆数をプロットすればその直線の傾きから見かけの活性化エネルギー ΔH^* が得られる．ここで見かけとは，実際にはいくつもの化学結合回りの回転を伴って緩和が達成されるが，緩和前後のエネルギー状態が 2 つのみであると仮定しているという意味である．図 7.7 は PMMA における測定周波数の自然対数と極大温度の逆数の関係である．図には，α 緩和と β 緩和の両緩和過程のデータを示している．β 緩和における緩和時間と温度の関係は上述した Arrhenius 型で記述できるが，α 緩和においては Arrhenius 型ではなく 4 章，6 章で述べた Vogel–Fulcher–Tammann 型に従う．しかしながら，動的力学緩和測定の測定周波数範囲はたかだか 2 桁程度であるため，あたかも Arrhenius 型に従うように見えることには注意が必要である．図 7.7 から，用いた PMMA の α 緩和，β 緩和における ΔH^* は 660 ± 60 kJ/mol，80 ± 2 kJ/mol と計算できる．図 7.8 はイソタクチック PMMA における E'' の温度依存性である．測定に用いた試料の DSC によって評価したバルクの T_g は 326 K である．イソタクチック PMMA の場合，α 緩和および β 緩和が重なっているため，あたかも 1 つの緩和過程に見える．各々の過程の活性化エネルギーは異なるため，測定周波数を小さくすれば 2 つの緩和過程は分離可能であるが，力学緩和測定では実験的に困難である．このような場合には，

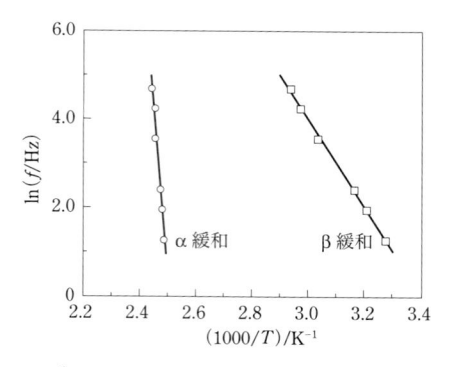

図 7.7 ポリメタクリル酸メチルにおける損失弾性率の極大温度の逆数と測定周波数の関係

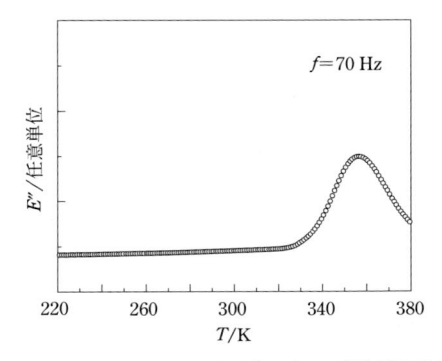

図 7.8 イソタクチックポリメタクリル酸メチルの損失弾性率と温度の関係

測定周波数範囲の広い誘電緩和測定を併用することなどが必要である.

 典型的な生体高分子としてデオキシリボ核酸（DNA）があげられる．DNA は自然界に豊富に存在するが，我が国においては，たとえば鮭の白子やホタテの精巣など食料資源に由来する産業廃棄物として大量に放棄されている．これらを有効利用することで年間数千トンの生産が見込まれる．DNA は重合度がきわめて高く，また分子量分布の狭い試料の入手が可能であるなど，合成高分子とは異なる特徴を有している．DNA のような生体高分子でも，粘弾性が観測でき，その固体物性に関する議論が可能となる．

 図 7.9 は含水率 27.7 wt％の DNA 固体膜における E' と E'' および $\tan\delta$ の温度依存性である．温度対 $\tan\delta$ の曲線上において，440 K，230 K および 180 K 付近に観測された 3 つの顕著なピークは，測定周波数に対して明確な依存性を示したことから DNA の緩和過程に対応すると考えられ，それぞれ α 緩和，β 緩和および γ 緩和と帰属できる．一方，380 K および 305 K 付近に観測されたピークは明確な周波数依存性を示していない．用いた DNA 固体膜の熱重量測定を行うと 300～370 K の温度範囲で，吸熱ピークおよび膜重量が減少する．ピーク面積から算出した熱量 40.9 kJ/mol は，水の蒸発熱 41 kJ/mol とよい一致を示すことから，305 K 付近の E'' の減少と $\tan\delta$ の吸収ピークは，水の蒸発に起因すると考えられる．f の自然対数と極大温度の逆数の関係から評価した α 緩和，β 緩和および γ 緩和の ΔH^* は，それぞれ，398±11 kJ/mol，131±3 kJ/mol および 44±1 kJ/mol となる．

 図 7.10 は β 緩和および γ 緩和における $\tan\delta$ の極大温度の含水率依存性である．極大温度は含水率の増加に伴い低温側にシフトしたことから，これらは水和された DNA 鎖の緩和過程と帰属でき，膜中の水分子が DNA 鎖の運動を活性化しているこ

第 7 章 高分子の固体物性

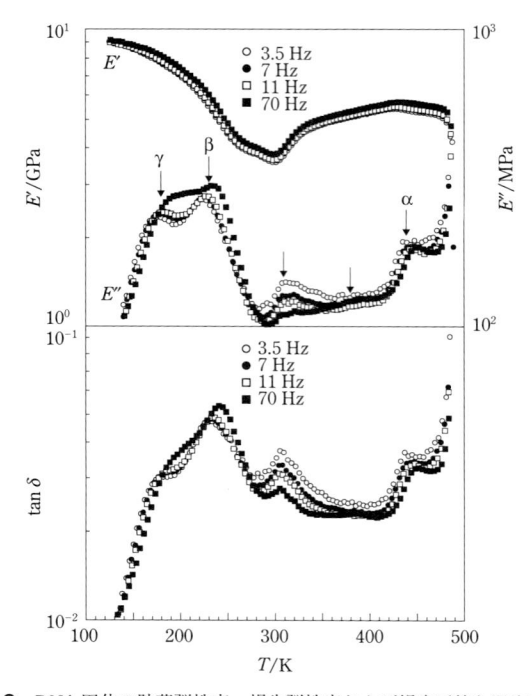

図 7.9 DNA 固体の貯蔵弾性率，損失弾性率および損失正接と温度の関係
[H. Matsuno *et al.*, *Biomacromolecules*, **12**, 173 (2011)]

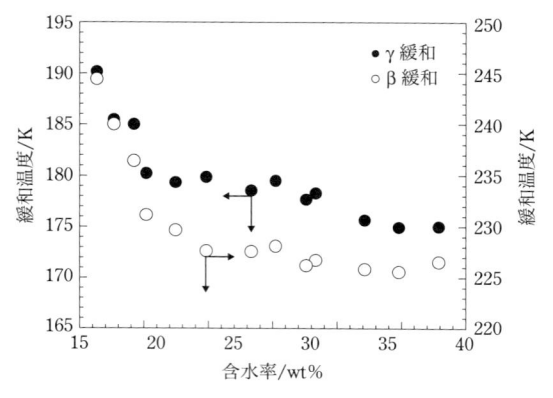

図 7.10 DNA 固体の β 緩和および γ 緩和の含水率依存性
[H. Matsuno *et al.*, *Biomacromolecules*, **12**, 173 (2011)]

とを示している．また DNA 固体膜は 180～200 K の温度域において分子鎖がねじれる $B_I \to B_{II}$ 遷移を起こすことが，核磁気共鳴法や Fourier 変換赤外分光法を用いて明らかにされている．$B_I \to B_{II}$ 遷移の活性化エネルギーが〜40 kJ/mol であることを考慮すると，ここで観測された γ 緩和は $B_I \to B_{II}$ 遷移に帰属することができる．さらには 200～230 K の温度域においても動的緩和が起きていることが中性子散乱測定により明らかにされており，ΔH^* 値から β 緩和もまた水和した DNA 鎖の比較的大きなスケールの運動に起因すると考えられている．

7.1.7 ■ 結晶領域に起因する緩和過程

結晶性高分子においても力学緩和測定を行うと，結晶領域に起因した緩和過程が観測される．高密度ポリエチレン（PE）はキシレン希薄溶液中での等温結晶化により厚さ約 10 nm，長さ約 10 μm 程度の菱形単結晶を形成する．これを吸引ろ過すれば単結晶累積膜（単結晶マット）が調製できる．単結晶マットでは単結晶が板状結晶の面で互いに密着して積層しており，粘弾性測定に十分耐えられるだけの力学強度を有している．図 7.11 は厚みの異なる PE 単結晶マットの 110 Hz における E' と E'' の温度依存性である．270～390 K の温度範囲で観測される極大は結晶領域の緩和，いわゆる結晶緩和に起因するが，実際には，この極大には 2 つの過程が重なっている．結晶緩和は通常，α_c と表記される．また，150 K 付近で観測された緩和過程はセグメント運動と考えられているが，現在もまだ論争が続いている．

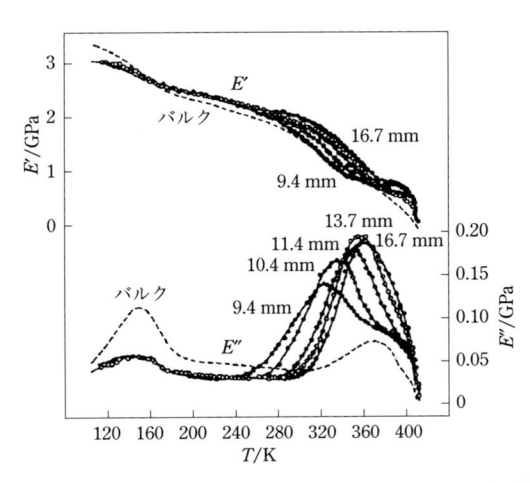

図 7.11 層厚の異なるポリエチレン単結晶マットの貯蔵弾性率および損失弾性率と温度の関係
[M. Takayanagi et al., *J. Polym. Sci., Part C : Polym. Symp.*, **16**, 867 (1967)]

E'' の極大値と極大温度が単結晶の厚みとともに増加することから,α_c 緩和が結晶相内の分子鎖の熱運動に関与していることは明らかである.また,PE 分子鎖間距離に対応する結晶格子の a 軸の熱膨張係数は α_c 緩和の温度域で不連続に増加する.これは,α_c 緩和では結晶相内の分子鎖の熱運動が不連続に活発となることを示している.さらに,格子振動の非調和性の尺度である Grüneisen 定数は 320 K から顕著に増加し,結晶格子の面間隔の温度変化と対応している.これらの事実は約 280 K 以上の温度域で PE 結晶相が粘弾的となり,α_c 緩和が結晶格子振動の非調和性に関与した過程であることを示している.

PE 単結晶マットと PE 球晶の基本構造は,ともに厚み約 10 nm の折りたたみ鎖からなるラメラ晶であり,各々の結晶緩和特性は基本的に同じであると考えられる.そこで,成長させたままの (as-grown) PE 単結晶マットの α_c 緩和の温度域には本質的な結晶緩和過程(α_{c2} 緩和)のみしか存在しないと仮定すると,溶融結晶化により調製した球晶からなるバルク PE 結晶における E'' の温度依存性を低温側の α_{c1} 緩和と高温側の α_{c2} 緩和に分離できる.α_{c1} 緩和は結晶欠陥によって形成されるモザイク晶境界領域内のすべり変形に起因する.また,α_{c2} 緩和は結晶格子振動の非調和性の増加によって誘起される粘性の増加に起因する.

結晶緩和はラメラ晶の延伸変形挙動に顕著な影響を与えることが知られている.まず,α_{c1} 緩和の温度域ではモザイク晶境界領域の分子鎖の熱運動が活性化される.したがって,この温度域で延伸すればモザイク晶境界領域は容易に塑性変形を受け,ラメラ晶は幅約 30 nm のモザイク晶に細分化される.また,α_{c2} 緩和の温度域で延伸すると,ラメラ晶は粘弾性的な変形を起こすため,外部歪みは有効に働かなくなり約 300 nm の大きな結晶粒へと細分化される.α_c 緩和の温度域における延伸では,分子鎖は適度な応力がかかった状態でラメラ晶から引き出されるため,延伸後の試料の配向性も良く,延伸時の結晶欠陥の導入も少ない.結晶緩和の温度域での延伸は試料の弾性率および疲労強度を向上させる.α_{c2} 緩和より低温域で延伸すると,分子鎖はラメラ晶から無理やり引き出されるため,結晶欠陥の増殖および分子鎖の切断が生じる.また,α_{c2} 緩和より高温域の延伸では,ラメラ晶の軟化によって分子鎖に適度な緊張がかからないまま延伸される.結果として延伸後の試料の配向性は悪く,弾性率も低くなる.このように,高分子の粘弾性を正確に理解し,積極的に利用することで,最終生成物としての成型品の物性までもが制御可能となる.

7.1.8 ■ 不均一系材料の粘弾性解析

実際の材料は不均一な場合も多い.たとえば,非相溶なポリマーブレンド,フィラー

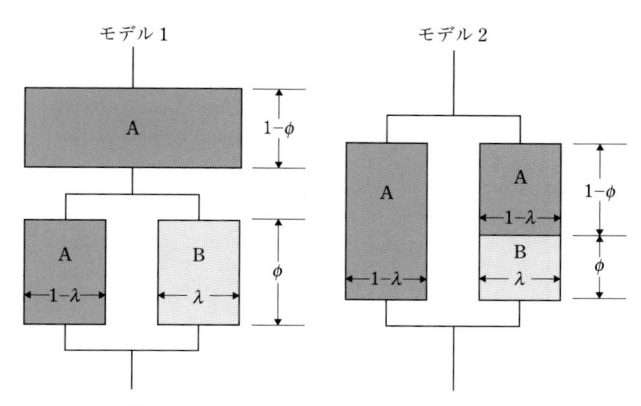

図 7.12 A 相中に B 相が分散した混合モデル

を分散させた高分子コンポジット，結晶化度の低い高分子などはその典型例である．ここでは，材料中に異種相 A と B が混在した場合の粘弾性について考える．

A 相と B 相の最も単純な結合モデルは A 相と B 相の直列あるいは並列結合である．図 7.12 は，A 相をマトリックスとして B 相が分散している場合の力学モデルであり，高柳モデルとよばれる[2]．モデル 1 では，A 相が，A 相と B 相の並列結合に対して直列に結合している．並列の場合には，系の応力は A 相と B 相の応力の和で表されること，直列の場合には，系の歪みが A 相と B 相の歪みの和で表されることに注意し，Hook の法則を用いれば，モデル 1 の複素弾性率 E^* は次式で与えられる．

$$E^* = \left[\frac{\phi}{(1-\lambda)E_A^* + \lambda E_B^*} + \frac{1-\phi}{E_A^*} \right]^{-1} \quad (7.1.20)$$

ここで，λ および ϕ は図 7.12 に示す分率で，λ と ϕ の積は B 相の体積分率に等しい．また，A 相と B 相の直列結合に A 相が並列で結合しているモデル 2 における E^* は

$$E^* = \lambda \left[\left(\frac{1-\phi}{E_A^*} \right) + \frac{\phi}{E_B^*} \right]^{-1} + (1-\lambda)E_A^* \quad (7.1.21)$$

となる．

A, B 両相がともに単一緩和を示す系であると仮定し，それぞれの弾性率を E_A, E_B, 緩和時間を τ_A, τ_B, 体積分率を ν_A, ν_B, および周波数を f とすると，E'' は

$$E'' = \left\{ \frac{2\pi f \tau_{AB}}{1+(2\pi f)^2 \tau_{AB}^2} \right\} E_{AB} \quad (7.1.22)$$

となる．ただし，

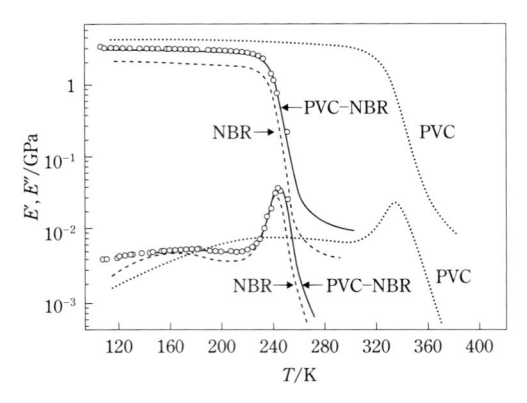

図 7.13 A相をポリ塩化ビニル，B相をニトリルブタジエン共重合体ゴムとして直列に接着した場合の貯蔵弾性率および損失弾性率と温度の関係
［M. Takayanagi *et al.*, *Mem. Facal Eng.*, *Kyushu Univ.*, **23**(1), 1-13（1963）］

$$E_{AB} = \left(\frac{v_A}{E_A} + \frac{v_A}{E_A} \right)^{-1} \tag{7.1.23}$$

$$\tau_{AB} = \left\{ E_{AB} \left(\frac{v_A}{E_A \tau_A} + \frac{v_B}{E_B \tau_B} \right) \right\}^{-1} \tag{7.1.24}$$

である．観測時間 t，すなわち $2\pi f$ を一定とすると AB 直列系においては，$(2\pi f)\tau_{AB}=1$ を満足する温度 $T_\alpha(AB)$ でただ1つの E' の急激な低下，すなわち，分散と E'' の極大が観測される．$T_\alpha(AB)$ の位置は，A相，B相それぞれの相における主分散温度 $T_\alpha(A)$ と $T_\alpha(B)$ との間に位置する．図 7.13 はポリ塩化ビニル（PVC）をA相，またアクリロニトリル／ブタジエン共重合体ゴム（NBR）をB相として，直列に接着した場合の動的粘弾性測定の結果であり，モデル計算（図中の実線）と実測値がよく一致している．しかしながら，実際の不均一系材料では，より複雑なモデルに対応した粘弾挙動を発現する場合もあることに注意されたい．

7.1.9 ■ 疲労と粘弾性

図 7.14 は自然対流空気中，295 K での可塑化ポリ塩化ビニル（P-PVC）の疲労試験時における E' の変化である．疲労初期の E' の減少は試料温度の上昇によるものである．動的歪みの振幅を大きくすると非線形効果が増加し，試料の温度上昇に伴う E' の低下（$\tan\delta$ の増加）が顕著となる．大きな歪み振幅の場合（1.28% と 1.03%），E' の単調減少過程と $\tan\delta$ の単調増加過程で破断する．この疲労挙動は，試料温度が T_g まで到達し熱破壊するためであり，延性破壊と類似している．歪み振幅が小さい

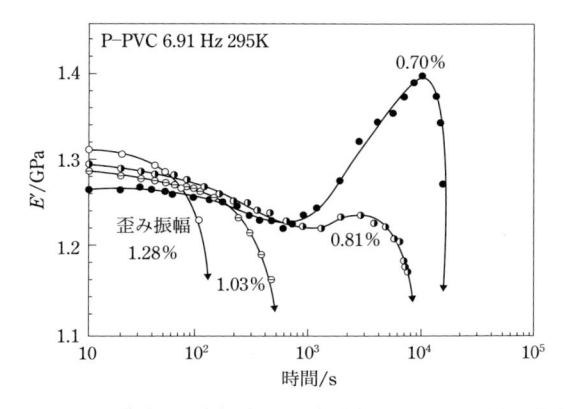

図 7.14 可塑化ポリ塩化ビニルの疲労試験時における貯蔵弾性率
[A. Takahara et al., *J. Appl. Polym. Sci.*, **25**, 597 (1980)]

場合 (0.70%), 初期過程で E' が減少 ($\tan\delta$ が増加) する. 定常温度で繰り返し変形を受けることで, クラックが急激に伝播して脆性破壊に至る. 破壊直前の E' の極大 ($\tan\delta$ の極小) は, 材料の高次組織や配向状態が変化し, 試料がより弾性的になることでクラックが伝播する, 脆性破壊に特有な挙動である. 脆性破壊した試料の破断面にはガラス状高分子に特徴的なミラーゾーン (鏡のような領域) とそれに続くクレーズ (細かいひび) が観測される. 試料に一定振幅の正弦的変位を与え続ける場合, 測定周波数, 動的歪み振幅, 熱伝達係数, 周囲温度に依存した試料の発熱速度と放熱速度に基づいて疲労破壊様式を説明できる. 延性破壊を促進させる因子としては, 歪み振幅の増加, 周囲温度の上昇および放熱の低下がある. また, 疲労過程における単位時間, 単位体積あたりの平均エネルギー損失と疲労寿命との関係より疲労破壊に関する規準式が得られる. この規準式は, 材料のエネルギー損失のうち構造変化に消費される量がある一定値に達すると疲労破壊が起こることを示している. 高分子材料が耐疲労性をもつためには, 刺激1周期あたりの粘弾的エネルギー損失が極力小さく, 疲労破壊に至るまでの有効エネルギー損失が大きいことが望まれる. 疲労寿命を長くするための条件としては, 粘弾的エネルギー損失が小さくなるような化学構造設計以外に, 歪み振幅を小さくする, 周囲温度を低くする, また周囲媒体への放熱を促進するといった物理的条件の設定も重要となる.

7.1.10 ■ 粘弾性と衝撃破壊[1]

衝撃破壊に至るまでの歪みが小さく, 高分子鎖が大きな変形を受けない場合, 衝撃強度は線形粘弾性と相関がある. たとえば, ポリプロピレンの衝撃に対する強度は温

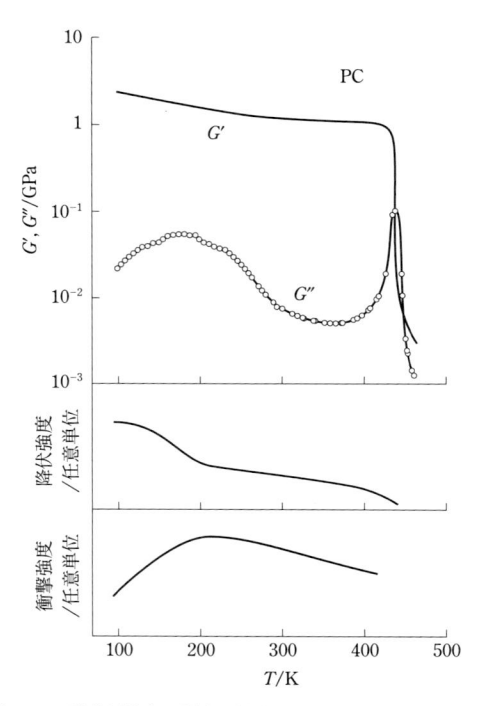

図 7.15 ポリカーボネートの貯蔵弾性率，損失弾性率，降伏強度および衝撃強度と温度の関係
[梶山千里（日本レオロジー学会 編），講座・レオロジー，高分子刊行会（1992），p. 115，図 3-28]

度の関数であり，低温から分散温度に向かって上昇する．興味深いことに，緩和強度が相当に大きい場合には，γ 緩和や β 緩和のような比較的小さい空間スケールの緩和の温度域に近づくにつれて衝撃強度は急上昇する．これは側鎖の緩和や主鎖の局所緩和に対応した分子鎖の熱運動が衝撃外力を一部緩和吸収する能力をもつと考えることで説明できる．図 7.15 は，ポリカーボネート（PC）のずり貯蔵弾性率 G' とずり損失弾性率 G''，および降伏強度と衝撃強度を温度の関数として示したものである．PC では 120〜220 K の温度範囲でメチル基の回転緩和，ならびに，カルボニル（C=O）基の熱運動およびフェニレンカーボネート部分の熱運動に関与した副分散（局所緩和）が観測される．局所的な熱運動により降伏応力は低下するが，衝撃強度は増加する．これは，局所運動が解放されると，歪みエネルギーが内部摩擦によって吸収されやすくなることに起因する．

7.2 ■ 高分子固体の電気的性質

7.2.1 ■ 高分子固体の誘電特性

6.7 節で説明したように，双極子をもつ分子の運動は誘電緩和を誘起する．6.7 節では，主鎖骨格に平行な A 型双極子をもつ高分子に焦点を当て，高温の流動状態において鎖が示す大規模運動（鎖の末端間ゆらぎ）と低周波数域・長時間域での誘電緩和の関係を説明した．高分子鎖が主鎖骨格に対して垂直に固定された B 型双極子や側鎖に固定された C 型双極子（図 6.36 参照）をもてば，鎖の局所的運動も誘電緩和を誘起する．ガラス転移温度 T_g 付近あるいはそれより低温で大規模運動が（ほぼ）凍結され，高分子物質が固体化（またはガラス化）しても，鎖の局所的運動は十分に起こりうる．この場合，高分子固体は B 型双極子や C 型双極子による誘電緩和を示す．特に，B 型双極子のゆらぎがもたらす誘電緩和（これは，一般には α 緩和と呼ばれる）は，4 章で説明した T_g 近傍での協同運動性の理解の一助となることもあり，盛んに研究されている[3~5]．本節では，このような高分子固体の誘電緩和挙動について説明する．なお，紙数の都合上，本節の対象は非結晶性の高分子に限定する．結晶性高分子固体は結晶に特徴的な誘電緩和挙動を示すが，それについては，参考書[3]を参照いただきたい．

A. 高分子固体の誘電特性を記述する現象論の枠組み[3~5]

すでに，6.7.1 項で，Boltzmann の重畳原理に基づいて微小電場に対する誘電緩和過程を記述する現象論の枠組みを説明した．この枠組みは，A 型双極子による誘電緩和過程のみならず，B 型あるいは C 型双極子による緩和過程についても成立する．したがって，高分子固体に対し，式(6.7.2)で導入された規格化誘電緩和関数 $\Phi^\circ(t)$ の時間 t 依存性や，式(6.7.7)で導入された動的誘電率 $\varepsilon'(\omega)$，誘電損失 $\varepsilon''(\omega)$ の角周波数 ω 依存性を解析すれば，B 型あるいは C 型双極子による誘電緩和の速さや緩和モード分布を知ることができる．

式(6.7.10)で導入した誘電緩和スペクトル $\{g_p, \tau_{p,\varepsilon}\}$ に基づいてこの解析を行えば，緩和が完了した低周波数域の $\varepsilon'(\omega)$ データと $\varepsilon''(\omega)$ データ（$\varepsilon'(0) - \varepsilon'(\omega) \propto \omega^2$，$\varepsilon''(\omega) \propto \omega$ となるデータ；式(6.7.12)参照）から，2 次平均および 1 次平均の誘電緩和時間 $\langle\tau\rangle_{w,\varepsilon}$ および $\langle\tau\rangle_{n,\varepsilon}$（式(6.7.13)）と誘電緩和モード分布の指標である $\langle\tau\rangle_{w,\varepsilon}/\langle\tau\rangle_{n,\varepsilon}$ 比を恣意性なく決定することができる．しかし，B 型あるいは C 型双極子による誘電緩和を解析する場合には，伝統的に（より正確には因習的というべきかもしれないが），現象論的なモデル関数を用いて $\Phi^\circ(t)$，$\varepsilon'(\omega)$，$\varepsilon''(\omega)$ のデータをフィットして

モデルのパラメータを決定し，このパラメータを用いて誘電緩和の速さや緩和モード分布を議論することが多い．

非常に多くの研究で，下記のHavriliak–Negami 関数（HN 関数）がモデル関数として用いられている[3,4]．

HN 関数：

$$\varepsilon'(\omega) - i\varepsilon''(\omega) = \varepsilon'(\infty) + \frac{\Delta\varepsilon}{\{1 + (i\omega\tau_{HN})^\alpha\}^\gamma} \quad (0 < \alpha, \gamma \leq 1, i = \sqrt{-1}) \quad (7.2.1)$$

実験データに対するフィットから決定されるHN 関数のパラメータは，特性時間 τ_{HN} および指数 α, γ である．これらのパラメータの意味の視覚的理解のため，異なる α と γ の値に対して式(7.2.1)が与える $\varepsilon'(\omega)$ と $\varepsilon''(\omega)$ を比較することが有効であろう．この比較を最も明瞭に行うために，$\Delta\varepsilon'(\omega) \equiv \varepsilon'(0) - \varepsilon'(\omega)$ と $\varepsilon''(\omega)$ を緩和強度 $\Delta\varepsilon$ で規格化し，規格化周波数 $\omega\tau_{HN}$ に対して両対数プロットした結果を図7.16 に示す．$\alpha = \gamma = 1$ に対しては，HN 関数は単一緩和関数と一致し，ω が $1/\tau_{HN}$ 以下に減少すると，式(6.7.12)で説明した $\Delta\varepsilon'(\omega)/\Delta\varepsilon \propto \omega^2$, $\varepsilon''(\omega)/\Delta\varepsilon \propto \omega$ という誘電緩和の完了を特徴づける周波数依存性（図中実線）が速やかに現れる．また，ω が $1/\tau_{HN}$ より大きくなると，速やかに，$\Delta\varepsilon'(\omega)/\Delta\varepsilon \propto \omega^0$ と $\varepsilon''(\omega)/\Delta\varepsilon \propto \omega^{-1}$ という未緩和時の挙動が現れる．これらの挙動と対応し，$\varepsilon''(\omega)/\Delta\varepsilon$ は $\omega = 1/\tau_{HN}$ において鋭いピークを示す．この結果は，単一緩和の場合には，緩和時間をピーク角周波数 ω_{peak} の逆数として曖昧さなく評価できることを意味する．

一方，α, γ が1より小さくなると，$\varepsilon''(\omega)/\Delta\varepsilon$ のピークはブロードになり，かなり高周波数域においても $\Delta\varepsilon'(\omega)/\Delta\varepsilon$ が周波数に依存する．すなわち，α, γ は緩和モード分布を決定する指数である．より定量的には，式(7.2.1)を少し解析することで，

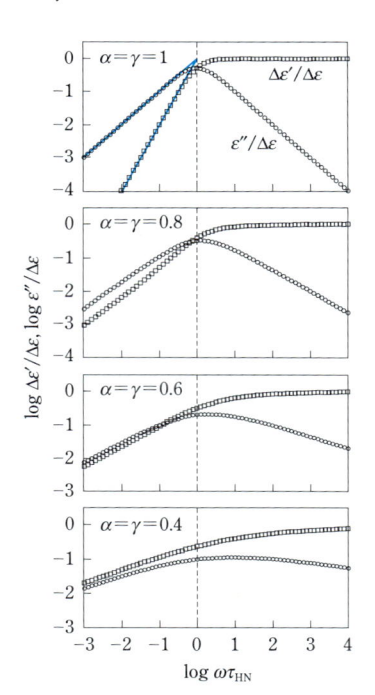

図7.16 Havriliak–Negami 関数が与える動的誘電率の減少分と誘電損失の周波数依存性

HN 関数の低周波数域（$\omega \ll 1/\tau_{HN}$）での挙動[注1]：

$$\frac{\varepsilon'(0)-\varepsilon'(\omega)}{\Delta\varepsilon}=\gamma\cos\left(\frac{\alpha\pi}{2}\right)(\omega\tau_{HN})^{\alpha}\propto\omega^{\alpha}, \quad \frac{\varepsilon''(\omega)}{\Delta\varepsilon}=\gamma\sin\left(\frac{\alpha\pi}{2}\right)(\omega\tau_{HN})^{\alpha}\propto\omega^{\alpha}$$
(7.2.2)

HN 関数の高周波数域（$\omega \gg 1/\tau_{HN}$）での挙動：

$$\frac{\varepsilon'(\omega)-\varepsilon'(\infty)}{\Delta\varepsilon}=\cos\left(\frac{\alpha\gamma\pi}{2}\right)(\omega\tau_{HN})^{-\alpha\gamma}\propto\omega^{-\alpha\gamma}, \quad \frac{\varepsilon'(\omega)}{\Delta\varepsilon}=\sin\left(\frac{\alpha\gamma\pi}{2}\right)(\omega\tau_{HN})^{-\alpha\gamma}\propto\omega^{-\alpha\gamma}$$
(7.2.3)

となることがわかる．式(7.2.2)は，低周波数域の緩和モード分布は指数 α だけで決定され，α の減少とともにブロードになることを示す．また，式(7.2.3)は，高周波数域の緩和モード分布は α と γ の両方に依存し，これらの指数の減少とともにブロードになることを示す．

　HN 関数の特性時間 τ_{HN} は，データをこの関数でフィットすれば決定される．（解析的には，$1/\omega_{peak}=\tau_{HN}[\sin\{\pi\alpha\gamma/2(\gamma+1)\}/\sin\{\pi\alpha/2(\gamma+1)\}]^{1/\alpha}$ となる．）しかし，近似的には，α と γ があまり小さくなければ（目安としては $\alpha>0.5$，$\gamma>0.7$ であれば），$\tau_{HN}\cong1/\omega_{peak}$ となる．この場合，ω_{peak} の逆数として τ_{HN} を推定可能であり，τ_{HN} を「最も強度が大きい緩和モード群に対する平均緩和時間」と解釈しても大過ない．特に，$\gamma=1$ であれば，α の値によらず厳密に $\tau_{HN}=1/\omega_{peak}$ となり，この解釈は常に成立する．（$\gamma=1$ の場合の HN 関数は Cole–Cole 関数と呼ばれる．）しかし，$\gamma<0.5$ では，τ_{HN} は $1/\omega_{peak}$ よりかなり大きくなり，この解釈は成立しない．

　上記の点に関連して，$\alpha<1$ であれば，HN 関数が与える $\varepsilon'(0)-\varepsilon'(\omega)$，$\varepsilon''(\omega)$ は，$\omega\ll1/\tau_{HN}$ という低周波数極限においても，誘電緩和の完了を特徴づけるべき乗型の関係（$\varepsilon'(0)-\varepsilon'(\omega)\propto\omega^2$，$\varepsilon''(\omega)\propto\omega$；式(6.7.12)）を示さないことを強調したい．高分子固体については，ほぼ常に $\alpha<1$ であると報告されているが[3]，この場合について式(6.7.13)に従って HN 関数が与える $\langle\tau\rangle_{w,\varepsilon}$ と $\langle\tau\rangle_{n,\varepsilon}$ を計算すると，いずれも無限大となる．したがって，有限の緩和時間をもつ物質系の遅い緩和挙動は HN 関数では記述できない．誘電データを HN 関数でフィットして解析を試みる際には，この関数が（実際の緩和が完了するような）低周波数域では使用できないことに留意する必要がある．また，HN 関数が，まったく分子論的根拠をもたないことにも留意が必要である．

　HN 関数に比べて使用頻度は少ないが，下記の Kohlrausch–Williams–Watts 関数

[注1] 式(7.2.2)の $\varepsilon'(0)-\varepsilon'(\omega)$，$\varepsilon''(\omega)$ の周波数依存性が，フラクタル構造をもつ臨界ゲルの貯蔵剛性率 $G'(\omega)$，損失剛性率 $G''(\omega)$ の周波数依存性（F. Chambon and H. H. Winter, *J. Rheol.*, **31**, 683 (1987)）と一致することは興味深い．

第 7 章　高分子の固体物性

（KWW 関数）も，誘電データをフィットするためのモデル関数として，多くの文献で用いられている[3,4]．

KWW 関数： $\Phi°(t) = \exp[-(t/\tau_{\mathrm{KWW}})^\beta]$ 　$(0 < \beta \leq 1)$ 　　　　　　(7.2.4)

実験データのフィットから決定される KWW 関数のパラメータは，特性時間 τ_{KWW} および指数 β である．この関数に対応する $\varepsilon'(\omega)$，$\varepsilon''(\omega)$ は式(6.7.7)の Fourier 変換で与えられるが，その結果は初等関数では記述されず，ガンマ関数を含む級数となる[5,6]．しかし，数値的に Fourier 変換を行うことは比較的容易であるので，$\varepsilon'(\omega)$ データ，$\varepsilon''(\omega)$ データを KWW 関数の Fourier 変換でフィットして τ_{KWW} と β を決定することに困難はない．（もちろん，$\Phi°(t)$ データが実験から求まっているのであれば，データを式(7.2.4)で直接フィットして τ_{KWW} と β を決定することができる．）

τ_{KWW} と β の意味の視覚的理解のため，図 7.16 と同様に，異なる β の値に対して，規格化した動的誘電率の減少分 $\Delta\varepsilon'(\omega)/\Delta\varepsilon$ と規格化誘電損失 $\varepsilon''(\omega)/\Delta\varepsilon$ を比較することが有効である．これらの量を規格化周波数 $\omega\tau_{\mathrm{KWW}}$ に対して両対数プロットした結果を図 7.17 に示す．（$\Delta\varepsilon'(\omega)/\Delta\varepsilon$ と $\varepsilon''(\omega)/\Delta\varepsilon$ は，$\Phi°(t)$ を数値的に Fourier 変換して得たものである．）β の減少とともに，誘電緩和モード分布がブロードになること，すなわち，β がこの分布を決定するパラメータであることがわかる．この意味において，KWW 関数の β は，HN 関数の α，γ と類似のパラメータである．しかし，図 7.17 の実線が示すように，小さな β に対しても，KWW 関数が与える $\Delta\varepsilon'(\omega)/\Delta\varepsilon$ と $\varepsilon''(\omega)/\Delta\varepsilon$ は，十分低周波数域において ω^2 と ω に比例し，終端緩和挙動を示す．この挙動は下記の関係式で記述される[6]．

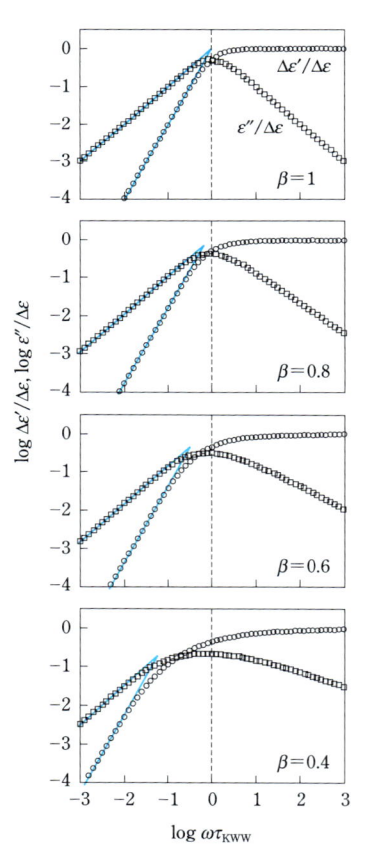

図 7.17　Kohlrausch–Williams–Watts 関数が与える動的誘電率の減少分と誘電損失の周波数依存性

KWW 関数の低周波数域（$\omega \ll 1/\tau_{HN}$）での挙動：

$$\frac{\varepsilon'(0)-\varepsilon'(\omega)}{\Delta \varepsilon} = \langle\tau\rangle_{w,\varepsilon}\langle\tau\rangle_{n,\varepsilon}\omega^2 \propto \omega^2, \quad \frac{\varepsilon''(\omega)}{\Delta \varepsilon} = \langle\tau\rangle_{n,\varepsilon}\omega \propto \omega \quad (7.2.5)$$

$$\langle\tau\rangle_{n,\varepsilon} = \frac{\Gamma(1/\beta)}{\beta}\tau_{KWW}, \quad \langle\tau\rangle_{w,\varepsilon} = \frac{\Gamma(2/\beta)}{\Gamma(1/\beta)}\tau_{KWW} \quad (7.2.6)$$

ここで，$\Gamma(x) = \int_0^\infty \xi^{x-1}\exp(-\xi)d\xi$ はガンマ関数である．

KWW 関数の特性時間 τ_{KWW} は，データをこの関数の Fourier 変換でフィットすれば決定される．近似的には，β があまり小さくなければ（目安としては $\beta > 0.7$ であれば）$\tau_{KWW} \cong 1/\omega_{peak}$ となり，τ_{KWW} を「最も強度が大きい緩和モード群に対する平均緩和時間」と解釈しても大過ない．しかし，図 7.17 が示すように，β の減少に伴い，τ_{KWW} は $1/\omega_{peak}$ よりかなり小さくなり，この解釈は成立しなくなる．

上記のように，KWW 関数は，HN 関数とは異なり，有限の緩和時間をもつ物質系の終端緩和挙動を記述することができる．また，4 章で述べたように，分子論的議論から，協同運動性が強い場合の緩和関数は KWW 関数となることも示唆されている[3,4]．これらの観点から，誘電データをモデル関数でフィットして解析する場合には，HN 関数よりも KWW 関数を用いる方が望ましい．ただし，これらの関数のパラメータには，下式に示す近似的な互換性[7]が報告されているので，HN 関数によるフィットで $\alpha, \gamma, \tau_{HN}$ を決定し，これらのパラメータから KWW 関数の β, τ_{KWW} を求めることも可能である[注2]．

$$\beta = (\alpha\gamma)^{0.813}, \quad \tau_{KWW} = \tau_{HN}\exp[-5.99(1-\beta)^{0.5}e^{-3\beta}] \quad (7.2.7)$$

もちろん，モデル関数を仮定することなく，6.7.1 項で説明した現象論の枠内でデータを解析することがさらに望ましいことはいうまでもない．

B. 高分子固体の誘電特性を記述する分子論の枠組み[3〜5,7]

誘電データを分子運動と対応付けるためには，規格化誘電緩和関数 $\Phi°(t)$ を，分子の微視的な構造量（たとえば分子のボンドベクトル）を用いて表現する必要がある．すでに，6.7.2 項で説明したように，$\Phi°(t)$ は平衡状態における双極子のゆらぎを反映する（式(6.7.14)参照）．この状況は，A 型双極子による誘電緩和でも，B 型双極子または C 型双極子による誘電緩和でも同じである．しかし，$\Phi°(t)$ が分子の運動相関を直接反映するか否かという点で，両者の間には以下に述べる差が存在する．

[注2] ただし，式(7.2.2)，(7.2.5)の比較から明らかなように，KWW 関数と HN 関数の間に厳密な互換性はない．

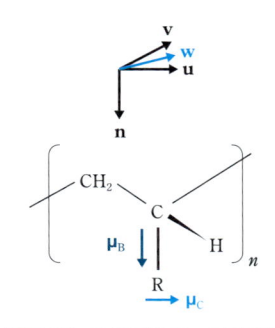

図 7.18 B型双極子，C型双極子をもつビニルポリマーの模式図
図を見やすくするため，鎖番号 i，モノマー番号 j は省略した．

A型双極子をもつ高分子鎖の場合，双極子の反転がなければ，鎖の分極 **P** はその末端間ベクトル **R** に比例する．したがって，このような鎖の誘電緩和は，末端間ベクトルに対応する大きな空間スケールでの鎖運動を反映する．双極子が小さく，双極子－双極子相互作用が弱い限り，この空間スケールにおける鎖の形態と運動に対して，鎖の頭と尾は識別されない（すなわち，鎖の集団内の β 番目の鎖が末端間ベクトル $\mathbf{R}^{[\beta]}$ をもつ状態と $-\mathbf{R}^{[\beta]}$ をもつ状態は等確率で出現する）．したがって，鎖の集団全体に対して $\alpha \ne \beta$ ならば $\langle \mathbf{R}^{[\alpha]}(t) \cdot \mathbf{R}^{[\beta]}(0) \rangle_{\mathrm{eq}} = 0$ となって $\Phi^\circ(t)$ には異なる鎖の間の運動相関が直接反映されないので，$\Phi^\circ(t) = \langle \mathbf{R}(t) \cdot \mathbf{R}(0) \rangle_{\mathrm{eq}} / \langle \mathbf{R}^2 \rangle_{\mathrm{eq}}$（式(6.7.15)）となることが結論される．換言すれば，異なる鎖同士は運動相関を示すが，鎖の頭と尾が識別されないために，A型鎖の $\Phi^\circ(t)$ はこの相関を検出しえない量となっている．（なお，6.7.2項では，鎖をGauss性を示す部分鎖に分割し，部分鎖についての議論からこの結論を導いた．）

一方，B型またはC型双極子による誘電緩和は，Gauss性が現れないような小さな空間スケールでの鎖運動を反映するため，上記の運動相関と配向相関が $\Phi^\circ(t)$ に反映される．この点をより正確に理解するため，図7.18のようにB型双極子とC型双極子をもつビニルポリマーを考える．単純化のため，C型双極子は，主鎖骨格と側鎖Rを結ぶ結合（図中の太い実線）に対して直交する面内にあるとする．系中の i 番目の鎖の j 番目のモノマーに着目し，そのB型双極子 $\boldsymbol{\mu}_\mathrm{B}^{[i,j]}$ の方向の単位ベクトル $\mathbf{n}^{[i,j]}$，モノマーの主鎖結合（細い実線）がつくる面内で $\mathbf{n}^{[i,j]}$ に垂直な方向の単位ベクトル $\mathbf{u}^{[i,j]}$，および，残りの一方向の単位ベクトル $\mathbf{v}^{[i,j]} (= \mathbf{u}^{[i,j]} \times \mathbf{n}^{[i,j]})$ を導入する．モノマーの配向方向を規定するこれらの単位ベクトルを用いれば，双極子ベクトルを $\boldsymbol{\mu}_\mathrm{B}^{[i,j]} = \mu_\mathrm{B} \mathbf{n}^{[i,j]}$, $\boldsymbol{\mu}_\mathrm{C}^{[i,j]} = \mu_\mathrm{C} \mathbf{w}^{[i,j]}$ と表記することができる．ここで，μ_B, μ_C はそれぞれの双極子の大きさであり，$\mathbf{w}^{[i,j]}$ は $\mathbf{u}^{[i,j]}$ と $\mathbf{v}^{[i,j]}$ がつくる平面内で回転する単位ベクトルである．この表記を用い，さらに，側鎖の運動が主鎖結合まわりのねじれ運動（ミクロブラウン運動）より十分速く $\mathbf{w}^{[i,j]}$ は $\mathbf{n}^{[i,j]}$ と相関がないと大胆に仮定すれば，$\Phi^\circ(t)$ の一般的表現である式(6.7.14)は

$$\Phi^\circ(t) = \frac{1}{K} \sum_{i,i'} \sum_{j,j'} \left\{ \mu_\mathrm{B}^2 \langle \mathbf{n}^{[i,j]}(t) \cdot \mathbf{n}^{[i',j']}(0) \rangle_{\mathrm{eq}} + \mu_\mathrm{C}^2 \langle \mathbf{w}^{[i,j]}(t) \cdot \mathbf{w}^{[i',j']}(0) \rangle_{\mathrm{eq}} \right\} \quad (7.2.8\mathrm{a})$$

$$K = \sum_{i,i'}\sum_{j,j'}\left\{\mu_{\mathrm{B}}^{2}\langle\mathbf{n}^{[i,j]}(0)\cdot\mathbf{n}^{[i',j']}(0)\rangle_{\mathrm{eq}} + \mu_{\mathrm{C}}^{2}\langle\mathbf{w}^{[i,j]}(0)\cdot\mathbf{w}^{[i',j']}(0)\rangle_{\mathrm{eq}}\right\} \tag{7.2.8b}$$

と書き直される.(K は $\Phi°(0)=1$ を保証する規格化定数である.)メルト中(または濃厚溶液中)では,あるモノマーの近傍に,隣接した鎖のモノマーが系の密度を保つように方向をある程度揃えてパッキングされている.このため,これらのモノマー間には同一時刻における配向相関(等時配向相関)が発生し,式(7.2.8b)に含まれる $\langle\mathbf{n}^{[i,j]}(0)\cdot\mathbf{n}^{[i',j']}(0)\rangle_{\mathrm{eq}}$ 項と $\langle\mathbf{w}^{[i,j]}(0)\cdot\mathbf{w}^{[i',j']}(0)\rangle_{\mathrm{eq}}$ 項は,$i\neq i'$, $j\neq j'$ でも,一般には 0 とならない.また,このパッキングのため,近接する側鎖の回転($\mathbf{w}^{[i,j]}$ の時間変化)や,近接するモノマーの主鎖骨格のねじれ($\mathbf{n}^{[i,j]}(t)$ の時間変化)に運動相関が発生する(式(7.2.8a)の $\langle\mathbf{n}^{[i,j]}(t)\cdot\mathbf{n}^{[i',j']}(0)\rangle_{\mathrm{eq}}$ 項と $\langle\mathbf{w}^{[i,j]}(t)\cdot\mathbf{w}^{[i',j']}(0)\rangle_{\mathrm{eq}}$ が,$i\neq i'$, $j\neq j'$ でも,一般には 0 とならない).さらに,希薄溶液中ですら,同一鎖中の隣接モノマー間には,主鎖骨格の回転ポテンシャルによって,等時配向相関と運動相関が発生する.これらの相関は,隣接モノマー間の距離が鎖の Gauss 性が現れないような短距離であるために必然的に発生する相関である.この点において,B 型および C 型双極子による誘電緩和は,Gauss 性が現れる大きな空間スケールにおける運動を反映する A 型鎖の誘電緩和とは,大きく異なる.

上記の説明から明らかなように,B 型および C 型双極子に由来する高分子固体の誘電緩和は,等時配向相関と運動相関を示すモノマーの集団の協同的運動を反映する.したがって,式(7.2.8)に含まれる和 $\sum_{i,i'}\sum_{j,j'}$ は,協同的運動が現れる領域に含まれるすべてのモノマーについての和を意味する.この協同運動領域(cooperative domain または cooperatively rearranging region)の体積 V_{c} は,高温では温度にあまり依存しないが,T_{g} 近傍まで温度を低下させると急激に増加すると考えられている[3].したがって,高分子固体の誘電緩和を分子論的に正確に理解しようとすると,V_{c} についての知見が必要となる.4 章で説明したように,V_{c}(あるいは協同運動性そのもの)については,いくつかの理論が提唱されているが,理論に頼らず純実験的に V_{c} を決定した報告例はない[注3].この点において,高分子固体の誘電緩和をもたらす分子運動に対する実験的理解は,A 型鎖の液体の誘電緩和をもたらす分子運動(個々の鎖の末端間ゆらぎ)に対する理解に比べて不十分であることは否めない.しかしながら,理論に頼った形ではあるものの,高分子固体の誘電緩和についての理解も着実に進展して

[注3] 主鎖骨格のねじれによって発生する伸長応力は,図 7.18 の $\mathbf{n},\mathbf{v}$ を用いて $\sigma_{\mathrm{E}}\propto\sum_{i,j}\langle\mathbf{n}^{[i,j]}(t)\mathbf{n}^{[i,j]}(t)-\mathbf{v}^{[i,j]}(t)\mathbf{v}^{[i,j]}(t)\rangle_{zz}$($z$ は伸長方向)と表される.このことに着目して,協同運動領域の体積 V_{c} が温度に依存しない高温域においては,粘弾性緩和挙動と B 型双極子による誘電緩和挙動との比較から,V_{c} に対応する距離 ξ($\sim V_{\mathrm{c}}^{1/3}$)が実験的に推定されている(Y. Matsumiya, A. Uno, H. Watanabe, T. Inoue, and O. Urakawa, *Macromolecules*, **44**, 4355 (2011)).

いる．以下では，高分子固体の誘電緩和挙動の例を示し，それについての理解の現状を簡単に説明する．

C. セグメント緩和（α 緩和）

図 7.19 は，種々の温度におけるポリビニルメチルエーテル（PVME）の規格化誘電緩和関数 $\Phi°(t)$ のデータを示す．実線は，KWW 関数でデータをフィットした結果である．PVME は B 型双極子と C 型双極子の両方をもつが，ここで観察される誘電緩和過程は，主に，主鎖結合まわりのねじれ運動（ミクロブラウン運動）に伴う B 型双極子のゆらぎを反映する．このような緩和過程を**セグメント緩和過程**または**α 緩和過程**と呼ぶ．

図 7.19 では，まず，温度 T が PVME の T_g（247 K）まで低下すると，誘電緩和が著しく遅延されることが着目される．この挙動は，温度低下とともに平均緩和時間 τ が著しく増加することを示すが，定量的には式(7.2.9)で示す Vogel–Fulcher–Tammann 式（VFT 式）でよく記述される．

VFT 式： $\tau(T) = \tau_\infty \exp\left(\dfrac{B}{T - T_0}\right)$ (7.2.9)

ここで，τ_∞ は高温極限での平均緩和時間，B は物質に固有の定数である．また，T_0 は Vogel 温度と呼ばれ，着目する分子運動（図 7.19 ではミクロブラウン運動）が完全に凍結する温度と解釈されている．なお，VFT 式は 6.5.3 項で説明した WLF 式と等価な式である．

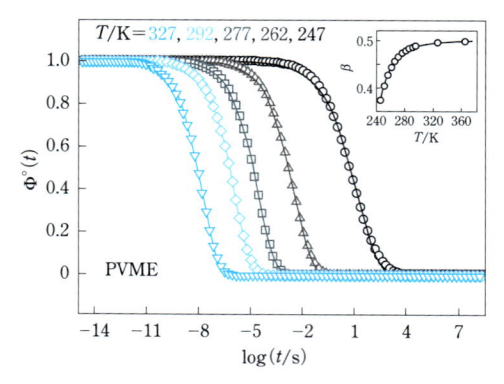

図 7.19 種々の温度における PVME の規格化誘電緩和関数 $\Phi°(t)$ のデータと KWW 関数（実線）の比較 $\Phi°(t)$ データは実測の ε'' データから換算されたものである．挿入図は，KWW 指数 β の温度依存性を示す．
〔D. Cangialosi *et al.*, *J. Chem. Phys.*, **130**, 124902（2009）〕

また，図 7.19 から，$\Phi°(t)$ データの t 依存性に反映される誘電緩和モード分布が，T_g より十分高温域では温度に依存しないが，T_g の近傍では温度低下とともにブロードになることもわかる．この挙動は，データに対するフィットから得られた KWW 指数 β にも如実に反映される．すなわち，挿入図に示すように，モード分布の広さを表す指数 β は，T_g より十分高温では温度に依存しないが，T_g の近傍では温度低下とともに減少する．

このモード分布の変化は，温度低下とともモノマーの協同運動性が高くなることを反映し，4 章で説明した Adam–Gibbs 理論，モード結合理論や，協同運動領域間の動的相関を想定する Ngai のカップリングモデル[8,9]などに基づいて盛んに検討されてきた．たとえば，カップリングモデルは，規格化緩和関数が KWW 関数となることや，この動的相関による運動の遅延を表すパラメータ $n (0 < n \leq 1)$ と KWW 関数の指数 β，特性時間 τ_{KWW} が

$$\beta = 1 - n, \quad \tau_{KWW} = \{[1-n]\omega_c^n \tau_0(T)\}^{1/(1-n)} \quad (7.2.10)$$

という関係を満たすことを示唆する．ここで，$\tau_0(T)$ は上記の動的相関による運動の遅延がない仮想的状況下における緩和時間であり，式(7.2.9)の VFT 型の温度依存性を示す．また，ω_c は動的相関による運動の遅延が始まる時間の逆数と意味付けられている．

式(7.2.10) は，β が温度に依存しない高温域では n も定数となり，$\tau_{KWW}(T) (\propto \exp[B'/(T-T_0)], B' = B/(1-n))$ が VFT 型の温度依存性をもつことや，β が減少し n が増加する低温域では τ_{KWW} が VFT 型より強い温度依存性を示すことを予言し，実験データと矛盾しない．また，低温域の n の増加は協同運動領域が実効的に大きくなることに対応し，式(7.2.8)に対する前記の説明と整合する．Adam–Gibbs 理論，モード結合理論についても，同様に，実験との整合性が確認されている．

しかしながら，実際の高分子固体の誘電緩和過程およびその他の緩和過程に対して，鎖のどの部分が運動の単位となっているか（すなわち，どの程度に強い運動相関が発生し，協同運動領域がどのくらい大きいか）を純実験的に示すデータは皆無に近いのが現状である．したがって，上記のモデルや理論に基づく議論は，まだ十分には検証されていない．この検証を目指して，さらなる研究が行われている．

D. 副緩和（β 緩和，γ 緩和，…）

図 7.20 は，種々の温度におけるシンジオタクチックポリメタクリル酸メチル（sPMMA；$M = 5$ 万）の誘電損失 ε'' の角周波数 ω 依存性を示す．挿入図は，410 K における ω 依存性を両対数スケールで表示する．sPMMA は B 型双極子と C 型双極子

第7章 高分子の固体物性

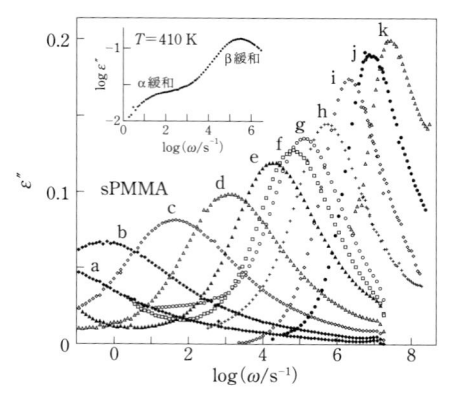

図 7.20 種々の温度 T における sPMMA の誘電損失 ε'' のデータ
温度 T は (a) 220 K,(b) 260 K,(c) 300 K,(d) 340 K,(e) 380 K,(f) 400 K,(g) 410 K,(h) 430 K,(i) 450 K,(j) 470 K,(k) 490 K.挿入図は 410 K のデータの両対数プロットを示す.
[R. Bergman *et al.*, *J. Chem. Phys.*, **109**, 7546(1998)]

の両方をもつが,側鎖のカルボキシル基のため,後者の方が大きい.このため,ε'' データには,ミクロブラウン運動に伴う B 型双極子のゆらぎを反映するセグメント緩和(α 緩和)に加えて,側鎖の回転による C 型双極子のゆらぎを反映する副緩和が大きく寄与する.(挿入図から,この副緩和の強度が α 緩和の強度よりかなり大きいことがわかる.)物質によっては,副緩和が 1 種類とは限らず,また,その機構も側鎖の回転のみとは限らない.(後述のポリスチレンは少なくとも 4 種類の副緩和を示す.)通常,このような副緩和を遅い順に β 緩和,γ 緩和,δ 緩和,…というふうにギリシャ字の降順で命名する(4 章参照).したがって,図 7.20 の副緩和は β 緩和と命名される.なお,この命名法では緩和の機構を一切考慮していないので,異なる物質について同一名称(たとえば γ)で呼ばれる緩和の機構が異なることも十分にありうることに留意されたい.(また,$\alpha, \beta, \gamma, \cdots$ という名称は,前述の HN 関数,KWW 関数の指数を表す記号と紛らわしいが,これについても混乱がないよう留意されたい.)

　図 7.20 の ε'' データを α 緩和,β 緩和に対する 2 種類の HN 関数の和でフィットし,それぞれの緩和過程に対する HN パラメータが求められている.図 7.21 は HN 特性時間 τ_{HN} の温度依存性を,また,図 7.22 は β 緩和に対する HN 指数 α, γ の温度依存性を示す.

　sPMMA の α 緩和の τ_{HN} の温度依存性は,図 7.21 に実線で示すように,VFT 型(式(7.2.9))である.また,その HN 指数 α は,β 緩和が大きく寄与する図 7.20 のデータからは高精度で決定はできないものの,温度が $T_{\mathrm{g}}(=410\,\mathrm{K})$ まで低下すると減少

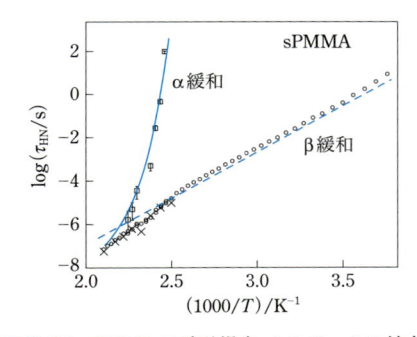

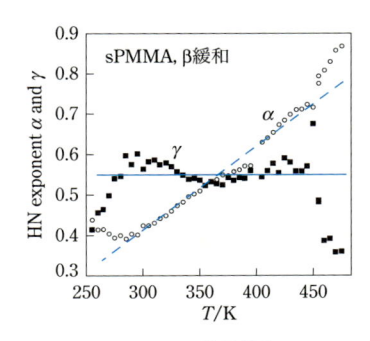

図 7.21 PMMA の誘電損失 ε'' のデータに対するフィットから得られた τ_{HN} の温度依存性.
[R. Bergman *et al*., *J. Chem. Phys*., **109**, 7546（1998）]

図 7.22 PMMA の誘電損失 ε'' のデータに対するフィットから得られた HN 指数 α, γ の温度依存性
[R. Bergman *et al*., *J. Chem. Phys*., **109**, 7546（1998）]

する．これらの特徴は，図 7.19 で検討した PVME の α 緩和の特徴と同じである．

一方，sPMMA の β 緩和の τ_{HN} は，図 7.21 に破線で示すように，Arrhenius 型の温度依存性

$$\tau \propto \exp\left(\frac{E_a}{RT}\right) \qquad (7.2.11)$$

を示す．（ここで，E_a は活性化エネルギー，R は気体定数，T は絶対温度である．）この温度依存性は VFT 型の温度依存性より弱いため，温度上昇に伴う緩和の加速の程度は，β 緩和の方が α 緩和より小さい．このため，十分に高温では，これらの緩和の速さがほぼ同じとなり，図 7.20 において α 緩和が β 緩和に吸収されているように見える．また，図 7.22 が示すように，そのような高温では β 緩和の HN 指数 α が増加して 1 に近づき，緩和モード分布が狭くなる．これらの挙動は，極性が高い側鎖をもつ sPMMA の特徴である．

なお，T_g 以下の低温では α 緩和は観測にかからないほど遅くなるが，sPMMA の場合，そのような低温（たとえば室温）でも β 緩和は十分な速さで起こっている（300 K では $\tau_{HN}(\beta) \cong 0.1$ s；図 7.21 参照）．sPMMA の優れた耐衝撃性は，この速い β 緩和に由来すると考えられている．

図 7.23 は，アタクチックポリスチレン（aPS；M = 24 万）に対して，角周波数を 690 s^{-1} に固定し，温度を変えて ε'' を測定した結果を示す[注4]．温度上昇とともに緩和

[注4] 図 7.23 のように ω を固定し，温度を変えて行う測定を温度分散測定と呼び，図 7.20 のように温度を固定し ω を変えて行う測定を周波数分散測定と呼ぶ．

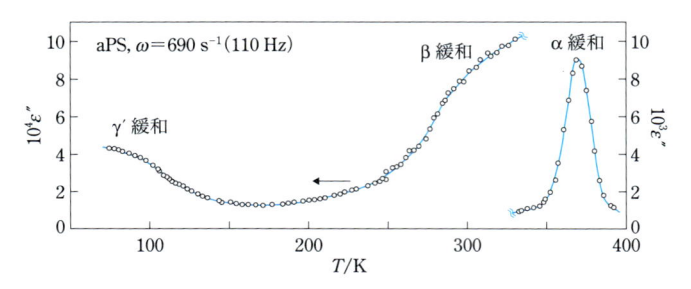

図 7.23 $\omega = 690\ \text{s}^{-1}$ における aPS の誘電損失 ε'' の温度依存性
[O. Yano and Y. Wada, *J. Polym. Sci.: Part A-2*, **9**, 669 (1971)]

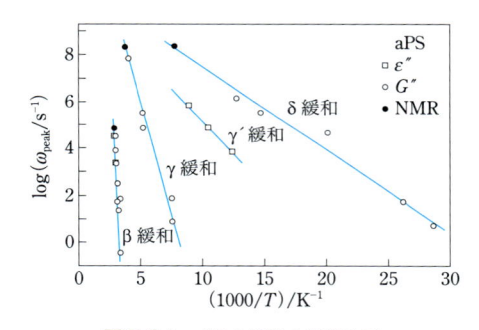

図 7.24 aPS の緩和の分散地図
[O. Yano and Y. Wada, *J. Polym. Sci.: Part A-2*, **9**, 669 (1971)]

は加速されるので,この測定結果は一定温度において角周波数を変えた測定と定性的に等価となり,高温および低温のデータが一定温度下での低周波数および高周波数でのデータに対応する.この対応に基づき,図 7.23 で観察される 3 種類の緩和は,高温側から α 緩和,β 緩和,γ' 緩和と命名されている.(後述のように,誘電緩和測定では検出されない力学的な副緩和が 150〜200 K に出現する[10].この副緩和を γ 緩和と呼ぶ都合上,図 7.23 において 100 K 以下で観察される副緩和は γ' 緩和と呼ばれる.)

aPS は B 型双極子をもつので,そのミクロブラウン運動は誘電緩和を誘起する.図 7.23 の α 緩和はこの運動を反映する.一方,側鎖であるフェニル基の対称性のため,aPS は通常の C 型双極子はもたない.したがって,β 緩和は側鎖の回転に由来する緩和ではない.このように機構が不明な副緩和を検討する際には,ε'' およびその他の量について,ピークの角周波数 ω_{peak} の温度依存性を調べることがしばしば有効となる.

この観点から図 7.24 に,aPS の種々の副緩和過程について,ω_{peak} を $1/T$ に対して

表 7.2　aPS の副緩和の特徴

副緩和	E_a/kJ mol^{-1}	測定手法*		
		誘電緩和測定	粘弾性緩和測定	NMR 測定
β	126	○	○	○
γ	38	×	○	○
γ′	11	○	×	×
δ	6.7	×	○	○

*○は検出，×は不検出

プロットした結果を示す（このプロットは分散地図と呼ばれる）[注5]．ここでは，誘電緩和測定で得た ε'' の ω_{peak} に加えて，粘弾性緩和測定で得た損失剛性率 G'' の ω_{peak} および NMR 測定で得たスピン－格子緩和時間が最小となる NMR 周波数をプロットしてあるが，各副緩和過程がこれらの 3 種類の測定のすべてで検出されるわけではない．

表 7.2 には，それぞれの副緩和がどの測定で検出されたかをまとめる．図 7.24 が示すように，aPS のすべての副緩和の平均緩和時間 $1/\omega_{peak}$ は Arrhenius 型の温度依存性（式(7.2.11)）をもつ．その活性化エネルギー E_a も表 7.2 にまとめる．表 7.2 の結果などに基づき，aPS の副緩和の機構が，下記のように推測されている[10]．

β 緩和は，誘電緩和測定，粘弾性緩和測定，NMR 測定のすべてで検出され，また，図 7.23 が示すように，ミクロブラウン運動に対応する α 緩和よりやや低温の領域に出現する．この結果および β 緩和の E_a 値が大きいことなどから，β 緩和は主鎖骨格の運動（特に振動運動）に関係していると推察されている．

γ 緩和は，粘弾性緩和測定，NMR 測定では検出されるが，誘電緩和測定では検出されないので，双極子のゆらぎを発生させないフェニル基の回転に帰属されている．この帰属は，γ 緩和の E_a 値とも整合する．

逆に，γ′ 緩和は，誘電緩和測定のみで検出され，粘弾性緩和測定，NMR 測定で検出されるほどの強度をもたない．この結果から，γ′ 緩和は，不純物として PS 中に微量に含まれる –C–O–O–C– 結合のような極性結合がわずかにゆらぐ過程に対応すると推察されている．（極性結合は大きな双極子をもつので，粘弾性緩和測定，NMR 測定では検出されないほど微量な極性結合でも誘電緩和測定では検出可能となる．）γ′ 緩和の小さな E_a 値は，極性結合のゆらぎ幅が小さいことと対応すると考えられている．

[注5] 分散地図（dispersion map）では，一般に，副緩和のみならずセグメント緩和（α 緩和）もプロットに含めるが，図 7.24 では，図を見やすくするため，セグメント緩和の ω_{peak} のプロットは省略した．

δ緩和の強度は，タクチシチーが高いイソタクチックポリスチレンでは低下する[10]．この結果などから，aPSでは，タクチシチーの乱れのため，ガラス状態の主鎖に結合されたフェニル基が安定となるサイトが2つ存在し，これらのサイト間のフェニル基の遷移がδ緩和を与えるものと解釈されている．δ緩和が誘電緩和測定では検出されないことや，そのE_a値が非常に小さいことは，この解釈と矛盾しない．

上記のように，誘電緩和測定は，特に他種測定と組み合わせることによって，高分子固体の副緩和の機構を推察することを可能とする．すなわち，誘電緩和測定は，分子運動を検出・同定するスペクトロスコピーとしても機能する．

7.2.2 ■ 高分子固体の導電性

電線の絶縁被覆材料に架橋ポリエチレンやポリ塩化ビニルがよく用いられるように，高分子には導電性を示さないものが多い．しかし，最近では軽量，フレキシブル，ウェアラブルな電化製品の要求が高まっており，導電性をもつ高分子の開発が急速に進められている．また，白川らによってポリアセチレンがドーピングを施すことで高い導電性を示すことが発見され，その功績に対してノーベル賞が授与されたことも記憶に新しい．

導電性物質には金属や半導体と同じように，物質中を電子あるいは正孔が運ばれることによって電気が流れる電子伝導体と，電解質溶液のようにイオンが運ばれることによって電気が流れるイオン伝導体がある．この電子やイオンなどの電荷の運び手をキャリヤーと呼び，高分子にも他の導体と同様に，電子をキャリヤーとする電子伝導体とイオンをキャリヤーとするイオン伝導体が存在する．まずはじめに，導電性を議論するのに必要な基礎知識を確認しておこう．

電子，イオンにかかわらず電気の伝えやすさを表す指標には導電率（電気伝導率）という物性値が用いられる．印加された外部電場Eにより，単位面積あたりの電流（電流密度）Jが流れたとすると，導電率σ（単位$\mathrm{S\,cm^{-1}}$，慣用的にCGS単位系が用いられる）は次のように表される．

$$J = \sigma E \tag{7.2.12}$$

また，σの逆数は抵抗率ρ（単位$\Omega\,\mathrm{cm}$）と呼ばれる．導電率は物質の性質であるため，その物質のもつ単位体積あたりのキャリヤー数（キャリヤー濃度）n，キャリヤーのもつ電荷量q，キャリヤーの移動度μによって導電率σを表すことができる．

$$\sigma = nq\mu \tag{7.2.13}$$

7.2 高分子固体の電気的性質

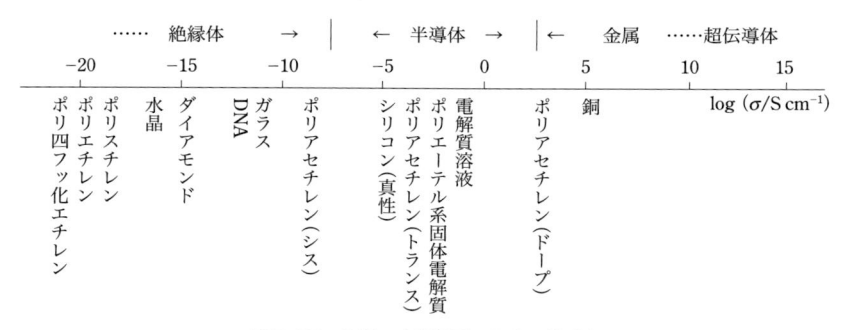

```
   …… 絶縁体    →  |  ← 半導体 → | ←  金属   …… 超伝導体
  -20      -15      -10      -5      0      5      10      15
                                                              log (σ/S cm⁻¹)
ポ ポ 水 ダ ガ ポ     ポ シ     電 ポ             ポ       銅
リ リ 晶 イ ラ リ    リ リ     解 リ              リ
四 ス    ヤ ス ア    ア コ     質 エ              ア
フ チ    モ  DNA セ   セ ン     溶 ー             セ
ッ レ    ン    チ    チ （    液 テ              チ
化 ン    ド    レ    レ 真      ル              レ
エ       　    ン    ン 性      系              ン
チ       　    （    （ ）      固              （
レ       　    シ    ト        体              ド
ン       　    ス    ラ        電              ー
         　    ）    ン        解              プ
               　    ス        質              ）
               　    ）
```

図 7.25 物質の室温付近における導電率

物質の導電率は絶縁体から金属まで 30 桁というきわめて広範囲にわたり，あらゆる物性値の中で最も幅広いとさえいわれる．図 7.25 に示すように導電率が 10^{-7}〜10^{-6} S cm^{-1} 以下の物質を絶縁体と呼び，10^2〜10^3 S cm^{-1} 以上の物質を金属と呼び，その中間の物質が半導体と呼ばれる．ただし，この分類は伝導機構に基づいたものではないため，あくまでも慣用的な分類である．多くの高分子は導電率が小さく絶縁体に分類される．特に，ポリエチレンやポリ四フッ化エチレンなどの無極性高分子は導電率が 10^{-17} S cm^{-1} 以下ときわめて小さく，優れた絶縁材料と呼ぶことができる．ポリエチレンなどの飽和炭化水素化合物では，主鎖骨格を形成する炭素原子の 1 つの 2s 軌道と 3 つの 2p 軌道が sp^3 混成軌道を形成し，隣の炭素原子と共有結合（σ 結合）を形成するが，この σ 結合中の σ 電子が結合上に強く局在するために導電性に寄与しないことが高い絶縁性を示す理由である．わずかに見られる導電性は不純物がもつ電荷に由来することが多く，不純物を可能な限り除去することでよりよい絶縁体となる．

一方で電気をよく流す高分子の開発も進められている．電子伝導体としてあげられる高分子は，主に炭素原子の sp^2 混成軌道または sp 混成軌道同士の結合に基づく π 電子をもつ高分子であるが，高分子単体で高い導電率を示すものはほとんどなく，外部からドーパントによってキャリヤーを注入されてはじめて高い導電率を示す．この点では，半導体として代表的なシリコンと同様といえる．イオン伝導体としてあげられる高分子はガラス転移温度以上の温度域（ゴム領域）において高分子にイオンを外部から注入したものや，水や低分子により可塑化されたイオン性高分子などである．

A. 電子伝導性高分子

主鎖骨格上に π 電子をもち，二重結合と単結合が交互に配列している高分子は，一般に電子伝導性を有する導電性高分子である．図 7.26 に代表的な導電性高分子の構造を示す．ポリアセチレン-(CH)$_n$-を例に見てみると，図 7.27(a) や (b) に示すよう

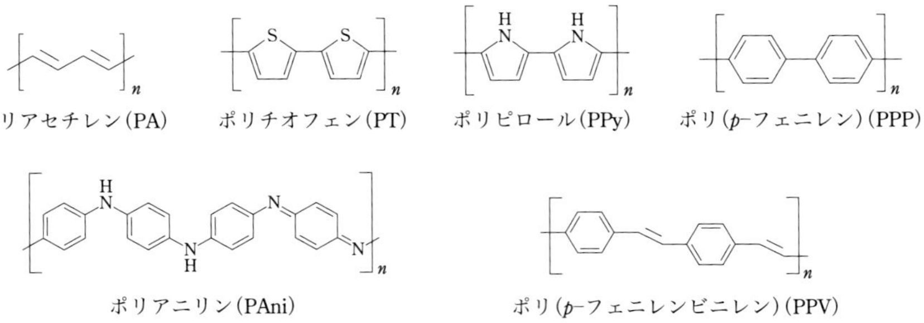

ポリアセチレン(PA)　ポリチオフェン(PT)　ポリピロール(PPy)　ポリ(p-フェニレン)(PPP)

ポリアニリン(PAni)　ポリ(p-フェニレンビニレン)(PPV)

図 7.26　代表的な導電性高分子

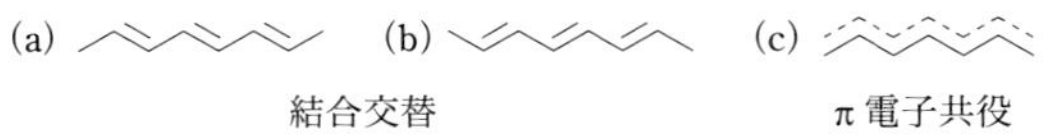

図 7.27　ポリアセチレンの結合
(a), (b) 結合交替. (c) π電子共役.

な二重結合と単結合が交互に配列している（これを結合交替と呼ぶ）のではなく，図 7.27(c)に示すようなすべての結合が1.5重結合的な性質（π電子共役）をもつと考えることができる．このことはベンゼンを考えてみるとわかりやすい．ベンゼンは環状に二重結合と単結合が交互に配列しているように描かれるが，すべての炭素-炭素結合の長さは等しく0.140 nmである．二重結合（0.136 nm）と単結合（0.144 nm）は結合の長さが異なるため，結合交替では説明がつかず，すべての結合が1.5重結合的な性質をもっていると考えることができる．同様にポリアセチレンのような直鎖の高分子においても，1.5重結合的な性質（π電子共役）が主鎖骨格上に発達すると考えることで導電性を説明することができる．

続いて，トランスポリアセチレン（t-PA）の電子状態について見てみよう．Hückel近似によりπ電子のみに着目すると，π電子は長さnaに閉じこめられた状態にあると考えることができる（aは1モノマーあたりの長さ）．原子核からのポテンシャルが内殻の電子により十分遮蔽されているとすると，π電子の波動関数は

$$\psi(x) = A\exp(ikx) \tag{7.2.14}$$

のように表されるが，閉じ込められている効果で波数は離散化し，

$$k_j = \frac{\pi j}{na} \tag{7.2.15}$$

となる．ただし，jは1以上の整数である．分散関係からエネルギーは

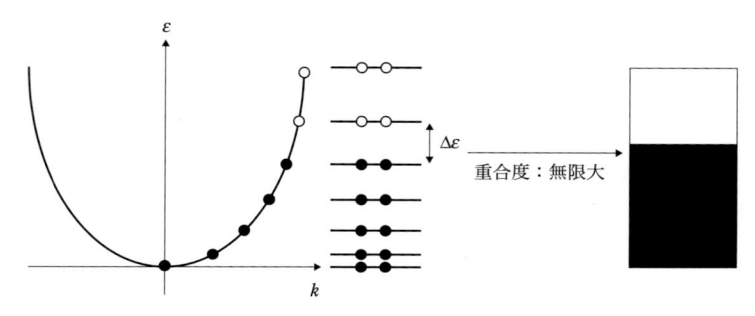

図 7.28 π電子共役における電子状態

$$\varepsilon_j = \frac{\hbar^2 k_j{}^2}{2m} = \frac{\pi^2 \hbar^2 j^2}{2mn^2 a^2} \tag{7.2.16}$$

となる．π電子は全部で n 個あり，各エネルギー準位には 2 個ずつ電子が入ることから，HOMO と LUMO のエネルギー差は

$$\Delta\varepsilon = \varepsilon_{n/2+1} - \varepsilon_{n/2} = \frac{\pi^2 \hbar^2}{2ma^2}\frac{n+1}{n^2} = 19.2\frac{n+1}{n^2} \quad (\text{eV}) \tag{7.2.17}$$

である．$n = 1000$ と仮定すると，$\Delta\varepsilon$ は 0.019 eV と小さな値となり，これは容易に熱エネルギーによって励起できる大きさである．また，重合度が無限大になると，励起エネルギーは無限小となり，金属と同じ半充満型のバンドを形成する（図 7.28）．すなわち，π電子共役は金属伝導を生み出すことになる．しかし，実際の t-PA の導電率は 10^{-5} S cm^{-1} 程度であり，絶縁性高分子よりははるかに高いものの，金属には遠く及ばない．また，t-PA にはバンドギャップが存在することが明らかとなっており，π電子共役によるきわめて小さな励起エネルギーと矛盾する．

こうした矛盾は，実際には π電子共役ではなく，パイエルス転移による結合交替を考えることで解決される．結合交替が起きると，1.5 重結合の長さを自然長としたとき，単結合では結合が伸ばされ，二重結合では結合が縮められるため，結合の弾性エネルギーが $\Delta\varepsilon_{\text{elastic}}$ だけ増加する．一方，π電子共役のバンドと結合交替しているときのバンドを比較すると，結合交替が起きたときには，フェルミエネルギー（電子のつまっている一番高いエネルギー）の付近にバンドギャップが開く．このとき，フェルミエネルギー付近の電子のエネルギーが押し下げられるために，電子エネルギーの総和は結合交替した方がエネルギー $\Delta\varepsilon_{\text{electron}}$ だけ小さいことがわかる．したがって，

$$\Delta\varepsilon_{\text{elastic}} < \Delta\varepsilon_{\text{electron}} \tag{7.2.18}$$

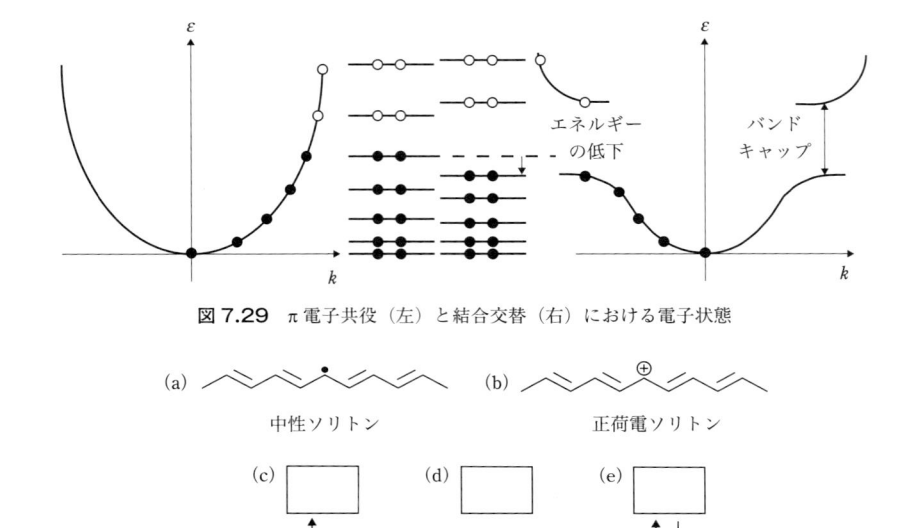

図 7.29 π電子共役(左)と結合交替(右)における電子状態

図 7.30 (a) 中性ソリトン,(b) 正荷電ソリトンの構造,および (c) 中性ソリトン,(d) 正荷電ソリトン,(e) 負荷電ソリトンのバンド構造

の関係が成り立てば,全エネルギーは結合交替をした方が小さく,安定となる(図7.29).実際にこの関係は成り立ち,導電性高分子では結合交替が起こるために,ドーピングをしないそのままの状態では金属ではなく半導体(または絶縁体)となる.

導電性高分子はドーピングによってその電気的性質に加えて,光学的性質,磁気的性質も大きく変化する.ドーピングが及ぼす効果について考えてみよう.t-PAでは図 7.27(a)と(b)に示す2つの状態は同じエネルギーをもち,縮重している.1本の高分子内でこの2つの状態が共存する可能性もあり,その場合は境界に1つのラジカルが残る.これを中性ソリトンと呼ぶ(図 7.30(a)).実際の中性ソリトンでは,1つの炭素だけでこの2つの状態の境界の歪みを負うのではなく,炭素原子 15 個程度で2つの状態の境界の歪みを負っていることがわかっている.しかし,中性ソリトンには電荷がなく,電気伝導には寄与しない.ただし,ラジカル由来の1個のスピンをもつため,ソリトンが動けばスピンは輸送される.ここにヨウ素などの酸化力の強い物質(アクセプター)が添加された場合,中性ソリトンから電子が引き抜かれ,主鎖上に正の電荷が生成する.これを荷電ソリトンと呼ぶ(図 7.30(b)).ナトリウムのなど

7.2 高分子固体の電気的性質

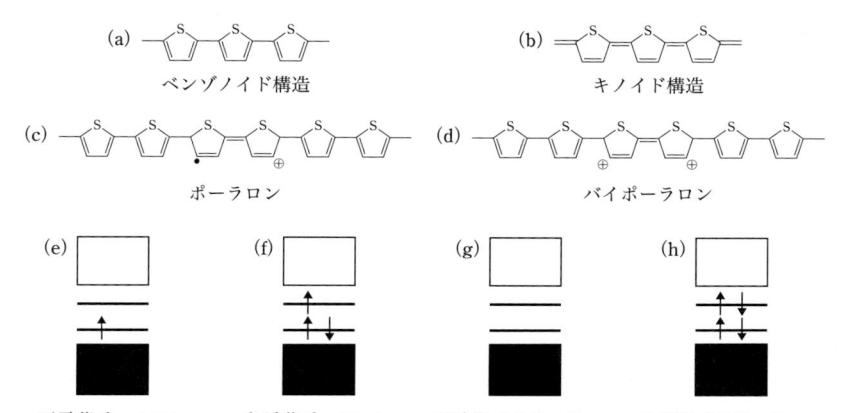

図7.31 PTの(a)ベンゾノイド構造, (b)キノイド構造, (c)ポーラロン, (d)バイポーラロン, および, (e)正電荷ポーラロン, (f)負電荷ポーラロン, (g)正電荷バイポーラロン, (h)負電荷バイポーラロンのバンド構造

の還元力の強い物質(ドナー)が添加された場合には,電子の注入により負の電荷が生成され,同様に荷電ソリトンができる.このアクセプターやドナーを総称して,ドーパントと呼ぶ.荷電ソリトンは電荷をもつため,電気伝導に寄与する.

ポリチオフェン(PT)などのヘテロ芳香環からなる導電性高分子は,炭素原子だけに注目するとシスポリアセチレン(c-PA)と同様の構造をもっていることがわかる.PTの場合,図7.31(a)のベンゾノイドと(b)のキノイドの2つの構造ではエネルギーが異なり,ベンゾノイド構造の方が安定である.しかし,2つのベンゾノイド構造の間にキノイド構造がはさまった状態も考えることができる.それぞれの境界には1つずつのラジカルが存在し,ここにアクセプターを添加すると,1つのラジカルの電子が引き抜かれ,ポーラロンと呼ばれる状態ができる(図7.31(c)).ポーラロンはソリトンよりも広がりが大きく,炭素原子20個程度の長さで2つのベンゾノイドと1つのキノイドの境界の歪みを負っていることがわかっている.さらに,アクセプターを追加すると,もう1つの境界のラジカルからも電子が引き抜かれ,バイポーラロンと呼ばれる状態ができる(図7.31(d)).ポーラロン,バイポーラロンは電荷を有しているために,電気伝導に寄与する.このポーラロンやバイポーラロンはバンドギャップの中にエネルギー準位を有しており,これが数多くできると,バンドギャップ内にポーラロンバンド,バイポーラロンバンドと呼ばれるバンド構造が出現する.さらに,ポーラロンバンド,バイポーラロンバンドが発達すると,ついにはバンドギャップが

埋まり，金属と同じバンド構造が出現することとなる．導電性高分子がドーピングにより高い導電率を示す理由はこのポーラロンバンド，バイポーラロンバンドの発達によると考えられている．

　金属の示すバンド伝導において，抵抗はフォノンや不純物が電子を散乱することによって生じる．この場合，温度の上昇に伴ってフォノンによる散乱が増加するので，抵抗もまた増加する挙動を示す．すなわち，導電率は温度とともに減少することになる．導電性高分子の場合，このようなバンド伝導を高いドーピング濃度で実現した例が報告されているが，ほとんどの実験結果は，導電率が温度とともに増加するという逆の挙動を示している．これは，導電性高分子が一般の高分子同様に大きな形態エントロピーを有し，アモルファスなモルフォロジーを示すため，電子の受けるポテンシャルが乱雑となり，そのため，ポーラロンやバイポーラロンといった電子性キャリヤーが高分子鎖全体に広がったバンドを形成できずに局在することによる．局在した電子性キャリヤーが局在ポテンシャルから脱して電気伝導に寄与するためには熱エネルギー（フォノンのエネルギー）を要するため，温度の上昇とともに導電率が増大すると考えられる．このような導電性高分子の伝導はホッピング伝導によって説明されている．特によく用いられるモデルには可変域ホッピング（バリアブルレンジホッピング，VRH）モデルがある．その温度依存性は次元 d（たとえば1本鎖か，薄膜か，バルクか）によって異なり，

$$\sigma = \sigma_0 \exp\left|-\left(\frac{T_0}{T}\right)^{1/(d+1)}\right| \tag{7.2.19}$$

のように表される．

B. イオン伝導性高分子

　ガラス転移温度以上の温度域（ゴム領域）では，局所的にはミクロブラウン運動により高分子鎖が液体のように動き回っているが，巨視的には絡み合いにより流動が凍結されている．イオン解離やイオン移動のようなイオン伝導性はほとんどこのゴム領域にある高分子において見出されている．ポリエチレンオキシド（PEO）やポリプロピレンオキシド（PPO）に $LiClO_4$，$LiCF_3SO_3$，NaSCN などのアルカリ金属塩を溶解させた複合体が代表的なイオン伝導性高分子であり，高分子固体電解質と呼ばれる．エネルギー問題から電池の研究が盛んに行われているが，二次電池，色素増感太陽電池，燃料電池などにおいて，高分子固体電解質への期待は大きく，その性能は日進月歩で向上している．

　導電率はキャリヤー数（キャリヤー濃度）n とキャリヤーの移動度 μ によって $\sigma = nq\mu$ という式から決定されることは前に述べた．PEO や PPO 中のアルカリ金属塩の

7.2 高分子固体の電気的性質

解離度はかなり高く10%以上ではあると考えられており，解離度によりキャリヤー濃度は決定する．一方，移動度は高分子や塩の種類，温度に強く依存し，これが導電率を支配している．電場Eによりイオンがドリフトするとき，電場から受ける力と摩擦力のつり合いを表す

$$\zeta \mu E = eE \tag{7.2.20}$$

という関係から，移動度μは

$$\mu = \frac{e}{\zeta} \tag{7.2.21}$$

となる．ただし，ζはイオンが媒体から受ける摩擦係数である．さらにStokesの式を用いると移動度は

$$\mu = \frac{e}{6\pi\eta a} \tag{7.2.23}$$

となる．ただし，ηは周囲の媒質の粘度，aはイオンの流体力学的半径である．一方，拡散係数Dとの関係はEinsteinの関係式から，

$$\mu = \frac{eD}{k_B T} \tag{7.2.22}$$

となる．移動度はイオンのサイズや媒体(周囲の高分子)の粘度の影響を強く受け，これが導電率に影響を与えることがわかる．加えて，導電率の温度依存性は粘度の温度依存性に由来することもわかる(図7.32)．

イオン伝導性を示すゴム領域の高分子では，導電率が

$$\log\left|\frac{\sigma(T)}{\sigma(T_0)}\right| = \frac{C_1(T-T_0)}{|C_2+(T-T_0)|} \tag{7.2.24}$$

または，これと数学的に等価な

$$\sigma(T) = \frac{A}{T^{1/2}}\exp\left|-\frac{B}{T-T_0}\right| \tag{7.2.25}$$

のような温度依存性を示すことが知られている．ここで，C_1, C_2, A, Bは定数，T_0はT_gと関わりのある温度である．前者はWilliams-Landel-Ferry式(WLF式)，後

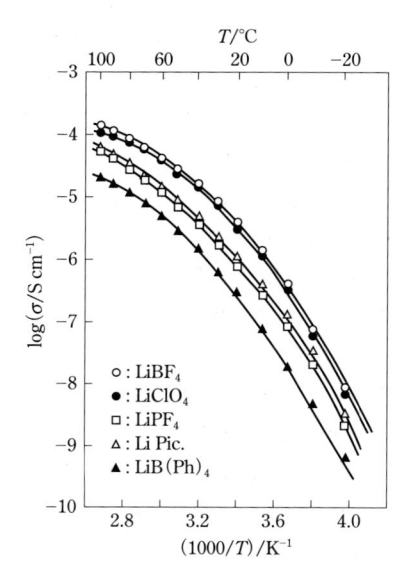

図 7.32 PEO架橋体にリチウム塩を添加したときの導電率の温度依存性
[M. Watanabe et al., *Macromolecules*, **20**, 571 (1987)]

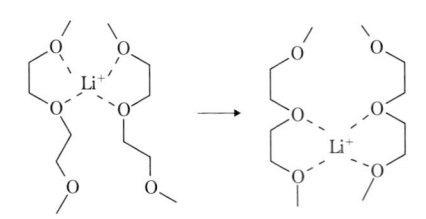

図 7.33 PEO 中での Li イオンの伝導

者は Vogel–Fulcher–Tammann 式（VFT 式）と呼ばれ，ガラス転移にかかわる高分子の粘弾特性（移動因子）や緩和時間の温度変化を表す経験式であり，導電率はガラス転移温度付近から温度とともに数桁増大することがわかる．VFT 式の T_0 は Vogel–Fulcher–Tammann 温度と呼ばれる．実験的には Kauzmann 温度 T_K（ガラスのエントロピーの温度変化を外挿して，結晶のエントロピーの温度変化と一致する温度）に近い値となり，$T_0 = T_g - 50$ K 程度であることが知られている．

以上のような依存性は，イオン伝導が高分子のミクロブラウン運動と密接な関係があることを示している．PEO にアルカリ金属塩を溶解させた複合体の導電率は，電解質の種類によって最大 2 桁程度異なるが，$T_0 = T_g + 50$ K とする WLF 式を適用すると，電解質の種類によらず 1 本の曲線で表すことができる．また，この際の C_1，C_2 といった係数は粘弾特性に関する値に近い値となる．このことはイオン伝導が高分子鎖の局所的な運動の影響を強く受けていることを意味する．イオンは高分子鎖とのイオン–双極子相互作用によって，高分子鎖（PEO や PPO の場合，主鎖上のエーテル酸素）に強く溶媒和され，この溶媒和状態を保ちながら高分子鎖のミクロブラウン運動などの局所運動を介して移動すると考えられる（図 7.33）．

導電率の塩濃度依存性からも高分子の運動性との関係が見てとれる．塩濃度を上げていくと，はじめ導電率は急激に上昇するが，その後ほぼ一定となり，塩濃度が PEO や PPO などの高分子マトリックスのエーテル酸素に対して 5% という値を超えると，むしろ導電率は減少に転じる．また，導電率の減少は高分子の粘度の増大やガラス転移温度の上昇と同時に起こることが知られている．したがって，アルカリ金属塩が高分子主鎖上のエーテル酸素により溶媒和されることで，高分子の運動性が低下し，移動度の低下が起こることがわかる．イオン伝導性高分子の導電率は一般に，電解質水溶液の導電率と比べ，粘度が大きい分だけ小さくなり，導電率が大きい場合でも $10^{-3} \sim 10^{-4}$ S cm^{-1} 程度である．

7.3 ■ 高分子固体の光学的性質

非晶性高分子は，レンズ，波長板，光ファイバーなどの光学用途に幅広く利用されている．こうした用途では，高分子固体の屈折率，複屈折などの光学的性質の知見が不可欠である．ここでは，巨視的物理量である屈折率，複屈折と，分子分極率などの微視的物理量を関係づける表式について説明し，屈折率，複屈折と化学構造との関係について述べる．なお，対象は主として非晶性高分子のガラス状態とするが，複屈折についてはゴム状態についても言及する．

7.3.1 ■ 屈折率

A. 屈折率の定義とスネルの法則

屈折率 n は，媒質中の光の速度（位相速度）v に対する真空中の光の速度 c の比として定義される．

$$n = \frac{c}{v} \tag{7.3.1}$$

屈折率は物質中での光の進み方を記述する上での指標であるが，屈折率が問題となるのは主に界面である．図 7.34 のように，光が入射角 θ_1 で屈折率 n_1 の媒質 1 から屈折率 n_2 の媒質 2 に入射する場合を考える．入射光の一部は反射角 θ_1 で反射される．入射角 θ_1 と透過光の角度 θ_2 の間には次式で表される Snell の法則が成立する．

$$n_1 \sin\theta_1 = n_2 \sin\theta_2 \tag{7.3.2}$$

$n_1 > n_2$ のとき，$\theta_1 = 90°$ での θ_2 を臨界角 θ_c と呼ぶ．$n_1 < n_2$ のとき，$\theta_1 > \theta_c$ での入射光は透過することができずにすべて反射される（全反射）．

屈折率の測定には，アッベの屈折計がよく用いられる．最近では，薄膜の光学的性質に興味がもたれており，こうした場合には，エリプソメトリーなどが利用されている．

B. 波長分散性

虹は，太陽の光が空気中の水滴に

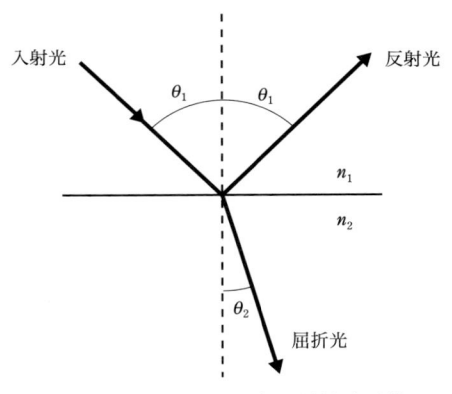

図 7.34 界面における光の屈折と全反射

第 7 章 高分子の固体物性

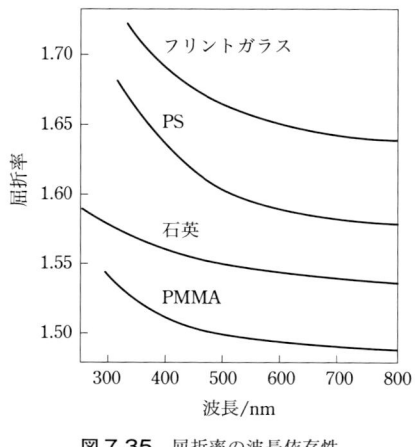

図 7.35 屈折率の波長依存性

よって屈折・反射されるときに，水滴がプリズムの役割をするために光が波長ごとに分解されて，複数色の帯が観測される気象現象である．光が波長によって分解されるのは，水の屈折率が光の波長によって異なること（波長分散性）に由来する．屈折率の波長依存性の例を，図7.35に示す．短波長の光ほど屈折率は大きくなるが，その程度は物質によって異なる．屈折率の波長依存性を表す指標としてよく用いられるのは，次式で定義されるアッベ数 ν_D である．

$$\nu_D = \frac{n_D - 1}{n_F - n_C} \tag{7.3.3}$$

ここで，屈折率 n の添え字は波長を表し，n_i (i = C, D, F) は波長 i における屈折率の値を示す．C, D, F は，フラウンホーファー線（太陽光の可視光スペクトルに観測される一連の暗線で，太陽の上層に存在する種々の元素の吸収スペクトルに由来する）のそれぞれ C 線（656 nm），D 線（598 nm），F 線（486 nm）である．D 線の代わりに，d 線（589 nm）を用いる場合もある（この場合は ν_d と表記されることが多い）．ν_D の値は屈折率の波長依存性が強いほど小さくなる．

後述のように屈折率には，物質に含まれる原子の電子分極が寄与しており，電子の振動性が電場の振動数（波長）に依存するために，屈折率に波長依存性が現れる．このため，屈折率の波長依存性は，紫外域での電子遷移吸収と密接な関係がある．炭素，水素，酸素からなる高分子の場合には，ベンゼン環がなければ ν_D は 50 程度，ベンゼン環を含む場合には波長依存性が強くなり，ν_D は 30 程度となる．

C. 分極率と屈折率

光の屈折は，電場の振動である光と物質内部の電子との相互作用の結果として観測される現象であって，屈折率はその指標である．電場に対する電子の運動を記述するためには，厳密には量子力学的な取り扱いが必要になるが，以下のような古典力学的な取り扱いでも屈折率の基本的な特性を理解できる．

分子中の電子には，復元力が作用している．したがって，電子の振動電場に対する応答は，電子がバネにつながれたモデルで記述することができる．ここでは，簡単のため，1 分子に電子が 1 個だけ含まれている場合を考える．周期的な電場を考えると，

下記の電子の運動方程式が得られる.

$$m_e \frac{d^2 x}{dt^2} = -\zeta \frac{dx}{dt} - kx - eE_0 \exp(-i\omega t) \tag{7.3.4}$$

ここで,m_e は電子の質量,$x(t)$ は時刻 t における電子の変位,k はバネ定数,ζ は摩擦係数を表す.e は電荷を表し,右辺第3項の $E_0 \exp(-i\omega t)$ は振幅 E_0,周波数 ω の外部の振動電場を表す.

振動電場に対しては,電子の変位 $x(t)$ も振動すると考えられるから,次式のように書くことができる.

$$x(t) = x^* \exp(-i\omega t) \tag{7.3.5}$$

ここで,x^* は振動の振幅を表す複素数で,外部電場との位相のずれに関する情報も含む.この一般解を,式(7.3.4)に代入すると,

$$x^*(\omega) = \frac{eE_0}{m_e} \frac{1}{\omega_0^2 - \omega^2 - i\hat{\zeta}\omega} \tag{7.3.6}$$

が得られる.ここで,ω_0 は電子の固有振動数であり,$\omega_0^2 = k/m_e$ で与えられる.また,$\hat{\zeta} = \zeta/m_e$ とした.もともと電気的に中性な分子であった場合,電場の印加によって電子の位置は $x^*(\omega)$ だけ変位を生じ,双極子モーメント $p^*(\omega) = ex^*(\omega)$ が生じる.双極子モーメントは,分子分極率 $\alpha^*(\omega)$ を用いて $p^*(\omega) = \alpha^*(\omega)E_0$ と表されるので,$\alpha^*(\omega)$ について次式が得られる.

$$\alpha^*(\omega) = \frac{e^2}{m_e} \frac{1}{\omega_0^2 - \omega^2 - i\hat{\zeta}\omega} \tag{7.3.7}$$

単位体積あたりの電子数(いまの場合,分子数に等しい)を N_e とし,双極子モーメント間の相互作用を無視すると,物質の単位体積あたりには巨視的な電気分極 $P^*(\omega) = N_e p^*(\omega)$ が生じる.電気感受率 $\chi^{(1)*}(\omega)$ は,誘電分極の起こりやすさを示す物性値で,$P^*(\omega)$ を用いて $P^*(\omega) = \chi^{(1)*}(\omega)\varepsilon_0 E_0$ と記述できる.したがって,$\chi^{(1)*}(\omega)$ は次のようになる.

$$\chi^{(1)*}(\omega) = \frac{e^2 N_e}{\varepsilon_0 m_e} \frac{1}{\omega_0^2 - \omega^2 - i\hat{\zeta}\omega} \tag{7.3.8}$$

屈折率と電気感受率 $\chi^{(1)*}$ の間には,

$$n^2 = 1 + \chi^{(1)} = \kappa_e \tag{7.3.9}$$

の関係がある.ここで,$\kappa_e = \varepsilon/\varepsilon_0$ は比誘電率である.電気感受率は複素数であるから,屈折率を複素数で定義する.

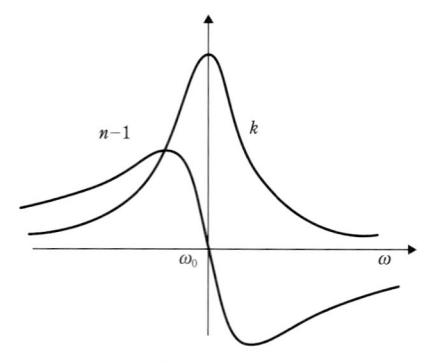

図 7.36　屈折率と吸収係数の波長依存性

$$n^* = n' - in'' \tag{7.3.10}$$

このように屈折率を複素数で表記した場合，実数部 n' は屈折率に，虚数部 n'' は吸収係数に対応する．式(7.3.10)を式(7.3.9)に代入すると，次式が得られる．

$$(n' - in'')^2 = 1 + \chi^{(1)} = 1 + \frac{e^2 N_e}{\varepsilon_0 m_e} \frac{1}{\omega_0^2 - \omega^2 - i\hat{\zeta}\omega} \tag{7.3.11}$$

単位体積あたりの電子数 N_e が小さい場合，たとえば希薄な気体などでは，上式の第2項は1よりきわめて小さいので，

$$n' = 1 + \frac{e^2 N_e}{2\varepsilon_0 m_e} \frac{\omega_0^2 - \omega^2}{(\omega_0^2 - \omega^2)^2 + \hat{\zeta}^2 \omega^2} \tag{7.3.12}$$

$$n'' = \frac{e^2 N_e}{2\varepsilon_0 m_e} \frac{\hat{\zeta}\omega}{(\omega_0^2 - \omega^2)^2 + \hat{\zeta}^2 \omega^2} \tag{7.3.13}$$

が得られる．$n'-1$ と n'' の周波数依存性を図 7.36 に示す．式(7.3.12)，(7.3.13)からわかるように，屈折率と吸光係数の波長依存性は，密接に関係しており，このような周波応答関数における実数部と虚数部の関係は，Kramers–Kronig の関係と呼ばれる．

このように，屈折率と吸光係数の波長依存性は，密接に関係しており，図 7.35 に見られる可視域の屈折率の波長依存性は，紫外域の電子分極による吸収に由来する．紫外域に吸収が存在すると，可視域では波長の減少とともに屈折率は増加する．（図 7.36 において，$\omega \ll \omega_0$ のとき，ω の増加とともに n' が増加することに対応.）

液体や固体の場合には，双極子モーメント間の相互作用を無視することができない．このため，Lorentz の局所場の理論が用いられる．この理論では，着目した双極子は，まわりの媒体の分極の影響を受けると考える．いま，静的な電場について考え，媒体中にはどの部分にも均質な単位体積あたり $\mathbf{P}$ の分極が生じているとする（図 7.37）．

7.3 高分子固体の光学的性質

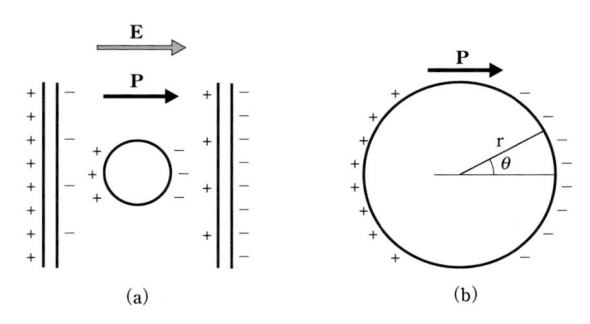

図 7.37 Lorentz の局所場
(a) 媒体中にくり抜いた穴，(b) 表面電荷による電場．

1つの分子のまわりを小球でくり抜く場合，小球表面には電荷が生じる．小球をくり抜いても，まわりの媒体の分極が変わらないとすると，分子が感じる実効的な局所電場 $\mathbf{E}_L$ は，電気分極を考慮した媒体の電場 $\mathbf{E}$ と，小球の表面電荷による電場 $\mathbf{E}_{sp}$ の和で表される．

$$\mathbf{E}_L = \mathbf{E} + \mathbf{E}_{sp} \tag{7.3.14}$$

$\mathbf{E}_{sp}$ は，電荷がつくる電場を積分することによって得られる．詳細は省くが次式のように得られる．

$$\mathbf{E}_{sp} = \frac{\mathbf{P}}{3\varepsilon_0} \tag{7.3.15}$$

また，$\mathbf{E}$ と $\mathbf{P}$ の関係は，小球の電場に対する電気変位 $\mathbf{D}$ を用いて，

$$\mathbf{D} = \varepsilon_0 \mathbf{E} + \mathbf{P} = \varepsilon \mathbf{E} \tag{7.3.16}$$

と表される．したがって，次式が得られる．

$$\mathbf{E}_L = \mathbf{E} + \frac{\mathbf{P}}{3\varepsilon_0} \tag{7.3.17}$$

この $\mathbf{E}_L$ を Lorentz の電場と呼ぶ．この局所場によって生じる分子の分極 $\mathbf{p}$ は，$\mathbf{p} = \alpha \mathbf{E}_L$ である．単位体積あたりの分子数を N とすると，単位体積あたりの分極 $\mathbf{P}$ は，$\mathbf{P} = N\mathbf{p} = N\alpha \mathbf{E}_L = N\alpha(\mathbf{E} + \mathbf{P}/3)$ から，

$$\mathbf{P} = \frac{N\alpha}{1-(N\alpha/3\varepsilon_0)}\mathbf{E} \tag{7.3.18}$$

と求まる．また，$\mathbf{P} = (\varepsilon - \varepsilon_0)\mathbf{E}$ であるから，次式が得られる．

$$\frac{\varepsilon - \varepsilon_0}{\varepsilon + 2\varepsilon_0} = \frac{N\alpha}{3\varepsilon_0} \tag{7.3.19}$$

この式は，媒体の比誘電率 κ_e を用いれば

$$\frac{\kappa_e - 1}{\kappa_e + 2} = \frac{N\alpha}{3\varepsilon_0} \tag{7.3.20}$$

のようになる．この式を，Clausius–Mossotti の式と呼ぶ．

先述のように光電場に対しては，$n^2 = \kappa_e$ であるから，

$$\frac{n^2 - 1}{n^2 + 2} = \frac{N\alpha}{3\varepsilon_0} \tag{7.3.21}$$

が得られる．この式を Lorentz–Lorenz の式と呼ぶ．

分子分極率 α は，SI 単位系では $C \cdot m^2 \cdot V^{-1} = A^2 \cdot s^4 \cdot kg^{-1}$ の次元をもつが，CGS 単位系に置き換えた cm^3 または $Å^3 = 10^{-24}\,cm^3$ の次元をもつ分極率体積 $\tilde{\alpha}$ がよく利用される．$\tilde{\alpha}$ と α の関係は

$$\tilde{\alpha} = \frac{1}{4\pi\varepsilon_0}\alpha \tag{7.3.22}$$

となる．式(7.3.21)は，$\tilde{\alpha}$ を用いて（CGS 単位系では），次のように書ける．

$$\frac{n^2 - 1}{n^2 + 2} = \frac{4\pi N\tilde{\alpha}}{3} \tag{7.3.23}$$

以下の議論では SI 単位系に従うが，文献などでは CGS 単位系を用いている例が多く，注意が必要である．

D. 屈折率と分子構造

Lorentz–Lorenz の式を利用すれば，巨視的な量である屈折率を微視的な分子分極率と関係づけることができ，化学構造との関連性を議論することができる．しかしながら，屈折率の議論において一般に使用されるのは分子屈折 $[R]$ である．N を単位体積あたりの分子数とすると，$N = \rho N_A / M = 1/V$ と書ける．ここで，ρ は高分子の密度，M は高分子の分子量，V は分子容（モル体積）であり，式(7.3.21)は

$$\frac{n^2 - 1}{n^2 + 2} = \frac{N\alpha}{3\varepsilon_0} = \frac{[R]}{V} \tag{7.3.24}$$

と書ける．$[R]$ は，分子容の単位の逆数の次元をもつ．

アッベ数に対しては，分子屈折 $[R]$ の分子分散を $[\Delta R]$ として，次式が用いられる．

$$\nu_D = \frac{6 n_D}{(n_D^2 + 2)(n_D + 1)}\frac{[R]}{[\Delta R]} \tag{7.3.25}$$

可視域の屈折率に寄与するのは，紫外域に吸収をもつ電子分極である．分子屈折やそ

表 7.3 さまざまな結合の原子屈折と原子分散（単位：cm^3 mol^{-1}）

結合様式	記号	原子屈折 $[R]_D$	分散 $[R]_r - [R]_c$
水素	$-$H	1.100	0.023
塩素（アルキル基に結合）	$-$Cl	5.967	0.107
（カルボニル基に結合）	$(-$C$=$O$)-$Cl	6.336	0.131
臭素	$-$Br	8.865	0.211
ヨウ素	$-$I	13.900	0.482
酸素（水酸基）	$-$O$-$(H)	1.525	0.006
（エーテル）	$>$O	1.643	0.012
（カルボニル基）	$=$O	2.211	0.057
（過酸化物）	$-$O$_2-$	4.035	0.052
炭素	$>$C$<$	2.418	0.025
メチレン基	$-$CH$_2-$	4.711	0.072
シアノ基	$-$CN	5.415	0.083
イソシアノ基	$-$NC	6.136	0.129
二重結合	$-\Gamma$	1.733	0.138

の分子分散は，その分子を構成する原子に固有な原子屈折や原子分散の和として，精度良く求めることができる．原子屈折は結合状態に依存するので，結合状態に応じた原子屈折が求められており，結合屈折とも呼ばれる．代表的な結合の原子屈折を表 7.3 に示す．

式 (7.3.24) による屈折率の計算は，精度良く行うことができる．屈折率の温度依存性は分子容 V の変化として式 (7.3.24) から計算することができる．また，混合試料やポリマーブレンドに対しても適用可能である．

7.3.2 ■ 複屈折・光弾性

方解石を文字の書かれた紙の上に置いて眺めると，文字が二重に見える．これは，「複屈折」と呼ばれる現象であり，方解石の屈折率が光の偏光方向によって異なることが原因である．屈折率の異方性をもつ材料の屈折率は，次式のような屈折率楕円体として表現される．

$$\left(\frac{x}{n_x}\right)^2 + \left(\frac{y}{n_y}\right)^2 + \left(\frac{z}{n_z}\right)^2 = 1 \qquad (7.3.26)$$

$n_x = n_y \neq n_z$ の場合を一軸性，$n_x \neq n_y \neq n_z$ の場合を二軸性と呼ぶ．異方性を示すために屈折率テンソル **n** もしばしば利用される．「複屈折」という用語は，文字が二重に見

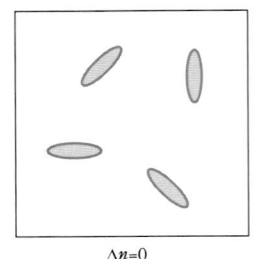

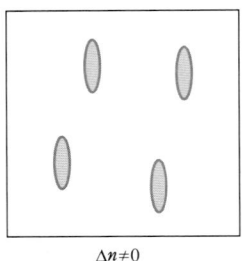

図 7.38 配向複屈折と分子の配向の関係

える現象に使用されるが，$\mathbf{n}$ の主値の差 Δn を示すためにも用いられる．

複屈折を示す異方性媒体中での光の進行や，複屈折の測定方法については，ここでは述べない．異方性媒体を透過することによる偏光状態の解析には，Jones マトリックスや Mueller マトリックスによる計算が有効である[11]．

A. 配向複屈折

一般に分子の形状は球対称ではなく，電場を印加した場合に生じる分極も，分子と電場の相対的な角度に依存する．このため，分子分極率はテンソル $\boldsymbol{\alpha}$ で表される．

分子分極率テンソル $\boldsymbol{\alpha}$ は，原子屈折と同様に加成性が成り立つと仮定して，原子分極率テンソルから計算される．原子分極率テンソルは結合状態に依存するので，結合分極率テンソルとも呼ばれる．各結合は結合軸まわりの回転楕円体の形状をしていると考えてよいので，結合に対して平行な方向の分極率 $\alpha_{/\!/}$ と垂直な方向の分極率 $\alpha_\perp$ が求められる．こうした値を利用して，結合の方向を考慮しながら足し合わせることで，任意の構造をもつ分子の $\boldsymbol{\alpha}$ を推定することが可能である．

球対称ではない分子を，電場，磁場，力学場・流動場などを用いて一方向に並べると，巨視的な屈折率に異方性が生じ，複屈折が観測される．分子の配向により生じる複屈折を配向複屈折と呼ぶ（図 7.38）．また，電場により誘起される複屈折を電気複屈折（その現象は Kerr 効果），磁場による複屈折を磁気複屈折と呼ぶ．

一軸対称（回転楕円体）のかたちをした分子を考えよう．長軸方向を座標軸 1 とし，簡単のため $\boldsymbol{\alpha}$ は対角化し，その主値は $(\alpha_1, \alpha_2, \alpha_2)$ とする．主値の差は，$\Delta \alpha = \alpha_1 - \alpha_2$ となる．この分子が配列した場合の屈折率テンソル $\mathbf{n}$ は

$$\mathbf{n} = n_2 \mathbf{I} + \frac{1}{18\varepsilon_0} \frac{(n^2+2)^2}{n} N \Delta\alpha \langle \mathbf{uu} \rangle \qquad (7.3.27)$$

で与えられる．$\mathbf{u}$ は粒子の向きを表す単位ベクトル，$\mathbf{uu}$ はそのダイアディック（$u_i u_j$）で粒子の配向状態を表し，$\langle \cdots \rangle$ は統計平均を表す．第 1 項の $n_i (i=2)$ は，式(7.3.24)

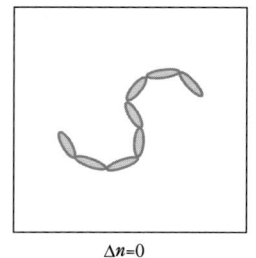

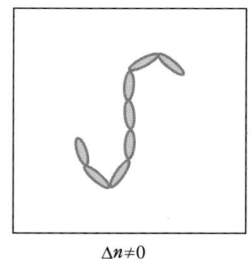

図 7.39 高分子の伸長による配向複屈折の変化

において，$\alpha = \alpha_i$ として得られる屈折率である．n は平均の屈折率，$(n_1 + 2n_2)/3$ である．第 2 項は異方性（複屈折）を表す．

一軸配向の場合には，$\langle \mathbf{uu} \rangle$ の代わりに配向関数 f が用いられる．配向方向を x 軸とすると，複屈折 $\Delta n = n_{xx} - n_{yy}$ は

$$\Delta n = \Delta n_0 f = \Delta n_0 \frac{3 \langle \cos^2 \theta \rangle - 1}{2} \tag{7.3.28}$$

$$\Delta n_0 = \frac{1}{18\varepsilon_0} \frac{(n^2+2)^2}{n} N \Delta \alpha \tag{7.3.29}$$

と表される．ここで，θ は対称軸（x 軸）と主鎖の方向とがなす角である．Δn_0 は分子が完全に一軸配向した場合の複屈折に対応し，固有屈折率と呼ばれる．

高分子系における代表的かつ基本的な複屈折の起源は，鎖の配向による配向複屈折である．図 7.39 のように，高分子を伸長するとモノマー単位が配向し，複屈折が観測される．たとえば，非結晶性高分子を溶融して流動させると配向が生じる．緩和が未完了の状態でガラス転移温度以下に急冷すると配向が凍結され，複屈折（残留複屈折）が観測される．大きな残留複屈折は，レンズ，光学ディスクなどでは欠陥となる．一方，残留配向複屈折を積極的に利用したものが波長板や視野角補正板であり，液晶ディスプレイに利用されている．

ここでは簡単のため，話を一軸配向のみに限る．高分子の配向複屈折の大きさを評価する物質量としては上述の固有複屈折 Δn_0 が利用される．モノマー単位の分子量を M_0 とすると，Δn_0 は次式で与えられる．

$$\Delta n_0 = \frac{1}{18\varepsilon_0} \frac{(n^2+2)^2}{n} \frac{\rho N_A}{M_0} \Delta \alpha \tag{7.3.30}$$

ここで，$\Delta \alpha$ はモノマー単位の分子分極率の異方性を表す．$\rho N_A / M_0$ は単位体積あたりのモノマー単位の数を表す．モノマー単位を主鎖方向回りの回転楕円体で表すと，

$\Delta\alpha$ は主鎖に沿った方向の分極率 $\alpha_{/\!/}$ と垂直な方向の分極率 $\alpha_\perp$ の差で与えられる．固有複屈折 Δn_0 は，高分子が完全に一軸配向した場合の複屈折である．Δn_0 の決定には，Δn と f を測定すればよい．f の測定には X 線散乱や赤外二色性などが利用されるが，あまり簡便な方法ではない．$\Delta\alpha$ は多くの高分子で正となるが，ポリスチレンなど大きな側鎖をもつ高分子では，主鎖に対して垂直な方向の分極率が大きくなり，負となる．こうした高分子では，配向複屈折は負となる．

モノマー単位の分極率の異方性 $\Delta\alpha$ は，加成性を仮定して結合分極率テンソルから計算することが可能である．計算方法は他書に譲るが[12,13]，結合分極率テンソルの値を用いると任意のモノマー単位の $\Delta\alpha$ を計算することが可能である．また，MOPAC などの量子化学計算によっても，$\Delta\alpha$ を推定することができる．しかしながら，屈折率が α の 3 つの主値の平均で決まるのに対し，$\Delta\alpha$ は α の主値の差である．このため，計算誤差の影響が強く現れるので注意が必要である．

モノマー単位が側鎖の回転などの内部自由度をもつ場合には，$\Delta\alpha$ に温度依存性が現れる．よく知られている例は，ポリメチルメタクリレート（PMMA）で，高温では $\Delta\alpha>0$ であるが，140℃ 程度で $\Delta\alpha<0$ になる．したがって，PMMA の固有複屈折の値は，温度を指定しないと意味をもたない[14,15]．

B. 応力－光学則

高分子固体の複屈折を考える場合，ゴム状態での配向複屈折に関する知見が有用である．ゴム状物質や高分子メルト，高分子濃厚溶液では，屈折率テンソルと応力テンソルのそれぞれの異方性テンソルに関して，(1) 主軸の一致，(2) 主値の差の比例という関係が成立する．これは応力－光学則（stress-optical rule, SOR）と呼ばれる[16]．ここで屈折率テンソルあるいは応力テンソルを A_{ij} と表すと，異方性テンソル $\hat{A}_{ij}$ は，$\hat{A}_{ij}=A_{ij}-\mathrm{tr}A_{ij}\delta_{ij}/3$ で与えられる．ここで，tr は行列のトレースを表し，また δ_{ij} はクロネッカーのデルタである．

6 章では，ゴム状物質の場合，応力は部分鎖の配向関数 $S=\langle u_i u_j/a^2\rangle$ と関係づけられることを述べた．同様に複屈折も部分鎖の配向関数 $\langle u_i u_j/a^2\rangle$ と関係づけることができる．このことを示すために，結合長 b，重合度 N の自由連結鎖を考えよう．それぞれの結合について，結合に沿った方向の分極率を $\alpha_{/\!/}$，結合に対して垂直な方向の分極率を $\alpha_\perp$ とする．また，分極率には加成性が成り立つとする．Kuhn によると，末端間ベクトルが $\mathbf{R}$ である高分子の分極率テンソルは，微小変形であれば次式で与えられる．

$$\alpha_{ij}=\frac{N}{3}(\alpha_{/\!/}+2\alpha_\perp)\delta_{ij}+\frac{3}{5}\frac{(\alpha_{/\!/}-\alpha_\perp)}{Nb^2}\left(R_i R_j-\frac{1}{3}\delta_{ij}R^2\right) \qquad (7.3.31)$$

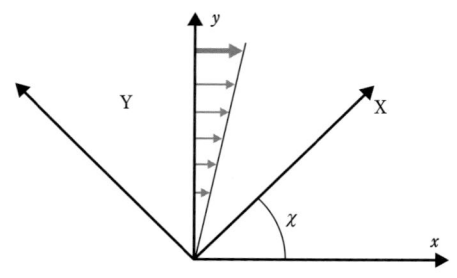

図 7.40 ずり変形場における主応力の方向

この表式を部分鎖に適用すると,屈折率テンソルの成分も部分鎖の配向関数 $\langle u_i u_j / a^2 \rangle$ と関係づけることができる.

$$n_{ij}(t) = n_\perp \delta_{ij} + \frac{1}{45\varepsilon_0} \frac{(n^2+1)^2}{n} \nu \Delta\beta \sum_{n=1}^{N} \left\langle \frac{u_i(n,t) u_j(n,t)}{a^2} \right\rangle \quad (7.3.32)$$

ここで,$n_\perp$ は式(7.3.24)において,$\alpha = \alpha_\perp$ として得られる屈折率である.$\Delta\beta$ は部分鎖の分極率の異方性 $\alpha_\parallel - \alpha_\perp$ である.自由連結鎖より一般化されたモデル鎖の場合にも,同様の式を導くことが可能である.この場合には,$\Delta\beta$ は統計セグメントの分極率の異方性と考える.

以上のように,屈折率テンソルは配向関数と関係づけられるので,屈折率テンソルと応力テンソルには対応関係があり,それらの異方性テンソル間には,単純な比例関係(応力-光学則)が成立する.

$$\hat{n}_{ij}(t) = C \hat{\sigma}_{ij}(t) \quad (7.3.33)$$

比例係数 C は,応力-光学係数と呼ばれる.重要な点は,式(7.3.33)が緩和過程において成立することである.

応力テンソルは計算する座標系によって値が変わる.ずり変形の場合,図 7.40 のようなずり流動面に対して角度 χ だけ傾いた座標系を用いると,σ_{ii} 成分のみが値をもち,σ_{ij} 成分($i \neq j$)は 0 となる.この 3 個の σ_{ii} 成分($i=1, 2, 3$)を主応力と呼び,$\sigma_X, \sigma_Y, \sigma_Z$ と表すと以下の関係が成立する.

$$\begin{pmatrix} \sigma_{xx} & \sigma_{xy} & 0 \\ \sigma_{xy} & \sigma_{yy} & 0 \\ 0 & 0 & \sigma_{zz} \end{pmatrix} = \mathbf{P}^{-1}(\chi) \begin{pmatrix} \sigma_X & 0 & 0 \\ 0 & \sigma_Y & 0 \\ 0 & 0 & \sigma_Z \end{pmatrix} \mathbf{P}(\chi) \quad (7.3.34)$$

ここで,$\mathbf{P}(\chi)$ は次に示す回転のテンソルである.

$$\mathbf{P}(\chi) = \begin{pmatrix} \cos\chi & \sin\chi & 0 \\ -\sin\chi & \cos\chi & 0 \\ 0 & 0 & 1 \end{pmatrix} \tag{7.3.35}$$

したがって，ずり応力 $\sigma = \sigma_{xy}$，第一法線応力差 $N_1 = \sigma_{xx} - \sigma_{yy}$ については，以下の関係が成立する．

$$(\sigma_X - \sigma_Y)\sin 2\chi = 2\sigma_{xy} \tag{7.3.36}$$

$$(\sigma_X - \sigma_Y)\cos 2\chi = \sigma_{xx} - \sigma_{yy} \tag{7.3.37}$$

同様の議論が屈折率テンソルに対しても成立する．

$$(n_X - n_Y)\sin 2\chi = 2n_{xy} \tag{7.3.38}$$

$$(n_X - n_Y)\cos 2\chi = n_{xx} - n_{yy} \tag{7.3.39}$$

したがって，ずり応力に対する応力－光学則は

$$\Delta n(t)\sin 2\chi = 2C\sigma_{xy}(t) \tag{7.3.40}$$

となる．Δn は主値の差 $n_X - n_Y$ である．光学的に測定可能な量は，n_{xy} ではなく，Δn と χ であるから，式(7.3.40)は実験的に重要である．微小変形の場合には，$\chi = \pi/4$ となるので，

$$\Delta n(t) = 2C\sigma_{xy}(t) \tag{7.3.41}$$

が成立する．

　一軸伸長変形の場合，応力－光学則は単純な複屈折と応力の比例関係を与える．伸長方向を軸1にとると，複屈折が屈折率テンソルの主値の差であることに注意すれば，次の関係が得られる．

$$\Delta n(t) = n_{11} - n_{22} = C(\sigma_{11}(t) - \sigma_{22}(t)) = C\sigma_T(t) \tag{7.3.42}$$

ずり変形の場合と比べると，形式上係数が異なることに注意されたい．

　応力－光学則が成立する場合，複屈折を測定すれば応力の状態がわかるので，複屈折測定は応力測定の代替法として高分子レオロジーの研究では広く使用されている[11,16]．

応力一光学係数 C は，セグメントの光学的異方性 $\Delta\beta$ と関係づけることができる．式(6.3.5)と式(7.3.33)を比べると

$$C = \frac{1}{45\varepsilon_0 k_B T} \frac{(n^2+2)^2}{n} \Delta\beta \tag{7.3.43}$$

が得られる．$\Delta\beta$ はセグメントの分極率の異方性で，Kuhn の統計セグメントサイズ程度の部分鎖の分極率の異方性であり，$\Delta\beta \sim N_s \Delta\alpha$ と考えてよい．ここで，N_s は Kuhn の統計セグメントに含まれるモノマー単位の数である．したがって，C と Δn_0 との違いは，Δn_0 がモノマー単位の異方性 $\Delta\alpha$ を反映するのに対し，C はそれに加えて鎖の屈曲性の情報も含む点である．

応力一光学係数 C は，応力緩和過程で複屈折を測定し，その比例係数として求めることができるが，下記の方法により近似的ではあるが簡便に求めることができる[15]．すなわちガラス転移温度以上で試料に一定応力をかけてから徐冷し，室温で残留した複屈折と応力の比を求めればよい．定速伸長実験を行った場合，伸長により生じる配向度は温度・物質に依存し，配向を揃えた試料を用意するのは容易ではないが，一定応力下では，セグメントの配向度を容易に揃えることができる．また，応力をかけたままガラス転移温度以下まで徐冷すると，配向を凍結させることができる．

高分子をガラス転移温度以上で延伸し急冷すると，配向を凍結することができる．こうして作製したフィルムは，波長板などに使用されている．波長板では，複屈折の波長依存性が重要になる．複屈折の波長依存性は，基本的には屈折率の波長依存性と同様な考え方により，紫外域の吸収に由来する．一般には，分極率テンソルの3つの主値の波長依存性は異なると考えてよい．屈折率は分極率テンソルの3つの主値の平均であるため，波長の減少とともに単調に増加するが，複屈折の場合には，符号の反転も含めた複雑な挙動が観測される場合がある[17]．

C. 高分子ガラスの複屈折

応力と複屈折の比例関係は高分子ガラスでも成立し，古くから光弾性として知られる現象である．ここではその比例係数を C_d と表すが，その値は高分子メルトに対する応力一光学係数 C とは異なる．ポリスチレンの場合には，C は -5×10^{-9} Pa^{-1} 程度の値となるが，C_d は 1×10^{-10} Pa^{-1} 程度の値となり，符号も大きさも異なる[18]．伸長変形での応力緩和過程における複屈折と応力の変化を図 7.41 に示す．図では，両者を歪み量で割って，それぞれ歪み光学係数 $O(t)$ と Young 率 $E(t)$ として表した．また，$O(t)$ は応力一光学係数で割って，応力一光学則が成立する場合には，$E(t)$ と一致するようにした．両対数プロットであるので，$O(t)/C$ の絶対値が符号とともに示してある．ゴム状平坦領域より長時間側では，$E(t)$ と $O(t)/C$ は一致し，応力一光学則が成立する．

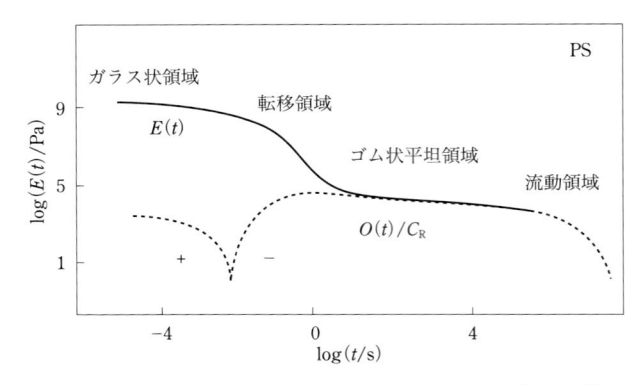

図 7.41 ガラス領域から流動領域における応力緩和と複屈折緩和の模式図
試料はポリスチレン．

一方，短時間側では，$O(t)$ には符号の反転が認められ，$E(t)$ との単純な比例関係が成立しない．ガラス状領域の正の複屈折の起源としては，ポリスチレンのもつベンゼン環が伸長方向に配列することなどが考えられていたが，モノマー単位の変形を意味するから，その妥当性については疑問視されていた．

ここで，$E(t)$ と $O(t)$ の現象論的取り扱いについて述べておく．6章で見たように，線形粘弾性応答が保証される領域では，Boltzmann の重畳原理により，階段変形に対する応力の応答 $G(t)$ が既知であれば，任意の変形履歴での応力を計算することができる．同様の議論は，歪み複屈折（歪みにより生じる複屈折）についても可能であり，階段変形に対する複屈折の応答 $O(t)$ が既知であれば，任意の変形履歴での複屈折を計算することができる[19]．

これまでの研究から，ガラス領域から流動領域までの広い時間域での複屈折と応力の関係を表す式として，以下の修正応力－光学則が提案されている[18]．

$$\sigma(t) = \sigma_R(t) + \sigma_G(t) \tag{7.3.44}$$

$$\Delta n(t) = C_R \sigma_R(t) + C_G \sigma_G(t) \tag{7.3.45}$$

ここで，添え字 R と G は，それぞれゴム成分とガラス成分を表す．修正応力－光学則は，応力と複屈折がそれぞれ2つの発生機構からなり，それぞれの機構には応力と複屈折の間に比例関係が成り立つことを示す．長時間域では，ガラス成分が緩和するので，上の2つの式は，通常の応力－光学則に帰着する．したがって，C_R は従来のゴム状物質に対する応力－光学係数 C に等しい．

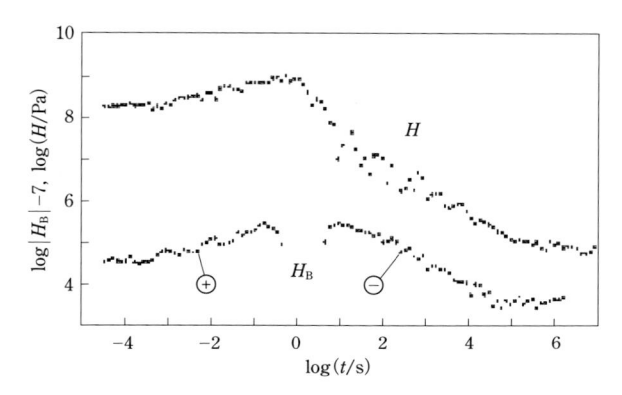

図 7.42 ガラス領域から流動領域における Young 率と複素歪み−光学係数の緩和スペクトルの比較. 試料はポリスチレン.
[T. Inoue et al., *Macromolecules*, **24**, 5670 (1991)]

修正応力−光学則は, Young 率と歪み−光学係数のそれぞれの緩和スペクトル $H(t)$ と $H_B(t)$ を計算すると, 実験的に次式が成立することに由来する[18].

$$H(t) = H_R(t) + H_G(t) \tag{7.3.46}$$

$$H_B(t) = C_R H_R(t) + C_G H_G(t) \tag{7.3.47}$$

ガラス領域では, ゴム成分の緩和は生じないと考えると, $H_R \to 0$ となって, $H_B = C_G H$ となる (ガラス領域では, $\sigma_R \to 0$ とならない点に注意). 動的測定から得られる損失 Young 率 E'' と損失歪み−光学係数 O'' (損失 Young 率と損失歪み−光学係数は 6 章で述べた貯蔵剛性率, 損失剛性率と同様に定義される) には, それぞれ, $E''(\omega) \sim 2H(1/\omega)/\pi$, $O''(\omega) \sim 2H_B(1/\omega)/\pi$ の関係が成り立つことに注意すれば,

$$C_G = \lim_{t \to 0} \frac{H_B(t)}{H(t)} = \lim_{\omega \to \infty} \frac{O''(\omega)}{E''(\omega)} \tag{7.3.48}$$

として, C_G を実験的に決定することができる (図 7.42).

式 (7.3.44) と式 (7.3.45) は, $\sigma_R(t)$ と $\sigma_G(t)$ の連立方程式をみなすことができ, 2 つの係数, C_R と C_G が決定できれば, $\sigma_R(t)$ と $\sigma_G(t)$ を求めることができる. 一例を図 7.43 に示す.

図 7.41 に示した複屈折の緩和は, モノマー単位の分子構造により異なり, 正のまま単調に減少するもの (ポリカーボネートなど), 負のまま増加・減少するもの (ポリ α-メチルスチレン) などいろいろなパターンがある. 一方, 成分関数 $E_R(t)$ と $E_G(t)$

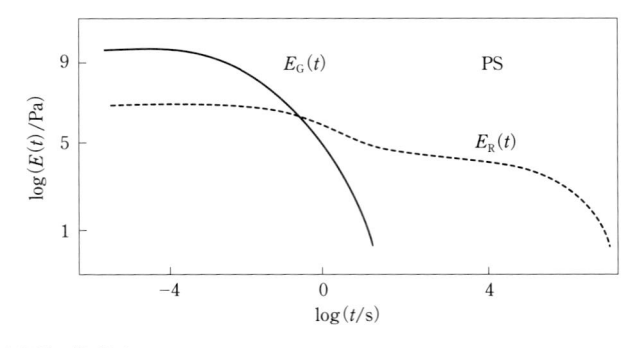

図 7.43 成分関数の模式図
　　　　 試料はポリスチレン．ここでは応力を伸長歪みで割って，弾性率 $E_R(t)$ と $E_G(t)$ としている．

は，高分子種によらず，よく似た形になる（図 7.43）[20]．特に $E_G(t)$ の時間依存性は，低分子ガラスの弾性率の時間依存性と類似性が高い．$E_R(t)$ と $E_G(t)$ の温度依存性は少し異なっており，こうした成分関数への分離により，ガラス－ゴム転移領域における温度－時間換算則の破綻の原因をうまく説明できる[21]．

　修正応力－光学則は一部の高分子を除いて成立することが知られている．修正応力－光学則が成立しない高分子は，側鎖が大きく，側鎖の緩和がガラス－ゴム転移領域に現れるものなどである[22]．

D. 修正応力－光学則の分子論的解釈

　修正応力－光学則は，ガラス状態での複屈折が2つの起源をもつことを示している．修正応力－光学則は多くの高分子系で成り立ち，重要な点はガラス状態であっても C_R が成分の分離に有用な係数であることであって，仮にモノマー単位に変形が生じると考えると，ガラス状態で C_R を定義することが困難になる．すなわち，モノマー単位の変形を考えずに，2つの複屈折の発生機構を考える必要がある．ガラス状態において，このような表式は，鎖のモノマー単位を，扁平な単位と考えることによって得ることができる．ここでは，高分子を図 7.44 のように扁平な単位が連結したモデルで表す．簡単のため，扁平な単位の分極率テンソルは局所座標上で対角化されているものとし，3つの主値を $(\alpha_1, \alpha_2, \alpha_3)$ とする．局所座標は，軸1を主鎖に沿った方向にとり，軸2をモノマー単位が扁平な方向にとる．実験室座標系では，1つのモノマー単位の分極率は，オイラー角を用いて表すことができる．一軸配向を仮定し，多数のモノマー単位に関して平均をとると，複屈折に寄与する分極率の異方性は対称性から次式のように表すことができる[23]．

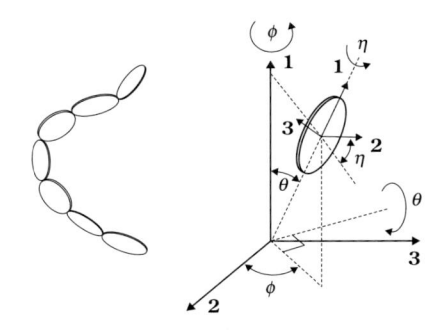

図 7.44 複屈折を記述するための高分子モデル（上）と座標系（下）

$$\Delta\beta = \left(\alpha_1 - \frac{\alpha_2+\alpha_3}{2}\right)\frac{3\langle\cos^2\theta\rangle-1}{2} + \frac{\alpha_2-\alpha_3}{4}3\langle\sin^2\theta\cos 2\eta\rangle \quad (7.3.49)$$

第1項は，ゴム状物質の分極率の異方性の表式と同一であり，第2項はモノマー単位の面配向（主鎖軸回りのねじれ配向）を表す．ガラス領域では，変形はモノマー単位レベルまでアフィン変形に近いと考えると，モノマー単位は面配向を生じる．この面配向は，主鎖軸回りのモノマー単位の回転によって生じるが，短時間域（ガラス－ゴム転移領域）で緩和できると考えられる．面配向の導入は，ポリスチレンで考えれば，ベンゼン環が伸長方向へ配向することと同義である．面配向により，モノマー単位を変形させずに，ベンゼン環を伸長方向に配向させることができ，正の複屈折を生じさせることができる．

一方，応力は一般的にはモノマー単位間の相互作用で決まるものと考えられ，モノマー単位の配向を表すだけでは記述できない．しかしながら，計算機実験の結果から，モノマー単位の形に応じた局所応力場を考えることが可能であることが示唆されている．すなわち，モノマー単位上に局所応力テンソルを考え，この3つの主値を（σ_1, σ_2, σ_3）とする．このように考えると，配向関数を用いた複屈折と同様の表式を得ることができ，修正応力－光学則が成立することが説明できる．このような考え方の妥当性は，ビニルポリマーに関する系統的な研究から確かめられている[23]．

修正応力－光学則によると，室温でガラス状態の高分子に応力を加えて発生する複屈折の応力－光学係数 C_d は，C_R，C_G と次式の関係があることがわかる．

$$C_\mathrm{d} = \lim_{t\to 0}\frac{\Delta n}{\sigma} = \frac{C_\mathrm{R}E_\mathrm{R}(0)+C_\mathrm{G}E_\mathrm{G}(0)}{E_\mathrm{R}(0)+E_\mathrm{G}(0)} \approx \frac{C_\mathrm{R}E_\mathrm{R}(0)+C_\mathrm{G}E_\mathrm{G}(0)}{E_\mathrm{G}(0)} = \frac{C_\mathrm{R}E_\mathrm{R}(0)}{E_\mathrm{G}(0)} + C_\mathrm{G}$$
(7.3.50)

式(7.3.50)は，室温で観測される歪み複屈折が，モノマー単位の分極率の縦方向の異

方性 $\Delta\alpha_\mathrm{R} = \alpha_1 - (\alpha_2 + \alpha_3)/2$ と横方向の異方性 $\Delta\alpha_\mathrm{G} = (\alpha_2 - \alpha_3)/4$ の両方に依存することを示している．

ガラス状態において，ゴム成分による複屈折 $\Delta n_\mathrm{R}(t)$ は

$$\lim_{t \to 0} \frac{\Delta n_\mathrm{R}(t)}{\varepsilon} = C_\mathrm{R} E_\mathrm{R}(0) \tag{7.3.51}$$

で与えられる．ゴム弾性の表式を利用すると，$E_\mathrm{R}(0)$ から，粘弾性セグメントのモル質量 M_S を次のように求めることができる．

$$M_\mathrm{S} = \frac{3\rho RT}{E_\mathrm{R}(0)} \tag{7.3.52}$$

一般的には，「セグメント」という用語は漠然とした部分鎖を意味し，そのサイズは必ずしも明確ではない．しかしながら，ここでは「粘弾性セグメント」を，応力を保持する最小の単位として定義する．

$\Delta n_\mathrm{R}(t)$ は，セグメントの配向が擬アフィン変形（$f = 3\varepsilon/5$）に従うとすると，固有複屈折 Δn_0 を用いて

$$\Delta n_\mathrm{R}(0) = \Delta n_0 f = \frac{3}{5} \Delta n_0 \varepsilon \tag{7.3.53}$$

と書ける．したがって，Δn_0 と C_R の間には，

$$\Delta n_0 = \frac{5}{3} C_\mathrm{R} E_\mathrm{R}(0) \tag{7.3.54}$$

の関係があることがわかる．この式から，

$$\Delta n_0 = \frac{5}{3} C_\mathrm{R} E_\mathrm{R}(0) = \frac{5}{3} \frac{2\pi}{45 k_\mathrm{B} T} \frac{(n^2+2)^2}{n} \Delta\beta \frac{3\rho RT}{M_\mathrm{S}} = \frac{2\pi}{9} \frac{(n^2+2)^2}{n} \frac{\rho N_\mathrm{A}}{M_\mathrm{S}} \Delta\beta \tag{7.3.55}$$

の関係が得られる．この式(7.3.55)を式(7.3.30)と比べると，

$$\frac{\Delta\alpha}{M_0} = \frac{\Delta\beta}{M_\mathrm{S}} \tag{7.3.56}$$

の関係が得られる．式(7.3.56)は変形によるセグメントの配向が擬アフィン変形に従う場合，粘弾性セグメントのサイズ M_S/M_0 と光学的セグメントサイズの $\Delta\beta/\Delta\alpha$ が等しくなることを示している．

以上の議論では，高分子鎖間の配向相関（ネマチック効果）は無視している．

E. 形態複屈折

媒体に粒子が分散している場合，媒体，粒子がともに等方的に分散していても，粒子の形が異方的であると複屈折が発生する．高分子希薄溶液を流動させた場合，鎖の配向による配向複屈折と同時に，鎖の形の変化による形態複屈折が観測される[17]．ブ

図7.45 形態複屈折を理解するための配向ラメラモデル

ロック共重合体のミクロ相分離構造のラメラ構造やシリンダー構造においても形態複屈折が観測される．相分離系などドメイン構造をもつ高分子を変形した場合にも，形態複屈折が観測される[18]．

形態複屈折は，図7.45のような配向したラメラ構造を考えると簡単に理解できる．屈折率 n と比誘電率 κ には，$n^2 = \kappa$ の関係があるので，ここでは κ について考える．A相とB相の二相が交互に積層しているものとし，それぞれの体積分率を ϕ_A, ϕ_B, 比誘電率を κ_A, κ_B とする．電場をラメラに対して平行方向と垂直方向に印加した場合，それぞれ合成される比誘電率 $\kappa_\parallel$ と $\kappa_\perp$ は

$$\kappa_\parallel = \phi_A \kappa_A + \phi_B \kappa_B \tag{7.3.57}$$

$$\frac{1}{\kappa_\perp} = \frac{\phi_A}{\kappa_A} + \frac{\phi_B}{\kappa_B} \tag{7.3.58}$$

となる．$0 < \phi_A < 1$ であれば，常に $\kappa_\parallel > \kappa_\perp$ となるので，形態複屈折は常に正になることがわかる．

形態複屈折に関する一般的な理論としては，小貫―土井の理論があり[24]，後にミクロ相分離構造にも適用されている[25]．いま，位置 $\mathbf{r}$ における局所的な誘電率 $\varepsilon(\mathbf{r})$ は，その平均値 $\bar{\varepsilon}$ からゆらいでいるものとすると，

$$\varepsilon(\mathbf{r}) = \bar{\varepsilon} + \delta\varepsilon(\mathbf{r}) \tag{7.3.59}$$

と表すことができる．この誘電率のゆらぎは，濃度ゆらぎによって生じるとすると次式が得られる．

$$\delta\varepsilon(\mathbf{r}) = \frac{d\varepsilon_0}{d\bar{\phi}} \frac{\partial \phi(\mathbf{r})}{\partial x_i} \tag{7.3.60}$$

ここで，$\bar{\phi}$ は平均濃度であり，$\phi(\mathbf{r})$はゆらぎを含んだ局所濃度である．こうした濃度ゆらぎによる形態複屈折は，小貫らの計算によると次式で与えられる[25]．

$$\varepsilon_{ij} = -\frac{1}{\bar{\varepsilon}q_0^2}\left(\frac{d\varepsilon_0}{d\bar{\phi}}\right)^2\left\langle\frac{\partial\phi(\mathbf{r})}{\partial x_i}\frac{\partial\phi(\mathbf{r})}{\partial x_j}\right\rangle \tag{7.3.61}$$

ここで，q_0 はピーク波数で，ブロック共重合体の相分離構造の場合には，相分離構造の特徴的なサイズの大きさ程度となる．$\bar{\varepsilon}$ は光学域での誘電率である．ブロック共重合体の場合には，ミクロ相分離構造の種類に応じた $\phi(\mathbf{r})$ を導入することで，形態複屈折の計算が可能になる．

文献

1) 梶山千里，（日本レオロジー学会 編），"高分子固体のレオロジー"，講座 レオロジー，高分子刊行会（1992），第 3 章
2) M. Takayanagi, *Mem. Facul. Eng.*, *Kyushu Univ.*, **23** (1), 1-13 (1963)
3) F. Kremer and A. Schönhals, *Broadband Dielectric Spectroscopy*, Springer, Berlin (2003)
4) 真下 悟（高分子学会 編），"誘電性"，新高分子実験学 9：高分子の物性 2―電気・光・磁気的性質，共立出版（1998），第 2 章
5) E. Riande and E. Saiz, *Dipole Moments and Birefringence of Polymers*, *Prentice-Hall*, Englewood Cliffs, New Jersey (1992)
6) Y. Kawasaki, H. Watanabe, and T. Uneyama, *J. Soc. Rheol. Japan,* **39**, 127 (2011)
7) F. Alvarez, A. Alegria, and J. Colmenero, *Phys. Rev. B*, **44**, 7306 (1994)；*Phys. Rev. B*, **47**, 125 (1993)
8) K. L. Ngai, A. K. Rajagopal, and S. Teitler, *J. Chern. Phys.*, **88**, 5086 (1988)
9) K. L. Ngai, R. W. Rendell, and D. J. Plazek, *J. Chem. Phys.*, **94**, 3018 (1991)
10) O. Yano and Y. Wada, *J. Polym. Sci.*, *Part A-2*, **9**, 669 (1971)
11) G. G. Fuller, *Optical Rheometry of Complex Fluids*, Oxford Univeristy Press, New York (1995)
12) M. V. Volkenstein, *Configurational Statistics of Polymeric Chains*, Interscience, New York (1963)
13) 野村春治，河合弘廸（高分子学会高分子実験学編集委員会 編），高分子実験学 17：高分子の固体構造 2，共立出版（1984），pp. 388-393
14) R. Wimberger-Friedl, *Rheol. Acta*, **30**, 329 (1991)
15) T. Ryu, T. Inoue, and K. Osaki, 日本レオロジー学会誌，**24**, 129-132 (1996)
16) H. Janeschitz-Kriegl, *Polymer Melt Rheology and Flow Birefringence*, Springer-Verlag,

Berlin (1983)
17) M. Yamaguchi, K. Okada, M. Edeerozey, Y. Shiroyama, T. Iwasaki, and K. Okamoto, *Macromolecules*, **42**, 9034-9040 (2009)
18) T. Inoue, H. Okamoto, and K. Osaki, *Macromolecules*, **24**, 5670-5675 (1991)
19) K. Osaki and T. Inoue, 日本レオロジー学会誌, **19**, 130-132 (1991)
20) T. Inoue and K. Osaki, *Macromolecules*, **29**, 1595-1599 (1996)
21) T. Inoue, H. Hayashihara, H. Okamoto, and K. Osaki, *J. Polym. Sci., Polym. Phys. Ed.*, **30**, 409-414 (1992)
22) K. Osaki, H. Okamoto, T. Inoue, and E.-J. Hwang, *Macromolecules*, **28**, 3625-3630 (1995)
23) T. Inoue, H. Okamoto, Y. Mizukami, H. Matsui, H. Watanabe, T. Kanaya, and K. Osaki, *Macromolecules*, **29**, 6240-6245 (1996)
24) A. Onuki and M. Doi, *J. Chem. Phys.*, **85**, 1190 (1986)
25) A. Onuki and J. Fukuda, *Macromolecules*, **28**, 8788-8795 (1995)

付録A 統計力学の考え方

統計力学とは,ミクロ(微視的)とマクロ(巨視的)をつなぐ物理学である.ミクロな分子・電子の運動や状態がマクロな物理学的観測量,すなわち熱力学で扱う物理量にどのように影響を及ぼすかについて教えてくれる.たとえば,エントロピーは熱力学で主要となる物理量であるが,その物理的意味を真に理解するためには統計力学が必要である.本書では統計力学の考え方が随所に現れるので,特に統計力学を学んだ経験がない読者のために本節を記した.本書を理解するのに必要な最低限の記述にとどめるので,統計力学をより深く学びたい読者は,数多くの成書からきちんと学んでほしい.なお,量子統計などは本書とは関係がないので記述していない.

A.1 中心極限定理と等重率の原理

統計力学の根幹をなす重要な考え方が以下に示す中心極限定理である.独立した変数(確率変数)$x_1, x_2, \cdots, x_N$ がある分布に従って変動しており,またその分散が有限であるならば,その和 $X = \sum_{i=1}^{N} x_i$ の分布は N が十分に大きいときには正規分布(またはGauss 分布)となり,その平均 μ と分散 σ^2 は下記のように与えられる.

$$\mu \equiv \langle X \rangle = N \langle x \rangle \tag{A.1}$$

$$\sigma^2 \equiv \langle X - \langle X \rangle \rangle^2 = N \langle x - \langle x \rangle \rangle^2 \tag{A.2}$$

ここで,小文字を分子のミクロな物理量,大文字をマクロな物理量と考えれば,中心極限定理の重要性が理解できる.すなわち,1つ1つの分子の位置や速度などの物理量はランダムに変動しており予測することは到底不可能であるが,その総和であるマクロな物理量は Gauss 分布に従うので統計的に予測することが可能となる.しかも平均 μ と分散 σ^2 がともに N に比例するので,いわゆる誤差の大きさ σ/μ は

$$\frac{\sigma}{\mu} = \frac{1}{\sqrt{N}} \tag{A.3}$$

で与えられ,数が多くなるほど誤差が減少することがわかる.通常のマクロな物理量は分子の数が 1 モル(アボガドロ数,10^{23} のオーダー)というミクロな物理量の膨大な総和であるために,通常は誤差が小さい決定的な値として測定されるのである.ち

なみにこの式は，実験の場合などに測定回数を増やすことで精度が向上することも意味している．

　本書で扱う高分子は，サイズがマクロとミクロの中間的なスケール（これをメソスケールという）であり，1本の高分子を構成する原子数も中途半端な数（典型的には，$10^3 \sim 10^7$）となっている．このような場合には，分散（誤差）が大きくなり，マクロな物理量のように無視できなくなる．物理量の平均値からの誤差は「ゆらぎ」と呼ばれており，特にメソスケールの高分子の場合には物性に大きな影響を与えることから，重要な研究対象となっている．たとえば，高分子の広がりを表す末端間距離の二乗平均はゆらぎそのものである．

　統計力学のもう1つの重要な考え方が等重率の原理である．これは，同じエネルギーのもとで実現しうるミクロな状態は，すべて等確率で実現するという仮説である．これによりミクロな状態に基づいてマクロな状態を計算することが可能になる．先ほど述べた確率変数 x でいえば，それがある分布をもちつつ時々刻々と変動している場合には，分布の中の個々の確率変数が示すミクロな状態は等しい確率で出現することを意味している．本編では，高分子の形態は熱ゆらぎによって時々刻々と変化しており，その末端間距離がGauss分布に従うことを示した．末端間距離が等しいすべてのミクロな状態（さまざまな高分子の形態）がすべて等しい確率で出現することを，等重率の原理は示している．

A.2　自由度とエネルギー等分配則

　独立に決定できる変数の数を自由度と呼ぶ．たとえば，単原子分子の場合には自由度が3，2原子分子の場合には2つの原子を独立な質点として考えれば自由度が6となる．ただし，運動の一部が拘束されている場合などは自由度が小さくなり，2原子分子でも結合方向の運動が制限されている場合には自由度が5に減少する（逆に2原子間の振動を考えると，振動のモード分だけ自由度は増える）．どんな分子であっても，分子全体の重心の自由度は3つあり（並進の自由度と呼ぶ），それ以外を内部自由度と呼ぶ．内部自由度には，回転の自由度（2原子分子の場合には2）や，振動の自由度，形態の自由度などが含まれる．したがって，一般には分子が大きくなるほど内部自由度が増えていくことになり，高分子は並進の自由度がわずか3つしかないのに対して，内部自由度は莫大な数になる．

　等重率の原理からの帰結として，理想的な熱平衡系ではエネルギー一定下において，1つの自由度ごとに $\frac{1}{2}k_\mathrm{B}T$ のエネルギーが等しく分配される（k_B はBoltzmann定数，

T は温度）．これをエネルギー等分配則という．たとえば，自由度3の単原子分子の場合には，$\frac{3}{2}k_\mathrm{B}T$ のエネルギーが分配されるので，これがすべて運動エネルギーに当てられるとすれば，単原子分子の熱平衡速度 v は

$$\frac{1}{2}mv^2 = \frac{3}{2}k_\mathrm{B}T \tag{A.4}$$

から求められる（m は単原子分子の質量）．これを用いると，比熱などが簡単に計算できる．

　高分子の場合には内部自由度が膨大な数であることは先に述べた．そのため高分子では，エネルギーのほとんどが内部自由度に分配されてしまうことになる．これは，単原子分子と高分子の理想気体（容器内の原子数の総和は同じとする）に外から熱を加えて温度を上げたときを考えるとわかりやすい．単原子分子では式(A.4)から明らかなように，加えられた熱エネルギーが運動エネルギーに直接変わるため熱平衡速度が増加し，その結果，圧力も熱エネルギーに比例してすぐに大きくなる．一方，高分子では，加えられた熱エネルギーの大半が内部自由度に分配されてしまう．そのため，外部自由度と直接関係している重心の運動エネルギーがあまり変化せず，熱平衡速度はほとんど増加しないのに対して，内部自由度に関係している高分子の形態変化は激しくなって，ほとんどの熱エネルギーを消費してしまうのである．したがって，加えた熱エネルギーに対する圧力の増加は，単原子分子に比べると高分子の場合には，はるかに小さい．

A.3　Boltzmann の原理

　1877年にオーストリアの物理学者 Boltzmann は，熱力学で扱われていたマクロな物理量であるエントロピー S が以下のように定義できることを導いた．

$$S = k_\mathrm{B} \ln W \tag{A.5}$$

この式は Boltzmann の原理あるいは Boltzmann の関係式と呼ばれており，W はあるマクロな状態に対応するミクロな状態の数を表す．Boltzmann の原理はまさに，ミクロ（状態数）とマクロ（エントロピー）を結びつける式となっており，統計力学の基本式と呼んでも差し支えない．

　高分子の場合を例にあげて説明してみよう．高分子の両端を近づけた場合には，高分子鎖は糸まり状のさまざまな形態をとることが可能であり，その1つ1つをミクロな状態として数えると，状態数 W は莫大となる．そのため，末端間距離が近い（マ

クロな）状態のエントロピーは大きくなる．これに対して，末端間が高分子鎖の全長と同程度に離れている場合には，高分子鎖は伸びきっているため形態は棒状の1種類しかとれない．したがって，エントロピーはゼロになってしまう．熱力学第2法則によれば，孤立系ではエントロピーは増大するので，エントロピーが小さい伸びきった状態は不安定であり，高分子鎖は自然に丸まった糸まり状の形態をとろうとする．これが高分子にエントロピー弾性をもたらすことは，本編の中でも何度かふれた．

A.4 ミクロカノニカル分布

断熱壁で囲まれた体積が一定の孤立系を考える．孤立系では内部エネルギーも一定になるので，先に述べたように等重率の原理が成り立つ．このときに実現しうるミクロな状態の分布をミクロカノニカル分布という．すなわち等重率の原理は，ミクロカノニカル分布に対して適用される．高分子の形態変化が内部エネルギーに影響を与えない場合には，形態の分布はミクロカノニカル分布となる．実際に本書の中で高分子のエントロピー弾性を導く際には，ミクロカノニカル分布を仮定して計算を行った．ミクロカノニカル分布の場合に，ミクロとマクロを結びつけるのが Boltzmann の関係式である．状態数からエントロピーを計算し，そこから他の熱力学的物理量を求めることができる．具体的には，エントロピーが求まれば，

$$dS = \frac{dE}{T} + \frac{P}{T}dV - \frac{\mu}{T}dN \tag{A.6}$$

であるので，温度 T，圧力 P，化学ポテンシャル μ が以下のように計算できる（E は系の全エネルギー，N は分子数）．

$$\frac{1}{T} = \left(\frac{\partial S}{\partial E}\right)_{V,N} \tag{A.7}$$

$$\frac{P}{T} = \left(\frac{\partial S}{\partial V}\right)_{E,N} \tag{A.8}$$

$$-\frac{\mu}{T} = \left(\frac{\partial S}{\partial N}\right)_{E,V} \tag{A.9}$$

A.5 カノニカル分布

内部エネルギーを一定にする代わりに，温度 T の熱浴と接触させて熱の出入り，すなわち熱エネルギーの変化を可能とする系を考える．このときのミクロな状態の分

布をカノニカル分布と呼ぶ．カノニカル分布の場合には，ミクロとマクロを結びつける関係式を導くために，下記のような分配関数を導入する．

$$Z(T) = \sum_j W(E_j) \exp\left(-\frac{E_j}{k_\mathrm{B} T}\right) \tag{A.10}$$

ここで，$W(E_j)$ はマクロなエネルギーが E_j（個々の分子のエネルギーの総和）のもとでのミクロな状態数であり，ミクロカノニカル分布を反映している．また，$\exp(-E_j/k_\mathrm{B} T)$ は Boltzmann 因子と呼ばれる．すなわち分配関数は，ミクロカノニカル分布の中で，エネルギーの高い分布は実現確率が低くなることを示している．ここで中心極限定理より，分子数が膨大な場合には，E_j の分布はある値のところ（E^* とする）で非常にシャープなピークを描くはずであり，式(A.10)の和の中にも寄与が極端に大きい項が存在していると考えられる．分配関数の総和をその項のみで近似し，さらに Boltzmann の関係式を代入すると，

$$Z(T) \approx W(E^*) \exp\left(-\frac{E^*}{k_\mathrm{B} T}\right) = \exp\left(\frac{TS(E^*) - E^*}{k_\mathrm{B} T}\right) \tag{A.11}$$

が得られる．ここで，E^* に対応したエントロピーと内部自由エネルギーをそれぞれ，S^*，F^* とおくと

$$F^* = E^* - TS^* \tag{A.12}$$

が得られる．内部エネルギーと同様に，マクロな物理量であるエントロピーと内部自由エネルギーも誤差（ゆらぎ）が小さいと考えられるので，すべて通常の熱力学的物理量と同一とみなすと，

$$F = -k_\mathrm{B} T \ln Z = E - TS \tag{A.13}$$

となり，カノニカル分布におけるミクロとマクロを結びつける関係式が得られる．すなわち，カノニカル分布では，式(A.10)に従ってミクロな状態数とエネルギーから分配関数をまず求め，それを用いて式(A.13)より Helmholtz の自由エネルギーを計算し，そこから他の熱力学的物理量を求めることになる．具体的には，Helmholtz の自由エネルギーが求まれば，

$$\mathrm{d}F = -S\mathrm{d}T - P\mathrm{d}V + \mu \mathrm{d}N \tag{A.14}$$

であるので，エントロピー S，圧力 P，化学ポテンシャル μ が以下のように計算できる．

$$S = -\left(\frac{\partial F}{\partial T}\right)_{V,N} \tag{A.15}$$

$$P = -\left(\frac{\partial F}{\partial V}\right)_{T,N} \tag{A.16}$$

$$\mu = \left(\frac{\partial F}{\partial N}\right)_{T,V} \tag{A.17}$$

A.6 グランドカノニカル分布

　最後に粒子の増減も許す場合，すなわち熱浴だけでなくある一定の化学ポテンシャル μ をもつような粒子浴と接した開放系を考える．このときのミクロな状態の分布をグランドカノニカル分布と呼ぶ．グランドカノニカル分布の場合には，ミクロとマクロを結びつける関係式を導くために，下記のような大分配関数を導入する．

$$\Xi(T,\mu) = \sum_{N=0}^{\infty}\sum_{j} W(E_j, N)\exp\left(-\frac{E_j - \mu N}{k_B T}\right) = \sum_{N=0}^{\infty} \lambda^N Z(N) \tag{A.18}$$

ここで，$Z(N)$ は粒子数 N からなるカノニカル分布の分配関数であり，$\lambda \equiv \exp(\mu/k_B T)$ はフガシティと呼ばれる．カノニカル分布のときと同様に，マクロな物理量がそれぞれの平均値で極端に大きくなると考えると，総和については極大をもたらす項のみで近似できるので，

$$\Xi(T,\mu) \approx \lambda^N Z(N) \tag{A.19}$$

となる．両辺の対数をとって

$$\Omega \equiv -k_B T \ln \Xi = F - \mu N = F - G = PV \tag{A.20}$$

が得られる．ここで，G は Gibbs の自由エネルギー，Ω はグランドポテンシャルを表す．これが，グランドカノニカル分布におけるミクロとマクロを結びつける関係式となる．グランドポテンシャルが求まれば，

$$d\Omega = -SdT - PdV - Nd\mu \tag{A.21}$$

であるので，エントロピー S，圧力 P，粒子数 N が以下のように計算できる．

$$S = -\left(\frac{\partial \Omega}{\partial T}\right)_{V,\mu} \tag{A.22}$$

$$P = -\left(\frac{\partial \Omega}{\partial V}\right)_{T,\mu} \tag{A.23}$$

付録 A　統計力学の考え方

$$N = -\left(\frac{\partial \Omega}{\partial \mu}\right)_{T,V} \tag{A.24}$$

さらに詳しく学びたい人のために

・土井正男，統計力学（物理の考え方 2），朝倉書店（2006）
・川勝年洋，統計物理学（現代物理学基礎シリーズ 4），朝倉書店（2008）

付録 B　Fourier 変換

　本編では，構造解析を中心として，高分子からの光や X 線などの電磁波あるいは中性子の散乱に関する記述がときどき現れる．本書で扱うほとんどすべての散乱は，波長に比べて散乱体の大きさが小さい Rayleigh 散乱であり，この場合，散乱体の構造と散乱波がつくるパターンは互いに Fourier 変換の関係にある．

　Fourier 変換は，散乱だけでなく，信号，音声および画像の解析や処理などでも盛んに使われており，現代の科学技術にとって非常に重要な役割を果たしている．Fourier 変換の本質は，音声処理や画像処理などで考えるとわかりやすい．オーディオ機器などにイコライザと呼ばれる各周波数の強度（低音域から高音域の周波数スペクトル）をリアルタイムに表示する装置が付いているのを見たことがある読者も多いのではないだろうか．この周波数スペクトルはパワースペクトルと呼ばれ，音楽の時間域 Fourier 変換にほかならない．<u>Fourier 変換による解析とは，このように我々が感じることができる実時間あるいは実空間の情報を，周波数（または波長）の異なる波の重ね合わせとして分解することである</u>．ちなみに Fourier 変換によって得られた周波数依存性は，一般にスペクトルと呼ばれる．実は，人間の耳（三半規管）も Fourier 解析を行っており，脳は実空間の音ではなく周波数ごとに分解された波をスペクトルとして感じている．

　本書で扱う散乱は，我々が目で見る（光学または電子顕微鏡の観察像も含む）実空間に関する Fourier 変換であり，実は画像解析や画像処理とも非常に関係が深い．散乱によって得られる情報は波数スペクトルまたは散乱パターンと呼ばれ，イコライザと同様に空間的な周期性（繰り返しパターン）の強度を波数（または波長）ごとに分解したものとなっている（散乱パターンの情報を，逆空間または波数空間と呼ぶことがある）．本付録では，Fourier 変換の基礎について学ぶことで，散乱パターンについての直感的な理解を得ることを目指す．

B.1　Fourier 変換

　本節では，空間的 Fourier 変換のみを扱う．散乱にも動的散乱と呼ばれ，時間的 Fourier 変換を対象とする分野もあるが，ここでは取り上げない．まず 1 次元の場合の Fourier 変換関数および逆 Fourier 変換関数は，下記のように与えられる．

付録 B　Fourier 変換

1 次元の Fourier 変換関数

$$F(k) = \int_{-\infty}^{\infty} f(x) e^{-ikx} dx \tag{B.1}$$

1 次元の逆 Fourier 変換関数

$$f(x) = \frac{1}{2\pi} \int_{-\infty}^{\infty} F(k) e^{ikx} dk \tag{B.2}$$

ここで，$k = 2\pi/\lambda$ は波数と呼ばれ（λ は波の波長），時間域の場合の周波数（正確には角周波数）に対応する．3 次元の場合には，上式は以下のようになる．

3 次元の Fourier 変換関数

$$F(\mathbf{k}) = \iiint_{-\infty}^{\infty} f(\mathbf{r}) e^{-i\mathbf{k}\cdot\mathbf{r}} d\mathbf{r} \tag{B.3}$$

3 次元の逆 Fourier 変換関数

$$f(\mathbf{r}) = \frac{1}{(2\pi)^3} \iiint_{-\infty}^{\infty} F(\mathbf{k}) e^{i\mathbf{k}\cdot\mathbf{r}} d\mathbf{k} \tag{B.4}$$

$\mathbf{k}$ は波数ベクトルと呼ばれ，$|\mathbf{k}| = 2\pi/\lambda$ となる．

B.2　散乱と Fourier 変換

x 方向に進むある波 $\cos(\omega t + kx) = \mathrm{Re}(e^{i(\omega t + kx)})$ とそれより位相が φ だけ遅れた波 $\cos(\omega t + kx + \varphi) = \mathrm{Re}(e^{i(\omega t + kx + \varphi)})$ が干渉するとき，位相差 φ が $\varphi = 2n\pi$ のときには強め合い，$\varphi = (2n+1)\pi$ のときには弱め合う（n は整数）．これは以下のように単純に 2 つの和をとることで理解できる．

$$\mathrm{Re}(e^{i(\omega t + kx)}) + \mathrm{Re}(e^{i(\omega t + kx + \varphi)}) = \mathrm{Re}[e^{i(\omega t + kx)}(1 + e^{i\varphi})] \tag{B.5}$$

したがって，位相差がわかれば，干渉パターンが計算できる．

光，X 線，中性子線，電子線などの平面波が物体に入射して，図 B.1 のように散乱される場合を考える．入射波の波数ベクトルを $\mathbf{k}_\mathrm{i}$，出射波の波数ベクトルを $\mathbf{k}_\mathrm{s}$ として，原点で散乱された波と，原点から $\mathbf{r}$ の位置で散乱された波の位相差（$= 2\pi \times$ 光路差／波長）を計算してみよう．図からわかるように原点から $\mathbf{r}$ の位置で散乱される波は，原点で散乱される波に比べて，位相が $\mathbf{k}_\mathrm{i} \cdot \mathbf{r}$ だけ遅れて散乱される．一方，散乱された後については，原点で散乱された波は原点から $\mathbf{r}$ の位置で散乱された波に比べて，位相が $\mathbf{k}_\mathrm{s} \cdot \mathbf{r}$ だけ進む．両者を合わせると，原点から $\mathbf{r}$ の位置で散乱された波の位相は $-\mathbf{q} \cdot \mathbf{r} = \mathbf{k}_\mathrm{i} \cdot \mathbf{r} - \mathbf{k}_\mathrm{s} \cdot \mathbf{r}$ だけ遅れることになる．ここで，$\mathbf{q} \equiv \mathbf{k}_\mathrm{s} - \mathbf{k}_\mathrm{i}$ を散乱ベクトルと呼ぶ．

付録 B　Fourier 変換

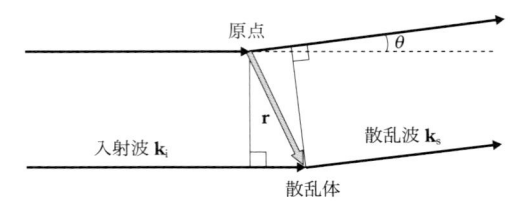

図 B.1　原点からの散乱波と散乱体からの散乱波による干渉

$\mathbf{q}$ の大きさは

$$q = |\mathbf{q}| = \frac{4\pi \sin(\theta/2)}{\lambda} \tag{B.6}$$

で与えられる．θ は入射波と散乱波のなす角であり，散乱角と呼ばれる．もし物体の後方にスクリーンを置くと，散乱波は場所によって強め合ったり弱め合ったりするために，スクリーンにはあるパターン（散乱パターン）が形成される．式(B.5)からわかるように，干渉パターンは位相差 φ の異なる波 $e^{i\varphi}$ の足し合わせとなるので，物体の空間的な散乱能の分布を $f(\mathbf{r})$ で表現すると，散乱パターンは

$$F(\mathbf{q}) = \iiint_{-\infty}^{\infty} f(\mathbf{r}) e^{-i\mathbf{q}\cdot\mathbf{r}} d\mathbf{r} \tag{B.7}$$

のような積分形式によって与えられる[注1]．これは式(B.3)と一致しており，散乱がFourier 変換そのものであることがわかる．すなわち散乱現象では，散乱ベクトルがFourier 変換の波数ベクトルに対応する．

B.3　Fourier 変換の例

式(B.1)を用いていくつかの代表的な関数について Fourier 変換を計算することで，散乱パターンのイメージをつかむことができる．

たとえば，間隔が d の結晶格子などは，周期 d の周期関数とみなすことができる．公式1より，周期関数 e^{iax} の空間角周波数は $a = 2\pi/d$ となるので，この周期関数は散乱パターンでは $k = 2\pi/d$ の位置の点に変換される．散乱現象では，散乱ベクトルがFourier 変換の波数ベクトルとなることから $q = k$．したがって式(B.6)より，$q = 4\pi\sin(\theta/2)/\lambda = 2\pi/d$ となることから，

[注1]　散乱されるのは波（複素数）であるのに対して，実際の散乱パターンはその強度（大きさまたは絶対値）であるため，位相情報が消えてしまうなど，若干異なるので注意を要する．

公式	$f(x)$	$F(k)$	備考
1	$e^{iax} = \cos ax + i\sin ax$	$2\pi\delta(k-a)$	周期関数はデルタ関数に変換される
2	$\delta(x)$	1	
3	$\mathrm{rect}(ax) = \begin{cases} 0 & (ax > \frac{1}{2}) \\ \frac{1}{2} & (ax = \frac{1}{2}) \\ 1 & (ax < \frac{1}{2}) \end{cases}$	$\dfrac{1}{\lvert a \rvert}\dfrac{\sin(k/2a)}{k/2a}$	3次元で考えると，球状粒子からの散乱パターンに対応する
4	e^{-ax^2}	$\sqrt{\dfrac{\pi}{a}}e^{-k^2/4a}$	Gauss 関数は，Gauss 関数に変換される
5	$e^{-a\lvert x \rvert}$	$\dfrac{2a}{a^2+k^2}$	$a>0$，指数関数は Lorentz 型スペクトルに変換される
6	$f(x-d)$	$e^{-idk}F(k)$	
7	$f(ax)$	$\dfrac{1}{\lvert a \rvert}F\left(\dfrac{k}{a}\right)$	

$$2d\sin(\theta/2) = \lambda \tag{B.8}$$

という Bragg の条件が得られる（Bragg の条件では通常，散乱角を 2θ とする）．X 線回折を用いた結晶構造解析でさまざまな結晶面間隔に対応した多数のスポットが観測されるのは，結晶がいろいろな周期をもった周期関数の重ね合わせであり，これを Fourier 変換して足し合わせたためである．

公式 3 は，球状粒子からの散乱に対応する．界面がはっきりとしている球状粒子からの散乱は，このように周期的に変動しながら減衰する関数（sinc 関数ともいう）になる．この周期から球の直径についての情報が得られることがわかる．このように波打ちながら減衰する散乱パターンは，通常フリンジと呼ばれる．

公式 4, 5 は，実空間での散乱体間の距離が周期関数のように均一ではない場合に対応する．この場合には広がりをもった（ブロードな）散乱パターンが得られる．このとき距離の分布が比較的シャープ（Gauss 型）かブロード（指数関数型）かによって，散乱パターンもシャープ（Gauss 型）かブロード（Lorentz 型）になることに注意する．

これに公式 6 を組み合わせると，実空間での散乱体の間隔が平均距離 d を中心としてある分布をもつ場合の散乱パターンが得られる．公式 4 と 6 あるいは 5 と 6 を組み合わせることで，周期的かつブロードな散乱パターンが得られることがわかる．通常は第 1 ピーク（$kd = 2\pi$ の Bragg 条件を満たす場合）が一番強く現れるので，このピー

付録B　Fourier変換

クから散乱体の平均間隔 d を求めることが多い．

　このように散乱パターンについての直感的な理解を深めることで，散乱パターンから実空間の構造に関する情報を直ちに得ることができるようになってほしい．

付録 C　テンソルについて

　レオロジーや連続体力学を，専門分野に特化した教科書などで学ぶと，必ずと言ってよいほど「**テンソル**（tensor）」という量に出会う．テンソルの純数学的定義と意味合いは，一般的な線形変換に基づいて規定されるが，そのような純数学的立場に立つことは，高分子科学を学ぶ立場からは，必ずしも得策ではない．そこで，ここでは，高分子科学に特化した形で（一般性と厳密性を欠くものではあるが）テンソルという量について解説したい．

　この解説の準備のため，まず，一般的に馴染みがあるベクトル量である「力」とスカラー量である「質量」についての例から出発しよう．（ベクトル量，スカラー量の定義も，純数学的な意味合いでは，一般的な線形変換に基づいて規定されるが，ここでは，読者がこれらの量については明確なイメージをもっているとして話を進める．）古典的なニュートン力学が教えるところでは，質点に力 f（ベクトル量）を加えると，図 C.1 に示すように，f と同じ方向に加速度 α（$= d^2 r/dt^2$：t は時間，r は質点の位置ベクトルであり，α もベクトル量である）を生じる．この力と加速度の関係は，最も平易には

$$\alpha = \frac{f}{m} \tag{C.1}$$

と表現される．ここで，m は質点の質量である．式(C.1)は，力を入力，加速度を出力ととらえれば，力に対する質点の応答を表す式とみなすことができる．常に，力と加速度は同一の方向のベクトル量であるため，両者をつなぐ量である質量は「大きさのみを有する」スカラー量となる．

　次の例として，ベクトル量である「電場」E に対する誘電体（絶縁体）の応答を考

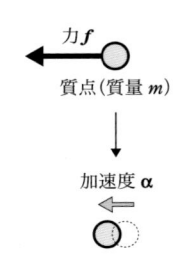

図 C.1　力と加速度の関係

付録 C　テンソルについて

えよう．電場による誘電体中の電子雲の変形や原子の変位，双極子の配向などにより，電気的な分極（電荷の偏り）$\mathbf{P}$ が生じる．$\mathbf{P}$ は負電荷の分布の重心から，正電荷の分布の重心に向かうベクトル量である．6章で述べた高分子液体のように，誘電体が完全に等方的であれば，分極 $\mathbf{P}$（誘電体の出力）の方向は電場 $\mathbf{E}$（誘電体への入力）の方向と一致し，両者をつなぐ量である（絶対）誘電率はスカラー量となる．しかし，一般の異方的な誘電体（たとえばチタン酸バリウムのような結晶）では，電子雲の変形や原子の変位に優先方向があるため，図 C.2 に示すように $\mathbf{P}$ と $\mathbf{E}$ の方向は一致しない．この場合，分極と電場の関係は

$$\mathbf{P} = \boldsymbol{\varepsilon} \cdot \mathbf{E} \tag{C.2}$$

と表現される．$\boldsymbol{\varepsilon}$ は，ベクトル $\mathbf{E}$ を，方向と大きさの両方が異なるベクトル $\mathbf{P}$ に変換する「テンソル量」であり，（絶対）誘電率テンソルと呼ばれる．（$\boldsymbol{\varepsilon}$ が，ベクトルの方向を変えないスカラー量ではありえないことは，自明であろう．）高分子科学の分野で出会うテンソル量は，この $\boldsymbol{\varepsilon}$ の例のように，あるベクトル量を他のベクトル量に変換するような量であると考えて大過ない[注1]．たとえば，本編6章で導入される応力テンソル $\boldsymbol{\sigma}$ は，微小面 ΔA の法線ベクトル $\mathbf{n}$ をこの面に作用する力 $\boldsymbol{f}$ に変換する量（$\boldsymbol{f} = \boldsymbol{\sigma} \cdot \mathbf{n} \Delta A$）であり，変位テンソル $\mathbf{E}$ は変形前の物体中に埋め込まれた微小ベクトル $d\mathbf{r}_0$ を変形後の $d\mathbf{r}$ に変換する量である．

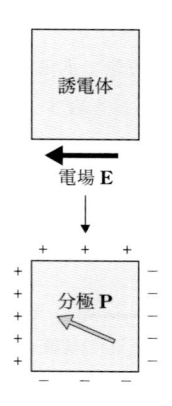

図 C.2　電場と分極の関係

[注1] ベクトルの大きさも方向も不変に保つ単位テンソル $\mathbf{I}$ を導入すれば，式(C.1)を $\boldsymbol{\alpha} = m^{-1}\mathbf{I} \cdot \boldsymbol{f}$ というテンソル形で書くことも可能である．この意味で，スカラー量を，「テンソルの不変量」（座標変換によって変化しない主値）ととらえることも可能である．

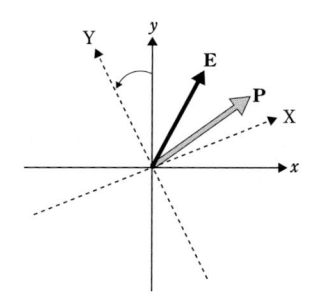

図 C.3 座表系の変更(回転)

系に座標軸を導入すれば,テンソル量の成分を行列として表記することができる.最も単純な場合として,2次元の電気的分極に対する式(C.2)を考えよう.図 C.3 のように x 軸,y 軸を導入し,これらの軸に対して定義される $\mathbf{P}, \boldsymbol{\varepsilon}, \mathbf{E}$ の成分を下付き添え字 x, y を用いて表す.これらの成分について,式(C.2)は

$$\begin{pmatrix} P_x \\ P_y \end{pmatrix} = \begin{pmatrix} \varepsilon_{xx} & \varepsilon_{xy} \\ \varepsilon_{yx} & \varepsilon_{yy} \end{pmatrix} \begin{pmatrix} E_x \\ E_y \end{pmatrix} = \begin{pmatrix} \varepsilon_{xx} E_x + \varepsilon_{xy} E_y \\ \varepsilon_{yx} E_x + \varepsilon_{yy} E_y \end{pmatrix} \tag{C.3}$$

と書き表されるので,$\mathbf{E}$ を $\mathbf{P}$ に変換するテンソル量 $\boldsymbol{\varepsilon}$ の成分が行列として表現されることがわかるであろう.この例は2次元なので $\boldsymbol{\varepsilon}$ の成分を表す行列は 2×2 の行列であるが,一般に高分子科学の分野で出会うテンソル量は3次元のものであり,その成分は 3×3 の行列で表現される.このように行列で表示されたテンソル成分については,線形代数学の枠内の通常の行列演算が適用可能である.

ここで,テンソル量に対する理解を進めるために,x 軸,y 軸を角度 θ だけ回転して新たに X 軸,Y 軸を導入しよう.X 軸,Y 軸について定義される $\mathbf{P}, \mathbf{E}$ の成分(添え字 X, Y で表す)は,x 軸,y 軸についての成分と,以下の関係にある.

$$\begin{pmatrix} P_X \\ P_Y \end{pmatrix} = \begin{pmatrix} \cos\theta & \sin\theta \\ -\sin\theta & \cos\theta \end{pmatrix} \begin{pmatrix} P_x \\ P_y \end{pmatrix}, \quad \begin{pmatrix} E_X \\ E_Y \end{pmatrix} = \begin{pmatrix} \cos\theta & \sin\theta \\ -\sin\theta & \cos\theta \end{pmatrix} \begin{pmatrix} E_x \\ E_y \end{pmatrix} \tag{C.4}$$

式(C.2)~(C.4)から,X 軸,Y 軸について定義される $\boldsymbol{\varepsilon}$ の成分が,x 軸,y 軸についての成分と

$$\begin{pmatrix} \varepsilon_{XX} & \varepsilon_{XY} \\ \varepsilon_{YX} & \varepsilon_{YY} \end{pmatrix} = \begin{pmatrix} \cos\theta & -\sin\theta \\ \sin\theta & \cos\theta \end{pmatrix} \begin{pmatrix} \varepsilon_{xx} & \varepsilon_{xy} \\ \varepsilon_{yx} & \varepsilon_{yy} \end{pmatrix} \begin{pmatrix} \cos\theta & \sin\theta \\ -\sin\theta & \cos\theta \end{pmatrix} \tag{C.5}$$

という関係にあることがわかる.式(C.5)は,座標系の変更に伴うテンソル $\boldsymbol{\varepsilon}$ の成分

付録 C　テンソルについて

の変換を記述する．逆に，「式(C.5)のような変換を受ける成分」を有する量 ε を，$\mathbf{E}$ を $\mathbf{P}$ に変換するテンソルとして定義することも可能である．なお，この定義の仕方は，2つの座標系が「回転」以外の関係にある場合でも成立し，また，3次元の場合についても成立する．より詳細については，テンソル解析の教科書[1]を参照いただきたい．

　上記の例のように座標系（より正確には系の基底）の変更に伴う成分の変換によってテンソル量を定義する場合，テンソル量自体と，その成分の行列表示を混同してはならないという点が強調される．成分は座標系を設定しない限り定義できないが，テンソル量は座標系の設定とは無関係に定義され，それが満たすべきベクトルの変換式（たとえば，上記の例の $\mathbf{P}=\varepsilon\cdot\mathbf{E}$ という $\mathbf{E}$ から $\mathbf{P}$ への変換式）は座標系の設定によらず常に成立する．ベクトルの変換式が座標系の設定によらず常に成立することは，この式が物理的意味をもつための基本的要請である[注2]．このため，高分子の3次元の力学的性質や電気的性質を記述する際には，テンソル量が使用されることが多い．

文献

1) 田代嘉宏，テンソル解析（基礎数学選書23），裳華房（1981）

[注2] やや細かい点であるが，テンソル量で関係付けられている2つのベクトル量の性質に応じて，テンソル量の性質が異なるものとなることにも留意いただきたい．一般に，2つの3次元ベクトル $\mathbf{v}, \mathbf{u}$ について，2つの座標系 O 系と O′ 系において定義される成分 v_i と v'_i，u_i と u'_i ($i=1,2,3$) の間に，$v'_i = \sum_{j=1}^{3} g_{ij}^{[\mathbf{v}]} v_j$，$u'_i = \sum_{j=1}^{3} g_{ij}^{[\mathbf{u}]} u_j$ という変換関係が成立する．ここで，係数行列 g_{ij} の上付き添え字 $[\mathbf{v}]$，$[\mathbf{u}]$ は，対象としているベクトルを指定している．この変換関係から，$\mathbf{v}$ を $\mathbf{u}$ に変換するテンソル $\mathbf{T}$ ($\mathbf{u}=\mathbf{T}\cdot\mathbf{v}$) の O 系と O′ 系における成分 T_{ij} と T'_{ij} ($i=1,2,3$) の間には $T'_{ij} = \sum_{p=1}^{3}\sum_{q=1}^{3} g_{ip}^{[\mathbf{u}]} T_{pq} \{g^{[\mathbf{v}]}\}_{qj}^{-1}$ という関係が成立することがわかる．ここで，$\{g^{[\mathbf{v}]}\}_{qj}^{-1}$ は行列 $\mathbf{g}^{[\mathbf{v}]}$ の逆行列の成分を表す ($\sum_{p=1}^{3} g_{ip}^{[\mathbf{v}]}\{g^{[\mathbf{v}]}\}_{pj}^{-1} = \delta_{ij}$)．すなわち，座標系の変更に伴う $\mathbf{T}$ の成分の変換は，$g_{ij}^{[\mathbf{v}]}, g_{ij}^{[\mathbf{u}]}$ に反映される $\mathbf{v}$，$\mathbf{u}$ の性質に応じて決まる．この点は，2つのベクトル $\mathbf{a}, \mathbf{b}$ の外積 $\mathbf{a}\times\mathbf{b}$ として定義されるベクトル（たとえば角速度ベクトル）を変換するテンソル量を扱う場合に特に重要となる．より詳細については，テンソル解析の教科書[1]を参照いただきたい．

付録 D　用語解説

本文中に登場する用語のうち，読者が知らない可能性が高いと思われるものに対して，解説を付した．ごく簡単な解説にとどめたので，さらに詳しく学びたい読者は他書を参照していただきたい．

Boltzmann の重畳原理（2 章 164 頁，6 章 354 頁）
平衡系が示す巨視的な変化は，系に加えられた刺激に対する応答ととらえることができる．刺激が小さい極限の系の状態は，刺激がないときの状態と一致する．このため，時刻 0 で加えられた微小刺激 dS に対して時刻 $t>0$ において発現する微小応答 $dR(t)$ は，t のみに依存する応答関数 $\phi(t)\,(=dR(t)/dS)$ を用いて，$dR(t)=\phi(t)dS$ と表される．さらに，任意の時間依存性をもつ微小刺激 $S(t)$ とそれに対する応答 $R(t)$ の間には，Boltzmann の重畳原理と呼ばれる線形加算性が成立し，$R(t)$ は $S(t)$ と $\phi(t)$ を用いて $R(t)=\int_{-\infty}^{t}\phi(t-t')\dot{S}(t')dt'$ と表される．（過去の事象しか現在に影響を与えないことを意味する因果律を反映して，積分上限が t となっていることに留意が必要である．）

Ising モデル（1 章 27 頁）
高分子鎖中のモノマー単位の状態（たとえば内部回転状態や共重合体中のモノマーの種類）が，隣接モノマー単位の状態の影響を受ける場合，熱ゆらぎに抗して同じ状態が鎖に沿って長く持続する．このような相互作用をしている高分子鎖の統計力学を取り扱う際に，もともと強磁性体中でのスピン系の問題に対して提案された Ising モデルが用いられる．統計力学の教科書に必ず出てくる基本的モデルである．共重合体のブロック性は，重合反応段階で決まるが，重合過程を統計力学的に取り扱えば，このモデルが適用できる．

Langevin 関数（1 章 34 頁，5 章 306 頁）
電場中に存在する孤立した電気双極子や磁場中に存在する孤立磁気双極子は，熱ゆらぎに抗して電場や磁場方向に配向しようとする．このとき，配向した双極子の外場方向の成分の熱平均値が，Langevin 関数によって表される．この計算も統計力学の教科書に必ず出てくる基本問題で，1, 5 章ではそれを高分子鎖の統計に応用している．

付録 D　用語解説

Laplace 変換（4 章 273 頁，6 章 356 頁）
　関数 $f(t)$ があるとき，$F(s) = \int_{-\infty}^{\infty} f(t)\mathrm{e}^{-st}\mathrm{d}t$ を $f(t)$ の Laplace 変換といい，数学的定義は明白である．ある変数（ここでは t）に関する導関数の Laplace 変換が多項式の差となるなど Laplace 変換した関数はいろいろな性質があり，微分方程式を解く際などに有用である．また，上式において，e^{-st} という物理量が t について $f(t)$ という分布をもつと考えると，Laplace 変換は e^{-st} の平均を求める操作を行っていることになる．よって，その逆変換を行うと，分布関数 $f(t)$ が求まることとなる．付録 B で扱う Fourier 変換は，$F(\omega) = \int_{-\infty}^{\infty} f(t)\mathrm{e}^{-i\omega t}\mathrm{d}t$ で定義される．ここで，i は虚数単位である．Laplace 変換の s は基本的には複素数であるので，Laplace 変換は Fourier 変換を含むと考えることができる．ただし，Laplace 変換では収束条件により積分範囲が $[0, \infty]$ と限定される．

Oseen テンソル（1 章 96 頁，6 章 378 頁）
　3次元の流体中の流れは，3次元空間の各点で定義される流速ベクトル **v** で記述され，その流れは流体中のある点に印加したやはりベクトル量である力 **F** によって決まる．付録 C で述べられているように，テンソルとは，2 種類のベクトル量の関係を表す物理量であり，上の **F** と **v** との関係を表すテンソルが Oseen テンソルである．詳細は，流体力学の教科書を参照されたい．

van der Waals ループ（5 章 314 頁）
　理想気体と違って実在の気体の場合には，分子の大きさや相互作用などを考慮する必要がある．van der Waals はこれを考慮した状態方程式（van der Waals 状態方程式）を導き，温度一定の下で圧力の体積依存性（等温線と呼ばれる）を調べたところ，ある温度で等温線が極大と極小をもつ曲線となることを発見した．このような曲線は van der Waals ループと呼ばれている．このとき状態は，変化の途中で曲線から一度外れて圧力一定の線上を移動することになり，その際，たとえば気体と液体が共存する 1 次相転移を示す．このように van der Waals 状態方程式を用いると，気体と液体の相転移をきわめて簡単な式で説明することができる．

ガンマ関数（1 章 8 頁，4 章 281 頁，6 章 441 頁，7 章 466 頁）
　数学において，階乗は自然数 z に対して，$z! = 1 \times 2 \times \cdots \times z$ で定義される．これを自然数から複素数に拡張した特殊関数をガンマ関数と呼び，$\Gamma(z)$ で表す．z が自然数のときは $\Gamma(z) = (z-1)!$ となるが，自然数でないときには一般に簡単な数値では表せ

ない．Excel などの表計算ソフトには，実数に対するガンマ関数の値が計算できる機能がついている．

逆空間（3 章 180 頁）

物質の構造解析をするとき，顕微鏡でのぞいて見える世界は，実距離 $\mathbf{R}[\mathrm{L}]$ が重要であることは言うまでもなく，これを実空間観察と表現する．これに対し，2 章の式 (2.4.16)，3 章の式 (E3.2.10) や付録 B で扱われているような，Fourier 変換を介して $\mathbf{q}[\mathrm{L}^{-1}]$ が変数となった世界は，その次元からも明らかなように，長さの逆数をものさしとした物質観察の世界であり，これを逆空間と呼んでいる．散乱現象はすべて逆空間観察を自ら行っている．散乱ベクトルの大きさ q に対して散乱強度が滑らかに変化する連続体の分布関数よりも，ブロック共重合体の規則構造のように実空間の結晶格子から逆空間の回折格子を結ぶ場合の方が逆格子空間は理解しやすいだろう．たとえば交互ラメラ構造からは，Bragg の回折条件を満たす方向に逆格子としての 1 次元の回折点が得られる．

構造因子（4 章 258 頁）

結晶，非晶，溶液など扱う系により，また広角散乱と小角散乱により多少ニュアンスや取り扱いは異なる．一般的には，以下のように考えるとよい．たとえば，結晶では原子，高分子メルトではモノマー，ミセル溶液では 1 つのミセル粒子を散乱単位と考える．1 つの散乱単位からの散乱波の振幅は散乱単位の形状やその内部構造により決まるため形状因子と呼ばれる．散乱単位の間での干渉による散乱波の振幅は，散乱単位の空間分布（空間配置）により決まるため，これを構造因子と呼ぶ．散乱強度は散乱振幅の絶対値の二乗に比例するが，それぞれの散乱強度を形状因子および構造因子と呼ぶ場合もある．

散乱関数（2 章 133 頁，3 章 180 頁）

3 章で中心的に扱っている中性子散乱に主に焦点を当てる．中性子線が物質に照射されたとき，エネルギーのやり取りがある場合には，散乱関数（scattering function : S）は，散乱ベクトル $\mathbf{q}$ だけでなくエネルギー ω の関数ともなり，$S(\mathbf{q}, \omega)$ と表現される．入射ビームと散乱ビームのエネルギーが同じ場合は弾性散乱といい，散乱関数は単に $S(\mathbf{q})$ と書かれる．小角中性子散乱などの汎用装置では，弾性散乱の強度を解析に用いる．多くの場合，縦軸に $S(q)$，横軸に q をとってプロットし，$q(=4\pi\sin\theta/\lambda$ のため実質的には散乱角度 θ）につれて変わっていく $S(q)$ の形などから高分子の構造を

解析する．

詳細つり合いの原理（4 章 244 頁）

詳細つり合い（detailed balance）の原理とは，平衡状態にある系において，微視的な状態間の変化を考えたとき，どのような過程もその起こる頻度が逆の過程の起こる頻度と等しいことを示す原理である．

相関関数（2 章 134 頁，3 章 190 頁ほか）

相関関数とは，一般に物理量の時空間的な平均値を表現する関数形であり，大別して空間的な相関と時間的な相関がある．たとえば，物質密度 ρ の場合，空間上の2点 r_1, r_2 にある密度に関する相関関数は $\langle \rho(r_1)\rho(r_2) \rangle$ で表され，時間 t_1, t_2 に関する相関関数は $\langle \rho(t_1)\rho(t_2) \rangle$ のような表現がとられる．

デルタ関数（2 章 93 頁，6 章 363 頁，387 頁）

ある関数 $f(x)$ にかけてから変数 x を $-\infty$ から ∞ まで積分した結果が $f(0)$ に等しくなるような関数をデルタ関数と呼び，$\delta(x)$ で表す．物理的な要請で導入された関数であるが，$x=0$ の1点だけで ∞ の値をとり，それ以外の x ではゼロとなる必要があり，通常の数学的関数とはその性質が異なることに注意が必要である．

特性関数（2 章 111 頁）

熱力学では，自然界で起こりうる状態変化を，ある物理量の極小・極大条件より予言する．有名なエントロピー増大則は，熱の出入りのない系ではエントロピーが極大となる状態変化が起こると予言する．判定条件に用いられる物理量は，系がどのような外部条件にあるかによって選ばれる．温度と体積が一定の条件では Helmholtz エネルギーが，温度と圧力が一定の条件では Gibbs エネルギーがその判定条件に用いられる．このように，外部条件ごとに判定条件に選ばれる物理量を，熱力学における特性関数と呼ぶ．

分布関数（1 章 7 頁，23 頁，30 頁ほか）

高分子は，いろいろなところで，確率・統計を用いた議論が必要となる．たとえば，分子量の分布や高分子鎖の末端間距離の分布などである．ある事象（特定の分子量や末端間距離）がどれくらいの頻度で出現するかは，各事象を表す確率変数の関数を用いて表される．この関数のことを分布関数と呼ぶ．確率変数 x が実数の場合，x から

$x+\mathrm{d}x$ の間の数値が出現する確率を $F(x)\mathrm{d}x$ で表し,$F(x)$ を分布関数あるいは確率密度関数と呼ぶ.

平均場近似(2 章 109 頁ほか)

　統計力学では,考察の対象である系中に存在する構成要素(原子・分子・高分子鎖のモノマー単位等)間に相互作用が働いている状況での系のふるまいを計算する必要がある.多数の構成要素からなる系では,その厳密な計算は困難で,何らかの近似が必要となる.ある1つの構成要素に注目し,それ以外の要素からの相互作用の効果をある平均値で置き換える近似を平均場近似と呼ぶ.その平均場の影響を加味してより正確な平均場を計算して近似を高めるなど,平均場近似にもいろいろな段階がある.

おわりに

　2010年春に遠藤剛先生（近畿大学分子工学研究所教授，東京工業大学名誉教授，元高分子学会会長）から突然電話をいただいた．「講談社の『高分子の合成』を知っているか？　その姉妹編の『高分子物性』があると良いと思っている．君に編集役を頼みたい．著者の選び方も内容もすべて任せる．ただ，式ばかりの難しい本は好ましくない．」が電話の趣旨だった．電話口で咄嗟に返した私の返事は，「先生，人違いではありませんか？　正直に申し上げて，その仕事は私には荷が重すぎます．」だった．当時，私は学内外で多くの仕事を抱えており，受けるとえらいことになると思ったからである．「松下さん，間違ってないよ，世の中見ている人は見ているもんですよ．」とおだてか脅しか区別がつかない応答があった．とにもかくにも，容易に答えるほど軽い仕事でないことは直感したので，答えは保留した．ほどなく，講談社サイエンティフィクの五味研二氏が私を訪ねてきた．遠藤先生が話された概要を，誠意ある態度で丁寧に熱っぽく説明してくれた．両者の熱意に絆されて，ポーズも含めてまず第一歩を踏み出すことにしたが，私の力不足で著者が集まらないという答えもあると内心思っていた．4月下旬には，五味氏に自分なりの試みをすることを伝え，著者の選択に入った，と言ってもそれは短時間で決めた．忘れもしない5月1日に時候のあいさつとともに，自分で選んだ候補のところに一斉にメールを送った．そしたら驚いたことに3日以内に全員からイエスの返事が来てしまった．これで逃げられなくなった．ほんとにやらねばならないと覚悟したのはこのときである．

　その後，年2回ほどの会合などで進捗状況の確認と情報共有・執筆内容のすみ分けなどの打ち合わせをし，初期設定の甘さから重要な内容で欠落部分があることが判明したため著者の補強をしたりした．紆余曲折を経て曲がりなりにも世に出せる今日の状態に辿り着いた．

　3年の年月を感慨深く振り返ってみると，遠藤先生の初期要求のうち前半部分は私の独断でそのとおりにさせていただいたが，「式を使うな」については結果的にまったく従っていない．途中，自分自身にも他の著者との間にも葛藤があり，著者間で白熱の議論にまで発展したが，結局私たちが至った結論は「この分野の学術を真に記述するためには，基本的な式は避けられない」であったからである．この点，初期には

おわりに

　遠藤先生と類似の意見を持たれていた五味氏にも納得をいただいた．この開き直りの方針が固まってからの進捗のスピードは速かったように思う．最終的には自己満足の域を越えて，これからの人のためになることを願っている．

　なお，本書の企画から各プロセスの進行ガイド，そして時には難解なオリジナル原稿を読み込むために膨大な時間を割いてくださった五味氏には，著者を代表して厚くお礼申し上げたい．本書は五味さんの熱意と寄与なしにはその存在がなかったことを付言したい．他の著者も同じ思いを持っていると確信する．

2013 年 5 月 1 日
松下裕秀

索　引

■欧　文

AB 型 2 元ブロック共重合体　199
ABA 型 3 元ブロック共重合体　199
ABC 型 3 元ブロック共重合体　199
Adam-Gibbs 理論　275
Angell プロット　270
Avrami 式　249
Belousov-Zhabotinsky 反応　330
Bjerrum 長　47
Boltzmann の重畳原理　164, 354, 523
Clausius-Mossotti の式　490
Cole-Cole 関数　464
Cox-Merz の経験則　425
Debye 関数　185
Debye の遮蔽長　47
de Gennes　178
DSC → 示差走査型熱量計
E 緩和　269
ECC → 伸張鎖結晶　230
Einstein の関係式　138
FCC → 折りたたみ鎖結晶
FECC → 完全伸張鎖結晶
Finger の歪みテンソル　339
Flory　39, 176
Flory の粘度定数　160
Flory-Huggins 理論　90, 91, 109, 309
Flory-Rhener の式　313
Flory-Rhener モデル　316
Gauss 曲率　212
Gauss 鎖　32
────モデル　32
Gauss−非 Gauss 転移　282

Gibbs-Thomson プロット　234
Gough-Joule 効果　300
Green 関数法　143, 144
Guinier 近似　185
Havriliak-Negami 関数　464
Hencky 歪み　339
HN 関数　464
Hoffmann-Weeks プロット　234
Hook の法則　447
Huggins 係数　158, 167
Huggins プロット　158
Ising モデル　27, 55, 523
Johari-Goldstein 緩和　269
Kauzmann 温度　267, 484
Kauzmann パラドックス　267
Kerr 効果　492
Kirkwood-Riseman 理論　160
Kohlrausch-Williams-Watt 式（関数）　272, 465
Kramers-Kronig の式　488
Kuhn の統計セグメント数　35
Kuhn の統計セグメント長　35
Lauritzen-Hoffmann モデル　241
LCST 型（相図，相分離）　126, 196, 329
Lorentz の局所場の理論　488
Lorentz-Lorenz の式　490
Manning のイオン凝縮理論　49
Mark-Houwink-桜田の式　158
Maxwell モデル　447
Mayer 関数　105
Mead-Fouss プロット　158
Milner-McLeish モデル　441
Mooney-Rivlin の式　298

索　引

Newton の法則　447
ODT → 秩序－無秩序転移
Oseen テンソル　97, 378, 524
Pearson-Helfand モデル　393, 439
pH 応答ゲル　330
PHEMA　329
PNIPAM　329
Poisson 比　448
pom-pom 鎖　422
Rayleigh 比　133
Rouse　385
Rouse モデル　33, 98, 376, 379
Rouse-Hamm モデル　385
Schulz-Zimm 分布　7
Snell の法則　485
Staudinger の粘度式　158
Stockmayer のフレームワーク　12
Trouton 則　428
UCST 型（相図，相分離）　126, 196, 329
van't Hoff の式　103
Vogel-Fulcher-Tammann 温度　484
Vogel-Fulcher-Tammann 式　243, 270, 470, 484
Voigt モデル　447
Williams-Landel-Ferry 式　243, 372, 374, 483
Young 率　296, 447
Zimm モデル　98, 376, 378
Zimm-Kilb モデル　384
α 緩和　269, 463, 470
β 緩和　472
γ 緩和　472
π 電子共役　478
χ パラメータ　92, 310

■和　文

ア

アイオノマー熱可塑性エラストマー　327
アタクチック　220
アフィンネットワークモデル　293
アフィン変形　293
アルキメデスタイリング　213
イオン伝導性高分子　482
イソタクチック　220
板状結晶　226
1 次核生成　237, 240
一軸伸長流動　427
1 次平均粘弾性緩和時間　366
一般化 Langevin 方程式　279
一般化 Maxwell モデル　368
移動因子　369
ウレタン系熱可塑性エラストマー　327
液晶状態　127
エチレン・プロピレンゴム　324
エネルギー弾性　293
エネルギーランドスケープ　278
エラストマー　323
エルゴード－非エルゴード転移　279
エンタルピー弾性　293, 299
円筒状ミセル　60, 64
エントロピー弾性　289, 299
エントロピー張力　343
円盤状ミセル　60
応力　156, 447
応力－光学則　346, 494
応力成分　336
応力テンソル　337
太田－川崎の理論　206
小貫－土井の理論　503
オリゴマー分子　1
折りたたみ鎖結晶　225
オレフィン系熱可塑性エラストマー　327
折れ曲がりみみず鎖　52

索 引

温度応答性ゲル　329
温度－時間換算則　369
温度分散測定　473

カ

会合数　61
会合定数　62
回転異性状態モデル　20, 24
回転拡散係数　137
回転半径　23, 185
回転ブラウン運動　137
回転摩擦係数　142
カイパラメータ　92, 310
界面活性剤　199
化学架橋　290
架橋　289
核生成・成長モデル　237
拡散係数　136
拡散現象　135
拡散方程式　136
下限臨界相溶温度型（相図，相分離）　126, 196, 329
重なり濃度　108
カスケード理論　58, 83, 87
カテナン　332
荷電ソリトン　480
可変域ホッピングモデル　482
ガラス－ゴム転移領域　342
ガラス状態　257
ガラス転移　258, 263
　──温度　264, 280, 446
　高分子薄膜の──　284
絡み合い　388
　──効果　342
　──平坦部　342, 388
過冷却状態　257, 265, 446
還元排除体積パラメータ　107
環状高分子　2
完全管膨張　395, 412
　──モデル　441

完全伸張鎖結晶　230
環動ゲル　317, 332
管モデル　99, 147, 167, 392, 429
緩和剛性率　164
緩和時間　366, 446
　──地図　267
　──分布　271
規格化誘電緩和関数　398
規格化誘電遅延関数　398
機能性ゲル　328
球晶　226
球状ミセル　60, 62, 66
共重合アゼオトロープ　17
共重合体　2
共存組成曲線　125
強度因子　369
協同運動性　275
協同運動領域　275, 469
協同的再配置領域　275
強偏析領域　204
共連続 gyroid 構造　205, 213
共連続構造　210
極小曲面　210, 212
局所相関関数　407
金属　477
空孔理論　143
櫛型高分子　2, 8, 57, 422
屈折率　485
グラフト共重合体　199
繰り込み群理論　45, 108
クリープ回復測定　364
クリープ測定　355
クロロプレンゴム　324
形態複屈折　502
経路長　34
結合屈折　491
結合交替　478
結合数　19
結合長　19
結合分極率テンソル　492

索　引

結合ベクトル　19
結晶
　　——格子　222
　　——の成長様式　244
　　——の融点　234
結晶化
　　——過程の測定　235
　　——過程のモデル　237
　　——機構　233
　　——の駆動力　233
　　中間相を経由する——　250, 252
　　流動——　231, 254
ゲル　289, 309, 320
　　——化　319
　　——化点　13, 320
原子分極率テンソル　492
光学定数　103
交互共重合体　2
交互平板状構造　200
格子モデル　90
公称応力　295
合成曲線　369
構造異性体数　9
高分子　1
　　——固体　446
　　——説　3
　　——の化学構造　4
　　——ブレンド　2
ゴーシュ　20
ゴム状平坦部　342, 388
　　——の剛性率　388
ゴム弾性　31
固有構造　278
固有粘度　158
コンフィグレーション　220
コンフォーマーモデル　277
コンホメーション　19

サ

最確分布　6, 64

細孔内でのガラス転移　286
最長粘弾性緩和時間　353
座標変換行列　25
散乱関数　180, 182, 525
散乱強度　179
散乱長　181
散乱ベクトル　132
磁気複屈折　492
刺激応答性ゲル　328
自己回避鎖　40
自己拡散係数　142
自己相関関数　134
自己組織化　200
自己無頓着場理論　205
示差走査型熱量計　235
シシケバブ構造　232, 254
持続長　34
シータ温度　46
シータ状態　46
シータ溶媒　46
自励振動ゲル　330
尺度可変粒子理論　111
自由回転鎖モデル　26
周期共重合体　2
重合度　1, 4, 5
収縮因子　55
修正応力－光学則　346, 498
自由体積理論　274, 373
終端緩和時間　341
周波数分散測定　473
重量分率　5
重量平均分子量　5
自由連結鎖　29
樹状近似　8
準希薄溶液　108
準結晶タイリング　214
準二定数理論　44
小角中性子散乱　176
衝撃破壊　461
上限臨界相溶温度型（相図，相分離）　126,

196, 329
シリコーンゴム　324
シリコーンハイドロゲル　329
真応力　295
シンジオタクチック　220
伸張鎖結晶　230
伸張指数関数　272
伸長歪み　339, 447
伸長誘起膨潤　315
浸透 Poisson 比　317
浸透圧　101, 102
浸透圧縮率　117
酔歩鎖　29
数平均重合度　5
数平均分子量　5
スケーリング理論　45
スチレン系熱可塑性エラストマー　327
スチレン・ブタジエンゴム　323
ステム　239
ストロング　271
すぬけ鎖　383
スピノーダル線　196
スピノーダル分解型相分離　251
ずり弾性率　295
ずり配向関数　344
ずり歪み　339
静的光散乱法　135
静的誘電率　398, 399
静電的持続長　48
セグメント　32
　　——緩和過程　470
絶縁体　477
摂動鎖　41
ゼロずり粘度　156, 357
線形緩和剛性率　352
線形粘弾性　352
線状高分子　2
相関空孔　205
双極子　400
相互拡散係数　142, 149

相互貫入高分子ネットワーク　331
相図　125
束一的性質　101
束縛解放　411
組成分布　14
ソフトマター　3
ゾル　320
ゾル—ゲル転移　319
損失剛性率　358, 359
損失コンプライアンス　359
損失正接　358, 450
損失弾性率　450

タ

第3ビリアル係数　103
対数正規分布　8
体積相転移　309, 313
　　——理論　313
第2ビリアル係数　103, 116
ダイラタンシー　292
タイリング　213
田上モデル　36
多重接触効果　107, 117
ダブルネットワークゲル　331
多分子性　4
単位格子　222
単一接触近似　93, 117
短距離秩序　257, 259
単結晶　225
単純ずり流動　155
弾性率　447
弾性ワイヤーモデル　36
単独重合体　2
チクソトロピー　292
秩序—無秩序転移　206
中間相　250, 252
　　——を経由する結晶化　250, 252
中性子散乱　179, 182
中性ソリトン　480
超強力繊維　128

索　引

長距離密度ゆらぎ　260
長周期　227
超分子ポリマー　3, 60
貯蔵剛性率　358
貯蔵コンプライアンス　359
貯蔵弾性率　450
沈降－拡散平衡　101
対相関数　190, 192
抵抗率　476
定常回復コンプライアンス　363
電気感受率　487
電気伝導率　476
電気複屈折　492
天然ゴム　291, 323
電場応答性ゲル　330
土井-Edwardsモデル　392, 420, 437
統計共重合体　18
動径分布関数　258
動的測定　357
動的粘弾性測定　449
動的粘度　360
動的光散乱法　135
動的平均場近似　149
動的誘電率　398
導電性高分子　477
導電率　476
特性関数　111, 526
特性比　27
独立回転鎖　24
トポロジカル高分子　332
トポロジー相互作用　98
トラッピング拡散理論　282
トランス　20
トリビアルリング　188

ナ

内部回転角　19
ナノコンポジットゲル　331
2次核生成　239, 241
2次平均粘弾性緩和時間　366

二相曲線　195
2体クラスター積分　40, 106
二定数理論　44
2分子膜ミセル　60, 65
ニュートン粘性　335
ニュートン流体　292
ネオフッキアン固体　298
熱可塑性エラストマー　325
熱測定　235
熱弾性的反転　300
ネットワーク鎖　293
熱力学的揺動論　114
ネマチック相　127
粘弾性　291, 335
　――緩和機構　451
　――セグメント　502
粘度成長関数　357
濃度ゆらぎ　192
伸びきり効果　305

ハ

配向結晶　230
配向非晶相　262
配向複屈折　492
排除体積効果　28
バイポーラロン　481
パーコレーションモデル　319
波長分散性　486
ハードコア斥力　92
花型ミセル　61, 67
花束ミセル　61, 66
バネ－ビーズモデル　96, 376
速い緩和　268
バリアブルレンジホッピングモデル　482
半径膨張因子　38
半導体　477
バンドギャップ　479
非圧縮性　181
非エルゴード性　331
非エルゴードパラメータ　280

光散乱　102
非晶状態　257
非すぬけ効果　383
非すぬけ鎖　141
歪み硬化　429
歪み速度テンソル　156
歪みテンソル　339
非摂動鎖　41, 185
非線形粘弾性　418, 426
表面核生成　239
疲労　460
貧溶媒　46
ファジー円筒　98
　　――モデル　165
ファントムネットワークモデル　302
フィラー　324
副緩和　472
複屈折　491
複素剛性率　360
複素コンプライアンス　360
複素粘度　360
ふさ状結晶　230
フック弾性　335
フッ素ゴム　324
物理架橋　290
物理ゲル　292
部分鎖　23
部分的管膨張　416
フラクタル図形　32
フラジャイル　271
フラジリティー　270
ブラベー格子　223
フラワーネックレス　61, 68
フルオロシリコーンゴム　324
ブロック共重合体　2, 199
分岐高分子　2
分子インプリント法　330
分子屈折　490
分子形態　1, 19
分子特性解析　100

分子内排除体積効果　38
分子分極率テンソル　492
分子量　4
　　――分布　5
　　ランダム分岐高分子の――　8
分配関数　22
平均曲面　212
平均二乗回転半径　21, 134
平均二乗末端間距離　21
　　n-ブタンの――　24
平均場近似　320, 527
　　動的――　149
ベシクル　60
ベーテ格子　320
変位テンソル　339
偏析　203
ペンタン効果　27
膨張因子　41
星型高分子　2, 8, 55
星型みみず鎖モデル　56
ボソンピーク　268
ポーラロン　481
ポリイソプレン　323
ポリ(N-イソプロピルアクリルアミド)　329
ポリ(ヒドロキシエチルメタクリレート)　329
ポリマクロモノマー　57
ポリマーブレンドの相溶性　188
ポリマー分子　1
ポリロタキサン　332

マ

末端間ベクトル　20
マルタ十字　226
ミクロ相分離構造　201, 202
ミセル　59
　　――説　3
　　――の広がり　66
密度測定　235
密度ゆらぎ　189, 190

537

みみず鎖　34
　　――円筒モデル　96
　　――ビーズモデル　96
　　――ミセル　68
　　――モデル　34, 92
ミラー指数　223
無機微粒子　324
メゾモルフィック相　252
免震ゴム　325
モード結合理論　279, 280
モノマー反応性比　16
モノマー分子　1
モル質量　61
モル分率　5

ヤ

有機無機ハイブリッド材料　324
有効管径　411
有効結合長（有効ステップ長）　32
融点　234, 446
誘電緩和強度　399
誘電損失　398
溶解性　123
弱い物理ゲル　292

ラ

ラジカル共重合体の組成分布　15
らせん高分子　50

らせん反転　54
らせんみみず鎖　37
ラメラ構造　200, 205
ラメラ晶　226
乱雑位相近似　191, 193
ランダム共重合体　2, 17
ランダム分岐高分子　2, 8, 58
　　――の分子量分布　8
乱流　157
リアクティブプロセッシング　328
離散的粘弾性緩和スペクトル　353
理想共重合　16
理想鎖　32
粒子散乱関数　133, 182, 183
流体力学的相互作用　97
流体力学的半径　141
流動結晶化　231, 254
流動誘起束縛解放　426
両親媒性高分子　59
良溶媒　46
臨界核　238, 241
臨界点　125
臨界ミセル濃度　62
レオロジー　427
レプテーション運動　99, 147, 167, 393
連鎖分布　14
　　ラジカル共重合体の――　17
ロタキサン　332

編著者紹介

松下　裕秀（まつした　ゆうしゅう）　工学博士

1982年3月名古屋大学大学院工学研究科合成化学専攻博士課程修了．名古屋大学工学部合成化学科助手，東京大学物性研究所助教授を経て，1999年4月名古屋大学大学院工学研究科教授．2007年から同大学副総長，総合企画室長，2013年から工学研究科長．2015年より副総長．2020年4月より豊田理化学研究所フェロー．

NDC 428　558 p　22cm

高分子の構造と物性（こうぶんしのこうぞうとぶっせい）

2013年5月30日　第1刷発行
2025年5月19日　第10刷発行

編著者　松下裕秀（まつしたゆうしゅう）
著　者　佐藤尚弘（さとうたかひろ）・金谷利治（かなやとしじ）・伊藤耕三（いとうこうぞう）・渡辺　宏（わたなべひろし）・
　　　　田中敬二（たなかけいじ）・下村武史（しもむらたけし）・井上正志（いのうえただし）

発行者　篠木和久
発行所　株式会社　講談社
　　　　〒112-8001　東京都文京区音羽2-12-21
　　　　　　販　売　(03) 5395-5817
　　　　　　業　務　(03) 5395-3615

KODANSHA

編　集　株式会社　講談社サイエンティフィク
　　　　代表　堀越俊一
　　　　〒162-0825　東京都新宿区神楽坂2-14　ノービィビル
　　　　　　編　集　(03) 3235-3701

印刷所　株式会社双文社印刷
製本所　大口製本印刷株式会社

落丁本・乱丁本は，購入書店名を明記のうえ，講談社業務宛にお送り下さい．送料小社負担にてお取替えします．なお，この本の内容についてのお問い合わせは講談社サイエンティフィク宛にお願いいたします．定価はカバーに表示してあります．

© Y. Matsushita, T. Sato, T. Kanaya, K. Ito, H. Watanabe, K. Tanaka,
　T. Shimomura, T. Inoue, 2013

本書のコピー，スキャン，デジタル化等の無断複製は著作権法上での例外を除き禁じられています．本書を代行業者等の第三者に依頼してスキャンやデジタル化することはたとえ個人や家庭内の利用でも著作権法違反です．

Printed in Japan
ISBN 978-4-06-154380-5

講談社の自然科学書

高分子にかかわるすべての人のバイブルとして

高分子の合成(上)
ラジカル重合・カチオン重合・アニオン重合

遠藤 剛・編／澤本光男／上垣外正己／佐藤浩太郎／
青島貞人／金岡鐘局／平尾 明／杉山賢次・著

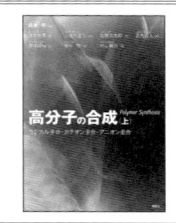

高分子の合成(下)
開環重合・重縮合・配位重合

遠藤 剛・編著／須藤 篤／上田 充／木村邦生／
横澤 勉／塩野 毅／中山祐正／蔡 正国・著

上下巻ともA5・479頁・定価6,930円

◆ 主 な 内 容 ◆

上 巻

◎ 第 I 編　ラジカル重合
1. ラジカル重合とは　2. ラジカル重合に用いられるモノマーと得られるポリマー　3. フリーラジカル重合の素反応　4. ラジカル共重合　5. 種々の反応場における重合反応およびポリマー製造プロセス　6. リビングラジカル重合　7. リビングラジカル重合を用いた精密高分子合成　8. ラジカル重合における立体構造の制御：立体特異性ラジカル重合　9. まとめと展望

◎ 第 II 編　カチオン重合
1. カチオン重合とは　2. カチオン重合の基礎　3. リビングカチオン重合　4. 新しいモノマーのカチオン重合　5. 刺激応答性ポリマー　6. ブロック共重合体　7. 末端官能性ポリマー　8. 官能基を有する星型ポリマーの精密合成　9. まとめと展望

◎ 第 III 編　アニオン重合
1. アニオン重合とは　2. アニオン重合に用いられるモノマー，開始剤，および溶媒　3. アニオン重合の素反応　4. ポリマーの構造規制と立体制御　5. アニオン重合の工業的利用　6. リビングアニオン重合　7. リビングアニオン重合を用いた architectural polymer の精密合成　8. ポリマーの表面構造　9. ミクロ相分離構造を利用したナノ材料　10. まとめと展望

下 巻

◎ 第 IV 編　開環重合
1. 開環重合とは　2. 開環重合の概要　3. カチオン開環重合　4. アニオン開環重合　5. ラジカル開環重合　6. 遷移金属触媒を用いた開環重合　7. 開環重合の特長を生かした材料設計　8. まとめと展望

◎ 第 V 編　重縮合
1. 重縮合とは　2. 重縮合の基礎　3. 各種重縮合　4. 重縮合の重合プロセス　5. 重縮合による高分子の精密重合　6. 重縮合で生成するポリマーは線状か　7. 重付加　8. 付加縮合　9. まとめと展望

◎ 第 VI 編　配位重合
1. 配位重合とは　2. オレフィン重合触媒の基礎　3. 均一系 Ziegler-Natta 触媒によるオレフィン重合　4. スチレンの重合　5. 共役ジエンの重合　6. 共役系極性モノマーの重合　7. アセチレンの重合　8. まとめと展望

表示価格は消費税(10%)込みの価格です。　　　　　　　　　　　　　　　「2025年4月現在」

講談社サイエンティフィク　https://www.kspub.co.jp/